M 02

MODERNE UNTERSEEBOOTE

Oben: HMS OPOSSUM der OBERON-Klasse im März 1984 in Fahrt, nachdem es mit dem neuen Bugsonar vom Typ 2051 ausgerüstet worden war.

MODERNE UNTERSEEBOOTE

Technik, Taktik, Bewaffnung

Von David Miller und
John Jordan

Deutsche Übersetzung
Wolfram Schürer

Verlag Stocker-Schmid
Motorbuch-Verlag

Oben: Die große Breite über den Spanten dieses sowjetischen U-Schiffes der Oscar-Klasse beherbergt auf beiden Seiten des Turmaufbaus 12 Schächte für SS-N-19-Marschflugkörper.

Unten: Das nuklear angetriebene U-Schiff HMS TIRELESS der TRAFALGAR-Klasse, im November 1985 bei Überwasserfahrt von der Kamera eingefangen.

Deutsche Übersetzung von Wolfram Schürer

Vierte Auflage, Spezialausgabe 1999

ISBN 3-7276-7088-6

Berechtigte Lizenzausgabe für die Bundesrepublik Deutschland: Motorbuch-Verlag, Postfach 10 37 43, D-70032 Stuttgart. Ein Unternehmen der Paul Pietsch Verlage GmbH + Co.

Die englische Originalausgabe erschien unter dem Titel *Modern Submarine Warfare;*

Bildnachweis

Innenspiegel: Kockums; Seite 1 : MoD/RN; 2/3: FRC/*Naval Forces;* 4/5: MoD/RN; 6/7: Kockums; 8: US-Navy (oben links), HDW (unten links), FRC/*Naval Forces* (rechts); 9: US-Navy; 10/11 : US-Navy; 13: Dassault-Breguet (oben), Kockums (unten); 14: US-Navy (ganz oben), MoD/RN (Rest); 15: Imperial War Museum (alle); 16: Imperial War Museum (oben und unten), US-Navy (Mitte); 17: Imperial War Museum (beide); 18: Imperial War Museum; 19: MoD/RAF; 20/21 : FRC/*Naval Forces* (oben), MoD/RN (unten links), US-Navy (unten rechts); 22/23: US-Navy (oben und unten links), FRC/*Naval Fcrces* (unten rechts); 24: MoD/RN; 25: US-Navy (unten); 26/27: Imperial War Museum (alle); 28/29: Imperial War Museum; 30: Imperial War Museum; 31: US-Navy; 32/33: US-Navy; 34: US-Navy (beide); 35: US-DoD (unten), US-Navy (Rest); 36: Imperial War Museum; 37: Imperial War Museum; 38/39: US-Navy (oben, Mitte und unten links), Imperial War Museum (Rest); 40: US-Navy; 41: US-Navy; 42: US-Navy; 43: US-Navy; 45: Jet Propulsion Laboratory (oben), US-Navy (unten); 46: Sippican (oben), US-Navy (unten); 49: Hollandse Signaalapparaten (unten links), US-Navy (unten rechts); 51: MOD/RN (oben, links und rechts), US-Navy (Mitte); 52: US-Navy; 53: US-DoD (oben), US-Navy (Mitte), FRC/*Naval Forces* (unten); 55: US-DoD; 56: Vickers Shipbuilding & Engineering (oben), US-Navy (unten); 57: US-Navy (oben), MoD/RN (unten); 58: US-Navy (unten), MoD/RN (Rest); 59: MoD/RN (oben), US-Navy (Mitte), Thyssen- Nordseewerke (unten); 61: MoD (oben links), DCN (oben rechts); 62: Brons Industrie (oben), Paxman Diesels (unten); 63: Marconi Command and Control Systems (oben links), Thyssen Nordseewerke (Rest); 64: US-Navy (oben), E and TV Films (unten links), USAF (unten rechts); 65: US-Navy (oben links), MoD/RN (oben rechts); 66: US-DoD (unten links), US-Navy (unten rechts); 67: US-Navy (beide); 68: US-DoD (oben), Aérospatiale (unten links), US-Navy (unten rechts); 69: US-Navy; 70: MoD/RN (oben und Mitte links), US-Navy (Mitte rechts); 71: US-DoD (oben, Mitte und unten rechts), Aérospatiale (unten links); 72: MoD/RN; 73: Thomson Sintra (Mitte links), MoD/RN (unten), Krupp MaK (Rest); 74: Whitehead (unten), MoD/RN (oben und Mitte); 77: Marconi Underwater Systems (oben), MoD/RN (Rest); 78: Barr & Stroud (oben links und rechts), MoD/RN (Mitte); 79: MoD/RN (oben), FRC/*Naval Forces* (Mitte); 80/81 : US-Navy (oben), Boeing Aerospace (Rest); 82: Sippican Ocean Systems; 83: US-Navy

Die Verfasser

(oben), Plessey Naval Systems (Mitte), US-DoD (unten); 84: Graseby Dynamics (oben), Simrad Naval Systems (unten); 85: Plessey Naval Systems (alle); 86: MoD/RN; 87: British Aerospace (oben), US-Navy (Mitte); 88: TASS (oben), Matra (unten); 89: MoD/RN (oben und unten), Whitehead (Mitte); 90: US-Navy (oben und unten rechts), Hunting Engineering (unten links); 91: Library of Congress (oben), Goodyear Aerospace (unten); 92: Plessey Naval Systems (oben links und Mitte), Bendix Aerospace (unten links), MoD/RN (unten rechts); 93: Plessey Naval Systems (oben), Thomson Sintra (unten); 94: US-Navy (oben), Plessey Naval Systems (unten); 95: Dassault- Breguet; 96: Howaldtswerke-Deutsche Werft (alle); 97: US-Navy (oben), US-DoD (unten); 98: Kockums (Mitte), US-Navy (unten); 99: US-Navy (oben links), MoD (oben rechts); I00/101 : MoD/RN; 102: MoD/RN (oben), US-DoD (unten); 103: Royal Netherlands Navy (oben), US-DoD (unten); 104: DCN; 105: US-DoD; 107: US-Navy; 108: US-Navy; 109: US-Navy; 110: ECP-Armées; 111 : Wright & Logan; 112: US-DoD; 113: US-DoD; 114: MoD; 115: MoD; 116: US-Navy; 117: MoD; 118: Us-Navy; 119: US-Navy; 120: US-Navy; 121: MoD; 122: MoD; 123: MoD/RN; 124: US-DoD; 125: US-Navy; 126: US-Navy; 127: US-Navy; 128: ECP/Armées; 131: US-Navy (beide); 132: Kockums; 133: Kockums; 134: Fincantieri (beide); 136: MoD/RN; 137: MoD/RN; 138: US-Navy; 139: US-Navy; 140: US-DoD; 141 : US-DoD; 143: US-Navy (beide) ; 144: MoD/RN; 145: MoD/RN; 146: MoD; 147: Skyfotos; 149: SIRPA-Marine/MARS (beide) ; 150: US-Navy; 151: US-Navy; 153: US-Navy (beide); 154/155: US-Navy (beide) ; 156: MoD/RN; 157: MoD/RN; 158: MoD; 159: US-Navy; 160: Thyssen-Nordseewerke; 161 : Thyssen-Nordseewerke; 162: MoD/RN; 163: Vickers Shipbuilding & Engineering Ltd.; 165: HDW; 166: HDW; 169: US-DoD; 170: MoD/RN; 171: MoD/RN; 172: MoD/RN; 173: MoD/RN; 175: US-DoD/Mitsuo Shibato (oben), PPL (unten); 176: MoD; 176/177: US-DoD; 180: RDM; 181: RDM; 182/183: Whitehead; 184/185: MoD/RN (alle); 186:US-DoD (Mitte), MoD/RN (unten); 187: US-Navy; 188: US-DoD (beide) ; 189: US-Navy (oben), MoD/RN (unten); 190: FRC/*Naval Forces;* 191: MoD/RN; 192: MoD/RN (oben) , Marconi Underwater Systems (unten) ; 193: US-Navy (beide) ; 194: Plessey Naval Systems (Mitte), Canadian Forces (unten); 196: MoD/RN; 197: Dowty Electronics (oben links), MoD/RN (oben rechts), US-DoD (unten); 198: MoD/RU; 201 : MoD/RN; 202: MoD/RN; 203: US-Navy; 204: Whitehead (oben), Westland Helicopters (unten links), MoD/RN (unten rechts) ; 205: Kaman Aerospace.

David Miller ist aktiv dienender Offizier im britischen Heer, eine Laufbahn, die ihn bisher nach Singapur, Malaysia, die Bundesrepublik Deutschland und auf die Falkland-Inseln geführt hat, wobei er im Königlich Britischen Fernmeldekorps diente, mehrfach Stabsaufgaben in britischen Heeresstäben wahrnahm und Kommandeur eines britischen Regimentes war. In Zeitschriften, die sich mit technischen Verteidigungsfragen befaßen, hat er zahlreiche Aufsätze über Themen veröffentlicht, die von der Guerilla-Kriegführung bis zur Flugkörper-Strategie reichen. Er ist der Verfasser von *An Illustrated Guide to Modern Subhunters* (1984) und *An Illustrated Guide to Modern Submarines* (1982), Mitverfasser von *Modern Naval Combat* (1986); Mitarbeiter von *The Vietnam War* (1979), *The Balance of Military Power* (1981) und *The Intelligence War* (1983).

John Jordan ist durch seine Veröffentlichungen über moderne Schiffe und Unterseeboote in Zeitschriften wie *Navy International, Warship, Defence* und *Jane´s Defence Weekly* sehr bekannt. Er ist fernerhin Verfasser der illustrierten Leitfäden *The Modern US Navy, The Modern Soviet Navy, Modern Naval Aviation, Battleships and Battlecruisers* sowie *Modern Destroyers* und arbeitete an *The Balance of Military Power* mit.

Dank

Den vielen Organisationen und Einzelpersonen in der Rüstungs- und Schiffbauindustrie sowie den Streitkräften verschiedener Nationen, die in diesem Werk verwendete Fotografien und Informationen zur Verfügung gestellt haben, möchten die Herausgeber von Herzen Dank sagen. Die Quellenhinweise für die einzelnen Fotografien sind gesondert am Ende des Buches aufgeführt; besonderer Dank gebührt aber David Foxwell von der Zeitschrift *Naval Forces.* Die auf den Seiten 46 bis 49 wiedergegebenen Diagramme beruhen auf Informationen aus *General Oceanography* von G. Dietrich und K. Kalle (Wiley-Interscience, New York), *Fundamentals of Ocean Acoustics* von L. Brechowskij und Ju. Lysanow (Springer, Berlin 1982), *Sound Propagation in the Sea* von Robert J. Urick (DARPA/US Government Printing Office) und aus *Underwater Acoustics, Handbook II* von Vernon M. Albers (Pennsylvania State University, 1965).

Unten: Das schwedische Unterseeboot SJÖORMEN, Typschiff einer Klasse von fünf 1'125 ts großen, dieselelektrisch angetriebenen Unterseebooten mit ALBACORE-Bootskörper, Ende der sechziger Jahre vom Stapel gelaufen.

Inhaltsverzeichnis

Vorwort

Während der ersten fünfzig Jahre seiner Existenz war das Unterseeboot ein Seefahrzeug, das in erster Linie über Wasser fuhr und kämpfte und das sich nur dann unter Wasser zurückzog, wenn es angegriffen wurde oder um sich zu verbergen. Aber selbst wenn es tauchte, ging es nicht auf Tiefe.
Tatsächlich dauerte es bis in die Mitte der vierziger Jahre, bis Unterseeboote tiefer als ihre eigene Länge tauchen konnten. Das Sonar arbeitete noch ungenau, die U-Jagdwaffen waren noch ziemlich unwirksam, und ein Hauptproblem war der beträchtliche Geschwindigkeitsvorteil der Überwasserschiffe. Während des Zweiten Weltkrieges zwang die Entwicklung des Schiffs- und Flugzeugradars die Unterseebootse, länger unter Wasser zu bleiben, und obwohl ihnen die Erfindung der Schnorchelröhre ein Mittel in die Hand gab, ihre Batterien auf Sehrohrtiefe wieder aufzuladen, blieben die Köpfe der Luftmasten weiterhin der Entdeckung ausgesetzt, sowohl optisch sichtbar als auch durch Radar feststellbar. Der Zweite Weltkrieg sah auch das Auftauchen der spezialisierten U-Jagdflugzeuge als einen besonders gefährlichen Feind für das Unterseeboot, ganz gleich, ob es getaucht oder an der Wasseroberfläche fuhr.
Befreiung von der regelmäßigen Rückkehr an die Wasseroberfläche zur Sicherstellung der Luftzufuhr für das Leben an Bord und für die Antriebsanlage schuf der Atomantrieb zur Dampferzeugung, der eine wirksame Seeausdauer ermöglichte, lediglich begrenzt durch die psychologischen und physiologischen Faktoren beim Menschen, und der ein echtes Unterwasserwaffensystem begünstigte, fähig zu weltweitem Einsatz und imstande, bei Flottengeschwindigkeit zusammen mit Überwasser-Kampfgruppen zu operieren. Dieser Antrieb ermöglichte es den Unterseeboote auch, getaucht mit Geschwindigkeiten zu fahren, die zumindest jenen der angreifenden Überwasserschiffe ebenbürtig sind.

Bis in die fünfziger Jahre hinein bestand die strategische Hauptaufgabe der Unterseeboote darin, Überwasserkriegsschiffe und den logistischen Seeverkehr anzugreifen. In beiden Weltkriegen brachte Deutschland, indem es die Versorgungsrouten über den Atlantik angriff, Großbritannien an den Rand einer Hungersnot, und im Zweiten Weltkrieg errang die amerikanische Marine einen großen Unterwassersieg über die Japaner, indem sie Millionen Bruttoregistertonnen an Schiffsraum versenkte. Diese Aufgabe besteht auch weiterhin; aber die Entwicklung der von Unterseeschiffen aus zu startenden ballistischen Flugkörper und später der Marschflugkörper hat eine weitere und sogar noch wichtigere strategische Aufgabe gebracht, jene nämlich, Ziele im Feindesland zu bekämpfen. Tatsächlich gibt es heute keinen Ort auf der Erde, der außerhalb der Reichweite der von Unterseeschiffen* aus zu startenden Waffen liegt. Während die UdSSR Unterseeschiffe für ballistische Flugkörper wie die anderen Nationen auch entwickelten, hat sie gleichzeitig den Unterseeschiffen für Marschflugkörper große Aufmerksamkeit gewidmet, in erster Linie dazu bestimmt, die Trägerkampfgruppen der amerikanischen Marine zu bekämpfen. Die Amerikaner andererseits haben das Erfordernis derart spezialisierter Schiffe durch die Entwicklung von Flugkörpern («Tomahawk» und «Sub-Harpoon») vermieden, die entweder aus normalen 53,3-cm-Torpedorohren oder aus senkrechten Startschächten, angebracht zwischen der Außenverkleidung des Unterseeschiffes und seinem Druckkörper, abgeschossen werden können.
Schließlich hat auch das konventionelle Unterseeboot mit dieselelektrischem Antrieb weiterhin Zukunft, und in 39 Marinen finden viele Hunderte dieser Boote einsatzmäßige Verwendung. Nur sehr wenige Länder können sich die zunehmend kostspieliger werdenden nuklear angetriebenen U-Schiffe leisten. Für Japan sind die politischen Auswir-

Oben: Für konventionelle Unterseeboote mit dieselelektrischem Antrieb besteht weiterhin ein sehr großer Bedarf; zu den modernsten dieser Art gehören die Boote vom HDW-Typ 1500 der indischen Marine. Im Bild S 45, das zweite Boot, das abgeliefert wird, auf einer Werfterprobungsfahrt. Ganz oben: Das nuklear angetriebene Angriffs-U-Schiff USS BIRMINGHAM (SSN-695) der LOS ANGELES-Klasse taucht auf. Der Atomantrieb hat das damit ausgerüstete U-Schiff vom Erfordernis befreit, regelmäßig an die Wasseroberfläche zu kommen.

kungen der Atomkraft unüberwindlich, und nur die französische und die amerikanische Marine haben sich für rein nuklear angetriebene Unterwasserflotten entschieden.
Obwohl getaucht fahrende Unterseeboote schwierig zu orten sind, geben alle Unterwasserfahrzeuge sowohl akustische wie auch nichtakustische Hinweise auf ihre Gegenwart; und so etwas wie ein nicht zu ortendes Unterseeboot gibt es nicht. Viele Länder führen kostspielige Forschungsprogramme mit der Absicht durch, das Orten ihrer Unterseeboote zu erschweren. Hierin hat die NATO schon immer einen entscheidenden Vorteil besessen, da die sowjetischen Unterseeboote von Natur aus geräuschvoller sind, so daß die NATO-Streitkräfte imstande sein sollten, den Feind zuerst zu orten und zu identifizieren. Frühe Konfrontationen eines möglichen zukünftigen Konfliktes werden jeden Tag im geheimen geprobt: sowjetische U-Jäger bemühen sich, westliche U-Schiffe mit strategischen Raketen an Bord aufzuspüren, Überwasser-Kampfgruppen der NATO üben U-Jagdtaktiken gegen aufgespürte sowjetische Unterseeboote, und es finden, wie der Vorfall mit dem vor dem schwedischen Marinestützpunkt Karlskrona im November 1981 aufgelaufenen sowjetischen Unterseeboot der *Whiskey*-Klasse zeigte, heimliche Aufklärungsunternehmungen statt, wenn auch ihre Häufigkeit nur vermutet werden kann.
Der Falklandkrieg 1982 im Südatlantik unterstrich den Wert und die Bedeutung des modernen Unterseebootes; immerhin wurde HMS CONQUEROR zum ersten nuklear angetriebenen Unterseeboot, das ein Überwasser-Kriegsschiff versenkte, indem es den argentinischen Kreuzer GENERAL BELGRANO angriff und versenkte. Die von den britischen Unterseebooten ausgehende Gefahr war so groß, daß keine weitere Überwassereinheit der argentinischen Marine die Küstengewässer verließ, um die britische Flotte zu bedrohen. Aber die argentinische Marine besaß selbst Unterseeboote, und ihre dieselelektrisch angetriebenen Boote des in der Bundesrepublik Deutschland entworfenen Typs *209* stellten während des gesamten Krieges für den Kampfverband, besonders für die Flugzeugträger, eine schwerwiegende Bedrohung dar.
Das moderne Unterseeboot ist schwierig zu orten, zu identifizieren und zu versenken. Es besitzt eine weltweite Einsatzfähigkeit, und in seiner gegenwärtigen Rolle ist das strategische U-Schiff mit seinen ballistischen Flugkörpern das allerletzte Abschreckungsmittel, denn seine Raketen bedrohen die Städte und die Bevölkerung des Feindes in einer *«counter-value»*-Rolle, d.h. in der Aufgabe des bewußten Angriffs auf Industrie und zivile Ziele des Feindeslandes, während die ihm innewohnende Überlebensfähigkeit ihm eine faktisch garantierte Zweitschlags-Rolle zuweist. Die Ozeane der Welt werden heute als «innerer Weltraum» bezeichnet, weil sie so riesig und unerforscht und von immer größer werdendem wirtschaftlichem Wert sind. Es könnte durchaus der Fall sein, daß die militärische Auseinandersetzung zur Beherrschung dieser fremdartigen Umwelt noch am Anfang steht und daß das wirkliche Zeitalter des Unterseebootes gerade erst zu dämmern beginnt.

* *Anmerkung des Übersetzers:* Im Englischen bedeutet «submarine» ein unterseeisches Fahrzeug, im bisherigen Sprachgebrauch als «Unterseeboot (U-Boot)» übersetzt. Durch die hier beschriebene Aufgabenerweiterung und die damit verbundene zunehmende Größe der «unterseeischen Fahrzeuge» – wobei dieses «unterseeische Fahrzeug» und seine Zuordnung zu Unterseeflotten in die frühere Rolle von Schlachtschiffen und -flotten rückt – ist der Gebrauch des Wortes «Unterseeboot» ab einer bestimmten Größenordnung nicht mehr angebracht und wird besser durch den Begriff «Unterseeschiff» ersetzt.

Links: Bug und Turm eines sowjetischen Unterseebootes der Tango-Klasse. Diese Boote sind das dieselelektrisch angetriebene Gegenstück zur Victor-Klasse, der ersten sowjetischen Angriffsunterseeboote mit Atomantrieb; sie sind mit einem großen Bugsonar und mit sechs oder acht Torpedorohren ausgestattet, imstande, Torpedos oder U-Jagdflugkörper vom Typ SS-N-15 zu schießen. Die 19 Einheiten der Tango-Klasse, gebaut, ehe die Fertigung zugunsten der Kilo-Klasse eingestellt wurde, sind bei der Nordmeer- und der Schwarzmeerflotte stationiert.

Oben: Der erste Einsatz von Unterseebooten als Träger strategischer Atomwaffen verband sich mit zwei amerikanischen U-Booten mit dieselelektrischem Antrieb aus dem Zweiten Weltkrieg, umgebaut, um «Regulus»-Marschflugkörper zu starten. Das einzige für die amerikanische Marine gebaute nuklear angetriebene U-Boot als Träger für Marschflugkörper war die USS HALIBUT (SSGN-587), fertiggestellt 1960. Die Aufnahme zeigt das Boot beim Start der RGM-6-Ausbildungsversion des «Regulus I», 1959 wurde das «Regulus II»-Programm widerrufen.

Abbildung unten: Gedämpftes Licht fördert das in sich gekehrte Konzentrieren der Techniker beim Überwachen der Sonarkonsole des Angriffs-U-Schiffes USS LA JOLLA der LOS ANGELES-Klasse.

David Miller

Die Technologie des modernen Unterseebootes

Einführung

Die bemerkenswerte Bandbreite der Unterseebootentwürfe, die sich gegenwärtig auf See zeigen, wird im Hauptteil dieses Buches dargestellt; die Größenskala und die zahlreichen Variationen, die auf einer im wesentlichen zylindrischen Rumpfform beruhen, reflektieren die verschiedenen Aufgaben, für die sie entworfen worden sind, sowie die technologischen und wirtschaftlichen Ressourcen, die den als Kunden auftretenden Marinen zur Verfügung stehen, für die sie gebaut wurden. Dieser Teil des Buches beschreibt und illustriert die verschiedenen Faktoren, die auf einen modernen Unterseebootentwurf Einfluß haben, und erklärt die charakteristischen Merkmale, welche die Art und Weise der Verwendung bestimmen, die im Schlußteil des Werkes umrissen wird.

Wie die kurze historische Darstellung aufzeigt, mit der dieser Teil des Buches beginnt, umfaßte die verhältnismäßig kurze Geschichte des modernen Unterseebootes viele Entwicklungsstränge, aber die umfassende Hauptrichtung bleibt deutlich. Da sich die Leistung der akustischen und der sonstigen Sensoren verbessert hat, hängt das Überleben eines Unterseebootes von seiner Heimlichkeit ab, und daher stehen seine Fähigkeit, so lange wie möglich unter Wasser zu bleiben, und das Erfordernis, so wenig Lärm wie möglich zu verursachen, so lange es getaucht fährt, an erster Stelle. Die jüngsten Entwicklungen auf solchen Gebieten wie dem Wasserstrahlantrieb sind mit der höchsten Geheimhaltungsstufe versehen, wie im übrigen viele Aspekte des Entwurfs und der Operationen von Unterseebooten; aber die Sicherheitsbeschränkungen erlauben dennoch eine angemessene Darstellung der gegenwärtigen Technologie.

Von der Konstruktion her hat es seit dem Auftauchen des tropfenförmigen Bootskörpers der ALBACORE Anfang der fünfziger Jahre kaum aufsehenerregende neue Entwicklungen gegeben, wenn auch Variationen wie die Mehrfachdruckkörper und Verbesserungen wie echofreie Beschichtungen der Bootskörper weiterhin plötzlich auftauchten. Dasselbe trifft auf den Antrieb zu; denn der nukleare Antrieb hat jenen Marinen, die in der Lage sind, ihn anzuwenden, ein überraschendes Anwachsen an operativer Flexibilität verliehen, aber die übrigen müssen sich mit Steigerungen im Bereich der altehrwürdigen elektrischen Batterien, aufgeladen durch Dieselgeneratoren, für den Unterwasserantrieb zufrieden geben. Die schwedischen Versuche mit dem Stirling-Kreislauf-Antriebssystem, das auf einer Übertragung der Hitze von verbrennendem Heizöl auf Helium beruht, eingefügt in einen Arbeitsvorgang mit Kolben und Zylindern, voneinander getrennt durch Erhitzer, Regenerator und Kodiereinheiten, halten dennoch weiterhin die Hoffnungen auf Fortschritte in diesem Bereich aufrecht.

Die eigentlichen Waffensysteme stellen einen anderen Gegenstand dar. Mikroprozessoren haben einen gewaltigen Einfluß auf die Fähigkeiten aller modernen Waffen und ihrer damit verbundenen Feuerleitsysteme ausgeübt, und nicht nur der traditionellen Waffe des Unterseebootes, dem Torpedo, ist eine völlig neue, eigenständige Zielsuchfähigkeit verliehen worden, sondern ganz neue Waffenkategorien stehen heute zur Verfügung, so daß das moderne Angriffsunterseeboot, veranschaulicht durch die LOS ANGELES-Klasse, die Fähigkeit besitzt, Angriffe mit Flugkörperreichweite sowohl gegen Land- als auch gegen die traditionellen Über- und Unterwasserziele auf Entfernungen zu führen, die weit über jene der modernsten Torpedos hinausreichen. Und auf dem strategischen Schauplatz sind Unterseeboote zu den allerletzten Abschreckungsmitteln geworden, da von ihnen angenommen wird, daß sie einen atomaren Erstschlag überstehen, der den Versuch unternehmen würde, die landgestützten ballistischen Raketen und die von der Luft aus gestarteten strategischen Waffen zu neutralisieren.

Zusammen mit den Verbesserungen bei der Bewaffnung sind eindrucksvolle Leistungssteigerungen bei den Sensoren und den

Die Unterseebootsflotten der Welt (Stand Januar 1987)

Land	SSBN im Dienst	SSBN im Bau	SSGN im Dienst	SSGN im Bau	SSB im Dienst	SSB im Bau	SSN im Dienst	SSN im Bau	SS im Dienst	SS im Bau	SS in Reserve	Total	Bemerkungen
Ägypten	–	–	–	–	–	–	–	–	7	–	–	7	sowjetisch/chinesische *Romeo* (8), sowjetische *Whiskey* (3)
Albanien	–	–	–	–	–	–	–	–	3	–	–	3	sowjetische *Whiskey* (3)
Algerien	–	–	–	–	–	–	–	–	2	–	–	2	sowjetische *Romeo* (2)
Argentinien	–	–	–	–	–	–	–	–	4	2	–	4	deutscher Typ *209* (2), Typ *1400* (2+2)
Australien	–	–	–	–	–	–	–	–	6	–	–	6	britische OBERON (6)
Brasilien	–	–	–	–	–	–	–	–	7	3	–	7	brit. OBERON (3), amerik. «Guppy» (4), deutscher Typ *1400* (3 in Auftrag)
Chile	–	–	–	–	–	–	–	–	4	–	–	4	deutscher Typ *1300* (2), britische OBERON (2)
China	2	2	–	–	1	–	3	1	102	–	6	108	die meisten SS von sowjetischem, die übrigen von chinesischem Entwurf
Dänemark	–	–	–	–	–	–	–	–	4	–	–	4	dt. Typ *205* (2), dän. DELFINEN (2), 3 Typ *207* ev. von Norwegen gekauft
Deutschland	–	–	–	–	–	–	–	–	24	12	–	24	Typ *206* (18), Typ *205* (6), 12 Typ *211* in Auftrag
Ecuador	–	–	–	–	–	–	–	–	2	–	–	2	deutscher Typ *209* (2)
Frankreich	6	1	–	–	1	–	2	3	13	–	–	22	alle frz. Entwurf und Bau; U-Boote o. Atomantrieb werden nicht mehr gebaut
Griechenland	–	–	–	–	–	–	–	–	10	–	–	10	deutscher Typ *209* (8), amerikanische «Guppy» (2)
Großbritannien	4	4	–	–	–	–	14	5	15	1	–	33	siehe gesonderte Tabelle
Indien	–	–	–	–	–	–	–	–	8	7	–	8	sowjetische *Foxtrot* (8), deutscher Typ *1500* (4)
Indonesien	–	–	–	–	–	–	–	–	3	–	–	3	deutscher Typ *209* (2), sowjetische *Whiskey* (1), Auftrag für ein drittes Boot vom Typ *209* aufgeschoben
Israel	–	–	–	–	–	–	–	–	3	–	–	3	deutscher Typ *206*, gebaut bei Vickers in Großbritannien (3)
Italien	–	–	–	–	–	–	–	–	10	2	–	10	NAZARIO SAURO (4+2), ENRICO TOTI (4), amerikanische TANG (2)
Japan	–	–	–	–	–	–	–	–	14	4	–	14	YUSHIO (6+4), UZUSHIO (7), ARASHIO (1), alle von japanischem Entwurf und Bau
Jugoslawien	–	–	–	–	–	–	–	–	7	–	–	7	SUTJESKA (2), JUNAK (2), SAVA (3)
Kanada	–	–	–	–	–	–	–	–	3	–	–	3	britische OBERON (3)
Kolumbien	–	–	–	–	–	–	–	–	2	–	–	2	deutscher Typ *209* (2)
Korea (Nord–)	–	–	–	–	–	–	–	–	21	–	–	21	sowjetische *Romeo* (17), sowjetische *Whiskey* (4); 18 Kleinstunterseeboote zum Transport von Sonderverbänden
Korea (Süd-)	–	–	–	–	–	–	–	–	–	2	–	–	deutscher Typ *209*
Kuba	–	–	–	–	–	–	–	–	3	–	–	3	sowjetische *Foxtrot* (3)
Libyen	–	–	–	–	–	–	–	–	6	–	–	6	sowj. *Foxtrot* (6); Kleinst-U-Boote jugoslawischen Entwurfs
Niederlande	–	–	–	–	–	–	–	–	7	3	–	7	ZEELE (2+3), ZWAARDVIS (2), DOLFIJN (3), holländischer Entwurf und Bau
Norwegen	–	–	–	–	–	–	–	–	14	6	–	14	deutscher Typ *207* (14), 6 dt. Typ *210* in Auftrag
Pakistan	–	–	–	–	–	–	–	–	6	2	–	6	französische AGOSTA (2+2), DAPHNÉ (4); ebenso 2 Kleinstunseeboote
Peru	–	–	–	–	–	–	–	–	12	–	–	12	deutscher Typ *209* (6), amerikanische MACKEREL (4), amerik. «Guppy» (2)
Polen	–	–	–	–	–	–	–	–	3	–	–	3	sowjetische *Whiskey* (3)
Portugal	–	–	–	–	–	–	–	–	3	–	–	3	französische DAPHNÉ (3)
Schweden	–	–	–	–	–	–	–	–	12	4	–	12	NÄCKEN (3), SJÖORMEN (5), DRAKEN (4); 4 VÄSTERGÖTLAND in Auftrag, alle in Schweden entworfen und gebaut
Spanien	–	–	–	–	–	–	–	–	8	–	–	8	AGOSTA (4), DAPHNÉ (4); in Spanien nach französischen Entwürfen gebaut; nächste Klasse dürfte nuklear angetrieben sein
Südafrika	–	–	–	–	–	–	–	–	3	–	–	3	französische DAPHNÉ (3)
Taiwan	–	–	–	–	–	–	–	–	2	2	–	2	am. «Guppy» (2); 2 modifizierte niederländische ZWAARDVIS in Auftrag
Türkei	–	–	–	–	–	–	–	–	17	7	–	17	deutscher Typ *209* (5+7) amerikanische «Guppy» (10), amerik. TANG (2);
USA	36	6	–	–	–	–	96	19	4	–	–	134	siehe gesonderte Tabelle
UdSSR	64	4	49	–	15	–	81	?	147	?	–	372	siehe gesonderte Tabelle
	+ 16 SSG												
Venezuela	–	–	–	–	–	–	–	–	3	–	–	3	deutscher Typ *209* (2), amerikanische «Guppy» (1)
Insgesamt	112	17	65	–	17	–	196	28+	524	53+	6	916+	

Die bedeutenderen Unterseebootsflotten

	UdSSR	D	B	USA	D	B	UK	D	B
SSBN	*Typhoon*	4	?	OHIO	6	6	RESOLUTION	4	–
	Delta IV	1	3	LAFAYETTE	30	–	VANGUARD	–	4
	Delta III	14	–						
	Delta II	4	–						
	Delta I	18	–						
	Yankee II	1	–						
	Yankee I	21	–						
	Hotel III	1	–						
SSB	*Golf V*	1	–		–	–		–	–
	Golf III	1	–						
	Golf II	13	–						
SSGN	*Oscar*	2	?		–	–		–	–
	Papa	1	–						
	Charlie II	6	–						
	Charlie I	11	–						
	Yankee	1	-						
	Echo II	8	–						
SSS	*Juliett*	16	–		–	–		–	–
SSN	*Akula*	1	?	LOS ANGELES	33	(+19)	TRAFALGAR	3	5
	Sierra	1	?	LIPSCOMB	1	–	SWIFTSURE	6	–
	Mike	1	?	STURGEON	37	–	VALIANT	5	–
	Alfa	6	–	NARWHAL	1	–			
	Victor III	21	–	PERMIT	13	–			
	Victor II	7	–	TULLIBEE	1	–			
	Victor I	16	–	ETHAN ALLEN	2				
	Yankee	1	10	SKIPJACK	5	–			
	Echo	5	–	SKATE	2	–			
	Hotel	1	4						
	November	12	–						
SS	*Kilo*	6	?	BARBEL	3	–	UPHOLDER	0	1
	Tango	19	–	DARTER	1	–	OBERON	15	–
	Foxtrot	58	–						
	Golf	3	–						
	Romeo	6	–						
	Zulu IV	2	–						
	Whiskey	55	–						

Legende:
D = im Dienst
B = im Bau

Fernmeldeeinrichtungen eingetreten – erneut im wesentlichen auf der Fähigkeit moderner Computer beruhend, Mengen an Daten zu verarbeiten und zu offenbaren, die ein Mensch auf andere Weise einfach nicht handhaben kann, um sie rechtzeitig zu einem Bild zusammenzusetzen, das es ermöglicht, taktischen Gebrauch davon zu machen. Die Konsequenzen dieser gesamten Verbesserungen hinsichtlich der Fähigkeiten moderner Unterseeboote bestehen darin, daß die der U-Boots-Abwehr gewidmeten Mittel ebenfalls eine Steigerung erfahren haben, und mit den gegen sie gerichteten Waffensystemen und -plattformen jeder Art auf See müssen die Unterseebootsbesatzungen von heute ihre Operationen in Friedenszeiten auf einem höheren Bereitschaftsstand durchführen, wie das fast auf keinem anderen Gebiet militärischen Handelns der Fall ist. Das tägliche Sammeln von Daten über die Leistungsfähigkeit und die akustisch charakteristischen Merkmale feindlicher Unterseeboote ist ein grundlegender Bestandteil der Kriegsvorbereitung, womit die Marinen ständig beschäftigt sind – und dies ist auch der Grund dafür, warum sie sich so sträuben, mehr als die allernotwendigsten Einzelheiten über deren Leistungsfähigkeit und Einsatzmöglichkeiten preiszugeben. Schließlich können die Risiken, denen die Unterseebootbesatzungen ausgesetzt sind, von keiner Marine ignoriert werden, die Personal von geeignetem Format zu rekrutieren sucht und ein gesundes moralisches Niveau aufrechterhalten will. Daher schließt dieser Abschnitt mit einem Überblick über die modernen Rettungssysteme ab, die den Besatzungen helfen können, im Falle eines Unfalls unter Wasser zu überleben. In diesem Zusammenhang werden auch einige der Unglücksfälle, die sich seit dem Kriege ereignet haben, einer Betrachtung unterzogen.

Unten: Computerunterstütztes Entwerfen ist bei der U-Boot-Konstruktion so wichtig wie die elektronische Datenverarbeitung bei der Bedienung von Sensoren und Waffensystemen. Der hier im Entwurfsbereich tätige Ingenieur benutzt ein Kockums-3D-CAD-System, um Mast-Anordnungen zu erforschen.

Rechts: Unterseeboote operieren in drei Dimensionen, und die gegen sie eingesetzten Kampfmittel umfassen neben Flugzeugen und Überwasserschiffen auch feindliche U-Boote. Dieses französische Fernaufklärungs- und U-Jagdflugzeug Breguet «Atlantic» hat sein Ziel an der Wasseroberfläche markiert.

Die verschiedenen Arten U-Boote und U-Schiffe

Während des Ersten Weltkrieges wurde das Unterseebot in der Seekriegführung zu einem wesentlichen Faktor, als das kaiserliche Deutschland seine volle Leistungsfähigkeit zum ersten Male nach einem langen Entwicklungsprozeß, in Gang gesetzt durch eine Reihe von Erfindern und Enthusiasten, demonstrierte. Einem Holländer, Cornelius van Drebbel, wird üblicherweise der Bau des ersten brauchbaren Unterseebootes im Jahre 1620 zugeschrieben. Er führte sein mit Riemen angetriebenes Boot in London auf der Themse vor, und es heißt sogar, er habe König Johann I. zum Mitfahren überredet.
Bis zum frühen 18. Jahrhundert waren zahlreiche Ideen für Unterwasserfahrzeuge patentiert worden, und während des amerikanischen Unabhängigkeitskrieges kam die TURTLE, ein tauchfähiges Ein-Mann-Gerät, entworfen von David Bushnell, zum Einsatz, um das britische Kriegsschiff HMS EAGLE im Hafen von New York anzugreifen. Dabei war beabsichtigt, eine aus Schießpulver bestehende Sprengladung mit Schrauben am Schiffsboden zu befestigen und sie mit einem Zeitzünder explodieren zu lassen, aber der Versuch verlief erfolglos. Robert Fulton entwarf ein Unterwasserfahrzeug, die NAUTILUS, die er 1801 Frankreich, Großbritannien und den Vereinigten Staaten anbot, ohne je eine Antwort zu erhalten. Mehrere andere Tauchboote erschienen während des amerikanischen Bürgerkrieges, und am 17. Februar 1864 versenkte ein konföderiertes Boot, die CSS HUNLEY, die Dampfkorvette USS HOUSATONIC der Unionsmarine außerhalb des Hafens von Charleston. Die HUNLEY wurde von einem Schraubenpropeller angetrieben, gedreht von einer Handkurbel, welche die acht Besatzungsmitglieder bedienten, und benutzte einen vor dem Bug angebrachten Spierentorpedo. Wie bei der Entwicklung des Flugzeuges, die mit der des Unterseebootes annähernd parallel verlief, war das Problem des Unterseebootes eigentlich nicht lösbar, ehe nicht ein geeignetes Antriebsmittel zur Verfügung stand. Ein englischer Geistlicher, der Reverend Garrett, handhabte erfolgreich ein dampfangetriebenes Unterseeboot, wie dies auch dem Schweden Nordenfeldt gelang, aber es war erst der Elektromotor, der schließlich das Problem löste.
Das Verdienst für das erste wirklich erfolgreiche Unterseeboot muß J. P. Holland aus New Jersey zugesprochen werden, dessen erstes Boot 1875 vom Stapel lief. Viele seiner Ideen sind noch heute in Gebrauch, bemerkenswert darunter die Benutzung von Wasserballast, um das Boot unter Wasser zu bringen, und Tiefenrudern für den Tauchvorgang. Die am 17. Mai 1897 vom Stapel gelaufene HOLLAND war 16,45 m lang, und ihr Propeller wurde an der Wasseroberfläche von einem Benzin-(Otto-)Motor und im getauchten Zustand von Elektromotoren, gespeist aus Akkumulatorenbatterien, angetrieben. Trotz erfolgreich verlaufener Probefahrten dauerte es bis zum 11. April 1900, ehe die vorsichtige amerikanische Marine eine derart revolutionäre Erfindung übernahm und in der Folge das Boot am 12. Oktober 1900 unter Lieutenant Harry H. Caldwell, USN, als Kommandanten in Dienst stellte. Die Gesellschaft, die dieses Boot gebaut hatte, die «Holland Submarine Torpedo Boat Company», wurde im Jahre 1900 zur «Elec-

Oben: USS HOLLAND, das erste Unterseeboot der US-Marine, übernommen am 11. April 1900. Das Boot war mit drei Torpedos bewaffnet, war 16,4 m lang und imstande, aufgetaucht 8 kn und unter Wasser 2 kn zu laufen, und hatte sechs Mann Besatzung.

Rechts: 1903 in Dienst gestellt, war die HOLLAND 5 der Royal Navy das letzte Boot dieser Klasse. Bei Vickers gebaut und praktisch mit den «Holland»-Booten der amerikanischen Marine identisch, strandete das Boot bei Fort Blockhouse, Portsmouth.

Unten: Die erste aus einer langen Reihe von Unterseebootbesatzungen der Royal Navy. Die Besatzung der HOLLAND 1 präsentiert sich mit strenger Miene der Kamera.

Oben: Die HOLLAND 3 der Royal Navy in ihrem ursprünglichen Zustand und mit einer sehr schmucken Besatzung. Die Wasserverdrängung betrug 104 ts aufgetaucht und 150 ts unter Wasser. Diese Boote besaßen ein einziges 55,1-cm-Bugtorpedorohr.

Links: Den ersten Booten britischen Entwurfs, der A-Klasse (vier gebaut), folgten die 11 Einheiten der B-Klasse, gebaut 1905/06. Die letzteren waren die ersten Boote, die mit vorderen Tiefenrudern ausgestattet waren.

Unten: Die vierte, aus 38 Einheiten bestehende C-Klasse hatte eine Wasserverdrängung von 290 ts aufgetaucht und 320 ts unter Wasser; sie besaß zwei 45,7-cm-Bugtorpedorohre.

tric Boat Company» umorganisiert und baut heute noch als «Electric Boat Division» der «General Dynamics Corporation» in Groton, Connecticut, Unterseeboote. Die Franzosen waren lange vorher an Unterseebooten interessiert gewesen und hatten in den 1860er Jahren ein Boot gebaut, die LE PLONGEUR, die viele ausgezeichnete Vorstellungen in sich vereinigte. Mit Hilfe von Preßluft aus großen Stahlflaschen erfolgte der Antrieb über eine 80-PS-Maschine. Die Luft wurde auch dazu verwendet, die Tauchzellen auszublasen und Frischluft für die Besatzung zu liefern. Unglücklicherweise war LE PLONGEUR sehr instabil, und der französischen Marine gelang es nicht, die Probleme dieses vielversprechenden Bootes zu lösen. Auf eine Reihe von Tauchbooten, entworfen von Goubet, folgte die NARVAL, fertiggestellt 1899, die Dampf- und elektrischen Antrieb besaß und sowohl an der Wasseroberfläche als auch in getauchtem Zustand eine gute Leistung erbrachte. Sobald die Möglichkeiten des Unterseebootes von den Amerikanern und Franzosen demonstriert worden waren, interessierten sich viele Marinen für diese Idee. Die britische Admiralität hatte den Fortgang mit einer Mischung aus Skepsis und hochmütiger Geringschätzung beobachtet, aber um 1900 fühlte sie sich gezwungen, sich zu beteiligen. Die Entwicklung begann mit fünf «Holland»-Booten, in England bei Vickers gebaut, wo ähnlich wie bei «Electric Boat» heute noch Unterseeboote entstehen. HOLLAND 1 verdrängte 104 ts aufgetaucht und 122 ts unter Wasser und hatte eine siebenköpfige Besatzung. Die Geschwindigkeit lag bei acht Knoten über Wasser und bei fünf Knoten getaucht. Den fünf «Holland»-Booten folgten 13 Einheiten der A-Klasse (fertiggestellt 1903-1905), 11 Einheiten der B-Klasse (1905-1910), 38 Einheiten der C-Klasse (1906-1908) und acht Einheiten der D-Klasse (1908-1911). Die erste Einheit der erfolgreichen C-Klasse stieß gerade noch bis zum August 1914 zur Flotte, als der Erste Weltkrieg begann. Zu diesem Zeitpunkt besaß die Royal Navy mit etwa 74 Booten die bei weitem größte Unterseebootsflotte der Welt. Der Erste Weltkrieg sah den Einsatz der Unterseeboote vom ersten Tag an. Kapitänleutnant Weddigen von der Kaiserlich Deutschen Marine erzielte am 22. September 1914 einen erstaunlichen Erfolg, als er drei britische Panzerkreuzer torpedierte und versenkte. Die britischen Unterseeboote waren während des ganzen Krieges sehr erfolgreich, aber es waren die Deutschen, die das Unterseeboot eher als eine strategische denn eine taktische Waffe einsetzten. Bei dem Versuch, die transatlantischen Handelsrouten abzuschnüren, ver-

Oben: Das Unterseeboot HMS H 2 im Mai 1916 während des unglücklich verlaufenen Dardanellen-Feldzuges in der Bucht von Mudros. Die ersten 20 Einheiten entstanden nach dem Entwurf der amerikanischen «Holland»-Klasse in den USA, und weitere 25 Boote wurden in den Jahren 1915 – 1919 in Großbritannien gebaut. Es waren die ersten mit 53,3-cm-Torpedorohren bewaffneten Boote. Sie standen in beiden Weltkriegen im Dienst, und die letzten beiden wurden 1945 verschrottet.

Oben: Das elektrische Schweißverfahren wurde zuerst bei der CACHALOT-Klasse der US-Marine angewendet, erbaut 1931–1934. Dies sparte Gewicht, gab dem Bootskörper zusätzliche Festigkeit und löste das Problem des Kraftstoff-Verlustes, der nicht nur die Reichweite verringerte, sondern auch einen verräterischen Ölteppich auf der Wasseroberfläche hinterließ.

Unten: HMS M 1 der Royal Navy war mit einem 30,5-cm-Geschütz und vier 45,7-cm-Bugtorpedorohren bewaffnet. Das Geschütz mußte an der Wasseroberfläche geladen werden, vor dem Tauchen war die Mündung wieder zu verschließen. Ehe das Feuer eröffnet werden konnte, mußte das Boot an die Wasseroberfläche, bis die Mündung frei vom Wasser war.

Oben: Mit Dampfturbinenantrieb für eine Überwassergeschwindigkeit von 24 kn war die britische K-Klasse entworfen worden, um mit der Schlachtflotte zusammenzuwirken.

Rechts: Von der britischen M 2, ursprünglich identisch mit der M 1, wurde das Geschütz entfernt, um das Boot zu einem tauchfähigen Flugzeugträger umzubauen. Sie sank 1932, als der Hangar offen blieb.

Unten: Einen wichtigen Schritt beim Entwurf dieselelektrisch angetriebener Unterseeboote bildete der Schnorchel-(Luft-)mast, der es ermöglicht, mit knapp aus dem Wasser herausragendem Schnorchelkopf Marschfahrt zu laufen, während die Diesel in Betrieb sind, um die Batterien aufzuladen. Dieses Schaubild zeigt das System, das auf den «Guppy»-Booten der Nachkriegszeit Verwendung fand.

Schnorchel-Luftansaugsystem

1 Lufteinlaßventil am Schnorchelkopf (53,3 cm)
2 Schnorchel-(Luftansaug-)mast (38,1 cm)
3 Feuchtigkeitsabscheider
4 Lufteinlaßventil (achterer Batterieraum)
5 Haupteinlaßventil (achterer Batterieraum)
6 Lüftungsventil im Bootskörper (vorderer Maschinenraum)
7 Lufteinlaßventil im Bootskörper (vorderer Maschinenraum)
8 Lufteinlaßventil im Bootskörper (achterer Maschinenraum)
9 Wasserabfluß in Untertriebszelle
10 Wasserabfluß in den Pumpenraum

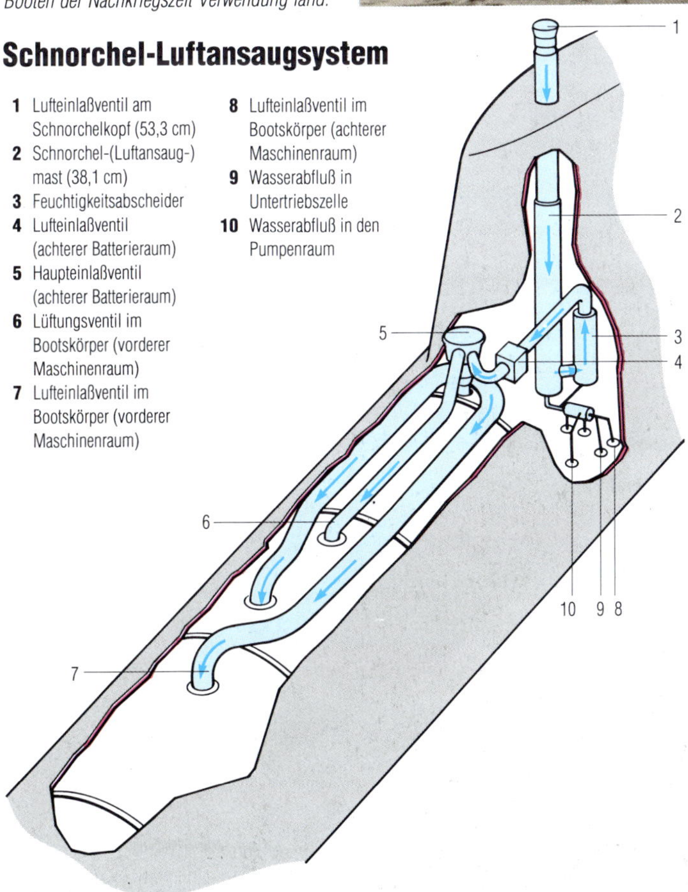

senkten die deutschen U-Boote eine grosse Zahl alliierter Schiffe und fast wäre es ihnen gelungen, ihr Ziel zu erreichen.
Die gegen Ende des Ersten Weltkrieges im Einsatz befindlichen Unterseeboote waren im wesentlichen größere Versionen jener Boote, die sich zu Beginn der Auseinandersetzung in Dienst befanden. Bewaffnet mit Torpedos und zusätzlich mit Geschützen für das Überwassergefecht, waren sie imstande, unter Wasser eine begrenzte Fahrtstrecke zurückzulegen. Der Antrieb erfolgte dieselelektrisch. Die deutsche Planung sah vor, den Krieg an die Küsten der USA zu tragen, und sie bauten deshalb gegen Ende des Krieges große «U-Kreuzer». So hatte zum Beispiel *U 135* eine Wasserverdrängung von 1'175 ts über Wasser und 1'534 ts getaucht. Das Boot war mit einem 15-cm-Geschütz und sechs 50,8-cm-Torpedorohren bewaffnet, besaß eine Besatzung von 46 Mann und lief 17,5 kn aufgetaucht und 8,1 kn unter Wasser. Die Zwischenkriegsjahre sahen eine langsame, aber ständige Entwicklung bei den Patrouillenboot-Typen. Der deutsche Typ IX A aus dem Jahre 1940 hatte eine Wasserverdrängung von 1'032 ts aufgetaucht und 1'153 ts unter Wasser und war mit sechs 53,3-cm-Torpedorohren und einem 10,5-cm-Geschütz bewaffnet. Mit einer Geschwindigkeit von 18,3 kn über Wasser und 7,7 kn getaucht bot dieser Typ gegenüber *U 135* vor 22 Jahren kaum zusätzliche Fähigkeiten und Leistungen, wenn auch die Zuverlässigkeit und Wohnlichkeit offensichtlich sehr viel besser waren.
Die Jahre 1918-1939 hatten auch einige ungewöhnliche Unterseebootentwicklungen gesehen, obwohl sie sich zumeist als wertlos erwiesen. Der Einsatz von Geschützen schien gegenüber Torpedos einige Vorteile zu bieten, und die Briten entwickelten eine Reihe von Unterseebooten (K-, M- und X-Klasse), bei denen Geschütze die Hauptwaffe darstellten, während die Franzosen die mächtige SURCOUF (4'304 ts getaucht) mit zwei 20,3-cm-Geschützen in einem riesigen Turm vor dem Kommandoturm bauten. Die britische, die französische und die japanische Marine führten auch Versuche mit flugzeugtragenden Unterseebooten durch, aber mit sehr begrenztem Erfolg.
Der Zweite Weltkrieg sah einen zweifachen Großeinsatz von Unterseebooten: den ersten im Atlantik, wo die deutschen U-Boote erneut versuchten, Großbritannien von Nordamerika abzuschneiden, und wieder einen Fehlschlag erlitten; und den zweiten im Pazifik, wo die amerikanische Marine daranging, die japanische Handelsflotte zu vernichten, und damit Erfolg hatte. An Ausrüstung wurde für die Unterseeboote viel Neues eingeführt; beachtenswert sind darunter das Radar, das Sonar (brit. Asdic), der

Schnorchel und Geräte zur elektronischen Kriegsführung wie zum Beispiel die Funkpeilung (-ortung). In der Zwischenzeit wurden die Geschwindigkeiten bemerkenswert gering gesteigert; die BALAO-Klasse der US-Marine aus dem Jahre 1943 erreichte eine Unterwassergeschwindigkeit von gerade 8,7 kn, eine Verbesserung, die gegenüber den Unterseebooten des Ersten Weltkrieges nur geringfügig war.
Es gibt jedoch drei sehr wichtige Durchbrüche: Erstens die deutsche Entdeckung, daß mit der Stromlinienform des Bootskörpers, wobei alle unnötigerweise angebrachten Vorsprünge entfernt sind, und der Steigerung der Batterieleistung viel größere Geschwindigkeiten und eine größere Seeausdauer erreicht werden konnten. Zusammen mit dem Einsatz des Schnorchels führten diese Vervollkommnungen zu den ersten Booten, die sich mehr unter der Wasseroberfläohe als darüber bewegten, und zeigten den Weg zu einem Programm neuer Boote oder zu radikalen Veränderungen der alten in praktisch jeder Marine. Die zweite große Entwicklung ergab den tropfenförmigen Bootskörper, bahnbrechend eingeführt mit dem Versuchsunterseeboot USS ALBACORE der US-Marine. Diese Form des Bootskörpers ermöglichte den Unterseebooten höhere Unterwassergeschwindigkeiten, löste die Steuerungsprobleme und schuf einen größeren Innenraum. Der dritte bestand in der Vervollkommnung des Atomantriebs, der die Unterseeboote von der Notwendigkeit des Auftauchens an die Wasseroberfläche befreite.

Der Ozean

Unterseeboote müssen in einer dreidimensionalen Umwelt operieren, die ihre eigene Natur und ihre besonderen Eigenarten besitzt, und wir stehen erst am Anfang, sie zu begreifen. Der Ozean steht den Menschen grundsätzlich feindselig gegenüber, die in ihm nur existieren können, wenn sie einen Teil ihrer normalen Atmosphäre mitführen, und er weist ein ihm eigenes Verhaltensmuster auf, das insoweit genauso wenig vorauszusagen ist wie das atmosphärische Wetter vor dem Erscheinen der Satelliten. Die Natur der Ozeane durchdringt jeden Aspekt der Unterseebootskriegführung und führt zu einigen sehr merkwürdigen Situationen. Ein Überwasserkriegsschiff zum Beispiel kann ein Unterseeboot in etwa 30 Seemeilen Entfernung orten, nur, um von einem anderen Unterseeboot versenkt zu werden, das gerade eine Seemeile entfernt lauert und dessen Anwesenheit die Sensoren überhaupt nicht feststellen konnten. Und genauso wie sich die Ausbreitung des Schalls auf sehr merkwürdige Weise verhält, so ist dies auch bei Explosionen der Fall. Ein Beispiel für das letztere Phänomen ereignete sich während des Zweiten Welt-

Deutsches Unterseeboot vom Typ IX B

Herkunftsland: Deutschland
Typ: dieselelektrisch angetriebenes Hochseeunterseeboot
Wasserverdrängung: 1'051 ts aufgetaucht, 1'178 ts getaucht
Abmessungen: Länge: 76,5 m, Breite: 6,8 m, Tiefgang: 4,7 m
Antrieb: zwei MAN-Dieselmotoren mit je 2'000 PS, zwei Elektromotoren mit je 500 PS; 18,2 kn aufgetaucht, 7,3 kn getaucht; 8'700 sm bei 12 kn aufgetaucht, 64 sm bei 4 kn getaucht; Tauchtiefe: 150 m
Besatzung: 48
Geschichte: Typ I und II waren Schulboote; ihnen folgten die beiden Typen, welche die Hauptlast des U-Boot-Krieges trugen: Typ VII und Typ IX. Letzterer war abgeleitet von Typ I, der seinerseits wiederum von der *U 81*-Serie aus dem Jahre 1916 abgeleitet worden war. Für Operationen in entfernten Gewässern vorgesehen, besaß Typ IX einen größeren Aktionsradius, größere Wasserverdrängung und eine viel bessere Wohnlichkeit als der Typ VII.
Entwurf: Typ IX lag der Entwurf eines Zweihüllenbootes zugrunde. Ein Teil der aus 154 ts bestehenden Treibstoffmenge sowie alle Tauchzellen befanden sich zwischen den Hüllen. Die Reichweite über Wasser betrug 10'500 sm bei 10 kn. Typ IX B führte 165 ts Treibstoff mit, die dem Boot eine Reichweite von 12'000 sm verliehen, wohingegen der Typ IX C und IX C-40, in größeren Stückzahlen als jede andere Version gebaut, noch mehr Raum zwischen den Hüllen verwertete, um sogar noch mehr Treibstoff (208 ts bzw. 214 ts) unterzubringen, um so eine noch größere Reichweite (12'000 sm bzw. 12'300 sm) zu erzielen. Den Booten der D-Serie lag eine wesentliche Umkonstruktion zugrunde; sie waren 10 m länger und wiesen noch weitere Steigerungen von Reichweite und Geschwindigkeit auf. Vom Typ IX D1 wurden zwei Boote gebaut, jedes mit sechs schnelllaufenden 1'500-PS-Dieselmotoren ausgestattet, die normalerweise bei Schnellbooten Verwendung fanden; sie verliehen ihnen eine Höchstgeschwindigkeit über Wasser von 21,8 kn. Diese Motorenanlage erwies sich jedoch für die Besatzung als gefährlich und unangenehm, und die Idee wurde nach einer Feindfahrt fallengelassen. Die Originalmotoren wurden danach durch zwei der üblichen MAN-U-Boot-Dieselmotoren ersetzt, die Torpedorohre entfernt und die Boote anschließend als Transport- und Treibstoffversorgungsboote eingesetzt. Sie konnten (zusätzlich zu ihren eigenen 203 ts) 252 ts Treibstoff mitführen.
Der Typ IX D2 und der Typ IX D-42 waren für Operationen im Südatlantik und im Indischen Ozean entworfen worden, ihre Treibstoffhöchstmenge von 441 ts gewährte ihnen über Wasser die unglaubliche Reichweite von 31'500 sm bei 10 kn sowie aufgetaucht eine Höchstgeschwindigkeit von 19,2 kn. Viele D2-Boote führten den einsitzigen Schlepphubschrauber Focke-Achgelis FA 330 mit, der von dem U-Boot auf eine Höhe von 100 m geschleppt werden konnte, um die Rundsichtfähigkeit über Wasser zu erhöhen. Die Boote besaßen eine Überwasserreichweite von 23'700 sm bei 12 kn. Einige IX-D-Boote wurden zur Einfuhr lebenswichtiger Vorräte aus Japan eingesetzt, während andere als U-Tanker Verwendung fanden; die meisten von ihnen gingen verloren. 29 Boote vom Typ IX D2 und zwei Einheiten vom Typ IX D-42 wurden gebaut. Danach fiel die Entscheidung, die Fertigung auf den Typ XXI umzustellen.
Von 1943 an wurden viele Boote vom Typ IX mit einem Schnorchel ausgerüstet, ebenso kamen Radar-(Funkmeß-)Geräte und Funkpeilantennen hinzu. Als Folge davon vergrößerte sich das Obergewicht, und die Schnelltauchzeit nahm zu (ursprünglich 35 Sekunden). Bei einigen Booten wurde ein Teil des Wetterdecks entfernt, was zur Verringerung der Anzahl der mitgeführten Reservetorpedos führte.

Unten: Der Typ IX A besaß zwei Sehrohre, aber alle späteren Versionen waren mit drei ausgerüstet. Mit zunehmender Fortdauer des Krieges fanden auch in steigender Anzahl elektronische Geräte mit ihren Sensoren Verwendung. Der Furcht vor den immer wirksamer werdenden, mit Radar ausgerüsteten alliierten U-Jagdflugzeugen wurde mit einer Reihe von Funkmeß-(Radar-)Beobachtungsgeräten begegnet, darunter das FuMB 29 (mit Antenne «Bali»), das dann später durch das FuMB 10, ein leistungsfähigeres Breitbandgerät, ersetzt wurde. Die U-Boote waren auch mit eigenen Funkmeßortungs-(Radar-)Geräten ausgerüstet, darunter das FuMO 29 und das FuMO 30. U 862, eines der Boote, die nach Malaya gingen, hatte ein FuMG 200 «Hohentwiel» an Bord, ein Gerät, entwickelt aus einem Schiffsortungsgerät der Luftwaffe.

Links: Der 1915 eingesetzte Unterseeboot-Entwicklungs-Ausschuß der britischen Admiralität schlug mehrere Konzepte vor. Darunter befand sich auch die Idee für diesen «U-Kreuzer» der X-Klasse. X 1, die einzige gebaute Einheit, verdrängte 3'585 ts und war mit vier 13,2-cm-Geschützen in zwei Türmen sowie sechs 53,3-cm-Torpedorohren bewaffnet. Sie wurde 1930 auf Kiel gelegt.

Rechts: Die nuklear angetriebenen strategischen U-Schiffe mit ballistischen Raketen der sowjetischen Hotel-Klasse – von denen neun gebaut wurden, ehe 1960 die Fertigung eingestellt wurde – waren die ersten im Dienst befindlichen SSBN. Hier eine Einheit dieser Klasse 1972 vor der Küste von Neufundland nach einem Unglücksfall.

krieges, als einige britische Kleinunterseeboote quer über die Nordsee geschleppt worden waren, um das deutsche Schlachtschiff TIRPITZ anzugreifen. Bei einem von ihnen, der *X-8*, erhielt die ausklinkbare Steuerbord-Seitenladung (die den Sprengstoff enthielt) ein Leck und wurde abgeworfen. Einige Minuten später, während sich das Kleinunterseeboot noch verhältnismäßig nahe an der Abwurfstelle befand, detonierte die Ladung. Sie verursachte aber weder bei *X-8* noch bei dem schleppenden Unterseeboot Schäden. Einige Zeit später gab es bei der Backbord-Seitenladung ein ähnliches Problem, und auch sie wurde ausgeklinkt; aber diesmal wurde der Zünder auf eine Zwei-Stunden-Verzögerung eingestellt. Der Zünder löste fehlerlos 120 Minuten später die Detonation aus, aber diese verursachte bei *X-8* derart schwere Schäden, daß das Kleinunterseeboot aufgegeben werden mußte. Die Ladungen waren identisch, aber die Detonation der einen in wenigen hundert Metern Entfernung richtete überhaupt keinen

Oben und links: Der Typ IX B besaß ein einzelnes 10,5-cm-Geschütz auf dem Vordeck, ein 3,7-cm-Flakgeschütz auf dem Achterdeck und ein 2-cm-Flakgeschütz auf einer Plattform hinter dem Kommandoturm. Von 1944 an wurden die 10,5-cm- und 2-cm-Waffen durch 2-cm-Geschütze in Zwillingslafetten ersetzt. Alle Versionen besaßen sechs 53,3-cm-Torpedorohre – vier im Bug und zwei im Heck – mit 16 Reservetorpedos. Der mitgeführte Standardtorpedo war der G7e.

Strategische U-Schiffe im Dienst

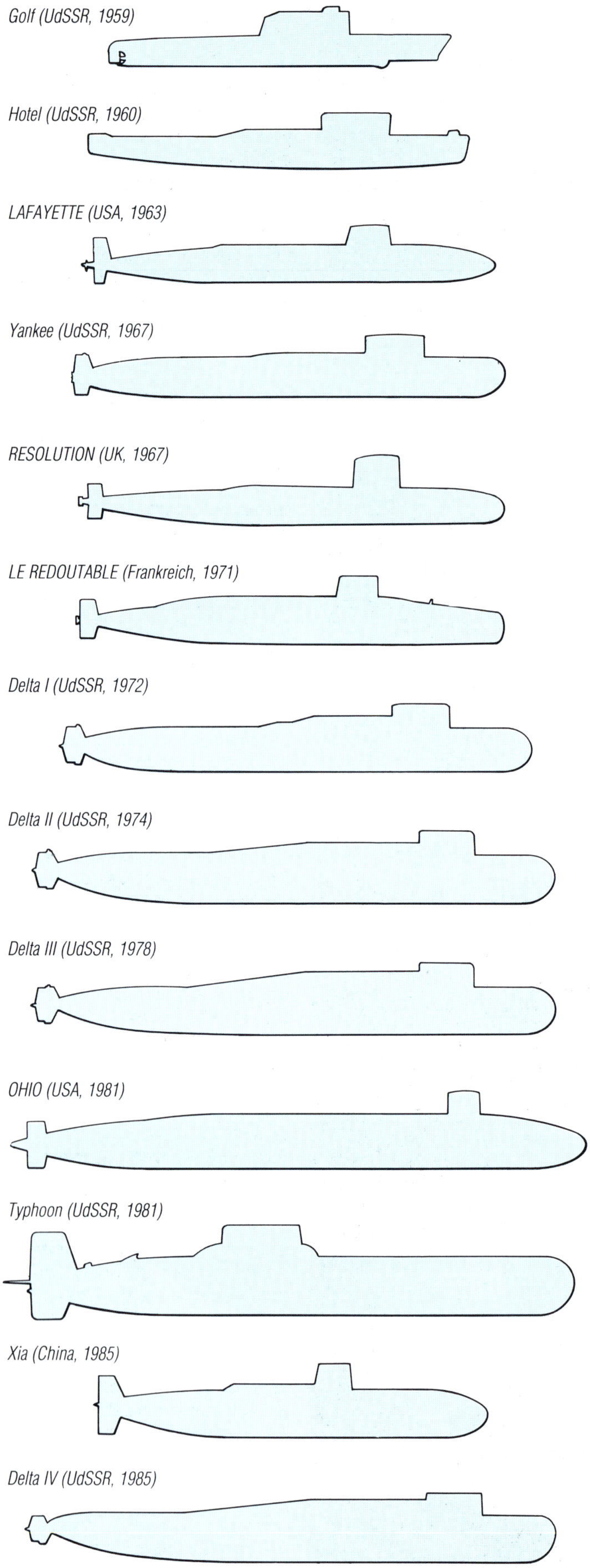

Oben: Gegenwärtig im Dienst befindliche Klassen von SSBN mit dem Datum der Fertigstellung der ersten Einheit. Die ersten sowjetischen U-Schiffe dieser Art, die Golf- und Hotel-Klasse, beherbergen ihre Raketen senkrecht im Turmaufbau, während bei den restlichen Klassen die Hauptbewaffnung im Schiffskörper achteraus des Turms geführt wird, ausgenommen die Typhoon-Klasse, bei der sich die Startschächte vorn befinden.

Schaden an, während diejenige in einer Entfernung von etwas mehr als drei Seemeilen sehr große Schäden verursachte, und dies lediglich infolge des merkwürdigen Verhaltensmusters der See.

U-Schiffe mit ballistischen Raketen

Die ersten echten strategischen Unterseeboote mit ballistischen Raketen waren die Einheiten der dieselangetriebenen *Golf*-Klasse der sowjetischen Marine mit drei SS-N-4-Raketen, senkrecht im Turmaufbau untergebracht. Bei der sich daran anschließenden *Hotel*-Klasse befanden sich die Raketen ebenfalls im Turmaufbau, und es dauerte bis zum Auftauchen der *Yankee*-Klasse im Jahre 1966, ehe die Sowjets ein zweckgebautes SSBN besaßen, das den im Westen gebauten Einheiten entsprach. Selbst dann noch führte die *Yankee I*-Klasse die SS-N-6-Rakete mit einer verhältnismäßig kurzen Reichweite, und dies bedeutete, daß die U-Schiffe nahe dem amerikanischen Festland eingesetzt werden mußten, damit die Ziele – wie etwa die SAC-Basen – sich innerhalb ihrer Reichweite befanden. Die Anzahl der Einheiten bei der *Yankee*-Klasse nimmt ständig ab, da diese für andere Aufgaben umgebaut werden, um innerhalb der Begrenzungen des SALT-II-Abkommens zu bleiben, und die einzige Einheit der *Yankee-II*-Klasse führt versuchsweise den Flugkörper SS-NX-17 (Versuchsschiff für die *Typhoon*-Klasse?). Die nächstfolgende Klasse hingegen, die *Delta*-Klasse, wird augenblicklich zum viertenmal wesentlich modifiziert: *Delta I* besaß 12 SS-N-8, *Delta II* 16 SS-N-8, *Delta III* 16 SSN-18 und *Delta IV* 16 SS-N-23 – im Verlaufe dieser Weiterentwicklung stieg die Größe dieser U-Schiffe von 10'000 ts Wasserverdrängung getaucht *(Delta I)* bis auf 13'600 ts *(Delta IV)*. Die U-Schiffe der zuletzt gebauten *Typhoon*-Klasse (29'000 ts) führen 20 SS-N-20-Raketen vor dem Turmaufbau. Einige Jahre lang neigten die sowjetischen SSBN-Entwürfe dazu, hinter denen des Westens zurückzubleiben, mit deutlicher Sichtbarkeit einer sehr hastigen Umwandlung bei den früheren Typen. Selbst bei den jüngsten Einheiten der *Delta*-Klasse ist

Oben: Darstellung eines SSBN der britischen VANGUARD-Klasse, entworfen für den Trident-Flugkörper; die erste Einheit dieser Klasse wurde bei Vickers in Barrow auf Kiel gelegt. Innerhalb Großbritanniens entstand eine große nationale Debatte darüber, ob es klug wäre, das Trident-Waffensystem zu übernehmen. Vier Einheiten dieser Klasse sind geplant, und eine fünfte ist unwahrscheinlich.

Links: Ein U-Schiff der sowjetischen Delta-Klasse. Die Größe des FK-Bereiches wird von der Länge der SS-N-8-Raketen diktiert.

Unten: Von Anfang an wurden die Einheiten der ETHAN ALLEN-Klasse als SSBN entworfen; im Bild die USS JOHN MARSHALL (SSBN-611). Die frühere GEORGE WASHINGTON-Klasse war eine verlängerte Version der SKIPJACK-Klasse.

das plumpe Walrückendeck, erforderlich, um die großen Raketen aufzunehmen, sehr schlecht an den Turmaufbau angepaßt. Dies ruft zweifellos große Unterwassergeräusche bei jeder Geschwindigkeit hervor. Die *Typhoon*-Klasse ist ein interessanter Entwurf, der im Westen ausführlich diskutiert worden ist. Nach allgemein übereinstimmender Meinung handelt es sich um zwei parallele Schiffskörper, miteinander verbunden und von einer elliptischen Außenhülle umgeben – es wird sogar angedeutet, daß es sich bei den parallelen Druckkörpern einfach um zwei in geeigneter Weise umgebaute *Yankee*- oder *Delta*-Schiffskörper handeln könnte –, die für ein sehr geräumiges Innere sorgen sollen, das für eine zusätzliche Besatzung, längere Unternehmungen, zusätzliche Ausrüstung oder für ein geheimes Antriebssystem verwendet werden könnte.

Die Einheiten der *Typhoon*-Klasse scheinen speziell für eine Verwendung unter dem Polareis vorgesehen zu sein. Eines dieser U-Schiffe hat seine Fähigkeit demonstriert, zumindest vier ballistische Flugkörper gleichzeitig zu starten, während alle übrigen strategischen Unterseeschiffe ihre Flugkörper in einer «Welle» mit Abständen bis zu fünfzehn Minuten (im Falle der älteren Typen) verschiessen. Während dieser Zeit sind sie äußerst verwundbar, weshalb das Starten von Salven einen wesentlichen Fortschritt bedeutet. Nebenbei bemerkt ist es interessant, daß der erste Kommandant des ersten Unterseeschiffes der *Typhoon*-Klasse am Ende seiner Kommandantenzeit eine sehr hohe Auszeichnung erhielt – tatsächlich so hoch und so selten, daß er seit den Tagen des Zweiten Weltkrieges der erste damit wieder Ausgezeichnete war.

Bei der US-Marine stehen gegenwärtig drei Klassen von SSBN im Dienst: 31 Einheiten der ziemlich identischen LAFAYETTE- und FRANKLIN-Klasse, wovon 12 je 16 Trident-I-Flugkörper führen, während die übrigen ihre 16 Poseidon-Raketen behielten, und eine zunehmende Anzahl von Einheiten der OHIO-Klasse, die je 24 Trident-Flugkörper achteraus des Turmaufbaus führen. Anders als bei den vorhergehenden Klassen werden die U-Schiffe der OHIO-Klasse durch das S8G-Naturumlauf-Atomreaktorsystem angetrieben, entwickelt aus dem auf der NARWHAL getesteten S5G-System.

Wie die Einheiten der LAFAYETTE- und FRANKLIN-Klasse führen die britischen und französischen SSBN je 16 Flugkörper achteraus des Turmaufbaus, und sie sind auch von ähnlicher Größe. Die Franzosen haben bis jetzt sechs SSBN fertiggestellt, die fortschreitend eine allmähliche Verbesserung erfuhren, während die Royal Navy seit der Fertigstellung der letzten der vier Einheiten der RESOLUTION-Klasse Ende der 1960er Jahre kein weiteres SSBN gebaut hat. Deshalb wird es beim Entwurf der vier

Nuklear angetriebene Angriffs-U-Boote im Dienst

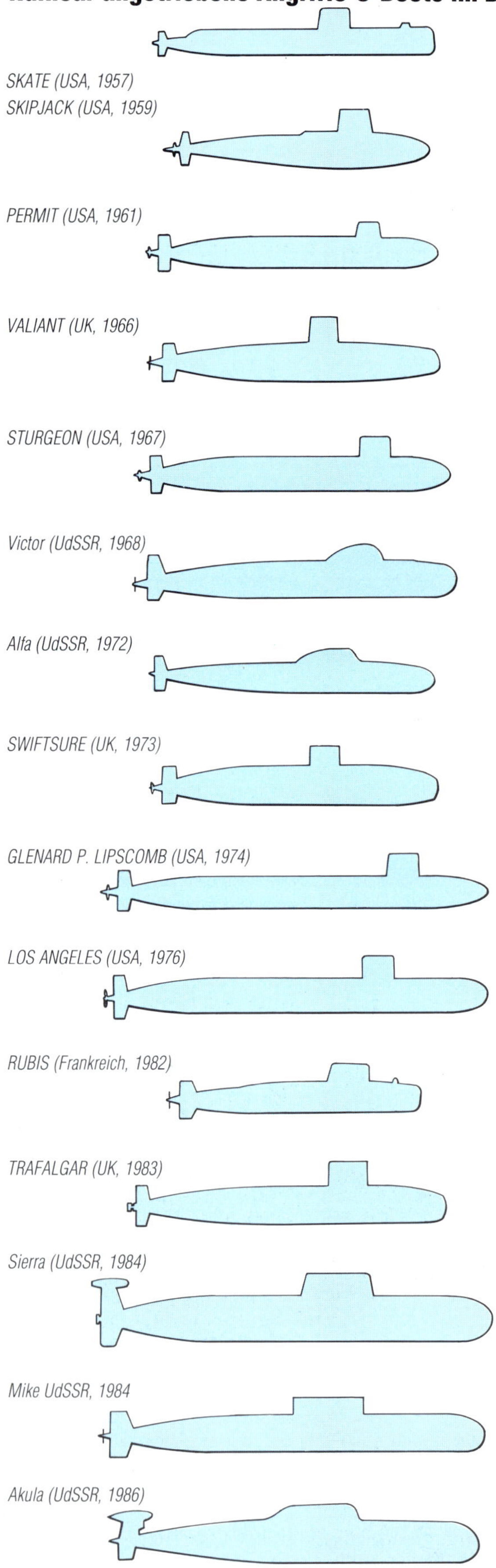

Oben: Gegenwärtig im Dienst befindliche nuklear angetriebene Angriffs-U-Schiffe/-Boote (SSN) mit Angabe des Datums der Fertigstellung der ersten Einheit der jeweiligen Klasse, dargestellt zum Vergleich mit den Profilen der strategischen U-Schiffe auf Seite 20. Nur die UdSSR kann die Mittel aufbieten, um bei zwei Klassen – Sierra und Akula – eine gleichzeitige Fertigung aufrechtzuerhalten. Die Einheit der Mike-Klasse soll als Prüfstand für Antriebsanlagen dienen; Akula-Klasse ähnelt der Victor-III- und Sierra-Klasse. Von den chinesischen Han- und Ming-Klassen standen nur unzureichende Daten zur Verfügung.

Oben: Die Notwendigkeit, die Reichweite der Unterseebootwaffen zu steigern, setzte sich von der britischen M 1 und X 1 bis zu diesem ersten FLugkörperboot – der USS CARBONERO (SS-337) – fort. Der Umbau wurde unter dem Loon-Programm Ende der 40er Jahre durchgeführt und umfaßte den Einbau einer Startrampe für nachgebaute deutsche V 1-Raketen. CARBONERO wurde später für die «Regulus»-Versuche umgerüstet.

neuen britischen Trident-U-Schiffe wesentliche Veränderungen geben, die die aus dem SSN-Programm gezogenen Lehren enthalten werden. Schließlich baut China eine SSBN-Flotte auf; zu ihr gehören zwei U-Schiffe der *Xia*-Klasse, dem zwei weitere folgen sollen. Im Entwurf und in den Einsatzbedingungen haben die *Yankee*-, *Delta*-, LAFAYETTE-, FRANKLIN-, RESOLUTION- und LE REDOUTABLE-Klasse vieles gemeinsam, und erst mit dem Erscheinen der *Typhoon*- und der OHIO-Klasse hat es eine Abweichung gegeben. Die Einheiten der *Typhoon*-Klasse besitzen riesige Ausmaße, und es scheint keinen Grund zu geben, warum die nächste Generation sowjetischer SSBN nicht noch größer sein sollte, wenn nichts anderes von ihnen verlangt wird, als die verhältnismäßig kurze Entfernung zur arktischen Eiskappe zurückzulegen. Die OHIO-Klasse stellt praktisch eine Fortentwicklung der LAFAYETTE- und FRANKLIN-Klasse dar – größer, länger, ruhiger und mit mehr Flugkörpern bewaffnet. Die vielleicht interessantesten Entwicklungen sind die chinesischen U-Schiffe und die neuen, viel kleineren Atomreaktoren, mit welchen die französischen SSN der RUBIS-Klasse ausgerüstet sind, und es wird interessant sein festzustellen, wie sich die letzteren auf den Entwurf der nächsten Generation SSBN auswirken werden.

U-Schiffe mit Marschflugkörpern

Das Programm der sowjetischen Marine für von Unterseebooten aus zu startende Marschflugkörper stammte aus den fünfziger Jahren als Antwort auf die Bedrohung, die von den Flugzeugträgerkampfgruppen der amerikanischen Marine ausging. Einigen groben Umbauten bei Patrouillen-Unterseebooten der *Whiskey*-Klasse folgten die ersten zweckentworfenen Klassen: die nuklear angetriebene *Echo*-Klasse und die dieselelektrisch angetriebene *Juliett*-Klasse. Mitte 1987 befanden sich noch 29 Einheiten der *Echo-II*-Klasse, jede mit acht SS-N-12-

Unten: Einige amerikanische Unterseeboote wurden für Marschflugkörper umgebaut, aber USS HALIBUT (SSGN-587) war speziell für diese Aufgabe entworfen worden. Ende der 1960er Jahre wurden die Flugkörpereinrichtungen entfernt.

Rechts: Sowjetisches SSG der Juliett-Klasse, bewaffnet mit vier SS-N-3A-Marschflugkörpern. Anfang der 1960er Jahre wurden 16 Einheiten dieser Klasse in Dienst gestellt; sechs befinden sich in der Ostsee, die übrigen im Atlantik und im Mittelmeer.

Chinesischer Typ ES5G

Unten: Das chinesische Unterseeboot Typ ES5G ist mit sechs Flugkörperstartern (paarweise seitwärts des Turmaufbaues), sechs Bug- und zwei Hecktorpedorohren bewaffnet.

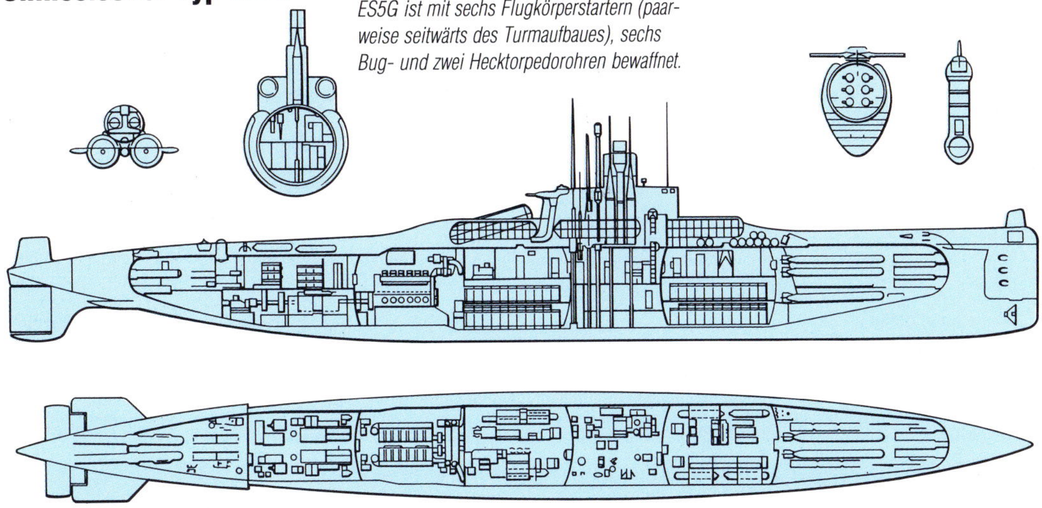

Flugkörpern bewaffnet, sowie 16 Einheiten der *Juliett*-Klasse mit je vier SS-N-3A-Flugkörpern im Dienst. Bei beiden Klassen sind die Flugkörper in Behältern untergebracht, auf gleicher Ebene mit den Rumpfverkleidungen verstaut, und vor dem Starten der Flugkörper werden die Behälter an der Wasseroberfläche aufgerichtet. Hinter jedem Starter sind markante Einkerbungen vorhanden, um als Strahlabweiser zu fungieren, die sehr große Unterwassergeräusche erzeugen. Die Flugkörper werden aus Entfernungen von über 200 sm abgeschossen, weit jenseits des normalen U-Bootabwehrschirms. Aber solche Entfernungen erfordern Unterstützung von außen, um eine Zielverfolgung über den Horizont hinweg zu erreichen. Anfänglich kam sie von zwei «Bear-D»-Aufklärungsflugzeugen ein verhältnismäßig untaugliches Verfahren, und man geht davon aus, daß heute Satelliten dazu eingesetzt werden. Außerdem ist auf dem U-Boot, das den Flugkörper startet, auch ein großes Radar erforderlich. Die Antenne dafür ist an der Vorderkante des Turmaufbaus angebracht.
Das erste SSGN der *Charlie*-Klasse tauchte 1968 auf; kleiner, geräuschärmer, schneller und mit größerer hydrodynamischer Leistungsfähigkeit ausgestattet als die Einheiten der *Echo*-Klasse schießt dieses U-Schiff seine SS-N-7-Flugkörper unter Wasser ab und braucht keine Flugzeugunterstützung. Ferner sind auch die Flugkörperbehälter allesamt vor dem Turmaufbau untergebracht und auf gleicher Ebene mit dem Bootskörper. Die späteren Einheiten der *Charlie*-Klasse besitzen eine verlängerte Bugsektion, was darauf hinweist, daß sie mit dem U-Jagdflugkörper SS-N-15 ausgerüstet sein könnten. Als nächste Klasse erschienen die Einheiten der *Oscar*-Klasse (18'000 ts), bewaffnet mit 24 SS-N-19-Flugkörpern – riesige Unterseeschiffe mit der außerordentlich umfangreichen Breite von 18,3 m.
Die Flugkörperbehälter befinden sich in der Verkleidung, aber der große Umfang ist wahrscheinlich auf die Verwendung von zwei Druckkörpern zurückzuführen, die es außerordentlich schwierig gestalten, ein solches Unterseeschiff zu vernichten.
Die sowjetische Marine hat einen SLCM ähnlich der «Harpoon» entwickelt, der aus einem normalen 53,3-cm-Torpedorohr geschossen werden kann und der augenscheinlich auf SSN Verwendung finden wird, aber es hat den Anschein, als ob die sowjetische Marine immer noch die Absicht hat, die SSGN-Entwicklung fortzusetzen. Nirgendwo im Westen scheint jedoch die Absicht zu bestehen, die Fertigung eines derart spezialisierten Typs aufzunehmen.

Nuklear angetriebene Angriffs-U-Boote

Die ältesten SSN im Dienst der amerikanischen Marine sind die fünf Einheiten der SKIPJACK-Klasse; sie sind klein und wendig, aber ihnen fehlen moderne Sonarsysteme. Ihnen folgte die PERMIT- und STURGEON-Klasse. Diese Unterseeboote sind größer, führen kompliziertere Sonarausrüstungen und sind mit «Subroc» bewaffnet. Aber sie weisen keine Steigerung in der Antriebsleistung auf, und die Geschwindigkeit der Boote dieser Klassen fiel auf 28 kn. Der jüngste Typ SSN, den die amerikanische Marine in Dienst gestellt hat, sind die Einheiten der LOS ANGELES-Klasse, die gegenüber ihren Vorgängern eine Steigerung in der Wasserverdrängung von 50 % aufweisen. Diese U-Schiffe sind mit moderneren Sensoren und mit modernerer Feuerleitausrüstung ausgestattet – mit beiden werden jetzt auch die 14 Einheiten der PERMIT-Klasse und die 37 der STURGEON-Klasse ausgerüstet -, aber zusätzlich ist bei der LOS ANGELES-Klasse wieder auf die hohen Geschwindigkeiten der SKIPJACK-Klasse zurückgegriffen worden. Die operativen Einsatzverfahren der sowjetischen Marine haben es in der Vergangenheit als unwahrscheinlich erscheinen lassen, daß es Überwasserkampfgruppen geben würde, gegen die die amerikanischen SSN konzentriert

Oben: HMS DREADNOUGHT, das erste britische SSN besaß als Antrieb einen amerikanischen S5W-Atomreaktor.

werden müßten; wenn es auch den Anschein hat, daß mit dem Erscheinen der Flugzeugträger der KIEV- und der KREMLIN-Klasse sowie der Schlachtkreuzer der KIROV-Klasse auf sowjetischer Seite solche Ziele im Entstehen begriffen sind. Amerikanische SSN sind deshalb für drei Hauptaufgaben entworfen worden: Jagd auf gegnerische U-Schiffe/-Boote (sog. «Hunter-Killer»-Aufgabe), besonders zum Schutz der strategischen U-Schiffe; Angriff im vorderen Bereich sowie Aufklärung; Sicherung von Überwasserkampfgruppen und Geleitzügen.

Für ein U-Schiff/-Boot ist der Nuklearantrieb eine verhältnismäßig geräuschvolle Art des Antriebs, besonders bei hohen Geschwindigkeiten, aber die nacheinander entstandenen amerikanischen Entwürfe haben eine ständige Verbesserung in dieser Hinsicht bewiesen. Bei der LOS ANGELES-Klasse ist dem geräuscharmen Operieren besondere Aufmerksamkeit gewidmet worden, und der große Bootskörper erleichterte es, die Maschinenanlage zu dämpfen. Die Steigerung der Geschwindigkeit spiegelt auch die zunehmenden taktischen Erfordernisse wider, welche die Sicherung der Trägerkampfgruppen gegen die sowjetischen SSGN gebietet, und sämtliche amerikanischen SSN – mit Ausnahme der SKIPJACK-Klasse – sind mit «Harpoon»-Flugkörpern ausgerüstet, um ihnen eine neue Einsatzfähigkeit gegen Überwassereinheiten zu verleihen.

Die sowjetische Marine hält noch eine Anzahl der älteren und unzuverlässigen SSN der *November*-Klasse in Dienst, aber ihr augenblicklicher Haupttyp sind die Einheiten der *Victor*-Klasse aus der zweiten Generation, die eine sehr verbesserte Form des Bootskörpers, eine größere Tauchtiefe, ein weitaus geräuschloseres Antriebssystem und eine Geschwindigkeit unter Wasser von etwa 30 kn aufweisen. Den 16 Einheiten der *Victor-I*-Klasse folgten sechs aus der *Victor-II*-Klasse, 4,7 m länger und imstande, die U-Jagdwaffe SS-N-15 zu führen. Danach kamen die U-Schiffe der *Victor-III*-Klasse, noch länger und mit einem ungewöhnlichen zylindrischen Objekt auf der «Schwanzflosse», das entweder mit einem Schleppsonar oder mit einem modernen Antriebssystem in Zusammenhang gebracht werden kann. Schließlich gibt es nicht weniger als drei neue Typen sowjetischer SSN: die *Mike-*, *Sierra-* und *Akula*-Klasse. Die *Sierra*-Klasse scheint eine logische Weiterentwicklung der *Victor-III*-Klasse zu sein, und die *Akula*-Klasse stellt vermutlich noch eine Weiterentwicklung in diese Richtung dar, aber die *Mike*-Klasse weist einen etwas unterschiedlichen Bootskörper sowie eine andere Form des Turmaufbaus auf, und ihr fehlt das zylindrische Gebilde auf den Seitenrudern sowohl der *Sierra-* als auch der *Akula*-Klasse. Für die Royal Navy sind eine Reihe außerordentlich leistungsfähiger SSN gefertigt worden. DREADNOUGHT, die erste Einheit aus dieser Entwicklungslinie ist inzwischen außer Dienst gestellt worden, aber die übrigen Einheiten befinden sich noch im aktiven Dienst. Die britischen SSN ähneln den amerikanischen Typen, sind aber keineswegs identisch. Von den Hauptentwurfsmerkmalen her neigen die Bootskörper dazu, völliger zu sein und sich in einem größeren Winkel zum Heck hin zuzuspitzen, als dies bei den amerikanischen U-Schiffen der Fall ist. Außerdem sind die vorderen Tiefenruder statt am Turmaufbau am Bug angebracht. Darüber hinaus ist im Gegensatz zu den amerikanischen Booten eine konforme Sonaranordnung im Bug installiert worden, die es gestattet, die Torpedorohre im Bug zu belassen. Das Antriebssystem der jüngsten Klasse – der TRAFALGAR-Klasse – verwendet Wasserstrahldüsen statt der Propeller, um den Kavitationslärm zu verringern.

Unten: Das chinesische Export-Unterseeboot vom Typ ES5E mit dieselelektrischem Antrieb ist von der sowjetischen Romeo-Klasse abgeleitet.

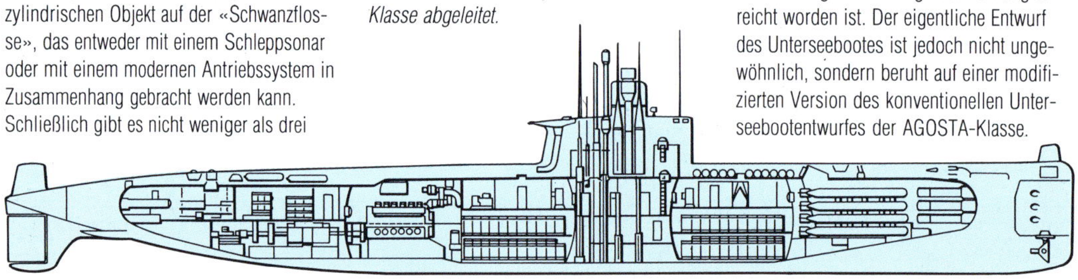

Chinesischer Typ ES5E

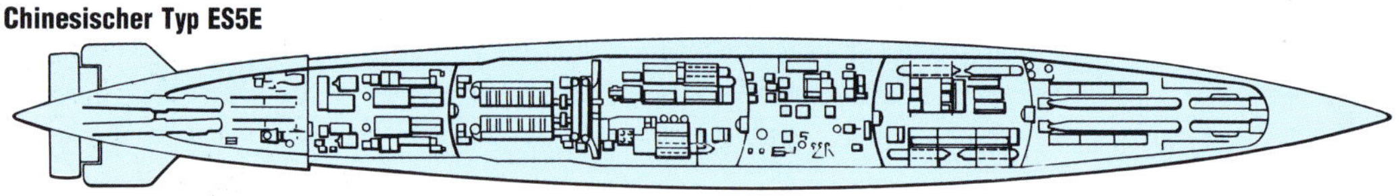

Die SSN der französischen RUBIS-Klasse sind kleiner als die übrigen SSN, was ein Resultat eines neuen Typs eines kleineren Atomreaktors sein muß, und es sind viele Spekulationen darüber angestellt worden, ob eine derartige Größenreduzierung durch die Verwendung von Flüssigmetallkühlung erreicht worden ist. Der eigentliche Entwurf des Unterseebootes ist jedoch nicht ungewöhnlich, sondern beruht auf einer modifizierten Version des konventionellen Unterseebootentwurfes der AGOSTA-Klasse.

Konventionelle U-Boote

Hier gibt es drei Hauptkategorien. Die erste umfaßt die Küsten- oder Flachwasser-Unterseeboote von 400–600 ts, insbesondere die deutschen Typen *205* und *206* sowie die italienische TOTI-Klasse. Es handelt sich hierbei um leistungsfähige kleine Boote, die jedoch offensichtlich unter Beschränkungen hinsichtlich Aktionsradius, Reservetorpedos und Sensorenfähigkeit leiden. Die Kategorie der 900 bis 1'300 ts großen Boote umfaßt den deutschen Typ *209*, die jugoslawische SAVA- sowie die schwedische NÄCKEN- und SJÖRMEM-Klasse. Auch diese U-Boote begrenzen Seeausdauer und mitzuführende Ausrüstung; sie sind in den kleineren

Links: Eine der Hauptentwicklungen der letzten Jahre im Marinebereich besteht in der raschen Ausbreitung der U-Boot-Fertigungsfähigkeit über die wenigen Länder hinaus, auf die sie früher beschränkt war. Typisch ist dafür der deutsche Entwurf für den Typ 209, der auf der Gölçük-Werft in der Türkei gebaut wird. Die Glätte des Bootskörpers, wichtig für die Geräuscharmut des Typs 209, ist unter dem Baugerüst sichtbar.

Marinen als Boote mittlerer Reichweite zu finden. Es ist jedoch von Interesse, daß die schwedische NÄCKEN-Klasse von Australien im Wettbewerb um das neue Unterseeboot in die engere Wahl gezogen worden ist. Der Großteil der augenblicklichen Typen weist 1'600 ts und darüber auf; diese Kategorie schließt den britischen Typ *2400,* die niederländische ZEELEEUW- sowie die sowjetische *Foxtrot-*, *Kilo-* und *Tango*-Klasse ein, letztere sind mit 3'700 ts die größten Unterseeboote ohne Nuklearantrieb. Von den Entwurfsbedingungen her gibt es keinen Entwurf und keine Nation, die sich von den übrigen hervorstechend unterscheiden, und die Einsatzerfordernisse gleichen sich deutlich in vieler Hinsicht bemerkenswert. Von den drei jüngsten Entwürfen im Westen ist die japanische YUSHIO-Klasse 76 m lang und hat eine Überwasserverdrängung von 2'700 ts, während diese Zahlen für den britischen Typ *2'400* auf 2'125 ts und 70,25 m und für die niederländische ZEELEEUW-Klasse auf 2'350 ts und 67 m lauten. Alle drei Typen sind mit sechs 53,3-cm-Torpedorohren bewaffnet und erreichen Geschwindigkeiten von ca. 20 kn unter Wasser. Die Anzahl der Länder, die imstande sind, ihre eigenen Unterseeboote zu fertigen, ist rasch gestiegen. Die traditionellen Länder, aus denen Unterseeboote kamen, sind Großbritannien, die USA, die UdSSR, Frankreich, Deutschland, Italien und Schweden gewesen, aber in den letzten Jahren haben sich Argentinien, die Türkei, Jugoslawien, Dänemark, Spanien, China und Nordkorea hinzugesellt. Und es ist von Interesse, daß dies ein Bereich ist, in dem die USA trotz allem keine Kapazität besitzen. Das letzte dieselelektrisch angetriebene Unterseeboot zur einsatzmäßigen Verwendung, das auf einer amerikanischen Werft gebaut worden ist, war die BONEFISH, am 22. November 1958 vom Stapel gelaufen. Die konventionelle Unterseebootentwicklung befindet sich gegenwärtig in einem interessanten Stadium. In mehreren Marinen existieren viele Boote, die heranstehen, ersetzt zu werden.

Weitere U-Boot-Typen

Einige Marinen besitzen Unterseeboote für andere Zwecke. Sowohl die amerikanische als auch die sowjetische Marine haben zum «Truppentransport» bestimmte Unterseeboote, die offensichtlich zur Verwendung für Sonderverbände – SEAL-Verbände auf amerikanischer und «Spetznaz»-Verbände auf sowjetischer Seite dienen sollen. Die amerikanischen Einheiten sind die beiden früheren SSBN der ETHAN ALLEN-Klasse, deaktiviert unter dem SALT II-Abkommen, während die sowjetischen Boote dieser Art aus der jüngst fertiggestellten ersten Einheit der *Uniform*-Klasse und einer umgebauten Einheit der *Echo II*-Klasse bestehen. Die UdSSR besitzt auch zahlreiche kleine Tauchboote, zumindest einige von ihnen kettengetriebene «Bodenkriecher» zur Verwendung bei «Spetznaz»-Operationen. Jugoslawien baut Kleinunterseeboote der *Mala*-Klasse mit zwei Mann Besatzung, wovon das Land selbst zwei besitzt, während Libyen sechs erhalten hat. Auch Nordkorea hat 18 Kleinunterseeboote in heimischer Fertigung hergestellt. Daneben gibt es noch eine Reihe von Forschungsunterseebooten sowie besondere Rettungs- und Bergungsboote.

Links: Das Forschungs-U-Boot DOLPHIN (AGSS-555) der US-Marine wird seit 1969 zu vielen Experimenten benutzt. Sein Druckkörper ist ein Zylinder, an jedem Ende durch Halbkugel-Schotten verschlossen.

Meilensteine

Dieses Buch ist keine Darstellung der Entwicklungsgeschichte des Unterseebootes, aber für ein gründliches Verständnis der heutigen Unterseeboot-Technologie ist es erforderlich, etwas über seine Entwicklung zu wissen, hier am Beispiel von sechs Typen betrachtet, die im Unterseebootsbau als Meilensteine anzusehen sind.
Die britischen Unterseeboote der E-Klasse befanden sich den gesamten Ersten Weltkrieg über in Dienst. Sie stammten direkt von den ersten für die Royal Navy gebauten Unterseebooten ab, die ihrerseits wieder aus den «Holland»-Booten entwickelt worden waren; letztere waren die ersten Unterseeboote, die eine echte Kriegswaffe darstellten. Die E-Klasse wird deshalb als typisches Beispiel für die erste Generation wirklicher Kampfboote in Betracht gezogen. In den Jahren zwischen den Weltkriegen schritt die Entwicklung des Unterseebootes auf eine langsame, beständige und wenig aufsehenerregende Weise voran und führte zu den Booten, die von den Marinen im Zweiten Weltkrieg eingesetzt wurden. Aber es gab viel Experimentieren, hauptsächlich infolge der Verschiedenheit in den Ansichten über die Verwendung des Unterseebootes im Kriege. Nachdem die Erfahrung gezeigt hatte, daß ein großer Teil der von den Unterseebooten erzielten Erfolge über Wasser durch Artillerieeinsatz errungen worden war, gab es eine starke Richtung, die das Argument vertrat, Geschütze großen Kalibers sollten mitgeführt werden, und eine weitere Richtung befürwortete das Mitführen von Flugzeugen, um die Möglichkeit für Aufklärung und Artilleriebeobachtung zu schaffen. Verschiedene Unterseeboote mit schweren Geschützen und mitgeführten Flugzeugen wurden konstruiert, aber das einzige, das beide Besonderheiten vereinigte, war die französische SURCOUF, das größte Unterseeboot seiner Zeit. Von den am Zweiten Weltkrieg beteiligten Marinen sind viele ausgezeichnete Unterseeboote konstruiert worden, und auf vielen Gebieten gab es eine ständige Weiterentwicklung, besonders im Bereich der Tauchfähigkeit und der Sensoren. Die Boote der GATO-Klasse der amerikanischen Marine, die hauptsächlich im Pazifik zum Einsatz kamen, sind ein gutes Beispiel für den Höhepunkt in der ursprünglichen Entwicklungslinie bei langsamen, flach tauchenden Booten, die noch vollkommen abhängig von der regelmäßigen Luftaufnahme an der Wasseroberfläche waren, um die Batterien aufzuladen – die letzten unter den Tauchbooten. Alle Entwicklungslinien im Zweiten Weltkrieg liefen im Typ XXI zusammen. Die Boote dieses Typs besaßen einen stromlinienförmigen Bootskörper, einen ebensolchen Turmaufbau, Schnorchel, eine verringerte Geschützbewaffnung und eine gesteigerte Antriebskraft. Sie waren die ersten Vertreter einer neuen Generation echter Unterseeboote und übten als solche eine dramatische Wirkung auf alle Nachkriegsentwicklungen aus. So dramatisch sie erschienen, so waren doch alle mit dem Typ XXI eingeführten Verbesserungen evolutionär. Der erste weitere Entwicklungsschritt bestand in einer neuen Form für den Bootskörper, eingeführt durch USS ALBACORE, einem dieselelektrisch angetriebenen Versuchsunterseeboot, das imstande war, 33 kn getaucht zu laufen. Der zweite Schritt war die Entwicklung des Nuklearantriebs, der, zusammen mit der Kohlensäurebindungsanlage, das Unterseeboot von der Wasseroberfläche unabhängig machte.

Oben: A 1, das erste britische, für die Royal Navy entworfene Unterseeboot. Die aus den «Holland»-Booten entwickelte A-Klasse besaß einen höheren Kommandoturm, ein kurzes Sehrohr und eine Besatzung von 14 Mann. Die Royal Navy besaß bis 1914 die größte Unterseebootsflotte der Welt.

Oben rechts: Die Einheiten der D-Klasse, gebaut 1908 bis 1911, waren die ersten britischen U-Boote mit Dieselmotoren, Doppelschrauben, Satteltanks und Funkanlagen. D 4 führte als erstes Boot ein Geschütz.

Rechts: Die ersten fünf Klassen britischer Unterseeboote: von rechts A 5, B 1, C 35, D 2 und E 1 . Deutlich ist die allmähliche Steigerung in Größe und Wasserverdrängung von 207 ts (getaucht) der A-Klasse bis zu 800 ts der E-Klasse zu erkennen.

E-Klasse

Herkunftsland: Großbritannien, erste Einheit 1913 fertiggestellt
Typ: Patrouillenunterseeboot, dieselelektrisch angetrieben
Wasserverdrängung: 667 ts aufgetaucht, 807 ts getaucht
Abmessungen: Länge: 55,2 m; Breite: 6,9 m; Tiefgang: 3,7 m.
Antrieb: *Typ E1:* ein Benzinmotor, ein Elektromotor, 150 PSe auf eine Welle; *Typ E 7 und Typ E 21:* zwei Vickers-8-Zylinder-Dieselmotoren von je 800 PSe, zwei Elektromotoren von je 420 PS, zwei Wellen; *alle Typen:* 16 kn aufgetaucht, 10 kn getaucht; 2'600 sm bei 10 kn aufgetaucht, 99 sm bei 3 kn getaucht; Tauchtiefe: 45,7 m, Zerstörungstiefe: 106 m.
Besatzung: 3 Offiziere, 28 Mann
Geschichte: Die britische E-Klasse, wahrscheinlich die ersten wirklich gefährlichen und verläßlichen Unterseeboote, war das Ergebnis eines fortschrittlichen Entwicklungsprogramms, das auf die Jahrhundertwende zurückging. In den Anfangstagen der Unterseebootentwicklung hatte die Royal Navy den Fortschritt im Ausland scharf überwacht, und im Jahre 1900 begannen Verhandlungen, die den erfolgreichen «Holland»-Entwurf betrafen, der gerade in den USA erprobt worden war. Bis zum Jahre 1914 besaß Großbritannien die größte Unterseebootsflotte der Welt mit 74 fertiggestellten Booten, 31 im Bau und 14 weiteren, die entweder geplant waren oder deren Auftrag bereits vergeben war.
1900 ging die Royal Navy eine vertragliche Verpflichtung mit Vickers für den Bau von Unterseebooten für die RN bis 1906 ein, später verlängert bis 1912. Die ersten Boote – HOLLAND 1 bis 5 – ähnelten der amerikanischen A-Klasse, waren aber sowohl über als auch unter Wasser sehr schwierig zu steuern, und es erging ein Auftrag für eine abgeänderte und vergrößerte Version. Das erste Boot, *A 1*, stellte eine große Verbesserung dar, obwohl die Form des Bootskörpers nicht besonders leistungsfähig war und bei späteren Einheiten verbessert wurde,

Oben: HMS E 2 bei seiner Rückkehr von einer Feindfahrt im Ersten Weltkrieg gegen türkische Ziele im Marmara-Meer. Die Boote der E-Klasse erzielten hervorragende Kriegserfolge, obwohl sie dafür einen hohen Preis zahlen mußten: 25 gingen verloren und eines wurde interniert.

Rechts: E 14 läuft ins Marmara-Meer aus, wo sie im April 1915 drei türkische Schiffe versenken sollte. Bemerkenswert ist die Hochfrequenz-Funkantenne, die sich vom Bug bis zur Spitze des Funkmastes erstreckt. Einheiten der E-Klasse waren im Ersten Weltkrieg das Rückgrat der britischen Unterseebootsflotte.

aber sie verlieh eine größere Geschwindigkeit. Wenn auch besser steuerbar als die Einheiten der HOLLAND-Klasse, neigten sie doch noch immer dazu, ohne Vorwarnung zu tauchen, und *A 8* ging mit ihrer gesamten Besatzung nach einem solchen Unglücksfall verloren. Auch bedeutete der Gebrauch der Benzinmotoren, daß sich im geschlossenen Raum des Bootskörpers Dämpfe bildeten, die in mehreren Fällen zu Explosionen führten. *A 13* wurde mit einem Hornsby-Ackroyd-Schwerölmotor erbaut. Das Boot lief 1905 vom Stapel, aber die Erprobungen verzögerten seine Fertigstellung bis 1908.
Der A-Klasse folgten die größeren Einheiten der B- und C-Klasse. Beide Typen besaßen eine Verdrängung über Wasser von 280 ts und dieselbe Bewaffnung wie die Boote der A-Klasse, waren aber mit zwei Tiefenrudersätzen ausgerüstet, um die Steuerfähigkeit zu verbessern, und eine stärkere Maschinenanlage gewährte eine verbesserte Leistungsfähigkeit. Außerdem kam es auch zur Verbesserung der Wohnlichkeit und der

Oben: HMS E 31, eine der beiden bei Scotts gebauten Einheiten der E-Klasse. Die Bewaffnung der E-Klasse variierte. E 1 bis E 6 besaßen vier 45,7-cm-Torpedorohre, zwei im Bug und je eines querab gerichtet, während Typ E 7 und Typ E 21 noch ein zusätzliches Hecktorpedorohr hatten. Der verwendete Torpedo Mk 8 wies eine Höchstreichweite von 5'400 m auf, wenn auch die wirksame Reichweite bei etwas mehr als 2'800 m lag. Alle Boote der E-Klasse waren zum Mitführen eines Geschützes ausgerüstet. Geführt wurden 3,7-, 5,2- und 10,2-cm-Waffen, obwohl es den Anschein hat, daß es vom Kommandanten abhing, ob tatsächlich ein Geschütz geführt wurde. Abgebildet ist hier ein 5,2-cm-Geschütz. Sechs Boote wurden als Minenleger fertiggestellt, wobei die beiden Querabtorpedorohre durch Minenschächte mit einer Kapazität von 20 Minen ersetzt wurden.

Links: E 47 läßt hier die Form ihres Bootskörpers erkennen, besonders die Satteltanks. Achteraus des Kommandoturms befindet sich ein Geschütz; das Hecktorpedorohr kann gerade noch oberhalb der Männer ausgemacht werden, die das Tiefenruder schrubben.

Reichweite. Von der B-Klasse wurden 10 und von der C-Klasse 37 Einheiten gebaut. *D 1*, die erste von acht Einheiten der D-Klasse, verdrängte über Wasser 550 ts und war mit einer Vickers-Motorenanlage und Doppelschrauben ausgerüstet. Sie besaß eine größere Reserveschwimmfähigkeit und eine Bewaffnung von drei 45,7-cm-Torpedorohren sowie einem 5,2-cm-Geschütz.

Entwurf: Die E-Klasse war eine vergrößerte Version der D-Klasse, gegenüber letzterer waren die Boote etwa 9,1 m länger und annähernd 0,38 m breiter. Sie bestand aus drei Gruppen: *Typ E 1 (E 1* bis *E 6, AE 1* und *AE 2), Typ E 7 (E 7* bis *E 20)* und *Typ E 21 (E 21* bis *E 56*, ohne *E 28*, das annulliert worden war). Der Bau der Einheiten der E-Klasse folgte einem ausgezeichneten Entwurf, und mit ihrem stärkeren Bootskörper und ihren Querschotten setzten sie neue Maßstäbe der Sinksicherheit. Sie waren die ersten britischen Boote, die wasserdichte Schotten besaßen. Aus dieser Klasse hatten die ersten Einheiten zwei Schotten, sie teilten den Bootskörper in drei Abteilungen – vorderer Bootsteil; Zentrale und Querab-Torpedoraum; E-Maschinenraum, Dieselraum und Heckraum –, während spätere Einheiten drei aufwiesen. Alle Boote besaßen einen 10-ts-Hängekiel, der von der Zentrale aus im Notfall abgeworfen werden konnte. Wie alle frühen britischen Unterseeboote konnten sie schnell tauchen, wenn sie auch die Neigung entfalteten, bei hoher Geschwindigkeit an der Wasseroberfläche plötzlich unterzutauchen. Ihre Vickers-8-Zylinder-Dieselmotoren mit Druckeinspritzung – obwohl weniger kompliziert als die damaligen deutschen Dieselmotoren – waren für die damalige Zeit äußerst verläßlich. Den Strom für die beiden E-Motoren lieferten zwei Stahlakkumulator-Batterien mit je 112 Zellen. Jede Zelle wog 392 kg. Die Batterien erzeugten einen Strom von 220 V/600 A und konnten in vier Gruppen zu je 56 Zellen auf 110 V parallel- oder auf 220 V hintereinandergeschaltet werden.

Der E-Klasse sollte die G-Klasse mit einer Verdrängung über Wasser von 700 ts nachfolgen, aber die letztere erforderte eine längere Bauzeit, und so wurden bei Ausbruch des Krieges weitere 20 Einheiten der E-Klasse in Auftrag gegeben, um die britische Unterseebootwaffe so schnell wie möglich aufzubauen. Die Bauzeit für *E 1* bis *E 18* hatte je Boot zwischen 20 und 30 Monaten betragen, aber das im November 1914 in Auftrag gegebene *E 19* erforderte gerade acht Monate, um es zu bauen, auszurüsten und der Marine zu übergeben. Weitere zwei Boote, *AE 1* und *AE 2*, wurden für die Königlich Australische Marine gebaut. 1916 wurde *E 22* umgebaut, um zwei Seeflugzeuge vom Typ Sopwith-Schneider mitzuführen, die dazu bestimmt waren, die deutschen Luftschiffhallen in Cuxhaven und Tondern zu bombardieren sowie deutsche Luftschiffe auf ihrer Anfahrt gegen Bombenziele in England abzuschießen. Anders als bei den späteren flugzeugführenden Unterseebooten (wie z.B. *M 2* und SURCOUF) standen die Flugzeuge auf dem Achterdeck im Freien auf Schienen; wasserdichte Behälter waren nicht vorhanden, und so stand außer Frage, daß das Unterseeboot mit den Flugzeugen an Deck nicht tauchen konnte. Außerdem gab es keinen Kran und die Seeflugzeuge schwammen auf oder wurden an Bord genommen, indem das Boot achterlastig getrimmt wurde. Dieser Versuch scheint keinen Erfolg gehabt zu haben, obwohl eine Reihe von flugzeugtragenden Unterseebooten in den zwanziger und dreißiger Jahren auftauchen sollten.

Die Einheiten der E-Klasse erzielten herausragende Kriegserfolge in der Nordsee, in der Ostsee und besonders an den Dardanellen, wo sie verschiedentlich in das Marmara-Meer einbrachen. Während des gesamten Krieges erlebten die Boote der E-Klasse einen harten Einsatz. Als Folge davon gingen 25 Boote verloren, eines wurde 1915 in Dänemark interniert. Alle übrigen Boote wurden 1921/22 außer Dienst gestellt. Die Einheiten der E-Klasse waren typische Unterseeboote des Ersten Weltkrieges mit einem Geschütz und einer Anzahl Torpedorohre. Bis zum Erscheinen des Typs XXI unterschied sich eigentlich keine der nachfolgenden Klassen in der Konzeption oder in der Gesamtleistung, einzige Steigerungen ergaben sich in der Größe und Reichweite.

Bewaffnung: Alle Unterseeboote der E-Klasse besaßen entweder ein 3,7-cm- oder ein 10,2-cm-Geschütz; sie waren mit dieser Ausrüstung die erste für die Royal Navy gefertigte Klasse. Der ursprüngliche *Typ E 1* führte vier 45,7-cm-Torpedorohre, zwei im Bug und zwei querab gerichtet (auf jeder Seite eines), sich über die Außenwulstzellen erstreckend. *Typ E 7* und *Typ E 21* besaßen noch ein zusätzliches 45,7-cm-Torpedorohr im Heck, aber bei den sechs als Minenleger fertiggestellten Booten *(E 24, E 34, E 41, E 45, E 46* und *E 51)* waren die beiden Querabtorpedorohre durch Minenschächte für 20 Minen ersetzt worden. Die Torpedos waren vom Typ Mk 8 und hatten eine Höchstreichweite von 5'500 m. Die Laufgeschwindigkeit lag bis 2'800 m bei etwa 41 kn, aber je länger sie liefen, umso mehr sank ihre Geschwindigkeit bis auf etwa 29 kn ab.

Bau: Zwischen 1913 und 1917 wurden 57 Einheiten gebaut, 55 für die Royal Navy und 2 *(AE 1* und *AE 2)* für die Königlich Australische Marine. Dies war die erste größere Klasse, die außer bei Vickers auch noch auf anderen Werften gebaut wurde: Marinewerft Chatham (6), Vickers (20), Beardmore (6), Yarrow (1), Armstrong Whitworth (4), Scotts (2), White (1), Thornycroft (2), John Brown (3), Fairfield (2), Cammell Laird (4), Swan Hunter (3) und Denny (3).

Meilensteine: Surcouf

Herkunftsland: Frankreich, fertiggestellt 1929
Typ: U-Kreuzer
Wasserverdrängung: 3'252 ts aufgetaucht, 4'304 ts getaucht
Abmessungen: Länge: 110 m, Breite: 9 m, Tiefgang: 7,3 m
Antrieb: dieselelektrischer Antrieb auf zwei Wellen; zwei Sulzer-Dieselmotoren, zwei E-Motoren; 3'400 WPS für 18,5 kn aufgetaucht, 10 kn getaucht; 10'000 sm bei 10 kn aufgetaucht, 70 sm bei 4,5 kn getaucht; Konstruktionstauchtiefe: 122 m
Besatzung: 118
Geschichte: Die Suche nach einer Waffe mit größerer Reichweite und Flexibilität, als sie der Torpedo darstellt, hat fast seit dem Erscheinen des Unterseebootes angehalten. Eine Zeitlang konzentrierte sich die Aufmerksamkeit auf die einzige zur Verfügung stehende Alternative, das Geschütz, und es dauerte bis in die sechziger Jahre, ehe eine leistungsfähige Waffe, der vom U-Boot aus gestartete Marschflugkörper, verfügbar wurde. Der letzte mit Artillerie bewaffnete U-Kreuzer war die SURCOUF.

Bis zum Beginn des Ersten Weltkrieges besaßen Unterseeboote nur sehr begrenzte Fähigkeiten, aber mit dem Fortgang des Krieges gab es große Verbesserungen in Entwurf und Leistung, bis es möglich erschien, daß Unterseeboote zu mehr imstande sein könnten, als nur auf der Lauer zu liegen, um auf Handels- und Kriegsschiffe zu warten und sie mit Geschützen kurzer Reichweite oder mit Torpedos anzugreifen. Offensichtlich würde ein größeres Geschütz dem Unterseeboot ermöglichen, Überwasserziele auf viel größere Entfernungen anzugreifen, aber es war sehr schwierig, von dem verhältnismäßig niedrigen Kommandoturm aus Ziele zu finden und Entfernungen zu schätzen, so daß verschiedene Marinen Versuche mit Unterseebooten durchführten, die zum Mitführen eines Flugzeuges ausgerüstet waren. Die Briten bauten zwischen 1916 und 1918 achtzehn Einheiten der K-Klasse, sogenannte «Flotten»-Unterseeboote. Unter Wasser verdrängten sie 2'600 ts und waren mit zwei 10,2-cm-Geschützen bewaffnet. Der nächste Schritt vollzog sich mit dem Bau der M-Klasse, die 30,5-cm-Geschütze in großen Türmen vor dem Kommandoturm führte. Von den drei gebauten Einheiten ging *M 1* im Jahre 1925 mit seiner gesamten Besatzung verloren, *M 2* wurde zu einem Seeflugzeugträger umgebaut und sank, als das Hangartor versehentlich beim Tauchen offen gelassen worden war, und *M 3* wurde in einen Minenleger umgebaut. Ein weiterer Typ, die *X-1* (3'585 ts Wasserverdrängung getaucht), besaß vier 13,2-cm-Geschütze in zwei Zwillingstürmen. Keine dieser Klassen erwies sich als zufriedenstellend, und nach der *X-1* gab die Royal Navy diese sonderbare Entwicklungslinie auf. An dieser Stelle betraten die Franzosen mit der SURCOUF die Bühne. Entworfen unter dem Marinebauprogramm von 1926 war die SURCOUF zu ihrer Zeit das größte Unterseeboot der Welt. Ihre riesigen Ausmaße wurden als erforderlich angesehen, um all das mitzuführen, was für ihre Aufgabe als weltweiter Handelsstörer für notwendig gehalten wurde. Der 20,3-cm-Zwillingsturm befand sich vor dem Kommandoturm, und die Feuerleitung erfolgte über einen Zielgeber und ein 4-m-Entfernungsmeßgerät. Achteraus des Kommandoturms war der Flugzeughangar mit Fla-Geschützen auf seiner Decke. Auch ein 4,9 m langer Motorkutter wurde mitgeführt, um das Prisenkommando überzusetzen, und eine Abteilung war für 40 Gefangene vorgesehen. Die 20,3-cm-Geschütze hatten eine Reichweite von ungefähr 24'000 m. Dies ermöglichte es der SURCOUF theoretisch,

Oben: SURCOUF in einer schottischen Bucht während des Zweiten Weltkrieges. Für die Bekämpfung der Schiffahrt entworfen, erwies es sich als schwierig, sie einzusetzen, da es kaum eine Schiffahrt der Achsenmächte auf See gab. Sie wurde im atlantischen Patrouillendienst eingesetzt.

Oben: Das Seeflugzeug vom Typ Besson MB 411 war zum Einsatz auf der SURCOUF entwickelt worden. Es konnte in 10 Minuten zerlegt werden und war in einem großen Hangar am achteren Ende des Brückenaufbaus verstaut. Kurz vor Beginn des Zweiten Weltkrieges wurde das Flugzeug aus dem aktiven Dienst zurückgezogen, und die Konzeption der SURCOUF wurde nie unter Kampfbedingungen erprobt.

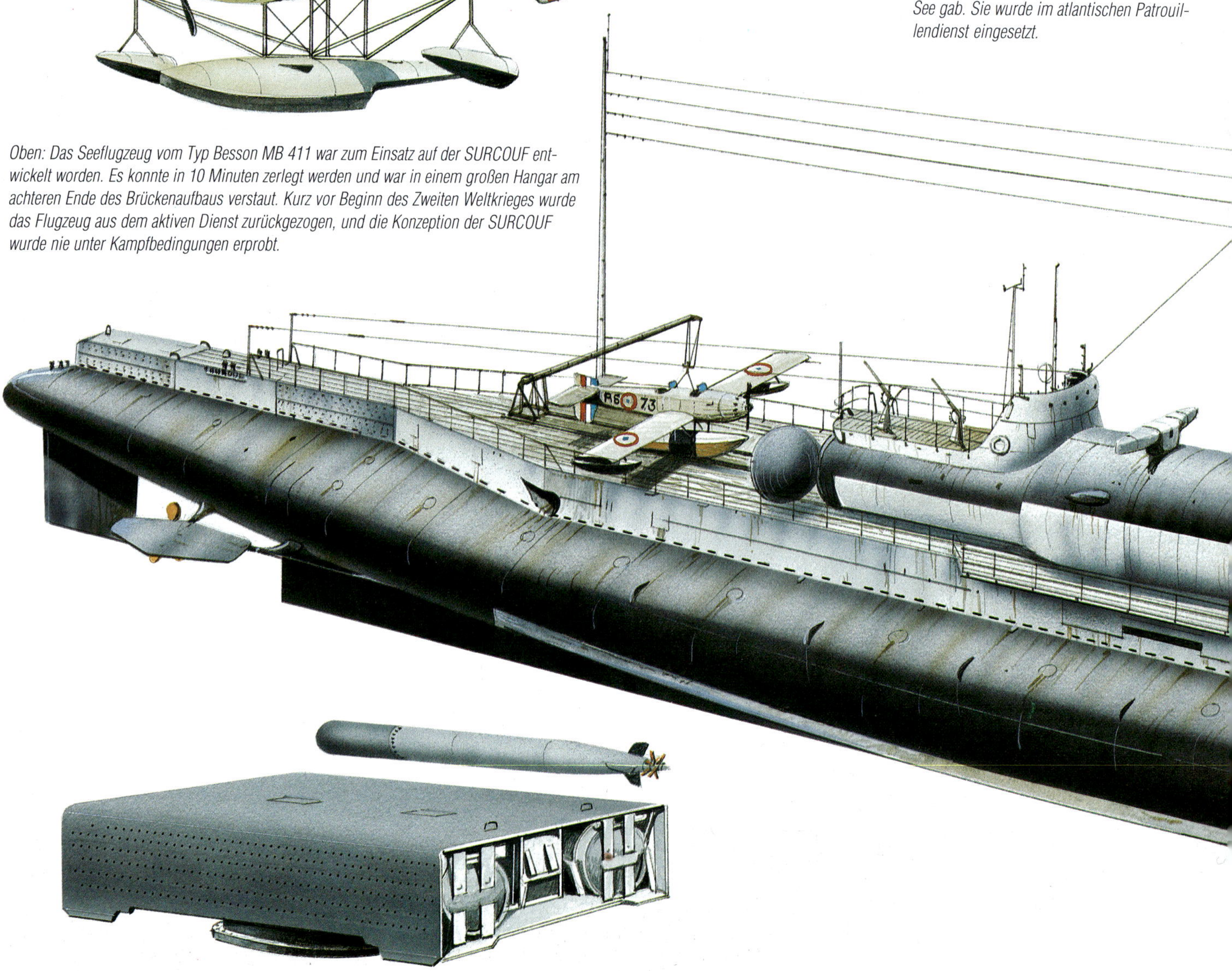

sich mit Hilfskreuzern und anderen leicht bewaffneten Geleitsicherungsfahrzeugen von weit außerhalb der maximalen Reichweite der Geschütze dieser Schiffe zu befassen. Der Sehkreis des Zielgebers erstreckte sich jedoch nur über etwas mehr als 11'500 m, und das Seeflugzeug wurde vermutlich deshalb mitgeführt, um diese Entfernung zu vergrößern. Aber dieses Flugzeug – ein Seeflugzeug vom Typ Besson MB 411 – stellte offensichtlich keine gelungene Konstruktion dar und war 1939 bei Kriegsausbruch entfernt worden; der Hangar wurde später zum Verstauen von Vorräten benutzt. Nach etwa siebenjähriger Bauzeit wurde SURCOUF 1935 in Dienst gestellt und führte bis zum Beginn des Zweiten Weltkrieges mehrere sehr lange Reisen durch. 1939/40 war das Unterseeboot bei verschiedenen Gelegenheiten zur Geleitsicherung eingesetzt, mußte aber am 18. Juni 1940 Brest verlassen, um einer Wegnahme durch die Deutschen zu entgehen. Danach lag das Boot einige Wochen lang in Plymouth, England, ehe es am 3. Juli von der Royal Navy beschlagnahmt wurde. Während dieses Vorgangs kam es zur Tötung von drei Briten und einem Franzosen sowie zur Verwundung von zwei weiteren Männern. Im Anschluß daran stand die SURCOUF mit einer französischen Besatzung unter der operativen Führung der Briten. Es gab viele Diskussionen darüber, wie dieses sonderbare Unterseeboot am besten zu verwenden sei. Schließlich fand es als Geleitsicherung und für Patrouillen gegen deutsche Überwasserhandelsstörer Verwendung und wurde auch – unter französischer Führung – bei der Operation eingesetzt, um die Inseln St. Pierre und Miquelon im Dezember 1941 unter freifranzösische Kontrolle zu bringen. Danach wurde beschlossen, die SURCOUF in den Pazifik zu entsenden, wo sie bei der Verteidigung der freifranzösischen Pazifikinseln Verwendung finden sollte, aber im Verlaufe der Fahrt von den Bermuda-Inseln zum Panamakanal wurde sie am 18. Februar 1942 gerammt und mit der gesamten Besatzung versenkt. SURCOUF stellte den letzten Versuch dar, Artillerie als Alternative zu Torpedos für größere Gefechte von Unterseebooten gegen Überwasserschiffe einzusetzen, und abgesehen davon, daß sie von Natur aus ein glückloses Boot war, verbrachte sie den größten Teil ihres Werdegangs mit der Suche nach einer angemessenen Aufgabe. Die grundsätzliche operative Konzeption war aber durchaus nicht völlig verkehrt, es war nur die Technologie, die zu dieser Zeit unzureichend war.

Bewaffnung: Die Hauptbewaffnung der SURCOUF bestand aus zwei 20,3-cm-Geschützen L/50, für die 600 Schuß Munition mitgeführt wurden. Zur Fla-Bewaffnung gehörten zwei 3,7-cm-Geschütze mit 1'000 Schuß und zwei Hotchkiss-13,2-mm-Zwillingsmaschinengewehre mit 16'000 Schuß. Das Unterseeboot war mit nicht weniger als 12 Torpedorohren ausgerüstet: acht 53,3-cm-Rohre – vier im Bug und vier außen achtern gelegen – mit 14 Torpedos sowie vier 40-cm-Rohre, achtern innen gelegen, mit acht Torpedos.

Sensoren: Wie alle Unterseeboote ihrer Generation besaß SURCOUF lediglich zwei Sehrohre. Ein stereoskopisches Entfernungsmeßgerät mit einer 4-m-Basis war auf dem Aufbau vor der Brücke angebracht. SURCOUF besaß eine gute Fernmeldeausrüstung: Kurzwellen-Funkgeräte mit zwei Funkmasten auf der Backbordseite.

Flugzeug: Das Flugzeug – ein Seeflugzeug vom Typ Besson MB 411 –, für diesen Verwendungszweck speziell entwickelt, wurde kurz vor Beginn des Zweiten Weltkrieges aus dieser Verwendung zurückgezogen. Mit einer Spannweite von 9,85 m, einer Länge von 7 m und einer Höhe von 2,4 m war die Maschine klein genug, um in einem Behälter von 4 m im Quadrat und 9 m Länge untergebracht zu werden. Sie konnte in 10 Minuten zerlegt werden und besaß einen luftgekühlten Salmson-120-PS-Sternmotor.

Bau: SURCOUF lief am 18. Oktober 1929 in Cherbourg vom Stapel.

Oben: Die französische Konzeption war nicht neuartig, wie dieses Bild, aufgenommen am 24. Oktober 1923, des amerikanischen Unterseebootes S-1 (SS-105) beweist. Das Seeflugzeug vom Typ Martin MS-1 konnte zerlegt und in dem zylinderförmigen Hangar verstaut werden.

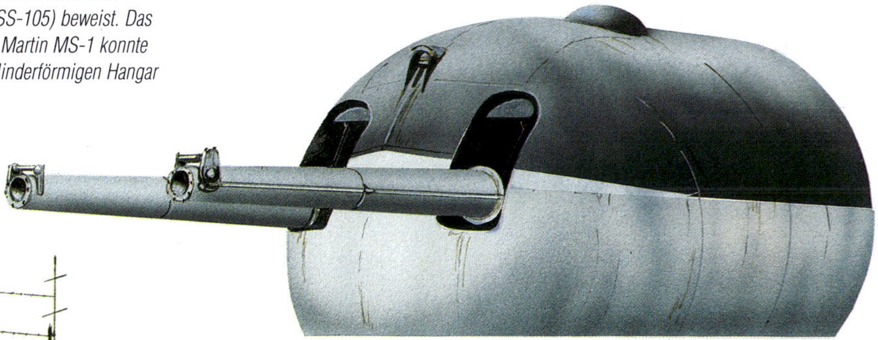

Links und oben: Fast alles an der Bewaffnung der SURCOUF war einzigartig. Ihre Hauptbewaffnung aus zwei 20,3-cm-Geschützen war in einem wasserdichten Turm an der Vorderkante des Brückenaufbaus untergebracht (oben). Die maximale Reichweite dieser Geschütze betrug bei 30° Erhöhung 27'500 m, aber die wirksame Entfernung lag bei 12'000 m; 600 Schuß wurden mitgeführt. Direkt hinter dem Turm war ein 4-m-Entfernungsmeßgerät eingebaut. Die Torpedobewaffnung der SURCOUF bestand aus acht 53,3-cm- und vier 40-cm-Torpedorohren. Die vier Bugrohre hatten das Kaliber 53,3 cm, und die übrigen waren in zwei Schwenksätze (gegenüber) mit je zwei 53,3-cm- und zwei 40-cm-Rohren eingebaut. An der Anzahl der Antennen ist auch die umfangreiche Funkanlage zu erkennen, die der für das Unterseeboot vorgesehenen Aufgabe, feindliche Schiffe in entfernten Gewässern anzugreifen, dienen sollte.

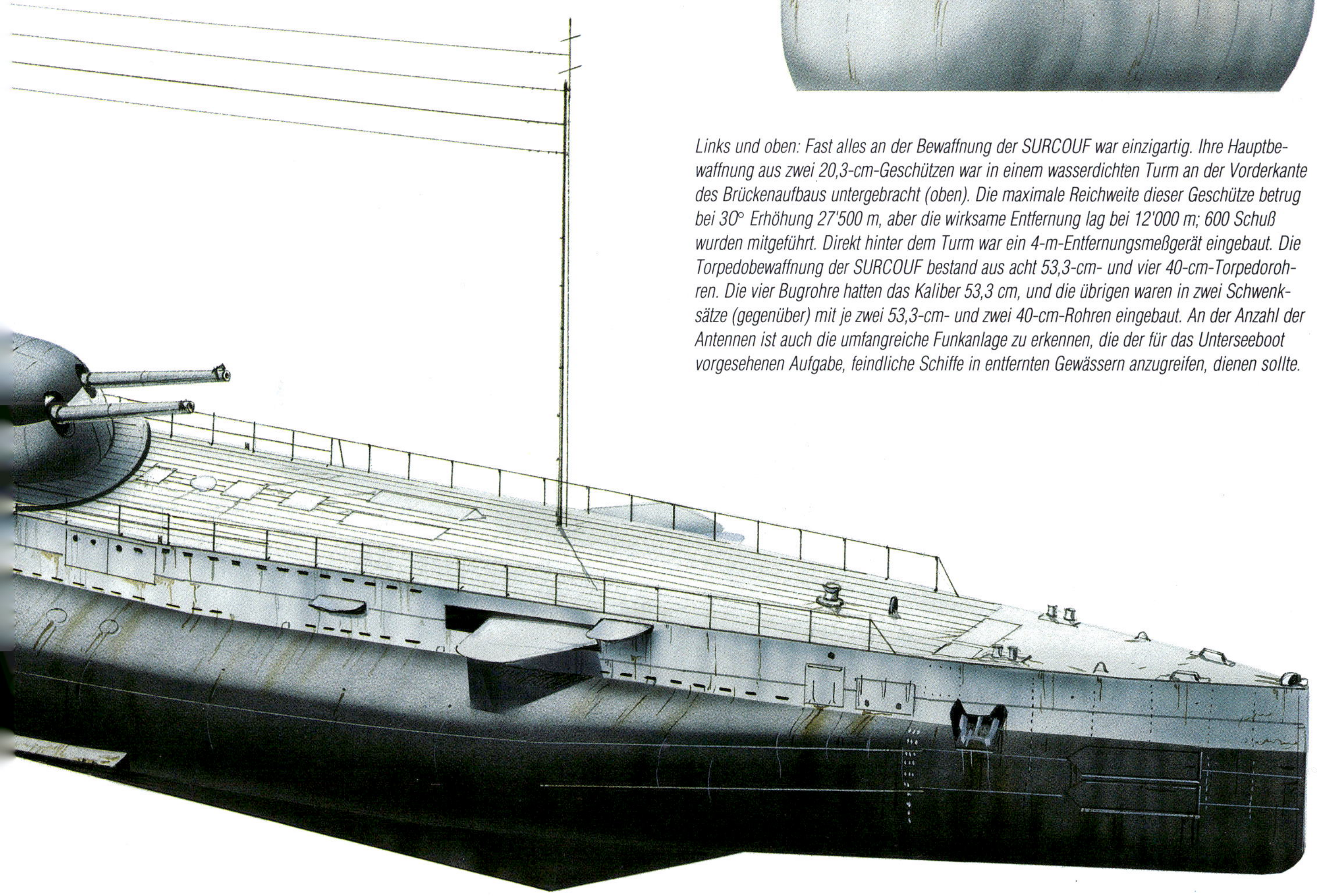

Herkunftsland: USA
Typ: Patrouillenunterseeboot, dieselelektrisch angetrieben
Wasserverdrängung: 1'816 ts aufgetaucht, 2'424 ts getaucht
Abmessungen: Länge: 95,2 m, Breite: 8,3 m, Tiefgang: 4,7 m
Antrieb: dieselelektrischer Antrieb auf zwei Wellen; 4 Dieselmotoren: Fairbanks, Morse/ General Motors/Hooven, Owens, Rentschler; 2 E-Motoren: General Electric/Elliot Motor/ Allis Chalmers; 2'740 WPS für 20,25 kn aufgetaucht, 8,75 kn getaucht; 10'000 bis 13'000 sm bei 14 kn aufgetaucht; Konstruktionstauchtiefe: 91 m
Besatzungs: 80 bis 85
Geschichte: Die geografischen Gegebenheiten diktieren die Tatsache, daß faktisch alle Kriegsschiffe der US-Marine in beträchtlichen Entfernungen von den kontinentalen USA operieren müssen. Abgesehen von den Schiffen zum reinen Küsteneinsatz braucht deshalb das Großteil ihrer Kriegsschiffe – und besonders die Unterseeboote – eine große Reichweite und eine angemessene Marschgeschwindigkeit, um ihre Einsatzgebiete in einer annehmbaren Zeit zu erreichen. Während des Ersten Weltkrieges war das kaiserliche Deutschland der Gegner, und Japan war ein Verbündeter, aber von den frühen zwanziger Jahren an wurde die Möglichkeit einer Konfrontation mit den immer stärker werdenden Japanern für die Planer der amerikanischen Marine zunehmend wichtiger. Die Operationsentfernungen, die ein solcher Konflikt mit sich bringen würde, lagen weit jenseits dessen, was damals andere führende Marinen in Betracht zogen, und nach dem strategischen Hauptplan – Plan «Orange» – wurde erwartet, daß die Hauptoperationsbasis in einem Krieg gegen Japan die Westküste der USA sein würde, von den Philippinen und den zentralen Pazifikinseln wurde angenommen, daß sie in den Anfangsphasen verlorengehen würden.
Entwurf: Die US-Marine war lange dem Grundsatz der stufenweisen Verbesserung gefolgt und hatte Unterseeboote gefertigt, die, ohne sich in irgendeinem Aspekt ihrer Leistungsfähigkeit auszuzeichnen, nichtsdestoweniger außerordentlich verläßlich waren, mit großer Reichweite, angemessener Wohnlichkeit und einer großen Anzahl von Reservetorpedos, alles wesentliche Merkmale bei Booten, die über große Zeiträume hinweg in großen Entfernungen vom Stützpunkt operieren sollten. Besonderer Nachdruck

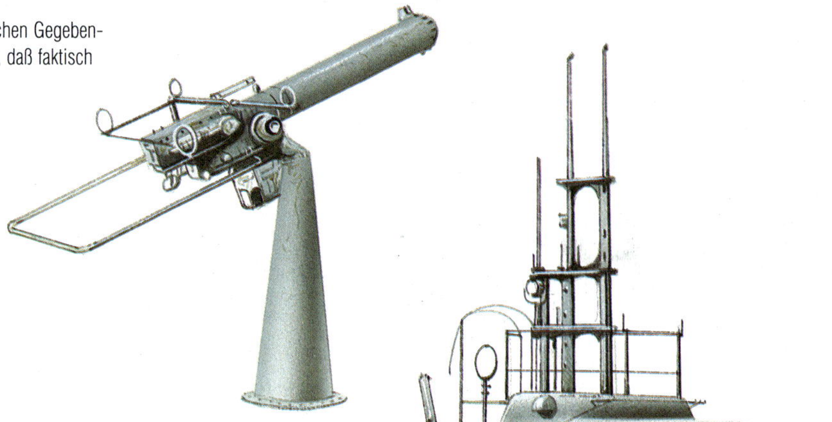

Oben: USS GATO (SS-212), wie sie im August 1942 zum Zeitpunkt ihrer Rückkehr von ihrer zweiten Feindfahrt aussah. Während des gesamten Krieges veränderten sich Bewaffnung, Sensoren-Ausrüstung und Form des Turms auf allen amerikanischen U-Booten ständig, entsprechend den gewonnenen Erfahrungen. In diesem Stadium ihres Werdegangs war die Hauptüberwasserwaffe der GATO ein 7,6-cm-Geschütz L/50 (oben), während ein wassergekühltes 12,7-mm-Fla-Maschinengewehr (ganz oben) auf dem achteren Turmaufbau eingebaut war. Der 53,3-cm-Torpedo Mk XIV (rechts), bis 1944 in Gebrauch, besaß eine Reichweite von 4'115 m bei 46 kn oder 8'230 m bei 31,5 kn. Berüchtigt wegen seiner Unzuverlässigkeit, gab es ihn in nur geringen Stückzahlen.

wurde auf die Antriebsanlage gelegt, und die US-Marine zeigte sich von einer derartigen Entschlossenheit, eine garantierte Quelle für wirklich zuverlässige und wirtschaftlich arbeitende Dieselmotoren zur Verfügung zu haben, daß sie sogar die amerikanischen Eisenbahnen bei der Umstellung auf Dieselbetrieb unterstützte, eine Verfahrensweise, die die Vollkommenheit von vier Typen schnelllaufender Dieselmotoren zur Folge hatte. Zwischen den Kriegen hatte die amerikanische Marine daneben auch Versuche mit gemischtem Antrieb bei der S-Klasse und mit direktem Antrieb (ohne Untersetzung oder Getriebe) bei der T- und G-Klasse durchgeführt, kehrte aber für die GATO-Klasse zum dieselelektrischen Antrieb zurück.

In der US-Marine hatte es ständig Debatten über die Artilleriebewaffnung für Unterseeboote gegeben, und der Admiralstab hatte so entschiedene Ansichten darüber, die Unterseebootkommandanten daran zu hindern, in Überwassergefechte verwickelt zu werden, daß er bewußt die Bewaffnung auf ein 7,6-cm-Fla-Geschütz L/50 Mk 21 Mod. 1 beschränkte. In den ersten Kriegsjahren erwies sich zweifelsfrei die Unzulänglichkeit der Bewaffnung, und die amerikanischen Unterseeboote machten während des Krieges eine ständige Aufstockung der Bewaffnung durch, wie dies bei den meisten anderen Marinen auch der Fall war, bis die Revolution im Unterseebootentwurf zum Wegfall sämtlicher Artilleriebewaffnung führte. Das 7,6-cm-Geschütz L/50 bei der GATO-Klasse wurde durch das 12,7-cm-Geschütz L/25 Mk 17 ersetzt, ein «nasses» Geschütz, hergestellt aus nichtrostendem Material, das es zuließ, den Mündungsdeckel und die Verschlußabdeckung wegzulassen. In den Entwurfsbedingungen stellte die GATO-Klasse eine Weiterentwicklung der PORPOISE-Klasse dar, und die hohe Überwassergeschwindigkeit der Boote erwies sich als unschätzbar beim Erreichen der Einsatzgebiete und beim Erlangen guter Positionen zum Torpedoschuß. Der vollständig geschweißte Bootskörper erleichterte die Fertigung, die auf vier Werften begrenzt war, die ungewöhnlichste war die von Maniwotoc am Michigan-See, etwa 1'600 km landeinwärts gelegen. Die Boote mußten nicht nur seitwärts in den Fluß vom Stapel gelassen werden, sondern mußten auch den Mississippi hinuntergebracht werden, um die See zu erreichen. Diese gelungene Klasse zeigt die Folgerichtigkeit der amerikanischen Verfahrensweise, zuverlässige Bootskörper- und Motorenentwürfe über einen langen Zeitraum hinweg zu entwickeln. Der amerikanischen Marine wurde jedoch die Aufgabe etwas erleichtert, weil kein echtes Bedürfnis nach U-Booten bestand, die kleiner, manövrierbarer und von kürzerer Reichweite waren. Normalerweise in beträchtlichen Entfernungen von ihren Stützpunkten operierend, versenkten amerikanische Unterseeboote während des Zweiten Weltkrieges über neun Zehntel der größeren japanischen Schiffe, eine Leistung, bei der das Einbrechen in die japanischen Funkschlüssel eine beträchtliche Rolle spielte, zu der aber auch der gelungene Unterseebootentwurf beitrug. Den größten Teil der Kampfhandlungen bestritt die aus 73 Einheiten bestehende GATO-Klasse sowie die aus ihr entwickelten 132 Einheiten der BALAO- und 31 Einheiten der TENCH-Klasse. Durch Feindeinwirkung gingen 18 Boote der GATO-Klasse verloren, und eines war ein konstruktiver Totalverlust. Die GATO-Klasse gehört zu jenen, die die Lücke zwischen den letzten Tauchbooten und den ersten echten Unterseebooten überbrückten. In seiner ursprünglichen Gestalt stellte die GATO das Angriffsunterseeboot

Oben: Die Vorkriegspolitik der amerikanischen Marine stellte eine fortschreitende Entwicklung mit einer Serie großer Boote dar, die für Unternehmungen gegen japanische Schlachtschiffe und Flugzeugträger gefertigt wurden. Die wenigen amerikanischen Stützpunkte lagen weit entfernt, so daß die Boote weite Strecken zurücklegen mußten und mehr auf sich selbst gestellt waren als jene anderer Marinen; die durchschnittliche Reichweite betrug 10'000 sm mit Vorräten für 60 Tage. Im Bild die USS SWORDFISH (SS-193), die zur SALMON/SARGO-Klasse gehörte, zusammen mit der T-Klasse die unmittelbaren Nachfolger der GATO-Klasse. SWORDFISH versenkte am 15. Dezember 1941 das erste japanische Handelsschiff im Kriege.

mit großer Reichweite der US-Marine dar. Es operierte mit großem Erfolg und großer Entschlossenheit gegen die Japaner, und zusammen mit den übrigen gleichartigen Klassen spielten die Einheiten der GATO-Klasse eine bedeutsame Rolle, das kaiserliche Japan durch die Vernichtung seiner Handelsflotte an den Rand der Kapitulation zu bringen. Aber die Boote der GATO-Klasse waren unter Wasser langsam: ihre Höchstgeschwindigkeit unter Wasser lag bei 8,75 kn, und selbst diese Geschwindigkeit konnte nicht über eine größere Zeitspanne aufrechterhalten werden, ohne die Batterien zu erschöpfen. Dazu kam, wie faktisch bei allen Unterseebooten der damaligen Zeit, daß die Tauchtiefe von 91 m nur ein Geringes unter der Länge über alles von 95,2 m lag, was die Manövrierfähigkeit beschränkte. Die nächste Klasse amerikanischer Unterseeboote, die 132 Einheiten starke BALAO-Klasse, war im wesentlichen mit der GATO-Klasse identisch, besaß aber einen verstärkten Bootskörper, der es den Booten ermöglichte, auf eine Tiefe von 122 m zu tauchen, was ihnen den Namen «dickhäutige GATOs» einbrachte. Auch die TENCH-Klasse beruhte auf der GATO-Klasse, aber von ihr waren nur 31 Einheiten gebaut worden, als der Krieg zu Ende ging und die Fertigung aufhörte.

Elektronik: Die Boote der GATO-Klasse gehörten zu den ersten, die mit einer umfassenden elektronischen Ausrüstung ausgestattet waren, die schließlich die volle Breite der Radar-, Sonar- und Fernmeldeeinrichtungen sowie jener für elektronische Kampfführung umfaßte. Die tatsächliche Ausstattung befand sich in einem Zustand ständiger Veränderung, je nachdem, wie die neue Ausrüstung zur Verfügung stand, und genausowenig konnten die Boote davor verschont werden, die in schneller Folge hervorgebrachten Masten und Antennen installiert zu erhalten, wobei kaum Rücksicht genommen wurde, den Strömungswiderstand zu verringern, bis es schließlich bei Kriegsende einen förmlichen Wald davon auf den Türmen der Unterseeboote gab. Das erste Luftraumüberwachungs-Radargerät, das SD, klein genug, um in einem Unterseeboot eingebaut zu werden, stand Ende 1941 zur Verfügung und seine kleine Stabantenne war normalerweise an der Spitze der HF-Funkantenne angebracht. Das SD gab die Richtung nicht an, hatte eine Höchstreichweite von nur 16 km und war durch feindliche Funkpeilung leicht zu orten. Nichtsdestoweniger entsprach es der dringenden Forderung der U-Boot-Kommandanten nach einer frühzeitigen Warnung vor einem sich nähernden Flugzeug, und bis Mitte 1942 waren alle amerikanischen Unterseeboote mit dem SD ausgerüstet. Um diese Zeit begann das SJ, das sowohl die Entfernung als auch die Richtung angab, der Front zuzugehen. Obwohl schwierig zu eichen und etwas unzuverlässig, verlieh das SJ der U-Besatzung eine neue Fähigkeit, und als das Rundsichtanzeigegerät mit kreisförmigem Bildschirm die frühere waagrechte Anzeige ablöste, wurde in das System großes Vertrauen gesetzt. Die SJ-Antenne war eiförmig, ursprünglich einteilig, später aber ein Gitter und hatte im Gegensatz zum SD-Gerät einen eigenen Mast als Träger. Das letzte kriegsmäßige Radargerät war das SS.

Oben: USS Perch (SS-313) der BALAO-Klasse. Die Einheiten der BALAO-Klasse waren im wesentlichen mit jenen der GATO-Klasse identisch, aber Entwurfsänderungen, um eine Schnellbauweise zu fördern, führten zu größerer Festigkeit des Bootskörpers und einer Steigerung der Tauchtiefe von 91 auf 122 m. Dieses Foto zeigt deutlich die vielen hervorstehenden Teile bei einem typischen U-Boot des Zweiten Weltkrieges. Sie brachten nicht nur einen beträchtlichen Widerstand unter Wasser mit sich, sondern führten auch zu verringerter Geschwindigkeit und begrenzter Seeausdauer und stellten eine beträchtliche Lärmquelle dar.

Rechts: USS CUBERA (SS-347), ein GUPPY-2-Umbau eines Bootes der BALAO-Klasse aus dem Zweiten Weltkrieg in der Nachkriegszeit. Der Vergleich mit dem ursprünglichen Aussehen (oben) zeigt die Stromlinienform sowie die Art und Weise, wie außen hervorstehende Teile der Ausrüstung entweder entfernt oder einziehbar gestaltet wurden. Diese Maßnahmen, verbunden mit stärkeren Batterien, führten zu großen Steigerungen der Leistung unter Wasser.

Oben: USS SABALO (SS-302) Mitte der 60er Jahre (1971 ausgemustert). Da der GUPPY-Umbau kostspielig war (1950 je 2,5 Mill. Dollar) erhielten 19 Boote eine einfachere Modernisierung: «Flottenschnorchel», Entfernen der Deckbewaffnung und stromlinienförmige Gestaltung des Turms.

Auch die Sonar-Anlagen wurden ständig verbessert, und bis 1945 besaßen die meisten amerikanischen Unterseeboote das aktive WFA-System, das Entfernungsmessung nach der Impulsechomethode, Horchen und Loten in sich vereinigte und in einem einziehbaren, am Kiel angebrachten Dom eingebaut war. Letzteres verhinderte den Gebrauch der Sonar-Anlage, wenn das Unterseeboot auf Grund lag; deshalb wurde eine passive Horcheinrichtung oben angebracht. Anfänglich wurde das JP-Gerät verwendet, eine umgebaute Anlage für Überwasser-Patrouillenfahrzeuge. Wie die spätere JT-Anlage ermöglichte sie dem Unterseeboot, das Propellergeräusch eines Überwasserschiffes auf Entfernungen bis zu 18'300 m zu orten; es konnte auch eingesetzt werden, um das Eigengeräusch zu ermitteln. Die JP-Anlage mußte von Hand um ihre Achse gedreht werden, aber die spätere JT-Anlage besaß einen Antrieb und bestand aus einem 1,53-m-Linear-Horchgerät mit einer 22°-Richtabtastung bei 4 U/min. Sie erfaßte die Schallfrequenzen (100 Hz-12 kHz) und mit einem Umformer die Ultraschallfrequenzen (bis zu 65 kHz). Ein neuer, spezialisierter Typ einer Sonar-Anlage kam gegen Ende des Krieges zum Einsatz: die FM-Anlage, später umbezeichnet in QLA-1, eine präzise arbeitende Sonar-Anlage, um Minen auszuweichen. Sie war so leistungsfähig, daß die amerikanischen U-Boote imstande waren, mit relativ großer Sicherheit in japanischen Küstengewässern zu operieren. Zu den weiteren Sensoren gehörten die üblichen zwei Sehrohre, ferner eine Vielfalt an Funkmasten, Peitschenantennen und ähnlichem. Auch der Einbau der Ausrüstung für die elektronische Kampfführung nahm seinen Anfang. Äußeres Anzeichen dafür war ein großer Peilrahmen für einen Funkpeiler. Schließlich gab es für Überwassergefechte mit Artillerie zwei auf der Brücke eingebaute Zielgeber.

Bewaffnung: Bei Fertigstellung waren die Einheiten der GATO-Klasse mit einem 7,6-cm-Geschütz L/50 bewaffnet, in Übereinstimmung mit der Vorkriegsauffassung, daß keinem Unterseebootskommandanten ein Geschütz gegeben werden sollte, das ihn ermutigen könnte, an der Wasseroberfläche zu kämpfen. Aber während des Krieges veränderte sich die Bewaffnung nach und nach, und bis 1945 bestand sie aus einem 12,7-cm-Geschütz L/25 sowie zwei 4-cm- und zwei 2-cm-Fla-Waffen, letztere in Zwillingslafette. Bis 1950 jedoch ließ das GUPPY-Umbauprogramm (siehe unten) die Geschütze verschwinden. Die Boote besaßen zehn 53,3-cm-Torpedorohre – sechs vorn und vier achtern – mit 24 Reservetorpedos, und während die Boote selbst sehr zuverlässig waren, war dies bei den Torpedos weit weniger der Fall. Der Torpedo Mk. 14 mit seiner Magnetpistole Mk VI, im Einsatz von 1941 bis 1943, war wegen seiner Unzuverlässigkeit berüchtigt: Er lief viel tiefer als entworfen und hinterließ eine auffallende Blasenbahn, die Magnetpistole versagte häufig, und die Reserve-Aufschlagpistole schien nur zu arbeiten, wenn der Torpedo beim Aufprall am Ziel abglitt. Im späteren Verlauf des Krieges wurde weitgehend der Torpedo Mk 18, die genaue Kopie eines erbeuteten deutschen G7e, eingesetzt – ihm war die Versenkung von einer Million BRT japanischen Schiffsraums zuzuschreiben.

Bau: Die 73 Einheiten der GATO-Klasse liefen zwischen 1941 und 1943 vom Stapel; ihre Fertigung teilte sich auf zwischen Electric Boat, Groton (41), Marinewerft Portsmouth (14), Marinewerft Mare Island (4) und Maniwotoc, Wisconsin (14). Von den 54 den Krieg überlebenden Booten wurden die meisten nach dem GUPPY-1-Programm umgebaut: sämtliche Geschütze und weitere außen hervorstehende Teile wurden entfernt, der Turm erhielt eine Stromlinienform, ein Schnorchel wurde eingebaut und neue Batterien, leichter und viel stärker, kamen zur Anwendung. Dieser Umbau, auf den Lehren des deutschen Typs XXI beruhend, hatte eine dramatische Auswirkung auf die Leistung mit beträchtlichen Steigerungen von Unterwassergeschwindigkeit und Reichweite. Von den verbliebenen Booten wurden 6 ins Ausland verkauft und 7 zu U-Jagd-Unterseebooten mit stärkeren Batterien umgebaut. Weitere sechs wurden 1951/52 zu Radaraufklärungs-U-Booten umgebaut, verlängert um 8,3 m. TUNNY (SS-282) wurde zuerst zur Plattform für den «Regulus I»-Flugkörper und 1964 zu einem truppentransportierenden Unterseeboot umgebaut.

Links: Die ersten amerikanischen Unterseeboote zur strategischen Abschreckung führten «Regulus», einen nur an der Wasseroberfläche zu startenden Marschflugkörper. Die letzten Startvorbereitungen mußten an Deck außerhalb des Hangars erfolgen; ein weiteres Risiko stellte ein zufälliges Fluten des Hangars dar, wobei das Boot kentern würde. Die 1941 als Flottenboot erbaute USS TUNNY (SSG-282) gehörte zu den ersten einsatzfähigen Umbauten.

Links: USS TUNNY (SSG-282) startet in den 1960er Jahren einen «Regulus I»-Flugkörper; in einem großen Hangar wurden zwei Flugkörper mitgeführt. «Regulus I» war ein mit Strahlturbine angetriebener, ferngelenkter Flugkörper, der mit einer Geschwindigkeit von etwa Mach 0,9 flog und eine Reichweite von ca. 400 sm besaß. Er marschierte in einer Höhe von über 9'000 m bis nahe an sein Ziel heran, gelenkt durch Funksignale von Unterseebooten auf Sehrohrtiefe, deren Position durch Loran bekannt war. Sein nuklearer W-5-Gefechtskopf von 120 kT war dazu bestimmt, nur gegen große, stationäre Ziele eingesetzt zu werden.

Herkunftsland: Deutschland, erste Einheit 1944 fertiggestellt
Typ: Patrouillenunterseeboot, dieselelektrisch angetrieben
Wasserverdrängung: 1'621 ts aufgetaucht, 1'819 ts getaucht
Abmessungen: Länge: 76,7 m, Breite: 6,6 m, Tiefgang: 6,3 m
Antrieb: dieselelektrischer Antrieb auf zwei Wellen; zwei Dieselmotoren MAN M6V 40/46 mit je 1'000 PSe bei 522 U/min; zwei E-Motoren SSW oder AEG GU 365/30 für Normalfahrt mit je 2'500 PS; zwei E-Motoren SSW GW323/38 für Schleichfahrt mit je 83 kW; 15,6 kn aufgetaucht, 17,2 kn getaucht (5 kn bei Schleichfahrt); 11'150 sm bei 12 kn aufgetaucht, 285 sm bei 6 kn getaucht; Konstruktionstauchtiefe: 133 m
Besatzung: 57
Geschichte: Als Folge der alliierten Verbesserungen in der U-Jagd-Ausrüstung und -Taktik erreichten die deutschen U-Bootverluste bis Mitte 1943 eine nicht mehr hinnehmbare Höhe, und für Großadmiral Dönitz hatte es den Anschein, Sonar und Radar zusammen mit dem immer wirksameren Einsatz von Schiffen und Flugzeugen sei für seine Kommandanten zu übermächtig geworden. Er hatte weitgehend recht, obwohl er nicht wußte, daß die elektronische Kampfführung und insbesondere die Entzifferung des Enigma-Codes einen bedeutenden Einfluß darauf hatten, daß sich die alliierten Schiffe und Flugzeuge zur richtigen Zeit am richtigen Ort befanden. Erforderlich war nach deutscher Auffassung ein echtes Unterseeboot, das imstande sein würde, für längere Zeit unter Wasser zu operieren und seine Ortung durch Radar oder Sonar zu vermeiden. Auch die Überlebensfähigkeit würde verbessert werden, wenn die Boote mit beträchtlich höheren Geschwindigkeiten operieren und so imstande sein würden, Überwasserjägern zu entrinnen.
Professor Walter hatte jahrelang sowohl mit der Stromlinienform als auch der Antriebsanlage experimentiert. Sein H_2O_2-Antrieb erwies sich für die einsatzmäßige Verwendung als zu unzuverlässig, obwohl eine Anzahl solcher Boote gebaut wurden. Als einzige Alternative blieb damals übrig, die Außenverkleidung stromlinienförmig zu gestalten und die Batterieleistung dieselelektrischer Boote enorm zu steigern. Demgemäß wurden neue Formen des Bootskörpers eingeführt, die höhere Geschwindigkeiten unter Wasser als über Wasser zuließen, während die Einführung des Ende der 1930er Jahre von einem niederländischen Marineoffizier erfundenen Schnorchels dem Typ XXI erlaubte, auf Sehrohrtiefe mit Diesel- statt elektrischem Antrieb zu fahren.

Die Leistung des neuen Bootes war bemerkenswert: Sehrohrtiefe konnte in 10 s und eine Tiefe von 30 m in 40 s erreicht werden – viel schneller als jedes andere damalige U-Boot –, aber die zahlreichen Tauch- und Entlüftungsklappen zeigten sich dabei als Hemmnis, und die Anzahl der Öffnungen wurde verringert, weshalb sich die Tauchzeit um 15 s verlängerte. Die Sicherheitstauchtiefe betrug 133 m, aber mit einem Sicherheitsfaktor von 2,5 konnte das Boot bis auf

Rechts: Der achtere Flakturm mit den beiden 2-cm-Geschützen. Trotz der Absicht, den Typ XXI als echtes Unterseeboot zu gestalten, hielten die Konstrukteure an der Flak fest, vermutlich ein Ergebnis der Erfahrungen mit älteren U-Booten. Von den neun versenkten Typ XXI gingen drei durch Minentreffer und sechs durch Flugzeugangriffe verloren.

Oben: Ein Boot vom Typ XXI, unmittelbar nach dem Stapellauf bei der Werft AG Weser in Bremen, wahrscheinlich 1944. Die Sicherungsleinen waren nur für den Stapellauf und das Ausrüsten angebracht und wurden später entfernt. Beachtenswert sind die stromlinienförmigen Zwillings-Flaktürme am vorderen und hinteren Ende des Turms.

annähernd 213 m gehen, jenseits der wirksamen Reichweite des alliierten Sonars von etwa 122 m. Unterwassergeschwindigkeit und Aktionsradius ließen es zu einer völlig neuen Klasse werden; die Unterwasserhöchstgeschwindigkeit von 16,7 kn konnte 72 Minuten lang gehalten werden, die Fahrt von 12 kn während 5 Stunden und die Schleichfahrt von 5,2 kn während rund 72 Stunden, im Vergleich zu den 45 Minuten bei 5 – 6 kn eines VII C-Bootes.

Der Schnorchel ließ eine Marschfahrt unter Wasser auf fast unbegrenzte Zeit zu und war von den damaligen Flugzeugradars faktisch nicht zu orten, besonders wenn mehr als Seestärke 2 herrschte. Die Stromlinienform des Bootskörpers und des Turms führte auch zu einem bedeutend geringeren Sonar-Profil und in einigen Fällen verstärkte der Einsatz von radar- und sonarabsorbierenden Überzügen die Wirkung.

Der Typ XXI war für eine schnelle Fertigung entworfen worden, und nicht weniger als 131 Einheiten wurden fertiggestellt. Der chaotische Zustand Deutschlands in den letzten Phasen des Krieges und die Entscheidung von Dönitz, die Fertigung dieser Boote ohne jeglichen Prototyp anlaufen zu lassen, bedeutete jedoch, daß nur wenige an die Front gelangten. Jene, die ihre Kinderkrankheiten hinter sich brachten und tatsächlich auf Feindfahrt gingen, stellten fest, daß der revolutionäre Entwurf wirklich ungeahnte Verbesserungen aufwies, und eine Reihe von Erfolgen wurde erreicht. Zum Glück für die Alliierten kamen die Boote zu spät, um noch einen wesentlichen Einfluß auszuüben; 120 wurden versenkt oder versenkten sich selbst und 11 kapitulierten.

Unten: Die außergewöhnlichen Linien des Typ XXI ließen einen faszinierenden Gegensatz zu Booten wie dem Typ IX erkennen. U 2502 war die zweite Einheit des Typs XXI, die fertiggestellt wurde. Beachtenswert sind die aktive Sonar-Anlage an der Vorderkante des Turmaufbaus und die passive GHG-Anlage im Balkon unter dem Bug. Wie alle frühen Einheiten des Typs XXI ist das Boot mit vier 2-cm-Fla-Geschützen bewaffnet; spätere Boote besaßen das 3-cm-Geschütz, das infolge seiner größeren Reichweite leistungsstärker war.

Oben: Der Typ XXI besaß sechs Bugtorpedorohre, und es war geplant, spätere Nachbauten mit zusätzlichen Seitenrohrsätzen auszurüsten. Die hier abgebildeten G7e-Torpedos waren vom Kaliber 53,3 cm und hatten eine Länge von 7,16 m. Davon gab es zwei Modelle: das eine besaß einen akustischen Suchkopf (Deckname «Geier»), während das andere drahtgelenkt war (Deckname «Lerche»), akustische Informationen benutzend, die über Draht geleitet wurden.

Unten: U 793, ein Walter-Boot vom Typ XVII (Wa 201) nach seiner Fertigstellung bei Blohm & Voss, Hamburg, im April 1944. Während der offiziellen Erprobungen erreichte dieses Boot mit seinem Walter-H_2O_2-Antrieb eine Geschwindigkeit von 20,3 kn, erwartet wurden letztlich 26 kn.

Die amerikanische, britische, französische und die sowjetische Marine benutzten alle ihre erbeuteten Boote vom Typ XXI in der Zeit unmittelbar nach dem Kriege zu Versuchs- und Entwicklungszwecken. Die US-Marine entwickelte eine neue Bootsklasse, die in vielem auf den Merkmalen des Typs XXI beruhte: die TANG-(SS-564-)Klasse, von der nur sechs Einheiten gebaut wurden, eine Verbesserung des Typs XXI in der Leistung, am bemerkenswertesten bei der Tauchtiefe. Die Sicherheitstiefe lag bei 213 m, und die Zerstörungstiefe betrug 335 m. Im Hinblick auf das Erscheinen der Atomunterseeboote wollte die US-Marine jedoch keine große Klasse neuer dieselelektrisch angetriebener Boote bauen. Statt dessen wurden viele der ausgezeichneten und verhältnismäßig neuen Einheiten der GATO-, BALAO- und TENCH-Klasse nach dem neuen GUPPY-Standard umgebaut.

Die Sowjets stellten auf der Schichau-Werft in Danzig die fünf Boote des Typs XXI fertig, die als *U 3538* bis *U 3542* auf Kiel gelegt worden waren, und fertigten danach eine unbekannte Anzahl dieser Boote in der UdSSR. Ihnen folgte die *Whiskey*-Klasse, die in riesigen Stückzahlen gebaut wurde. Die Briten führten Ende der 1940er und Anfang der 1950er Jahre eine Reihe von Versuchen mit dem H_2O_2-Antrieb nach Walter durch und bauten unter Benutzung dieses Verfahrens selbst zwei Boote, HMS EXPLORER und EXCALIBUR, folgerten aber daraus – zur gro-

Oben rechts: U 3008 in der US-Marinewerft Portsmouth am 30. August 1946 mit ausgefahrenen Sehrohren und Radarmasten. Mehrere Boote des Typs XXI wurden von den Alliierten, die nichts Vergleichbares besaßen, geprüft und erprobt.

Rechts: Im Anschluß an die Erprobungen mit den erbeuteten deutschen Booten vom Typ XXI bauten die Amerikaner Anfang der 1950er Jahre die TANG-Klasse. Im Bild USS GUDGEON (SS-567), noch heute bei der türkischen Marine als HIZIR REIS im Dienst.

Unten: USS TANG (SS-563), Typschiff seiner Klasse, 1964 vor Hawaii. Ihre Linien lassen die Abstammung vom Typ XXI erkennen. Wie GUDGEON gehört sie noch heute als PIRI REIS zur türkischen Marine.

ßen Erleichterung ihrer Besatzungen –, daß diese Entwicklung nicht den Fortschritt bedeutete. Wie die US-Marine, modernisierte die Royal Navy statt dessen eine Reihe ihrer Boote aus dem Zweiten Weltkrieg, baute aber dann die sehr gelungene PORPOISE- und OBERON-Klasse. Deren Entwurf beruhte auf den Lehren aus dem Typ XXI, benutzte aber nicht – ähnlich der TANG-Klasse – die deutsche 8-Form. Die Boote erzielten wesentlich größere Tauchtiefen. Die Franzosen benutzten den Typ XXI als Grundlage für ihre NARVAL-Klasse, von der in den Jahren 1951 bis 1954 sechs Einheiten gebaut wurden. Die deutsche Bundesmarine barg ebenfalls ein Boot vom Typ XXI, das sich 1945 selbst versenkt hatte, und benutzte es viele Jahre lang als Versuchs-U-Boot unter dem Namen WILHELM BAUER (heute im Deutschen Schiffahrtsmuseum in Bremerhaven zu besichtigen).

Der Typ XXI übte seinen Haupteinfluß im ersten Jahrzehnt der Nachkriegszeit aus, als er die Grundlage für die gesamte Entwicklung dieselelektrisch angetriebener U-Boote bildete. Der nächste Schritt, der die Unterseebootentwicklung einen großen Sprung nach vorn brachte, war die ALBACORE der US-Marine.

Bewaffnung: Der Typ XXI war der erste U-Boot-Typ aus dem Zweiten Weltkrieg, der den Trend zur Verstärkung der Überwasserbewaffnung umkehrte und sie auf vier 2-cm- oder 3-cm-Fla-Geschütze in zwei stromlinienförmigen Türmen an jedem Ende des Turmaufbaus beschränkte. Ferner gab es sechs 53,3-cm-Bugtorpedorohre mit 23 mitgeführten Torpedos. Ein Teil dieser Ausstattung konnte durch Minen ersetzt werden.

Sensoren: Infolge der alliierten Fortschritte beim Flugzeugradar waren sehr viele U-Boote an der Wasseroberfläche durch Flugzeuge angegriffen worden. Die Deutschen entwickelten deshalb eine Reihe von Funkmeß-Beobachtungsgeräten, deren einzelne Muster nach Inseln benannt waren. Normalerweise führte der Typ XXI ein FuMB 29 «Bali I», mit auf dem Schnorchelkopf montierter Antenne, auf vielen Booten später durch das FuMB 37 «Leros» ersetzt. Am vorderen Ende des Turmaufbaus befand sich auch eine Peilantenne.

Wie ihre alliierten Gegenspieler, so wurden die U-Boote während des Krieges mit Luft- und Seeraumüberwachungsradars, den Funkmeß-Ortungsgeräten, ausgerüstet. Boote vom Typ XXI erhielten das FuMO 61 «Hohentwiel-Drauf» mit einer rechteckigen Antenne auf einem kurzen Mast. Zu den Funkantennen gehörte eine UHF-Antenne neben der Brücke und eine HF-Stabantenne auf einem eigenen, ausfahrbaren Mast. Trotz des Erfordernisses geräuscharmer Fahrt waren überraschenderweise vorn und achtern zwei HF-Drahtantennen angebracht; derartige Vorrichtungen neigten stets dazu, in Fahrt zu vibrieren. Die üblichen, sehr wirksamen deutschen Sonar-Anlagen waren eingebaut. An der Vorderkante des Turmaufbaus befand sich ein Schallortungsgerät, das SU(R)-Gerät «Nibelung», mit Peilung von voraus bis beiderseits querab 110° und einer Richtgenauigkeit von 1,5°.

Unter dem Bug war in einem Balkon die GHG-Anlage eingebaut, um passive Schallortungsergebnisse zumindest auf Entfernungen zu liefern, die jenen der alliierten Sonaranlagen entsprachen. Diese Anbringung der Anlage verhinderte das Abdecken des Winkelsegments zwischen 150° und 210°, und deshalb war vorgesehen, auf späteren Booten des Typs XXI eine Schallortungs-Passiv-Anlage zur Nahpeilung einzubauen. Diese SP-Anlage bestand aus einem drehbaren Stab mit zwei Empfängern unter einer stromlinienförmig verkleideten Haube auf der achteren Bootsverkleidung.

Bau: 131 Einheiten vom Typ XXI wurden zwischen 1944 und dem Kriegsende fertiggestellt. Die beteiligten Werften waren Blohm & Voss, Hamburg, Weser AG, Bremen, sowie Schichau, Danzig. Die letztere Werft stellte zumindest fünf weitere Boote auf Geheiß der Sowjets fertig.

Rechts: HMS EXCALIBUR hatte in einem Dom ein Sonar Typ 187 sowie einen niedrigen Turm, eine Verdrängung unter Wasser von 1'000 ts und eine Länge von 68,8 m. Die Tauchtiefe betrug 167 m. Sie und ihr Schwesterboot waren aus dem Typ XVII entwickelt worden; ein selbst versenktes Boot dieses Typs – U 1407 – war gehoben und als HMS METEORITE wieder in Dienst gestellt worden.

Unten: HMS EXPLORER 1956 in See. Die Royal Navy erblickte im Walter-Antriebsverfahren eine billigere Alternative zum Atomantrieb. Aber trotz der Anwesenheit von Helmut Walter mit fünf Mitarbeitern auf der Vickers-Werft in Barrow 1946 bis 1949 erwies sich die Beherrschung des H_2O_2-Verfahrens als zu schwierig.

Herkunftsland: USA, fertiggestellt 1953
Typ: Versuchsunterseeboot, dieselelektrisch angetrieben (AGSS)
Wasserverdrängung: 1'500 ts aufgetaucht, 1'850 ts getaucht
Abmessungen: Länge wie gebaut: 62,1 m, Länge nach Umbauphase III: 64,2 m, Breite: 8,4 m, Tiefgang: 5,64 m
Antrieb: dieselelektrischer Antrieb auf eine Welle; zwei General-Motors-Radial-Dieselmotoren; ein Westinghouse-E-Motor; 15'000 WPS für 25 kn aufgetaucht, 33 kn für kurze Zeit getaucht
Besatzung: 52
Geschichte: Vom Ersten Weltkrieg an war die Form des Unterseebootkörpers im wesentlichen lang und schmal geblieben; selbst der Typ XXI und die noch spätere USS NAUTILUS, das erste nuklear angetriebene Angriffsunterseeboot, wiesen diese Form auf. Es war jedoch festgestellt worden, daß die Boote vomTyp XXI und seine Abkömmlinge dazu neigten, bei hohen Unterwassergeschwindigkeiten zu stampfen, bis zu dem Punkt, da unter bestimmten Bedingungen die Kontrolle verlorengehen konnte. In einem Nachkriegsprogramm entwickelte die amerikanische Marine für den Bootskörper eine neue Form, beruhend auf der eines Luftschiffes, und ein dieselelektrisch angetriebenes Versuchsunterseeboot, die USS ALBACORE, wurde gebaut, um diese neue Form zu erproben. Ursprünglich als Hochgeschwindigkeits-Unterwasserziel für U-Jagdstreitkräfte an der Wasseroberfläche entworfen und durch die Annullierung eines Zerstörer-Umbauprogramms finanziert, sollte sich ALBACORE als einer der großen Meilensteine in der Unterseebootentwicklung erweisen.
Entwurf: Die Form des Bootskörpers der ALBACORE war revolutionär, d.h. wie bei einem Torpedo symmetrisch rund um seine Längsachse. Die Ergebnisse zeigten, daß der neue, kürzere, dickere Bootskörper sehr viel manövrierfähiger war, imstande, mit 3,2°/s zu wenden, verglichen mit 2,5°/s oder weniger beim traditionelleren Bootskörper. Tatsächlich bewies die ALBACORE, daß ein Unterseeboot dreidimensional wie ein Flugzeug «geflogen» werden konnte – unter Ausführung enger, kurzer Kehrtwendungen und sogar, so verlautet gerüchtweise, von Loopings. Der neue Bootskörper war auch bei allen Geschwindigkeiten dynamisch stabil und konnte bei vorgegebener Antriebskraft schneller angetrieben werden. Um eine Geschwindigkeit von sieben Knoten zu halten, brauchte das Boot lediglich 136 PS, und mit seiner vollen Antriebsleistung von 15'000 PS konnte es für kurze Zeitspannen über 33 kn erreichen, eine bis dahin ungeahnte Unterwassergeschwindigkeit. Überdies war der eine Propeller nicht nur viel leistungsfähiger, sondern auch viel geräuschärmer. Er konnte mit dazu beitragen, einer Ortung durch feindliche U-Jagdverbände zu entgehen. Diese Form gewährte auch Vorteile im Bootsinneren, da der dickere Bootskörper ein Mehrfachdecksystem aufnehmen sowie einen größeren Lastenraum und bessere Wohnlichkeit bieten konnte.

Oben: USS BLUEBACK (SS-581), eine der drei Einheiten aus der letzten konventionell angetriebenen U-Boot-Klasse, die für die US-Marine gebaut wurden. Das Foto aus dem Jahre 1960 zeigt ihren «tropfenförmigen» Bootskörper. Wie zu erkennen ist, wurden diese Boote der BARBEL-Klasse mit Bug-Tiefenrudern gebaut, aber sie wurden schließlich zum Turm zurückverlegt.

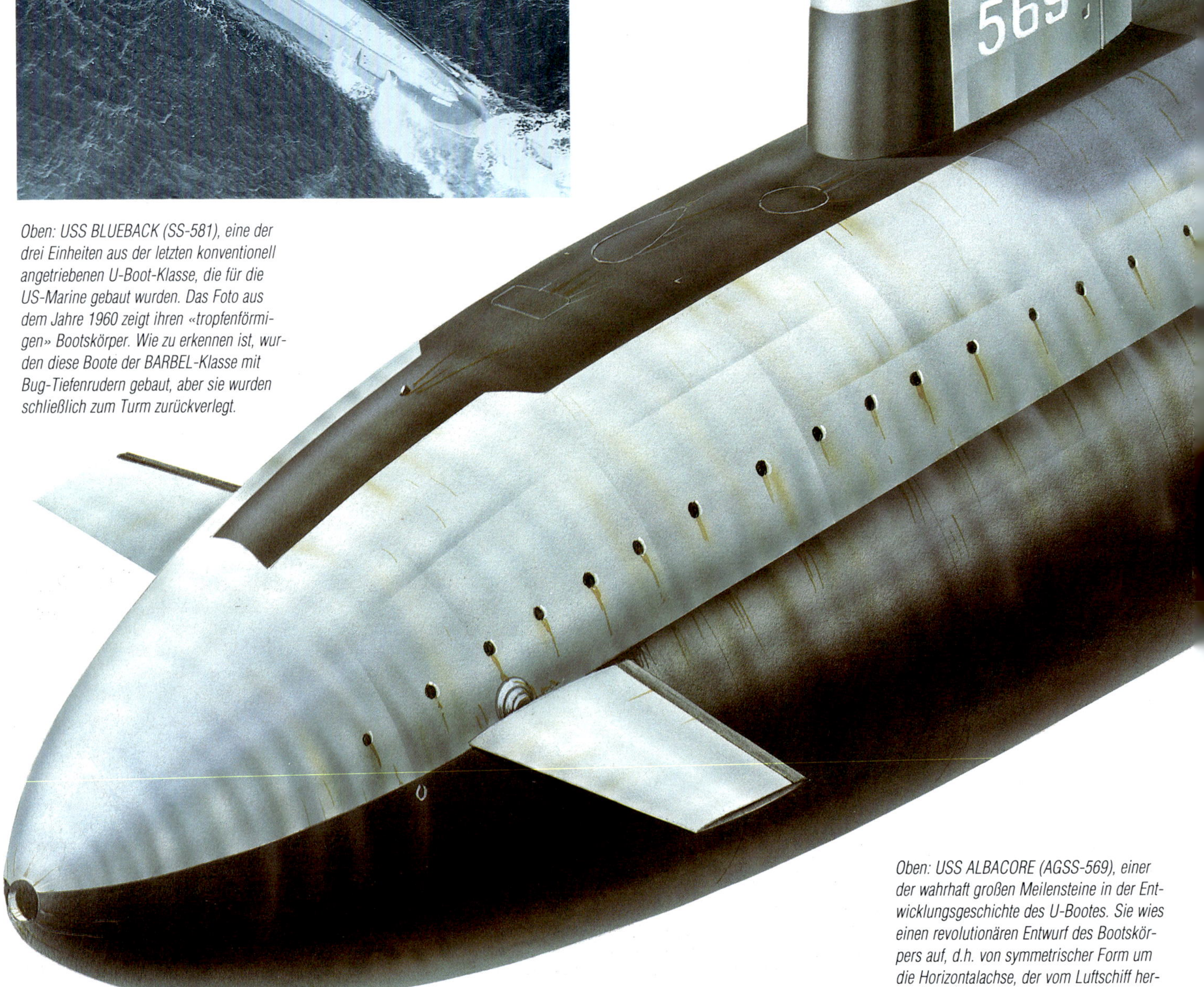

Oben: USS ALBACORE (AGSS-569), einer der wahrhaft großen Meilensteine in der Entwicklungsgeschichte des U-Bootes. Sie wies einen revolutionären Entwurf des Bootskörpers auf, d.h. von symmetrischer Form um die Horizontalachse, der vom Luftschiff her-

Mit der ALBACORE wurden verschiedene Eigenschaften erprobt. Ursprünglich konnte sie getaucht 26 kn laufen, aber mit Silber-Zink-Batterien und gegenläufigen Propellern in der Phase IV des Programms konnte sie erstaunliche 33 kn erreichen. Ein weiteres Merkmal war eine flugzeugähnliche Art von «Sturzflugbremse» achteraus des Turms, um ein unbeabsichtigtes Tauchen zu verhindern. Obwohl die deutsche Forschung im Zweiten Weltkrieg erwiesen hatte, daß die Bug-Tiefenruder bei Unterwassergeschwindigkeiten von über 12 kn dazu neigten, das Unterseeboot in der Vertikalebene zu destabilisieren, wurde die ALBACORE mit Bug-Tiefenrudern erbaut. Sie waren augenscheinlich sehr gelungen, wurden aber bei den später gefertigten Klassen nicht eingeführt, die sämtlich am Turm angebrachte Tiefenruder besaßen. Ursprünglich hatte ALBACORE kreuzförmige, achtere Tiefenruder, die aber später (Phase III) abgeändert wurden, um ein X-förmig gestaltetes Heckleitwerk zu erproben. Obwohl diese Form bestimmte Vorteile hat und von der schwedischen und niederländischen Marine bevorzugt wird, ist sie von der US-Marine nicht weiter verfolgt worden. Als Ergebnis der erregenden Demonstrationen durch die ALBACORE änderte die US-Marine die Formen der Bootskörper bei der nächsten Klasse nuklear angetriebener Angriffsunterseeboote, der SKIPJACK-Klasse, und bei der letzten Klasse dieselelektrisch angetriebener Unterseeboote, der BARBEL-Klasse, mit großen Vorteilen zugunsten ihrer Leistung. Die Einzelheiten wurden auch den Verbündeten der Vereinigten Staaten zugänglich gemacht. Als Folge davon gestaltete sich eine Reihe von Entwürfen – darunter die japanische UZUSHIO- und YUSHIO-Klasse sowie die niederländische ZEELEEUW- und ZWARDVIS-Klasse – nach dem, was unter dem Namen «ALBACORE-Bootskörper» bekannt wurde.

Bewaffnung: Die ALBACORE führte keine Waffen.

Elektronik: Als Versuchsunterseeboot erprobte ALBACORE verschiedene Sonar- und andere Sensorenausrüstungen, darunter die Bugsonaranlage BQR-2 mit DIMUS. Letztere ermöglichte einem Unterseeboot, nach allen Richtungen zu horchen und schwache Signale zu orten, die sonst im Hintergrundgeräusch untergehen konnten. Schätzungen ergaben, daß im Vergleich zu einem Schnorchel-U-Boot die Ortungsreichweite durch ein geräuscharmes Unterseeboot mit DIMUS, wie sie beim BQR-2 Anwendung fand, von 50 sm auf 70 sm (93 bzw. 130 km) stieg. DIMUS steigerte auch die Fähigkeit zur Mehrfachzielverfolgung beträchtlich.

Bau: Auf der Marinewerft Portsmouth wurde lediglich eine Einheit gebaut. Am 15. März 1952 auf Kiel gelegt, fanden der Stapellauf am 8. August 1953 und die Indienststellung am 5. Dezember 1953 statt. ALBACORE wurde 1972 aus dem aktiven Dienst zurückgezogen und am 1. Mai 1980 ausgemustert.

Unten: Bei USS BARBEL (SS-580) ist der «ALBACORE-Bootskörper» deutlich zu erkennen, obwohl auch zu sehen ist, daß bei der Symmetrie des Bootskörpers Kompromisse eingegangen worden sind, z. B. eine Flachdeckverkleidung, um es zu ermöglichen, sich auf dem über Wasser liegenden Teil zu bewegen, während die gleichmäßige Krümmung des Versuchsbootes ALBACORE im Fertigungsentwurf durch einen zylindrischen Zentralkörper ersetzt worden ist.

geleitet war. Diese Form verlieh dynamische Stabilität bei allen Geschwindigkeiten, ergab eine wirklich hervorragende Manövrierfähigkeit und erlaubte eine Vergrößerung des Innenraumes, was die Bequemlichkeit für die Besatzung erhöhte. ALBACORE erprobte verschiedene Erfindungen. Das im Bild gezeigte kreuzförmige Heckleitwerk wurde später durch X-förmige Tiefenruder ersetzt. Diese Form wurde von der US-Marine nicht eingeführt, findet aber gegenwärtig bei anderen Marinen Verwendung.

Herkunftsland: USA, 1954 vom Stapel gelaufen
Typ: Angriffs-U-Boot, nuklear angetrieben
Wasserverdrängung: 3'764 ts aufgetaucht, 4'040 ts getaucht
Abmessungen: Länge: 97,4 m, Breite: 8,4 m, Tiefgang: 6,7 m
Antrieb: ein S2W-Westinghouse-Reaktor mit Druckwasserkühlung auf zwei Wellen; 15'000 WPS für 20+ kn aufgetaucht, 22,5 kn getaucht
Besatzung: 105
Geschichte: Das einzige unüberwindliche Problem bei dieselelektrisch angetriebenen Unterseebooten besteht darin, daß sie in gewissen Zeitabständen an die Wasseroberfläche kommen müssen, um ihre Dieselmotoren in Gang zu setzen, ihre Batterien aufzuladen und das Boot zu durchlüften, und selbst wenn nur der Schnorchelkopf herausragt, besteht eine große Ortungsgefahr. Im Gefolge der Erfahrungen auf beiden Seiten im Zweiten Weltkrieg setzte Mitte der vierziger Jahre ein großes Forschen ein, um eine Antwort auf dieses Problem zu finden. Zufällig lag die technologische Antwort auf der Hand, wenn sie auch für einen völlig anderen Zweck entwickelt worden war. Von Anbeginn des amerikanischen Atomwaffenprogramms an war man sich darüber klar gewesen, daß eine kontrollierte nukleare Reaktion genug Wärme erzeugen konnte, um den Dampf zum Antrieb konventioneller Dampfturbinen zu liefern. Eine solche Konzeption bot für den Unterseebootantrieb insofern besondere Vorteile, weil diese Reaktion überhaupt keinen Sauerstoff erforderte und große zeitliche Abstände zwischen den Kernerneuerungen lagen. Demgemäß erteilte 1949 der Chief of Naval Operations der US-Marine einen förmlichen Bauauftrag für ein nuklear angetriebenes Unterseeboot mit dem Indienststellungsdatum Januar 1955.
Entwurf: Schon 1948 hatten Forschung und Entwicklung für einen U-Boot-Reaktor am Argonne National Laboratory in den USA begonnen, die in der Folge an Westinghouse am Bettis Atomic Power Laboratory übertragen wurden. Der aus dieser Arbeit entstandene Thermische Reaktor Mk II für Unterseeboote wurde später in S2W umbezeichnet und in den neuen Bootskörper der NAUTILUS eingebaut. Ursprünglich besaß der S2W einen Kern, der nur zu etwa 18 bis 20 % angereichert war, aber sein zweiter und die folgenden Kerne hatten eine Anreicherung von über 40 % und gewährten eine viel höhere Energiedichte. Diese Verbesserung spiegelt sich in der Kernlebensdauer wider: der erste Kern trieb NAUTILUS 62'562 sm (100'681 km) an, der zweite 91'324 sm (146'968 km) und der dritte 150'000 sm (240'000 km).
Eine Schlüsselstellung nahm in diesem Prc gramm die Ernennung eines der fähigsten U-Bootoffiziere der Geschichte ein, die des Captain (später Admiral) Hyman G. Rickover, USN. Am 30. September 1954 wurde USS NAUTILUS (SSN-571) in Dienst gestellt, und am 17. Januar 1955 setzte sie den historischen Funkspruch ab: «Unterwegs mit Atomantrieb.» Auf diese Weise erlangte die US-Marine einen Vorsprung von drei bis vier Jahren vor der sowjetischen. NAUTILUS war das bei weitem größte Unterseeboot, das bis dahin gebaut worden war. Entworfen wurde sie mit einem konventionellen Bootskörper, mehr auf der Typ-XXI- und der GUP-

Oben: Wie die gleichaltrige NAUTILUS besaß auch die SEA WOLF (SSN-575) einen traditionellen Bootskörper aus der Zeit vor der ALBACORE. Der Flüssignatrium-Reaktor der SEA WOLF erwies sich als sehr störanfällig und wurde zwei Jahre später ausgetauscht.

Oben: Mit USS NAUTILUS (SSN-571) verwirklichte sich der Traum echter und langdauernder U-Boot-Unternehmungen. Aber während das Antriebssystem revolutionär war, blieb der Entwurf des Bootskörpers von der Form her traditionell lang und dünn mit zwei Propellern. Die Unterwassergeschwindigkeit lag bei 22,5 kn, und erst als sich Atomantrieb und ALBACORE-Bootskörper in der SKIPJACK-Klasse vereinigten, verwirklichte sich das volle Leistungspotential.

PY-Technologie beruhend als auf dem ALBACORE-Bootskörper, vermutlich, um Risiken bei zu vielen revolutionären Fortschritten in einem Projekt zu vermeiden. (NAUTILUS entstand einige Zeit vor Einführung der neuen Bootskörperform durch die US-Marine und die nächsten fünf SSN – SEA WOLF und die vier Einheiten der SKATE-Klasse – wiesen auch noch die alte Form des Bootskörpers auf). NAUTILUS besaß zwei Wellen, die zwei kleine, auswärts rotierende und schnell laufende Propeller antrieben, womit das Boot unter Wasser eine Dauergeschwindigkeit von 22,5 kn erreichen konnte, beträchtlich höher als andere damals im Dienst befindliche Unterseeboote. Als Reserve standen zusammen mit einem Schnorchel und Notbatterien ein Dieselmotor zur Verfügung. Das Boot war mit sechs 53,3-cm-Bugtorpedorohren bewaffnet, besaß aber – im Unterschied zu gleichaltrigen Booten aus den frühen fünfziger Jahren – keine Heckrohre. Ein ähnlicher Bootskörper fand für das zweite nuklear angetriebene Unterseeboot Verwendung, die USS SEA WOLF (SSN-575), benutzt, um den S2G-Reaktor mit Flüssignatriumkühlung zu erproben, von dem man annahm, er biete gegenüber dem Druckwasserkühlsystem potentielle Vorteile. Unter dem Namen SIR bekannt und entwickelt von Westinghouse am Knolls Atomic Power Laboratory wurde schließlich am 21. Januar 1957 der S2W als Antrieb in die SEA WOLF eingebaut, etwas mehr als zwei Jahre nach dem Erfolg der NAUTILUS. Flüssignatriumkühlung erschien attraktiv, da sie eine viel höhere Betriebstemperatur bot und eine wirksamere Wärmeübertragung gewährleistete, aber sie hatte zahlreiche Nachteile, darunter die Tatsache, daß die Betriebsflüssigkeit zu jeder Zeit flüssig gehalten werden mußte, ansonsten sie in den Rohren einfrieren und diese ruinieren würde. Insgesamt war der S2G sehr störanfällig, wozu auch ein Leck im Überhitzer gehörte, und im Dezember 1958 wurde die Anlage durch einen druckwassergekühlten S2Wa-Reaktor ersetzt, ähnlich dem in der NAUTILUS eingebauten. Seit der SEA WOLF sind von Zeit zu Zeit Berichte über Reaktoren mit Flüssigmetallkühlung aufgetaucht, besonders als Antriebsanlagen für die sowjetische Alfa-Klasse und die französische RUBIS, aber keiner hat sich bestätigt. Während der Zeit ihrer Indienststellung hat NAUTILUS zahlreiche historische Reisen unternommen. 1958 besaß die US-Marine ausreichendes Vertrauen in ihre Fähigkeiten, um sie zum ersten unterseeischen Polartransit zu entsenden. Die Reise begann in Hawaii und endete, nachdem das Boot am 3. August 1958 unter dem Nordpol passiert hatte, in Portland, UK. Seine erste Brennstoffergänzung fand 1957 statt, die zweite 1959 die dritte 1964.

Bewaffnung: NAUTILUS war mit sechs 53,3-cm-Bugtorpedorohren ausgestattet.

Elektronik: NAUTILUS war mit einer konventionellen Elektronik- und Fernmeldeausrüstung aus den fünfziger Jahren ausgestattet. Die Hauptsonaranlagen waren das BQS-4 und das BQR-2C; ersteres bestand aus sieben senkrecht übereinander angebrachten Energieumwandlern im Inneren eines BQR-2C und arbeitete im Horch-, Einzel-Unterwasserschallimpuls- und Echosuchverfahren mit einer typischen Reichweite von 550 bis 7'300 m. Das BQR-2C war ein Passivsonar mit 48 Schallempfängern (90 cm, vertikal) in einer 1,82-m-Kreisbasis. Die Leistung wurde mit ausgezeichnet angegeben, bei automatischer Zielverfolgung auf einem geräuschstarken Unterseeboot mit einer Genauigkeit von 0,25° auf 11'000 m.

Bau: Erbaut auf der Werft der Electric Boat Company in Groton, Connecticut, erfolgten die Kiellegung der NAUTILUS am 14. Juni 1952, der Stapellauf am 21. Januar 1954 und die Indienststellung am 30. Sept. 1954. In der Folge wurde sie als Forschungs-U-Boot eingesetzt, ehe sie Anfang der 1980er Jahre außer Dienst gestellt wurde. Heute ist sie als Museums-Unterseeboot zu sehen.

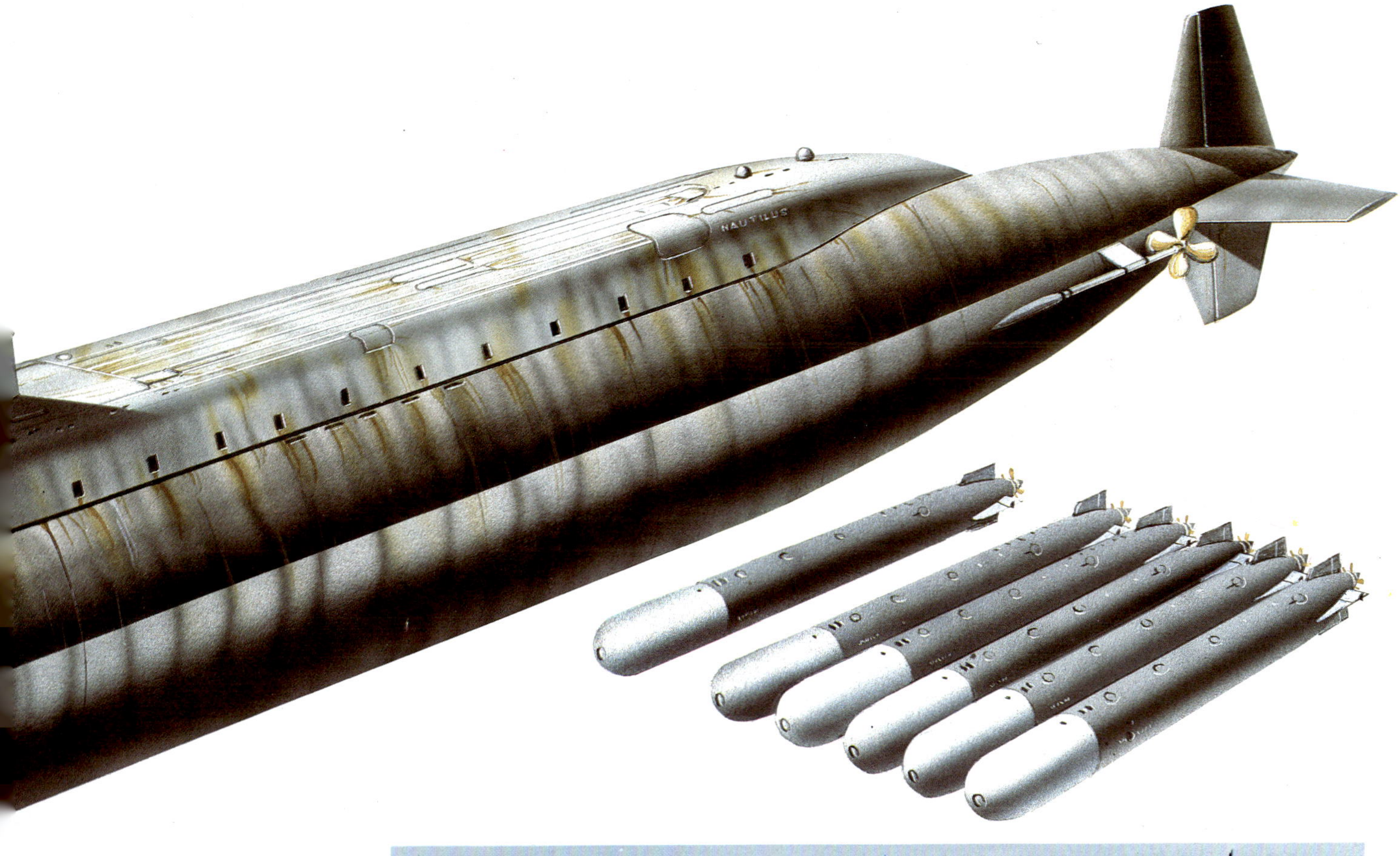

Rechts: Ein bedeutender Fortschritt, den die Atomunterseeboote erzielten, war ihre Fähigkeit, die polare Eiskappe zu untertauchen. Die erste Reise dieser Art führte NAUTILUS im August 1958 durch. Im Bild die USS SKATE (SSN-578), Typschiff der auf die NAUTILUS folgenden Klasse, 1961 aufgetaucht im arktischen Eis.

Es scheint allgemein angenommen zu werden, daß Unterseeboote, seit ihrem Bestehen nach Belieben in einer Unterwasserwelt umherstreifen, in der sie die Herren sind, und sich in den Tiefen der Ozeane zwischen den Bergen und in den Cañons des Meeresgrundes bewegen. Nichts könnte der Wahrheit ferner sein, selbst heute dringen die meisten modernen Unterseeboote nur in den Randbereich der ozeanischen Tiefe ein. Während des Ersten Weltkrieges haben sie die Wasseroberfläche sogar nur selten verlassen. Die U-Boote des Jahres 1915 operierten in etwa 55 m Tiefe, jene des Jahres 1945 konnten um die 130 m erreichen, und selbst die heutige LOS ANGELES-Klasse kann kaum 450 m überschreiten, wenn auch die sowjetische *Alfa*-Klasse in dem Ruf steht, eine Einsatztauchtiefe von etwa 700 m zu besitzen. Aber selbst die Leistungsfähigkeit der *Alfa*-Klasse erscheint gering, wenn in Betracht gezogen wird, daß die abyssischen Ebenen, die weitgehend den Grund dieser Unterwasserwelt bilden, in einer Tiefe von etwa 3'700 m liegen und daß sich die tiefsten Gräben über 9'000 m unter dem Meeresspiegel befinden. Um in solche Tiefen vorzudringen, sind sehr komplizierte und spezialisierte Unterwasserfahrzeuge erforderlich. So kann z. B. das amerikanische Forschungs-U-Boot ALVIN in Tiefen bis zu 4'000 m operieren, und der Bathyskaph TRIESTE erreichte im Challenger-Tief des Marianen-Grabens 11'000 m, wo der Druck eine Tonne pro Quadratzoll überschreitet. Für Kampfunterseeboote besteht gegenwärtig keine Notwendigkeit, in solchen Tiefen zu operieren, aber auch so unterscheidet sich die Welt, in der sie leben und kämpfen müssen, völlig von jener, die sie an Land kennenlernten. Die Ozeane bedecken über 70% der Erdoberfläche, ein riesiger und noch verhältnismäßig unerforschter Teil der Welt, deren Topographie, Geologie und spezifische Natur nur unvollkommen begriffen werden. Tatsächlich wissen wir in vielerlei Weise mehr über den Mond und die näher gelegenen Planeten als über unsere eigenen Meere, die als die letzte Grenze beschrieben worden sind, aber ein Bereich, über den hinaus nur noch der Weltraum eine größere Herausforderung darstellt. Es ist von wesentlicher Bedeutung, einiges Verständnis für diese andersartige Umwelt zu haben, um einschätzen zu können, wie einerseits Unterseeboote operieren und überleben und andererseits das Hauptmittel zur Ortung von Unterseebooten, der Schall, beeinflußt wird.

Ozeanisches Tiefenprofil und Tauchtiefen von U-Booten

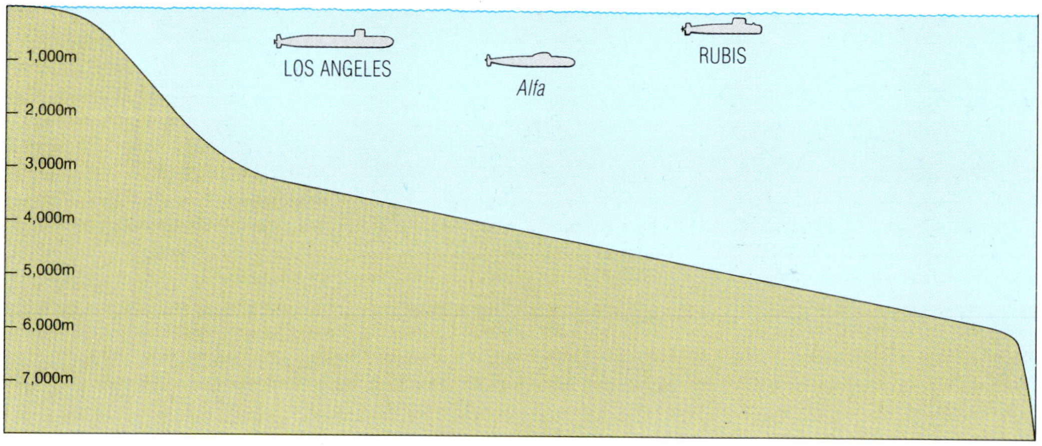

Oben: Einsatztauchtiefen heutiger U-Boote im Vergleich zum durchschnittlichen Tiefenprofil der Ozeane. U-Boote tauchen nicht so tief, wie allgemein vermutet wird. SSN der LOS ANGELES-Klasse operieren in 450 m Tiefe, die der sowjetischen Alfa-Klasse mit Titan-Bootskörper um 700 m; für die französische RUBIS-Klasse liegt die Grenze bei 300 m.

Unten: Die Schelfe (orange) erstrecken sich von der Küste seewärts und erreichen eine Tiefe von etwa 130 m, ehe der Festlandsockel abbricht und die Tiefe schnell zunimmt.

Festlandsockel

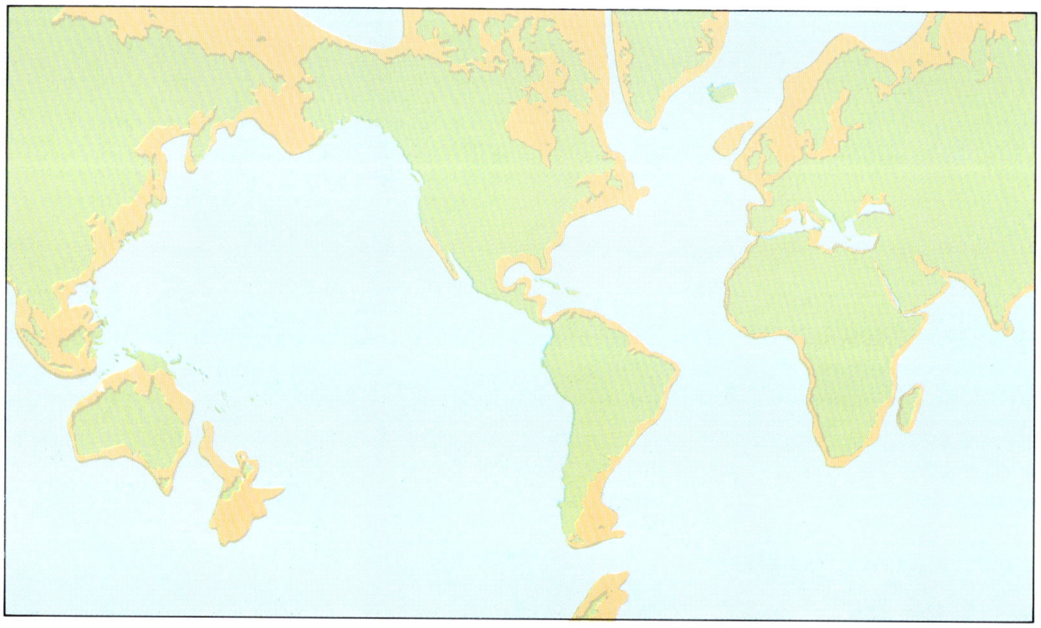

Die Ozeane

Erdoberfläche	510'000'000 km²
Anteil des Landes	149'000'000 km²
Anteil der Ozeane	361'000'000 km²
Mittlere Tiefe insgesamt	3'795 m
Mittlere Tiefe Pazifik	4'082 m
Mittlere Tiefe Atlantik	3'332 m
Mittlere Tiefe Indik	3'897 m
Mittlere Temperatur	3,9° C
Mittlere Dichte	1,03 g/cm³

Ozeanische Topographie

Die Ozeane können physikalisch in drei Hauptbereiche eingeteilt werden: das kontinentale Schelf, die abyssischen Ebenen und die Tiefseegräben. Die flachen, abfallenden Festlandsockel nehmen etwa 62,2 Millionen km² oder 12,5% der Erdoberfläche ein.
Sie erstrecken sich von der Küste aus seewärts oft Hunderte von Kilometern weit und fallen normalerweise in einem Winkel von 1° unter die Horizontale ab. Sie enden abrupt an der Schelfkante, die gewöhnlich in einer Tiefe von etwa 130 m liegt. Von hier aus bis zum Erreichen der Tiefsee-Ebenen erhöht sich der Neigungswinkel und variiert von wenigen Grad bis fast zur Senkrechten. Die abyssischen Ebenen liegen auf einer durchschnittlichen Tiefe von 3'700 m, manche noch tiefer. Zu ihnen gehören Bergketten, Ebenen und Becken, und an manchen Stellen durchbrechen Berge die Wasseroberfläche und bilden Ketten vulkanischer Inseln wie Hawaii und Island. Im Atlantik gibt es eine Bergkette, die von Spitzbergen im Norden fast bis Antarktika im Süden verläuft und an der beiderseits ausgedehnte Ebenen in Tiefen von über 5'000 m liegen. Die größte von ihnen ist das Argentinische Becken mit einer Fläche, die fast so groß wie die der USA ist. Daneben sind das Nordamerikanische Becken, das Vatteras-Becken vor Florida und das Sohm-Becken südlich von Neufundland nur geringfügig kleiner. Eine ähnliche zentrale Gebirgsschwelle gibt es im Pazifik nicht. Die Süd- und Ostpazifische Schwelle verläuft südlich von Australien und schwingt im Bogen nordwärts parallel zu Südamerika fast bis Mexiko, das Südpazifische, das Chile- und Peru-Becken umschließend. Nach Westen zu gibt es eine Reihe ausgedehnter Becken, worin sich der Fanning-Rücken mit der Christmas-Insel und der Hawaii-Rücken befinden. In der Nähe Japans gestaltet sich der Meeresboden sogar noch komplizierter. Riesige Inselbögen bilden vulkanische Berge, durchsetzt von Tiefseegräben, und der Bereich der Marianen, der Fidschi-, Kermadec- und Tonga-Inseln ist noch komplexer als die Rocky Mountains und der Himalaya zusammen. Eine weitere Besonderheit der Tiefsee-Ebenen sind die Guyots – Unterwasservulkane mit flachem Gipfel –, von denen es im Pazifik mindestens 2'000 mit vielen weiteren an anderer Stelle gibt. Bis zu dreimal tiefer als die abyssischen Ebenen stürzen die Tiefseegräben ab, die die Hadalzone (vom grch. Hades, der Unterwelt) bilden. Tiefen bis zu mehr als 10'000 m erreichend und bis zu 10'000 km Länge sich erstreckend, gehören sie zu den extremsten Zonen unserer Erde. Die meisten finden sich entlang der Ränder des Pazifik, aber auch im Indischen und Atlantischen Ozean kommen sie vor.

Physikalische Eigentümlichkeiten

Die Vielgestaltigkeit der ozeanischen Umwelt kompliziert sich durch ihren dynamischen Charakter, in vieler Hinsicht gleichbedeutend mit dem des Wetters in der Atmosphäre. Ihre Erscheinungen sind schwierig

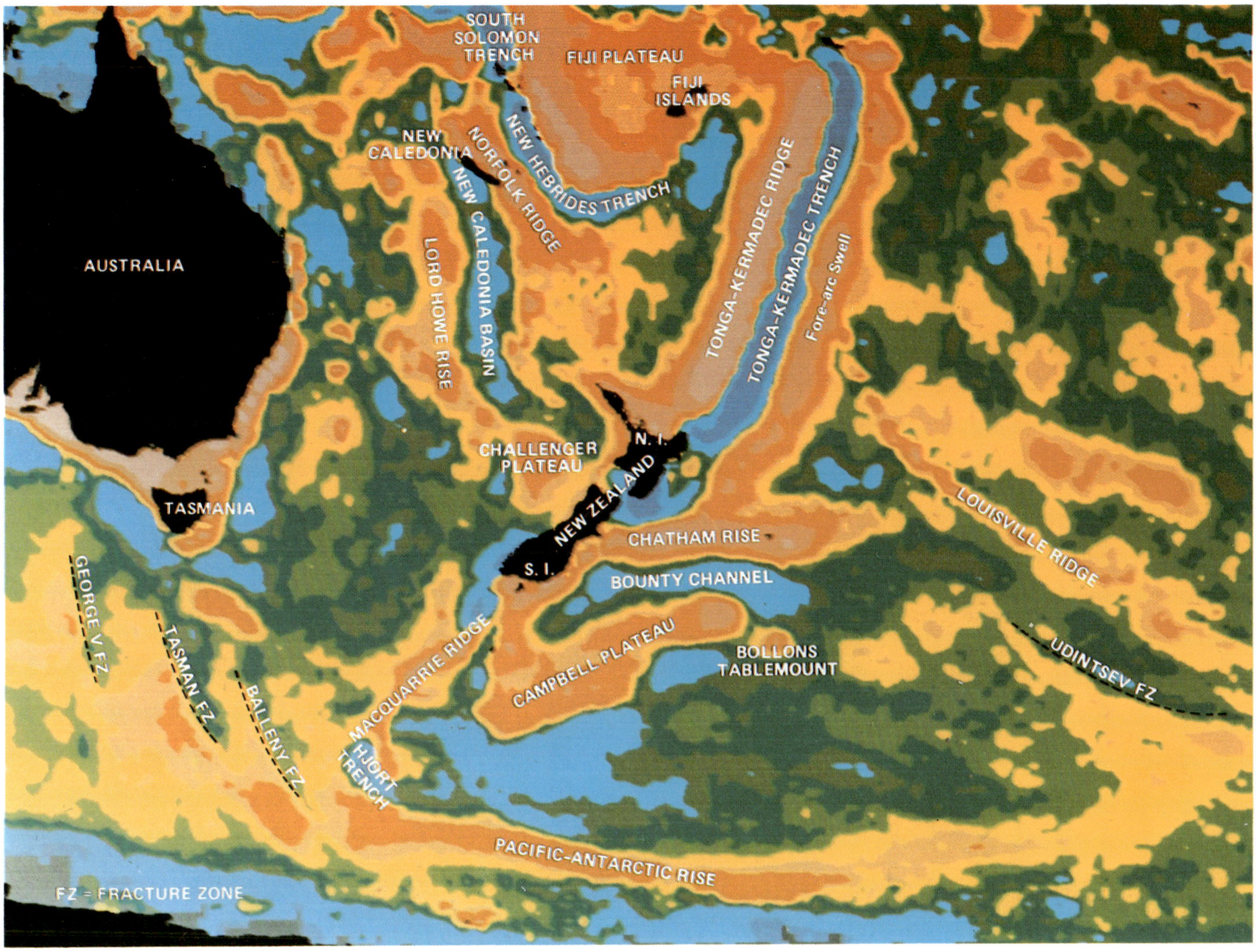

Oben: Bildliche Darstellung des Meeresgrundes, aufgenommen vom SEASAT-Satelliten. Wir besitzen eine detailliertere Kenntnis von der Oberfläche des Mondes als von den Tiefen unseres eigenen Planeten.

Unten: USS MENDEL RIVERS (SSN-686) der LOS ANGELES-Klasse kann in Tiefen um 450 m operieren – selbst dies bedeutet nur einen geringen Vorstoß in die Tiefen der Ozeane.

Die Ausmaße pazifischer Tiefseegräben

Graben	Tiefe	Ungefähre Breite	Ungefähre Länge
Alëuten	8'100 m	70 km	2'300 km
Kurilen	10'542 m	120 km	2'200 km
Japan	9'810 m	100 km	900 km
Marianen	11'034 m	70 km	2'550 km
Tonga	10'882 m	55 km	1'400 km
Atacáma	8'055 m	70 km	5'900 km

vorauszusagen oder zu charakterisieren, insbesondere weil nur wenige davon – wie die Wellen an der Wasseroberfläche, das Eis, die Wirkungen der Gezeiten und das örtliche Wetter – vom menschlichen Auge beobachtet werden können. Zu den besser bekannten Eigentümlichkeiten der Ozeane gehört, daß diese viele gelöste Chemikalien enthalten, darunter natürlich das Salz (Natriumchlorid), und daß der Druck mit der Tiefe zunimmt. Es gibt jedoch viele Schwankungen beim Salzgehalt (Haloklinen) und bei der Temperatur (Thermoklinen), Unterwasserströmungen, Gegenströmungen und Wellen, die Topographie und die Beschaffenheit des Meeresbodens sowie das Vorhandensein der Makro- und Mikroorganismen. Schließlich beeinflussen von Menschen erzeugte Geräusche, wie die von anderen Schiffen verursachten, Ölbohrungen

Die Hauptbestandteile des Seewassers

Substanz	Symbol	%-Anteil
Natrium	Na	30,62
Magnesium	Mg	3,68
Kalzium	Ca	1,18
Kalium	K	1,10
Strontium	Sr	0,02
Chloride	Cl	55,07
Sulfate	SO_4	7,72
Bikarbonate	HCO_3	0,40
Bromide	Br	0,19
Borate	H_2BO_3	0,01
Fluoride	F	0,01

% = typischer %-Anteil vom Gewicht der Hauptbestandteile

Temperaturprofil im Atlantik

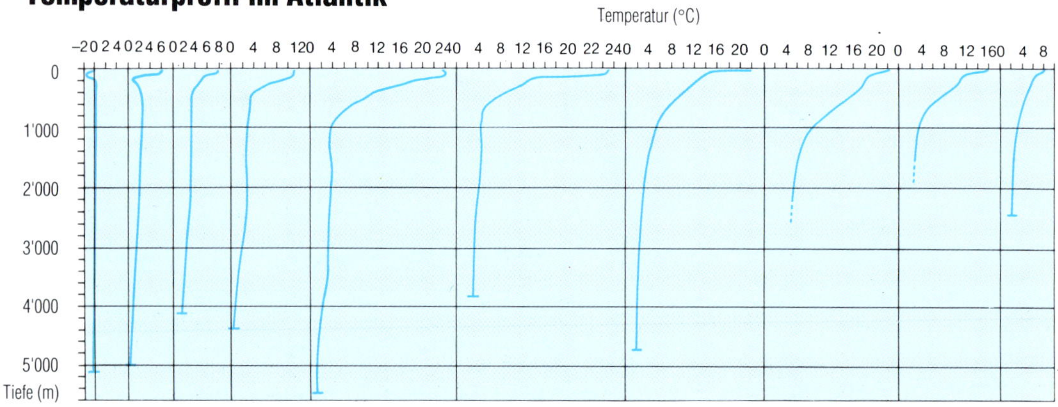

und Hafenbetrieb die akustischen und optischen Eigenschaften der Gewässer, aus welchen sich die Ozeane zusammensetzen.
Für die meisten Formen der Strahlungsenergie ist der Ozean ziemlich undurchlässig; eine Ausnahme bildet aber die akustische Energie, die unter Wasser große Entfernungen zurücklegen kann. Die genaue Schallgeschwindigkeit im Wasser hängt von der präzisen Verknüpfung von Temperatur, Druck und Salzgehalt ab, aber die mittlere Geschwindigkeit liegt etwa bei 1'450 m/s, rund viermal schneller als die Geschwindigkeit des Schalls in der Luft. Die Fortpflanzung des Schalls unter Wasser wird von festen Objekten reflektiert, und ein sensitiver Empfänger kann die Echos orten. Unglücklicherweise ist die Wissenschaft des Sonars keineswegs eine einfache, und die Ortung eines Echos ist erst der Beginn eines mühsamen Prozesses, um zu versuchen festzustellen, wo sich der reflektierende Körper genau befindet und was er sein könnte.

Oben: Vertikale Temperaturverteilung an Meßpunkten entlang eines Längengrades im Atlantik. Sonneneinstrahlung erwärmt eine Oberflächenschicht. Unterhalb dieser Schicht fällt die Temperatur mit zunehmender Tiefe, manchmal in Schichten von nur 5 cm Dicke, bis zur Thermokline, wo sie mit der Tiefe steil abfällt, ehe sie sich stabilisiert und sich zum Boden hin ausgeglichen verringert.

Unten: Schwankungen der Oberflächentemperatur im Nordatlantik. Eine Karte wie diese wäre für ein Unterseeboot nur von begrenztem Wert; es braucht eine aktuelle Kenntnis über die genauen Bedingungen seiner Umgebung. Dazu gehören detaillierte, örtliche Informationen über veränderliche Faktoren wie Temperatur und Salzgehalt, um das Boot wirksam zum Einsatz zu bringen.

Oben: Die Kenntnis der Schallgeschwindigkeit ist für die U-Jagd wesentlich. Dieses XSV-Gerät wird von Überwasserschiffen eingesetzt, um Schallgeschwindigkeiten mit einer Genauigkeit von ±0,25 m/s bis zu einer Tiefe von 2'000 m zu messen.
Die Daten werden direkt von einem Computer an Bord gespeichert, verarbeitet und analysiert.

Oberflächentemperaturen im Atlantik

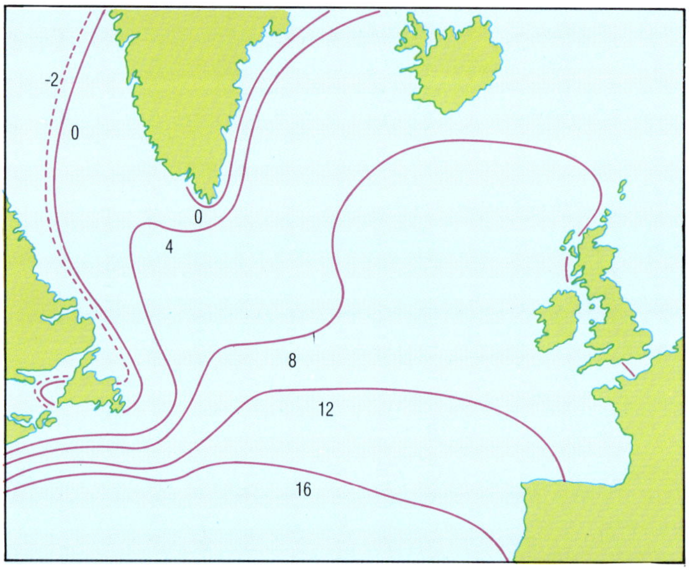

Temperaturstruktur

Einer der Hauptfaktoren, die das Verhalten der Ozeane bestimmen, ist ihre Temperaturstruktur. Sonnenstrahlung erwärmt die Oberflächenschicht, deren Tiefe zwischen 10 m nahe dem Äquator bis zu mehr als 100 m in den höheren Breiten variiert. Darunter fällt dann die Temperatur mit zunehmender Tiefe in Schichten von etwa 5 cm Dicke bis zu einer Schicht, wo sie mit der Tiefe ziemlich steil abfällt (der Thermokline), um sich dann bis zum Meeresboden allmählicher und ausgeglichener zu verringern. Die Tiefe, in der die permanente Thermokline gefunden wird, variiert zwischen 300-400 m in äquatorialen Zonen bis zu 500-1'000 m in subtropischen Gebieten. Oberhalb der permanenten Thermokline gibt es auch eine jahreszeitlich bedingte, und in manchen Bereichen sogar eine täglich bedingte Thermokline, als Nachmittagseffekt bekannt, nach der Tageszeit, in der sie auftritt. Die Thermoklinen trennen Wasser von geringfügig verschiedener Dichte, und eine Fülle organischer und anorganischer Teilchen neigt dazu, sich in ihnen zu konzentrieren, da es ihnen an Energie mangelt, weiter zu fallen. Zu den anorganischen Substanzen gehören das entweder absichtlich oder auf natürliche Weise von Land abgelagerte Material, Erosionsschutt vom Land oder vom Meeresboden sowie allgemeiner Schutt. Organische Teilchen in den Thermoklinen sind hauptsächlich planktonische Organismen, die Fische und Garnelen in großen Mengen anziehen.

Salzgehalt

Die normale Salzkonzentration schwankt im offenen Meer zwischen 32 und 37 Teilen vom Tausend. Die Schwankungen sind die Folge einer Reihe konkurrierender Prozesse, einschließlich der Sättigungswirkungen wie Verdunstung und Treibeisbildung und der Verdünnungswirkungen wie Regen, ins Meer fließendes Flußwasser und schmelzendes Eis. Schwankungen im Salzgehalt haben auf den Betrieb von Unterseebooten beträchtliche Auswirkungen, da für Salzwasserunternehmungen geregelte und getrimmte Unterseeboote in süßem Wasser, das keine so hohe Dichte hat, tiefer liegen und beim Tauchvorgang bereits untertauchen, noch ehe die Tauchzellen vollständig geflutet sind. Daher müssen Operationen vor großen Flußmündungen oder in Fjorden, wo das Wasser weniger salzhaltig ist, sorgfältig geplant werden. Umgekehrt sind manche Meere viel salzhaltiger, wie zum Beispiel die Ostsee, und daher viel dichter.
Ein bedeutendes Risiko für ein Unterseeboot tritt dann ein, wenn ein hohes Gefälle im Salzgehalt mit einem hohen Temperaturgefälle zusammentrifft, da diese Kombination starke Unterwasserturbulenzen hervorrufen kann. Man nimmt an, daß eine solche Auswirkung zumindest teilweise für den Verlust der USS TRESHER verantwortlich war, die im April 1963 zu Erprobungsfahrten nach einer Werftliegezeit in See ging. Sie befand sich etwa 354 km ostwärts von Kap Cod, als sie in eine Tiefe geriet, wo der katastrophale Zusammenbruch des Bootskörpers eintrat. Im August 1963 fand der Bathyskaph TRIESTE das Wrack in einer Tiefe von 2'590 m und fotografierte zusammengepreßte Teile des unglücklichen Unterseebootes.
Der Salzgehalt ist einer der weniger bedeutsamen Faktoren für die Ausbreitung des

Links: Die Ozeane scheinen auf den ersten Blick eine einfache, homogene Wassermasse zu sein. In Wirklichkeit bilden sie eine sehr komplizierte Umwelt, die zumindest genauso viel an Studium erfordert wie die atmosphärische Meteorologie.

Salzgehalt an der Wasseroberfläche

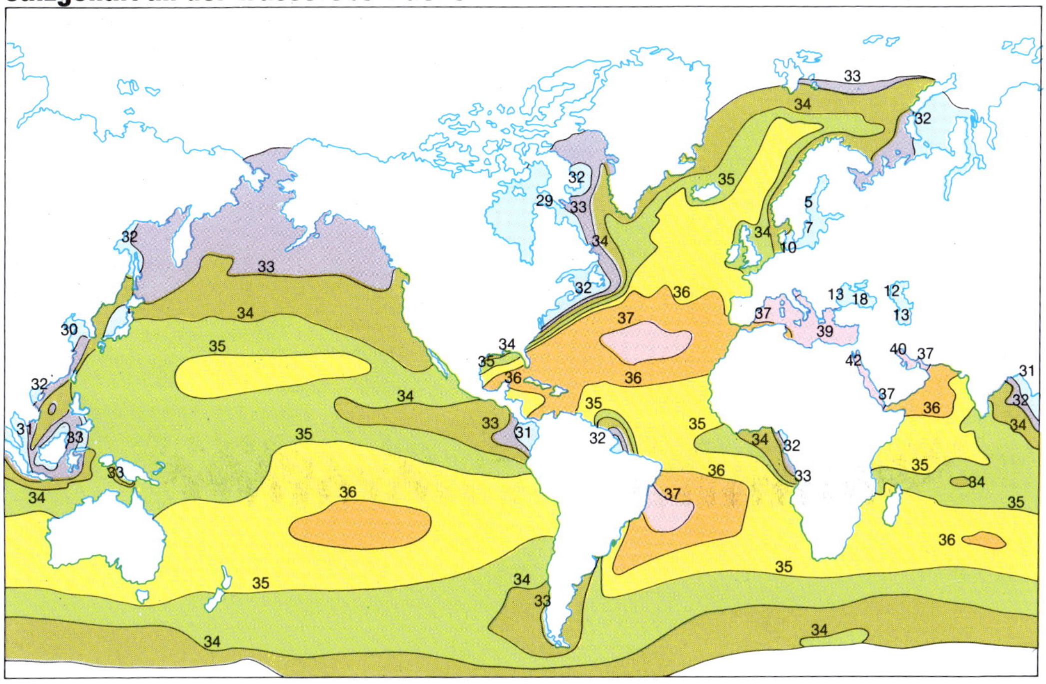

Oben: Schwankungen im Salzgehalt sind für den Betrieb von U-Booten bedeutsam. Sie sind die Folge von Faktoren wie Verdunstung und Treibeisbildung, die den Salzgehalt erhöhen, oder Regen, Flußwasser und schmelzendes Eis, die ihn verringern.

Unten: Der Salzgehalt schwankt zwischen 3,2–3,7 %, kann aber in Fjorden auf 2,3 % fallen. Das Diagramm zeigt die Schallgeschwindigkeit in Seewasser bei einem Salzgehalt von 3,5 %. In 948 m Tiefe und bei 5° C beträgt z. B. die Schallgeschwindigkeit 1'494 m/s.

Unten: Veränderungen im Salzgehalt. Das Diagramm zeigt den Korrekturfaktor. Beträgt der Salzgehalt 30 Teile vom Tausend (3 %), liegt die Schallgeschwindigkeit bei 1'494 m/s minus 7,9 m/s = 1'486 m/s tatsächliche Schallgeschwindigkeit.

Schalls; seine Geschwindigkeit verändert sich um 1,31 m/s bei einer Veränderung von einem Teil vom Tausend. Jedoch in den Bereichen mit den oben erwähnten Turbulenzen, wo hohes Gefälle im Salzgehalt mit starken Temperaturveränderungen zusammentrifft, gibt es auch eine deutliche Brechung der Schallenergie.

Druckverhältnisse

Der Druck nimmt proportional mit der Tiefe und in einem Verhältnis zu, das durch den Salzgehalt bestimmt wird. In Seewasser nimmt der Druck alle 30,5 m um 3,13 kg/cm² zu, während der Wert für Süßwasser 3,06 kg/cm² beträgt.

Bathymetrische Auswirkungen

Der Meeresboden kann sich in zweifacher Hinsicht ernsthaft auf die U-Boot-Abwehr auswirken. Wenn die Topographie des Meeresbodens unregelmäßig und felsig ist, kann die Vielgestaltigkeit der zurückkommenden Echos einem Unterseeboot ermöglichen, sich an den Meeresboden zu schmiegen, um der Ortung zu entgehen. Diese Auswirkung ist als Rückstrahlung bekannt. Wo die Unregelmäßigkeiten des Meeresbodens ausreichend vermessen sind, kann ein Unterseeboot im Schatten von unterseeischen Bergen

Rechts: Warmes Wasser aus den Tropen strömt zu den Polen und zurück fließt kaltes Polarwasser zum Äquator. Die kalten Wasserströmungen setzen als Oberflächenströmungen ein, sinken aber allmählich zum Meeresgrund ab.

Schallfortpflanzung

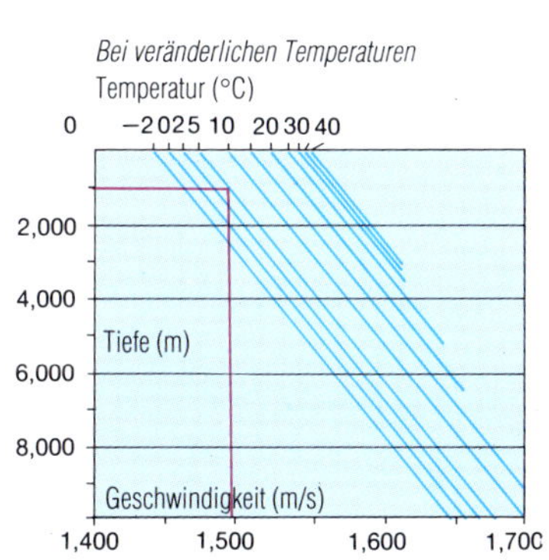

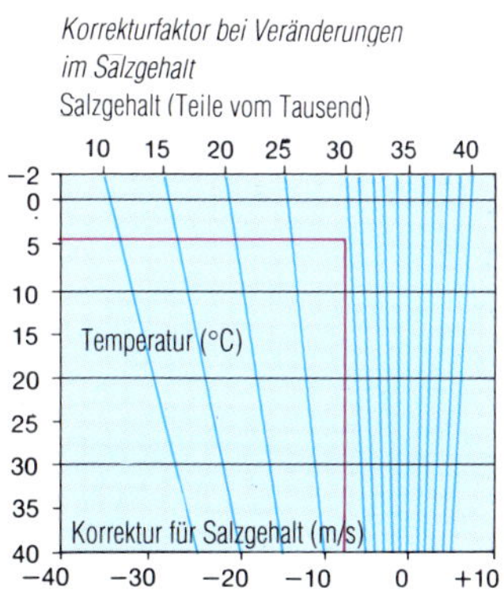

Die wichtigsten Meeresströmungen

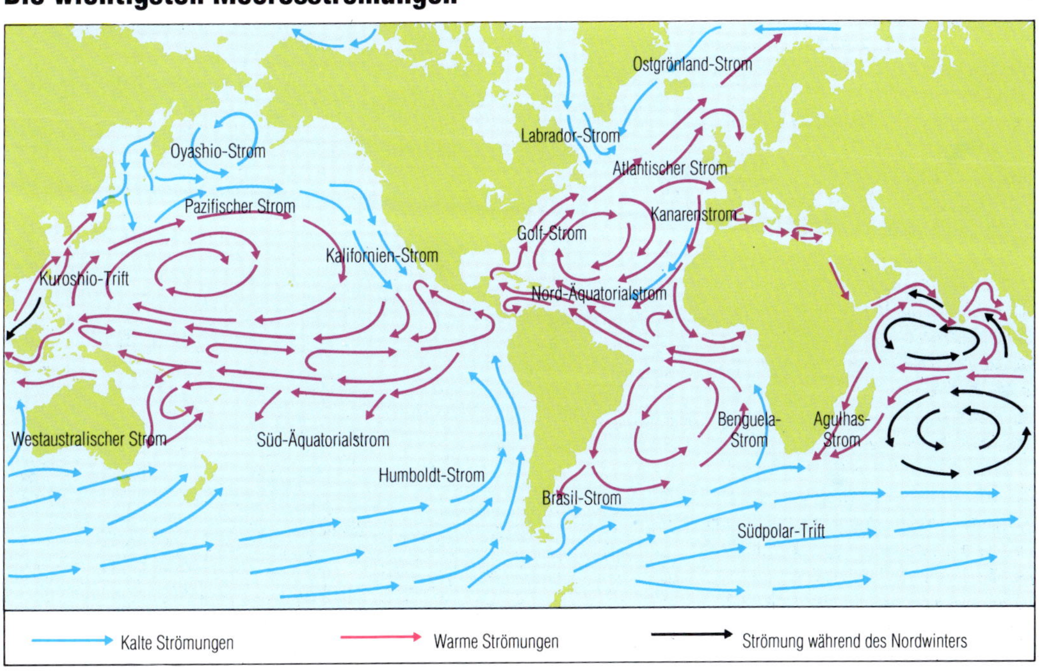

Schutz suchen, eine Veranschaulichung der Tatsache, daß Unterseeboote umso erfolgreicher imstande sein werden, von diesem Effekt Gebrauch zu machen, je mehr über den Meeresboden durch die Tiefseevermessung bekannt ist. Für den U-Bootfahrer bedeutet die Kenntnis des Meeresbodens jedoch mehr, als nur imstande zu sein, den Vorteil wahrzunehmen, um sich vor dem gegnerischen Sonar zu verstecken. Für ihn ist die Kenntnis des Festlandsockels lebenswichtig, da er bei seiner Rückkehr von einer Tiefsee-Unternehmung den Steilabfall und das eigentliche Schelf überwinden muß. Strategische U-Schiffe patrouillieren entweder im offenen Meer oder unter der Eiskappe, und sie brauchen wahrscheinlich keine detaillierten Informationen aus der Tiefseemessung für diese Bereiche, sondern Angriffsunterseeboote brauchen nicht nur diese Informationen, sondern auch jene von der Topographie des Meeresbodens in den Einsatzgebieten, wie zum Beispiel die 1'000-Faden-(1'820-m-)Engstellen.

Auswirkungen an der Oberfläche

Oberflächenströmungen wirken sich hauptsächlich auf Sonobojen aus. Sie werden vom Auftreffpunkt versetzt, mit der daraus resultierenden Verzerrung in der Genauigkeit der Zielpeilungen. Außerdem bewegen sich Sonobojen unter bestimmten Bedingungen mit einer Strömung und vermitteln dann den Eindruck, als ob sich ein stationäres Ziel in die der Strömung entgegengesetzte Richtung bewegt. Oberflächenwellen weisen eine Fülle von Auswirkungen auf, und wirklich schlimme Bedingungen können das Starten und das An-Bord-Nehmen von Hubschraubern sowie tiefenvariablen und Schlepp-Sonargeräten verhindern. In ähnlicher Weise können die Wellen die Leistungsfähigkeit aus der Luft abgeworfener Sonobojen herabsetzen. Etwa 3 m hohe Wellen verursachen einen Übertragungsverlust von 75 % und bei einer Wellenhöhe von 4,6 m tritt ein vollständiger Übertragungsverlust ein. Außerdem kann ein hoher Seegang eine Vermischung des Wassers im Bereich der Thermokline herbeiführen und so eine verhältnismäßig dicke Schicht isothermischen Wassers schaffen, die das Geräuschproblem für die Sonarsysteme vergrößert. Schließlich erzeugen sich brechende Wellen einen Nebengeräuschpegel, der das Sonarproblem noch mehr kompliziert. Auch das Wetter wirkt sich aus. Donner, Regen an der Wasseroberfläche und der damit verbundene Wellengang schaffen auf einer sehr großen Fläche Nebengeräuschpegel, verringern so das Signal-Geräusch-Verhältnis bei den Empfängern und setzen auf diese Weise die Zielunterscheidung herab.

Schallwellen

Die ozeanische Schichtung und die Abhängigkeit der Schallgeschwindigkeit von der Tiefe haben zur Folge, daß sich die Schallwellen im Meer nicht in gerader Richtung ausbreiten, sondern nach dem Snellschen Gesetz Kreisbögen bilden. Dieses Gesetz wurde im Zusammenhang mit Lichtstrahlen entdeckt, ist aber in gleicher Weise auf Schallwellen im Wasser anwendbar. Es besagt: Auf ihrem Weg von einer Schicht in eine andere wird eine Schallwelle zur Senkrechten hin gebogen, wenn sie in eine Schicht größerer Dichte eintritt, und sie wird von ihr weg gebogen, wenn die Dichte geringer ist. Außerdem wird die Schallwelle gebogen oder in ähnlicher Weise gebrochen, wenn sich die Dichte allmählich ändert. Zudem werden die Schallwellen durch die Grenzen des ozeanischen Mediums an der Oberfläche und am Boden zerstreut, so daß die Kurven der Kreisbögen konvergieren, große Rauminhalte des Meeres für Schallwellen, die von einer gegebenen Quelle ausgehen, undurchdringlich lassend. Dieses Phänomen, bekannt als Konvergenz-Zone, ist von der Leistungsstärke der Schallwelle völlig unabhängig. Ein Unterseeboot in einer derartigen Zone wird nicht geortet werden, selbst wenn es sich sehr dicht am Sonarsender befindet. Während des Zweiten Weltkrieges gingen infolge des Konvergenz-Effektes eine Reihe von Kriegsschiffen verloren. Wird der akustische Sender unter die Horizontale abgesenkt und die Wassersäule ist mehr als 3'650 m tief, wird sich die Welle aus dem Boden heraus in den Tieftonkanal fortpflanzen und gebrochen werden, um in einiger Entfernung an die Oberfläche zurückzukehren. Dieses Phänomen der Konvergenz-Zone kommt in tropischen Gewässern bei etwa 38 sm und in nördlichen Gewässern sowie im Mittelmeer bei etwa 22 sm vor; die Breite der Zonen beträgt etwa 5 bis 10 % der Entfernung. Steigerungen der Schallstärke von 15 bis 20 dB in der Konvergenz-Zone sind normal. Auch die Tiefe der Wassersäule sowie die akustische Quelle und der Empfänger beeinflussen das Fortpflanzungsprofil und die Länge der Konvergenz-Zone. In flacheren Gewässern kann der Bodentyp und seine Topographie die Qualität des Signals beeinträchtigen, wobei ein felsiger, glatter Boden eine gute Reflexion gewährt und ein schlickiger, schlammiger oder sandiger eine beträchtliche Dämpfung verursacht. Das Meer selbst ist von Natur aus geräuschvoll infolge des Reichtums an Leben, seismischer Störungen von Unterwasservulkanen und des Geräusches der Wellen. Darüber hinaus gibt es in steigendem Maße von Menschen erzeugter Lärm, sei es durch die Handelsschiffahrt, die Kriegsschiffe dritter Nationen oder auch durch die steigende Verwendung seismischer Erforschungsmethoden und küstennaher Bohrungen auf dem Meeresboden. Das Problem des Sonargastes besteht darin, bei der U-Jagd diese unerwünschten Lärmquellen zu erkennen und auszublenden, während sie sich der U-Boot-Kommandant zum eigenen Vorteil zunutze macht.

Die tiefe Zerstreuungsschicht besteht üblicherweise aus einer dicken und drei Unterschichten aus mikroskopischem Fotoplankton und Zooplankton, die Schallwellen reflektieren und zerstreuen. Die Zusammensetzung der Schicht, ihre Dicke und die Tiefen, in der sie vorkommt, schwanken – auch nach Tageszeit – von Seegebiet zu Seegebiet. Senkrecht oder fast senkrecht ausgesandte Schallwellen werden die Schicht im allgemeinen durchdringen, kommen sie aber waagerecht oder schräg zur Schicht, werden sie zerstreut und gebrochen. Die Auswirkungen der tiefen Zerstreuungsschicht können durch Optimieren der Beziehungen zwischen Frequenz, Impulsdauer und Leistungsabgabe überwunden werden, aber oft bleibt dem Sonargast nichts anderes übrig als zu passiven Methoden zurückzukehren.

Die Thermokline hat auf die U-Boot-Abwehr einen bedeutenden Einfluß, da sie die Schallgeschwindigkeit beeinträchtigt, und in der permanenten Thermokline erreicht diese Geschwindigkeit ein Minimum. Diese Schicht minimaler Geschwindigkeit, bekannt als Tieftonkanal, hat eine Reihe von Auswirkungen. Eine davon ist die Tatsache, daß ein Schallsignal in ihr mehr als 1'000 km zurücklegen kann und immer noch 1% der Energie besitzt, die es in 10 km Entfernung von der Schallquelle gehabt hatte. Zumindest theoretisch ist es möglich, daß ein Unterseeboot im Tieftonkanal operieren könnte, um unter Ausnutzung dieses Effektes eine Ortung auf sehr große Entfernung zu erzielen. Über der Wasseroberfläche gibt es eine

Schallfortpflanzung

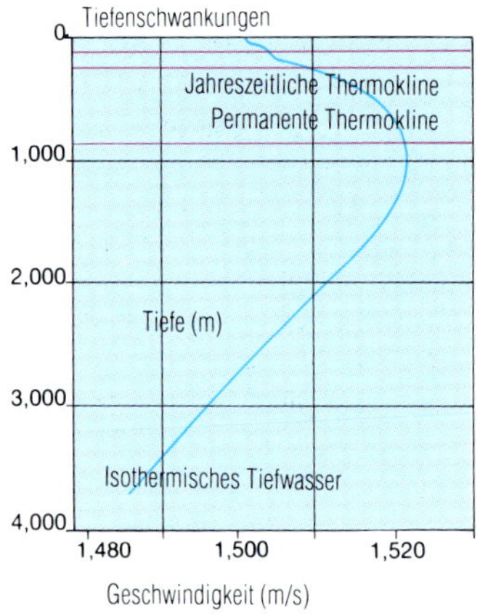

Oben: Dieses Schaubild zeigt in einem Temperaturbereich ein typisches Schwanken der Schallgeschwindigkeit mit der Tiefe. Die Schicht minimaler Geschwindigkeit wird als Tieftonkanal bezeichnet.

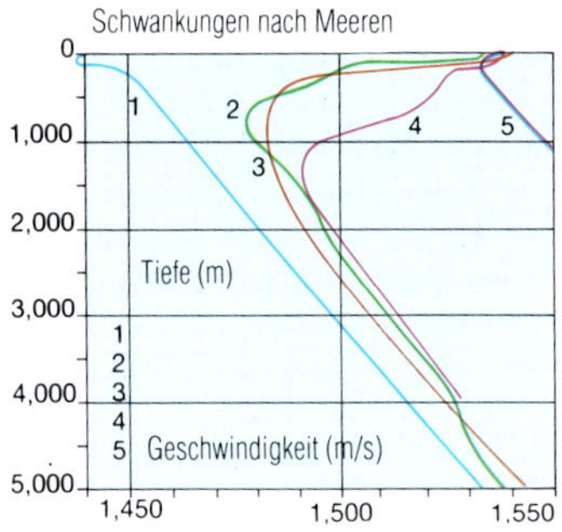

Oben: Akustische Eigenschaften: 1 Weddell-Meer, 2 Äquatorialer Atlantik, 3 Philippinen-Graben, 4 Sargasso-See, 5 Rotes Meer. Die Schicht minimaler Schallgeschwindigkeit im Weddell-Meer liegt dicht an der Oberfläche.

Engstellen: Ostsee-Ausgänge

Oben: Die Operationen der Baltischen Flotte wären in heimischen Gewässern wertvoll, aber sie wäre eingeschlossen, wenn es der UdSSR nicht gelänge, die Herrschaft über den Sund zwischen der dänischen Insel Seeland und der schwedischen Küste sowie über den Skagerrak zu gewinnen. Die Bedeutung von Schweden wird deutlich; jüngste sowjetische Operationen in schwedischen Hoheitsgewässern deuten an, daß es Pläne gibt, sie im Kriege zu benutzen.

Engstellen: Schwarzes Meer und Mittelmeer

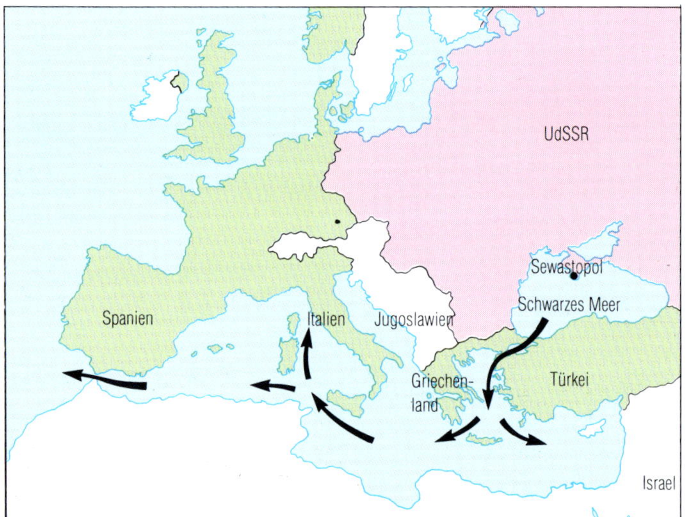

Oben: Mit Engstellen im Bosporus, rund um die ägäischen Inseln, an den Ausgängen der Ägäis, in der Sizilien-Straße und in der Straße von Gibraltar wirft das Mittelmeer für die Sowjets ernste Probleme auf. Zur sowjetischen Mittelmeer-Eskadra gehören normalerweise bis zu acht Unterseeboote: Hauptziele für die U-Jagdverbände der NATO.

Oberflächenkanal

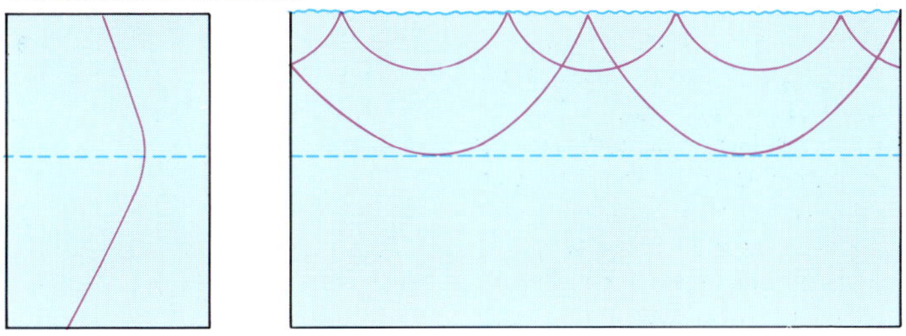

Konvergenz-Zonen

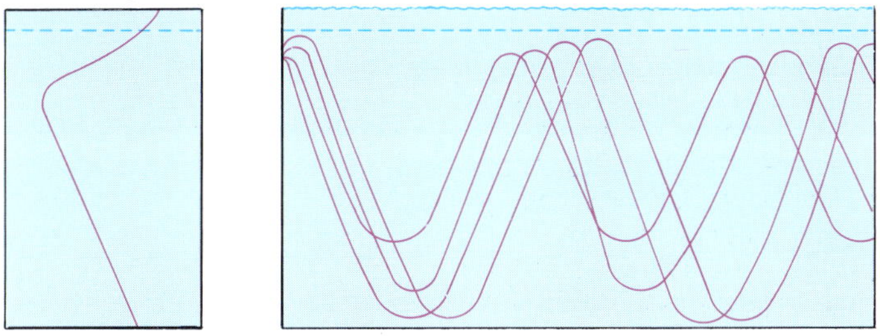

Unterwasser-Schallkanal

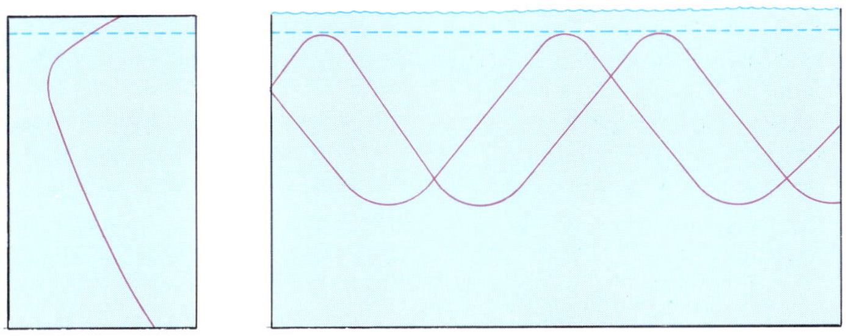

Schicht von etwa 180 m Dicke, die die elektromagnetische Leistung eines U-Jagdflugzeuges beeinträchtigen kann. Befinden sich sowohl Sender als auch Empfänger innerhalb dieser atmosphärischen Schicht, wird die Fortpflanzung kaum beeinträchtigt; Reichweite und Ortung können sich sogar steigern. Hält sich das Flugzeug jedoch oberhalb dieser Schicht auf, so vermag nicht nur sein Radar keine Ziele – Sehrohr, Turm oder Schnorchel – an der Wasseroberfläche zu orten, sondern auch seine Empfänger können keine Signale von den Sonobojen aufnehmen.

Meeresforschung

Die Weltmeere sind riesig und werden nur unvollkommen begriffen; sie sind auch von lebenswichtiger strategischer Bedeutung. Infolgedessen gewähren viele Marinen Mittel für die ozeanographische Forschung und das Sammeln geheimer Daten, obwohl angesichts der Größe der Aufgabe die tatsächliche Anzahl der Schiffe überraschend klein ist. Die Sowjetunion besitzt etwa 56 ozeanographische Forschungsschiffe (24 davon mit ziviler Besatzung), 130 Vermessungsschiffe (einschl. 35 zivile) und eine unbekannte Anzahl von Tieftauchfahrzeugen, vier davon, den beiden Unterseebooten der *India*-Klasse zugeordnet, sind bekannt. Dagegen gehören zur US-Marine 14 ozeanographische Forschungsschiffe, 9 Vermessungsschiffe und 7 Tieftauchboote, obwohl auch andere, im Dienst befindliche Schiffe von Zeit zu Zeit bei Forschungsaufgaben Verwendung finden. Auch einige Flugzeuge werden dazu eingesetzt; weitere vier ozeanographische und hydrographische Vermessungsschiffe gehören der National Oceanographic and Atmospheric Administration. Die drittstärkste Marine der Welt – die Royal Navy – besitzt magere vier Hochsee-, fünf Küsten- und ein küstennahes Vermessungsschiff(e), obwohl ein neues und ungewöhnliches Schiff, die HMS CHALLENGER, 1985 in Dienst gestellt wurde. Beschrieben als Tender für Operationen auf dem Meeresboden verdrängt die CHALLENGER vollbeladen 7'185 ts und ist von der Royal Navy und nicht von der Royal Fleet Auxiliary bemannt. Es kann keinen Zweifel darüber geben, daß der Unterwasserforschung viel größere Mittel zur Verfügung gestellt werden müssen, nicht nur, um unsere Kenntnisse über die Meere zu erweitern, sondern auch vom militärischen Standpunkt aus, um die Unterseeboote in die Lage zu versetzen, wirksamer zu operieren, und um einen größeren Sicherheitsvorsprung zu haben.

Oben: Die Profile links zeigen, wie sich die Schallgeschwindigkeit mit der Tiefe ändert; rechts die Strahlendiagramme. Reflektierungen von der Wasseroberfläche und von der Thermokline bilden den Oberflächenkanal. Mit zunehmender Entfernung verbreitern sich die Konvergenz-Zonen (Mitte), und die Schattenzonen verengen sich. Den Unterwasser-Schallkanal bildet die Schallgeschwindigkeit, zunehmend mit der Temperatur oben und dem Wasserdruck unten.

Energieverlust im Oberflächenkanal

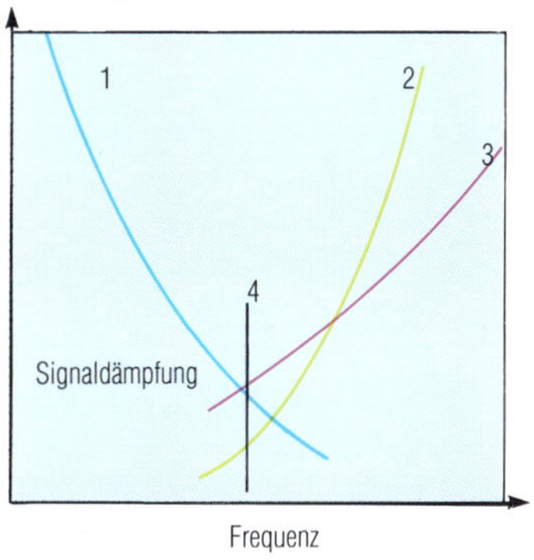

Links: Die drei Hauptursachen der Signaldämpfung: Diffraktions-Effekt (1) des Mediums Seewasser, verringert sich mit zunehmender Frequenz; Absorptionsverlust (2), da die Schallwelle eine gewisse Energiemenge an das Wasser abgibt, zunehmend mit der Frequenz; Streuungsverluste (3), da die Schallwelle auftrifft und von Fremdkörpern im Wasser reflektiert wird, zunehmend mit der Frequenz. Die optimale Frequenz (4) ist diejenige, bei der der Durchschnittsverlust am niedrigsten ist.

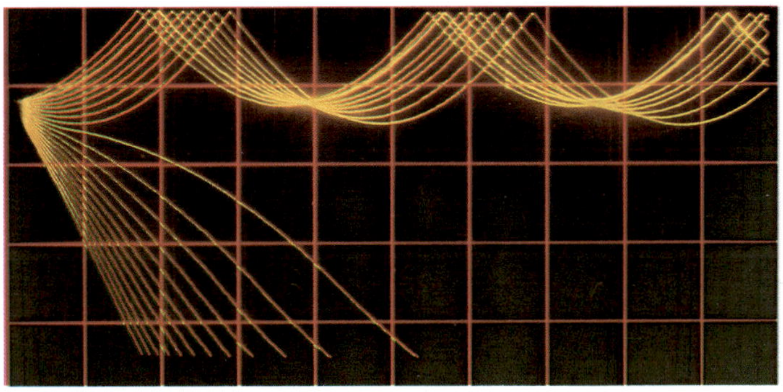

Oben: Diese Fortpflanzungskurve zeigt deutlich auf, daß sich im Seewasser die Schallwellen nicht in geraden Linien ausbreiten; sie veranschaulicht, wie sich die Schallenergie in verschiedenen Winkeln fortpflanzt, in das Meer ausgesandt durch einen aktiven Umwandler im Sonargerät. Genauso wie es Bereiche gibt, wo ein Ziel durch die ausgestrahlte Energie getroffen wird, so gibt es ausgedehnte Zonen, wo Sicherheit vor einer Ortung gegeben ist.

Unten: Die im Grunde fremdartige Natur der Unterwasserwelt veranschaulicht deutlich dieses Bild von einem Taucher, der eine verhältnismäßig einfache Fotoaufgabe durchführt. Was über Wasser eine unkomplizierte Arbeit wäre, wird unter Wasser durch das Erfordernis eines Atemgerätes für den Taucher sowie eines besonderen Schutzes für Mensch und Ausrüstung sehr kompliziert.

Wie bei jedem Waffensystem beginnt der Entwurf eines Unterseebootes mit der Festlegung der Erfordernisse durch den Marinestab: welche Aufgabe es erfüllen soll, seine Ausstattung mit Waffen und Sensoren sowie die Leistungsparameter, denen es entsprechen soll. Bis zur Mitte der sechziger Jahre bestand die strategische Hauptaufgabe des Unterseebootes darin, gegnerische Überwasser-Kriegsschiffe und den logistischen Seeverkehr anzugreifen. Diese Aufgabe existiert noch, aber die Entwicklung der U-Boot-gestützten ballistischen und Marschflugkörper hat zu einer weiteren strategischen Aufgabe geführt: Ziele im Heimatland des Gegners direkt anzugreifen.
Die dritte Hauptaufgabe des modernen Unterseebootes ist darauf gerichtet, andere Unterseeboote und die Überwasser-Schifffahrt anzugreifen. Während nuklear angetriebene Angriffsunterseeboote (SSN) in dieser Rolle sehr wirksam sind, hat daneben auch noch das konventionell angetriebene dieselelektrische Unterseeboot eine wichtige Aufgabe, und bei etwa 39 Marinen sind Hunderte dieser Boote im Einsatz, verwendet bei Angriffsunternehmungen, allgemeinem Patrouillendienst und bei geheimen Sonderoperationen. Da nuklear angetriebene Unterseeboote sowohl in ihren Kosten als auch in ihrem Erfordernis nach spezialisierten Besatzungen sehr teuer sind, wird die Mehrheit der Marinen fortfahren, für die nächste Zukunft ohne Atomunterseeboote auszukommen. Alle Unterseeboote jedoch, ganz gleich, welches Antriebssystem oder welche Aufgabe sie haben, unterliegen vielen Entwurfszwängen gemeinsam.

Entwurf

Ebenso wichtig wie das Erscheinen des Nuklearantriebs ist die Revolution im Bootskörper-Entwurf gewesen, Wegbereiter dafür war in den 1950er Jahren die USS ALBACORE (AGSS-596). Die durch den deutschen Typ XXI des Zweiten Weltkrieges eingeführten langen, schmalen und sehr stromlinienförmigen Bootskörper erwiesen sich als nicht imstande, der nunmehr zur Verfügung stehenden gesteigerten Antriebskraft gewachsen zu sein, und unter bestimmten Umständen – besonders bei Geschwindigkeiten über 12 kn – konnte die Kontrolle insgesamt verlorengehen. Trotz ihrer nuklearen Antriebsanlage konnte die USS NAUTILUS (SSN-571) unter Wasser 23,3 kn nicht überschreiten, aber die dieselelektrisch angetriebene ALBACORE mit dem tropfenförmigen Bootskörper, beruhend auf Luftschifferfahrung, dem kreuzförmigen Heckleitwerk und einem einzigen Propeller erreichte in ihrer ursprünglichen Gestalt eine Dauergeschwindigkeit unter Wasser von 26 kn und war später mit gegenläufigen Propellern und Silber-Zink-Batterien zu erstaunlichen 33 kn imstande. Es ist nicht überraschend, daß sie damit für die Mehrheit der späteren westlichen Bootskörper-Entwürfe zum Vorbild wurde. Die gegenwärtigen Druckkörper-Entwürfe sind jedoch weniger füllig als jener der ALBACORE, weil ein paralleles Mittelschiff fast genauso leistungsstark ist, wenn Bug und Heck richtig entworfen sind, und ein röhrenförmiger Bootskörper ist leichter und billiger zu bauen. Der Entwurf eines jeden Waffensystems ist unvermeidlich das

Wasserverdrängung aufgetaucht und getaucht

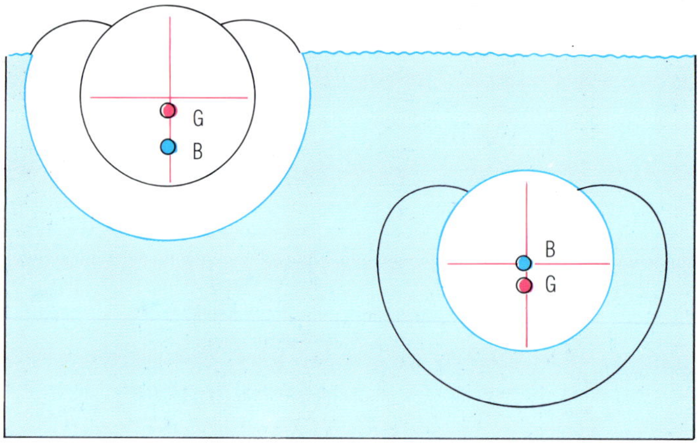

Links: Der Auftrieb eines Unterseebootes hängt vom Volumen des verdrängten Wassers ab und wird durch Verändern des Volumens der Wasserverdrängung gesteuert. Aufgetaucht (links) sind die Tauchzellen mit Luft gefüllt, so daß das verdrängte Wasser – Bereich innerhalb der Bogenlinie – dem Gewicht des Unterseebootes entspricht. Getaucht (rechts) sind die Tauchzellen mit Wasser gefüllt; das Gewicht des Unterseebootes ist dasselbe geblieben, aber das Volumen der Verdrängung – wieder der Bereich innerhalb der Bogenlinie – hat sich verringert, während sich der Verdrängungsschwerpunkt (B), der geometrische Schwerpunkt des Verdrängungsvolumens, von unterhalb des Gewichtsschwerpunktes (G) nach oberhalb dieses Punktes verlagert hat.

Querstabilität beim Überwasserschiff

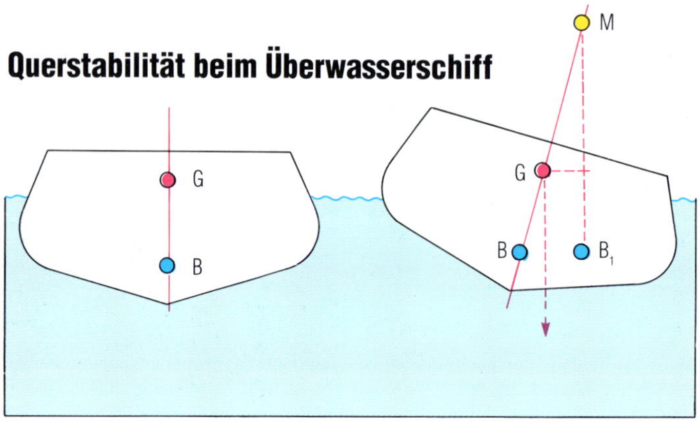

Links: Wenn ein Überwasserschiff Schlagseite hat (rechts), bewegt sich der Verdrängungsschwerpunkt um den Gewichtsschwerpunkt der Verdrängung nach B_1, weil das Volumen der Verdrängung links von G abgenommen und sich rechts von G erhöht hat. Eine Senkrechte durch B_1 schneidet jetzt die ursprüngliche Linie BG bei M; die Strecke GM wird als metazentrische Höhe bezeichnet. Befindet sich M oberhalb von G, ist die metazentrische Höhe positiv, und der Momentarm (waagerecht durchbrochene Linie) holt das Schiff in seine ursprüngliche Lage zurück; das Schiff ist stabil.

Querstabilität beim aufgetauchten Unterseeboot

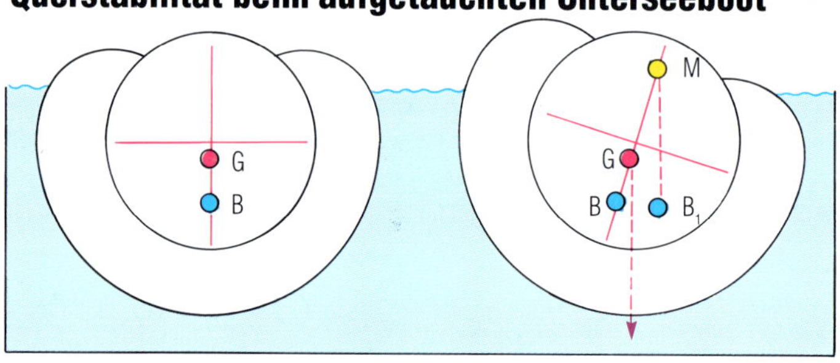

Links: Ein aufgetauchtes Unterseeboot befindet sich weitgehend in derselben Lage wie ein Überwasserschiff. Die drei Punkte B, G und M, wenn auch in derselben relativen Position, liegen jedoch viel enger zusammen. Außerdem gibt es keinen Widerstand zur Bewegung, da die Form eines Unterseebootes aus praktischen Gründen zylindrisch ist. Unterseeboote neigen daher zu Krängungen, und seine Bewegungen über Wasser sind unangenehm.

Die Auswirkung des Untertauchens

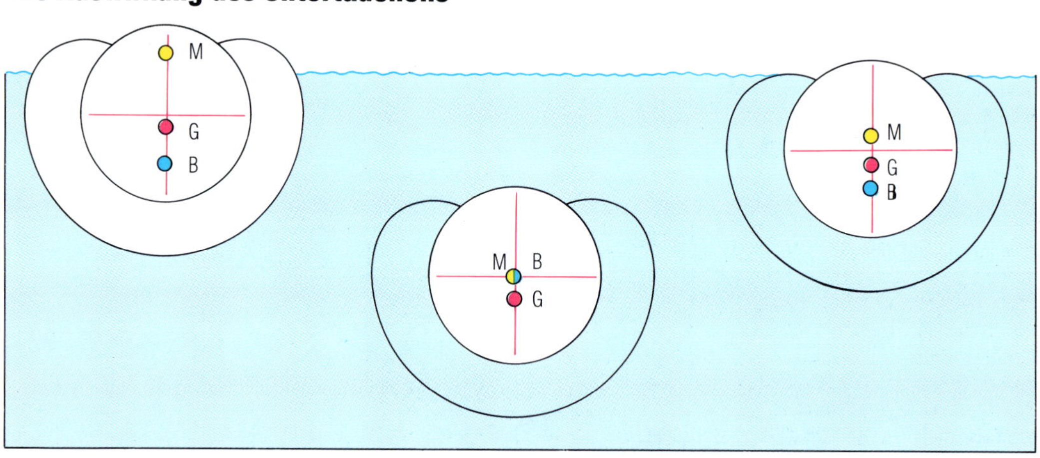

Oben: Infolge der unterschiedlichen Gestalt des Volumens unter der Wasserlinie verlagert sich B bei einem Überwasserschiff. Dies ist bei einem getauchten Unterseeboot nicht der Fall, da sich sein gesamtes Volumen unter der Wasseroberfläche befindet. Für die Stabilität unter Wasser ist es erforderlich, daß sich G unterhalb des Verdrängungsschwerpunktes einstellt. Wie hier dargestellt, liegt B bei einem aufgetauchten Unterseeboot (links) unterhalb von G, der sich auf einem Festpunkt geringfügig unter der Mittschiffslinie befindet, während M weit darüber liegt. Wenn das U-Boot taucht (rechts), nähern sich B und M einander, bis sie sich in der Mittschiffslinie treffen (Mitte). Während dieses Vorgangs tritt die Position der geringsten Stabilität dann ein, wenn B und G zusammenfallen. Dies ist nicht allzu bedenklich beim Absinken; wenn aber beim Auftauchen das Ballastwasser langsam durch Druckluft ausgeblasen wird, kann die metazentrische Höhe (GM) negativ werden, und Schlagseite tritt ein. Die meisten Unterseeboote haben Hebelventile zur Regelung dieses Vorgangs.

- G Gewichtsschwerpunkt
- B Verdrängungsschwerpunkt
- M Metazentrum

Oben: HMS TURBULENT taucht in ebener Lage auf. Ihr Stabilitätszustand ergibt sich aus M oberhalb der Mittschiffslinie und B unterhalb von G – siehe das Diagramm gegenüberliegende Seite unten rechts.

Oben rechts: HMS TURBULENT bei Überwasserfahrt. In diesem Zustand hängt die Stabilität von der Lage des Gewichtsschwerpunktes und der Form über und unter der Wasserlinie ab.

Rechts: Die dieslelelektrisch angetriebene USS PICKEREL (SS-524) der TENCH-Klasse taucht in einem Winkel von 48° aus 46 m Tiefe während eines Erprobungsprogrammes am 1. März 1952 vor der Pazifikinsel Oahu auf.

Ergebnis einer Reihe von Kompromissen, aber der von Unterseebooten schließt eine Anzahl besonders schwieriger Probleme ein. Das grundlegendste dieser Probleme besteht darin, daß ein getauchtes Unterseeboot Nullauftrieb haben und der Gewichtsschwerpunkt unter seinem Verdrängungsschwerpunkt liegen muß, und jedes Element im Boot beeinträchtigt deren Lage. Die Erfordernisse für das Boot müssen die Extreme darlegen, unter denen das Unterseeboot imstande sein muß zu operieren, besonders die Seewasserdichte, die wahrscheinlich angetroffen werden wird. Die Gewichtsverteilung innerhalb des Bootes ist für seine Stabilität entscheidend, und der Aufwand für Kraftstoff, Waffen, Proviant und Verbrauchsstoffe muß in die Berechnung einbezogen werden. Die Kompressionsfähigkeit des Bootskörpers ist ein weiterer Faktor, da dies bei einem tieftauchenden Unterseeboot in der Tiefe einen Auftriebsverlust von mehreren Tonnen zur Folge haben könnte.
Tieftauchen ist offensichtlich eine entscheidende taktische Überlegung, da Tiefe für Schutz sorgt, besonders wenn das Unterseeboot tief genug gehen kann, um die akustischen Eigenschaften der See auszunutzen, den Ortungsanlagen zu entgehen. Tiefe ist auch ein Sicherheitsfaktor für Manöver bei hohen Fahrtstufen. Aktuelle Einzelheiten unterliegen höchster Geheimhaltung, aber Zahlen aus offenen Quellen geben für einige repräsentative Angriffsunterseeboote mit Atomantrieb einen allgemeinen Hinweis auf normale Betriebstauchtiefen zum Vergleich: USS LOS ANGELES 450 m, die sowjetische *Victor-III*-Klasse 400 m und die französische RUBIS 300 m. Die Tieftauchfähigkeit wird immer wichtiger, da die U-Jagdbedrohung wächst; sie hat zu einer umfangreichen Forschung und Materialentwicklung angeregt.
Sehr viel an Forschung wird der hydrodynamischen Leistungsfähigkeit gewidmet. Der Gesamtwiderstand eines getauchten Unterseebootes setzt sich aus drei Elementen zusammen: Reibungswiderstand, Formwiderstand und Widerstand der Anhänge. Wie die ALBACORE erfolgreich demonstriert hat, besitzt ein Umdrehungskörper – und besonders ein solcher ohne paralleles Mittelschiff – den geringsten Reibungswiderstand, wenn auch im praktischen Sinne ein zylindrisches Mittelschiff einen befriedigenden Kompromiß darstellt. Wie bei einem Flugzeug steht der Reibungswiderstand zur Oberfläche bzw. der vom Wasserstrom benetzten Fläche in direktem Verhältnis, d.h. je größer der Bootskörper, um so größer der Widerstand. Der Formwiderstand beträgt normalerweise nur zwischen 2–4 % des Gesamtwiderstandes für einen Umdrehungskörper, aber ein schlecht geformter Bootskörper kann einen ziemlichen Widerstand verursachen. Dies gilt auch für Bootskörper mit schlechter Oberflächenbeschaffenheit bzw. mangelhaft

Längsstabilität

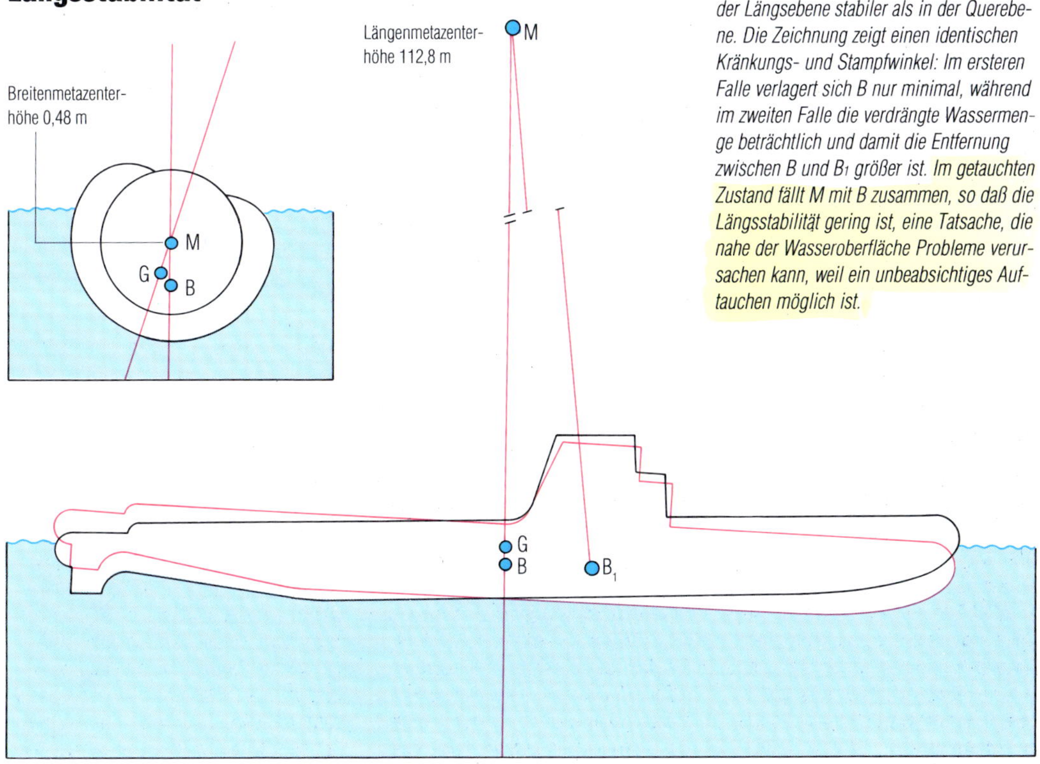

Links: Ein aufgetauchtes Unterseeboot ist in der Längsebene stabiler als in der Querebene. Die Zeichnung zeigt einen identischen Krängungs- und Stampfwinkel: Im ersteren Falle verlagert sich B nur minimal, während im zweiten Falle die verdrängte Wassermenge beträchtlich und damit die Entfernung zwischen B und B_1 größer ist. Im getauchten Zustand fällt M mit B zusammen, so daß die Längsstabilität gering ist, eine Tatsache, die nahe der Wasseroberfläche Probleme verursachen kann, weil ein unbeabsichtiges Auftauchen möglich ist.

entworfenen oder angebrachten Flutschlitzen. Solche Bootskörper verursachen auch ein höheres Unterwassergeräusch und sind leichter zu orten. Schließlich bringen Anhänge zusätzlichen Widerstand; ganz gleich, wie gut sie entworfen sind, entsprechen sie manchmal mehr als der Hälfte des Widerstandes bei blankem Schiffskörper. Wirbelfreie Strömung ist erprobt worden, aber während sie eine Widerstandsverringerung von über 50 % zu bieten scheint, werden die in die Praxis umgesetzten Theorien bis jetzt durch die Verunreinigungen des Seewassers durchkreuzt. Seit den Kriegsbooten vom Typ XXI ist die Stromlinienform zur Regel geworden, aber heute wird der Beschaffenheit der Bootskörperoberfläche große Aufmerksamkeit gewidmet. Spezialanstriche können die Reibung verringern und somit entweder die Geschwindigkeit steigern oder die für eine bestimmte Geschwindigkeit erforderliche Antriebsleistung verringern. Das Freisetzen polymerer Stoffe rund um den Bootskörper wird ebenfalls angewendet, um für kurze Zeitspannen die Geschwindigkeit zu steigern, und es ist berichtet worden, daß die Außeneinrichtungen sowjetischer Unterseeboote mit einem nachgebenden Überzug versehen sind, abgeleitet von der Forschung an Meerestieren wie Delphinen und Mörderwalen, der Saugfähigkeit und Grenzschicht-Druckausgleich vereinigt. Weitere, auf derselben Forschungsarbeit beruhende Entwicklungen können zu Erfindungen führen, um die Formen zur Anpassung der Boote an die Geschwindigkeit zu verändern, indem zum Beispiel bei Steigerung der Geschwindigkeit in zunehmendem Maße die Tiefenruder einziehbar oder die Turmform verändert werden. Und Erkenntnisse aus solchen Studien können für die sehr interessante Form der jüngsten sowjetischen Unterseeboote verantwortlich sein, die einen Wulstbug – ähnlich der Kopfform eines Wales – und Türme aufweisen, die gegenüber den westlichen Unterseebooten kleiner und in der Form weniger eckig sind, eher eleganter mit dem Bootskörper verschmelzend; im Vergleich zu den westlichen Unterseebooten scheinen sie mehr der Rückenflosse eines Meerestieres verwandt zu sein.

Für ein Unterseeboot ist Manövrierfähigkeit offensichtlich von großer Bedeutung, und erneut übte die ALBACORE einen großen Einfluß auf alle späteren Entwürfe aus. Gegenüber den damals vorhandenen langen, schmalen Entwürfen erzielte ihr kurzer Bootskörper eine wesentlich verbesserte Manövrierbarkeit, und während der Erprobungen war sie imstande, mit 3°/s zu wenden, viel schneller als konventionelle Unterseeboote dieser Zeit, aber wahrscheinlich eine Schnelligkeit, die von heutigen Typen bequem übertroffen wird.

Hohe Geschwindigkeit und leistungsfähige Steuerungssysteme ermöglichen es den modernen Unterseebooten, wie mit einem Flugzeug in drei Dimensionen zu manövrieren. Ein Wenden innerhalb von vier Bootslängen ist möglich, und das Steigen und Sinken mit der Geschwindigkeit von etwas mehr als 100 m pro Minute ist ausführbar. Tatsächlich sind aerodynamische Probleme wie seitliches Abrutschen in der Kurve bedeutsam geworden und Größe sowie Gestaltung des Turms sind ein kritischer Umstand.

Die Hauptsteuerflächen sind die Tiefenruder. Der ursprüngliche *Holland*-Bootsentwurf besaß noch keine vorderen Tiefenruder; sie sind später angebracht worden, um beim Tauchen auf ebenem Kiel zu bleiben. Nach dem Wegfall dieses Erfordernisses sind sie jedoch zur Tiefensteuerung und zum Trimmen, besonders auf Sehrohrtiefe, beibehalten worden. IKL-Entwürfe von Unterseebooten besitzen ausfahrbare, sichelförmige vordere Tiefenruder, in einem bestimmten Winkel angeordnet; die erforderliche Steuerkraft wird durch Variieren der ausgefahrenen Fläche erbracht, und die beiden Tiefenruder sind in entgegenwirkenden Winkeln angeordnet, wobei das eine zum Steigen und das andere zum Absinken eingesetzt wird. Andere Unterseeboote sind am Bug mit einziehbaren oder beiklappbaren Tiefenrudern ausgestattet, die sich zum Erzielen der Aufwärts- oder Abwärtsbewegung um ihre Achse schwenken.

Einige Marinen, wie die der USA, Japans und Frankreichs, benutzen am Turm angebrachte Tiefenruder. Während dies in bezug auf die Manövrierfähigkeit Vorteile bieten mag, muß diese Art Tiefenruder, falls die Boote in der Arktis operieren sollen, imstande sein, für das Durchbrechen des Eises in die Senkrechte gedreht werden zu können.

Rechts: USS RICHARD B. RUSSELL (SSN-687), ein Angriffsunterseeboot der STURGEON-Klasse, das mit der USS TAUTOG identisch ist, deren äußere Einrichtungen unten identifiziert und beschrieben sind.

Unten: Das anscheinend glatte Äußere eines modernen Unterseebootes birgt in Wirklichkeit Dutzende von Luken, Anschlüsse, Klampen und ähnliches und kompliziert das UnterwassergeräuschProblem.

Tautog (SSN-639), Sturgeon-Klasse

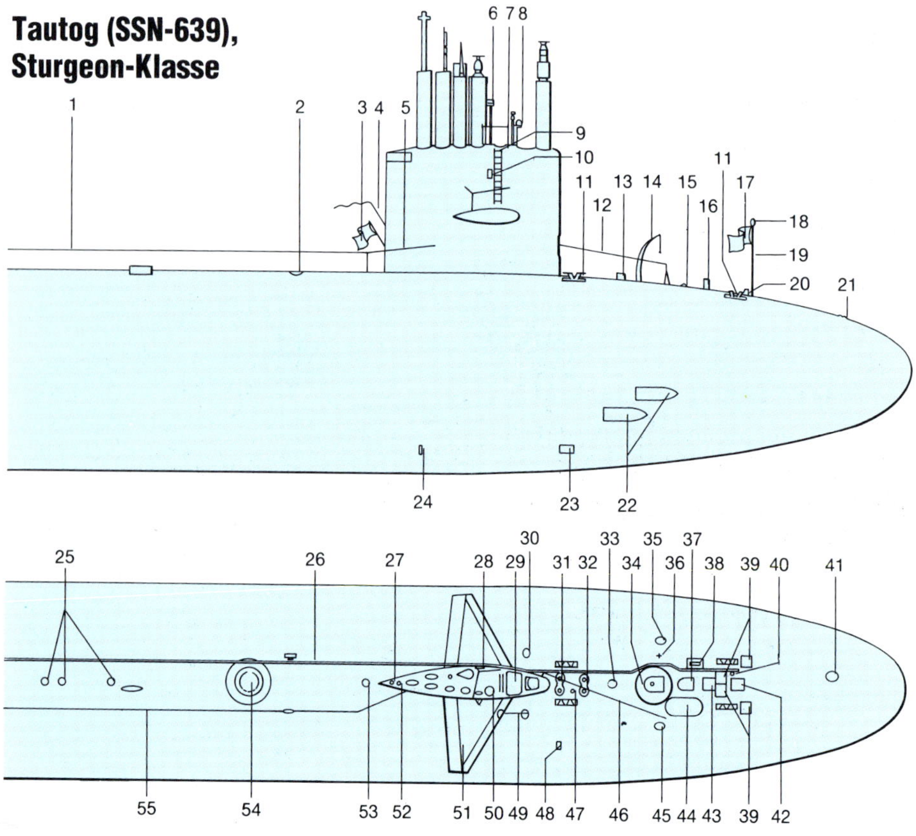

Außeneinrichtungen

1 abnehmbare Notreling
2 abnehmbare Klampen (backbord und steuerbord)
3 Nationalflagge
4 Kommandantenwimpel
5 äußerer Druckluft-Einlaßstutzen
6 Kennlicht
7 abnehmbare Reling
8 Topplicht
9 abnehmbare Leiter (backbord und steuerbord)
10 Seitenlampe (backbord und steuerbord)
11 Klappklampe (backbord und steuerbord)
12 abnehmbare Notreling
13 einziehbares Gangspill
14 abnehmbares Davit
15 Schleppklüse
16 Unterwasserlog
17 Gösch
18 vorderes Ankerlicht
19 abnehmbarer Göschstock
20 Klappklampe (backbord und steuerbord)
21 Zugang zur Sonar-Kreisbasis
22 Torpedorohrverkleidungsklappe (backbord und steuerbord)
23 Torpedo-Absaugpumpen-Verkleidungsklappe (backbord und steuerbord)
24 Unterwasserlog
25 Rettungs-Luftanschlüsse
26 Sicherheitsspur
27 Entlüftungs-Auslaß
28 Seitenlampen (backbord und steuerbord)
29 Brücke
30 Einstiegluke
31 Hauptentlüftungsklappen 3A und 3B
32 Hauptentlüftungsklappen 2A und 2B
33 einziehbares Gangspill
34 Notausstiegschacht
35 Hauptentlüftungsklappe 1B
36 Spillsteuerung
37 Ausstiegsluke
38 Unterwasserlog
39 Zugangsluken zu den Leinenkästen
40 Rettungs-Luftanschluß
41 Zugang zur Sonar-Kreisbasis
42 klappbare Schlepp-Führungsklampe
43 Einstiegluke
44 Melde-Boje
45 Hauptentlüftungsklappe 1A
46 Diesel-Schmieröl-Füllstutzen
47 Rettungs-Luftanschluß
48 Signal-Ausstoßvorrichtung
49 Einstiegsluken
50 Ausguck-Stand
51 abnehmbare Reling
53 Rettungs-Luftanschluß
54 Torpedoluk
55 abnehmbare Notreling

Rechts: Ein U-Schiff der sowjetischen Akula-Klasse, der neuesten Klasse nuklear angetriebener Angriffs-U-Schiffe, läßt die kleinere, weniger eckige und stromlinienförmigere Form sowjetischer Türme erkennen, von der man annimmt, daß sie aus der Forschung an Meerestieren, zum Beispiel Delphinen, stammt.

Bei den Einheiten der LOS ANGELES-Klasse ist das nicht der Fall, woraus eine ernste taktische Beschränkung entstanden ist, da Operationen unter dem Polareis heute sehr wichtig geworden sind, um der zunehmenden Nutzung der Arktis durch die Sowjets entgegenzuwirken; und der amerikanische Verteidigungsminister Weinberger kündigte 1985 an, daß die Tiefenruder bei künftigen Einheiten der LOS ANGELES-Klasse an den Bug verlegt werden.

Der Entwurf des Hecks von Unterseebooten und die Wechselbeziehungen zwischen der Form des Bootskörpers, dem Propeller und den Steuerflächen ist ebenfalls von Bedeutung. Mitte der 1940er Jahre wurden die Seitenruder hinter dem Propeller angeordnet, und dies entsprach auch der ursprünglichen Anordnung bei der ALBACORE, aber die meisten modernen Unterseeboote haben ein Ruderkreuz mit Seiten- und Tiefenrudern vor dem Propeller. Bei der amerikanischen

Rechts: USS SPADEFISH (SSN-688) der STURGEON-Klasse mit am Turm angebrachten vorderen Tiefenrudern, senkrecht geschwenkt, um das Eis zu durchstoßen. Dies ist mit U-Schiffen der LOS ANGELES-Klasse nicht möglich.

Unten: Ein SSGN der sowjetischen Oscar-Klasse; das Foto zeigt die den Bootskörper überziehenden Fliesen, die sowohl schallabsorbierende als auch Grenzschicht-Druckausgleichs-Wirkungen besitzen.

Tauchzellen-Einrichtungen bei einem «Guppy»-Unterseeboot

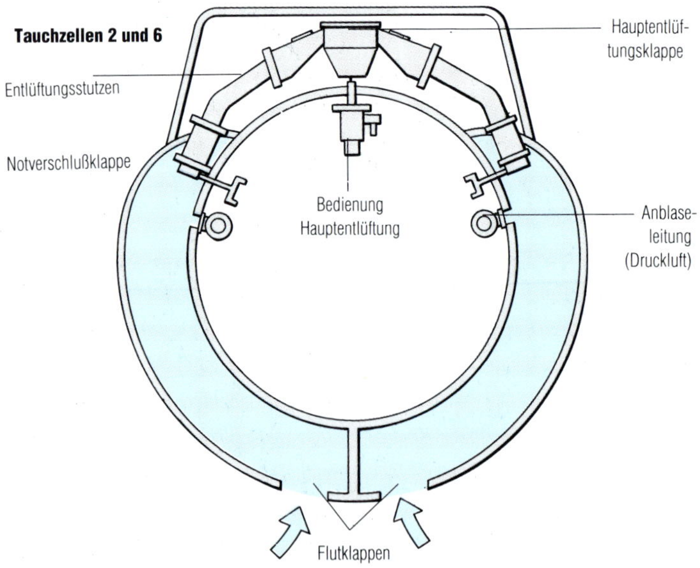

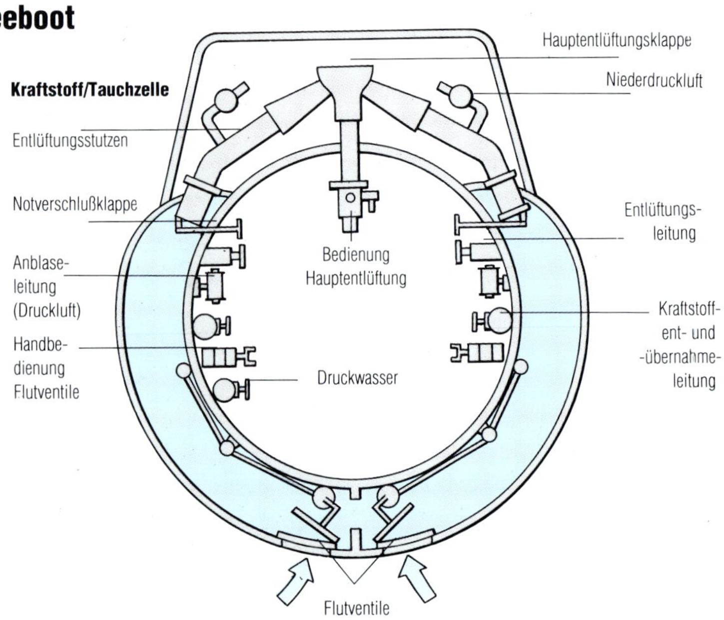

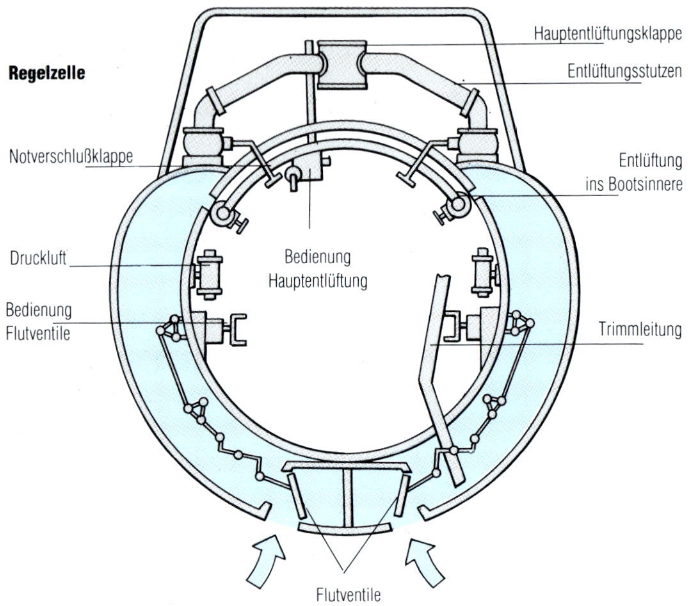

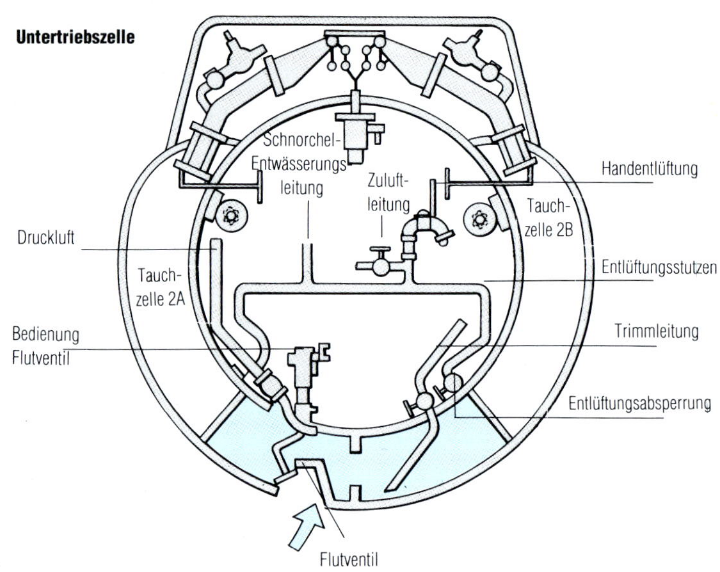

Ganz oben: Beim Tauchvorgang öffnen sich die Entlüftungsklappen, damit das Seewasser durch die Flutklappen eindringen kann, Druckluft bläst es beim Auftauchen wieder aus.

Oben: Im getauchten Zustand stellt das Ausblasen der Regelzelle schnell den Auftrieb wieder her. Sie liegt mittschiffs, um das Trimmen auf ein Mindestmaß herabzusetzen.

Ganz oben: Kraftstoffbunker dieser Art müssen vor dem Tauchen gefüllt sein. Bei Kraftstoffverbrauch strömt Seewasser nach, das zwischen den Bunkern durch Wasserlauflöcher fließt.

Oben: Schnelltauchen kann durch Fluten der Untertriebszelle herbeigeführt werden; sie dient auch der Entwässerung des Schnorchelmastes während der Vorbereitungen für die Fahrt.

- Tauchzellen
- Veränderliche Tauchzellen
- Besondere Tauchzellen
- Kraftstoff/Tauchzellen
- Kraftstoffbunker
- Schmieröltank
- Ölwannen
- Frischwasserzellen
- Sanitärzellen

1 Bugzelle (Fassungsvermögen: 18 ts Seewasser)
2 Tauchzelle 1 (44,35 ts)
3 Sanitärzelle 1 (2,06 ts/2'033 l)
4 Frischwasserzellen 1 und 2 (je 3'785 l)
5 Kraftstoffbunker 1 (43'153 l)
6 Kraftstoffbunker 2 (49'667 l)
7 Tauchzelle 2A (32,98 ts)
8 Tauchzelle 2C (32,98 ts)
9 Kraftstoff/Tauchzelle 3A (37,37 ts/36'037 l)
10 Frischwasserzellen 3 und 4 (je 3'785 l)
11 Regelzelle 1 (31 ts)
12 Kraftstoff/Tauchzelle 4A (47,12 ts/45'590 l)
13 Sanitärzelle 2 (2,57 ts/2'547 l)
14 Kraftstoff/Tauchzelle 5A (38,12 ts/36'824 l)
15 Tauchzelle 6A (35,4 ts)
16 Ölwanne 1 (1'703 l)
17 Ölwanne 2 (1'703 l)
18 Tauchzelle 6C (35,4 ts)
19 Leichtölbunker 1 (2'313 l)
20 Sammeltank (11'329 l)
21 Ölwanne 3 (1'703 l)
22 Ölwanne 4 (1'703 l)
23 Kraftstoffbunker 6 (57'536 l)
24 Leichtölbunker 2 (2'339 l)
25 Kraftstoffbunker 7 (40'121 l)
26 Sanitärzelle 3 (0,87 ts/780 l)
27 Achtere Torpedozelle (5 ts)

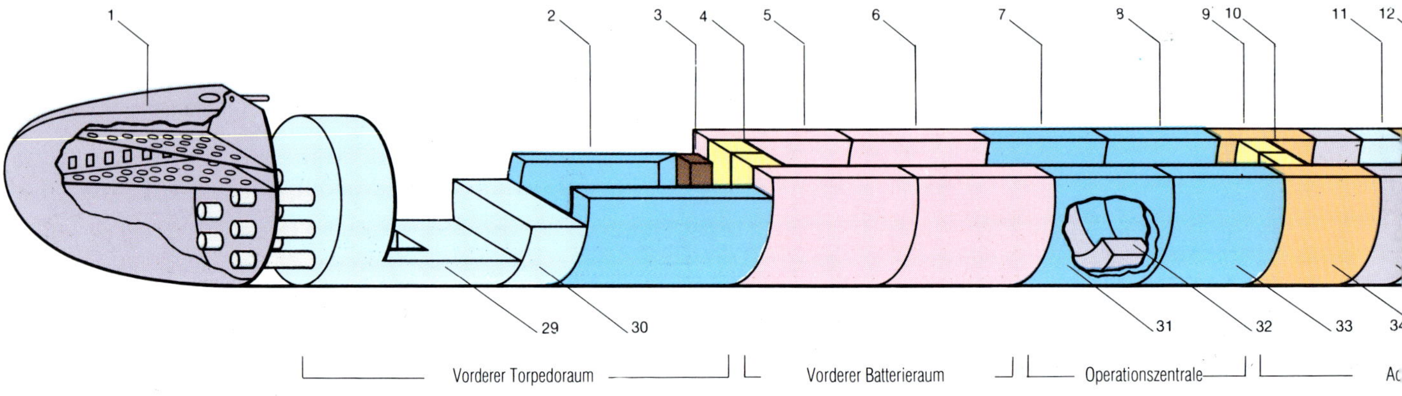

LOS ANGELES- und OHIO-Klasse sind die hinteren Tiefenruder mit senkrechten Endplatten versehen, sowohl um die Steuerung zu verbessern als auch zum Unterbringen von Hydrophonen.

Andererseits besitzen die schwedische NÄKKEN- und die niederländische ZEELEEUW-Klasse Ruderkreuze in X-Form. Dieses Konzept wurde 1961 zuerst bei der ALBACORE erprobt und erwies sich allen vorhergehenden Entwürfen weit überlegen. In alle Hauptbetriebsrichtungen ist die X-Form 42 % leistungsfähiger als eine kreuzförmige Anordnung; sie ist auch geräuschärmer und sicherer. Außerdem kann die X-Form hydrodynamisch wirksamer ausgestaltet werden, wenn Seiten- und Tiefenruder eine längere, schmälere Form und – weil sie sich über die Grenzschicht hinaus in ruhiges Wasser hinein erstrecken – eine kleinere Fläche aufweisen. Schließlich ist es erforderlich, daß sich die Steuerflächen nicht über den Kiel oder die maximale Horizontalbreite des Unterseebootes hinaus erstrecken, und mit der X-Form kann dies bequem erreicht werden. Infolge des komplizierten Verhältnisses zwischen Steuerungs- und Tauchfunktionen erfordern jedoch solche Steuerflächen eine computerunterstützte Bedienung.

Die größte Gefahr für ein U-Boot geht vom Sonar aus, und es gibt – abgesehen von den taktischen Verfahren, eine Sonarortung zu vermeiden – einige passive Maßnahmen, die im Entwurfsstadium ergriffen werden können. Dazu gehört erstens, das Unterseeboot kleiner und damit zu einem schwierigeren Ziel zu machen, aber die Schwierigkeit besteht darin, die heute als wesentlich anzusehenden Waffen und Sensoren in einem kleinen Bootskörper unterzubringen. Eine weitere technische Maßnahme hat zum Ziel, die Konturen des Bootskörpers so zu gestalten, daß die Sonarstrahlen zerstreut werden. Schließlich können echolose (geräuschaufsaugende) Fliesen verwendet werden, um die kritischsten Teile des Unterseebootes zu bedecken. Diese sind bereits bei den Unterseeooten der Royal Navy und bei den jüngsten sowjetischen U-Booten in Gebrauch – eine sowjetische Fliesenart trägt die NATO-Bezeichnung «Cluster Guard» – und werden bei der nächsten Generation amerikanischer Angriffsunterseeboote eingeführt werden.

Bau

Von der Gestaltung des Bootskörpers her lassen sich vier Haupttypen unterscheiden: Einhüllen-, Satteltank-, Zweihüllen- und Mehrhüllen-Unterseeboote. Bei Einhüllenbooten befinden sich die Tauchzellen entweder an jedem Ende des Druckkörpers außerhalb, wie bei der amerikanischen LOS ANGELES-Klasse, oder im Inneren des Druckkörpers selbst. Bei Satteltankbooten sind die Tauchzellen als stromlinienförmige Anhänge außen am Druckkörper angebracht, wie bei der britischen OBERON-Klasse, mit Tauchschlitzen unten und Entlüftungsklappen oben. Solche Tauchzellen werden bisweilen als zusätzliche Kraftstoffbunker benutzt, wobei das Treiböl auf dem Seewasser schwimmt. Dies erweitert den Fahrbereich beträchtlich, verringert aber die Auftriebsreserve, in Kriegszeiten ein hinnehmbares Risiko. Ein Doppelhüllenboot besitzt einen vollständigen oder fast vollständigen äußeren Bootskörper, der fast über seine gesamte Länge hinweg den Druckkörper umgibt. Der Raum zwischen den beiden Hüllen wird für Tauchzellen und als außen gelegener Bunkerraum für Kraftstoff genutzt, den Abstand zwischen ihnen diktieren weitgehend Erwägungen der Konstruktion und des Zugangs. Schließlich gibt es noch die Möglichkeit von zwei oder sogar drei Druckkörpern. Die Unterseeboote der niederländischen DOLFIJN-Klasse besitzen drei einzelne, miteinander verbundene Druckkörper, in einer dreifachen Bootskörperanordnung vereinigt. Der große, oben gelegene Druckkörper beherbergt die Besatzung und den größten Teil der Ausrüstung, während sich unterhalb davon und nebeneinander zwei kleinere Druckkörper befinden, die jeweils Maschinenanlagen und Vorräte enthalten. Der Vorteil dieser Anordnung besteht darin, daß sie eine größere Festigkeit verleiht; die Boote der DOLFIJN-Klasse können bis zu 300 m tauchen.

Ein solches Unterseeboot ist kostspielig und schwierig zu bauen, und bei ihren späteren Bootsklassen verfolgten die Holländer die Idee einer derartigen Konstruktion nicht weiter. Die sowjetische Marine scheint jedoch bei den SSBN der *Typhoon*-Klasse eine Anordnung aus zwei Druckkörpern eingeführt zu haben. Es entspricht der übereinstimmenden Ansicht im Westen, daß diese gigantischen Schiffe zwei vollständige, miteinander verbundene Druckkörper besitzen, deren jeder Antriebsanlagen und Wohnräume für die Besatzung enthält, mit einer dritten, kleineren druckfesten Sektion über und zwischen ihnen sowie direkt unter dem Turm für das Kommando- und Steuerungszentrum. Der Raum für die Flugkörper liegt zwischen den beiden unten gelegenen Druckkörpern und – sehr ungewöhnlich – vor dem Turm statt achteraus von ihm. Abgesehen von der Geräumigkeit und Wohnlichkeit bietet ein solches U-Schiff eine große Überlebensfähigkeit.

Alle Bootskörper besitzen Ballastkiele. Bei der Zwei- und Mehrfachhüllen-Anordnung

Typhoon-Klasse: Innenanordnung (mutmaßlich)

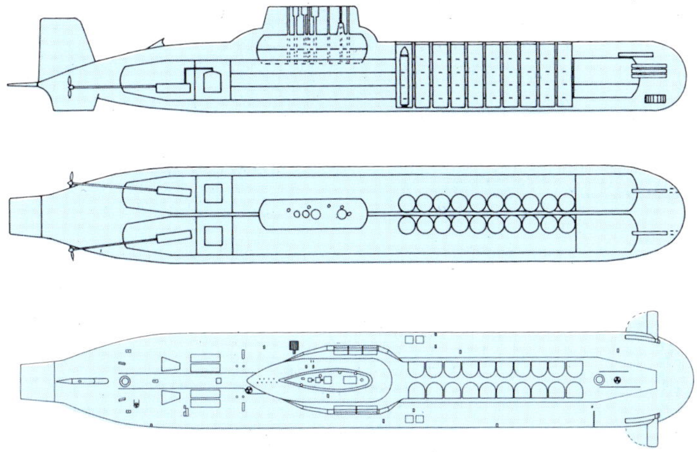

Oben: Eine mögliche Innenanordnung zeigt die nebeneinander liegenden Druckkörper mit den Flugkörpern und einem Atomreaktor sowie einer Kommandozentrale darüber.

Ganz oben: Die Ausmaße der sowjetischen SSBN-Typhoon-Klasse überraschten den Westen. Eine Erklärung für die außerordentliche Breite liegt im möglichen Vorhandensein zweier Druckkörper.

28 Achtere Trimmzelle (20 ts)
29 Vordere Trimmzelle (24 ts)
30 Vordere Torpedozelle (5 ts)
31 Tauchzelle 2B (32,98 ts)
32 Untertriebszelle (12 ts)
33 Tauchzelle 2D (32,98 ts)
34 Kraftstoff/Tauchzelle 3B (37,37 ts/36'037 l)
35 Sicherheitszelle (23 ts)
36 Regelzelle 2 (31 ts)
37 Kraftstoff/Tauchzelle 4B (47,12 ts/45'590 l)
38 Kraftstoff/Tauchzelle 5B (38,12 ts/36'824 l)
39 Reserveschmieröltank (4'546 l)
40 Tauchzelle 6B (35,4 ts)
41 Tauchzelle 6D (35,4 ts)
42 Schmieröltank 1 (5'515 l)
43 Überlaufbunker (11'329 l)
44 Kraftstoffbunker 6 (57'536 l)
45 Schmieröltank 2 (3'497 l)
46 Motorenölwanne (757 l)
47 Schmieröltank 3 (3'936 l)

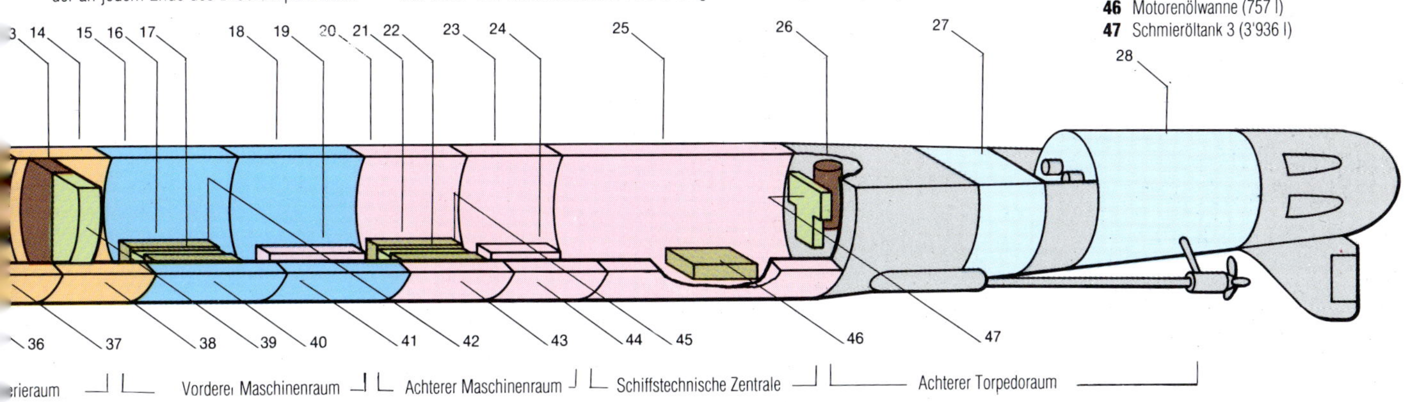

UPHOLDER-Klasse: Schnittzeichnung

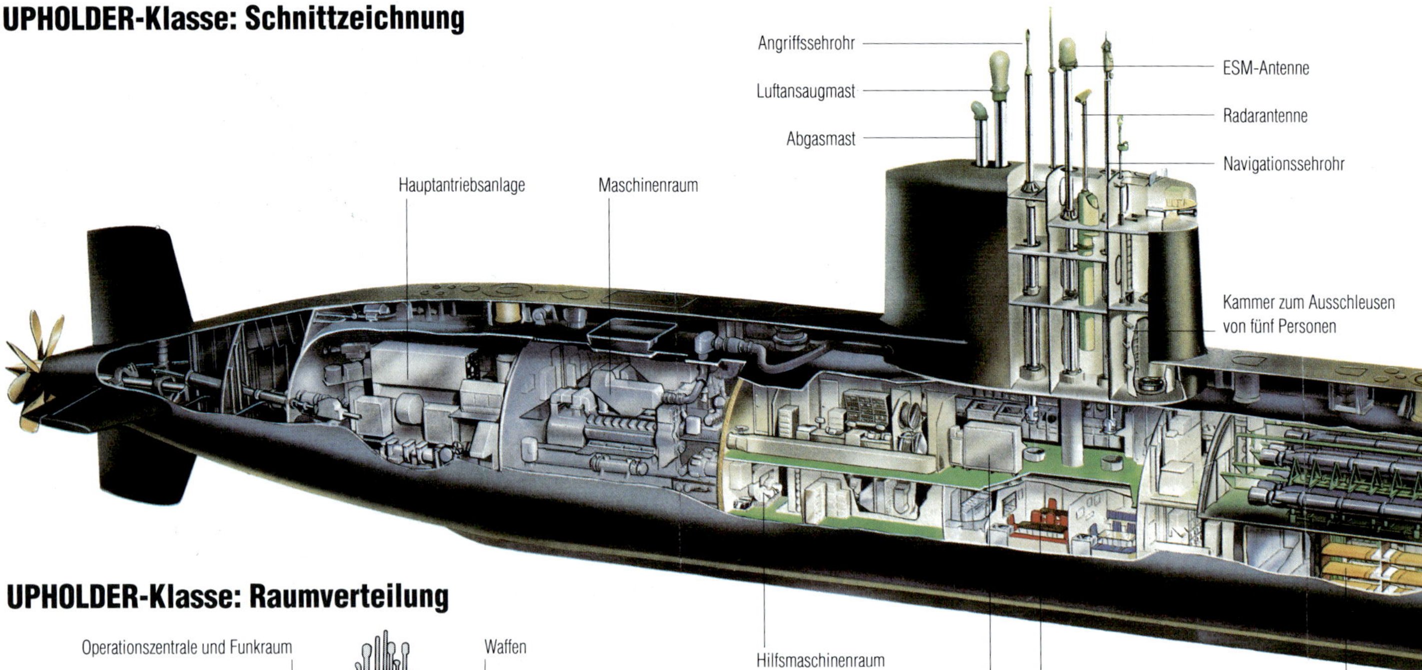

UPHOLDER-Klasse: Raumverteilung

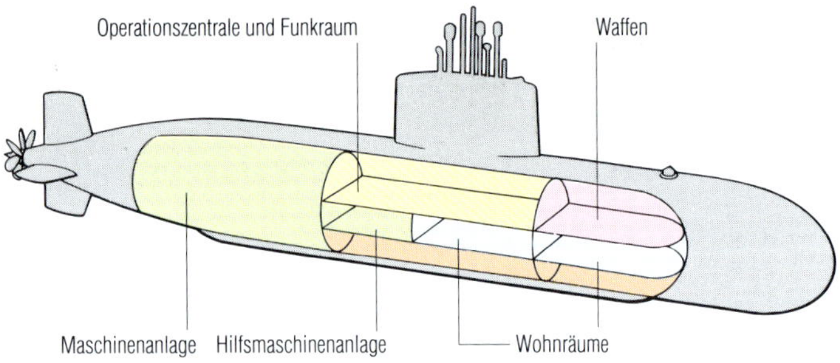

Links: Die Verwendung von zwei wasserdichten Schotten, um den Raum im Druckkörper in drei wasserdichte Hauptabteilungen zu unterteilen, ist heute nicht mehr üblich. In der achteren Abteilung trennt ein Schalldämpfungsschott den Motorenraum vom Maschinenraum nach achtern.

Oben: Die UPHOLDER-Klasse ist wahrscheinlich der komplizierteste konventionelle Entwurf überhaupt. Der zylindrische Druckkörper ist vorn und achtern durch halbkugelförmige Endböden abgeschlossen und aus hochfestem Stahl gefertigt, um Tiefen von mehr als 200 m zu erreichen.

ist der Kiel innerhalb der Außenhülle angebracht, ansonsten befindet er sich außen. Zwei- und Mehrfachhüllen- sowie Satteltank-Anordnungen weisen einen zusätzlichen und sehr wertvollen Vorteil auf: An der Außenhaut detonierende Waffengefechtsköpfe haben ein gewisses Ausmaß ihrer explosiven Wucht verbraucht, weshalb sich die Wirkung auf den Druckkörper verringert. Die US-Marine hat für den Unterseebootbau eine Reihe von hochfesten (HY-)Stählen verwendet, doch seit der TRESHER sind alle Klassen aus HY 80 hergestellt worden. (Die Zahl gibt die Quetschspannung in lb/sq in an; HY 80 weist eine Quetschspannung von 80 lb/sq in oder 5,624 kg/cm² auf.) Früher einmal war geplant gewesen, die Einheiten der LOS ANGELES-Klasse unter Verwendung von HY 130 zu bauen, obwohl schließlich HY 80 verwendet wurde, und es wird jetzt erhofft, den HY 130 rechtzeitig auf einen annehmbaren Stand zu entwickeln, um die späteren Einheiten der nächsten Klasse amerikanischer Angriffsunterseeboote damit zu bauen. Auch bei anderen Nationen gibt es sehr viel an Forschung und Entwicklung mit dem Ziel, immer festere Materialien herzustellen; Titan, Aluminium und sogar Glas sind in Erwägung gezogen worden. Die Japaner benutzen bei ihrer YUSHIO-Klasse NS-90, während bei den jüngsten französischen und niederländischen Unterseebooten der französische «Marel»-Stahl zur Anwendung kam, ein neuer, hochfester Stahl, von dem behauptet wird, er steigere die Tauchtiefe um 50 %. Beim Großteil ihrer Unterseeboote verwendet die UdSSR weiterhin Stahl, aber von mindestens zwei Klassen – *Alfa* und *Mike* – ist bekannt, daß zum Bau Titan Verwendung fand. Die Einheiten der *Alfa*-Klasse sind nicht nur die schnellsten Unterseeboote der Welt, imstande, mehr als 42 kn (75 km/h) zu laufen, sondern sie tauchen auch am tiefsten. Ihre Tauchtiefe liegt nach Schätzungen zwischen 600 und 900 m.

Titan ist ein schwierig zu verschweißendes Material, obschon die Sowjets (auf der Welt seit langem in Metallurgie führend) die Probleme gelöst zu haben scheinen. Von der *Alfa*-Klasse wurden nur sechs Einheiten gebaut, aber bei der nachfolgenden *Mike*-Klasse, die jetzt der Front zuläuft, fand zum Bau ebenfalls Titan Anwendung. Titan besitzt natürlich einen weiteren unschätzbaren Vorteil, es ist nicht magnetisch und durch Ortungsgeräte wie MAD in Flugzeugen oder auf dem Meeresboden ausgelegte Schlaufen nicht zu orten. Vor einigen Jahren versuchten die Westdeutschen, ähnliche Ergebnisse durch die Verwendung nicht magnetischen Stahls für ihre Boote vom *Typ 205, 206* und *207* zu erzielen. Diese Entwürfe waren

Unten: USS OHIO (SSBN-726) wird hier aus der gigantischen Montagehalle bei General Dynamics Electric Boat Division zur Endmontage und Erprobung herausgerollt. Die zylindrische Form ist zu erkennen.

Rechts: Diese Ansicht vom Stapellauf der USS PHOENIX (SSN-702) enthüllt einen Blick auf die FK-Schächte der USS MICHIGAN (SSBN-727), die an der Pier ausgerüstet wird. Die Schächte befinden sich mittschiffs, um Trimmveränderungen des U-Schiffes beim FK-Schießen so gering wie möglich zu halten.

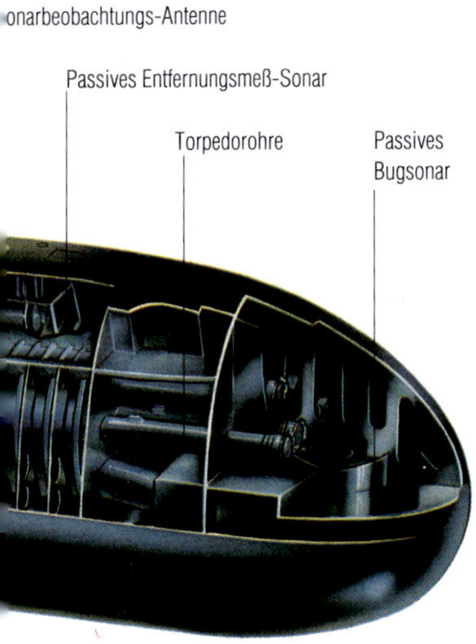

hauptsächlich für eine Verwendung in den flachen Gewässern der Ostsee bestimmt. Anfängliche Korrosionsprobleme sind schon seit langem gelöst worden, aber die Idee hat sich bei den größeren Entwürfen nicht durchgesetzt.

Der wesentlichste Teil des Unterseebootes ist der lange, verhältnismäßig dünne, zylindrische Druckkörper, versteift durch innere oder äußere Ringspanten und unterstützt durch Querschotte. Der Durchmesser des Druckkörpers ist unterschiedlich; kleine Veränderungen werden durch konische Sektionen und große durch steil abfallende, toroide Kegel erreicht, mit Schotten oder Versteifungen an den Übergangspunkten zum schmäleren Durchmesser. Die beiden Enden des Druckkörpers sind durch gewölbte Endböden, gewöhnlich halbkugelförmig, verschlossen. Offensichtlich besteht der kritische Faktor in der Festigkeit und Integrität des Druckkörpers, die ausreichend sein müssen, um es dem Unterseeboot zu ermöglichen, in den von den Anforderungen her verlangten Tiefen zu operieren. Ein Gesamtzusammenbruch infolge unzureichender Festigkeit der Spanten im Hinblick auf die Länge der Abteilungen ist relativ unwahrscheinlich, wogegen Ein- und Ausbeulungen der Haut von größerer Bedeutung sind. Der Konstrukteur bemüht sich, jede Möglichkeit eines Schwachpunktes, wie Veränderungen in den Materialeigenschaften, Eigenspannungen, Abweichungen von der Kreisform, Spannungsanhäufungen usw., in einem Sicherheitsfaktor zu berücksichtigen, der normalerweise zwischen 1,5 und 2,0 beträgt. Der Berechnung wird zugrundegelegt: Zerstörungstiefe (Konstruktionstiefe) = Sicherheitsfaktor x Betriebs-Tauchtiefe. Bei einem Boot mit dem Sicherheitsfaktor 1,74 (ein normaler Faktor) und einer Tauchtiefe von 91,4 m würde die Zerstörungstiefe bei 159 m liegen.

Zu beachten ist, daß der größte Teil der modernen, tieftauchenden westlichen Boote keine sehr festen inneren Schotte besitzt, so daß eine Verletzung des Druckkörpers wahrscheinlich verhängnisvoll sein wird und ein Entkommen unmöglich macht. Die meisten

Schock-Wiedergabespektren

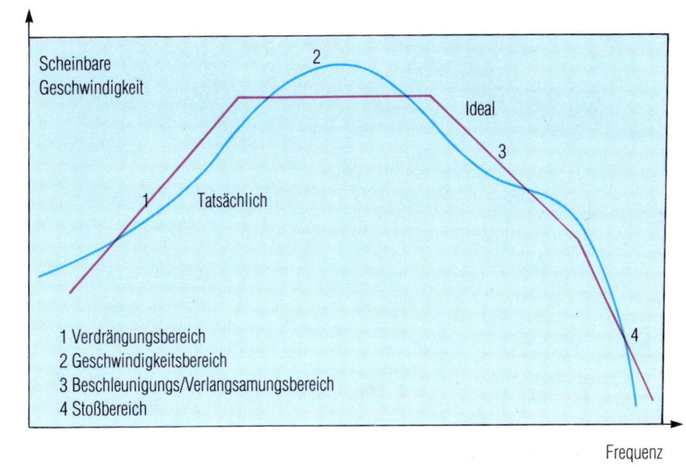

Oben: Die Beziehung zwischen Geschwindigkeit und Frequenz bei einem Unterwasserangriff auf ein Unterseeboot, verwendet zum Entwerfen von Schock-Schutzvorrichtungen zur Ausrüstung von Unterseebooten.

Unten: Im Bereich der Unterwasserkampfführung werden zunehmend Mittel für Forschung und Erprobungen eingesetzt. Im Bild die frühere HMS PORPOISE während des Umbaus zum Zielschiff.

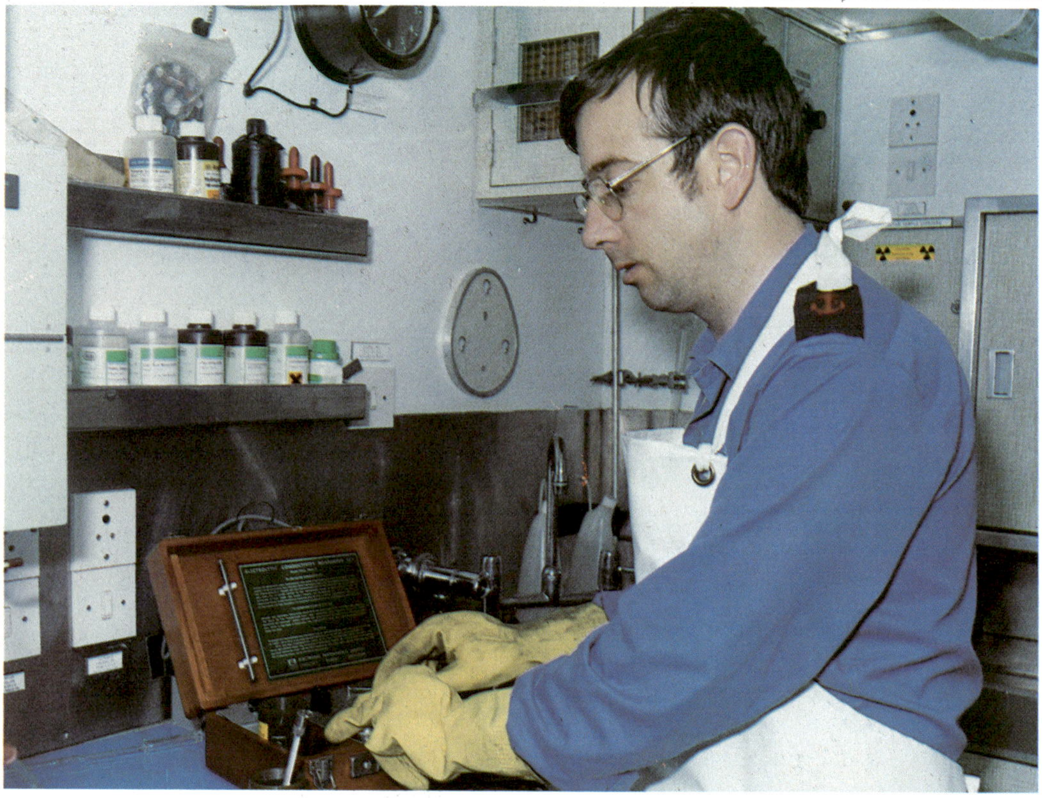

Rechts: Ein Sanitäter auf dem britischen Atom-U-Schiff HMS TRAFALGAR. U-Jagd-U-Schiffe dieser Art können monatelang von einer Verbindung zum Land oder anderen Schiffen abgeschnitten sein und müssen daher vollkommen selbständig operieren.

Unten: Mannschaftsmesse auf HMS TRAFALGAR; an Bord moderner U-Schiffe ist zunehmend mehr Raum für soziale Betätigungen verfügbar. Auf begrenztem Raum erleichtert dies die Beanspruchung während langer Einsatzfahrten.

sowjetischen Unterseeboote und die bundesdeutschen IKL-Entwürfe weisen jedoch solche Schotte auf.

Wohnlichkeit

Ein wichtiger Faktor ist die Wohnlichkeit, da das Erfordernis nach immer besser ausgebildeten Besatzungen besteht und die Einsatzfahrten immer länger werden. Bis zu einem gewissen Grade kann dieses Problem durch die Steigerung in der Größe gelöst werden, aber dies ist aufgrund der Kosten und der Ortungsmöglichkeit unerwünscht, und alle Marinen streben nach Steigerung der Automatisierung, um die Besatzungen

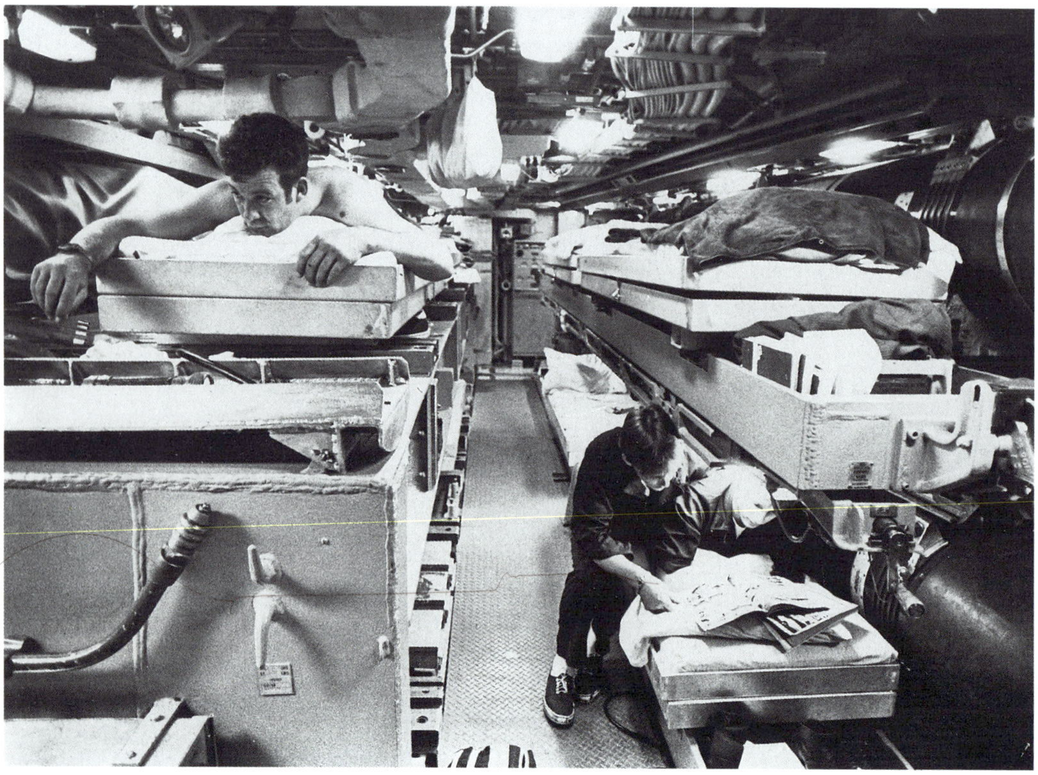

Oben: Offiziersmesse auf HMS TRAFALGAR. Die Ausbildung zum U-Bootsoffizier erfordert lange Jahre und bringt beträchtliche Verantwortung mit sich – viele westliche Marinen haben Mühe, ihre Offiziere zu halten.

Links: Selbst in den großen Bootskörpern der jüngsten SSN – hier die USS LA JOLLA (SSN-701) der LOS ANGELES-Klasse – ist Lebensraum Mangelware und die Unterbringung geschieht in jedem verfügbaren Raum. Einige Besatzungsangehörige müssen ihre Kojen mit den Torpedos Mk 48 teilen.

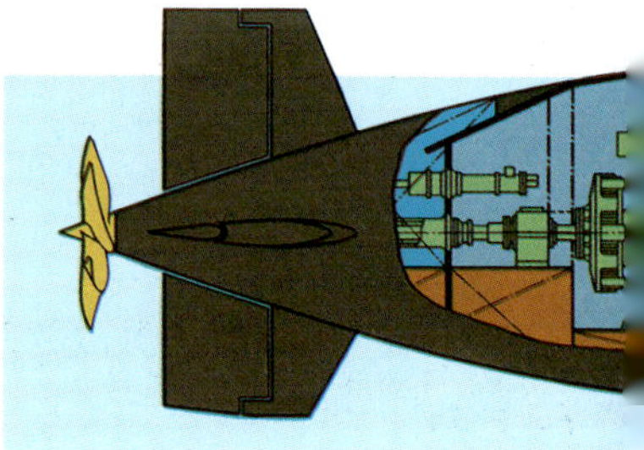

Rechts: Im Torpedostauraum der TRAFALGAR wird jeder Zollbreit für Waffen oder Ausrüstung genutzt. Bei größeren Unterseeschiffen ist die Ausrüstung noch umfangreicher, und es ergibt sich selten zusätzlicher Raum, der für die Bequemlichkeit der Mannschaft nutzbar gemacht werden könnte.

entscheidend verringern zu können. Die VÄSTERGÖTLAND-Klasse der schwedischen Marine wird z.B. bei einer Verdrängung unter Wasser von 1'125 ts eine Besatzung von gerade noch 5 Offizieren und 19 Mann haben. Dagegen braucht die peruanische DOS DE MAYO-Klasse, in der Größe ähnlich, aber in den 1950er Jahren gebaut, eine Besatzung von 40 Mann. Keines dieser Boote wird wahrscheinlich besonders lange Einsatzfahrten unternehmen, aber auch die Besatzungsstärken moderner Tiefseeboote sind heute geringer. So hat zum Beispiel die niederländische ZEELEEUW-Klasse (2'800 ts unter Wasser) eine Besatzung von 7 Offizieren und 43 Mann, während die amerikanische TANG-Klasse (2'600 ts getaucht) aus den 1940er Jahren 11 Offiziere und 75 Mann brauchte.

Die Zukunft

Der vielleicht vorrangigste Faktor bei zukünftigen Unterseebootentwürfen wird die Kostenfrage sein. Selbst die konventionellen dieselelektrischen Unterseeboote, ausgenommen jene, die für begrenzte Gewässer wie die Ostsee entworfen werden, erfahren eine Steigerung der Größe und Kosten, und während viele Entschließungen gefaßt werden, kleinere und billigere Entwürfe zu bauen, scheinen sie aus irgendeinem Grunde selten verwirklicht zu werden.
In der Forschung konzentrieren sich heute die Hauptanstrengungen darauf, die Unterseeboote geräuschärmer, schneller und tiefer tauchend zu bauen. Die Betonung der Geräuschreduzierung bedeutet nicht notwendigerweise, ein Unterseeboot unentdeckbar zu machen, aber die Ortungsarbeit wird dadurch schwieriger, möglicherweise bis zum Einsatz aktiver Sonaranlagen und der dadurch entstehenden Gefahr, sich selbst zu verraten. Möglicherweise würde ein größerer potentieller Durchbruch darin bestehen, ein Antriebssystem zu finden, das das nicht nukleare Unterseeboot von der Wasseroberfläche unabhängig machen würde. Bei Batterie-Entwürfen scheinen größere Fortschritte unwahrscheinlich zu sein, obwohl ständige Verbesserungen stattfinden werden. Motoren mit geschlossenem Kreislauf und Brennstoffzellenanlagen bieten Möglichkeiten, aber in beiden Fällen muß ein brauchbares System noch geschaffen werden. Trotzdem scheint eine Aussicht zu bestehen, leistungsfähige Brennstoffzellen für Unterseeboote bis zur Mitte der 1990er Jahre zur Verfügung zu haben. Über sowjetische Entwicklungen auf diesem Gebiet ist nichts bekannt, aber angesichts ihrer riesigen Investitionen in die Unterseeboot-Technologie gibt es keinen Grund anzunehmen, daß die Sowjets auf diesem Gebiet hinter dem Westen zurückbleiben werden.

Oben: Darstellung des neuen amerikanischen SSN der SEAWOLF-Klasse (SSN-21). Von besonderem Interesse ist die Verlagerung der vorderen Tiefenruder vom Turm zum Bug, um das Operieren unter dem Polareis zu erleichtern.

Unten: Innenanordnung eines Thyssen-Unterseebootes vom Typ TR 1700, gegenwärtig für Argentinien im Bau. Großer Seeausdauer und langen Verwendungszeiten entsprechen große Kraftstoff- und Waffenvorratskapazitäten, aber auch ein hoher Standard zur Unterbringung der Besatzung wurde für wichtig erachtet. Mit einer beträchtlichen Batterie- und Ladekapazität wurde der Entwurf auch für eine hohe durchschnittliche Marschgeschwindigkeit optimal ausgelegt.

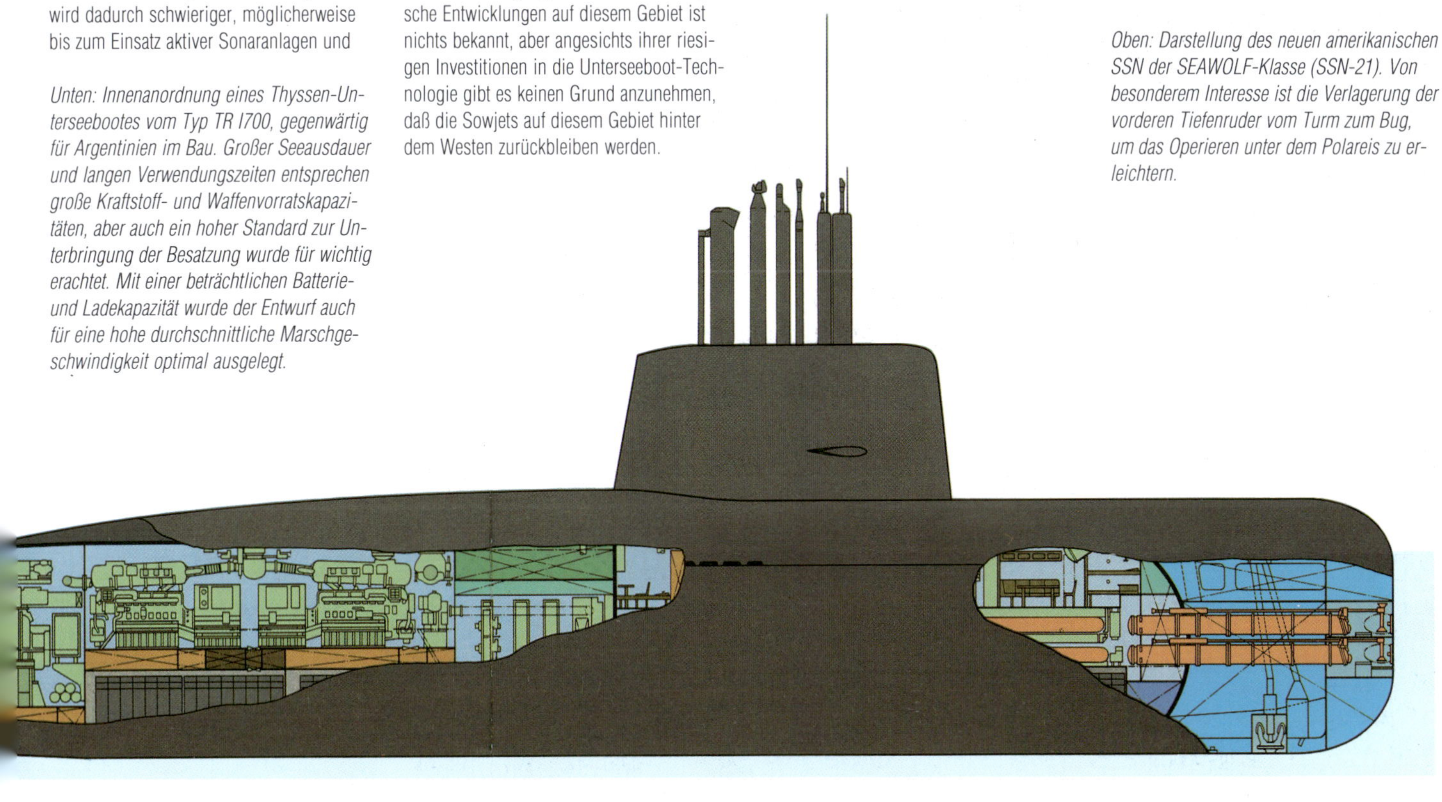

Die Antriebssysteme

Der größte Fortschritt, den die Unterseeboot-Technologie der Nachkriegszeit aufzuweisen hatte, war das Erscheinen des Atomantriebs. Die Atomkraft hat die U-Boote davon befreit, regelmäßig an die Wasseroberfläche zurückkehren zu müssen, um die Batterien wiederaufzuladen, und sie hat die Begrenzung der Reichweite faktisch beseitigt.

Druckwasserreaktoren

Alle britischen und amerikanischen Atomunterseeboote verwenden den Druckwasserreaktor (PWR), wobei Wasser sowohl als Kühlmittel wie auch als Reaktionsbremse fungiert, eine erprobte Technik, die sich im Betrieb als außerordentlich verläßlich erwiesen hat. In einem derartigen System durchläuft das Wasser in einem Primärkreislauf mehrmals den Atomreaktor und gelangt von da aus zu einem Dampferzeuger. Das Kühlwasser im Primärkreislauf muß unter hohem Druck gehalten werden, um zu verhindern, daß es kocht und in Dampf übergeht. Dies wird durch das Einbeziehen eines Druckhaltegefäßes in den Primärkreislauf erreicht. Dampf im oberen Teil des Druckhalters wird dazu benutzt, Veränderungen im Volumen des Kühlmittels auszugleichen, da die Reaktoreintritts und -austrittstemperaturen variieren. Die Wärmeenergie wird im Dampferzeuger aus dem Wasser im Primärkreislauf auf das nicht unter Druck stehende Wasser im Sekundärkreislauf übertragen, woraus sich dann Dampf entwickelt, der den Sekundärkreislauf zur Turbine durchläuft. Nach dem Antrieb der Turbine gelangt dieser in eine Reihe von Kondensatoren, wird erneut zu Wasser und kehrt in flüssiger Form zum Dampferzeuger zurück, um den Kreislauf fortzusetzen. PWR-Kondensatoren benutzen Seewasser zur Wärmeableitung und erfordern einen ständigen Durchsatz, hervorgerufen durch die Vorwärtsbewegung des Unterseebootes oder – bei langsamen Geschwindigkeiten – durch Einsatz von Pumpen.
Der Betrieb eines PWR erfordert eine beträchtliche Hilfsmaschinenleistung, hauptsächlich um die Umlaufpumpen im Primärkreislauf und die elektrischen Heizelemente im Druckhalter in Gang zu halten. Das System kann den natürlichen Kreislauf ausnutzen, beruhend auf dem durch die nukleare Reaktion hervorgebrachten Wärmegefälle, aber bei höherem Energiebedarf müssen die Pumpen eingeschaltet werden. Im Bestreben, Geräusch und Vibration so gering wie möglich zu halten, benutzen einige Systeme mehrere Pumpen, die entsprechend dem Energiebedarf wahlweise aktiviert werden können. Welches System auch immer Verwendung findet, alle Pumpen dieser Art erzeugen Geräusche, die geeignete Sensoren orten können.

Flüssigmetallgekühlte Reaktoren

Verschiedene alternative Kühlmittel sind erprobt worden. Die USS SEAWOLF (SSN-575), Stapellauf 1955, war mit einem S2G-Reaktor mit Flüssignatrium-Kühlung ausgerüstet, der eine wirksamere Wärmeübertragung gewährleistete, aber sehr störanfällig im Betrieb war. Dabei gab es zwei besondere Probleme: das schwerer wiegende bestand

Amerikanische Atom-U-Boote und -Schiffe

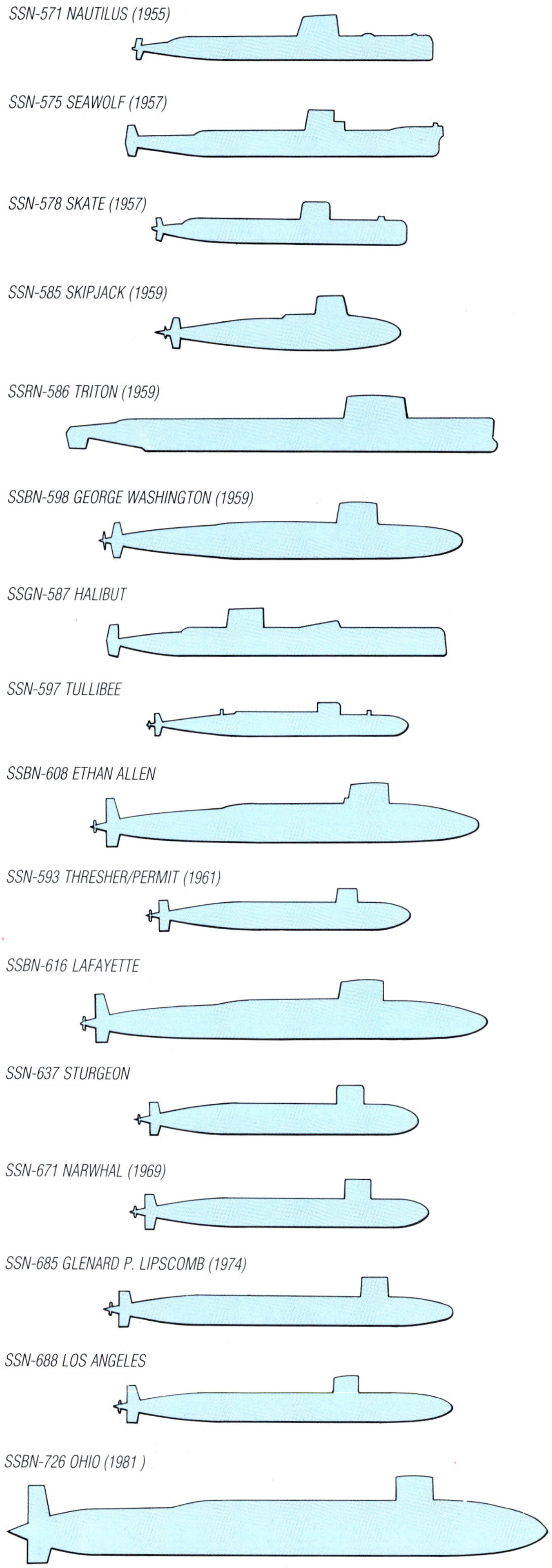

Links: Im Entstehen der amerikanischen Atom-U-Boote/-Schiffe läßt sich eine logische Weiterentwicklung erkennen, aber es hat auch Abirrungen gegeben, und alternative Ideen sind erprobt worden. Das erste Atom-U-Boot der Welt, die NAUTILUS der US-Marine, wurde von einem S2W-Druckwasserreaktor angetrieben; der alternativ auf der SEAWOLF erprobte S2G-Reaktor mit Flüssignatriumkühlung hatte sich als Fehlschlag erwiesen und wurde durch einen S2Wa-Reaktor ersetzt.
Die ersten SSN, die vier der SKATE-Klasse, glichen der NAUTILUS, waren aber etwas kleiner. Die sechs Einheiten der SKIPJACK-Klasse hatten als erste SSN einen «ALBACORE-Bootskörper». Wie die Vergleichsprofile zeigen, kommt ihr Bootskörper dem Ideal des amerikanischen SSN am nächsten. Das ursprüngliche Typschiff der PERMIT-Klasse, die THRESHER (SSN-593), ging 1963 verloren, aber die übrigen Einheiten erwiesen sich im Dienst als gelungen. Auch die 37 Einheiten der STURGEON-Klasse bewährten sich im Dienst sehr, und der Weg führte über die turboelektrisch angetriebene GLENARD P. LIPSCOMB, der Versuch eines wirklich geräuscharmen SSN, zur LOS ANGELES-Klasse. Diese – bereits 58 Einheiten sind in Auftrag gegeben – verkörpern wahrscheinlich eines der teuersten, aber auch wirksamsten Verteidigungssysteme. Der erste Typ SSBN, die GEORGE WASHINGTON-Klasse, wurde schnell durch Einfügen einer zusätzlichen Sektion in einen «SKIPJACK-Bootskörper» entwickelt, und die späteren ETHAN ALLEN- und LAFAYETTE-Klassen sind logische Vervollkommnungen dieses Entwurfs. Sie führen sämtlich 16 ballistische Flugkörper, ausgenommen die U-Schiffe der OHIO-Klasse mit 24 Flugkörpern.
TULLIBEE war das erste SSN mit einem kugelförmigen Bugsonardom und mittschiffs auswärts abgewinkelten Torpedorohren sowie das letzte mit einer Decksverkleidung. Die riesige TRITON, ein Flottenradarsicherungsschiff, war das einzige amerikanische SSN, das für höhere Geschwindigkeiten über Wasser als unter Wasser entworfen wurde, während HALIBUT, das einzige Marschflugkörper-Atom-U-Schiff der US-Marine, fünf «Regulus I» führte.

Rechts: Ein U-Boot-PWR besteht aus zwei Kreisläufen: der Primärkreislauf transportiert Wärme vom radioaktiven Kern zu einem Sekundärkreislauf (Wasser) in einem Wärmeaustauscher. Der Hauptkonkurrent des PWR, der Flüssigmetallreaktor, ist von der US-Marine aufgegeben worden, während er zumindest bei einer Klasse sowjetischer U-Schiffe benutzt wird. Der PWR braucht Hilfsmaschinenleistung, damit die Umlaufpumpen im Primärkreislauf arbeiten; sie müssen in Gang gehalten werden, um die Wärme vom Druckbehälter abzuleiten. Auch der Druckhalter braucht elektrische Kraft, um den Dampfdruck zu halten. Diese Pumpen und Generatoren erzeugen Geräusche, eine der Hauptmöglichkeiten, Atom-U-Boote zu orten. Bei einem zweckmäßigen Entwurf kann der natürliche Kreislauf bei geringer Leistung ausreichend sein, und die Umlaufpumpen können abgeschaltet werden, wie beim amerikanischen NARWHAL- und OHIO-Entwurf.

Oben: Prototyp für ein britisches Nuklearantriebssystem für U-Boote in der Admiralty-Reactor-Test-Establishment, Dounreay, Schottland. Die Arbeit am Prototyp begann 1957.

Oben: Der kompakte Kerndruckbehälter wird auf einem französischen SSBN eingebaut.

darin, daß das Natrium jederzeit schmelzflüssig gehalten werden mußte, sonst verfestigte es sich und zerstörte die Rohre im Primärkreislauf; das zweite ergab sich durch Hochdruckdampflecks in der Anlage. Nach zwei Jahren wurde der S2G durch einen S2Wa-Reaktor mit Druckwasserkühlung ersetzt, ziemlich identisch mit dem auf der NAUTILUS verwendeten. Flüssigmetallkühlung scheint der einzige Weg zu sein, zu kleineren und leichteren Anlagen zu kommen, und der sowjetischen *Alfa*-Klasse wird nachgesagt, einen flüssigmetallgekühlten Reaktor in einem vollautomatischen, unbemannten Maschinenraum zu besitzen, der zu Einsparungen im Reaktorschutz führt.

Geräuscherzeugung

Ein besonderes Problem für nuklear angetriebene U-Schiffe ergibt sich aus der Geräuscherzeugung durch Getriebe- und Rotationsanlagen, wie z. B. die Pumpen, die besonders in PWR-Systemen – wie oben beschrieben – in Gang gehalten werden müssen. Bei den meisten westlichen U-Schiffen ist die Maschinenanlage in dem Bestreben, die Vibrationen vom Bootskörper abzudämmen, elastisch auf Roste aufgestellt, und auf USS LIPSCOMB (SSN-685) ist auch ein turboelektrischer Antrieb erprobt worden. Mit diesem System, das bei keinem anderen U-Schiff eine Wiederholung fand, befindet sich die LIPSCOMB noch im Dienst. Auf USS JACK (SSN-605) kam ein Direktantrieb mit zwei gegenläufigen Propellern zur Anwendung, aber das System bewährte sich nicht und wurde entfernt. Bei USS NARWHAL (SSN-671) fand der freie Kreislauf Verwendung und bewährte sich offensichtlich, da er im S8G-Reaktor jetzt benutzt wird, der die SSBN der OHIO-Klasse antreibt.

Dieselelektrischer Antrieb

Das dieselelektrisch angetriebene Unterseeboot ist weitaus billiger zu bauen als ein solches mit Atomantrieb, ist weit weniger kompliziert im Betrieb und fordert die politischen Probleme nicht heraus, die mit dem Atomantrieb verbunden sind. Sein ihm anhaftendes Problem besteht jedoch darin, regelmäßig an die Wasseroberfläche zurückkehren zu müssen, um mit laufenden Dieselmotoren seine Batterien aufzuladen, ein Vorgang, der ca. 1,58 kg Sauerstoff für 0,45 kg Kraftstoff erfordert. Bei sehr wenigen Unterseebooten sind die Dieselmotoren direkt mit den Propellerwellen verbunden; eher werden die Propeller ständig von den Elektromotoren angetrieben, sogar bei Überwasserfahrt, während die Dieselmotoren die Batterien aufladen. Batterien sind schwer und raumfüllend. Bleiakkumulatoren sind billig, einfach herzustellen und realtiv leicht zu warten, während Silber-Zink- und Nickel-Kadmium-Batterien leichter, kleiner und leistungsfähiger, aber auch kostspieliger sind und sorfältiger behandelt werden müssen. Abgesehen vom ständigen Forschen nach neuen Batteriearten ist viel Entwicklungsarbeit zur Verbesserung der Leistungsfähigkeit von Bleiakkumulatoren geleistet worden, z.B. durch Austauschen der Akkusäure unter Wasser, um zersetzte Füllsäure loszuwerden.

Druckwasserreaktor-Antriebssystem, schematisch

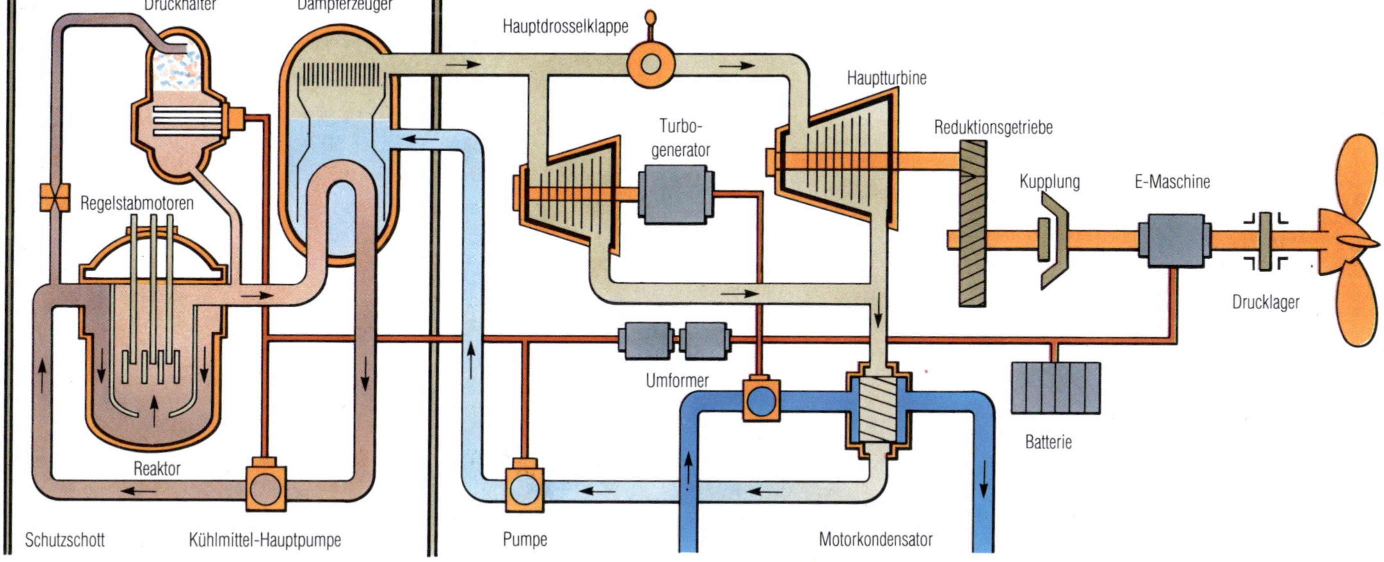

Propeller

Das letzte Glied im Antriebssystem ist der Propeller, der eine der Hauptursachen der Geräuscherzeugung ist, und woran sehr leicht das einzelne Unterseeboot zu identifizieren ist. Moderne Propeller besitzen bis zu sieben Flügel, gewöhnlich von sichelförmiger Gestalt, und sind entworfen, um sehr langsam zu drehen. Von den U-Schiffen der britischen TRAFALGAR-Klasse wird berichtet, daß sie Pumpenstrahlantrieb besitzen, wobei sich ein mehrflügeliger Rotor gegen Statorschaufeln in einer Düse dreht. So wird das Kavitationsgeräusch weitgehend ausgeschlossen, wenn auch die Rotationsgeräusche wahrscheinlich noch vorhanden sind.

Oben: Drei dieser 1400-kw-Diesel Brons O-RUB 215x12 sind auf jedem taiwanesischen Unterseeboot der Seadragon-Klasse eingebaut. Rechts befindet sich der Holec-Wechselstromgenerator mit Gleichrichter und Luft/Wasser-Wärmeaustauscher.

Weitere Antriebssysteme

Von der sowjetischen Marine wird gemeldet, daß sie eine Vielfalt alternativer Antriebsmöglichkeiten untersucht, und in «Jane's Fighting Ships» 1984/85 wird sowohl die Verwendung hydrodynamischer Magnetgeneratoren (MHD) als auch der Einsatz elektrodynamischer Schubkraft (EMT) angegeben. Erstere umfassen eine mit Seewasser gefüllte Röhre, umgeben von einer Eisenlösung in einem verschlossenen Mantelrohr. Ein pulsierendes Magnetfeld verursacht in der Eisenlösung (Plasma) synchronisierte Schwingungen und setzt eine fortschreitende Welle in Gang, die zur Folge hat, daß das Wasser in der offenen Röhre hinten herausgepumpt wird, um dem U-Schiff einen Vorwärtsschub zu verleihen. Dieses System, das Ähnlichkeiten mit dem elektro-osmotischen Prozeß aufweist, erfordert viel elektrischen Strom und ist wahrscheinlich nur imstande, das Unterseeschiff mit langsamer Fahrt anzutreiben. Nichtsdestoweniger könnte, wenn ein SSBN seinen normalen Propellerantrieb für den relativ raschen Transit verwendet, MHD für faktisch ortungssichere Bewegungen im Einsatzgebiet sehr wertvoll werden. Eine Theorie, die enorme Größe der SSBN der sowjetischen *Typhoon*-Klasse zu erklären, besteht darin, daß es innerhalb der Außenverkleidung zwei parallele Druckkörper gibt, wovon einer eine große kerntechnische Anlage enthält, um den für den MHD-Antrieb erforderlichen gewaltigen Bedarf an elektrischem Strom zu decken. EMT verwendet eine andere Technik. Auf der Mittschiffslinie sind in Reihe Elektromagneten aufgestellt, und auf jeder Seite befinden sich Gruppen von Elektroden. Der die Elektroden passierende elektrische Strom erzeugt ein Magnetfeld, und der Vorgang zwischen den beiden Magnetfeldern erzeugt die Vorwärtsbewegung. Sowohl aus der Sowjetunion als auch aus Japan wird über Versuche mit diesem System berichtet. MHD und EMT erzeugen beide Schub ohne Verwendung eines Propellers, so daß es kein Kavitationsgeräusch und kein mechanisches Geräusch gibt, lediglich geringe Kielwasser-Turbulenzen.

Noch andere Systeme sind erprobt worden. Professor Hellmuth Walter schlug das System eines geschlossenen Kreislaufs unter Verwendung von Hochleistungs-H_2O_2 (HTP) vor, und vier Boote vom Typ XVII A und drei

Unten: 16-Zylinder-Diesel Paxman Valenta 16RP 200SZ (für die britische UPHOLDER-Klasse). Mit einer Leistungsabgabe von 2'035 PS hat dieser Motor ein Trockengewicht von etwa 9 t. Das Gewicht mit dem angeschlossenen E-Generator beträgt 23,8 t.

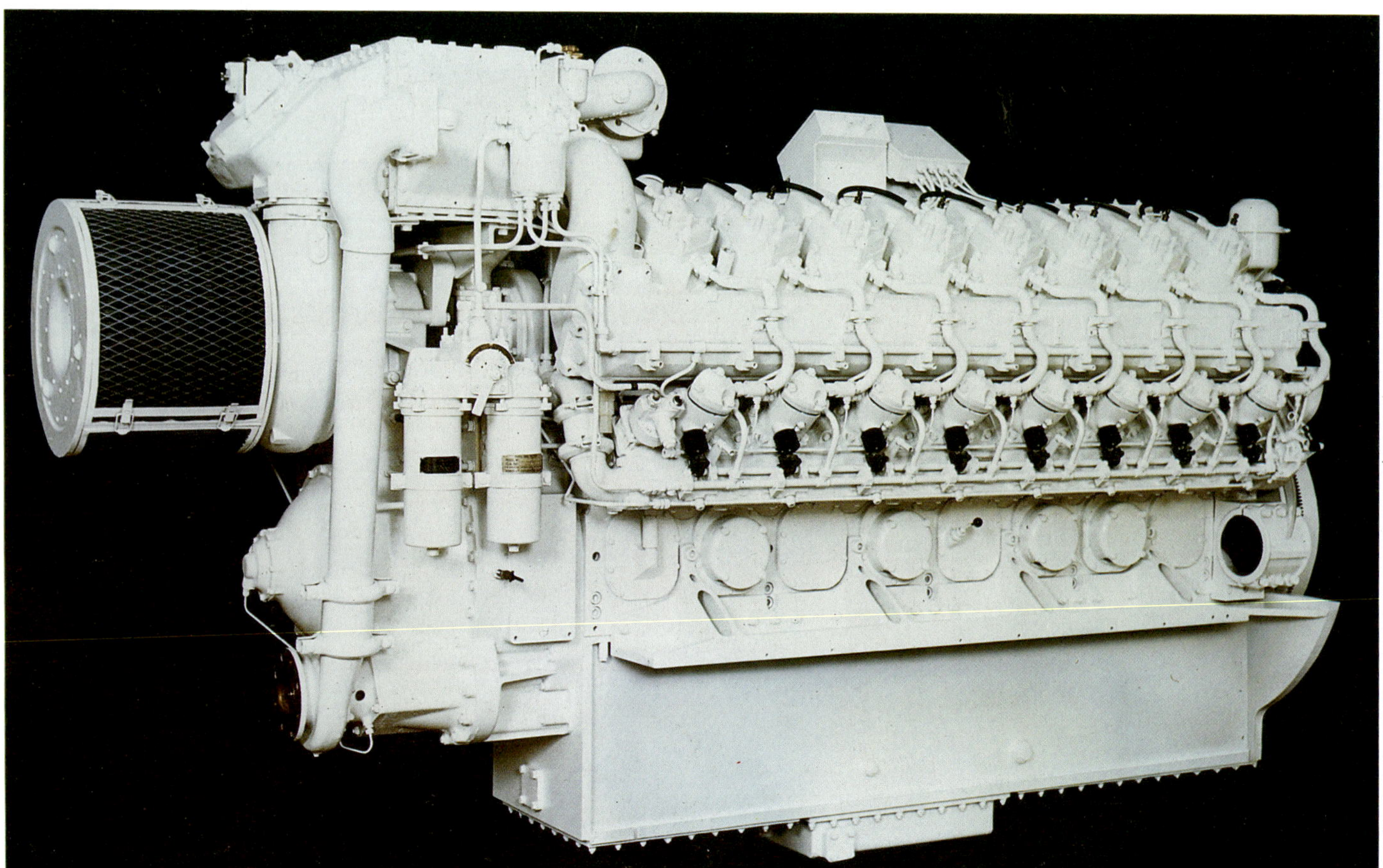

Oben: Der GEC4MW-Doppelanker-Gleichstrom-Hauptantriebsmotor der UPHOLDER-Klasse. Sein Gewicht von 86,4 t und die Drehmomentbelastungen werden über die gesamte Breite auf den Bootskörper übertragen.

Oben: Das Steuerpult eines schwedischen U-Bootes der NÄCKEN-Klasse. Die Saab-Instrumentenkonsole ermöglicht es, das Unterseeboot durch einen einzigen Mann zu steuern: die rechte Hand steuert das Boot, während die linke die Drehzahl des Motors reguliert.

vom Typ XVII B sind bis zum Ende des Zweiten Weltkrieges fertiggestellt worden. Alle hatten sich selbstversenkt, aber zwei sind geborgen worden; *U 1407* erhielt die Royal Navy und *U 1406* die US-Marine. *U 1407* wurde überholt und als HMS METEORITE in Dienst gestellt. Sie fand 1947/48 zur Weiterentwicklung des Walter-Systems für die Royal Navy Verwendung, mit so gutem Erfolg, daß zwei weitere Unterseeboote dieser Art gebaut wurden: HMS EXPLORER und EXCALIBUR. Mit 1'200 ts Verdrängung unter Wasser waren beide reine Versuchsboote; sie besaßen weder Torpedorohre noch Radar, lediglich ein einziges Sehrohr, und hatten Dieselmotoren zum Wiederaufladen der Batterien und als Antrieb an der Wasseroberfläche. Unter Verwendung von HTP-Antrieb auf einer Turbine wurden unter Wasser Geschwindigkeiten von 26,5 kn für Zeitspannen bis zu drei Stunden oder 12 kn für 15 Stunden erzielt. Im Dienst erwiesen sie sich jedoch als gefährlich, und dies in einem Ausmaß, daß EXPLORER von ihrer Besatzung als HMS *«Exploder»* bezeichnet wurde; beide überholte der Atomantrieb.

Systeme geschlossenen Kreislaufes wurden weiterhin studiert. Der Brayton-Kreislauf – Edelgase wie Argon, Helium oder Xenon als Arbeitsflüssigkeit benutzend – war ein erfolgloser Konkurrent für den Antrieb des fortgeschrittenen Leichttorpedos der US-Marine, während der Stirling-Kolbenmotor für die VÄSTERGÖTLAND-Klasse der Königlich Schwedischen Marine ernsthaft in Betracht gezogen, aber schließlich verworfen wurde. Zu erwähnen ist, daß bei Systemen, die Abgase erzeugen, das grundlegende Problem darin besteht, wie diese – besonders auf Tiefe – zu beseitigen sind. Brennstoffzellen scheinen eine ideale Energiequelle zur Verwendung in Unterseebooten zu sein. In diesen Zellen werden zwei Chemikalien unter Mithilfe eines Katalysators zusammengebracht. Die normalerweise ziemlich heftig verlaufende Reaktion wird zur direkten Erzeugung von Elektrizität, ähnlich einem galvanischen Element, verwendet. Der Wirkungsgrad ist hoch – in einigen Fällen bis zu 80 % –, und es gibt keine ernsten Probleme mit dem Wärmeverlust, und in manchen Fällen – wie Lithiumperoxyd-Zellen – entsteht als Reaktionsprodukt reines Trinkwasser. Bis jetzt ist kein brauchbares Antriebssystem dieser Art für Unterseeboote hergestellt worden, aber es wird angenommen, daß dieses System einen großen Schritt nach vorne darstellen wird.

Links: Der Stirling-Kreislauf-Motor verbrennt Heizöl und Sauerstoff in einer Verbrennungskammer, unabhängig vom Luftsauerstoff. Die Wärme wird durch Übertragung auf ein Gas von hoher Wärmeleitfähigkeit, eingeschlossen in einem Erhitzer/Regenerator/Kühlungs-Kreislauf, abgegeben.

Nach dem Zweiten Weltkrieg war die Bewaffnung mit Geschützen aufgegeben worden, und ein Jahrzehnt lang standen den Angriffs- und Patrouillenunterseebooten lediglich Torpedos zur Verfügung, die gegenüber jenen aus dem Kriege nur eine geringfügig verbesserte Leistung aufwiesen; vielfach waren es eigentlich Torpedos des 2. Weltkrieges. HMS CONQUEROR versenkte zum Beispiel 1982 den argentinischen Kreuzer GENERAL BELGRANO mit einem Torpedo Mk 8, einem Modell, das schon Ende der 1930er Jahre der Front zugelaufen war.
In den vergangenen Jahren hat der Torpedo eine ungewöhnliche Geschichte durchgemacht. Viele Nationen gaben riesige Summen aus, aber bis vor kurzem gab es kaum einen entscheidenden Fortschritt in der Leistungsfähigkeit oder Verläßlichkeit.
Seit dem 2. Weltkrieg jedoch hat eine völlig neue Kategorie von Waffen den Unterseebooten vollkommen neue Fähigkeiten verliehen – insbesondere die Fähigkeit, nukleare oder konventionelle Angriffe gegen Ziele weit im Binnenland zu führen. Die unter Wasser zu startenden ballistischen Flugkörper (SLBM) haben dem U-Schiff seit etwa 20 Jahren die Fähigkeit gegeben, Ziele überall auf der Welt in einer *«counter-value»*-Rolle anzugreifen, und das Unterseeboot mag jetzt nahe daran sein, auch eine gefährlich destabilisierende *«counter-force»*-Rolle zu spielen, d.h. feindliche militärische Ziele anzugreifen.
Der U-Boot-gestützte Marschflugkörper (SLCM) ist seit einer ähnlich langen Zeitspanne vorhanden, und die sowjetische Marine besitzt seit langem spezialisierte Boote, um sie mitzuführen. Auch die US-Marine hat Ende der 1940er und in den 1950er Jahren einige spezialisierte Marschflugkörper-U-Boote entwickelt, aber sich dann für die Herstellung von Waffensystemen entschieden, die aus normalen Torpedorohren gestartet werden konnten: der Seezielflugkörper «Sub-Harpoon» sowie die «Tomahawk»-Seeziel-(T-ASM) und -Landziel-FK (T-LAM). Nach einem riesigen Kostenaufwand für das «Tomahawk»-Programm ist eingesehen worden, daß der Flugkörper in den Torpedoräumen zuviel wertvollen Raum wegnehmen würde, und so wurde entschieden, diese FK in senkrechten Startschächten innerhalb der oberen Verkleidung zwischen dem Bugsonar und dem vorderen Ende des Druckkörpers unterzubringen. Daneben gibt es als U-Boot-gestützten Seeziel-FK nur noch die französische «Exocet» SM39, eine neue Version des sehr erfolgreichen Flugkörpers, der 1982 im Südatlantischen Krieg ein hohes Ansehen erlangte. Aus einem normalen Torpedorohr gestartet, besitzt der SM39 eine Reichweite von über 500 km.

Ballistische Flugkörper

Wie seit Jahrhunderten waren die Seestreitkräfte am Ende des 2. Weltkrieges hauptsächlich mit dem Kampf auf hoher See beschäftigt. Schwere Geschütze konnten gegen landeinwärts gelegene Ziele auf Entfernungen bis zu 40 km abgefeuert werden, und trägergestützte Flugzeuge waren zu Angriffen noch weiter landeinwärts imstande, wenn auch selten weiter als 160 km, aber damit endete das Einwirken. In den 1950er Jahren jedoch hatte die US-Marine eine Landangriffsfähigkeit mit ihren Angriffsträgern entwickelt, ausgerüstet mit der AJ-1 «Savage»; sie war imstande, die Atombombe Mk 5 mitzuführen, welche die Sprengkraft der in den Angriffen auf Nagasaki und Hiroshima eingesetzten 20-kT-Bomben weit überschritt. Diese trägergestützte Fähigkeit, in den fünfziger und sechziger Jahren rasch verbessert, verursachte in der Sowjetunion große Besorgnis und trug dazu bei, ihre großen Bauprogramme für Angriffs- und Marschflugkörper-U-Boote auszulösen.
Die nächste Expansionsphase, die über die traditionelle Rolle der Marinen hinausging, war das Erscheinen des mit ballistischen Flugkörpern bewaffneten U-Schiffes. Abgesehen von Küstenbeschießungen mit ihrem

Oben: Erster Abschuß der «Trident I» am 18. Januar 1977. Die auf der Nase aufgesetzte Spitze verleiht dieselbe Stromlinienwirkung wie eine lang zugespitzte Nase, ohne das innere Volumen zu verringern.

Unten: Erprobungsabschuß eines nicht identifizierten SLBM der sowjetischen Marine. Das Verhältnis vom Durchmesser zur Länge unterscheidet sich deutlich von dem westlicher Flugkörper wie der «Trident».

Unten: «Trident I»-Abschuß von der USS JAMES MADISON (SSBN-627), eine der 12 Einheiten der LAFAYETTE/FRANKLIN-Klasse, die für das «Trident I»-System umgebaut worden sind.

relativ kleinen Decksgeschütz, hatten Unterseeboote niemals eine Landangriffsrolle gespielt. 1944/45 hatten sich die Deutschen ernsthaft mit Verfahren beschäftigt, V 2-Raketen über den Atlantik mit Unterseebooten zu Punkten zu transportieren, von wo aus sie gegen die USA gestartet werden könnten, aber der Krieg endete, ehe der Plan ausgeführt werden konnte. Der Kern der Idee war jedoch folgerichtig, und sowohl die sowjetische als auch die amerikanische Marine begannen in der Ära des Kalten Krieges, diesen Gedanken zu verfolgen. Die ersten Unterseeboote mit ballistischen Flugkörpern – die der dieselangetriebenen sowjetischen *Golf*-Klasse, bewaffnet mit drei im Turm untergebrachten Flugkörpern SS-N-3 – kamen 1958 in Dienst, aber es handelte sich um

Oben: Der SLBM «Poseidon C-3» kam nur auf den SSBN der LAFAYETTE/FRANKLIN-Klasse zum Einsatz. Nach dem Umbau von 12 Einheiten für das «Trident I»-System führen noch 18 den «Poseidon».

Unten: Trotz neuerlichen Interesses an Atom-Angriffs-U-Schiffen von Marinen wie denjenigen Spaniens und Kanadas plant keine den Beitritt zu dem außerordentlich teuren SSBN-Klub, dessen derzeitige fünf Mitglieder feststellen, daß die gegenwärtigen Schritte zur Begrenzung der luft- und landgestützten taktischen und strategischen Atomwaffen die Bedeutung ihrer seegestützten Abschreckung steigern werden.

Oben: Abschuß eines SLBM «Polaris A-3» der Royal Navy. Dieser nur noch von der RN verwendete ältere Flugkörper erhielt einen neuen Antrieb und die britischen «Chevaline»-MRV.

Unter Wasser abzuschießende ballistische Flugkörper (SLBM)

Land	Flugkörper Typ	Reichweite		cep-Wert		Gefechtskopf			Lenksystem	Einführungsjahr	U-Schiffstyp	Anzahl der SSBN am 1. Januar 87	Anzahl der FK pro SSBN
		sm	km	sm	m	Typ	Anzahl pro FK	Wirkung (MT)					
USA	Trident C-4	4350	8056	0,25	463	MIRV	8	0,10	trnav**)	1979	OHIO	8	24
											LAFAYETTE/FRANKLIN	12	16
	Poseidon C-3	2500	4630	0,25	463	MIRV	14	0,10	trnav	1971	LAFAYETTE/FRANKLIN	18	16
UK	Polaris A-3	2500	4630	0,50	926	MRV	3	0,20	trnav	1967	RESOLUTION	4	16
Frankreich	MSBS M-20	1860	3445	0,54	1000	Einfach	1	1	trnav	1976	LE REDOUTABLE	5	16
	MSBS M-4	2160	4000	0,50	926	MRV	6	0,15	trnav	1985	L'INFLEXIBLE	1	16
UdSSR	SS-N-6/Mod.2	1300	3000	1	1856	Einfach	1	1	trnav	1967	Yankee I	18	16
											Golf III*)	1	6
	SS-N-8	4800	9100	0,84	1560	Einfach	1	0,8	stellar/trnav	1974	Hotel III*)	1	6
	Mod 2										Delta I	18	12
											Delta II	4	16
	SS-N-17	2100	3900	0,75	1410	Einfach	1	1	trnav	1977	Yankee II	1	12
	SS-N-18	3300	6500	0,74	1370	MIRV	7	0,2	stellar/trnav	1976	Delta III	14	16
	Mod 3												
	SS-N-20	4800	8900	0,35	640	MIRV	9	0,50	stellar/trnav	1982	Typhoon	4	20
	SS-N-23	4800	8900	0,35	640	MIRV	10	?	stellar/trnav	1985	Delta IV	2	16
China	CSS-N-4	2150	3000	–	–	Einfach	1	2	trnav	1983	Xia	2	12

* Flugkörper zählen insgesamt zu SALT (12), aber U-Schiffskörper nicht. ** trnav = Trägheitsnavigation

Strategisches Gleichgewicht USA/UdSSR bei den SLBM (a)

Land	Flugkörper	Unterseeschiff: Klasse	Anzahl in der Flotte	Flugkörper: Flugkörper je SSBN	Flugkörper insgesamt	Wiedereintrittsträger (RV): RV je Flugkörper (c)	Gesamtanzahl RV	Effektive Megatonnen (b): Sprengwirkung je RV (MT) (d)	EMT
USA	Trident C-4	OHIO	8	24	192	8	1536	0,10	486
		LAFAYETTE/FRANKLIN	12	16	192	8	1536	0,10	486
	Poseidon C-3	LAFAYETTE/FRANKLIN	16	16	256	10	2560	0,04	512
Insgesamt			36		640		5632		1484
UdSSR	SS-N-6	Yankee I	18	16	288	1	288	1	288
	SS-N-8	Golf III	1	6					
		Hotel III	1	6					
		Delta I	18	12	292	1	292	0,80	261
		Delta II	4	16					
	SS-N-17	Yankee II	1	12	12	1	12	1	12
	SS-N-18	Delta III	14	16	224	5	1120	0,20	501
	SS-N-20	Typhoon	4	20	80	6	480	0,10	152
	SS-N-23	Delta IV	2	16	32	10	320	0,50	226
Insgesamt			63		928		2512		1440

a) Die Zahlen entstammen der Gesamtbestandsaufnahme an U-Schiffen vom 1. Januar 1987, d.h. der Gesamtanzahl der U-Schiffe in der Flotte; die tatsächlich verfügbaren Zahlen sind viel geringer. Die US-Marine hat ständig 66% der SSBN der OHIO- und 50% der LAFAYETTE/FRANKLIN-Klasse in See. Bei der UdSSR stehen – aus der Vergangenheit belegt – durchschnittlich gerade 13 SSBN in See.

b) Effektive Megatonnen (EMT) spiegeln den Schaden gegen weiche Punktziele oder Flächenziele wie Städte wider. Die Wirkung in einer bestimmten Entfernung vom Grundnullpunkt ist proportional zur Kubikwurzel der Sprengwirkung, während die betroffene Fläche proportional zum Quadrat der Entfernung ist. Daher: EMT = (Sprengwirkung) $^{2}/_{3}$; aber, wo die Sprengwirkung >1 MT, dann EMT = (Sprengwirkung) $^{1}/_{2}$.

c) Bei Flugkörpern, die MIRV führen, ist die durchschnittliche Anzahl angegeben. d) Sprengwirkung = rohe Sprengwirkung je RV.

unfertige Systeme und die Flugkörper konnten nur an der Wasseroberfläche gestartet werden. Nach einem kurzlebigen Erwägen eines Systems, das sechs «Jupiter»-S-Flugkörper mit festem Brennstoff in 8'500 ts großen U-Schiffen umfaßte, entschied sich die US-Marine für das «Polaris»-Projekt. Wenige Waffensysteme in der Geschichte haben dramatischere technologische Neuerungen in sich vereinigt als dieses kühne Konzept eines U-Boot-gestützten, strategischen Raketensystems, das Admiral W. F. Rayborn und ein Team von Lockheed formulierten. Die beiden grundsätzlichsten Entscheidungen, von Anbeginn an richtig getroffen, bestanden darin, einen Festtreibstoff zu verwenden und die Flugkörper aus senkrechten Schächten zu starten, während das U-Schiff getaucht blieb. Aber das Projekt leitete auch viele andere neuartige Technologien ein: leichte Wiedereintritts-Träger, verkleinerte Beharrlichkeitssteuerung, verkleinerte nukleare und wärmenukleare Gefechtsköpfe, Kaltgas-Starttechnik, Trägheitsnavigationssystem und Geräuschreduzierung für Unterseeboote, um nur einige zu nennen. Mit der Einsatzfähigkeit der «Polaris»-Flugkörper im November 1960 änderte sich das Wesen der strategischen Kriegführung und vor allem der Abschreckung, und die verbesserten Programme der US-Marine führten von «Polaris» über «Poseidon» zum heutigen «Trident I» (C-4) und «Trident II» (D-5).

Das ballistische Flugkörper-Programm der sowjetischen Marine begann mit der SS-N-4, einem derart großen FK, daß er gerade noch in einem Unterseeboot der *Zulu V*-Klasse zwischen Kiel und Oberkante Turm untergebracht werden konnte. Mit Flüssigtreibstoff und an der Wasseroberfläche zu starten, war er von begrenztem Wert, und ihm folgte schnell der SS-N-5 nach, der vom getauchten Unterseeboot aus gestartet werden konnte, obwohl er noch im Turm untergebracht war. Der SS-N-6, nächstfolgender der sowjetischen Flugkörper, war klein genug, um 16 davon im Inneren des Bootskörpers des ersten sowjetischen SSBN-Typs – der *Yankee*-Klasse – unterzubringen; auf diese Weise konnte zum erstenmal mit der Fähigkeit westlicher U-Schiffe gleichgezogen werden. Ein weiterer Fortschritt ergab sich durch den SS-N-8, dessen Reichweite von 4'800 sm (8'890 km) die jedes anderen damaligen SLBM weit überstieg. Ihm folgte der SS-N-9 Mod 3, der schließlich der sowjetischen Marine MIRV-Fähigkeit verlieh. Der nächste einsatzfähige Flugkörper, der SS-N-18, besaß eigentlich alle Fähigkeiten der amerikanischen «Trident II», stand aber ein Jahrzehnt früher zur Verfügung und kann mit seiner Reichweite von 4'300 sm (7'964 km) die USA von fast jedem Teil der Weltmeere aus bedrohen. Die jüngsten einsatzfähigen Flugkörper, der SS-N-20 und der SS-N-23, besitzen jeder eine Reichweite von

Oben: Das strategische Gleichgewicht zwischen den amerikanischen und sowjetischen SLBM wurde in den SALT-II-Gesprächen vereinbart. Wenn auch vom amerikanischen Kongreß nie ratifiziert, sind die Beschränkungen von beiden Seiten beachtet worden.

Unten: Wenn auch in einer anderen Größenordnung, so muß ein FK-Startschacht in vielem genauso wie ein Gewehrlauf gereinigt werden. Hier Arbeiten in einem der Schächte an Bord der USS JAMES MADISON zur Zeit der Ausrüstung mit «Polaris A-3».

Oben: Ein Leutnant der US-Marine im FK-Kontrollraum der OHIO am Monitoranzeigepult. Sein Unterseeschiff ist mit 24 «Trident I»-Flugkörpern zu je 8 MIRV bewaffnet – insgesamt 192 Gefechtsköpfe mit einer rohen Sprengwirkung von zusammen 19'200 kT. Das «Trident I»-System ist nicht genau genug, um «counter-force»-Angriffe durchzuführen.

4'800 sm (8'883 km) und befinden sich jetzt an Bord der U-Schiffe der *Typhoon-* bzw. *Delta-IV-*Klasse. Die gegenwärtigen ballistischen FK-Systeme aller Marinen gleichen sich im wesentlichen und unterscheiden sich nur in Einzelheiten; sie bestehen aus fünf grundlegenden Untersystemen: dem U-Schiff, dem Navigationssystem, dem Feuerleitsystem, dem Flugkörper und dem Startsystem. Das U-Schiff stellt im Grunde eine seemobile Abschußrampe dar, das die Flugkörper transportiert und bis zum Augenblick des Abschusses vor den Elementen und vor Feindeinwirkung schützt. Als Teil dieser Funktion versorgt es die anderen Untersysteme mit elektrischer, hydraulischer und pneumatischer Energie, verbunden mit Temperatur- und Umgebungskontrolle sowie der Gesamtsystemüberwachung.
Das Navigationssystem ist für die Bestimmung der genauen Position, Geschwindigkeit und Lage des U-Schiffes und für die Übermittlung dieser Daten an das Feuerleitsystem verantwortlich, um dieses Untersystem ständig auf den neuesten Stand zu bringen. Dazu dient in erster Linie das SINS, das jede Bewegung des Unterseebootes in bezug auf eine stabile Plattform verzeichnet und das durch die Eingabe von außen kommender Daten, wie optische und LORAN-

Oben links: USS OHIO (SSBN-726) längsseits einer Pier, während ein «Trident I»-FK-Schacht von einem Kran eingesetzt wird. Solche Arbeiten werden offen ausgeführt, so daß sowjetische Satelliten sie in der Erdumlaufbahn beobachten und aufzeichnen können.

Links: Da jeder Flugkörper 13,4 m Länge, 2,11 m Durchmesser und ein Gewicht von fast 60 ts aufweist, müssen die SSBN der OHIO-Klasse von enormer Größe sein, um 24 «Trident II» unterzubringen.

Unten: Ein Vergleich der ballistischen Flugkörper zeigt, daß die sowjetischen größer als die amerikanischen sind. Ihr Nutzlast/Reichweite-Wert liegt höher, aber sie erfordern auch größere U-Schiffe.

Ballistische Flugkörper der US-Flotte

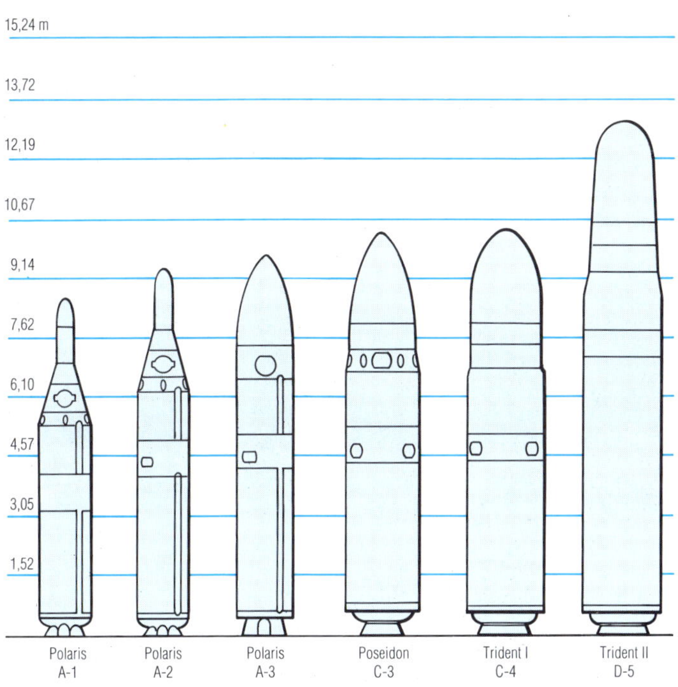

Sowjetische ballistische Flugkörper

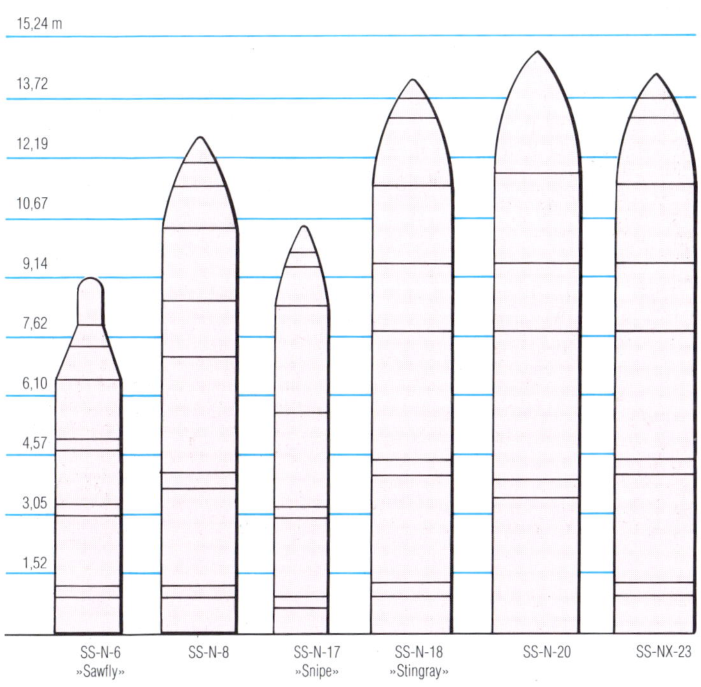

Einbau französischer SLBM

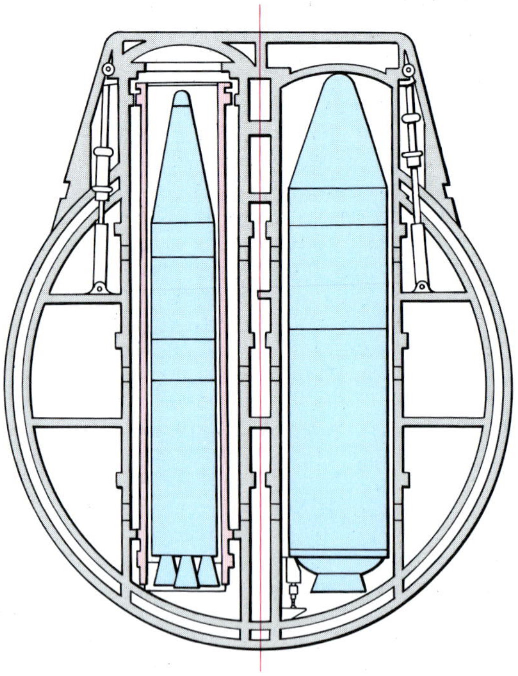

Oben: Mit geringer Unterstützung aus anderen Ländern hat die französische Marine ihre eigenen strategischen Flugkörper entwickelt. Dieses Diagramm vergleicht den MSBS M-20 mit dem neuen M-4 (dieselbe Länge, aber ein fast 30% größerer Durchmesser).
Vier der fünf für den M-20 gebauten U-Schiffe werden auf den M-4 umgerüstet; das fünfte, die LE REDOUTABLE, ist zu alt.

Oben: Ein technischer FK-Unteroffizier sitzt während eines simulierten FK-Abschusses an der Konsole in der Operationszentrale, Teil der Erprobungen an Bord der USS OHIO (SSBN-726). Das Kontrollbord vor ihm weist eine Reihe von Anzeige- und Kontrollinstrumenten für jeden der 24 Flugkörper auf, aber der scharfe Abschuß muß von zwei einzelnen Offizieren, jeder mit seinem eigenen Schlüssel, autorisiert werden.

Beobachtungen, auf den neuesten Stand gebracht werden kann. Das Feuerleitsystem ist dazu bestimmt, in kürzester Zeit den Abschuß der Flugkörper des U-Schiffes vorzubereiten und sie abzuschießen. Seine wesentlichen Funktionen bestehen darin, die Trägheitssteuerung des FK-Lenksystems in Gang zu setzen, den richtigen Abschußwinkel zu bestimmen, Zieldaten zu errechnen, zu speichern und an den Computer im FK-Lenksystem zu übermitteln.
Das Startsystem dient der Unterbringung, dem Schutz und dem Ausstoßen der Flugkörper. Letztere sind in Kapseln untergebracht und im Inneren von stoßgesicherten, wasserdichten Startschächten verstaut. In einigen Systemen dient Druckluft zum Ausstoßen des Flugkörpers, während andere einen Dampferzeuger benutzen. Jedes dieser Verfahren gestattet einen flammenlosen Ausstoß aus den Startschächten des U-Schiffes. Der Flugkörper wird mit einer gewissen Kraft ausgestoßen, aber in etwa 28 m Entfernung vom Startschacht zündet der Motor der ersten Stufe, um den Flugkörper durch die Wasseroberfläche in die Atmosphäre und darüber hinaus in den Weltraum hinein anzutreiben. Sobald die erste Stufe ausgebrannt ist, trennt sie sich und fällt weg; der Motor der zweiten Stufe zündet und treibt den Flugkörper auf seiner Bahn voran. Die jüngsten Flugkörper, wie «Trident», SS-N-20 und SS-N-23, sind mit einer dritten Stufe ausgerüstet. Während der Brenndauer der zweiten und dritten Stufe mißt das FK-Navigationssystem ständig die linearen Beschleunigungen auf der Grundlage seines Trägheitssystems und ändert die Flugbahn, um durch äußere Kräfte verursachten unerwünschten Beschleunigungen entgegenzuwirken. Bei richtiger Geschwindigkeit, Position und Höhe zu den zugewiesenen Zielen

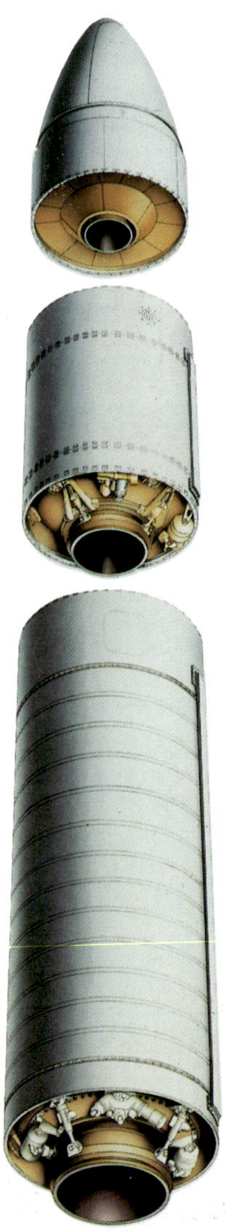

Links: Der französische MSBS M-4 ist ein dreistufiger Flugkörper, ausgerüstet mit sechs 150-kT-MRV-Gefechtsköpfen TN-70, die insgesamt eine Fläche von 150 x 350 km auf eine Entfernung von 4'000 km abdecken.

Oben: Die Computer-Anlage an Bord der USS JAMES MADISON (SSBN-627). Computertechnologie früherer Generationen erforderten große Datenbänke, um die Navigations-, Test- und Abschußdaten zu speichern.

trennt sich der die Wiedereintrittsträger (RVs) mitführende Teil von der Schlußstufe des Flugkörpers und setzt seinen Flug fort, wobei die einzelnen RV gemäß der in den FK-Computer kurz vor dem Abschuß eingegebenen Instruktionen abgesetzt werden. In der Schlußphase treten die Gefechtsköpfe in steilem Winkel wieder in die Atmosphäre ein. Das sie umhüllende Material verglüht durch die Hitzewirkung des Wiedereintritts. Unterstützende Eindringmaßnahmen wie Täuschkörper werden zum selben Zeitpunkt ausgelöst, um Abwehrsysteme irrezuführen. Anfänglich besaßen die SLBM nur einen Wiedereintrittsträger. Mit fortschreitender technologischer Entwicklung wurde es jedoch möglich, jeden Flugkörper mit Mehrfach-Wiedereintrittsträgern (MRV) auszustatten, die alle auf dasselbe Ziel gerichtet sind, aber – wie Schrotkörner – die Wahrscheinlichkeit verbessern, es zu treffen. Die nächste Verbesserung stellten die unabhängig zielgesteuerten Mehrfach-Wiedereintrittsträger (MIRV) dar, die, wie der Name ausdrückt, gegen verschiedene Ziele gerichtet werden können, indem sie vom Hauptträger an verschiedenen Punkten freigesetzt werden. Die jüngste Entwicklung ist der steuerbare Wiedereintrittsträger (MARV) mit einer Vorrichtung, um ihn genau ins Ziel zu steuern, so daß seine Zielgenauigkeit unabhängig von der Abschußgenauigkeit oder der Präzision des Flugs im Weltraum ist. Die Gefechtskopf-Zielgenauigkeit wird nach *cep* beurteilt, dem Radius in sm eines angenommenen Kreises mit dem Zielpunkt als Mittelpunkt, in den erwartungsgemäß 50 % aller abgeschossenen Gefechtsköpfe fallen werden. Bei früheren SLBM-Systemen entsprach die Genauigkeit des FK-Navigationssystems dem des SINS, von dessen Eingaben es abhing, so daß frühere Einfach- und Mehrfach-RV relativ ungenau waren und einen ungenügenden cep-Wert aufwiesen. Aber mit der Weiterentwicklung sowohl des SINS als auch der FK-Systeme verbesserte sich die Situation. So hatte das «Polaris»-System einen cep-Wert von 0,5 sm, wohingegen die RV der «Poseidon» einen solchen von 0,3 sm und die der «Trident I» einen von 0,25 sm aufweisen. Sowjetische RV lagen ursprünglich weniger genau als amerikanische, aber die Sowjets haben aufgeholt; der cep-Wert der SS-N-20 liegt z.B. bei 0,34 sm. Solange die Zielgenauigkeit der Gefechtsköpfe ungenau blieb, konnten die SLBM nur in einer *«counter-value»*-Rolle eingesetzt werden, um Städte und andere Flächenziele anzugreifen. Das unmittelbar bevorstehende Erscheinen der MARV mit einer Zielgenauigkeit nach Metern wird die Lage völlig verändern, und die Wahrscheinlichkeit ist groß, daß die SLBM innerhalb der nächsten paar Jahre statt der bisherigen *«counter-value»*- eine *«counter-force»*-Rolle spielen werden. Es wird zum Beispiel angenommen, daß der für die «Trident II» bestimmte MARV Mk 600 einen cep-Wert

Unten: Die inneren Systeme der dreistufigen «Trident II D-5», ein interessanter Vergleich zur MSBS M-4 (siehe gegenüber). Die MIRV sind auf einer kreisförmigen Schiene in der dritten Stufe eingebaut.

Trident II D-5

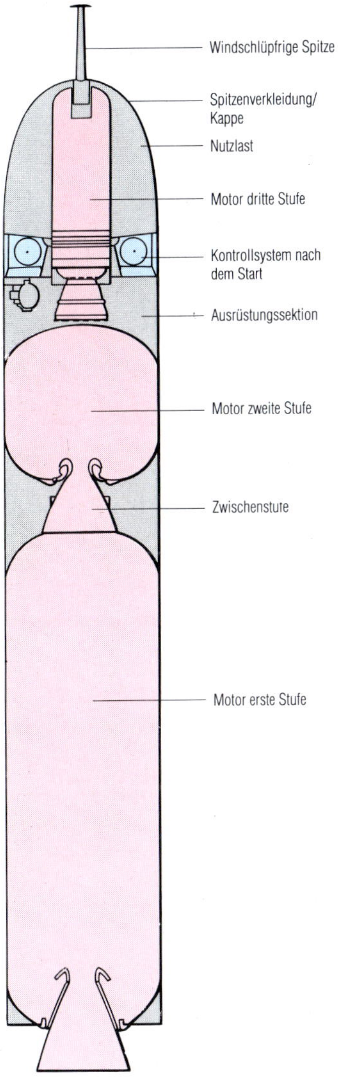

Unten: MIRV aus einem «Trident»-FK bewegen sich auf das amerikanische Erprobungsgebiet nahe der Insel Kwajalein zu. MIRV ermöglichen es, eine Reihe von Einzelzielen anzugreifen; die Genauigkeit hat sich verbessert.

Links: «Sub-Harpoon», in einer Schwimmkapsel gestartet. Hier ist die wegfliegende Kappe vor der Zündung der Treibladung zu sehen, die den Flugkörper aus der Kapsel hinaustreiben wird.

von 0,07 sm (122 m) aufweisen wird. Eine Entwicklung mit tiefgreifenden Folgen für das Gleichgewicht der Kräfte.
Die Entwurfsanforderung für den UGM-93A-«Trident I»-Flugkörper betonte die Reichweite. Die Ausrüstung mit einer windschlüpfrigen Spitze, die sich nach dem Abschuß verlängert, schuf dieselbe aerodynamische Wirkung wie eine spitze, schlanke Nase und verringerte den Widerstand um etwa 50 %, wodurch sich mit einer dritten Stufe und verbessertem Treibstoff die Reichweite des Flugkörpers auf 8'056 km im Vergleich zu den 4'630 km der «Poseidon» steigerte. Um die dem Trägheitsnavigationssystem für Unterseebcote innewohnenden Ungenauigkeiten zu überwinden, gehört zum Navigationssystem Mk 5 der «Trident I» ein astronomischer Sensor, der nach der Antriebsphase ein Sternenbesteck nimmt, um auf diese Weise die Flugbahn zu korrigieren. Von den acht RV Mk 4, deren W-76-Gefechtsköpfe je eine Sprengwirkung von 100 kT besitzen, wird ein cep-Wert von 0,25 sm berichtet, der sich künftig auf 0,12 sm verringern kann.
Mit sämtlichen acht RV – oder mehr bei verringerter Nutzlast – beträgt die Reichweite 7'833 km. «Trident I» sollte eine ähnliche Nutzlast und Genauigkeit, aber eine viel größere Reichweite als das «Poseidon»-System aufweisen, um eine Vergrößerung der Patrouillengebiete zu ermöglichen. «Trident II» jedoch ist für eine größere Genauigkeit entworfen; der daraus entstandene Flugkörper D-5 ist – im Vergleich zu den 10,4 m der «Trident I» – mit 13,96 m länger, im Durch-

Oben: Angetrieben durch seine Treibladung beschleunigt der «Sub-Harpoon»-FK. Über ihm fliegt die Kappe durch die Luft, und die abgeworfene Kapsel wird von der Rauchwolke der gezündeten Treibladung verdeckt.

Oben: Der von einer «Sub-Harpoon» bei einem als Ziel verwendeten Kriegsschiff verursachte Schaden. Der FK-Gefechtskopf besteht aus Stahl und ist entworfen, um nach dem Durchschlagen intakt zu bleiben.

Unten: Die «Sub-Harpoon» soll einen 230-kg-Durchschlags/Spreng-Gefechtskopf über Entfernungen bis zu 60 sm an Überwasserschiffsziele heranbringen. Der FK wird von einem Raketenfesttreibstoff und einem Turbostrahlschubmotor angetrieben. Nach Erreichen einer maximalen Höhe von 1500 m geht er mit hoher Unterschallgeschwindigkeit in den Tiefflug über, um die Ortung und die Wirkung von Gegenmaßnahmen zu verringern.

Abschuß und Flugbahnprofil der «Sub-Harpoon»

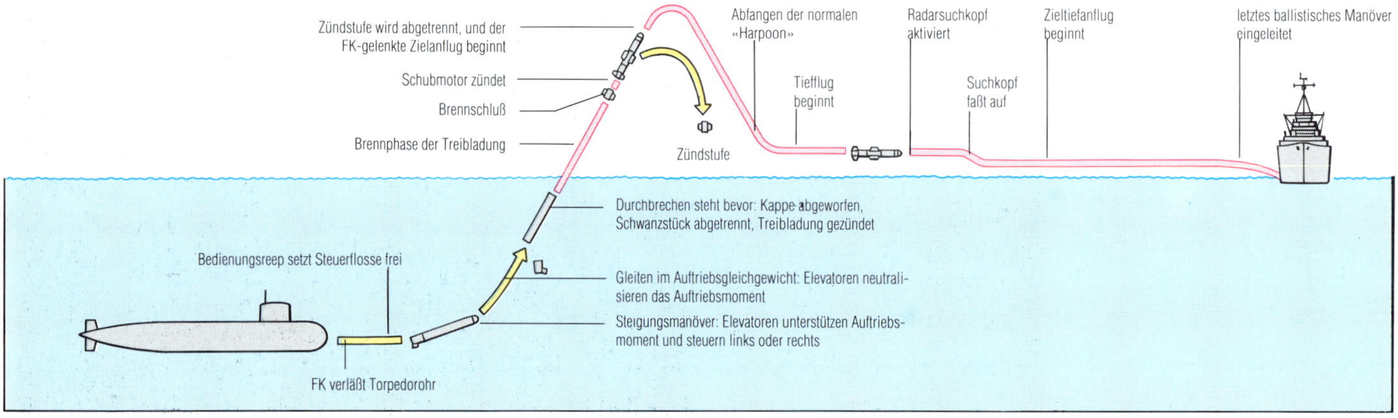

Oben: Ein «Tomahawk»-Marschflugkörper, abgeschossen aus einem getauchten Unterseeschiff vor Kalifornien, nähert sich seinem Ziel auf der mehr als 640 km entfernten Insel San Clemente.

Unten: Augenblicke später ist der 450-kg-Gefechtskopf detoniert und hat das als Ziel dienende Flugzeug völlig vernichtet. Für Unterseeboote ist eine derartige Landangriffsfähigkeit neu.

messer nur geringfügig größer und imstande, 14 RV zu führen, obwohl das SALT-II-Abkommen eine Begrenzung auf 10 auferlegt. Der RV Mk 5 hat eine Sprengwirkung von 475 kT und einen cep-Wert von 0,19 sm, aber der MARV Mk 600 könnte rechtzeitig zur Verfügung stehen. Wie verlautet, ist der RV Mk 5 entworfen worden, um verschiedenartige, auf das zugewiesene Ziel zugeschnittene Gefechtsköpfe mitzuführen. Zur Ausrüstung mit «Trident II» sind 20 SSBN der OHIO-Klasse sowie die vier neuen britischen SSBN vorgesehen. Jedes der amerikanischen U-Schiffe wird 20 Flugkörper mit je 10 RV – d.h. insgesamt 200 RV – führen, aber die britische Regierung hat erklärt, ihre «Trident II»-FK werden insgesamt nicht mehr Gefechtsköpfe führen als das «Trident I»-System; daraus ergeben sich größere Reichweiten und für die Royal Navy eine größere Flexibilität in der Auswahl der Patrouillengebiete.

Die sowjetische Marine hat vor kurzem zwei neue SLBM eingeführt: die SS-N-20 auf der *Typhoon*- und die SS-N-23 auf der *Delta IV*-Klasse. Ersterer ist ein dreistufiger Flugkörper mit Festbrennstoff und einer Reichweite von 8'890 km, der zwischen sechs und neun RV führt. Der cep-Wert liegt bei 0,35 sm. Am 21. Oktober 1982 führte das erste SSBN der *Typhoon*-Klasse einen gleichzeitigen Start von vier SS-N-20-FK durch.

Über den SS-N-23 ist wenig bekannt, abgesehen von der etwas überraschenden Tatsache, daß Flüssigbrennstoff verwendet wird, und dies bedeutet ein größeres Abschußgewicht und eine größere Genauigkeit als beim SS-N-18, mit dem die *Delta III*-Klasse ausgerüstet ist. Dieser FK führt bis zu sieben MIRV mit.

Von den übrigen Nationen besitzen Großbritannien, Frankreich und China SLBM-Systeme. Zum britischen System gehört derzeit die «Polaris A-3», Anfang der 1980er Jahre mit einem neuen Antrieb und einem völlig neuen oberen Teil ausschließlich britischen Ursprungs versehen, mit der neuen Bezeichnung «Chevaline». Jeder Flugkörper soll sechs MRV mit einer nominellen Sprengwirkung von je 40 kT sowie zusätzlich Täuschkörper mitführen. Die älteren französischen SSBN haben den Flugkörper M-20 an Bord, aber die jüngsten U-Schiffe führen den neuen Flugkörper M-4 mit sechs 150-kT-MIRV. Die Chinesen sollen zwei SSBN mit zwei weiteren in Bau besitzen, ausgerüstet mit dem zweistufigen Festbrennstoff-Flugkörper CSS-N-3. Der erste Unterwasserstart dieses Flugkörpers fand am 12. Oktober 1982 von einem chinesischen Versuchs-U-Schiff der *Golf*-Klasse statt; seine Reichweite wird in der Größenordnung von etwa 2'800 km angenommen. Von weiteren Nationen ist nicht bekannt, daß sie sich diesem sehr exklusiven und außerordentlich kostspieligen Klub anschließen werden.

Marschflugkörper

Der ursprüngliche strategische Flugkörper der amerikanischen Marine war der «Regulus», ein Marschflugkörper, sowohl für den Einsatz von Überwasserschiffen als auch von Unterseebooten aus entworfen, und bei der amerikanischen Flotte in den 1950er und 1960er Jahren in Gebrauch, bis ihn «Polaris» ersetzte. Auch bei der sowjetischen Marine hatten viele Jahre lang taktische Marschflugkörper Verwendung gefunden. Aber in den 1970er Jahren begann die US-Marine, einen strategischen SLCM zu entwickeln, der nicht unter die bestehenden Abkommen über Rüstungsbegrenzungen fällt: der BGM-109 «Tomahawk», heute bei der amerikanischen Flotte weithin im Einsatz – und auch bei der sowjetischen Marine findet ein ähnlicher Flugkörper mit der US-Bezeichnung SS-N-21 Verwendung.

Der «Tomahawk» war von Anfang an entworfen worden, um sowohl von Überwasserschiffen aus gepanzerten Startkanistern als auch von Unterseebooten aus normalen Torpedorohren abgeschossen zu werden. Daher sind mit ihm neben zahlreichen Überwasser-Kriegsschiffen auch die meisten Angriffs-U-Schiffe der LOS ANGELES-Klasse ausgerüstet. Anfänglich waren die U-Schiffe mit je 12 «Tomahawk»-Flugkörpern ausgestattet gewesen, aber eine Neubewertung der US-Marine kam zum Schluß, daß dies die Torpedokapazität verringert. (Angesichts der riesigen Kosten, um sicherzustellen, daß der «Tomahawk» in ein normales Torpedorohr paßt, scheint es ungewöhnlich, daß daran niemand früher gedacht hatte). Als Folge davon ist jetzt entschieden worden, daß ab

Unten: Das französische Gegenstück zur «Sub-Harpoon» ist die Version SM 39 des erfolgreichen Seeziel-FK «Exocet». Das Bild zeigt den Augenblick, in dem sich die Zündstufe vom Flugkörper trennt.

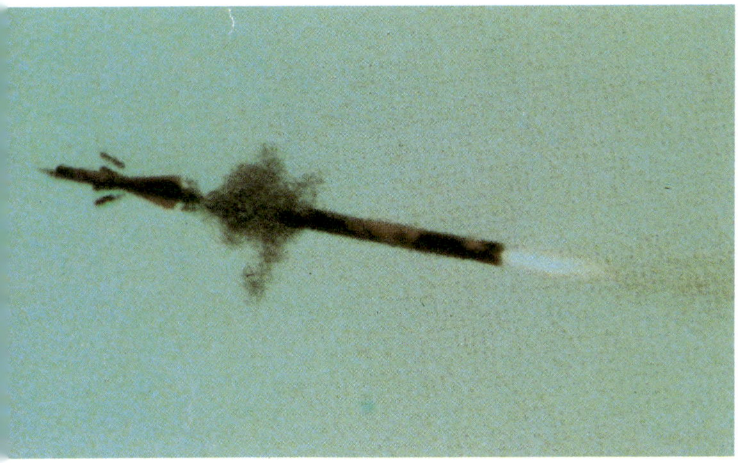

Rechts: Diese Darstellung des DoD zeigt ein sowjetisches U-Schiff der Yankee-Klasse, aus einem SSBN zu einem SSN umgebaut, um den neuen U-Boot-gestützten Marschflugkörper SS-NX-24 zu erproben.

SSN-721 in der Bugverkleidung zwischen äußerem und innerem Bootskörper 15 senkrechte «Tomahawk»-Startschächte eingebaut werden, ein Umbau, der ohne Nachteil für andere Systeme an Bord ausgeführt werden kann.

Beim Abschuß aus dem Torpedorohr des U-Schiffes wird der «Tomahawk»-Flugkörper hydraulisch ausgestoßen, und ein 10 m langes Bedienungsreep läuft aus, strafft sich und zündet dann einen Raketenzusatzantriebsmotor, der etwa sieben Sekunden brennt, um den Flugkörper in einem 50°-Steigewinkel durch die Wasseroberfläche hindurch in die Atmosphäre hinein anzutreiben. Frei vom Wasser, klappen Flügel und Schwanz heraus, und die Gasturbine wird in Gang gesetzt. Der Flugkörper nimmt dann die Nase herunter, um der Radarortung zu entgehen, und beginnt seinen Anflug auf das Ziel, wobei er mit Mach 0,7 (885 km/h) in sehr niedriger Höhe fliegt. Die Landangriffs-Version (T-LAM) ist mit TAINS ausgerüstet und wenn Land erreicht ist, beginnt das TERCOM-System, den Grund unter dem Flugkörper mit den auf Magnettonband gespeicherten Daten zu vergleichen, die kurz vor dem Abschuß vom U-Schiff aus eingegeben worden sind. Das TERCOM-System arbeitet nicht ständig, da dies die Verteidigung alarmieren und Gegenmaßnahmen auslösen würde, schaltet sich aber beim Überqueren der Küste und über weiteren ausgewählten Bezugspunkten ein, um das Trägheitssystem auf den neuesten Stand zu bringen, das die gesamte Zeit über betriebsbereit bleibt. Um die Verteidigung zu verwirren, kann der Flugkörper programmiert werden, sich dem Ziel aus jeder Richtung zu nähern, und seine Genauigkeit ist mit einem cep-Wert von etwa 30 m unglaublich. Der Flugkörper kann sowohl mit einem konventionellen als auch mit einem nuklearen Gefechtskopf ausgerüstet werden; letzterer – der W-80 – hat eine Sprengwirkung von 200–250 kT. Die Reichweite liegt bei 2'200 km. Daneben gibt es noch die Seeziel-Version (T-ASM). Das Hauptproblem bei diesem Flugkörper ist das Erfordernis von außen kommender Zielinformationen, um seine Fähigkeiten voll auszunutzen. Ein unter dem Namen «Outlaw Shark» bekanntes System ist entwickelt worden, um dafür zu sorgen, aber die Schwierigkeiten einer doppelseitigen Verbindung mit Unterseebooten sind offenkundig. Der T-ASM besitzt eine Reichweite von 400 km.

Der UGM-84 «Sub-Harpoon» ist ein Allwetter-Seeziel-Marschflugkörper. Die Standardversion der «Harpoon» hat einen Durchmesser von 34,3 cm, aber die Unterseeboot-Version ist mit einer Ummantelung versehen, um sie einem normalen 53,3-cm-Torpedorohr anzupassen. Wie bei der «Tomahawk» treibt ein Raketenzusatzmotor den Flugkörper im Wasser an, bis – in der Luft – sein Turbostrahltriebwerk in Gang gesetzt wird. Der Gefechtskopf wiegt 227 kg, und der Flugkörper kann Schiffe bis zu 97 km Entfernung angreifen.

«Sub-Harpoon» ist von verschiedenen westlichen Marinen, darunter auch von Großbritannien und Japan, erworben worden. Die sowjetische Marine besitzt ähnliche Systeme. Der kleinste Flugkörper ist der SS-N-21, der – wie der «Tomahawk» – entworfen worden ist, um aus normalen Torpedo-

Rechts: Viele westliche Marinen sind mit dem Torpedo Mk 37 ausgestattet, empfinden aber einen modernen Ersatz als zu kostspielig. Mit der Ausrüstung NT 37E (New Technology Mk 37) bietet Honeywell zur Umrüstung des Torpedos Verbesserungen an: eine Steigerung seiner Geschwindigkeit um 40 %, fast eine Verdoppelung seiner Reichweite sowie auch eine verbesserte Zuverlässigkeit und taktische Flexibilität. Der Schlüssel dazu ist das Ersetzen des elektrischen Antriebs durch ein Antriebssystem mit Otto-Kraftstoff.

Modernisierungsausrüstung Honeywell NT 37E

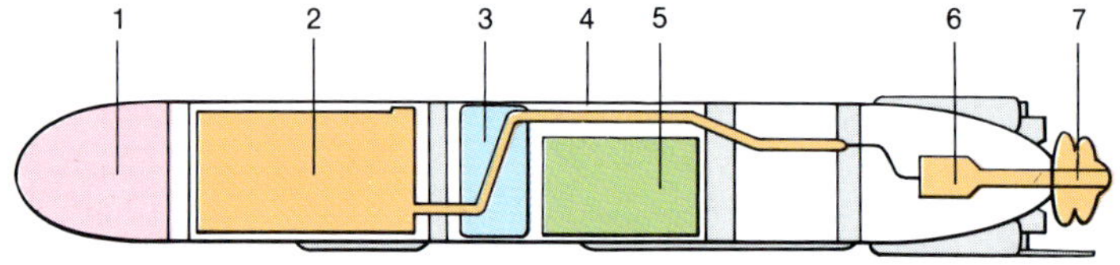

1 Kopfmontage zur Eigengeräuschverringerung
2 Kraftstoffzelle
3 kontaktloses Akustikpaneel
4 Kraftstoffleitungen
5 mit Software programmierbare Lenkung sowie Überwachungssystem
6 thermo-chemischer Otto-Kraftstoff-Drehkolben-Nockenmotor
7 gegenläufige Propeller

Elektrischer Torpedo Ende der 1940er Jahre

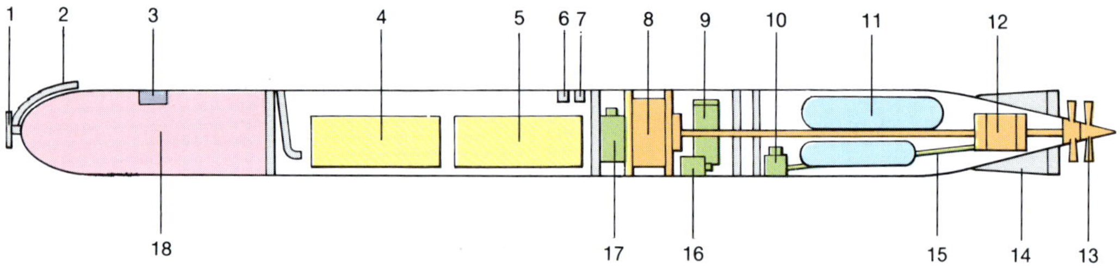

Oben: Ein elektrisch angetriebener 53,3-cm-U-Boottorpedo, etwa 1946. Mit einer Länge von 5,76 m und einem Gewicht von etwa 1'406 kg besaß er eine Geschwindigkeit von 30 kn und eine Reichweite von ca. 4'600 m.

1 Nasenkreuz
2 Netzsäge
3 Aufschlagpistole
4 vordere Batterie
5 achtere Batterie
6 Anlaßschalter
7 Heizstecker
8 Elektromotor
9 Tiefensteuerung
10 Tiefendruckventil
11 Druckluftflasche zum Antrieb des Kreiselkompaßes
12 Getriebekasten
13 zwei gegenläufige 2-Flügel-Propeller
14 Kielflosse und Ruder
15 Welle zu den Rudern
16 Kreiselkompaß
17 Entfernungseinstellung
18 Gefechtskopf

Oben: Torpedostauraum an Bord des «Polaris»-U-Schiffes RESOLUTION der Royal Navy. Außer im Notfall ist der Einsatz der Torpedos bei einem SSBN sehr unwahrscheinlich; sein Überleben hängt von Heimlichkeit ab. Das Bild zeigt nicht den verwendeten Torpedotyp, aber vermutlich ist es der alte Mk 8. Wie viele andere Marinen auch, hat die Royal Navy seit dem 2. Weltkrieg für die Torpedoentwicklung riesige Summen aufgewendet, aber erst in der Mitte der 1980er Jahre zeigten sich erste Resultate.

Das Krupp-MaK-Waffenübernahme-System

Unten: Auf einem U-Boot ist die Torpedoübernahme zwangsläufig eine schwierige Aufgabe – der amerikanische Mk 48 z.B. ist 5,84 m lang, hat einen Durchmesser von 53,3 cm und wiegt 1'633 kg. Das Schaubild zeigt, wie die Aufgabe auf den Export-U-Booten vom HDW-Typ 209/1400 und Thyssen TR-1700 gemeistert wird. Die Torpedos sind auf Kippgestellen an Oberdeck gelagert. Dann wird jeweils ein Torpedo durch ein Spezialrohr abgefiert, bis er im Winkel auf seinem Heckteil ruht, wobei sein Kopf gerade frei vom Rohr ist. Mit Hebezeugen wird er dann gesenkt, bis er auf einem Gestell lagert, bereit, um das Torpedorohr zu laden.

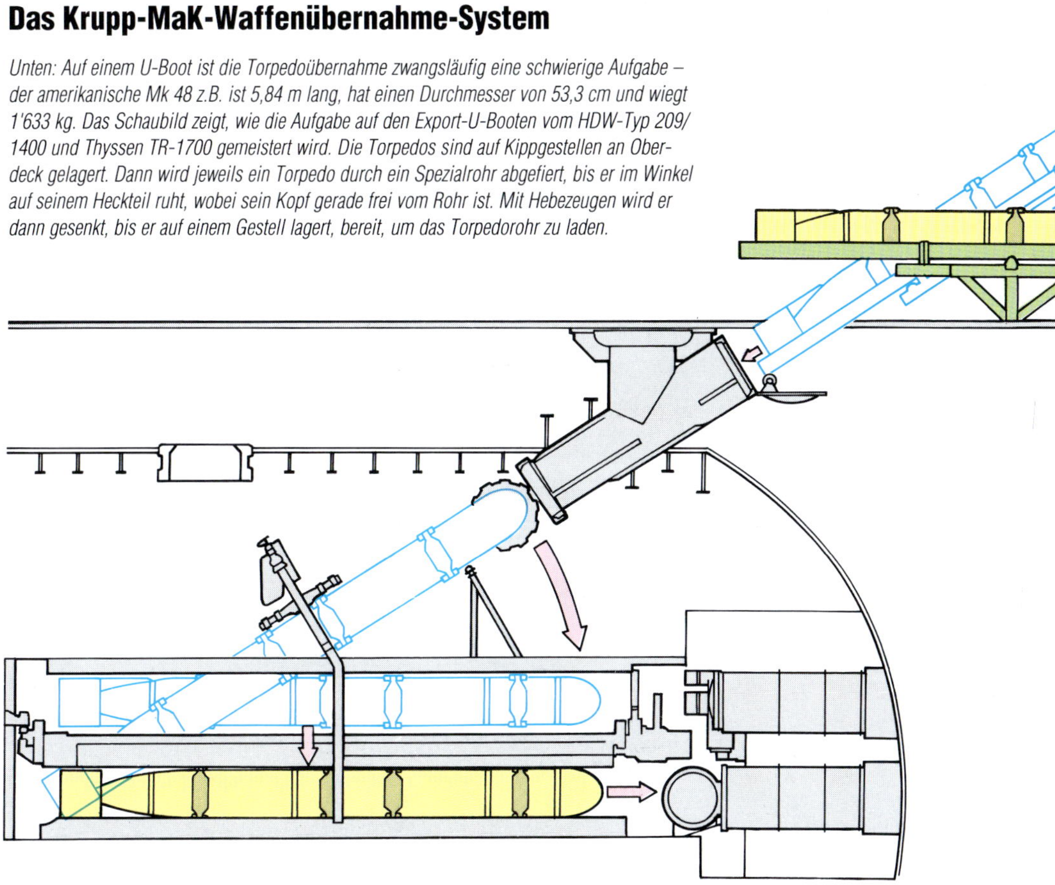

Unten: Eines der acht Torpedorohre auf einem U-Boot Typ 209 mit geöffnetem Bodenverschluß, die Führungsschienen erkennen lassend. Das Standardkaliber 53,3 cm ist allgemein akzeptiert.

Oben: Minenübernahme auf einem französischen U-Boot der DAPHNÉ-Klasse. Obwohl kleiner als Torpedos, gestaltet sich die Übernahme noch schwieriger. Diese französische Mine wiegt um die 850 kg.

Oben: Der achtrohrige Standardsatz, eingebaut in die Export-U-Boote vom HDW-Typ 209. Es ist der stärkste Rohrsatz auf U-Booten; die meisten gleichaltrigen Typen haben sechs oder weniger Rohre.

Unten: Ein U-Bootmann der RN arbeitet an einem «Sub-Harpoon»-FK-Kanister. Dieser Flugkörper wird aus einem normalen 53,3-cm-Torpedorohr abgeschossen, und jeder mitgeführte Flugkörper verringert die Anzahl der Torpedos um einen.

rohren abgeschossen zu werden. Zur Ausrüstung mit diesem Flugkörper kommen die neueren Angriffs-U-Schiffe der *Victor-III-*, *Akula-*, *Mike-* und *Sierra*-Klasse in Frage, aber auch in Angriffs-U-Schiffe umgebaute ehemalige SSBN der *Yankee*-Klasse. Nach den verfügbaren Daten ist der SS-N-21 etwas größer als der «Tomahawk», mit einer Reichweite um die 3'000 km.

Der zweite sowjetische SLCM – SS-NX-24 – ist jedoch mit einer Länge von rund 12 m und einem Durchmesser von 1,25 m viel größer; seine extremen Pfeilflügel weisen eine Spanne von 5,94 m auf. Als Versuchsplattform für diesen neuen Flugkörper, der vermutlich 1987/88 einsatzbereit sein wird, ist eine weitere Einheit der Yankee-Klasse umgebaut worden. Beide Systeme besitzen wahrscheinlich dieselbe Genauigkeit wie die amerikanischen und können vermutlich auch mit konventionellen wie auch mit nuklearen Gefechtsköpfen ausgerüstet werden.

Links und unten: Die außer Dienst gestellte Typ-12-Fregatte BERWICK der Royal Navy war im Oktober 1986 bei der Operation «Sinkex» das Ziel, um den drahtgelenkten Torpedo Marconi «Tigerfish» Mod 2 zu erproben. Das nuklear angetriebene Angriffs-U-Schiff HMS TIRELESS schoß den Torpedo auf weite Entfernung bei Seegang 5; das Zielschiff brach durch und wurde zum Totalverlust. Der «Tigerfish» wurde 1979 eingeführt, war aber mit dem Problem der Unzuverlässigkeit belastet; dieses scheint jedoch jetzt gelöst.

Torpedoausstoßsystem Krupp MaK TR-1700

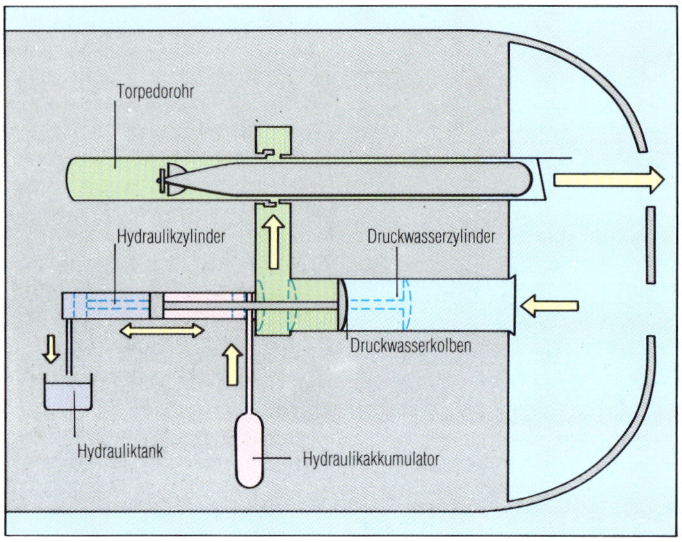

Oben: Das neue Krupp-MaK-Hydrauliksystem zum Ausstoß von Torpedos aus ihren Rohren. Eine solche Technik ist aus Sicherheitsgründen bei den neuen Mono-Antriebskraftstoffen erforderlich, aber auch um es den Torpedos zu ermöglichen, gegen den starken Wasserschwall abgeschossen zu werden, wenn ein Unterseeboot hohe Unterwassergeschwindigkeiten läuft. Der Gebrauch von Druckluft würde das Leben für die Besatzung unbehaglich gestalten, wenn in schneller Folge ein Torpedofächer geschossen wird, da die Luft ins Innere des U-Bootes entweichen würde.

Torpedos

Torpedos sind Gegenstand einiger außerordentlich kostspieliger – und oft fehlgeschlagener – Entwicklungsprogramme gewesen. Derzeitige Modelle besitzen Höchstgeschwindigkeiten, die von jenen ihrer potentiellen Beute heute übertroffen werden oder ihnen ebenbürtig sind. Der amerikanische Mk 46 z. B. besitzt eine Geschwindigkeit von 40 kn, die genau jener der sowjetischen *Alfa*-Klasse entspricht; so steht eine Heckjagd außer Frage. Das Problem unzureichender Geschwindigkeit und Reichweite bei Torpedos ist für Überwasserschiffe teilweise durch den Einsatz von Hubschraubern und Distanzwaffensystemen wie «Asroc» und «Ikara» und im Falle der Unterseeboote durch «Subroc» gelöst worden, aber dennoch besteht ein Erfordernis für einen viel schnelleren Torpedo. In den USA hat dies zum ADCAP-Programm für den Torpedo Mk 48 geführt, um seine Geschwindigkeit auf 55 kn zu steigern. Vom britischen «Tigerfish» wird berichtet, daß er zu einer ähnlichen Geschwindigkeit imstande ist.
Die meisten modernen Torpedos besitzen komplizierte Lenksysteme; charakteristisch ist u. a. ein Aktiv/Passiv-Sonar-Übertragungssystem, das zunächst auf passive Weise arbeitet und automatisch in den aktiven Bereich überwechselt, sobald das Ziel

U-Boot-System Whitehead A.184

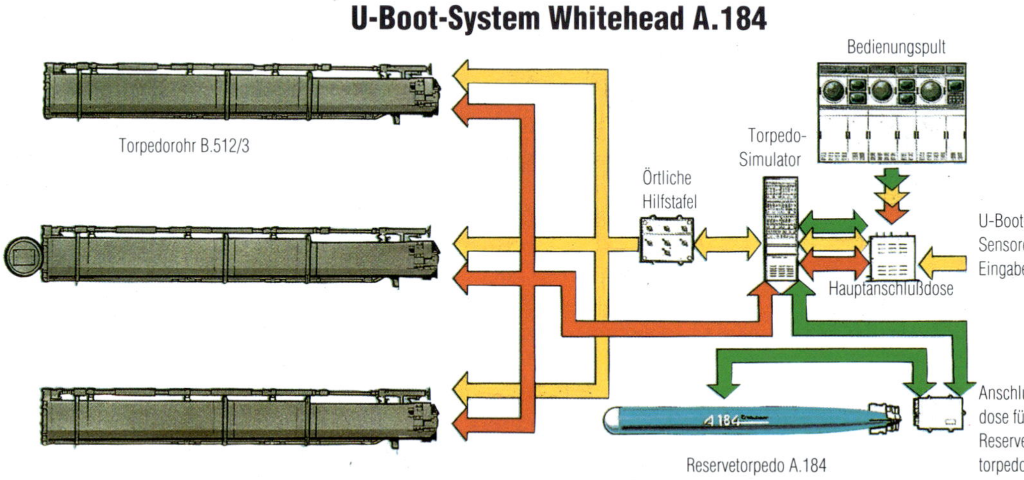

Oben: Die Komponenten des U-Boot-Torpedosystems Whitehead A.184. Bedienungspult und Hauptanschlußdose gehören zur Operationszentrale, während sich die übrigen Einheiten im Torpedoraum befinden. Der fakultative Torpedo-Simulator wird zur Ausbildung und zur Überprüfung der Funktionsfähigkeit des Systems benutzt.

Rechts: Der A.184 ist 6 m lang und wiegt 1'265 kg. Er vereinigt in sich Drahtlenkung und akustische Zielansteuerung und trägt einen 250-kg-Gefechtskopf gegen Überwasser- und Unterwasserziele.

Torpedo FFV TP 617

Gefechtskopf – **Elektroniksektion** – **Energiesektion** – **Motorensektion** – **Tunnelstück** – **Schwanzstück**

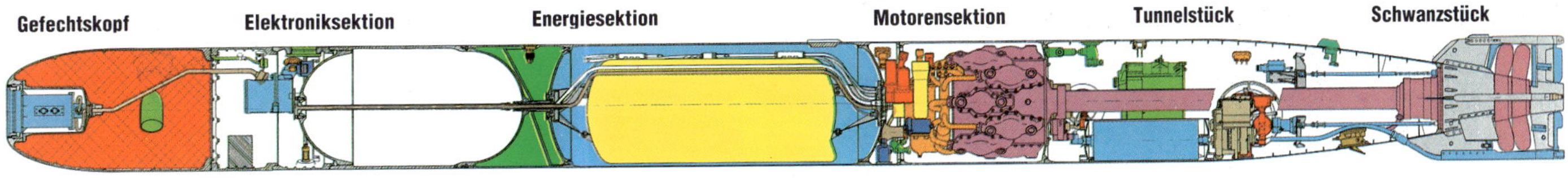

Gefechtskopf: Zielsuchkopf, Sprengladung, Sicherheitseinrichtung, Aufschlagzünder

Elektroniksektion: Computer-Einheit, Steuerung, Signalverarbeitung, Abstandszünder

Energiesektion: Tanks für Druckluft, Alkohol, Frischwasser und H_2O_2

Motorensektion: Katalysator, Dampfgenerator, Motor, Geschwindigkeits- und Oxydations-Schalteinheit

Tunnelstück: Kurs- und Tiefenkontrolle, Drahtspender, Alternator, Servosteuerungselektronik, Rohrsicherheitsschloß

Schwanzstück: Getriebekasten, Propeller, Ruder, Stromversorgungsanschluß, Drahtauslaß

Übungskopf

Suchkopf, Verfolgungslicht
Ballon
Ballastfreigabe
Datenspeicher

Oben: Der schwedische 53,3-cm-Torpedo FFV Ordenanz TP 617 ist die Exportversion des Langstreckentorpedos Typ 613 der schwedischen Marine. Drahtlenkung und akustische Zielansteuerung in sich vereinigend, wiegt er 1'850 kg und ist 7 m lang. Entworfen zum Einsatz gegen Überwasserziele durch Überwasserschiffe und Unterseeboote kann er auch aus landgestützten Unterwassertorpedorohren durch Küstenverteidigungseinheiten abgeschossen werden und besitzt ein thermisches Antriebssystem, das H_2O_2, Alkohol und Wasser als Antriebsmittel benutzt. Das Herz des TP-617-System ist ein programmierbarer Digitalcomputer, der das Zielsuchsystem, die Verbindungen zwischen dem Torpedo und dem abschießenden Schiff sowie das Torpedonavigationssystem steuert. Der Einsatz der Drahtlenkung ermöglicht dem Schiff, Befehle an den Torpedo zu übermitteln, seine Geschwindigkeit, seine Tiefe, seinen Kurs und seine Zieldaten zu regeln, während der Torpedo imstande ist, Position, Geschwindigkeit, Kurs und Tiefe sowie die Parameter des Zielsuchsystems und das Zielgeräusch zu melden. Sollte die Verbindung unterbrochen werden, berechnet der Computer die erwartete Position des Zieles und lenkt den Torpedo zum vorausgesagten Punkt.

Torpedo FFV TP 43XO

Übungskopf – **Gefechtskopf** – **Batteriesektion** – **Drahtsektion** – **Tunnelstück** – **Schwanzstück**

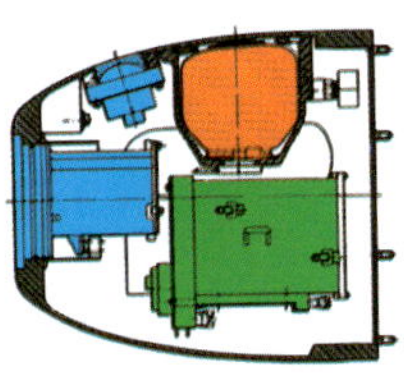

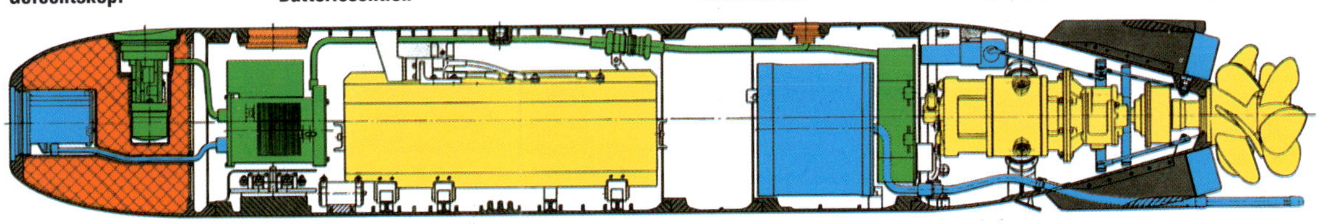

Übungskopf: Suchkopf, Verfolgungslicht, Ballon, Speicher, Elektronik für Übungsläufe

Gefechtskopf: Zielsuchkopf, Sprengladung, Sicherheitseinrichtung, Aufschlagzünder

Batteriesektion: Ag-Zn-Batterie, Schalteinheit, Computereinheit, Steuerung, Signalverarbeitung, Abstandszünder

Drahtsektion: Drahtspender, Gleichstrom-Versorgungseinheit, Rohr-Versorgungs-anschluß

Tunnelstück: Motor, Getriebekasten, Steuerung, Servomotoren, Wasserschlagklappe

Schwanzstück: Propeller, Ruder, Drahtauslaß

Oben: Der TP 43XO soll von Überwasserschiffen, Unterseebooten und Hubschraubern, gestützt auf ein Multiprozessorsystem, gegen Über- und Unterwasserziele eingesetzt werden. Er zeichnet sich durch ein Zielsuchsystem aus, das einen Einsatz gegen sehr geräuscharme Unterseeboote in flachen Gewässern zuläßt, und vereint Drahtlenkung mit passiver akustischer Zielansteuerung, um auf große Entfernungen eine hohe Trefferwahrscheinlichkeit zu gewährleisten. Geschwindigkeits-, Tiefen-, Kurs- und Zieldaten können über den Lenkungsdraht übermittelt werden, während der Torpedo Position, Geschwindigkeit, Kurs, Tiefe, Parameter des Zielsuchsystems und Zielgeräusch meldet; alles wird im Computer gespeichert.

erkennen läßt, daß es den Angriff erkannt hat. Lenkungsdrähte, die den Torpedo mit dem abschießenden Unterseeboot verbinden, dienen zur Weitergabe von Kommandos an den Torpedo und zur Übermittlung von Sonar-Informationen zurück zum Unterseebootsystem. Auch der Gefechtskopf-Entwurf wird immer wichtiger, da die Unterseebootskörper immer stärker werden; das schwierigste Ziel könnte der gewaltige Doppel-Druckkörper der sowjetischen SSBN der *Typhoon*-Klasse darstellen. Unter solchen Umständen ist eine Art Gefechtskopf mit gerichteter Energie (Hohlladung) erforderlich. Allgemein ausgedrückt, bleiben die Fähigkeiten der derzeitigen Torpedos jedoch hinter jenen des sie unterstützenden Sonars zurück: sie sind langsam, unzureichend in der Reichweite und sehr geräuschvoll. Berichte vom Südatlantischen Krieg 1982, sowohl von der britischen als auch von der argentinischen Marine, wimmeln von Geschichten über Torpedos mit Funktionsstörungen. Die UdSSR und andere Marinen experimentieren mit Elektromotoren, aber so geräuscharm diese sind, fehlt es ihnen doch an Reichweite und Geschwindigkeit. Steigerungen lassen sich nur durch eine stärkere Batterieleistung – dies bedeutet größere Torpedos oder kleinere Gefechtsköpfe – erzielen. Auch das Sonar der Torpedos muß verbessert werden, und die US Defense Advanced Research Projects Agency arbeitet daran, möglicherweise im Hinblick auf einen Torpedo mit Signalverarbeitung an Bord zusammen mit einer wechselwirkenden, faseroptischen Verbindung mit dem Mutter-Unterseeboot.

Krupp-MaK-Minenlegesystem

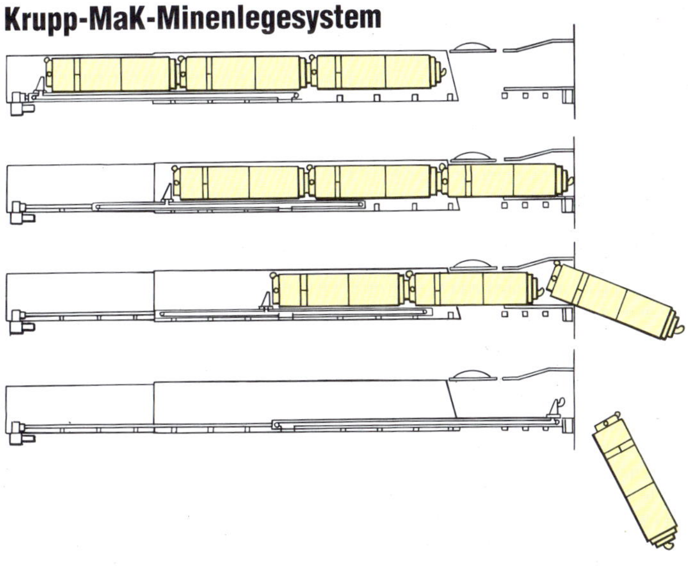

Oben: Das für die Torpedorohre der Klasse TR-1700 verwendete Krupp-MaK-Minenlegesystem ist typisch für eine Reihe solcher im Einsatz befindlicher Systeme. In jedem Rohr werden drei Minen mitgeführt, und auf ihrer Lagerung läuft ein endloser, durch einen hydraulisch bedienten Kolben vorwärtsgeschobener Riemen um und stößt die Minen nacheinander aus. Das vordere Rohrteil ist so entworfen, daß die Mine vor ihrem endgültigen Ausstoßen den richtigen Winkel einnimmt. Von Unterseebooten gelegte U-Abwehrminen stellen eine bedeutende Bedrohung dar, besonders wenn sie in Engstellen oder entlang bekannter Unterseebootrouten gelegt werden. Vermutlich führt ein Unterseeboot keine vollständige Minenausstattung mit, sondern benutzt dafür nur zwei Rohre.

Seeminen

Minen sind sehr wirksame U-Bootsabwehrwaffen. Moderne U-Abwehrminen bedienen sich mehr oder weniger der akustischen, magnetischen oder elektrischen Signatur eines Unterseebootes, und ihnen kann sehr schwierig zu begegnen sein. Besonders wirksam ist die amerikanische «Captor», eine Grundmine, die einen Torpedo abfeuert. Die meisten modernen Unterseeboote können Seeminen mitführen und aus ihren Torpedorohren legen. Daraus ergibt sich ein präzises, heimliches Plazieren der Minen, aber sie können nur auf Kosten der normalen Anzahl Torpedos mitgeführt werden. Der bundesdeutsche Unterseeboot-Typ *206* besitzt jedoch einen außen gelegenen Minengürtel, der es ermöglicht, zusätzlich zu den Torpedos 24 Minen mitzuführen.

Sobald das Unterseeboot getaucht ist, hängt es völlig von seinen Sensoren ab, wobei das Sonar am wichtigsten ist. Die meisten Unterseeboote besitzen ein großes Bugsonar, und viele – wie die amerikanischen SSN und SSBN – sind auch mit winkelgetreuen Anordnungen ausgestattet. Unterwasserschallempfänger (Hydrophone) werden ebenfalls mitgeführt, üblicherweise in Anordnungen nahe dem Bug, mittschiffs und nahe dem Heck, um eine Rundumabdeckung zu gewährleisten. Ein wichtiger Unterseeboot-Sensor hat die Aufgabe, das Eigengeräusch abzuhorchen. Viele Marinen benutzen ein Überwasserschiff, um ihre Unterseeboote auf Geräuschausstrahlungen hin zu inspizieren, wenn sie den Hafen verlassen, aber es ist von erheblicher Bedeutung, eine solche Überwachung während der gesamten Dauer der Einsatzfahrt durchzuführen, um sicherzustellen, daß jedes neue Geräusch festgestellt und seine Quelle beseitigt wird; ansonsten würde dies auf die U-Jagdstreitkräfte wie ein Leitstern wirken. Genauso wichtig wie die Sensoren selbst ist die Fähigkeit, ihre Leistungsabgabe aufzunehmen und zu verarbeiten, und auf diesem Gebiet leistet die moderne Technologie einen wichtigen Beitrag. Moderne Prozeßrechner sind nicht nur imstande, riesige Mengen an Informationen zu verarbeiten, sondern sie sind auch viel kleiner und leichter zu handhaben.

Aktivsonar

Aktive Sonargeräte übermitteln akustische Impulse im Schallfrequenzband (etwa 5–20 kHz) mit Impulsgeschwindigkeiten, die zwischen 12,5 und 700 Millisekunden variieren. Solche Unterschiede in Frequenz und Impulsfolgegeschwindigkeiten sind erforderlich, um Einstellgenauigkeiten zu erhalten, die den vorherrschenden ozeanischen Bedingungen angepaßt sind. Aktivsonar kommt in Unterseebooten, auf Überwasserschiffen und in aus der Luft abgeworfenen Sonobojen zur Anwendung. Auch Torpedos werden damit ausgerüstet, etwas höhere Frequenzen (normalerweise 20–35 kHz) benutzend, wobei die kürzere Reichweite durch verbesserte räumliche Auflösung ausgeglichen wird. Ein Merkmal aller Unterwassertransduktoren ist das Eigengeräusch, das durch die relative Bewegung zwischen dem akustischen Sender/Empfänger und dem umgebenden Wasser erzeugt wird. Eine weitere Komplizierung ergibt sich dadurch, daß die Übertragungsenergie durch die Kavitationswirkung der Gasblasen, die sich auf der Sendeoberfläche bilden, eingeschränkt wird. Aber die größte Schwierigkeit für den Sonareinsatz sind die komplizierten Schwankungen bei den oben beschriebenen vorherrschenden ozeanischen Bedingungen, und um die Sonarfähigkeiten eines Unterseebootes auf den Höchststand zu bringen, ist es häufig erforderlich, eine Vielfalt an Sonargeräten mitzuführen, für unterschiedliche Bedingungen optimal ausgelegt. Infolge seiner Eigenart, wonach ein aktives System sein Vorhandensein verrät, hat sein Hauptnachteil stets darin bestanden, daß es dem Ziel die Möglichkeit verschafft, es zu orten und Ausweichbewegungen zu unternehmen. Aktive Sonarsysteme bestehen aus einer großen Anzahl von Transduktoren (Quarzkristalle zur Erzeugung des Tons) in verschiedenartiger Anordnung. Zylindrische Anordnungen finden normalerweise im Bug der Unterseeboote Verwendung, mit elektronisch geformten Strahlen, um eine Richtungsauflösung zu gewährleisten, während die Doppler-Frequenzänderung im Rücksignal die Bewegung des Zieles anzeigt, wenn auch ein sehr langsam sich bewegendes Ziel mit einem schwachen Doppler-Effekt in einer geräuschvollen oder stark Schallwellen zurückstrahlenden Umgebung bekanntermaßen schwierig zu orten ist. Die gegenwärtig wirksamsten Aktivsonare für Unterseeboote sind das amerikanische BQQ-5, im Einsatz auf den U-Schiffen der LOS ANGELES-Klasse, und der britische Typ 2020 auf den Einheiten der TRAFALGAR-Klasse. Das BQQ-5 besitzt eine im Bug untergebrachte Kugelanordnung, die das SADS-System nutzt und in andere Bordsysteme – wie das Minenortungssystem MIDAS, die Untereis-Systeme und das vorn angebrachte winkeltreue Sonar – einbezogen ist.

Wie beim Sonar für Überwasserkriegsschiffe richten sich weitere Entwicklungen beim Aktivsonar für Unterseeboote auf die Steigerung seiner Ortungsfähigkeiten, während gleichzeitig versucht wird, seine verräterische Signatur zu verringern. Breitband-Übertragung, bei der sich die Signalenergie über eine große Frequenzbreite in einem Muster erstreckt, die nur dem Sender und dem Empfänger bekannt sind, kann es möglich machen, daß das Signal im allgemeinen Ozeangeräusch untergeht. Dies steigert auch die Fähigkeit, Schwankungen im Schallweg, die der ozeanischen Umgebung anhaften, zu bewältigen. Parametrisches Sonar benutzt die Mischung zweier Hochfrequenzen, um eine andere Frequenz (höher minus niedriger) zu erhalten, die dann zur Übertragung ausgewählt wird. Sorgfältige Auswahl der ursprünglichen Frequenzen wird ein geeignetes Sonarsignal (100 bis 1'000 Hz) mit einer Schmalbandbreite erzeugen, die eine bessere räumliche Auflösung gewährt, als dies mit einem normalen Niederfrequenzstrahl erreicht werden kann. Obwohl in der Navigation angewendet, schränken Probleme der elektronischen Abtastung sowie der Verringerung der Transduktoren auf eine vernünftige Größe den Einsatz parametrischen Sonars ein.

Passivsonar

Von viel größerer Bedeutung für Unterseeboote ist das passive Sonar, das keine Impulse aussendet und somit vermeidet, die eigene Position preiszugeben. Das Ortungsgerät ist das Hydrophon, ein sehr empfind-

LOS ANGELES-Klasse: Kampfsysteme

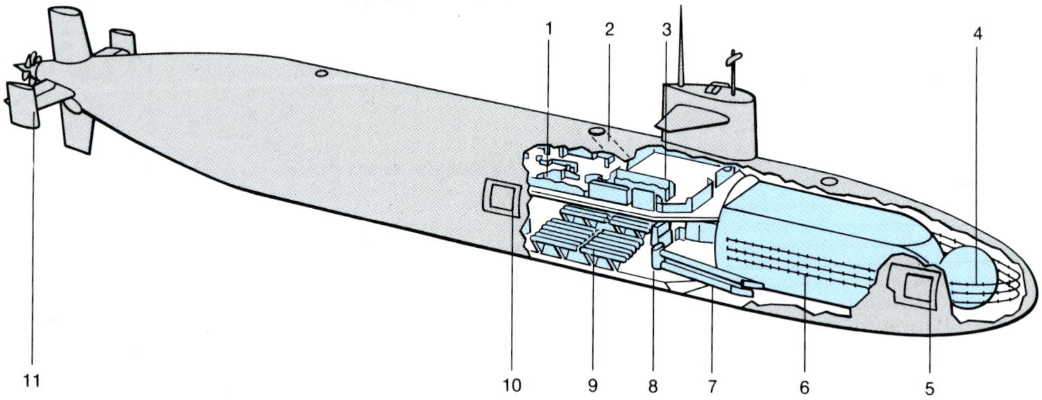

Oben: Die drei Hydrophon-Anordnungen auf jeder Seite sind für das passive Unterwasser-Feuerleitsystem bestimmt. Nicht zu erkennen ist das BQR-15-Schleppsonar.

1 Sonarzentrale
2 Torpedobeladeluk
3 Operationszentrale
4 Kugel-Transduktor (BQQ-5-Sonar)
5 Bug-Hydrophon-Anordnung
6 Winkeltreues Sonar
7 Torpedorohre
8 Waffenleitzentrale
9 Torpedostauraum
10 Mittschiffs-Hydrophon-Anordnung
11 Achtere Hydrophon-Anordnung

Unten: Ein Unterseeboot der Foxtrot-Klasse der indischen Marine läßt schalldurchlässige Fenster für das passive «Herkules»- (Bug) und das aktive «Feniks»-Sonar erkennen.

Oben: *Diese Sonar-Kreisbasis im Bug mit 196 Transduktoren gehört zum Plessey-«Triton»-System. Die Anordnung ist stationär, und der Sonarstrahl wird elektronisch gesteuert.*

Sonar-System Krupp «Atlas» Elektronik CSU 83

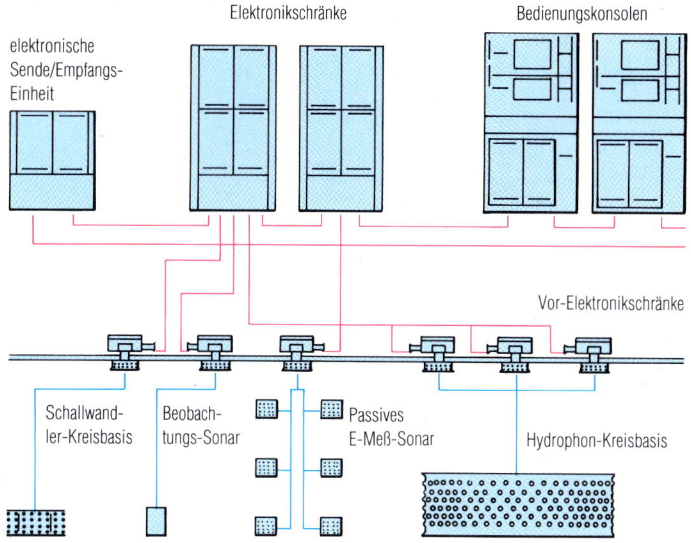

Rechts: Ausrüstung für kleine U-Boote: passive Rundsicht-, E-Meß- und Beobachtungssonaranlagen, aktives Einsatzsonar, Datenverarbeitungssystem und Kontrollschirme.

lich horchendes Gerät, optimal für Unterseebootgeräusche ausgelegt, das in einer Vielfalt von Anordnungen entsprechend der besonderen Aufgabe zusammengestellt werden kann, wenn sich auch wesentliche Unterschiede nur in der Signalverarbeitungstechnik ergeben. Schmalband-Verarbeitung ist eine komplizierte Technik, die Spektrumanalysatoren und eine große Computerleistung erfordert, um ihre Informationen zu erzeugen, obwohl die gegenwärtige Revolution im Bereich der Mikroprozessoren dieses Problem erleichtert. Auf diesem Gebiet, das von entscheidender Bedeutung für Ortung und Analyse sich langsam bewegender Ziele ist, sind die USA auf der Welt führend.

Links: HMS ONSLAUGHT mit dem etwas älteren Bugsonar Typ 2007. Diese Klasse ist auch mit dem winkeltreuen Sonar Typ 186 und der Beobachtungs/Peilanlage Typ 197 oben auf dem Turm ausgerüstet.

Breitband-Verarbeitung umfaßt das volle Spektrum einkommender Signale und trennt konstante Geräusche, wie das Strömungsgeräusch des Unterseebootes, von Rauschstörungen. Sie eignet sich deshalb für den Einsatz zur Ersterfassung eines U-Bootzieles und zur Analyse der Bewegung des Zieles in bezug auf den Sucher. Es ist sehr wichtig zu wissen, wo die vom Ziel ausgestrahlten Geräusche den Geräuschpegel der Umgebung übersteigen, da dies eine rasche Zielortung wie auch das Erlangen relativ genauer Zielpeilungen ermöglicht. Neue Techniken, wie die Flüchtigschall-Verarbeitung – Ortung und Analyse kurz auftretender Geräusche wie ein Waffenabschuß oder zufällige Ma-

Unten: HMS OPOSSUM, eine der Einheiten der OBERON-Klasse, ist durch Ausrüstung mit dem «Triton»-Sonar Typ 2051 modernisiert worden, wozu auch eine lösbare Schleppantenne und ein neuer Bugdom gehören.

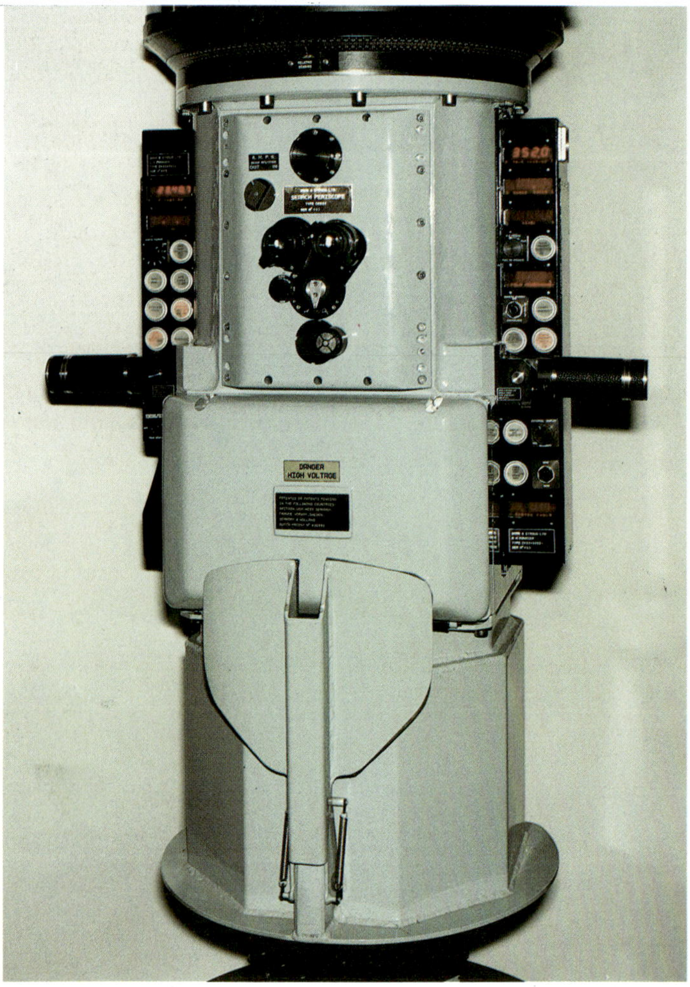

schinengeräusche – erhöhen die Leistungsfähigkeit der Breitband-Verarbeitung. Passivsonare im Bootskörper benutzen normalerweise dieselben Anordnungen wie die aktiven Systeme, und mit einer kugelförmigen Anordnung kann unter Einsatz von Digitalsteuerung ein Bereich von etwa 270° horizontal und 50° vertikal erfaßt werden. Von Unterseebooten heute verwendete Schleppsonare bestehen aus einer großen Anzahl von Hydrophonen – in einigen Fällen mehrere hundert. Das von den amerikanischen SSN der LOS ANGELES-Klasse verwendete BQQ-25-System weist zum Beispiel eine Kabeltrosse von 800 m Länge und 9,5 mm Durchmesser auf, die sich an beiden Enden verjüngt, um den Widerstand zu verringern. Der Schleppkörper enthält die Hydrophone und die Elektronik, wozu auch ein Multiplexor gehört, um die durch die Schlepptrosse laufende Kabelleitung zu reduzieren.

Die Manövrierfähigkeit des schleppenden Unterseebootes ist eingeschränkt, da der Schleppkörper waagerecht sein muß, um ein klares Signal zu empfangen. Auch die Fahrt ist herabgesetzt, da die Hydrophon-Anordnungen oberhalb einer bestimmten Geschwindigkeit in Schwingungen geraten und falsche Anzeigen erzeugen sowie Signale aussenden, die von anderen U-Jägern zu orten sind.

Ein Vorteil der Schleppsonare für Unterseeboote liegt darin, daß sie eine achteraus gerichtete Erfassungsfähigkeit besitzen, die auf andere Weise nicht erreichbar ist.

Das Verstauen des Schleppsonars ist für die Unterseeboote ein ernstes Problem. Bei vielen Klassen wird die Kabeltrosse von speziell ausgebildeten Tauchern am Unterseeboot befestigt, wenn es den Hafen zur Einsatzfahrt verläßt, und bei der Rückkehr wieder entfernt. Obwohl dies ein langsames und schwerfälliges Verfahren zu sein scheint, ist es eine einfache Lösung, die den zusätzlichen Vorteil einer Verringerung der Anzahl der erforderlichen Schleppsonare aufweist, da sie von einem Unterseeboot zum anderen übergeben werden können. Die Einheiten der LOS ANGELES-Klasse verstauen ihre BQR-23A-STASS-Schleppkörper in langen Rohren, eingebaut zwischen dem Druckkörper und der Außenverkleidung, mit der Winde in der vorderen Tauchzelle.

Oben links: 254-mm-Angriffssehrohr Barr & Stroud. Wichtig für Sehrohre ist die Größe der Linsen (Lichtstärke) und die Rohrlänge (Sehrohrtiefe). Rechts: 254-mm-Beobachtungssehrohr Barr & Stroud. Zu diesen modernen Sehrohren können Infrarotsensoren, Lichtverstärker, Schwachlicht-TV-Kamera, normale Kamera und Laser-E-Meßgerät gehören.
Unten: Zum Sammeln von Nachrichten werden Polaroid- oder 35-mm-Kameras am Sehrohr angebracht; Zeit und Peildaten werden automatisch in das Bildfeld eingegeben.

Auch die sowjetische Marine verwendet Schleppsonare und hat eine Reihe von Einrichtungen entwickelt. So zum Beispiel einen großen Hohlkörper, Schleppsonar und Winde enthaltend, der sich oben auf dem Seitenruder bei U-Schiffen wie der *Victor-III*- und *Sierra*-Klasse befindet. Dieser Hohlkörper erzeugt sowohl Geräusche als auch hydrodynamischen Widerstand. Ein anderer Typ besteht aus einem Schleppsonar, das aus einem verhältnismäßig engen Rohr oben auf dem Seitenruder freigegeben wird, wobei sich Trommel und Winde deutlich innerhalb des Bootskörpers selbst befinden. Diese Einrichtung ist nur bei der letzten Einheit SSGN der *Oscar*-Klasse beobachtet worden.

Sehrohre

Alle Unterseeboote sind mit Sehrohren ausgerüstet, die in früheren Tagen die einzige Möglichkeit darstellten, daß ein getaucht fahrendes Unterseeboot seine Umgebung wahrnehmen konnte. Normalerweise sind zwei Sehrohre vorhanden: ein Beobachtungs-Sehrohr und ein zweites, sehr viel kleineres, um Überwasserschiffe anzugreifen. Sehrohre schaffen für U-Bootfahrer zwei Probleme. Das erste besteht darin, daß sich bei ihrer Benutzung der Sehrohrkopf deutlich über der Wasseroberfläche befindet und daher entweder das Rohr selbst oder das von ihm erzeugte Kielwasser sowohl optisch als auch durch Radar geortet werden kann. Das zweite Problem ergibt sich daraus, daß sich das Unterseeboot bei Benutzung des Sehrohres dicht an der Wasseroberfläche befinden muß; es ist daher verwundbarer als in der Tiefe, und Aufmerksamkeit sowie rasches und sicheres Tiefensteuern sind erforderlich, um das Boot auf der richtigen Tiefe zu halten. Es bedarf nur einer kleinen Fehlberechnung oder einer Trimmveränderung als Folge eines Torpedoschusses, und der Turm oder sogar ein Teil des Bootskörpers durchbricht die Wasseroberfläche.

Das Rohr vibriert, wie jede langgestreckte Vorrichtung, die sich durch eine Flüssigkeit bewegt. Die Vibration setzt normalerweise bei etwa 10 kn ein, abhängig von der ausgefahrenen Länge, der Formfestigkeit und der Tragkonstruktion des Rohres. Ein Kommandant wird sich häufig zwischen dem Wunsch

Oben: Die deutsche FK-Fregatte KARLSRUHE der BREMEN-Klasse, aufgenommen durch das Sehrohr der HMS OBERON. Die Fotos sind von außergewöhnlicher Schärfe.

Rechts: Turm eines dieselelektrisch angetriebenen Unterseebootes der sowjetischen Kilo-Klasse. Der vordere Mast ist das Beobachtungssehrohr, während der achtere Mast eine ESM-Anlage führt. Die Käfigantenne dient zur Peilung.

Unten: Turm eines SSN der amerikanischen STURGEON-Klasse mit allen Antennen und Sensoren. Die relative Höhe der Masten und die Länge der Geräteträger entsprechen nicht dem wahren Verhältnis.

STURGEON-Klasse: Antennen und Masten

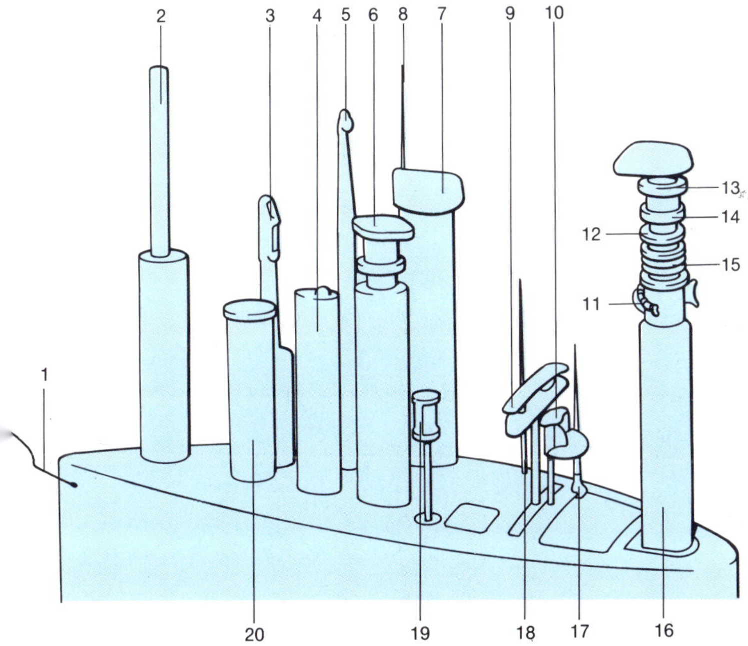

1 Schwimmdrahtantenne AS-1554/BRM (20)
2 Wendelantenne AS-1792/BRA-21
3 Beobachtungssehrohr
4 IFF/UHF-Antenne-AS-1201/BPX
5 Angriffssehrohr
6 Peilantenne AS-1907/BRD-6
7 Schnorchelmast
8 Stabantenne AT-497/BRC am Schnorchel
9 Seeaufklärungsradar-Antenne AS-1640A/BPS-14
10 Topplicht
11 Richtstrahlantenne AS-994/BLR
12 Rundstrahlantenne AS-1584/BLR
13 Richtstrahlantenne AS-1071A/BLR
14 Rundstrahlantenne AS-1649/0
15 Richtstrahlantenne AS-962/BLR
16 ECM/Peilantennenmast
17 tragbare Not-Stabantenne AT-774A/UR
18 tragbare Not-Stabantenne AT-441/MRC
19 Kennfeuer
20 Rahmenantenne AT-317F/BRR

nach einem langen Rohr, das es ihm ermöglicht, das Unterseeboot auf größerer Tiefe zu halten, und nach einem kurzen Rohr, das erst zu vibrieren anfängt, wenn höhere Fahrtstufen erreicht sind, hin und her gerissen finden. Bei letzterem wäre es nicht notwendig, die Fahrt zu reduzieren, wenn er während eines Anlaufes zum Angriff Beobachtungen durchführen will. Das optische System im Sehrohr verhält sich wie das einer Kamera: je größer der Durchmesser, desto besser das Gesichtsfeld und um so begrenzter die Genauigkeit, und umgekehrt; und je größer der Durchmesser des Rohres, um so größer sind dadurch erzeugte Turbulenzen und das Oberflächenkielwasser. Wie so vieles bei der defensiven Ausrüstung, sind diese einst einfachen Vorrichtungen heute hochkompliziert. Zu den optischen Systemen gehören normalerweise geteilte Okulare, um zur Verringerung der Augenbeanspruchung eine sozusagen optische Wirkung zu erzielen, während Peilung und Entfernung durch einen Mikroprozessor geschätzt und automatisch in das Feuerleitsystem eingegeben werden. Verschiedene Schirmbilder und Daten werden in das Okular eingebracht, und zu einem Angriffssehrohrsystem gehört häufig ein Laser-Entfernungsmesser mit einer Genauigkeit von ±1 m. Zu Beobachtungssehrohren können Sextanten mit künstlichem Horizont, entworfen zum Durchführen außerordentlich schneller Beobachtungen, um das Trägheitsnavigationssystem des Bootes auf den neuesten Stand zu bringen, Sensoren zur Vorwarnung gegen elektronische Bedrohungen sowie Infrarotsensoren oder Lichtverstärker gehören, um die Fähigkeiten bei schlechtem Wetter oder bei Nacht zu verbessern.

Elektronische Sensoren

Zusätzlich zu den traditionellen Sehrohren, dem Schnorchel und den Dieselablüftern führen moderne Unterseeboote eine beträchtliche Anzahl von Sensoren und anderen, auf ausfahrbaren Masten angebrachten Vorrichtungen mit. Zur Anordnung auf dem Turm können Funkantennen entsprechend den verschiedenen Frequenzbändern, Funkpeilantennen sowie Seeaufklärungs- und Luftzielortungsradar gehören. Bei den Einheiten der LOS ANGELES-Klasse zum Beispiel weist der Turm nicht weniger als 12 Masten verschiedener Länge und verschiedenen Durchmessers auf. Bei sowjetischen Unterseebooten ist dies nicht anders. Luftzielortungs- und Seeaufklärungsradargeräte – wesentlich für über Wasser oder nahe der Wasseroberfläche fahrende Unterseeboote – benutzen kleine, auf Masten installierte, rotierende Antennen. Ein weit verbreitetes Beispiel bietet das französische Thompson-CSF «Calypso III», ein I-Band-Gerät mit einer Ausgangsleistung von 70 kW bei einer Reichweite von 20 sm gegen ein 1 m^2 großes Luftziel. Infolge der fehlenden Höhe bei der Antenne ist die Leistung gegen Überwasserziele begrenzt. Diese Masten wurden stets einziehbar konstruiert. Der traditionelle Brauch, die Öffnungen auf dem Turm unverdeckt zu belassen, zieht jedoch Turbulenzen und Geräusche nach sich. Daher besitzen moderne U-Boote ferngesteuerte Luken, welche die Ausbuchtungen überdecken, wenn die Masten eingezogen sind.

Die Fernmeldemittel

Die Verbindungsmöglichkeit mit getauchten Unterseebooten ist von Anfang an ein Problem gewesen. Anfänglich gab es überhaupt keine, aber seit Erfolg und Überleben von der Heimlichkeit ihres Handelns abhingen, waren U-Bootfahrer darauf angewiesen. Schon immer hatte jedoch für die Führung die Notwendigkeit bestanden, Befehle weiterzugeben und umgekehrt Informationen zu erhalten, um die Feindlage auf den neuesten Stand zu bringen. Die einzigartige Natur der Meere, die in anderen Bereichen, wie z.B. der Ortung, Schwierigkeiten erzeugt, erschwert auch die Fernmeldeverbindungen. Die allgemeine Natur des technischen Problems läßt sich ziemlich einfach darlegen: Die Meere schwächen die Funkwellen ab, und je höher ihre Frequenz, um so größer ist ihr Verlust an Stärke. Zusätzlich werden Funkwellen in derselben Weise wie Schallwellen abgelenkt und gebrochen, so daß die beste Form einer FM-Verbindung zu einem getauchten Unterseeboot ein Funksignal auf einer sehr niedrigen Frequenz (Längstwelle) ist. Aber ein unwandelbares Gesetz besagt: je niedriger die Frequenz, um so geringer der Informationsinhalt und die Übermittlungsgeschwindigkeit. Daraus folgt, daß die verläßlichsten FM-Verbindungen hergestellt werden, wenn sich das Unterseeboot an der Wasseroberfläche oder sehr dicht darunter befindet. Aber damit kann das U-Boot durch Überwassereinheiten in der Nähe, durch Satellit oder Funkpeilung geortet werden.

Längstwellen (VLF)

Das VLF-Band befindet sich zwischen 3–30 kHz und kann in Tiefen bis zu 15 m empfangen werden. Unterseeboote sind normalerweise mit zwei Antennensystemen ausgestattet, um VLF-Sendungen zu empfangen. Das erste ist eine lange Schleppantenne; bei der US-Marine liegt deren Länge bei 510 m. Das zweite besteht aus einer Rahmenantenne auf einer Plastikboje, die durch ein sich auf seiner Einsatztiefe langsam bewegendes Unterseeboot abgespult wird. Obwohl damit die Möglichkeiten einer Ortung des Unterseebootes verringert werden, ist ein solches Antennensystem in sich anfällig, weil der Draht vibriert, wenn er sich durchs Wasser bewegt, und akustische Signale ausstrahlt, die durch Sonar geortet werden können, während die Boje, wenn sie sich in klarem Wasser dicht unter der Oberfläche befindet, aus der Luft optisch geortet werden kann. VLF-Sendeantennen an Land sind groß, anfällig und teuer. Laut Veröffentlichungen besitzen die USA sieben große VLF-Sendestationen, während die UdSSR zehn hat – davon fünf mit einer Sendeleistung von mehr als 100 kW – sowie 16 kleinere Stationen. Die NATO besitzt zwei VLF-Sender, und die Briten haben eine 15-kHz-Station in Rugby. Außerdem hat die US-Marine noch das luftgestützte TACAMO-System im ELF-Band.

Extreme Längstwellen (ELF)

Das ELF-Band erstreckt sich über den Bereich 300 Hz–3 kHz und kann von Unterseebooten in Tiefen bis zu 100 m empfangen werden, obwohl dargelegt wird, Tiefen bis zu 400 m seien mit entsprechend modernen Empfängern und Antennen möglich. ELF ist auch kaum für Auswirkungen von Störsendern oder nuklearen Explosionen anfällig; es ist daher hervorragend zu FM-Verbindungen mit Zweitschlag-SSBN geeignet. Es gibt jedoch zwei Hauptprobleme. Das erste besteht darin, daß die Sendegeschwindigkeit sehr niedrig ist. Das «Seafarer»-System der US-Marine sollte in den 1970er Jahren eine Sendegeschwindigkeit von nur etwa 10 bits pro Minute haben, während das «Austere»-ELF-System 15 Minuten brauchen soll, um eine Drei-Buchstaben-Gruppe zu übermitteln. Dazu wird jedoch geltend gemacht, daß durch die Verwendung hochkompakter Codes etwa 17'500 Sendungen mit Hilfe von Dreiergruppen übermittelt werden können. Bei den ersten amerikanischen Erprobungen benutzte USS SEA WOLF eine 305 m lange Schleppantenne, um Versuchssignale auf 250 Hz, 156 Hz, 125 Hz und 78 Hz aufzunehmen. Mit der Antenne auf einer Tiefe von etwa 9 m gelang ein Empfang auf eine Ent-

Oben: Die ELF-Erprobungsanlage der US-Marine in Clam Lake, Wisconsin. ELF ist außerordentlich wirksam, aber es dauert 15 Minuten, um eine Dreibuchstabengruppe zu senden. Immerhin können etwa 17'500 verschiedene Nachrichten unter Verwendung hochkompakter Codes gesendet werden.

Rechts: Der erste Flug des Prototyps Boeing E-6A TACAMO am 19. Februar 1987 war ein 30minütiger Überführungsflug von Renton nach Seattle. Die E-6 soll die Maschinen vom Typ EC-130A/Q ersetzen, von denen manche seit vielen Jahren im Dienst sind.

Unten: Eine Mannschaft der US-Navy erprobt die Einrichtungen in einer Attrappe des sehr umfangreichen Fernmelde-Zentrums der E-6A. Das TACAMO-System stellt die Fernmelde-Verbindung zwischen den nationalen Führungsbehörden und den Einheiten der «Poseidon»- und «Trident»-SSBN-Flotte her.

fernung von 3'200 km, aber die Entfernung sank auf etwa 850 km, nachdem die Antenne auf größere Tiefe gebracht worden war.
Das zweite Problem ergibt sich daraus, daß die Antennen an Land ein derart großes Gebiet einnehmen, daß das Aufstellen, besonders im Westen, schwierig wird. Das in den 1960er Jahren entworfene amerikanische «Sanguine»-System soll eine Antennenanordnung aufweisen, die ein Gebiet von etwa 17'000 km² bedeckt, während das weit weniger ehrgeizige «Seafarer»-System etwa 8'000 km² einnehmen soll.
In den siebziger Jahren errichtete die US-Marine eine Erprobungseinrichtung in Clam Lake, Wisconsin, die Telegrafenstangen benutzte, um eine in der Mitte X-förmig zusammenlaufende Antenne aufzustellen, jeder Arm des Kreuzes 11,25 km lang, mit einer Sendeleistung von nur zwei Watt. 1976 empfing ein 16 kn laufendes Unterseeboot auf 130 m Tiefe und 10 m unter dem arktischen Eis Signale aus Wisconsin. Diese Erprobungseinrichtung wird bereits für den operativen FM-Verkehr genutzt und soll zusammen mit einer zweiten Anlage in K. I. Sawyer AFB, Michigan, Verwendung finden, um mit dem Staatshaushalt 1988 ein einsatzfähiges System auszustatten. Dies ist hinsichtlich dessen, was die US-Marine braucht, zu wenig, stellt aber gegenüber dem Vorhandenen eine Verbesserung dar.

TACAMO

Das einsatzfähige TACAMO-System der US-Marine, ihre gegenwärtig hauptsächlichste FM-Verbindungsmöglichkeit mit getauchten Unterseebooten, besonders mit den SSBN, wird als weit lebensfähiger als jedes andere angesehen. Das System beruht auf Flugzeugen vom Typ Lockheed EC-130A/Q «Hercules», gegliedert in zwei Staffeln, wovon eine für den Pazifik und eine für den Atlantik zuständig ist. Die Flugzeuge fungieren als luftgestützte Funkrelais-Stationen zwischen den nationalen Führungsbehörden und den Unterseebooten, wobei verschiedene Übertragungsmöglichkeiten im VLF-, LH-, HF- und UHF-Band genutzt werden. Im VLF-Band wird mit einem 200-kW-Sender und einer Schleppantenne von etwa 10 km Länge mit einem Bremsfallschirm am Ende gesendet. Während der Sendungen fliegt die Maschine fortwährend in einem engen Kreis. Dabei hängen 70 % des Drahtes direkt nach unten und bilden eine relativ wirksame Vertikal-Antenne. Zu jeder Zeit ist eine Maschine über jedem der beiden Ozeane in der Luft, während je eine weitere mit 15minütiger Bereitschaftszeit am Boden steht. Die Einsatzflüge dauern etwa. zehn bis elf Stunden, wovon etwa sieben Stunden auf Station zugebracht werden; hierbei werden geeignete Flugplätze zufällig angeflogen. Gegenwärtig besteht der TACAMO-Verband aus insgesamt rund 20 Maschinen, ein paar vom Typ EC-130A und der Rest vom Typ EC-130Q. Ein neuer Typ, die E-6, auf dem erprobten und verbreitet eingesetzten Typ C-135 beruhend, befindet sich in der Entwicklung und wird 1989 in Dienst gestellt werden. Dieses Flugzeug wird in Höhen von 7'600–9'200 m fliegen, und seine VLF-Antenne wird 7'925 m lang sein. Bei einem Kostenaufwand von etwa 2 Milliarden US-Dollar pro System sollen 15 Maschinen beschafft werden.

Fernmeldebojen

Für den FM-Verkehr mit Unterseebooten werden verschiedene Bojentypen benutzt. So z.B. die DLC-Boje SSQ-86 (XN-1), die verwendet wird, um einem getauchten Unterseeboot einen programmierten Funkspruch zu übermitteln, ohne daß das Unterseeboot seine Position preisgibt. In eine Sonoboje der Standardgröße A eingebaut, kann die DLC-Boje von jedem entsprechend ausgerüsteten Flugzeug abgeworfen oder einfach von einem Überwasserschiff aus über Bord geworfen werden. Der aus maximal vier Dreiergruppen bestehende Funkspruch ist unter Verwendung eines einzelnen Druckknopfschalters in die Boje einprogrammiert. Beim Eintauchen ins Wasser sendet die Boje

Die Struktur der E-6A TACAMO

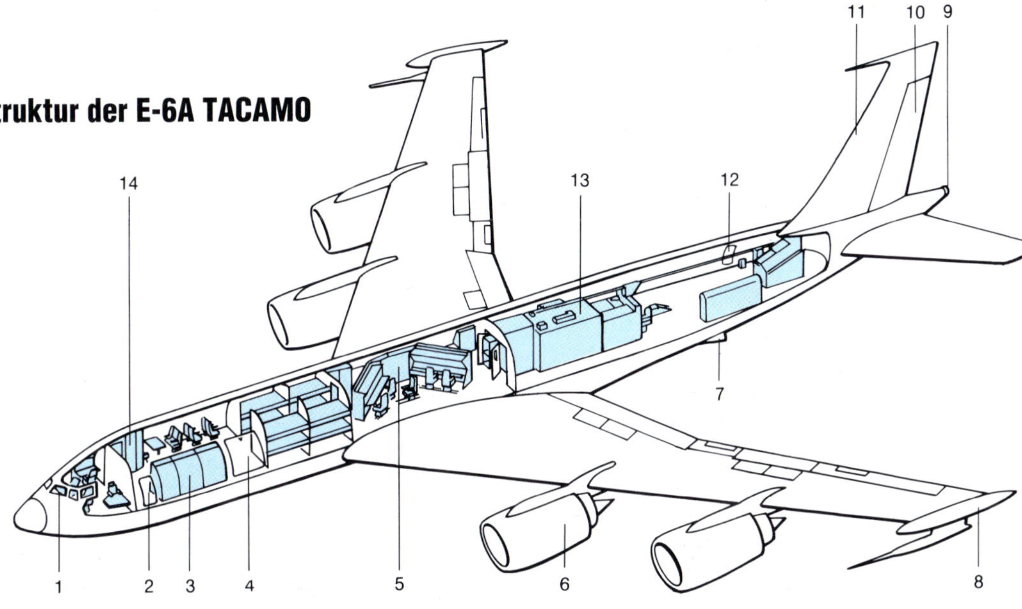

1 EMP-beständige Windschutzscheiben Typ E-4B
2 E-3A-Notrutsche und -Spoiler sind entfernt worden
3 VHF/UHF- und HF-Funkanlagen, Höhenkontrolle, Windscherung und andere Systeme
4 EMP-gehärtete Boeing-707-320-Ladepforte
5 Bedienungsplätze
6 CFM-56-Triebwerke mit 72-Std.-Motorenöl-Tanks
7 Langdraht-Schleppvorrichtung
8 Satelliten-Antenne an der Flügelspitze
9 Kurzdraht-Schleppvorrichtung im Stert
10 verbesserte Ruderunterstützung
11 HF-2-Ableitungsantenne
12 geänderte Ausstiegstür
13 anstelle der E-3A-Ausstattung eingebaute TACAMO-Ausrüstung
14 Schirme für elektronische Unterstützungsmaßnahmen am Platz des Navigators

Oben: Die Boeing E-6A ist eine weitere Version der Boeing C-135, Militärversion des zivilen Passagierflugzeuges Boeing 707. Die Gesamtkosten für die 15 Maschinen werden 1,6 Milliarden Dollar betragen; 8 Maschinen sind für die Pazifik- und 7 für die Atlantikflotte bestimmt. Die Grundlage bildet die AWACS-Konstruktion, aber ohne drehbaren Radardom und Pylon. Die Sendeleistung beträgt etwa 200 kW, und aus einer Trommel im Heck wird eine 4 km lange Schlepp-Drahtantenne abgespult.

Laser-Verbindungen zu Untersee-Schiffen

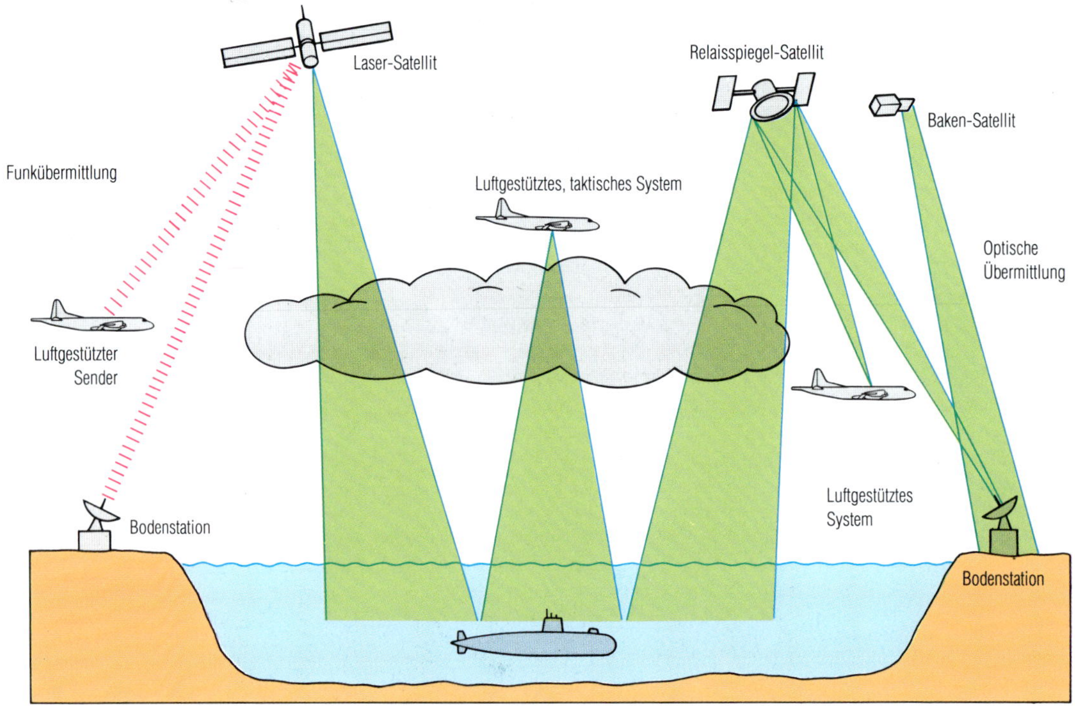

den Funkspruch zum erstenmal nahe der Wasseroberfläche, sinkt dann auf eine vorher bestimmte Tiefe ab, von wo aus sie ihn ein zweites Mal sendet, legt anschließend auf derselben Tiefe ein Pause von fünf Minuten ein, sendet ihn danach ein drittes Mal und versenkt sich dann selbst. Der gesamte Vorgang vom Wassereintritt bis zur Selbstversenkung dauert etwa 17 Minuten.

Blau-Grün-Laser

Im Blau-Grün-Teil des Spektrums gibt es ein optisches Fenster, das es Sendungen gestattet, den Ozean in großen Tiefen zu durchdringen. Das Hauptproblem dabei ist der beträchtliche Energiebedarf, und Satelliten sind noch nicht imstande, die Ausrüstung für die notwendige Energie mitzuführen. Diese Schwierigkeit kann jedoch durch die Verwendung eines Boden-Lasers in Verbindung mit einem Spiegel im Weltraum, ausgestattet mit flexibler Optik zur Erzeugung eines Kohäsionsstrahls, überwunden werden. Ein solches System könnte eine Datengeschwindigkeit aufweisen, die bis zu 300mal besser ist als die des ELF-Systems, würde aber nicht bis in dieselbe Tiefe eindringen. Ein interessanter Aspekt eines derartigen Systems besteht darin, daß sich ein Flugzeug, das unbeabsichtigt einen solchen Strahl durchfliegt, selbst in keiner Gefahr befindet, aber Besatzung und Passagiere ohne Laser-Schutzgläser könnten Augenverletzungen erleiden.

U-Boot-FM-Verkehr

Jede Art Übermittlung, welchen Teil des elektromagnetischen Spektrums sie auch immer benutzt, ist dem Abhören durch den Gegner ausgesetzt und riskiert auf diese Weise, die Position des Unterseebootes preiszugeben. Viele Jahre lang konnten U-Boote nur unter Verwendung des Kurzwellen-Bandes (3–30 MHZ) senden, das verhältnismäßig leicht abgehört und zum Einpeilen verwendet werden kann. Im 2. Weltkrieg benutzte es die deutsche Marine, um einen beträchtlichen FM-Verkehr zwischen der Befehlsstelle des BdU und den Booten in See abzuwickeln. Die Funksprüche des BdU wurden abgehört, und da der mit der Enigma-Maschine verwendete Code gebrochen worden war, wußten die alliierten U-Jagdstreitkräfte über die Befehle für die U-Boote häufig genauso viel wie die letzteren selbst.

Oben: Für strategische Verbindungen zu Unterseeschiffen planen die Amerikaner ein raumgestütztes (links) oder bodengestütztes (rechts) Blau-Grün-Lasersystem, um den Ozean zu durchdringen.

Oben: Flugzeuge können mit Unterseebooten unter Verwendung von Bojen wie dieser «Sippican» SUS Mk 84 Verbindung aufnehmen. Sie ist 38 cm lang, hat einen Durchmesser von 7,62 cm und wiegt 2,95 kg. Auf den Frequenzen 3,5 kHz und 2,95 kHz sendet sie Funksprüche wie: «Notfall, untenbleiben!», «Unbekanntes U-Boot: Auftauchen zur Identifizierung!» oder «Verbindung aufnehmen!».

«Sippican»-XSTAT-Verfahren

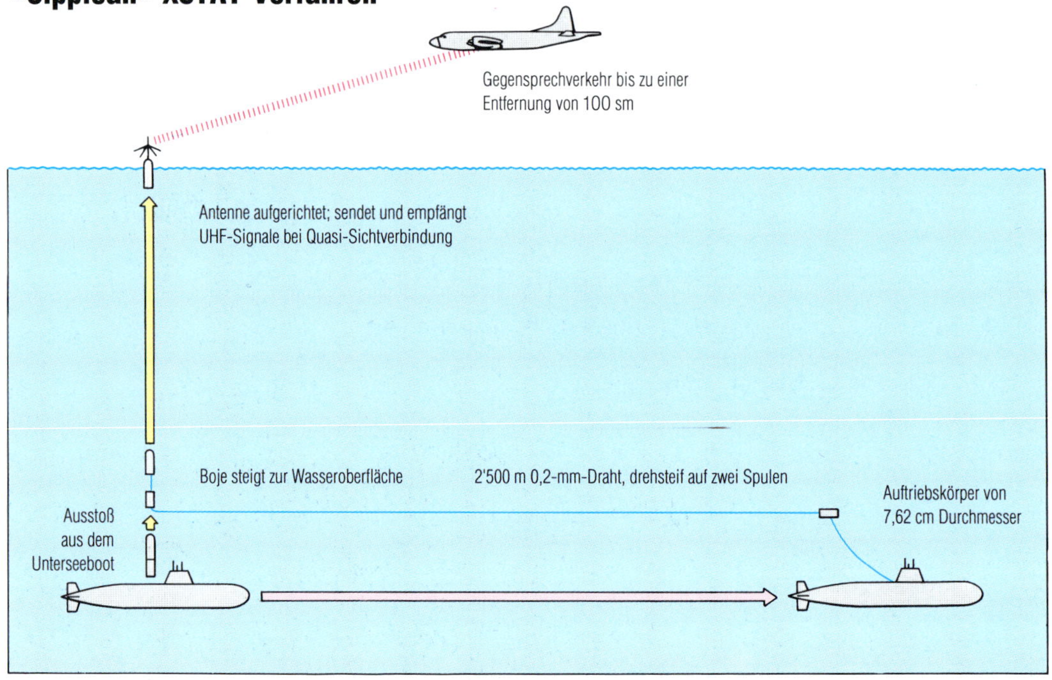

Rechts: Das taktische Einweg-XSTAT-Sende- und Empfangsgerät ermöglicht es Unterseebooten, einen Gegensprechverkehr mit einem Flugzeug auf der Frequenz 350 MHz UHF-AM bis zu 100 sm Entfernung – abhängig von der Flugzeughöhe – aufzunehmen. Das System verwendet eine aus einem Torpedorohr ausgestoßene Boje. Ein am Bootskörper verankerter Auftriebskörper enthält eine Drahtspule, deren Drahtende an der Boje befestigt ist, die zur Wasseroberfläche aufsteigt. Da auch die Boje aufgespulten Draht enthält, erzeugen beide Spulen einen verdrehungsfreien Draht. An der Wasseroberfläche kann die Boje Gegensprechverkehr bis zu einer Stunde herstellen.

Links: Ein UH-1-Hubschrauber der US-Marine schwebt über den ausgefahrenen Sehrohrmasten eines U-Bootes; optimale Voraussetzungen zu einer Verbindungsaufnahme.

Links: Für die volle Reichweite der Standard-FM-Verbindungen brauchen Unterseeboote am Mast angebrachte Antennen. Hier beim britischen National Maritime Institute ist ein hydrodynamischer, den Bootskörper nicht durchdringender, integrierter FM-Mast aus glasfaserverstärktem Plastik in Erprobung, von dem seine Konstrukteure – Plessey Naval Systems – behaupten, er werde die FM-Leistungsfähigkeit verbessern und eine flexiblere Handhabung gestatten.

Unten: Verbindungsaufnahmen zwischen Unterseebooten sind besonders schwierig; Sonar kann eingesetzt werden, gibt aber die Anwesenheit des Unterseebootes preis. Es kommt selten vor, daß sich zwei U-Boote mitten im Ozean an der Wasseroberfläche treffen: hier ein sowjetisches SSN der Victor-III- (Vordergrund) und ein SSGN der Oscar-Klasse 1985 im Nordatlantik.

Außerdem waren die Boote gezwungen, infolge der Forderungen von Dönitz nach Informationen, in See zu senden, und konnten daher mit Leichtigkeit auf Kurzwelle eingepeilt und gejagt werden. Sobald sich die Deutschen dessen bewußt waren, unternahmen sie eine Reihe von Schritten, um die Sendezeiten zu verringern. Neben anderen Verfahren kam ein technisches zur Anwendung: das «Kurier»-Kurzzeitsende-System, wobei die Nachricht elektronisch komprimiert und in einem plötzlichen Sendestoß übermittelt wurde. Solche Kurzzeitsendungen auf Kurzwelle sind noch in Gebrauch, sie sind durchaus einzupeilen, erschweren jedoch die Aufgabe des Abhörenden sehr. Die Kurzwellenantennen sind auf ausfahrbaren Masten angebracht, die sich im Turm des Unterseebootes befinden.
Satellitenverbindungen im Bereich der UHF- und SHF-Bänder sind für die Unterseeboote ein Segen, da die Sendungen von Bodenabhörstationen weitaus schwieriger abzuhören sind, obwohl sie von entsprechend ausgerüsteten Flugzeugen und von Satelliten abgehört werden können. Die meisten Unterseeboote führen heute an Masten angebrachte Satellitenantennen, die bei Überwasserfahrt oder auf Sehrohrtiefe benutzt werden können. Wenn Echtzeit-Verbindungen nicht von Bedeutung sind, dann können Sendebojen wie die BRT-1 der US-Marine verwendet werden. Sie enthalten einen Kassettenrekorder und einen Funksender. Die Boje wird vom Unterseeboot aufgelassen und sendet beim Erreichen der Wasseroberfläche eine Nachricht bis zu vier Minuten Dauer mit einer vorher eingestellten Verzögerung zwischen 15 und 60 Minuten. Mit einer einstündigen Verzögerung der Sendung kann sich ein 20 kn laufendes Unterseeboot mittlerweile irgendwo in einem 4'310 km^2 großen Gebiet aufhalten, aus dem die Sendung gekommen ist.
Verbindungen zu Überwasserschiffen und anderen Unterseebooten sind noch ein genauso schwieriges Problem. Bojen wie die BRT-1 können zur Übermittlung von Nachrichten eingesetzt werden, die von der Zeit her nicht dringlich sind, und unter bestimmten Voraussetzungen können auch akustische Unterwassertelefone verwendet werden. Ansonsten müssen Nachrichten für andere Unterseeboote zurück zum Stützpunkt übermittelt werden, um über den normalen Flottensendedienst weitergegeben zu werden.

Die Überwasser-U-Boot-Abwehr

Hinsichtlich der wirksamsten Weise, Unterseeboote zu bekämpfen, gibt es in den meisten Marinen umfangreiche Diskussionen. U-Bootfahrer selbst sind fast einstimmig der Ansicht, daß die beste U-Jagdplattform ein anderes Unterseeboot ist, während Überwasserseeleute und Flieger zur Auffassung neigen, daß ein Zusammenwirken von Kriegsschiffen und Flugzeugen in Verbindung mit Flächenüberwachungssystemen wie dem SOSUS die besten Ergebnisse erbringt. Der Einsatz von Unterseebooten zur U-Abwehr wird an anderer Stelle beschrieben. Dieses Kapitel befaßt sich mit der Technologie der Überwasserschiffe und Flugzeuge bei der U-Bootbekämpfung.

Aktivsonar

Das von den Überwasserkriegsschiffen seit etwa 30 Jahren eingesetzte Mittel zur Ortung von Unterseebooten ist das aktive Sonar gewesen. Auf einem Kriegsschiff ist der Sonardom entweder im Bug oder unter dem Kiel des Schiffes eingebaut, und ein besonderes Problem für derartige im Schiffskörper integrierte Sonare stellt das durch die relative Bewegung des akustischen Senders/Empfängers und des sie umgebenden Wassers erzeugte Eigengeräusch dar. Aktive Sonarsysteme umfassen eine große Anzahl von Transduktoren in bestimmten Anordnungen. Überwasserschiffe verwenden flache, kreisförmige oder rechteckige Anordnungen. Ein typisches, modernes System der US-Marine, das SQS-26, besitzt 576 Transduktoren in einer zylindrischen Anordnung, untergebracht in einem großen, wulstigen Dom unten am Steven. Das Vorhandensein eines Bugsonars ist im allgemeinen an einem scharf überhängenden Bug zu erkennen, wie dies bei den meisten amerikanischen und sowjetischen U-Jagdschiffen der Fall ist, während ein weniger scharfer Bugwinkel normalerweise auf einen Sonardom unter dem Kiel hinweist. Diese Anordnungen sind allesamt stationär, und die Peilstrahlen werden elektronisch erzeugt, um Richtungsauflösung zu gewährleisten, während die Doppler-Frequenzänderung im Rücksignal die Zielbewegung angibt. Weiterentwicklungen beim Aktivsonar für Überwasserschiffe richten sich auf die Verstärkung seiner ausgezeichneten Ortungsfähigkeiten beim gleichzeitigen Versuch, seine charakteristische und verräterische Signatur zu verringern. Die derzeit zu erforschenden Hauptmethoden sind das Senden im Spreizspektrum sowie das im Kapitel über Sensoren beschriebene parametrische Sonar.

Passivsonar

Der Hauptnachteil des aktiven Sonars ist, daß es dem Ziel seine Anwesenheit verrät. Normalerweise wird ein Unterseeboot die Impulse des Aktivsonars eines Überwasserkriegsschiffes orten, lange bevor das Kriegsschiff selbst das Vorhandensein eines Zieles erkennt, und während ein U-Jagd-Flugzeug für ein getauchtes U-Boot schwierig festzustellen ist, wird seine Nähe sofort bekannt, wenn eine Aktivsonoboje zu senden beginnt. Daher hat die Bedeutung des passiven Sonars rasch zugenommen, da durch die fehlende Impulsaussendung die Position des U-Jägers nicht preisgegeben wird. Hydrophone finden oft in Form von Schleppsonaren Verwendung; diese schränken die Geschwindigkeit und Manövrierfähigkeit des Schiffes ein und machen es selbst sehr verwundbar. Das Problem wird durch die notwendige Trennung vom Gros der Kampf-

Simrad-SS242-Sonarsystem

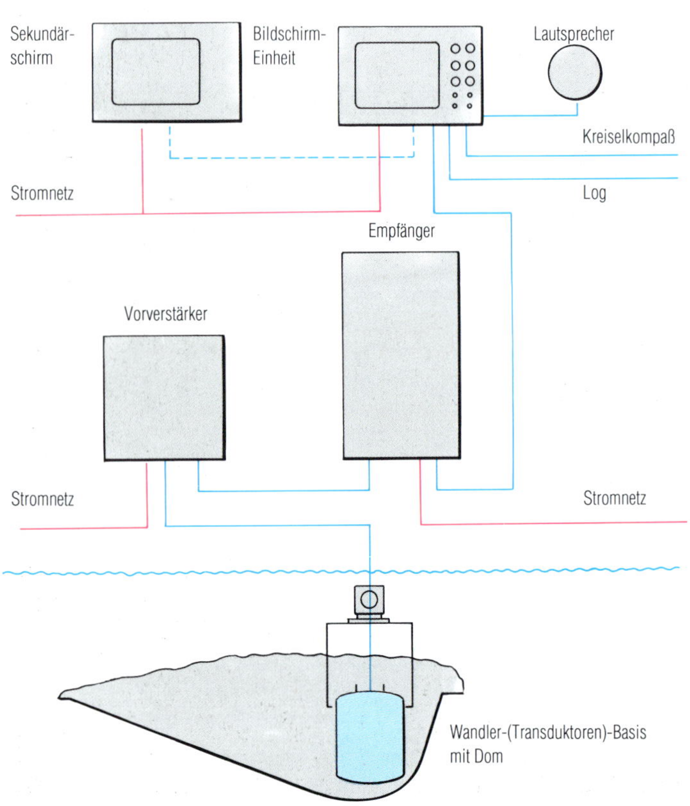

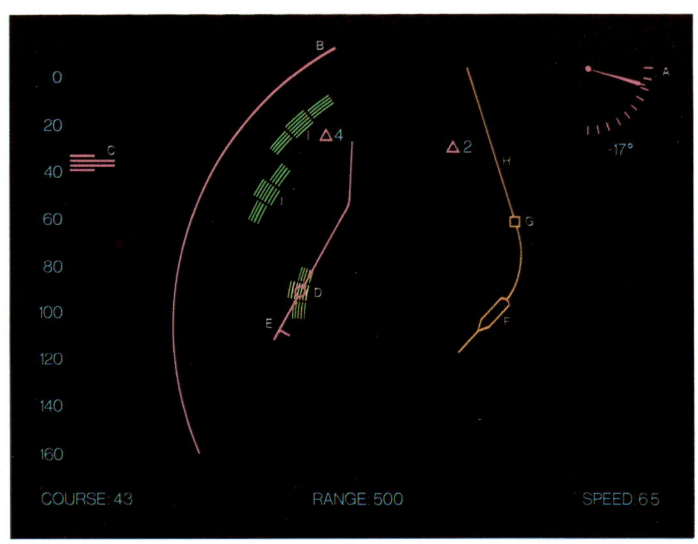

Links: Sonaranlagen der Simrad-SS240-Reihe sind für den Einbau in kleine Überwasserschiffe entworfen. Der Wandler ist im Inneren eines Doms untergebracht, und die empfangenen Signale werden über einen Vorverstärker an den Empfänger weitergegeben. Eine Bedienungs-Bildschirm-Einheit mit Lautsprecher stimmt die Eingaben mit den Daten vom Kreiselkompaß und Log des Schiffes ab. Sekundärschirme gestatten, das Lagebild an andere Stellen zu übertragen.

Oben: Der mehrfarbige Schirm einer Simrad-SS304-Sonaranlage, entworfen zum Einbau in Schiffen bis zu 150 ts. Zu sehen sind der –17°-Kippwinkel (A) und der 85°-Impuls-Sektor (B) des Sonars zusammen mit Eigenkurs (H), Positionsmarke (G) und tatsächlicher Position (F). Dargestellt sind die Position (D), Geschwindigkeit und Richtung (E) sowie Tiefe (C) des Zieles, weiterhin andere Unterwasserechos wie Fischschwärme (I) und die Navigationsdaten.

gruppe verstärkt, um die Leistungsfähigkeit des Sonars zu erhöhen; wie das Beispiel der Radarsicherungsschiffe im Südatlantischen Krieg 1982 zeigt, sind derartig isolierte Schiffe gegenüber Luftangriffen außerordentlich verwundbar. Schließlich können die Schleppsonare selbst ein ortungsfähiges Geräusch erzeugen – durch das über den Schleppkörper strömende Wasser oder das auf seiner «natürlichen» Frequenz mitschwingende Schleppkabel –, und die datenverarbeitende Elektronik muß imstande sein, solche Signale auszuschalten.

Nichtakustische Sensoren

Ein sich durch das Wasser bewegendes, getauchtes Unterseeboot hinterläßt ein Kielwasser, das durch aktives Sonar geortet werden kann. Diese in der Form konische Turbulenz erreicht schließlich weit achteraus des Bootes die Wasseroberfläche, wo sie winzige Schwankungen im Wellenmuster verursacht. Sowohl die USA als auch die UdSSR experimentieren in dem Bestreben, dieses Phänomen auf beträchtliche Entfer-

Links: Die Bedienungskonsole der Graseby-750-Sonaranlage hat drei Schirme für (von links nach rechts) Rundsichtanzeige, Doppler-Vermessung, Hydrophoneffekt in Horchuntersystemen. Die Schirme sind geografisch stabilisiert und durch Horchsysteme ergänzt.

Oben: Wandlerbasen werden in hydrodynamische, glasfaserverstärkte Plastikdome eingebaut, um das Strömungsgeräusch zu verringern. Die Dome befinden sich entweder am Bug oder unter dem Kiel mittschiffs. Hier ein Fabrikat der Plessey Naval Systems.

Oben: Sonaranlage der Plessey-PMS-40-Reihe mit 12 Transduktoren in jeder senkrechten Anordnung. Sie gewährleistet gleichzeitige aktive und passive Rundumbedienung, und die Elektronik erlaubt eine automatische Verfolgung von bis zu zehn Echos.

Unten: Bedienungskonsole des Plessey-Sonarsystems Typ 2016, gegenwärtiges Hauptsonarsystem der RN zur Geleitsicherung. Elektronische Analyse und Darstellung der Informationen sind wichtig, um eine eigene Beurteilung der Zieldaten zu ermöglichen.

Plessey COMTASS (Kompakt-Schleppsonarsystem)

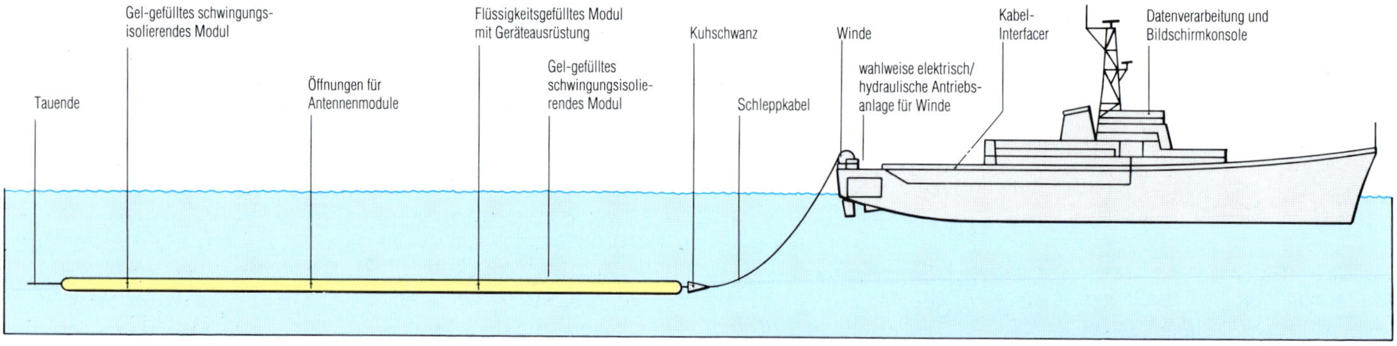

Oben: Das britische Kompakt-Schleppsonarsystem (COMTASS) liefert eine passive U-Jagdfähigkeit für Überwasserschiffe und U-Boote. Schleppsonare sind sehr wirksam, auch wenn sie Geschwindigkeit und Manövrierfähigkeit des schleppenden Schiffes einschränken.

Rechts: HMS CLEOPATRA mit dem Schleppsonar vom Typ 2031. Diese Anlagen brauchen große Heckvorrichtungen; bei CLEOPATRA reicht der vorhandene Decksraum dafür aus, aber ihre Schwesterschiffe müssen für die Winde Heckausleger haben, wodurch sich die Schiffslänge um 1 m vergrößert.

nungen zu orten, mit dem OTH-B-Radar. Abhängig von der Tauchtiefe des Unterseebootes und der vorherrschenden ozeanischen Bedingungen kann die Kielwasserturbulenz auch kälteres Wasser zum Aufsteigen und Vermischen mit wärmerem Wasser an der Oberfläche zwingen, wodurch ein Temperaturunterschied verursacht wird, der durch Satellit oder durch luftgestützte Sensoren geortet werden kann. Befindet sich ein Unterseeboot nahe der Wasseroberfläche in Fahrt entsteht über dem Bootskörper ein winziger, aber wahrnehmbarer Schwall an der Oberfläche, der möglicherweise durch Satellit zu orten ist. Die UdSSR ist an dieser Technik interessiert, und die USA besitzen zumindest einen Satelliten (SEASAT), dessen Funkhöhenmesser eine senkrechte Auflösung von 10 cm hat und für diese Aufgabe eingesetzt werden könnte.

Unterseeboote können auch über die von ihnen erzeugten elektrischen und magnetischen Felder geortet werden. Laut einem sowjetischen Autor gibt es auf einem U-Bootskörper elektrochemische Prozesse, die wechselnde elektrische Spannungen mit Strömen erzeugen, die unter Benutzung von Seewasser als Leiter zwischen ihnen fließen. Die Veränderungsgeschwindigkeit der daraus folgenden elektrischen und elektromagnetischen Felder sei mit empfindlichen Vorrichtungen feststellbar, wozu große Spulen auf dem Meeresgrund gehören würden. Ein U-Bootskörper besteht im wesentlichen aus Eisen, das sich durch die Kraftlinien des natürlichen Magnetfeldes der Erde bewegt, wobei eine magnetische Anomalie erzeugt wird, die durch ein luftgestütztes Magnetortungsgerät (MAD) festgestellt werden kann. MAD-Vorrichtungen sind entweder am Schwanzende von Flugzeugen oder in von Hubschraubern geschleppten aerodynamischen Körpern untergebracht. Alle modernen U-Jagdflugzeuge sind damit ausgestattet, darunter auch die amerikanische P-3 «Orion» und S-3 «Viking», die britische «Nimrod», die französische «Atlantic» und die sowjetische Il-38 «May». MAD-Vorrichtungen besitzen normalerweise eine maximale Ortungsreichweite von etwa 300 m und sind daher zur Flächensuche ungeeignet. Andererseits sind sie von unschätzbarem Wert für die genaue Lokalisierung von Unterwasserzielen, die auf andere Weise, z.B. durch SOSUS, geortet wurden. Die Verwendung von Titan-Bootskörpern bei der sowjetischen *Alfa*-Klasse schafft eine neue Situation, da Titan ein nichtmagnetisches Material ist und durch MAD-Sensoren nicht geortet werden kann. Zum Glück für den Einsatz von MAD ist Titan so teuer und die zu seiner Verwendung erforderliche Fabrikationstechnik so kompliziert, daß wahrscheinlich nur sehr wenige Unterseeboote aus diesem Metall gefertigt werden können.

Optische Ortung

Licht wird von Seewasser sehr wirksam absorbiert, aber im blau-grünen Bereich des sichtbaren Spektrums gibt es ein Fenster. Anstrengungen sind unternommen worden, dies für FM-Verbindungen mit Blau-Grün-Laser unter Einsatz von Satelliten auszunutzen, um – wie im vorigen Kapitel beschrieben – den Strahl auf das Zielgebiet zu projizieren. Eine ähnliche Technik könnte angewendet werden, um Unterseeboote zu orten, entweder durch Erfassen der winzigen Rückstrahlung von einem satellitengestützten

Unten: Das SQR-18A-TACTAS-Schleppsonarsystem besteht aus drei Untersystemen. Das Schlepp-Untersystem selbst umfaßt ein Panzerkabel mit einer Anordnung akustischer Module; hier in der (V)1-Version, angebracht an einem vorhandenen VDS-Sonarkörper. Bei der Version (V)2 für Schiffe ohne VDS bestimmt die Länge des Kabels in bezug auf die Geschwindigkeit des Schiffes die Schleppantennentiefe. Das Schleppkabel isoliert räumlich die Antenne vom Eigengeräusch des Schiffes. Zum Bedienungs- und Unterbringungs-Subsystem gehören eine hydraulisch angetriebene Winde und eine Bedienungskonsole im Heck unter Deck, während das elektronische Untersystem für die Steuerungs- und Darstellungsfunktionen sorgt. Ein Signal-Zustandsprüfer verstärkt und entzerrt und setzt das Signal digital um, der Impulsrichter ordnet Mehrfachsuchstrahlen, und auch die Schiffseigenstörungen werden gelöscht. Das Signal passiert die Datenverarbeitung und Klassifizierung, um in den Speicher einzugehen, ehe es in der Operationszentrale auf dem Sichtschirm dargestellt wird.

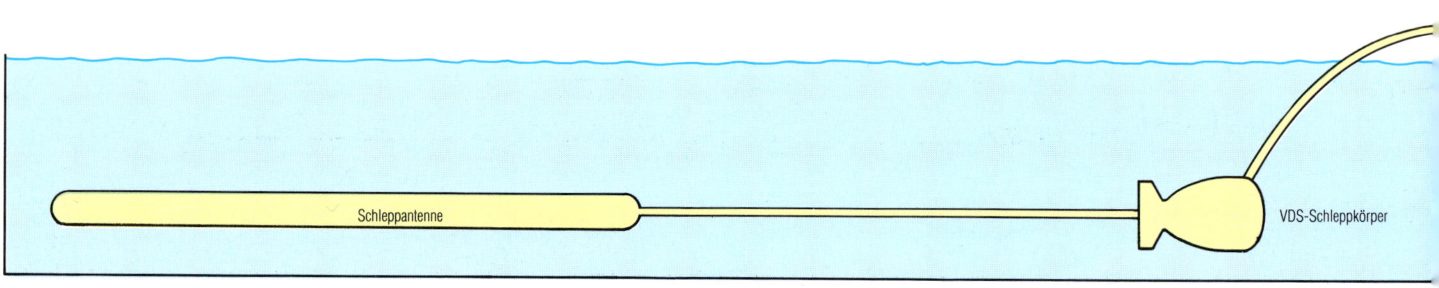

Oben: Die Empfangsanlage des BAe-Aktiv-Schleppsonars. Hydrophone und damit verbundene Elektronik sind in einem 20 m langen Flexorohr mit 88 mm Durchmesser untergebracht. Die Signale werden als ein einziger, fortlaufender Datenstrom an die Schiffselektronik weitergegeben.

Sensor oder durch Einbauen eines Blau-Grün-Lasers und entsprechender Detektoren in ein U-Jagdflugzeug. Im letzteren Falle könnte die Laserortung MAD ergänzen und die Unfähigkeit der MAD-Sensoren überwinden, Titan-Bootskörper zu orten.

Die elektronische Kampfführung

An anderer Stelle in diesem Buch ist beschrieben worden, wie dieselelektrisch angetriebene Unterseeboote schon von Natur aus ortungsanfällig sind, weil sie sich in regelmäßigen Zeitabständen der Wasseroberfläche nähern und ihre Schnorchelköpfe zeigen müssen, um ihre Batterien wieder aufzuladen und ihre Lebensunterhaltungssysteme zu erneuern. Nuklear angetriebene Unterseeboote brauchen keine Schnorchelmasten zu zeigen, aber sie teilen mit den dieselelektrisch angetriebenen Unterseebooten das Problem der FM-Verbindung, und Überwasser-U-Jagdeinheiten nutzen natürlich diese Schwäche schnell aus. Mit einem völlig getauchten Unterseeboot wird der FM-Verkehr hauptsächlich im VLF-Bereich abgewickelt, aber die für den Empfang erforderliche lange Schleppantenne kann durch Überwasserkriegsschiffe und Flugzeuge geortet werden. So ist es nicht überraschend, daß Anstrengungen unternommen werden, um für U-Boote neue FM-Systeme zu entwickeln. Von U-Booten ausgehende Funksprüche können durch elektronische Überwachung unter Verwendung von Plattformen wie Satelliten, Küstenabhörstationen, Überwasserkriegsschiffe und Flugzeuge sofort erfaßt werden. Zuerst richten sich alle Bemühungen darauf, den Ort der Sendung zu ermitteln, dann den Sender zu identifizieren und schließlich den Inhalt des Signals zu analysieren. Um dies zu vermeiden, können in Bojen untergebrachte Sender verwendet werden, die auf normaler Einsatztauchtiefe ausgesetzt werden und erst zu senden beginnen, wenn sie die Wasseroberfläche erreichen.

U-Jagd-Raketenstarter

Bei vielen Marinen führen Überwasserkriegsschiffe U-Jagd-Raketenstarter; trotz des damit verbundenen Nachteils, der auch für Wasserbomben zutrifft, daß ihre kurze Reichweite dem Ziel gestattet, dicht heranzukommen. Die sowjetische Marine hat eine Reihe von U-Jagd-Raketenwerfern mit der Bezeichnung RBU, an die ihre in Metern angegebene Reichweite angehängt ist, entworfen. Das vollkommenste Modell ist der RBU-6000 mit 12 senkrecht zu ladenden Rohren, in Hufeisenform auf einer Lafette angeordnet, die nach Höhe und Seite gerichtet werden kann. Die Raketen werden paarweise abgefeuert, ihre maximale Reichweite beträgt 6'000 m, und der Gefechtskopf enthält 55 kg Sprengstoff. Alle Schiffe in der Größenordnung der Flugzeugträger der KIEV-Klasse bis zu den Korvetten der GRISHA-Klasse sind mit dem RBU-6000 ausgerüstet. Weitere Modelle dieses Raketenwerfers sind der RBU-2500 (sechzehn Rohre), der RBU-1200 (fünf Rohre), der RBU-1000 (sechs Rohre) und der RBU-600 (sechs Rohre).

Thorn-EMI-Entmagnetisierungsschleifenfahrt

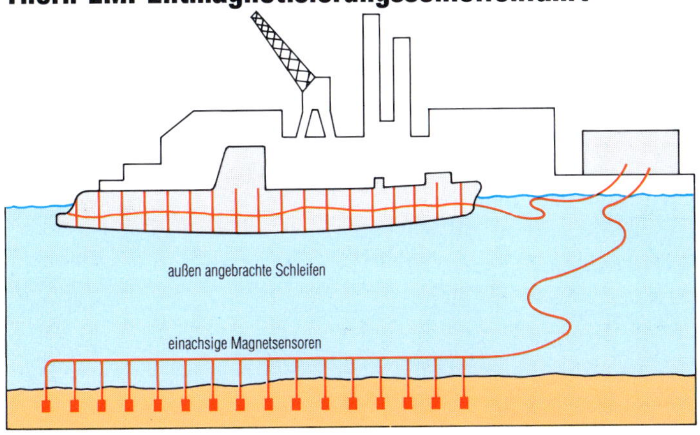

Oben: Während des Baus und im normalen Betrieb wird ein Schiff oder Unterseeboot in den drei Hauptachsen senkrecht, längs- und querschiffs magnetisiert. Es ist daher notwendig, sie auf einer Entmagnetisierungsschleifenfahrt zu behandeln. Hier ein Verfahren im geschützten Fahrwasser in der Nähe eines Marinestützpunktes, wo Bedienungseinrichtungen und elektrischer Strom zur Verfügung stehen.

Oben: Es überrascht nicht, daß die Signaturdämpfungseinrichtungen der US-Marine für ihre U-Schiff-Flotte viel komplizierter und kostspieliger sind, als links gezeigt. Hier die USS OHIO (SSBN-726) innerhalb eines riesigen, zweckbestimmten Bauwerks, um ihre magnetische und sonstige Signatur vor Antritt einer Einsatzfahrt auf das geringstmögliche Niveau zu senken. Die Sowjets besitzen ähnliche Einrichtungen.

EDO SQR-18A(V)1 TACTAS (Taktisches Schleppsonar)

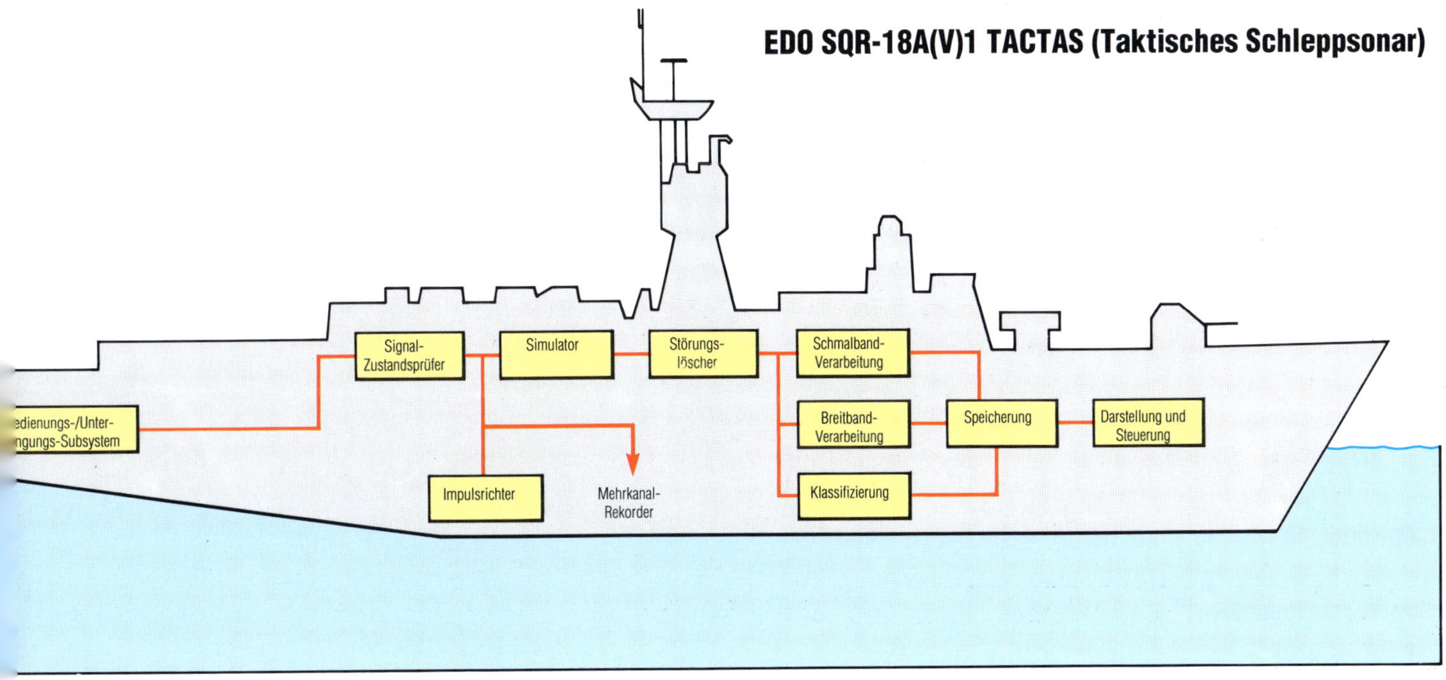

Das einzige ähnliche Waffensystem ist der schwedische Bofors-375-mm-U-Jagd-Raketenstarter mit zwei Raketentypen: der «Erika» mit einer Reichweite von 600 bis 1'600 m und der «Nelli» mit 1'600 bis 3'600 m. Die Bofors-Starter gibt es in Versionen mit 2, 4 und 6 Rohren, wobei die sechsrohrige Version von der französischen Firma Creusot-Loire als Grundlage für ihren Starter Modell 1964 benutzt worden ist.

Minen

In der U-Abwehr spielen Minen eine wichtige Rolle, wenn auch die Tage der Ankertauminen wahrscheinlich gezählt sind. Weit wirksamer ist die «Captor» der US-Marine, ausschließlich zum Angriff gegen Unterseeboote entworfen. «Captor» besteht aus einem Torpedo Mk 46, der sich in einem Rohr befindet. Von Unterseebooten, Flugzeugen oder Überwasserschiffen gelegt, liegt sie auf dem Meeresboden und hört den gesamten passierenden Seeverkehr ab. Dazu benutzt sie ein passives Sonarsystem mit einer Reichweite von etwa 1'000 m, das den Überwasserverkehr ausgrenzt. Bei Identifizierung eines U-Boot-Zieles wird das aktive Sonar eingeschaltet, die günstigste Abschußzeit berechnet und der Torpedo abgeschossen. Eine IFF-Anlage ist nicht vorgesehen, daher müssen sich eigene Unterseeboote von jeder «Captor»-Minensperre fernhalten.

«Stand-off»-Waffen

Um das Problem zu bewältigen, das Ziel-U-Boot zu erreichen, ehe es seinen Jäger angreifen kann, sind eine Reihe von «Stand-off»-(Abstands-)Waffen entwickelt worden, die eine Wasserbombe oder einen Torpedo mit einem Flugkörper oder einer Rakete als Träger abschießen. Die amerikanische «Asroc» besteht aus einem akustisch zielsuchenden Torpedo Mk 46, verbunden mit einem Raketenmotor. Ähnliche Waffensysteme sind in Frankreich («Malafon»), Australien («Ikara») und der UdSSR (FRAS-1 und SS-N-14) entwickelt worden. Die Reichweiten sind nicht groß; bei «Asroc» zum Beispiel werden sie auf 2 bis 10 km geschätzt. Unter der Bezeichnung «Sea Lance» (früher ASW-SOW) entwickelt die US-Marine einen gemeinsamen Nachfolger für «Subroc» und «Asroc». Mit einer geschätzten Reichweite zwischen 56 bis 160 km und zur Bekämpfung der von den Unterseeschiffen der sowjetischen *Alfa*- und *Sierra*-Klasse ausgehenden Bedrohung entworfen, wird «Sea Lance» senkrecht von Überwasserschiffen aus gestartet und von Unterseebooten aus normalen Torpedorohren ausgestoßen. Das System besteht aus einem normalen Flugkörper, der entweder den modernen Leichttorpedo oder eine nukleare Wasserbombe mitführt. Letztere müßte fast mit Sicherheit eine allgemeine Neuentwicklung sein, um die bei der US-Marine in Dienst befindlichen nuklearen Gefechtsköpfe W 55, B 57 und W 44 zu ersetzen.

Torpedos

Über Torpedos im allgemeinen ist schon an anderer Stelle gesprochen worden; ihr grundlegendes Problem ist der Mangel an Geschwindigkeit. Selbst beim Vorhandensein von Hubschraubern und «Stand-off»-Abschußsystemen wie «Asroc» ergibt sich das Bedürfnis nach viel schnelleren Torpedos; das amerikanische ADCAP-Programm für den Torpedo Mk 48 soll dessen Geschwindigkeit auf 55 kn steigern, während die nächste Generation britischer Torpedos, abgeschossen von Überwasserkriegsschiffen und abgeworfen aus Flugzeugen, der «Spearfish», eine Gasturbine und einen Pumpenstrahlantrieb benutzt, um noch höhere Geschwindigkeiten zu erzielen. Kritisch ist der Gefechtskopf-Entwurf, besonders im Falle der aus Flugzeugen abgeworfenen Leichttorpedos, die von Natur aus kleine Gefechtsköpfe besitzen; es ist sehr unwahrscheinlich, daß sie an stärkeren U-Bootskörpern Schäden verursachen können. Allgemein ausgedrückt, die Fähigkeiten der gegenwärtigen Torpedos bleiben hinter je-

Oben: Ziemlich alle sowjetischen Überwasserkriegsschiffe sind mit einigen der zahlreichen Modelle des RBU-U-Jagd-Raketenwerfers ausgerüstet. Hier der 12rohrige RBU-6000 mit 6'000 m Reichweite. Mit ihm sind Schiffe von den Schlachtkreuzern der KIROV-Klasse bis zu den Korvetten der GRISHA-Klasse ausgestattet.

Rechts: Französisch-italienischer U-Jagdwaffen-Entwurf, um einen Torpedo über Entfernungen von mehr als 40 km zu tragen, mit Zieldatenübermittlung im Flug.

Deckabschußsystem Plessey PMW 49A

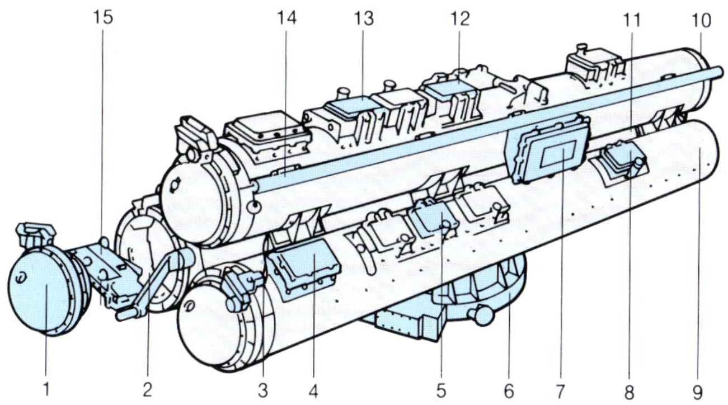

1 Verschlußgruppe
2 Richt-Schwenkgriff
3 Anschlagring und Schalthebel
4 Schaltkasten
5 Luk 3 (Reep für Magnetspulen-Einheit Mk.46)
6 Richtmechanismus
7 Stb.-Verteilerkaster
8 Luk 1 (Reep für Magnetspulen-Einheit «Stingray»)
9 Rohr 3
10 Rohr 2
11 Rohr 1
12 Luk 2 (Bb.-Batterieabdeckung «Stingray»)
13 Luk 4 (Stecker-Ausziehvorrichtung)
14 Ladeschlauch
15 Torpedosicherung

Oben links: Britischer Dreifachrohrsatz PMW 49A für Leichttorpedos wie den amerikanischen Mk 46, den britischen «Stingray» oder den italienischen A.244S. Die Rohre bestehen aus Epoxyharz, innen glasfaserbeschichtet mit feuerhemmenden Zusätzen.

Oben: Ein STWS-U-Jagd-Torpedosatz, aus dem der PWM 49A entwickelt wurde. Eine der Lehren des Falkland-Krieges war die Forderung nach schwenkbaren, kugelsicheren Platten; sie sind jetzt außen am Gefechtskopfende der Rohre angebracht.

Schiffssystem Whitehead A.244/S Mod 1

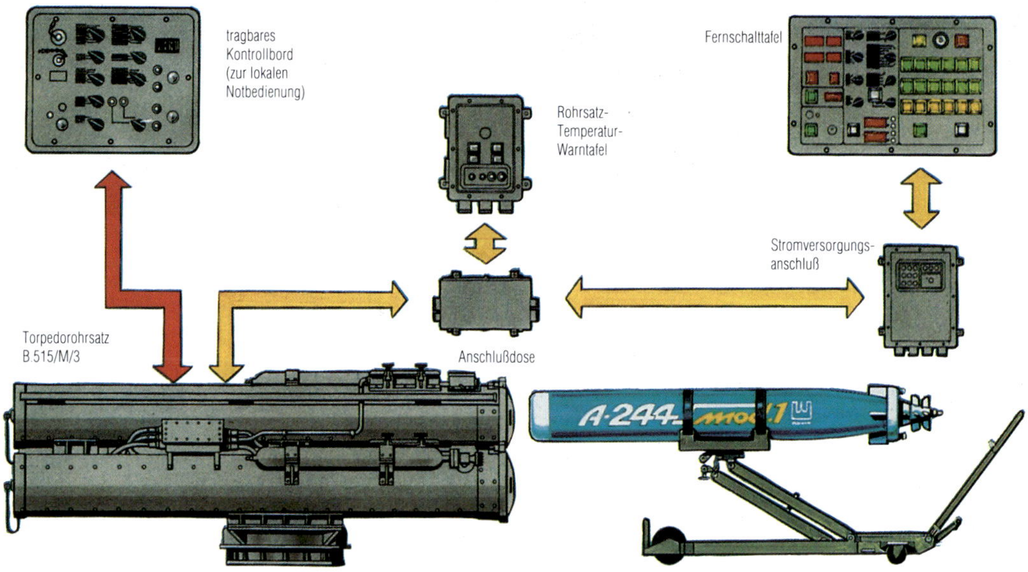

Oben: Dieses Leichttorpedosystem der italienischen Whitehead-Organisation ist für den Einsatz auf kleinen Schiffen entworfen und ähnelt in der Funktion dem oben dargestellten System PMW 49A. Der elektrisch angetriebene A.244 ist 2,7 m lang und hat 324 mm Durchmesser.

Unten: Abschuß eines Leichttorpedos aus einem STWS-Rohr an Bord eines Kriegsschiffes der Royal Navy.

nen des Sonars zurück, das sie unterstützen soll: sie sind langsam, es fehlt ihnen an Reichweite, und sie sind sehr geräuschvoll.

Wasserbomben

Die typische U-Jagdwaffe des Überwasserkriegsschiffes im 2. Weltkrieg, die Wasserbombe, wird von heutigen Überwasserschiffen kaum noch verwendet, da es sehr riskant sein würde, einem modernen Unterseeboot zu gestatten, auf Torpedoschußweite – etwa 3,2 km – heranzukommen. Wasserbomben werden jedoch von U-Jagd-Hubschraubern benutzt; ein Beispiel hierfür ist die britische Mk.11, die 81,6 kg Torpex enthält. Weit wirksamer, aber aus politischen Gründen in der taktischen Anwendung eingeschränkt, ist die nukleare Wasserbombe, obwohl taktische Kernwaffen leichter auf See als an Land eingesetzt werden könnten.

Kernwaffen

Die traditionelle Methode, ein getauchtes Unterseeboot anzugreifen, besteht darin, auf oder in der Nähe seines Bootskörpers eine Sprengladung zur Detonation zu bringen. Weil sich das Unterseeboot bereits in einer unter Druck stehenden und feindlichen Umwelt befindet, braucht die Ladung nicht so groß zu sein, um den vollständigen Zusammenbruch des Bootskörpers herbeizuführen – es genügt ein verhältnismäßig geringes Aufreißen des Druckkörpers, um es dann dem Wasserdruck zu überlassen, einen völlig katastrophalen Zusammenbruch zu bewirken.
Zum erfolgreichen Angriff auf ein Unterseeboot gehört der Abschuß einer Ladung von ausreichender Sprengkraft innerhalb tödlicher Entfernung, und zwar so schnell, damit das Boot keine entsprechenden Ausweichbewegungen mehr durchführen kann. Die relative Langsamkeit, mit der sich die Waffen dem Unterseeboot nähern können, die zunehmende Wirksamkeit der U-Boot-Sensoren, die gesteigerte Beweglichkeit und Schnelligkeit der Ziele sowie die zunehmende Festigkeit der Bootskörper erhöhen die Schwierigkeiten noch. Ein Weg zur Überwindung dieser Schwierigkeiten besteht darin, eine so starke Sprengladung herzustellen, daß sie nicht besonders nahe an das Unter-

seeboot herangebracht werden muß, um die gewünschte Wirkung zu erzielen; für eine solche Aufgabe eignet sich offensichtlich eine Kernwaffe. Ähnlich wie bei der Unterwasser-Akustik ist jedoch der Einsatz von Kernwaffen unter Wasser nicht ganz einfach. Dokumentationen über Auswirkungen von Kernexplosionen unter Wasser sind höchster Geheimhaltung unterstellt, weil sie nur militärische Bedeutung haben. Es ist jedoch bekannt, daß die USA vor dem Inkrafttreten des Vertrags über das Verbot von Kernwaffenversuchen eine Reihe von Unterwasserversuchen durchgeführt haben; darunter der Versuch «Baker», ausgeführt im Juli 1946 auf einer Tiefe von 61 m in einer Lagune. Sein Hauptziel scheint die Beurteilung der Auswirkungen auf Überwasserkriegsschiffe gewesen zu sein. Der 1958 durchgeführte Versuch «Wigwam» fand mit einer nicht angegebenen Sprengwirkung auf 610 m Tiefe statt, während der ebenfalls 1958 vorgenommene Versuch «Wahoo» auf 152 m Tiefe über tiefem Wasser ausgeführt wurde. Allgemein ausgedrückt ergibt eine tief unter Wasser herbeigeführte Kernexplosion eine begrenzte thermische und radioaktive Strahlung. Die Hauptwirkung ist die Bildung einer heißen Dampfblase im Zentrum der Explosion. Diese Blase steigt durch das Wasser auf, dehnt sich mit abnehmender Geschwindigkeit aus, bis eine Maximalgröße erreicht ist, und ist in diesem Stadium – vorausgesetzt, sie berührt weder den Meeresboden noch die Wasseroberfläche – von kugelförmiger Gestalt. Als Folge des nach außen, auf das umgebende Wasser gerichteten Drucks dehnt sich die Blase weiterhin aus, bis der Innendruck abnimmt und unterhalb des umgebenden Wasserdrucks liegt. Jetzt zwingt der Außendruck die Blase, sich zusammenzuziehen, und zwar bis zu dem Punkt, da der Innendruck den Außendruck wieder übersteigt. Etwas Dampf kondensiert, und die Blase dehnt sich erneut aus. Während der Phase des Zusammenziehens neigt inzwischen die untere Hälfte der Blase infolge des unterschiedlichen hydrostatischen Drucks dazu, sich schneller aufwärts zu bewegen als die obere Hälfte, so daß die Blase zur Wasseroberfläche aufsteigt, sich ausdehnend und zusammenziehend, und bei jeder Ausdehnung eine Stoßwelle erzeugt. Jede Verdichtung ist von geringerer Intensität als die vorangehende, aber von größerer Dauer, und insgesamt scheinen drei vollständige Zyklen das Maximum zu sein.
Während die Blase pulsiert und sich aufwärts bewegt, erfährt das sie umgebende Wasser selbst einen beträchtlichen, aufwärts gerichteten Impuls und durchbricht schließlich mit hoher Geschwindigkeit – 322 km/h beim Versuch «Wigwam» – die Wasseroberfläche. Die rasche Ausdehnung der heißen Gasblase führt zu einer Verdichtungs-

Oben: USS COCHRANE (DDG-21) startet einen «Asroc»-Flugkörper. Solche Abschußsysteme sind von Bedeutung, wenn ein Schiff die Hoffnung hat, ein gegnerisches U-Boot zu vernichten, ehe es selbst vernichtet wird.

Unten: «Asroc» benutzt eine Feststoffrakete, um einen fallschirmgebremsten Torpedo Mk 46 oder eine nukleare Wasserbombe von 1 kT über eine geschätzte Maxmalreichweite von 9'600 m zu tragen.

Unten: Schattenschaubild der Detonation eines Gefechtskopfes mit kegelförmiger Ladung unter Wasser; die vordere Ausbuchtung des schmelzflüssigen Strahls – der Monroe-Effekt – ist deutlich sichtbar. Alle westlichen U-Jagdwaffen dürften sich bald auf solche Gefechtsköpfe verlassen können, um die außerordentlich starken Bootskörper bei einigen der heutigen sowjetischen Unterseeboote zu durchdringen.

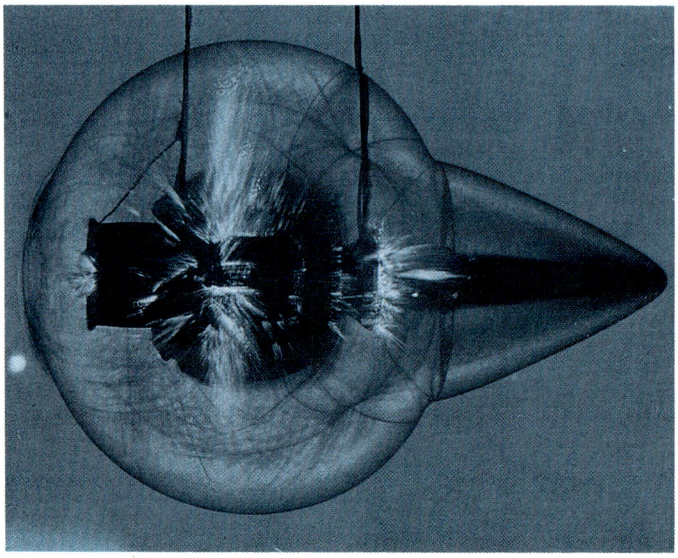

welle, ausgesandt in alle Richtungen, mit einem stark ansteigenden Überdruck an der Stoßfront. Diese Überdruckspitze fällt mit zunehmender Entfernung nicht so rasch ab, wie dies in Luft der Fall sein würde. So beträgt sie zum Beispiel in 914 m Entfernung von einer 100-kT-Explosion über 190 kg/cm², während sie in der Luft bei 0,14 bis 0,2 kg/cm² liegen würde. Umgekehrt ist die Dauer der Stoßwelle in Wasser viel kürzer als in Luft: zwei bis drei Hundertstel Sekunden im Gegensatz zu fast einer Sekunde.
Es gibt auch zwei Formen reflektierter Wellen und eine induzierte Welle. Die erste Reflektierung stammt von der Wasseroberfläche: Wo die Wasserstoßwelle auf die Oberfläche trifft, wird sie als negative Druckwelle zurückgeworfen, und unterhalb der Wasseroberfläche ist der plötzliche Wechsel vom positiven zum negativen Druck als Oberflächensperre bekannt. Die zweite Reflektierung kommt vom Meeresboden und ist als einfache Kompressionsreflektierung anzusehen. Wo der Meeresboden felsig ist oder aus anderem hartem Material besteht, kann die Stoßwelle ein Stück weit in dieses Material eindringen, ehe sie in das Wasser zuruckgestrahlt wird. Anders als die Oberflächenreflektierung sind die beiden letzteren Stoßwellen positive Kompressionswellen.
Wie in anderen Bereichen kann die Natur des Ozeans Launen in den Wellenwegen verursachen. Mit einer starken Stoßintensität

Oben: Oberflächenauswirkung eines früheren Kernwaffenversuches unter Wasser beim Bikini-Atoll. Zahlreiche U-Jagdwaffen besitzen nukleare Gefechtsköpfe; die Auswirkungen sind kompliziert.

«Subroc»-Abschuß und Flugbahnprofil

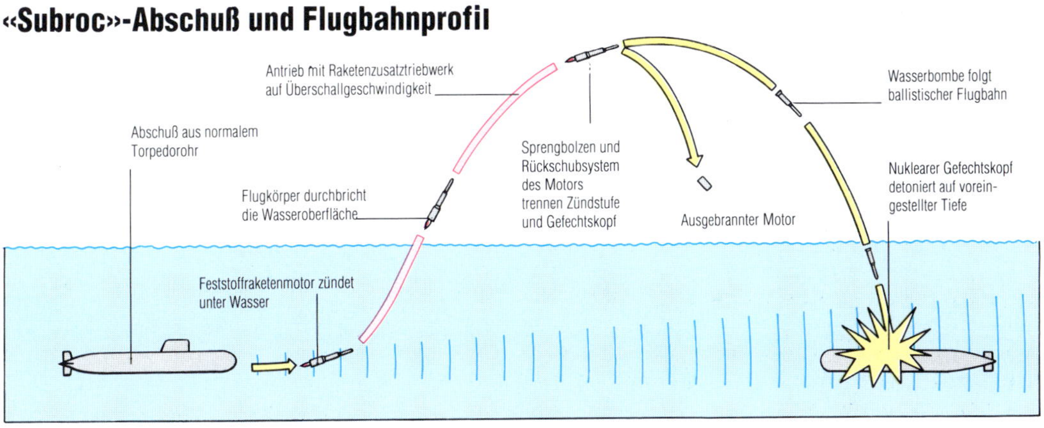

Oben: Einsatzprofil eines «Subroc»-Flugkörpers. «Subroc» soll durch das neue U-Jagd-«Stand-off»-Waffensystem «Sea Lance» ersetzt werden, das auf ähnliche Weise funktioniert. U-Boot-Sensoren haben seit langem größere Reichweiten als ihre Waffensysteme; Flugkörper beseitigen allmählich das Ungleichgewicht.

Unten: Eine «Subroc» steigt von der Wasseroberfläche auf. Das Waffensystem bleibt infolge der Verzögerungen mit «Sea Lance» bis in die neunziger Jahre im Einsatz.

neigt die oberflächenreflektierte Welle dazu, die Hauptstoßfront zu übernehmen, weil die letztere das Wasser in Bewegung versetzt, das die nachfolgende Reflektierungswelle durchläuft. Wie bei Schallwellen können Schwankungen in der Dichte, in der Temperatur und im Salzgehalt Unterwasserstoßwellen verursachen, um gebrochen und somit entweder von bestimmten Bereichen abgelenkt oder, umgekehrt, auf einander zugelenkt oder sogar in einem Bereich gebündelt zu werden um an einem Punkt in größerer Entfernung vom Detonationsort eine stärkere Stoßwelle als erwartet zu erzeugen. Die Wirkung einer Kernexplosion unter Wasser auf ein Unterseeboot ist deshalb das Ergebnis einer komplizierten Aufeinanderfolge von Einwirkungen. Es kann bis zu drei Verdichtungs- und Verdünnungswellen (als Pulsieren der Blase bezeichnet) sowie auch eine negative Stoßwelle, reflektiert zum einen von der Wasseroberfläche und zum anderen vom Boden, und bodenerzeugte positive Wellen geben. Die Wirkung auf ein Unterwasserziel hängt ab von der Wassertiefe der explosiven Sprengwirkung der Waffe, der Beschaffenheit des Meeresbodens und vom Zeitintervall zwischen den direkten und indirekten Stoßwellen, ihren Größenordnungen sowie von ihrer positiven oder negativen Natur. Gewiß ist, daß die bloße Explosivkraft einer nuklearen Wasserbombe oder eines nuklearen Torpedos dem Angreifer eine weit größere Gewähr bietet, einem Unterseeboot kritische Schäden zuzufügen als jede andere konventionelle Waffe. Nukleare Gefechtsköpfe finden bei U-Jagd-

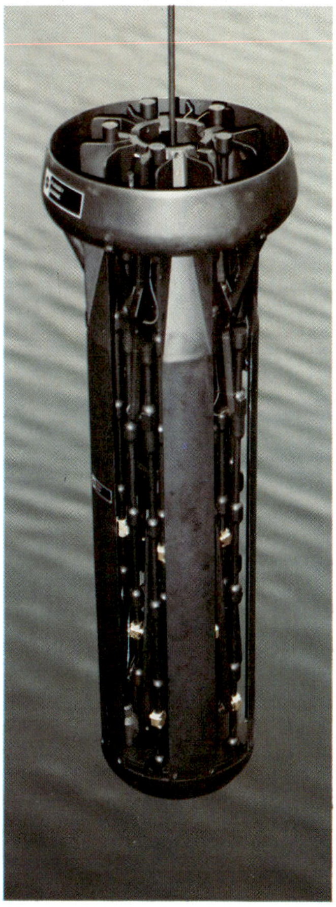

torpedos, Wasserbomben und «Stand-off»-Waffen Verwendung. Typisch ist die B 57 Mod 1, die bei der amerikanischen und bei verschiedenen alliierten Marinen verwendet wird. Sie wird aus der Luft abgefeuert, wiegt etwa 231 kg, ist um die 3 m lang, hat einen Durchmesser von 37,5 cm und – wie verlautet – eine veränderbare Sprengwirkung zwischen 5 bis 10 kT. Sie wird bei der US-Marine von Flugzeugen vom Typ S-3 «Viking» und P-3 «Orion» sowie von Hubschraubern vom Typ SH-3 «Sea King» mitgeführt. Weitere Kernwaffen der US-Marine mit U-Jagdeigenschaften sind die «Subroc» mit einem Gefechtskopf W-55 und einer Sprengwirkung von 1 bis 5 kT und ihr Nachfolger, die «Sea Lance».

Ganz links: Das ins Meer abfierbare Sonargerät Plessey «Cormorant» mit eingeklappter Antenne, eine Vorrichtung, die rasche Verwendung erleichtert.

Links: «Cormorant» mit ausgeklappter Antenne. Solcherart vergrößerte Antennen erhöhen die Leistungsfähigkeit und Reichweite und verbessern die Genauigkeit des Sonars.

Links: Winde und Wandler des luftgestützten Sonarsystems Bendix AQS-18, das bei den «Lynx»-Hubschraubern der deutschen Marine in Gebrauch ist. Das ähnliche AQS-13F ist ausgewählt worden, um den neuen trägergestützten U-Jagdhubschrauber «Seahawk» SH-60F der US-Marine damit auszurüsten. Der Wandler ist nicht so klein wie er aussieht; er ist 125,5 cm lang, hat einen Durchmesser von 33,1 cm und wiegt 88 kg. Mit der Winde kann das Gerät schnell abgefiert und wieder eingeholt werden.

Rechts: Ein «Sea King» Mk 5 der Royal Navy holt sein Sonargerät Plessey Typ 195 ein. Ins Meer abzufierende Sonargeräte besitzen gegenüber den teuren Sonobojen Vorteile, insbesondere können sie in verschiedene Tiefen abgefiert werden.

Oben: Bedienungskonsole des Sonarsystems Typ 195 der RN. Zwei Sonargeräte abfierende Hubschrauber können ein Suchmuster erstellen, das einem Unterseeboot das Entkommen schwer macht.

Ortungsreichweiten des Radars OMERA ORB 3211

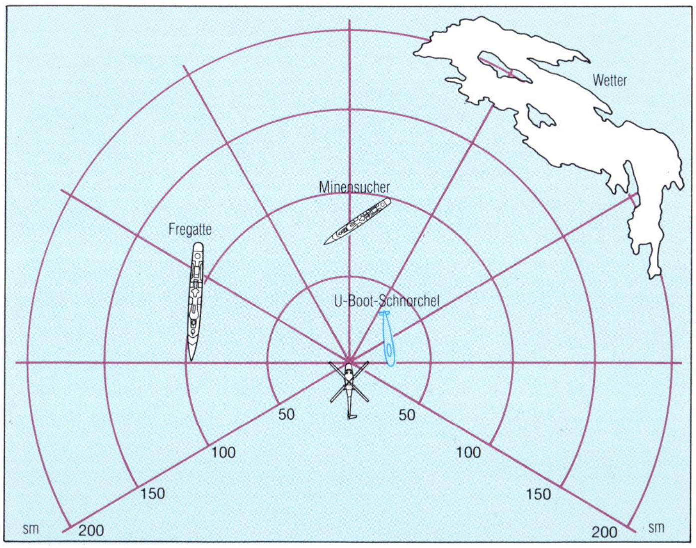

Links: Das Radar OMERA ORB 3211 ist zum Einbau in die französischen Hubschrauber vom Typ Aérospatiale SA 322 «Super Puma» entworfen. Die Ortungsreichweiten werden vom Hersteller mit 200 sm für meteorologische Zwecke bis zu 25 sm für einen Unterseeboot-Schnorchel angegeben; letzteres unterstreicht das Risiko, wenn ein Teil eines Unterseebootes die Wasseroberfläche durchbricht.

Unten: Diese französische Aéronavale «Lynx» ist mit dem Überwachungsradar «Heracles» ORB 31W, dem Crouzet MAD und dem abzufierenden Alcatel-Sonar ausgerüstet. Im Bild mit einem Prototyp des U-Jagd-Torpedos «Murène».

Auch die sowjetische Marine besitzt eine Anzahl von Kernwaffen zur U-Boot-Abwehr. Das vor dem Marinestützpunkt Karlskrona 1981 aufgelaufene Unterseeboot der *Whiskey*-Klasse führte Torpedos mit nuklearen Gefechtsköpfen, und wahrscheinlich haben U-Jagdflugzeuge nukleare Wasserbomben ähnlich der amerikanischen B 57 an Bord.

Trägergestützte Flugzeuge

Trägerflugzeuge können in jedem Teil der Weltmeere Aufgaben der U-Boot-Abwehr durchführen, ein Umstand von offensichtlich hoher Bedeutung bei der sowjetischen Entscheidung, eine eigene Trägerflotte zu bauen. U-Jagdaufgaben erfüllen Flugzeuge wie die amerikanische S-3 «Viking» und die französische «Alizé» sowie viele Hubschraubertypen, wie zum Beispiel die sowjetische Ka-32 «Helix» und die amerikanische SH-60B «Seahawk».

Die Hauptanforderungen an ein U-Jagdflugzeug sind die Fähigkeiten, den Weg zwischen Flugzeugträger und Patrouillengebiet rasch zurückzulegen, lange Flugdauer auf Patrouille sowie Unterseeboot-Ziele zu orten, zu lokalisieren, zu identifizieren und zu vernichten. Dies erfordert eine Vielfalt von Sensoren an Bord, darunter Radar (zur Ortung und Klassifizierung von Überwasserzielen), nach vorn gerichtete Infrarot- sowie magnetische Ortungsgeräte, Sonobojen und Ausrüstung für elektronische Gegenmaßnahmen. Diese gesamten Sensoren sowie die vom Mutterträger und anderen Schiffen und Flugzeugen eingespeisten Daten erzeugen eine solche Menge an Informationen, daß an Bord eine ausreichende Kapazität für die Datenverarbeitung erforderlich ist. Schließlich gehören zu einer idealen Waffenzuladung Seeziel-FK wie «Exocet» oder «Harpoon», zielsuchende Torpedos, Raketen und sowohl nukleare wie auch konventionelle Wasserbomben. Das einzige Flugzeug, das gegenwärtig in der Lage ist, diese Aufgaben zu erfüllen, ist die Lockheed S-3 «Viking» der US-Marine; ältere Flugzeuge wie die «Alizé» und die S-2 «Tracker» sind noch im Dienst, besitzen aber viel geringere Fähigkeiten. Auch die sowjetische Marine braucht offensichtlich ein Flugzeug vom «Viking»-Typ, um ihre neuen 75'000-ts-Träger damit auszurüsten, aber gegenwärtig existiert kein geeigneter Typ. Eine Alternative zu den starrflügeligen U-Jagdflugzeugen, obzwar von geringerer Reichweite und Ausdauer, ist der Hubschrauber. Die frühesten U-Jagdhubschrauber boten nicht mehr als die Möglichkeit, rasch Torpedos abzuschießen, um der Geschwindigkeit von Atomunterseebooten entgegenzuwirken. Aber da Reichweite und Nutzlast zugenommen haben, sind U-Jagdhubschrauber zu selbständigen Waffensystemen geworden. Sie besitzen außerdem den Vorteil, auch kleine Schiffe mit einer Luftkomponente auszustatten. Zu den modernsten gegenwärtig im Dienst befindlichen Typen gehören die amerikanische SH-60B LAMPS III, die britischen «Sea King» HAS.5 und «Lynx» HAS.3 sowie die sowjetische Kamov Ka-32 «Helix». Der wichtigste Hubschrauber für die Zukunft ist der gegenwärtig bei European Helicopter Industries in der Entwicklung stehende EH-

101, ein britisch-italienischer Ersatz für die «Sea King», der mit Ferranti-«Blue Kestrel»-Suchradar, Marconi-Sonarsystemen, Decca-ESM und AQS-81-MAD ausgerüstet werden wird, allesamt koordiniert durch ein Ferranti-Datenverarbeitungssystem.

Landgestütze Flugzeuge

Es ist von wesentlicher Bedeutung, daß die zur Marine gehörenden Fliegerverbände auch eine landgestützte Komponente aufweisen. Dies ist so ziemlich in jedem Land der Fall, ausgenommen Großbritannien; dort wird aus historischen Gründen diese Aufgabe von der RAF durchgeführt. Die Hauptaufgaben landgestützter Flugzeuge sind die U-Jagd-Patrouille und der Angriff über See zur Unterstützung der Kämpfe auf See. Landflugzeuge sorgen für Unterstützung bei so ziemlich jedem Wetter. Aber ihrer Reichweite sind Grenzen gesetzt, wie sich 1982 im Südatlantischen Krieg gezeigt hat, als der Kampfverband der Royal Navy schließlich außerhalb der Reichweite seiner Luftunterstützung durch Landflugzeuge von der Insel Ascension aus operierte.

Die wichtigsten Typen landgestützter Flugzeuge sind die großen U-Jagdflugzeuge wie die Lockheed P-3 «Orion», die British Aerospace «Nimrod», die Dassault-Breguet «Atlantic», die Shin Meiwa PS-1 , die Kawasaki P-2J, die Iljuschin Il-38 «May» und die Tupolev Tu-20 «Bear-F». Nur drei dieser Flugzeuge wurden speziell für die U-Jagd entworfen: «Atlantic», PS-1 und P-2J; weitere drei sind besonders erfolgreiche Umbauten für die U-Jagd aus relativ erfolglosen kommerziellen Passagierflugzeugen: «Nimrod» («Comet»), P-3 «Orion» («Electra») und «May» (Il-18 «Coot»), während das letzte, die «Bear-F», ein abgeänderter strategischer Bomber ist. Die japanische PS-1 ist insofern ein interessantes Konzept, da ihr die Idee zugrundeliegt, daß sie für die Such- und Lokalisierungsphase der U-Jagdpatrouille auf dem Wasser landen kann, um so ihre starke Bord-Sonaranlage einzusetzen, statt massenweise Sonobojen zu verwenden. Diese Idee hat sich jedoch nicht durchgesetzt; die einzige andere Nation, die diese Idee versuchsweise aufgegriffen hat, ist China. Die Japaner selbst sind zu landgestützten U-Jagdflugzeugen zurückgekehrt und besitzen eine große Flotte von Maschinen des Typs Kawasaki P-2J sowie in Lizenz gebaute, auf den neuesten Stand gebrachte Versionen der Lockheed P-2 «Neptune» und der Lockheed P-3 «Orion».

Diese Flugzeuge werden für ozeanische Langstreckenpatrouillen mit langer Flugdauer eingesetzt, um in Friedenszeiten Unterseeboote zu orten und zu verfolgen und sie im Kriege zu vernichten. Sie sind besonders erforderlich, um Unterseebootkontakte, hergestellt durch die Überwachungssysteme SOSUS und SURTASS sowie der sowjetischen Gegenstücke, zu verfolgen und zu klassifizieren. Ihre Sensoren an Bord umfassen Radar, nach vorn gerichtete Infrarot-Geräte, Schwachlicht-Fernsehen, komplizierte ECM-Anlagen und MAD-Ausstattung, und sie verwenden Einweg-Sonobojen mit Funkverbindung, um ihnen eine Sonarfähigkeit zu verleihen. Zu ihren Waffen gehören Torpedos, konventionelle und nukleare Wasserbomben sowie Luft/Boden-Flugkör-

Oben: Die Il-38 «May» bildet die Hauptstütze der sowjetischen U-Jagd-Flugverbände, und wie fast alle diese Maschinen ist es die militärische Version eines zivilen Passagierflugzeuges. Beachte den MAD-Schwanz.

Einsatz der Sonoboje «Jezebel» SSQ 904

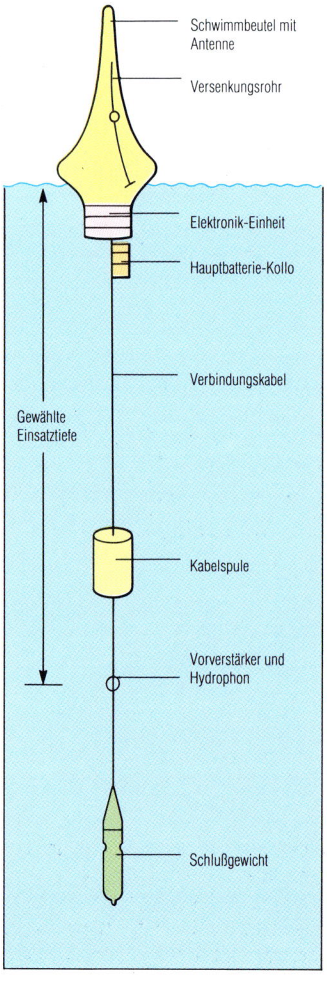

Rechts: Die britische Standard-Sonoboje «Jezebel» empfängt von getauchten U-Booten erzeugte Echos und gibt sie an ein U-Jagdflugzeug weiter. Passive Sonobojen sind durch Unterseeboote nicht zu orten.

Unten: Ein Besatzungsmitglied an Bord einer «Nimrod» der RAF bereitet den Abwurf einer Sonoboje SSQ 954 DIF AR vor. Zusätzlich zum Grundsignal von der «Jezebel» liefert sie Zielpeilungsinformationen.

per. In vieler Hinsicht ähneln sie der trägergestützten S-3 «Viking», besitzen aber eine größere Flugdauer und Nutzlast und sind imstande, langwierige Einsätze durchzuführen. Veröffentlichte Zahlen für die Zeitdauer der Patrouillen nennen 18 Stunden für die «Atlantic», 12 Stunden für «Nimrod» und «May», 16 Stunden für die P-3 «Orion». Die Maximalflugzeit der S-3 «Viking» beträgt neun Stunden, obwohl Fachleute argumentieren, daß die «Viking» viel weniger Zeit auf dem Transit und genauso viel Zeit oder vielleicht sogar noch mehr auf Patrouille verbringt, weil sie sich bereits auf See und damit dem Einsatzraum näher befindet. Viele Marinen verwenden küstengestützte Hubschrauber zur U-Jagd auf nahe Entfernungen. Normalerweise handelt es sich dabei um die Landversionen der seegestützten U-Jagdhubschrauber, aber die UdSSR hat einen einzigartigen Typ, die Mi-14 «Haze», besonders für die küstengestützte U-Jagd entwickelt. Ein weiterer, von der Sowjetunion entwickelter Spezialtyp, ein Flugzeug zur Zieldatenübermittlung über den Horizont, übernimmt die Lenkung für Unterseeboot-gestützte Flugkörper wie den SS-N-3 und den SS-N-12. Es handelt sich dabei mit Sicherheit um die Tu-95 «Bear-D» und möglicherweise auch um die Tu-16 «Badger-D». In ihrer Waffenwanne besitzt die «Bear-D» ein massives Radom zusammen mit etwa 40 weiteren über den Rumpf, die Tragflächen und das Heck verteilten Antennen, Wülsten und Verkleidungen. Die «Bear-D» scheint zu dieser Aufgabe paarweise verwendet zu werden, und während sie für die an Bord sowjetischer Überwasserschiffe vorhandenen FK-Systeme von offensichtlicher Bedeutung ist, scheinen ihre Chancen zu überleben und mit Unterseebooten koordinierte FK-Steuerungen durchzuführen, gering zu sein.

Rechts: Die Bedienungskonsolen der «Atlantique 2» für die im Einsatz zur Ortung von Unterseebooten befindlichen Sensoren. Die beiden Sonobojen-Bedienungspositionen (Vordergrund) erhalten den Ausdruck der auf den Sichtschirmen darüber dargestellten Informationen. Dann kommt die Station des taktischen Koordinators, gefolgt von der Radar/IFF-Bedienungsposition und schließlich die EloKa-Offizier/MAD-Bedienungsstation.

Innenanordnung der Dassault-Breguet «Atlantique 2»

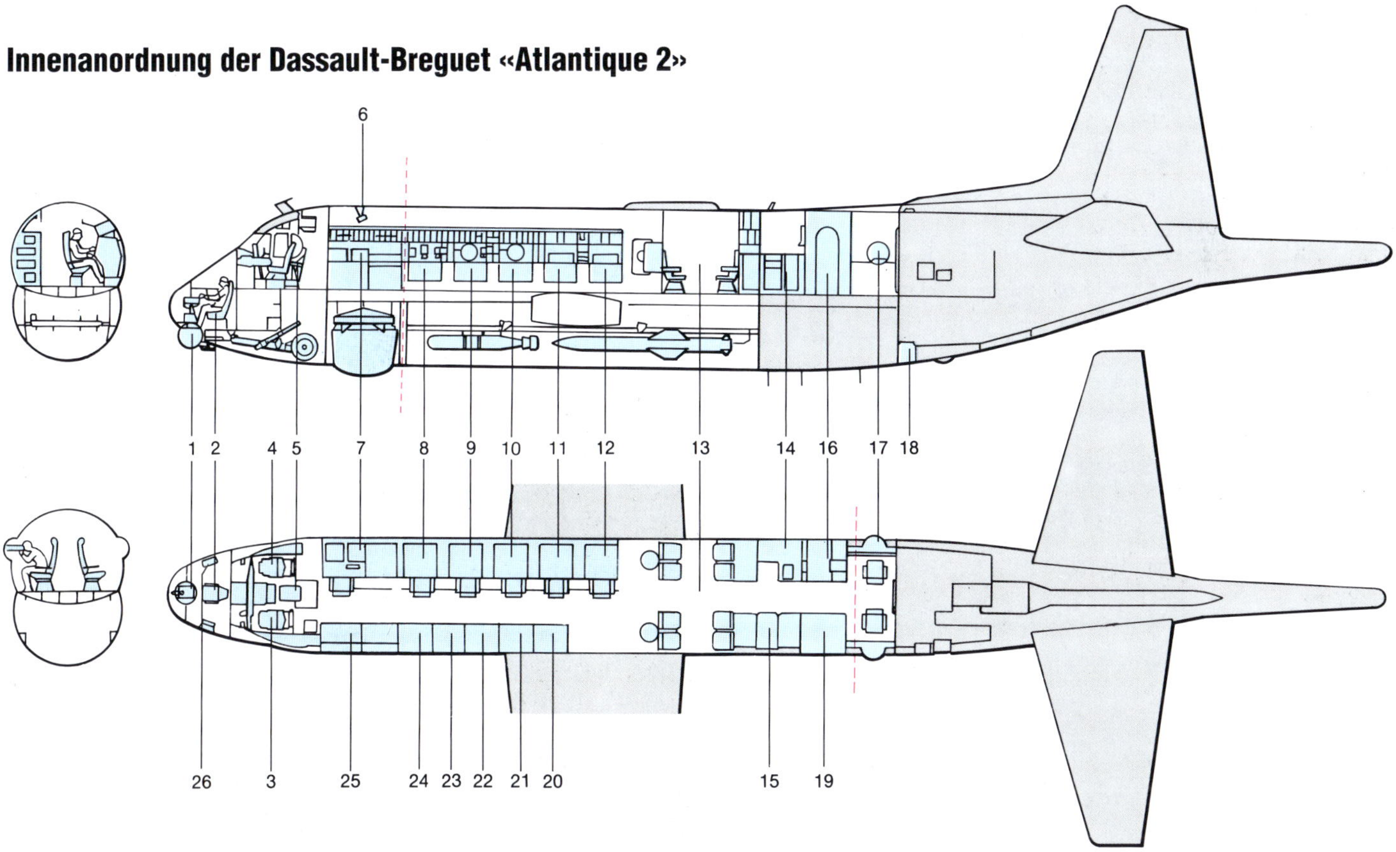

1 FLIR
2 vorderer Beobachter
3 Kommandant
4 Flugzeugführer
5 Flugingenieur
6 Sextant
7 Funknavigations-Station
8 ESM/ECM/MAD-Station
9 Radar/IFF-Station
10 Station des taktischen Koordinators
11 Sonobojen-Station 1
12 Sonobojen-Station 2
13 Ruheraum
14 Küche
15 Tisch und Sitze
16 Toiletten
17 hinterer Beobachter
18 Kamera
19 Kleiderablage
20 Funkausrüstung
21 Radar/IFF-Ausrüstung
22 Sonobojen-Empfänger
23 Computer
24 Navigationsausrüstung
25 Stromkreise
26 Seitwärtskamera

Oben: Die «Atlantique 2» ist ein gut ausgelegtes Flugzeug, nach vieljähriger Erfahrung mit der früheren «Atlantic» entwickelt. Die Besatzung muß lange Einsatzflüge unternehmen, die meisten davon in niedrigen Höhen bei stürmischen Bedingungen. Typische Beispiele sind achtstündige Patrouillen bis 600 sm vom Stützpunkt entfernt oder fünf Stunden bis 1'000 sm. Für solch lange Flüge sind gute Einrichtungen für den Komfort der Besatzung wesentlich.

Die Möglichkeit der Beschädigung eines Unterseebootes, sei es durch Angriff im Kriege oder durch einen Unfall, ist zweifellos sowohl beim Entwurf des Unterseebootes als auch im Leben des Unterseebootfahrers eine wichtige Überlegung.
Unglücksfälle können durch eine Vielzahl von Ursachen entstehen, dazu gehören innere Explosionen, Zusammenbrechen des Druckkörpers durch Überschreiten der maximal zulässigen Tauchtiefe nach dem Verlust der Kontrolle oder Kollisionen, besonders mit Überwasserschiffen. Da Innenschotte weit weniger Druckwiderstand als der Druckkörper besitzen, wird ein Zusammenbruch des Bootskörpers in der Tiefe fast mit Sicherheit katastrophal enden, und Rettungsmaßnahmen würden – wie im Falle der USS THRESHER – zwecklos sein, da es keine Überlebenden gibt. Zwischen der Zerstörungstiefe und annähernd 200 m Wassertiefe ist jedoch Rettung durch ein externes Fahrzeug durchführbar, und bei Tiefen von weniger als 200 m ist ein Entkommen ohne äußere Unterstützung mit Hilfe geeigneter Ausrüstung möglich.

Unterseebootverluste

Seit dem Ende des 2. Weltkrieges haben die Briten nur drei Unterseeboote verloren: HMS TRUCULENT kollidierte 1950 in der Themsemündung mit einem Handelsschiff, HMS AFFRAY sank 1951 im Englischen Kanal und HMS SIDON ging 1955 nach einer inneren Explosion im Hafen unter. Der Untergang der TRUCULENT veranschaulicht eine besondere Gefahr für entkommene U-Boot-

Oben: Die Kockums-Rettungskugel nach einem erfolgreichen ersten Aufstieg aus 80 m Tiefe. Der Lüftungsmast ist aufgerichtet, ein Dingi vom HDW-Tender PEGASUS ist eingetroffen.

Unten: Nach der Erprobung taucht das Unterseeboot vom Typ 1500 auf. Die Lücke im Oberdeck zeigt an, wo die Rettungskugel sich befunden hatte. Dieses neue System scheint das bisher effektivste zu sein.

IKL/HDW-Rettungskugel

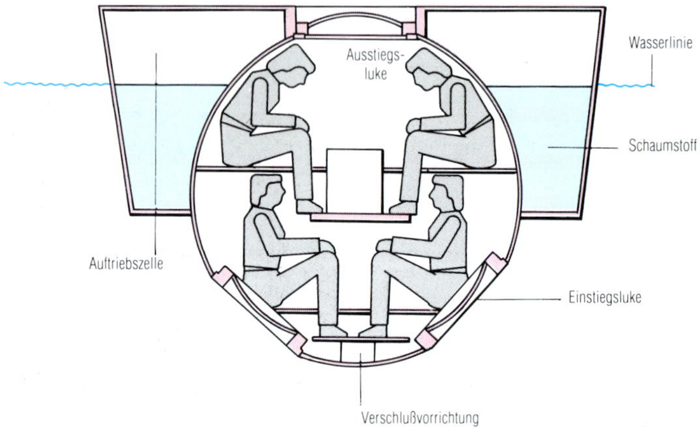

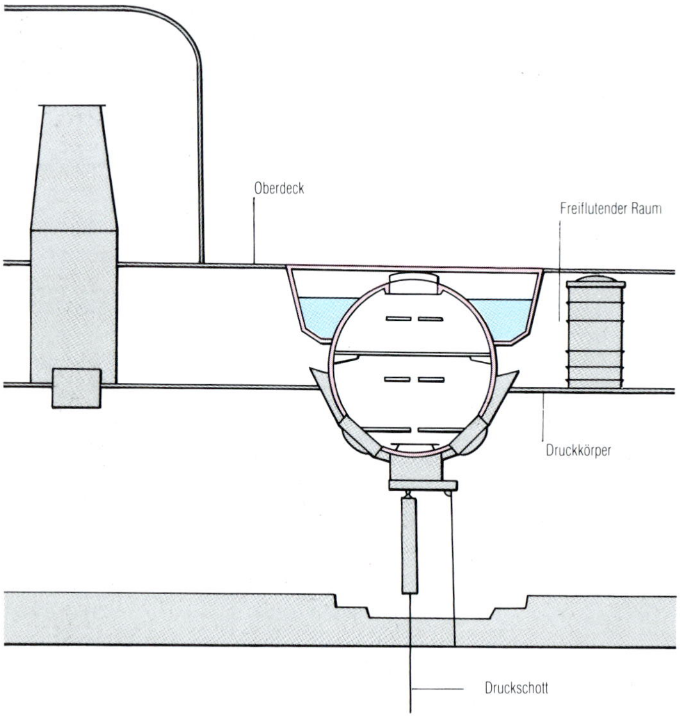

Oben: Von der deutschen Firma Ingenieurkontor Lübeck (IKL) entwickelt, ist dieses Rettungssystem in die HDW-Unterseeboote Typ 1500 der indischen Marine eingebaut worden. In einem Notfall steigt die Besatzung in die Kugel ein, die von einer großen Auftriebszelle umgeben ist und ausreichend Luft für 40 Personen enthält, um ohne Frischluft bis zu 9 Stunden zu überleben. Wenn die Kugel die Wasseroberfläche erreicht, wird ein Lüftungsmast aufgerichtet, und bei ruhigem Seegang kann die Ausstiegsluke geöffnet werden. Nach dem Eintreffen der Retter und dem Bergen der Besatzung kann die Kugel entweder durch ein beigegebenes Schlepptau mit bis zu 4 kn in Schlepp genommen oder an Deck des Bergungsschiffes geheißt werden.

Unten: Die U-Bootbesatzung im Inneren der Rettungskugel mit Blick von der Ausstiegsluke her. Es sind zwei Decks mit kreisrunden Sitzbänken vorhanden. Die Kugel enthält eine Überlebensausrüstung für sechs Tage sowie einen Notsender. Letzteren können die Überlebenden mit auf die Plattform der Auftriebszelle nehmen, um zu senden.

fahrer; eine Anzahl Besatzungsangehöriger benutzte Tauchretter und gelangte glücklich an die Wasseroberfläche, aber nur, um vom Gezeitenstrom hinaus in die Nordsee getrieben zu werden. In derselben Zeitspanne gab es bei der US-Marine zwei größere Unterseebootkatastrophen. Am 10. April 1963 ging USS THRESHER (SSN-593) verloren, während sie nach ihrer ersten großen Werftliegezeit Tieftaucherprobungen durchführte. Völlig außer Kontrolle geraten, tauchte das Boot plötzlich, und ehe die Lage wiederhergestellt werden konnte, hatte es seine Zerstörungstiefe überschritten, und der Druckkörper brach zusammen, hauptsächlich infolge eines Schweißfehlers. Der Bootskörper zerbrach und kam auf dem Meeresboden in einer Tiefe von 2'560 m zur Ruhe. Aber es hat niemals irgendeine Spur radioaktiver Lecks gegeben. Seine Besatzung von 108 Mann und vier Marineoffiziere sowie siebzehn Zivilisten, die zur Erprobungsfahrt an Bord waren, verloren ihr Leben. Beim zweiten Unglücksfall ging um den 27. Mai 1968 herum USS SCORPION (SSN-589) mit der gesamten Besatzung (99 Mann) verloren. Das Boot befand sich etwa 200 sm südwestlich der Azoren auf der Fahrt vom Mittelmeer nach Norfolk, Virginia; eine routinemäßige Atlantiküberquerung. Sein Verlust veranschaulicht das ständige Problem der FM-Verbindungen zu U-Booten, denn es dauerte einige Tage, ehe an Land sein Überfälligsein erkannt wurde. SCORPION liegt in einer Tiefe von etwa 3'000 m, aber auch hier hat es niemals eine anomale Strahlung gegeben. Auch die sowjetische Marine wurde von größeren Unglücksfällen heimgesucht, wenn es auch zweifelhaft ist, ob die vollständigen Einzelheiten, selbst wenn sie bekannt sind, im Westen jemals veröffentlicht werden. Es wird angenommen, daß im Verlaufe der Jahre mehrere Unterseeboote der *Foxtrot*-Klasse gesunken sind. Überraschenderweise ist kein weiterer Verlust eines dieselelektrisch angetriebenen Patrouillenbootes bekannt geworden, doch im April 1968 ging im Pazifik ein dieselelektrisch angetriebenes Unterseeboot mit ballistischen Flugkörpern verloren. Das SSB der *Golf-II*-Klasse hatte die normale Bewaffnung von drei SLBM vom Typ SS-N-5 an Bord, und die CIA inszenierte eine außerordentlich ehrgeizige Täuschungsoperation, um das Boot zu bergen, wobei das Tiefseeforschungsschiff GLOMAR EXPLORER zum Einsatz kam. Soweit bekannt ist, wurde 1974 das Vorderteil des gesunkenen Unterseebootes geborgen, aber ob dazu auch Flugkörper gehörten, ist nie veröffentlicht worden.

Von den sowjetischen Atomunterseebooten ging eine Einheit der *November*-Klasse im April 1970 vor Kap Finisterre verloren. Die meisten Besatzungsangehörigen, wenn nicht alle, wurden gerettet, und eine radioaktive Strahlung ist in diesem Gebiet nie festgestellt worden. Andere Einheiten der *November*-Klasse sind an der Wasseroberfläche in Schwierigkeiten beobachtet worden und mußten zur Reparatur in sowjetische Häfen geschleppt werden. Ein SSGN der *Charlie*-Klasse sank im Juni 1983 im Pazifik , nahe Kamtschatka, über die Ursache ist nichts bekanntgeworden. Ein sowjetisches Bergungsschiff hat dieses U-Schiff später gehoben. Die einzigen französischen Nachkriegsverlu-

Unglücksfälle sowjetischer U-Boote/-Schiffe

1966 Strahlungsaustritt auf einem Atomunterseeboot in der Nähe von Polynarny, unmittelbar vor dem U-Boot-Stützpunkt im Kola-Fjord; gemeldet wurden Panik an Bord und mehrere Todesfälle (»Jane's Defence Weekly», 19. Januar 1985).

1966–1968 Feuer an Bord eines sowjetischen Atomunterseebootes während der Fahrt unter der arktischen Eiskappe verursachte mehrere Verluste (ebenda).

1968 Untergang eines SSB im Pazifik; 1974 barg die CIA zumindest einen Teil des Unterseebootes bei einer Täuschungsoperation unter Einsatz der speziell ausgerüsteten GLOMAR EXPLORER.

1970 Brand an Bord eines SSN der *November*-Klasse im Atlantik. Nach amerikanischen Quellen befahl der Kommandant seiner Besatzung, das Schiff zu verlassen, aber diese weigerte sich. Das Feuer erreichte den Reaktor und das Schiff ging unter großen Verlusten an Menschenleben verloren (JDW).

Februar 1972 Ein SSBN der *Hotel*-Klasse taucht im Nordatlantik vor der Küste Neufundlands in ernsten Schwierigkeiten auf (JDW).

Dezember 1972 Von einem Kernwaffenunfall an Bord eines SSBN vor der amerikanischen Küste wird angenommen, daß ein Strahlungsaustritt aus einem nuklearen Gefechtskopf eines Torpedos des Typs stattgefunden hat, der zum Angriff auf amerikanische Hafeneinrichtungen bestimmt ist. Es gab mehrere Tote, und der größte Teil der Besatzung erlitt Strahlungsschäden (JDW).

Oktober 1976 Brand an Bord eines Atomunterseebootes im Atlantik; nach Berichten starben drei Offiziere (JDW).

1977 Medizinischer Notfall an Bord eines Atomunterseebootes im Mittelatlantik als Folge eines Strahlungsaustrittes: 12 Offiziere wurden von Bord geholt und nach Leningrad ausgeflogen (JDW).
1977 Ein Brand an Bord eines Atomunterseebootes kann durch Versagen eines veralteten Reaktors verursacht worden sein (JDW).

September 1981 Nach einem Unglücksfall wurde ein Atomunterseeboot in der Ostsee bei Nacht in sowjetische Gewässer geschleppt. Mehrere Seeleute starben an «schwerer Strahlenvergiftung» (JDW siehe oben).

Juni 1983 Ein U-Schiff der *Charlie-I*- oder *-II*-Klasse ging vor Kamtschatka im Pazifik verloren; der Bootskörper wurde später von der sowjetischen Marine geborgen.

November 1983 Ein U-Schiff der *Victor-III*-Klasse wurde etwa 470 sm vor der Küste Südkarolinas (im sog. «Bermuda-Dreieck») zum Auftauchen gezwungen, nachdem es sich in das VDS-Schleppkabel einer US-Fregatte verwickelt hatte. Es wälzte sich einige Zeit in der Atlantikdünung, während ein sowjetisches SIGINT-Schiff auf und ab stand, bis von Kuba ein Bergungsschiff eintraf («The Times», 14. November 1983).

Juni 1984 500 sm nordnordöstlich der Shetland-Inseln wurde ein aufgetauchtes U-Schiff der *Echo-II*-Klasse in dem Bemühen beobachtet, von einem Draht freizukommen, in den sich seine Propeller verwickelt hatten.
Ein konventionelles Unterseeboot der *Whiskey*-Klasse verfing sich in den Netzen des norwegischen Trawlers BENTIN. Ein Kutter der norwegischen Küstenwache warf Handgranaten, um dem Unterseeboot zu signalisieren, an die Wasseroberfläche zu kommen; zwei Stunden später tauchte es auf.

Juni 1985 Auf der Fahrt durch die Straße von Gibraltar kollidierte ein SSN der *Victor-I*-Klasse mit einem sowjetischen Tanker, möglicherweise während des Versuchs, sich in dessen Geräuschschatten zu verstecken. (Das Zusammenwirken von warmer und kalter Schicht in der Straße macht es schwierig, Tiefe zu halten, besonders wenn ein Wärmeanstieg dem Unterseeboot Auftrieb verleiht.)

18. September 1985 Brand an Bord eines SSB der *Golf-II*-Klasse vor der japanischen Küste; vermutlich verursacht durch eine Überlastung im Stromversorgungsnetz, nachdem es sich in den Netzen eines japanischen Trawlers verfangen hatte. Der Austritt von Rauch aus den FK-Schächten im Turm wurde beobachtet. Das Boot erhielt Unterstützung durch sowjetische Minensucher und einen Tanker und schleppte sich schließlich nach Wladiwostok zurück.

Oktober 1986 Infolge eines Brandes an Bord in einem der Flugkörper SS-N-6 «Sawfly» wurde ein SSBN der *Yankee*-Klasse etwa 600 sm nördlich der Bermudas und 760 sm östlich von New York zum Auftauchen gezwungen. Ein sowjetisches Handelsschiff nahm das SSBN in Schlepp, das aber später sank. Drei Besatzungsangehörige wurden getötet und mehrere verletzt.

Oben: Im Gefolge einer Kollision mit USS VOGE (FF-1047) am 28. August 1976 wälzt sich ein SSGN der sowjetischen Echo-II-Klasse mit überwaschenem Turm in der See.

Unten: Nach einem Brand in einem seiner SS-N-6-Flugkörper befindet sich ein sowjetisches SSBN der Yankee-Klasse im Oktober 1986 an der Wasseroberfläche. Das auf Patrouille vor der amerikanischen Ostküste gewesene U-Schiff sank ein paar Tage später.

Tauchrettungsboot Kockums URF

Unten: Das schwedische Tauchrettungsboot URF besteht aus einem Druckkörper (blau), umgeben von einer Außenverkleidung. Im Bedienungsbereich vorn sitzen zwei Mann Besatzung, achteraus davon befinden sich Rettungsbereich, Hilfsmaschinenbereich und Tauchbereich.

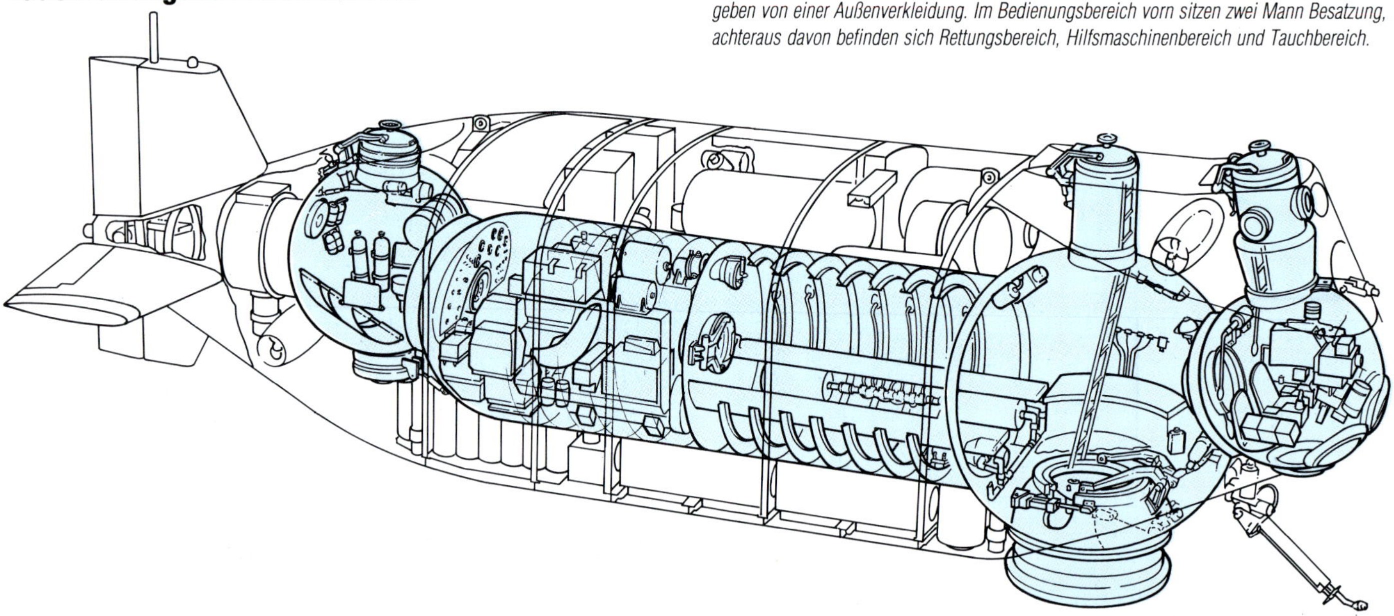

ste sind drei konventionelle Unterseeboote der DAPHNE-Klasse gewesen. Das erste, die MINERVE, ging am 27. Januar 1968 spurlos im Mittelmeer verloren. Dann verschwand – wiederum spurlos – am 4. März 1970 die EURYDICE vor Toulon. Diese Verluste lösten beträchtliche Besorgnis hinsichtlich der DAPHNE-Klasse aus, die auf dem Exportmarkt gute Chancen hatte. 1971 erhielt dann das Schnorchelsystem der FLORE infolge eines fehlerhaften Ventils ein Leck, aber diesmal war ein wachsamer Kommandant in der Lage, sofort Gegenmaßnahmen zu treffen und sein Boot zu retten. Am 11. November 1972 schließlich bekam die SIRÈNE ein Leck und sank, wurde aber später geborgen und wieder in Dienst gestellt. Infolge dieses Unglücksfalles ist es vermutlich möglich gewesen, das Problem zu erkennen; denn seither ist keine Einheit dieser Klasse mehr verlorengegangen. Andererseits sind auch keine weiteren Exportaufträge eingegangen.

Entkommenstechniken

Das Entkommen aus einem gesunkenen Unterseeboot ist unter vielen Umständen gewährleistet; die elementarste Möglichkeit für die Überlebenden eines Unglücksfalles besteht darin, durch besonders entworfene Luken unter Benutzung verschiedener Arten von Tauchrettern zu entkommen. Britische Unterseeboote besitzen zwei getrennte Notausstiegsschächte, je einer vorn und achtern, und jedes Besatzungsmitglied hat einen Taucheranzug mit Kapuze, ein System, das sich bis zu 183 m Tiefe bewährt hat. Zum Anzug gehört ein Helm mit eingeschlossener Luft, um dem Überlebenden während des Aufstiegs das Atmen zu ermöglichen und ihn vor feindseligen Bedingungen an der Wasseroberfläche zu schützen. Im Notausstiegsschacht stöpselt der Überlebende einen eingebauten Anschluß in einen Stutzen des eingebauten Atmungssystems, wodurch die Rettungsweste und der Helm mit reiner Luft aufgeblasen bzw. gefüllt werden, und innerhalb von 16 Sekunden ist er zum Aussteigen bereit. Der Wasserdruck wird dann ausgeglichen, die Luke geöffnet und der Mann steigt sofort mit 2,4 m/s auf. Dabei atmet er ganz normal. An der Wasseroberfläche angekommen, öffnet er den Reißverschluß der Kapuze, bläst den zweihülligen Rettungsanzug auf und erwartet das Eintreffen seiner Retter.

In Tiefen über 200 m ist ein Rettungsfahrzeug erforderlich, von dem mehrere Typen entwickelt worden sind. Das Tieftauchrettungsboot (DSRV) der US-Marine ist tatsächlich ein kleines Unterseeboot, für Luft- und Straßentransport geeignet, von dem ursprünglich 12 gebaut werden sollten, jedes imstande, 12 Überlebende aufzunehmen. Doch bisher wurden nur zwei gebaut, jedes imstande, neben 4 Mann Besatzung noch 24 Überlebende zu transportieren. Sie sind seit 1977 einsatzfähig und zusammen mit amerikanischen und britischen Unterseebooten erprobt worden. Die Betriebstauchtiefe des DSRV reicht bis 1'500 m, das Boot kann aber auch einem Wasserdruck in 1'750 m Tiefe widerstehen. Angetrieben wird es von einem normalen Propeller bis zu einer Höchstgeschwindigkeit von fünf Knoten. Außerdem ist das Boot mit zwei Querstrahlern ausgestattet, um es dicht längsseits eines gesunkenen Unterseebootes heranzumanövrieren. Es besteht aus zwei kugelförmigen HY-240-Stahldruckkörpern, umgeben von einem Bootskörper aus Fiberglas, und ist entworfen worden, um in einen C-141 «Starlifter» der USAF verladen zu werden, während der Straßentransporter und zusätzliche Unterstützungsausrüstung in einer zweiten C-141 transportiert werden können. Zum Unglücksort können die DSRV entweder – auf Spezialklampen gesetzt – auf dem Achterdeck eines entsprechend umgebauten Unterseebootes oder auf einem der beiden Katamaran-Unterseeboot-Bergungsschiffe der PIGEON-Klasse gebracht werden.

Die sowjetische Marine hat für dasselbe Problem eine andere und ungewöhnliche Lösung gefunden. Auch sie besitzt Tauchrettungsboote, jedes etwa 11 m lang und mit einem Düsenringpropeller versehen, aber diese werden durch die speziell konstruierten U-Schiffe der *India*-Klasse transportiert. Diese Schiffe mit einer Wasserverdrängung getaucht von 4'800 ts besitzen in der achteren Verkleidung große Vertiefungen, worin sich zwei dieser Tauchfahrzeuge befinden, und fahren normalerweise aufgetaucht. Sie

Oben: Aus HY-130-Stahl erbaut, kann die URF bis zu einer maximalen Tiefe von 460 m operieren (Zerstörungstiefe 900 m) und in Winkeln bis zu 45° an ein Unterseeboot andocken. Auf einem Tieflader transportiert, wird das Boot anschließend über oder unter Wasser zum Einsatzort geschleppt.

Unten: Unterwasseransicht des amerikanischen Tieftauchrettungsbootes MYSTIC (DSRV-1), das bei einer Zerstörungstiefe von 2'750 m bis zu Tiefen von 1'500 m eingesetzt werden kann. Deutlich zu erkennen sind hier der Bugscheinwerfer, der Kanal für den Bugquerstrahler und die Anschlußbasis.

Oben: AVALON (DSRV-2) auf dem Heck des britischen U-Schiffes HMS REPULSE während einer Übung 1979 im Firth of Clyde. Zur Übung gehörte der Transport von zehn Mann sowie Ausrüstung von einem getauchten Unterseeboot zu einem anderen. Zwölf solche Boote waren geplant, aber nur zwei wurden gebaut.

Oben: Die sowjetische Marine verwendet zwei Bergungs-U-Schiffe der India-Klasse, je eines zur Pazifik- und zur Nordflotte gehörend. Entworfen, um aufgetaucht zu fahren, besitzen diese U-Schiffe an Oberdeck große Dockvertiefungen, um zwei Rettungstauchboote von etwa 12,1 m bzw. 11,3 m Länge mitzuführen.

DSRV: Allgemeine Anordnung

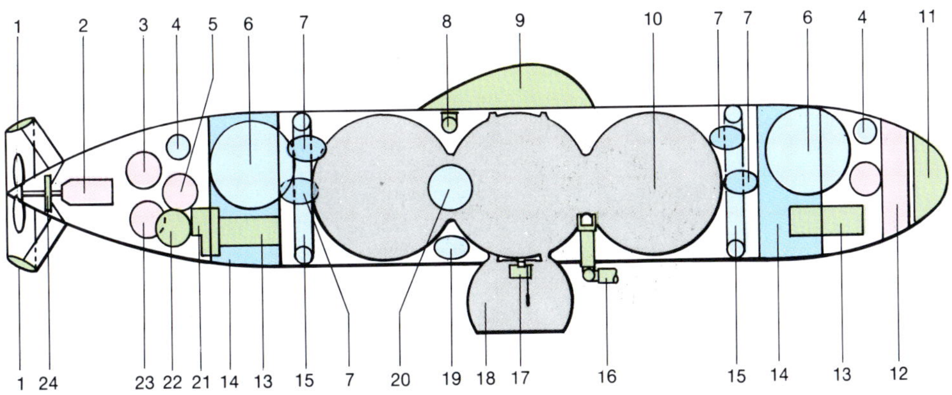

- **1** Kippbarer Düsenring
- **2** Hauptantriebsmotor
- **3** Querstrahler-Bedienung
- **4** Trimmzellen
- **5** Querstrahler-Kanal
- **6** Transfer-Zellen
- **7** Veränderliche Tauchzellen
- **8** Querneigungs-Pumpe
- **9** Einstiegsluk-Verdeck
- **10** Druckkapsel
- **11** Sonardom
- **12** Bugquerstrahler-Kanal
- **13** Batteriereihe
- **14** Tauchzellen
- **15** Ringzellen
- **16** Manipulator
- **17** Aufhol-Winsch
- **18** Anschlußbasis
- **19** Quecksilbertank
- **20** Querneigungszelle
- **21** Hydraulikanlage
- **22** Druckluft
- **23** Antriebs- und Hydraulik-Bedienung
- **24** Düsenring

- Druckkapsel
- Sonstige Zellen
- Tauchzellen
- Antrieb
- Verschiedenes

Oben: Das DSRV der US-Marine beruht auf drei Druckkapseln aus HY-140-Stahl, die eine vierköpfige Besatzung und 24 Überlebende unterbringen können. Das DSRV kann mit einer Lockheed C-141 «Starlifter», einem Straßen-Tieflader oder durch ein Unterseeboot mit entsprechender Befestigung mit bis zu 15 kn transportiert werden.

DSRV: Sensoren

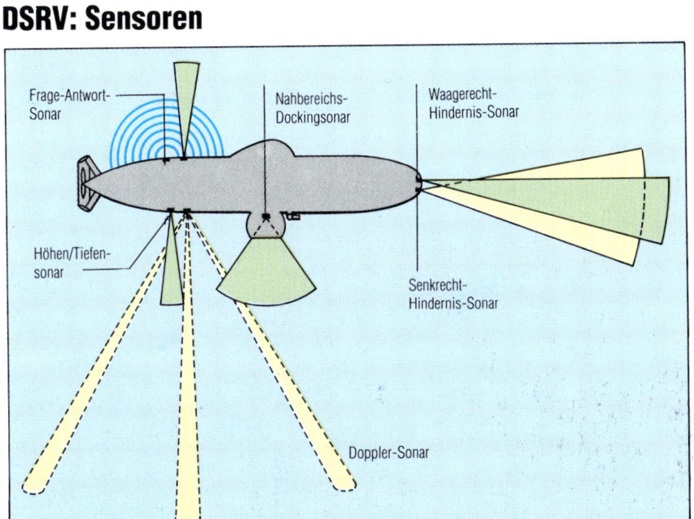

Links: An den Ort des Unglücks zu gelangen ist das eine, das verunglückte Unterseeboot in den dunklen Tiefen des Meeres zu finden ein anderes. Um der feindseligen Umwelt gewachsen zu sein, ist das DSRV umfassend mit Sonaranlagen ausgerüstet. Zu den optischen Systemen gehören sechs Fernsehkameras, eine 35-mm-Standbildkamera, Flutlicht- und Blitzscheinwerfer sowie Sichtöffnungen.

tauchen erst, wenn sie in die unmittelbare Nähe des gesunkenen Unterseebootes gelangt sind. Die Sowjets besitzen zwei Einheiten der *India*-Klasse: eines bei der Pazifikflotte und eines bei der Nordflotte.

Die sowjetische Marine besitzt auch eine Reihe von U-Boot-Bergungsschiffen, darunter die 22'500 ts große ELBRUZ, das einzige Schiff dieses Typs auf der Welt mit Eisbrecherfähigkeit, wahrscheinlich zur Unterstützung der modernsten SSBN. Zwei Tauchfahrzeuge werden achteraus des Schornsteins mitgeführt und mit Hilfe eines Krans zu Wasser gebracht. Entsprechend ihrer Größe sind außerdem die Bergungsschiffe der *Nepa*-Klasse (10'000 ts, 1 Einheit), der *Prut*-Klasse (3'200 ts, 8 Einheiten) und der *Valday*-Klasse (930 ts, 11 Einheiten) ausgestattet. Andere Marinen haben weniger gut Vorsorge getroffen. Die italienische Marine besitzt ein einziges Bergungsschiff von 3'780 ts, die ANTEO, ausgestattet mit US-U-Boots-Bergungsausrüstung, darunter eine «McCann»-Rettungsglocke. An Bord befindet sich auch ein MSM-1/S-Tauchboot von 22 ts, die USEL, mit einer maximalen Betriebstauchtiefe von 600 m. Die französische Marine hat ein ähnliches Schiff, die 1'150 ts große TRITON, die für die Unterwasserforschung ausgelegt ist, aber auch Bergungsfähigkeit besitzt. Zur Ausstattung gehören eine 13,5 ts große, am Schiff verankerte Glocke, die bis zu Tiefen von 250 m eingesetzt werden kann, sowie ein Zwei-Mann-U-Boot, die GRIFFON von 16 ts, die bis zu 600 m tauchen kann. Das japanische Bergungsschiff, die CHIYODA (4'450 ts), führt ein Tieftauchrettungsboot von 12 m Länge und mit einer Wasserverdrängung von 40 ts mit. Schweden, wo Bergungseinsätze wahrscheinlich nur innerhalb der flachen Ostseegewässer in Frage kommen, besitzt ein Unterseeboot-Bergungsschiff, die BELOS (965 ts), zur Unterstützung des Rettungstauchbootes URF (50 ts). Letzteres, aus HY-130-Stahl bestehend, hat eine max. Betriebstauchtiefe von 460 m und eine Zerstörungstiefe von 900 m.

Unten: Ein Schwergewichtstorpedo wird in Position gebracht, um durch das Waffenluk des Angriffs-U-Schiffes HMS CONQUEROR der VALIANT-Klasse übernommen zu werden.

John Jordan

Unterseeboote/Unterseeschiffe und ihre Waffen

Auf den folgenden Seiten werden die hauptsächlichen U-Boots/U-Schiffs-Klassen, die sich gegenwärtig im Dienst befinden, mit Abbildungen, technischen Daten und Konstruktionseinzelheiten behandelt. Ein Großteil des Textes ist dem historischen Hintergrund und den markanten technischen Aspekten des Entwurfs gewidmet; andere Abschnitte informieren detailliert über die verschiedenen Waffen seit Fertigstellung sowie über Anordnung, Bezeichnung und Fähigkeiten der einzelnen Sensoren. Obwohl die Anzahl der zu jedem Entwurf fertiggestellten Unterseeboote angegeben wird, sind die Namen der einzelnen Einheiten weggelassen worden. Jeder Klasse sind zwei Seiten gewidmet, um Einheitlichkeit in der Gestaltung und Bearbeitung zu bieten. Im Falle der größeren Klassen, wie die amerikanischen LOS ANGELES- und STURGEON-Klassen, hätte die Aufnahme der Namen die Beschreibung der Entwurfsaspekte ernsthaft eingeschränkt. Da diese Klassen zu den wichtigsten behandelten Entwürfen gehören, hätte dies zu einer bedenklichen Unausgewogenheit geführt.

Bei einem Buch wie diesem ist es niemals leicht, eine Entscheidung darüber zu treffen, welche Klassen aufgenommen und welche weggelassen werden sollen. Durch die Unausgeglichenheit im Unterseebootbau ist jede zu treffende Entscheidung schwierig, da die kleinen Nationen – wie die Niederlande und Schweden – eine Reihe interessanter Entwürfe in kleinen Stückzahlen bauen, während die USA und die Sowjetunion ihre eigenen Entwürfe in Klassen von dreißig, vierzig oder fünfzig Einheiten bauen.

Der Verfasser empfand es als wichtig, jeden in großen Zahlen gebauten Unterseeboottyp aufzunehmen, hat aber versucht, die Entwurfsaspekte kleinerer Klassen, die weggelassen werden mußten, in den Beschreibungen anderer Klassen – als repräsentativ für den Unterseebootbau des betreffenden Landes ausgewählt – zu erwähnen. So werden Schwedens SJÖORMEN- und VÄSTERGÖTLAND-Klasse zum Beispiel in der Beschreibung zur NÄCKEN-Klasse behandelt. Die endgültige Liste der aufgenommenen Unterseeboote/Unterseeschiffe enthüllt das Ausmaß des sowjetischen Unterseebootbaus seit dem 2. Weltkrieg; mehr als ein Drittel der folgenden Seiten sind sowjetischen Entwürfen gewidmet. Kein anderes Land, selbst die USA nicht, hat in neuerer Zeit mehr als zwei Typen von U-Booten/U-Schiffen gleichzeitig im Bau gehabt; für die sowjetische Marine jedoch befanden sich 1986 nicht weniger als sieben verschiedene Typen neueren Entwurfs im Bau. Dieses Vorherrschen sowjetischer Unterseeboote hat für den Verfasser und – noch mehr – für die künstlerische Gestaltung eine Reihe von Problemen geschaffen. Wir sehen stets nur den obersten Teil eines U-Bootskörpers; die Torpedorohre, die Propeller und die achteren Tiefenruder befinden sich unter Wasser, während die Torpedos und Flugkörper im Inneren des Bootskörpers mitgeführt werden, und es gibt selten verräterische Ausbuchtungen, um uns zu helfen, die Anordnung der Hauptsonaranlagen festzustellen. Alle Unterseeboote sind für heimliche Operationen entworfen, und selbst die westlichen Marinen sind alles andere als redselig, was die Hauptaspekte ihrer Unterseebootentwürfe betrifft, besonders im Hinblick auf die genaue Bezeichnung, Anordnung und Leistungsfähigkeit der Sonaranlagen. Die Sowjets bewahren ihre militärischen Geheimnisse sogar noch mißtrauischer, und die heimliche Natur der Unterseebootoperationen erleichtert diese Aufgabe sehr. Die einzigen veröffentlichten Fotos sowjetischer Unterseeboote im Trockendock stellen ältere Einheiten der Whiskey- und Romeo-Klassen dar, während Daten über sowjetische Unterseeboot-Waffensysteme und -Sonaranlagen ausschließlich aus westlichen Geheimdienstquellen kommen. Diese sind selten vollständig, oft unzuverlässig und müssen im Laufe der Zeit korrigiert werden. Zweifellos ergibt dies ernste Auswirkungen für ein Buch dieser Art. Alle Zeichnungen mit Darstellung der Unterwasseranordnung sowjetischer Unterseeboote müssen als provisorisch betrachtet werden, und die dargestellten Waffen entsprechen jenen, die den

Oben: Erprobungsabschuß eines «Harpoon»-FK UGM-84 von einem amerikanischen Unterseeschiff aus. Unter Wasser abgeschossene Marschflugkörper ermöglichen es dem Unterseeboot, seine Ziele auf größere Entfernung zu bekämpfen.

Unten: Eine Darstellung des sowjetischen Marschflugkörper-U-Schiffes (SSGN) der Oscar-Klasse, veröffentlicht von der US-Marine, als die erste Einheit in Severodvinsk noch ausgerüstet wurde. Obgleich in mancher Hinsicht ungenau, gibt die Zeichnung die meisten Einzelheiten richtig wieder, darunter auch Anzahl und Lage der FK-Schächte sowie die Unterbringung der VLF-Boje unmittelbar achteraus des Turms.

einzelnen Klassen von den wichtigsten westlichen Hinweisquellen zugeschrieben werden. Das Aussehen von Waffen wie das des Seeziel-FK SS-N-3A und des Torpedos M-57 beruht auf veröffentlichten Fotos, aber dasjenige jüngerer Waffen muß wieder als provisorisch angesehen werden. Dies trifft besonders für die Seeziel-FK SS-N-15 und SS-N-16 zu, deren Darstellung auf dem Aussehen westlicher U-Boot-gestützter Flugkörper ähnlicher Konzeption beruht.
Den Versuch eines ernsthaften Vergleichs mit gleichaltrigen westlichen Unterseebooten zu unternehmen, ist zweifellos ein Hauptanliegen. Nichtsdestoweniger hat der Verfasser ausgedehnten Gebrauch von den verfügbaren Hinweisquellen gemacht, um über die sowjetische Unterseebootentwicklung und die Waffenfähigkeiten einen konsequenten und logischen Überblick zu geben. Die Einbeziehung aller Waffensysteme, die den sowjetischen Unterseebooten im allgemeinen zugeschrieben werden, wurde als wesentlich erachtet, um ein vollständiges Bild zu vermitteln, und diese Überlegungen wiegen weitgehend jede Besorgnis hinsichtlich genauer bildlicher Darstellung auf.
Als wirklich international können in diesem Teil des Buches nur wenige Unterseebootentwürfe betrachtet werden. Zeichnungen von Unterseebooten – wie der für den Export entworfene deutsche *Typ 209* – stellen einzelne Einheiten im Dienst bestimmter Länder dar; dies gilt auch für die zugehörigen Waffensysteme. Unterschiede in der Ausrüstung mit Waffen und Sensoren bei Booten, die bei anderen Ländern im Dienst stehen, werden im Text einzeln genannt.

Oben: Das niederländische Unterseeboot DOLFIJN, einer der modernsten Nachkriegsentwürfe, führte das Mehrfachdruckkörper-Konzept im modernen Unterseebootbau ein.

Unten: Die erste Einheit der Oscar-Klasse kurz nach der Fertigstellung im Nordmeer. Offensichtlich hat die sowjetische Marine Probleme mit der Haftfähigkeit der gummierten Fliesen, die entworfen wurden, um die Sonarsignatur ihrer jüngsten Unterseeschiffe zu verringern. Auf diesem Foto fehlen einige dieser Fliesen auf den gekrümmten Teilen der Bootsverkleidung.

AGOSTA-Klasse

Herkunftsland: Frankreich, erste Einheit 1964 fertiggestellt
Typ: Angriffsunterseeboot, dieselangetrieben (SS)
Wasserverdrängung: 1'490 ts aufgetaucht, 1'740 ts getaucht
Abmessungen: Länge: 67,6 m, Breite: 6,8 m, Tiefgang: 5,5 m
Antrieb: dieselelektrischer Antrieb auf eine Welle; zwei SEMT-Pielstick-Dieselgeneratoren 16 PA 4185 mit je 1'270 PSe, ein Jeumont-Schneider-E-Motor; 2'540 PSe für 12,5 kn aufgetaucht, 2'990 PS für 17,5 kn getaucht (siehe unten)
Besatzung: 54
Geschichte: Mit dem Verlust Französisch-Indochinas Anfang der 1950er Jahre wurde die Langstreckenfähigkeit – eine Hauptforderung für die NARVAL-Klasse nach dem Kriege – weniger wichtig. Andererseits hatte die DAPHNÉ-Klasse bewiesen, daß sie zur Wahrnehmung der französischen Verpflichtungen zur See, wozu Ende der 1960er Jahre auch eine verstärkte Präsenz im Indischen Ozean gehörte, zu klein gebaut war. Außerdem hatte die Unterseeboot-Technologie, seitdem die DAPHNÉ-Klasse entworfen worden war, bedeutende Neuentwicklungen erfahren: Die «ALBACORE-Bootskörper»-Form hatte die Unterwasserleistung revolutioniert, während moderne Torpedos mit komplizierten Zielsuchköpfen zusammen mit computergesteuerter Feuerleitung das Abschießen großer Fächer überflüssig machten, so daß weniger Torpedorohre erforderlich waren. Die vier Angriffsunterseeboote der AGOSTA-Klasse, zwischen 1972 und 1974 auf Kiel gelegt, waren deshalb nicht nur bedeutend größer als die DAPHNÉ-Klasse, sondern stellten auch einen vollständig neuen Entwurf dar.
Entwurf: Für diese Unterseeboote wurde die Zweihüllen-Bauweise beibehalten. Der Raum zwischen den beiden Hüllen dient der Aufnahme von Tauchzellen und Kraftstoffbunkern sowie der Sensorköpfe eines Großteils der Sonarausrüstung. Wie bei früheren französischen Entwürfen sind an Deck alle vorstehenden Teile weggelassen worden, um einen ruhigen Wasserstrom zu gewährleisten. Der Druckkörper besteht aus einem Zylinder mit konischen Endböden vorn und achtern und ist von einer zylindrischen Außenverkleidung umschlossen, die in einem oval geformten Bug endet, worin sich die passiven und aktiven Hauptsonaranlagen befinden. Um Gewicht zu sparen, wurde für die Konstruktion des Turms weitgehend Kunststoff verwendet. Der Turm ist weit vorn postiert, so daß die gesamten Wohn- und Messeräume für die Besatzung achteraus der Operationszentrale zusammengefaßt sind. Unter der Operationszentrale und den Wohnräumen befinden sich zwei Batterie-Abteilungen mit je 160 Batterie-Elementen vom Typ N. Gegenüber früheren französischen Unterseebooten ist dies die doppelte Anzahl von Batterie-Elementen, die den Einheiten der AGOSTA-Klasse eine außerordentlich gute Unterwasserausdauer verleihen. Die diesel-elektrische Antriebsanlage erlaubt eine ständige Geschwindigkeit mit Vollast. Der Haupt-E-Motor kann 3'475 kW (4'725 PS) für kurze Zeitspannen liefern, woraus sich eine Höchstgeschwindigkeit unter Wasser von 20,5 kn ergibt. Ein seperater E-Motor kann das Unterseeboot mit 1,5 kn bei Schleichfahrt-Operationen antreiben. Er verbraucht wenig Energie und ermöglicht dem Unterseeboot, lange Zeit getaucht zu bleiben. Hinter dem modernen Ruderkreuz mit den achteren Tiefenrudern befindet sich ein fünfflügeliger Propeller. Die vorderen Tiefenruder sind dicht am Bug angebracht.
Bewaffnung: Für die vier Bugrohre der Boote der AGOSTA-Klasse wurde das tradi-

Unten: HURMAT, das zweite der beiden Unterseeboote der AGOSTA-Klasse, die sich bei der pakistanischen Marine in Dienst befinden. Ursprünglich von Südafrika bestellt, wurden sie als Folge des UN-Waffenembargos 1977 noch im Bau an Pakistan verkauft. Sie entstanden bei Digeon in Nantes und wurden 1979/80 in Dienst gestellt.

Oben: GALERNA, die erste der vier in Lizenz auf spanischen Werften gebauten Einheiten der AGOSTA-Klasse. Zwei wurden 1983 fertiggestellt und ein weiteres Paar 1985. Französische technische Unterstützung war auch schon früher beim Bau der vier Boote der DAPHNÉ-Klasse – ebenfalls bei Bazán, Cartagena – gewährt worden.

tionelle französische 55-cm-Kaliber übernommen, um es ihnen zu ermöglichen, die vorhandenen Torpedos zu verwenden. Die Rohre wurden jedoch so entworfen, um sowohl den 55-cm- als auch den moderneren 53,3-cm-Torpedo einzusetzen. Der 53,3-cm-U-Jagdtorpedo L 5 hat sich bereits als Überwasserwaffe gut bewährt; er ist nicht gesteuert, verwendet aktiv-akustische Zielansteuerung, hat eine Höchstgeschwindigkeit von 35 kn und eine maximale Reichweite von 7'000 m. Ihn ersetzt jetzt der F 17, ein drahtgelenkter Torpedo mit elektrischem Antrieb und passiv-akustischer Zielansteuerung. Die Version Mod. 1 ist eine Waffe gegen Überwasserschiffe, aber kürzlich ist auch eine U-Jagdvariante mit der Bezeichnung F 17P eingeführt worden. Die Boote der AGOSTA-Klasse führen gegenwärtig insgesamt 20 Torpedos der Typen L 5 Mod. 3 und F 17 mit. Bévéziers erprobte den U-Boot-gestützten Seeziel-Flugkörper SM 39 «Exocet» (siehe RUBIS), und es wird angestrebt, den SM 39 schließlich auf allen vier Booten der Klasse einzusetzen.

Elektronik: Die Einheiten der AGOSTA-Klasse besitzen eine ähnliche Sonarausrüstung wie die modernisierten Boote der DAPHNÉ-Klasse. Neben den Aktiv/Passiv-Sonaranlagen DUUA 1 und DUUA 2 ist die passive Sonaranlage DSUV 22 mit kreisförmiger Hydrophon-Anordnung vorhanden. Außerdem gibt es das passive Entfernungsmeß-Sonar DUUX 2 sowie die DUUG/AUUD-Sonar-Beobachtungsausrüstung. Der Torpedofeuerleitung dient das System DLT D-3 FC, verbunden mit einem «Iris»-35M-Computer. Das System besteht aus einer Schirmbilddarstellung der taktischen Lage, die auf Eingaben von den verschiedenen Sensoren beruht, einer Zieldarstellung und einem Waffen-Bedienungspult. Gleichzeitige Überwachung mehrerer Torpedos ist möglich. Zu den am oder im Mast angebrachten Sensoren gehören Beobachtungs- und Angriffssehrohr, ein Rundsicht-Radar DRUA-33 sowie ARUR- und ARUD-ESM-Beobachtungsantennen.

Bau: Für die französische Marine wurden zwischen 1977 und 1978 vier Unterseeboote der AGOSTA-Klasse fertiggestellt. Weitere vier Einheiten wurden zwischen 1977 und 1985 in Spanien mit französischer technischer Unterstützung in Lizenz gebaut. Zwei Einheiten bestellte Südafrika bei französischen Werften, aber das UN-Embargo verhinderte eine Auslieferung, und so wurden sie an Pakistan weiterverkauft. Eine Bestellung spanischer Werften für weitere zwei Einheiten ist noch nicht bestätigt worden.

Unten: Die Boote der AGOSTA-Klasse haben vier 55-cm-Bugrohre, imstande, Torpedos älteren Modells sowie die moderneren 53,3-cm-Typen aufzunehmen. Die gegenwärtige Ausstattung besteht aus den nicht gelenkten U-Jagdtorpedos L 5 Mod. 3 (1) und aus den drahtgelenkten Torpedos F 17 Mod. 1 (2) gegen Überwasserschiffe. Beide Typen werden jetzt durch den F 17 Mod. 2 ersetzt, der einen Doppelsucher aufweist. Die Klasse wird jetzt auf die für den Seeziel-FK SM 39 «Exocet» (3) erforderliche Feuerleitelektronik umgerüstet. 20 Torpedos oder Flugkörper können mitgeführt werden. Anstelle eines Torpedos können auch drei Minen TSM 3510 (4) treten.

Alfa-Klasse

Herkunftsland: UdSSR, erste Einheit 1972 fertiggestellt
Typ: Angriffsunterseeboot, nuklear angetrieben (SSN)
Wasserverdrängung: 2'900 ts aufgetaucht, 3'680 ts getaucht
Abmessungen: Länge: 81,4 m, Breite: 9,5 m, Tiefgang: 7 m
Antrieb: Ein flüssigmetallgekühlter Reaktor mit turbo-elektrischem Antrieb auf eine Welle; zwei Dampf-Turbo-Wechselstromgeneratoren, ein Motor; 47'000 PS für maximal 42 bis 43 kn
Besatzung: 45

Geschichte: Ironischerweise mag der ursprüngliche Anstoß für die Entwicklung der *Alfa*-Klasse durch die amerikanischen offiziellen Erklärungen aus den späten 1950er Jahren erfolgt sein, wonach Unterseeboote innerhalb eines Jahrzehnts Geschwindigkeiten von 45 kn und Tauchtiefen von 900 m erreichen würden. Zweifellos sahen die Sowjets für ein solches Unterseeboot eine Verwendung als schnelle Abfangeinheit, um gegen Überwasserstreitkräfte und gegnerische Unterseeboote, geortet durch ihr ozeanisches Überwachungssystem, eingesetzt zu werden. Wenn das Unterseeboot in einer offensiven Rolle operierte, würden eine hohe Unterwassergeschwindigkeit zusammen mit einer Tieftauchfähigkeit dem U-Boot ermöglichen, den westlichen Abwehrmaßnahmen zu entgehen, indem es diese untertauchte. Von der Wasseroberfläche aus abgeschossene U-Jagdwaffen wie zielsuchende Torpedos würden eine derart lange Zeit brauchen, um die Operationstiefe des Unterseebootes zu erreichen, daß das letztere bis dahin außer Reichweite der akustischen Zielsucheinrichtung gelangt wäre. Der Entscheidung, die *Alfa*-Klasse zu bauen, folgte eine längere Entwicklungsperiode, in der die Sowjets stets im Grenzbereich zu neuen Technologien operierten. Die Entwicklung eines Reaktors mit Flüssigmetall als Kühlmittel kann nicht leicht gewesen sein, nach den Erfahrungen der US-Marine mit dem Unterseeboot SEAWOLF (SSN-575) Ende der 1950er Jahre zu urteilen. Der Reaktor der SEAWOLF wurde nach zwei Jahren als unzuverlässig aufgegeben und durch ein konventionelles Modell mit Druckwasserkühlung ersetzt. Die Einführung von Titan für den Druckkörper der *Alfa*-Klasse, um die Tauchtiefe zu steigern, warf ebenfalls ernste Probleme auf. Titan ist viel leichter als Stahl und weist größere Dehnfestigkeit auf, aber es ist schwierig, das Metall zu walzen und zu biegen, und besondere Schweißverfahren mußten einge-

Oben: Die Alfa-Klasse ist einer der bemerkenswertesten U-Bootentwürfe der Welt. Der Bootskörper ist nicht aus Stahl, sondern aus dem leichteren Titan konstruiert, was der Alfa-Klasse eine geschätzte Betriebstauchtiefe von 900 m verleiht, während die unbemannte Antriebsanlage mit einem Flüssigmetall-Reaktor eine maximale Unterwassergeschwindigkeit von mehr als 40 kn erzeugt. Nach sechs fertiggestellten Einheiten ist die Serienfertigung eingestellt worden.

führt werden. Der 1972 fertiggestellte Prototyp scheint ernste Schwierigkeiten mit gebrochenen Schweißnähten gehabt zu haben; die sich anschließenden ausgedehnten Erprobungsfahrten in der Ostsee mußten aufgegeben werden. 1974 wurde das Boot abgewrackt. Die Sowjets verfolgten jedoch den Entwurf weiter und lösten schließlich viele der damit verbundenen Probleme. Mitte der 1970er Jahre begann die Serienfertigung, das erste Boot wurde 1979 fertiggestellt.

Entwurf: Die *Alfa*-Klasse besitzt einen einzigen Reaktor, der ein Blei-Wismut-Gemisch als Kühlmittel verwendet. Dies ergibt eine besonders kompakte Antriebsanlage, da nur der Reaktor selbst innerhalb des Sicherheitsschildes liegen muß. Die Einführung einer Flüssigmetall-Kühlung steigert auch die Temperatur im Dampferzeuger und ermöglicht für einen Reaktor mäßiger Größe das Erreichen ungewöhnlich hoher PS-Zahlen. Die Antriebsmaschinenanlage ist bei der *Alfa*-Klasse weitgehend automatisiert und es wird berichtet, daß der Maschinenraum vollkommen unbemannt ist. Aber der Sicherheits- und der Zugänglichkeits-Standard sind fast mit Sicherheit weit niedriger als dies im Westen zugelassen werden würde. Es wird auch berichtet, daß diese Unterseeboote in Fahrt außerordentlich geräuschvoll sind. Die Kombination aus einem Unterseeboot geringer Größe mit hoher Leistungsabgabe, die fast mit Sicherheit «Aufstellen auf Roste» oder andere Verfahren zur Isolierung des Lärms der Maschinenanlage verhindert, läßt dies kaum als überraschend erscheinen. Anders als bei anderen sowjetischen Unterseebooten liegt bei der *Alfa*-Klasse anscheinend die Einhüllen-Bauweise zugrunde, mit einem glatten Übergang zwischen der Verkleidung und dem Unterteil des stromlinienförmigen Turms. Die einzige Welle ist mit einem siebenflügeligen Propeller ausgestattet, der hinter dem Ruderkreuz liegt.

Bewaffnung: Die *Alfa*-Klasse ist mit sechs normalen 53,3-cm-Bugrohren ausgestattet. Aus ihnen können konventionelle Torpedos gegen Überwasserschiffe oder U-Jagdtorpedos verschossen werden. Wahrscheinlich ist die *Alfa*-Klasse auch ausgerüstet, um den U-Jagdflugkörper SS-N-15 mit nuklearem Gefechtskopf abzuschießen. Es gibt keinen Grund anzunehmen, daß die Serienboote noch mit dem größeren 65-cm-Rohr ausgestattet sind. Der Abstand zwischen Bug und Turm ist verhältnismäßig gering, weshalb die Möglichkeit ausgeschlossen zu sein scheint, das größere Rohr einzubauen und den SS-N-16-Flugkörper zusammen mit den dazugehörigen Feuerleitpulten unterzubringen. Im Vergleich zu gleichaltrigen sowjetischen SSN steht zweifellos zum Verstauen der Torpedos weniger Raum zur Verfügung und maximal scheinen etwa zwölf Torpedos/Flugkörper wahrscheinlich.

Elektronik: Die *Alfa*-Klasse besitzt ein Aktiv/Passiv-Bugsonar, das sich vermutlich über den Torpedorohren befindet. Die Ausstattung mit Sensormasten ähnelt weitgehend jener der SSN der *Victor*-Klasse und der SSGN der *Charlie*-Klasse: Beobachtungs- und Angriffssehrohr, «Snoop Head/ Bald Head»-kombinierte Überwasser-Überwachung/ESM, «Park Lamp»-VLF-Empfang sowie Antennen für HF- und VHF-Verbindungen. Es gibt keine Luken für VLF-Bojen und keine sichtbaren Schleppantennen, weder für FM-Verbindungen noch für passiv-akustische Ortung.

Bau: Es gibt Unstimmigkeiten hinsichtlich der Fertigstellungsdaten für diese Unterseeboote, besonders für den Prototyp. Letzterer wurde auf der Sudomech-Werft, Leningrad, erbaut und soll nach einigen Quellen schon 1968 fertiggestellt worden sein. Die sechs Serienboote wurden zwischen 1979 und 1983 in Leningrad und Severodvinsk fertiggestellt. Der Bau ist inzwischen zugunsten eines größeren U-Schiffes mit Titanrumpf, der *Mike*-Klasse, eingestellt worden.

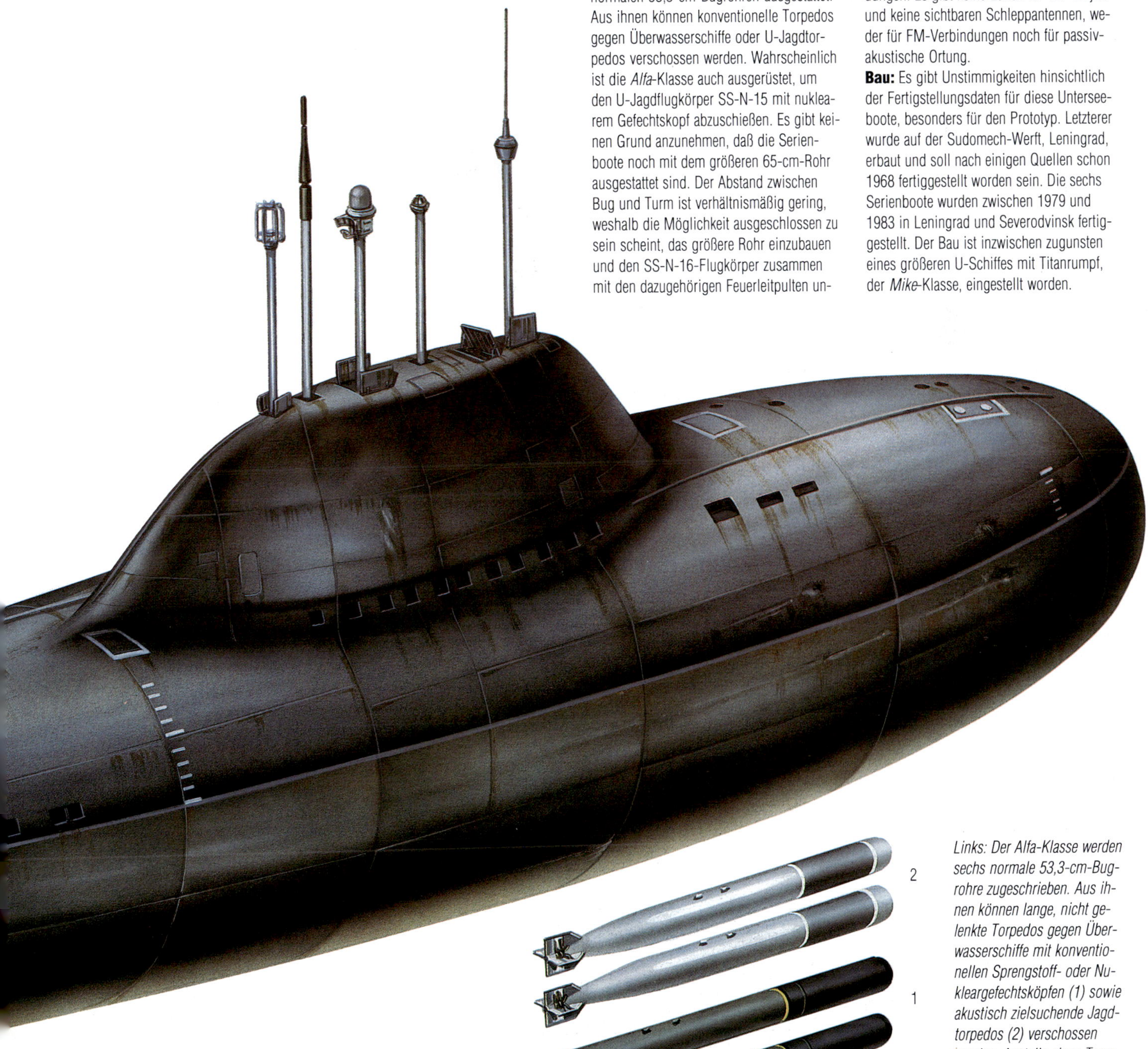

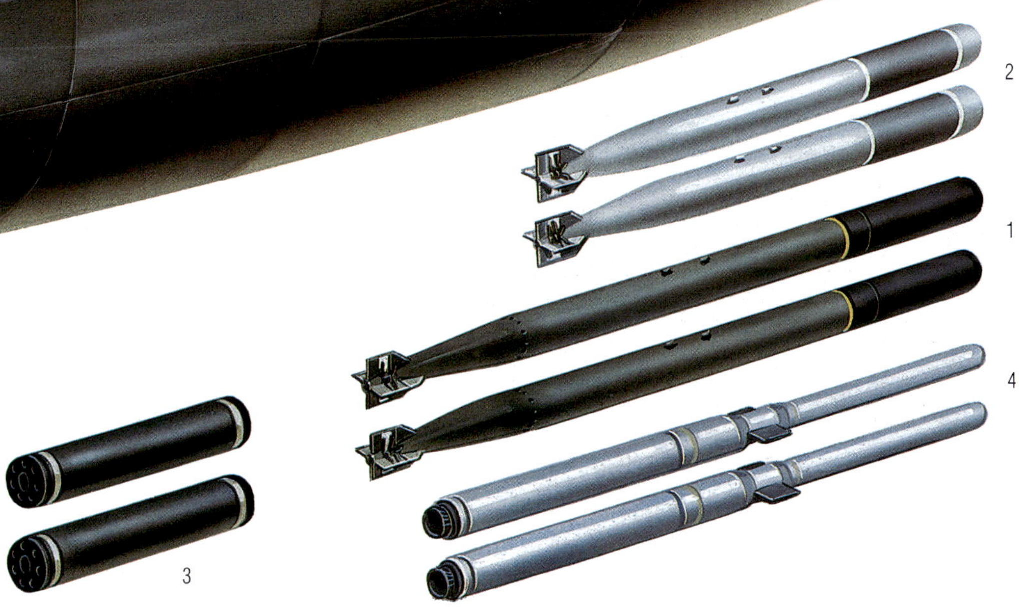

Links: Der Alfa-Klasse werden sechs normale 53,3-cm-Bugrohre zugeschrieben. Aus ihnen können lange, nicht gelenkte Torpedos gegen Überwasserschiffe mit konventionellen Sprengstoff- oder Nukleargefechtsköpfen (1) sowie akustisch zielsuchende Jagdtorpedos (2) verschossen werden. Anstelle eines Torpedos können zwei Minen (3) mitgeführt werden. Es wird angenommen, daß die Alfa-Klasse mit dem U-Jagdflugkörper SS-N-15 mit nuklearem Gefechtskopf (4) ausgerüstet ist; es gibt aber keinen Grund anzunehmen, daß eine Ausrüstung mit dem großen 65-cm-Rohr erfolgt ist.

Charlie-Klasse

Herkunftsland: UdSSR, erste Einheit 1967 fertiggestellt
Typ: Marschflugkörper-U-Schiff, nuklear angetrieben (SSGN)
Wasserverdrängung: *Charlie I:* 4'000 ts aufgetaucht, 4'800 ts getaucht; *Charlie II:* 4'500 ts aufgetaucht, 5'500 ts getaucht
Abmessungen: *Charlie I:* Länge: 95 m, Breite: 10 m, Tiefgang: 8 m; *Charlie II:* Länge: 102 m, Breite und Tiefgang wie *Charlie I.*
Antrieb: Ein druckwassergekühlter Reaktor, Getriebe-Dampfturbinen antreibend; eine Welle; 15'000 WPS für maximal 24 kn
Besatzungsstärke: 90
Geschichte: Die Entwicklung des Kurzstrecken-Flugkörpers SS-N-7 mit aktivem Radarsuchkopf, der unter Wasser abgeschossen werden konnte, versprach, den Torpedo gegen Überwasserschiffe veralten zu lassen. Damit ausgerüsteten Unterseebooten würde es möglich sein, sich ihren Zielen unentdeckt zu nähern, ihre Flugkörper außerhalb der wirksamen Sonarreichweite der Sicherungsfahrzeuge zu starten und, ohne sich selbst feindlichen Gegenmaßnahmen auszusetzen, zu entkommen. Die *Charlie*-Klasse ist deshalb der echte Nachfolger der torpedobewaffneten *November*-Klasse, deren letzte Einheit im selben Jahr fertiggestellt wurde, in dem die erste der neuen SSGN auf Kiel gelegt wurde. Die von dieser FK-Startart mit dem plötzlichen Auftauchen des SS-N-7 ausgehende Bedrohung wurde von der US-Marine sehr ernst genommen. Sie war gezwungen, die Entwicklung von Nahbereichsabwehrwaffen gegen Flugkörper sowie von elektronischen Gegenmaßnahmen (ECM) zu beschleunigen. Eine der Hauptaufgaben der amerikanischen «Flottenunterseeboote» der LOS ANGELES-Klasse sollte darin bestehen, vor den Trägerkampfgruppen, wo sowjetische Unterseeboote in Wartestellung liegen konnten, freie Bahn zu schaffen. Diese Gegenmaßnahmen scheinen das Auslaufen des *Charlie*-Programms Ende der 1970er Jahre beeinflußt zu haben.
Entwurf: Die *Charlie*-Klasse gehört zur zweiten Generation der sowjetischen nuklear angetriebenen Unterseeboote. Die erste Einheit dieser Klasse wurde 1968 in Dienst gestellt, dem Jahr, in dem auch die erste Einheit der *Victor*-Klasse in Dienst gestellt wurde, und trotz grundsätzlicher Unterschiede zwischen der *Victor*- und der *Charlie*-Klasse im Auftrag gibt es bei beiden Entwürfen eine Reihe baulicher Ähnlichkeiten für den Einsatz. Länge und Breite sind ziemlich identisch, und das Antriebssystem verwendet eine ähnliche Technologie mit einer

Oben: Im breiten Bug der Charlie-Klasse befinden sich 8 senkrechte Startschächte für den Seeziel-FK SS-N-7, der als erster sowjetischer Seeziel-FK unter Wasser abgeschossen werden konnte. Frühere sowjetische SSGN mußten auftauchen, um ihre Flugkörper zu starten, und waren deshalb dem Angriff gegnerischer Flugzeuge ausgesetzt. Das U-Schiff auf dem Foto gehört zur Charlie-I-Klasse.

Unten: Die Hauptbewaffnung der Charlie-I-Klasse besteht aus 8 Marschflugkörpern SS-N-7, die aus senkrechten Startschächten im Bug abgeschossen werden. Die Charlie-II-Klasse soll den Flugkörper SS-N-9 (1) führen, der eine größere Reichweite besitzt. Die sechs 53,3-cm-Bugtorpedorohre können verschiedene Waffen abschießen, darunter bei der Charlie-II-Klasse neben einer kleinen Anzahl normaler Torpedos (3) auch den U-Jagd-Flugkörper SS-N-15 mit nuklearem Gefechtskopf (2).

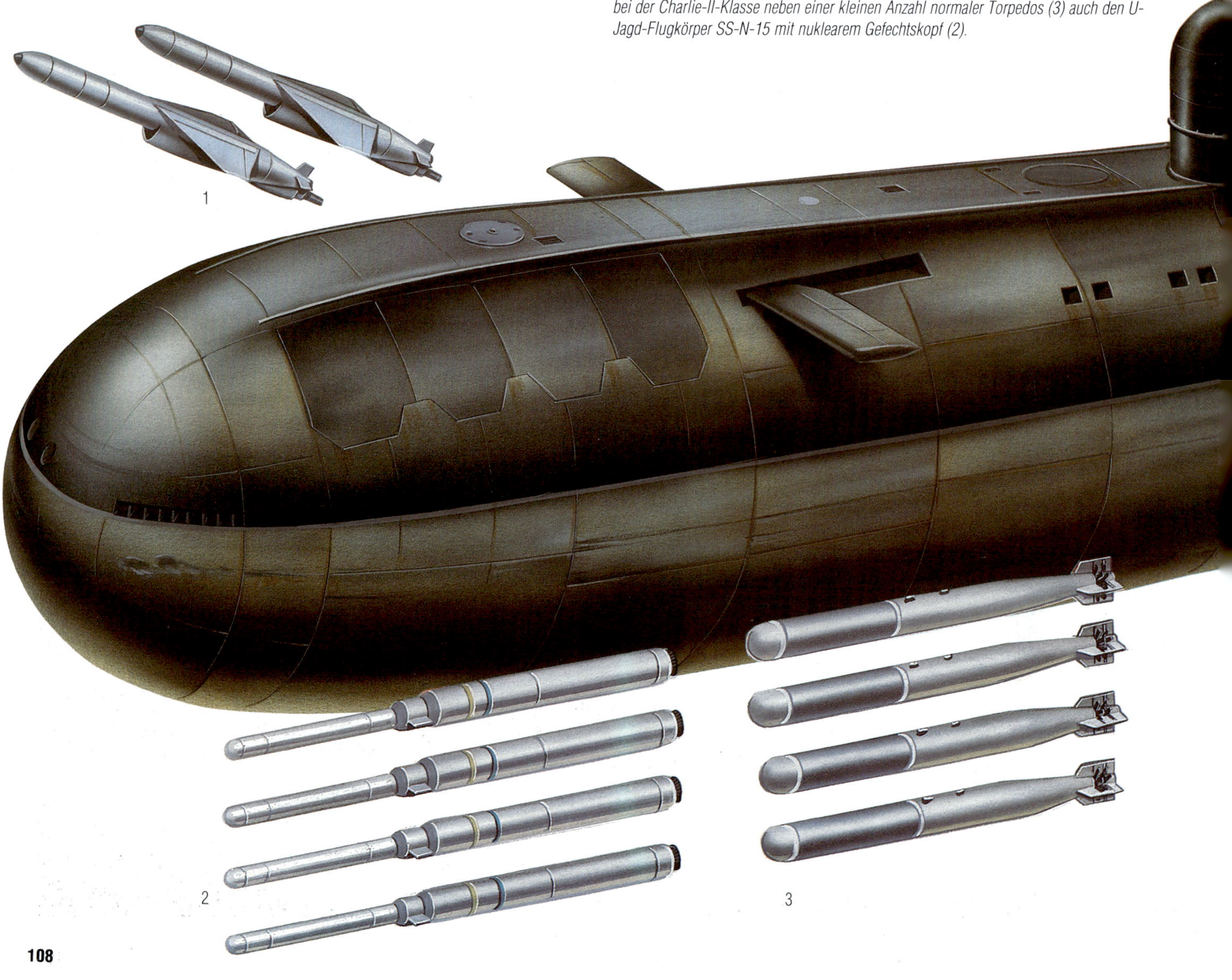

einzigen Welle, die einen fünfflügeligen Propeller antreibt. Beide Klassen können durch die Turmform unterschieden werden; die Vorderkante ist bei der *Victor*-Klasse spitzwinkelig, bei der *Charlie*-Klasse aber senkrecht. Die letztere Form scheint nicht völlig gelungen zu sein, da jetzt am Unterteil des Turms eine kragenförmige Übergangsverkleidung angebracht worden ist, um die hydrodynamische Leistungsfähigkeit zu verbessern. Die *Charlie*-Klasse besitzt ein Ruderkreuz mit den achteren Tiefenrudern, und die einziehbaren vorderen Tiefenruder sind am Bootskörper hinter den FK-Schächten angebracht. Die acht Startschächte für den Flugkörper SS-N-7 liegen in der Bugsektion zwischen dem inneren Druckzylinder und der äußeren Rumpfverkleidung, vier auf jeder Seite. Sie sind mit großen, quadratischen Luken (Seitenlänge etwa 4,25 m) abgedeckt. Die spätere Variante, die *Charlie-II*-Klasse, zuerst 1973 in Erscheinung getreten, ist etwa 7 m länger als die *Charlie-I*-Klasse. Eine zusätzliche Rumpfsektion ist zwischen Turm und Bug eingefügt worden. Die FK-Schächte sind etwas weiter nach achtern gerückt, aber im Gegensatz zu früheren Meldungen ist ihre Anzahl gleich geblieben. Auch die Turmform und die achtere Sektion der jüngeren U-Schiffe sind unverändert.

Bewaffnung: Der SS-N-7-Flugkörper besitzt eine konventionelle, flugzeugförmige Gestalt mit einer Länge von etwa 7 m. Er verwendet Festbrennstoff-Antrieb und hat eine geschätzte Reichweite von 30–35 sm. Er kann einen nuklearen oder konventionellen Gefechtskopf (Gewicht etwa 500 kg) führen und ist besonders wirksam gegen große Überwasser-Kriegsschiffe. Berichte besagen, daß die *Charlie-II*-Klasse den moderneren Flugkörper SS-N-9 «Siren» führen kann, der zwei Meter länger ist und die doppelte Reichweite hat. Der taktische Wert eines derartigen Langstrecken-Flügkörpers ist jedoch in Anbetracht der stark zunehmenden Zielproblematik und des Fehlens jeglicher Lenkungseinrichtung auf halbem Flugweg fraglich. Infolge der Notwendigkeit, die FK-Schächte unterzubringen, ist der Durchmesser des Druckkörpers in der Bugsektion notwendigerweise verringert worden. Infolgedessen ist die Torpedobewaffnung, gemessen am Standard der übrigen sowjetischen Angriffs-U-Schiffe, verhältnismäßig klein. Es sind sechs Torpedorohre – im Vergleich zu den acht der *Victor*-Klasse – vorhanden, und schätzungsweise können maximal 12 Torpedos mitgeführt werden. Die *Charlie-II*-Klasse ist mit an Sicherheit grenzender Wahrscheinlichkeit zum Abschuß des U-Jagdflugkörpers SS-N-15 mit nuklearem Gefechtskopf ausgerüstet; die Umrüstung auf 65-cm-Rohre zum Abschuß des Flugkörpers SS-N-16 ist nicht auszuschließen.

Elektronik: Der *Charlie*-Klasse wird ein Niederfrequenz-Aktiv/Passiv-Bugsonar mit winkelgetreuer Passiv-Seitenanordnung zugeschrieben. Die in oder an den Masten angebrachten Sensoren entsprechen den übrigen sowjetischen U-Schiffen dieser Periode: Beobachtungs- und Angriffssehrohr, Rundsicht-Radar «Snoop Tray», «Park Lamp»-VLF/LF-Empfang, «Brick Pulp»-ESM sowie HF- und VHF-Verbindungen. Die Variante *Charlie II* besitzt achteraus des Turms Doppelluken für eine VLF-Boje.

Bau: Zwischen 1968 und 1972 wurden auf der im Binnenland gelegenen Krasnoje-Sormovo-Werft, Gorkij, 12 Einheiten der *Charlie-I*-Klasse fertiggestellt. Es handelte sich dabei um die ersten in Gorkij gebauten Atom-U-Schiffe; bisher hatte diese Werft nur Dieselunterseeboote gebaut. Ihnen folgten zwischen 1973 und 1982 6 Einheiten der *Charlie-II*-Klasse.

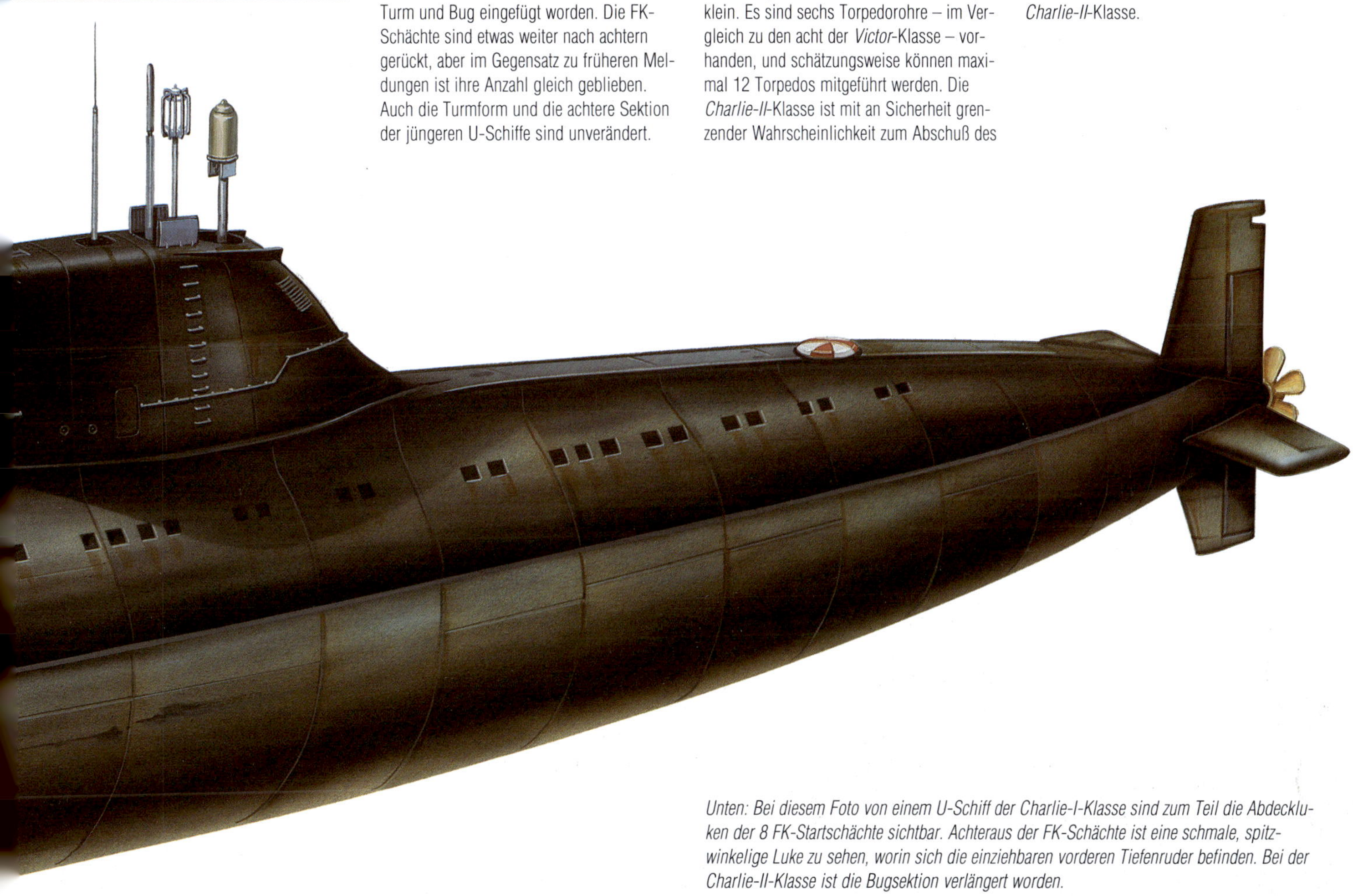

Unten: Bei diesem Foto von einem U-Schiff der Charlie-I-Klasse sind zum Teil die Abdeckluken der 8 FK-Startschächte sichtbar. Achteraus der FK-Schächte ist eine schmale, spitzwinkelige Luke zu sehen, worin sich die einziehbaren vorderen Tiefenruder befinden. Bei der Charlie-II-Klasse ist die Bugsektion verlängert worden.

DAPHNÉ-Klasse

Herkunftsland: Frankreich, erste Einheit 1964 fertiggestellt
Typ: Angriffs-U-Boot, dieselangetrieben (SS)
Wasserverdrängung: 870 ts aufgetaucht, 1'045 ts getaucht
Abmessungen: Länge: 57,8 m, Breite: 6,8 m, Tiefgang: 4,6 m
Antrieb: Dieselelektrischer Antrieb auf zwei Wellen; zwei SEMT-Pielstick-Dieselgeneratoren 12 PA 1/4 zu je 615 PSe; zwei Jeumont-Schneider-E-Motoren zu je 790 PS; 1'230 PSe für 13,5 kn aufgetaucht, 1'580 PS für 16 kn getaucht
Besatzung: 45
Geschichte: Vor dem 2. Weltkrieg hatte die französische Marine eine klare Unterscheidung zwischen Unterseebooten großer Reichweite (1. Klasse) von 1'500 ts und solchen mittlerer Reichweite (2. Klasse) von 600/630 ts getroffen. Diese Baupolitik wurde in der Nachkriegszeit fortgesetzt. Die NARVAL, die im Entwurf weitgehend dem deutschen Typ XXI entsprach, wurde zum Standardtyp der 1. Klasse, und 1952 forderte der Admiralstab den Beginn der Entwicklungsarbeit für ein Boot der 2. Klasse, die zur DAPHNÉ-Klasse führen sollte. Die Stabsanforderungen umfaßten Geräuscharmut, gute Manövrierfähigkeit, eine kleine Besatzung und leichte Instandhaltung – alles Merkmale des kleineren ARÉTHUSE-Entwurfs, der der DAPHNÉ vorausging. Den beiden letzteren Anforderungen sollte durch die Verwendung ausgedehnter Automatisierung und Einführung der Funktionseinheiten-Technik begegnet werden, um die Instandhaltung an Bord auf ein Mindestmaß herabzusetzen. Zusätzlich wurden gefordert: maximale Geschwindigkeit getaucht 13 kn, Schleichfahrt 6 kn und Schnorchelfahrt 7 kn. Die Tauchtiefe sollte größer sein als bei den vorausgegangenen Klassen, und es sollten mindestens sechs innen gelegene Torpedorohre (wovon zwei Heckrohre für U-Jagdtorpedos) mit 14 Reservetorpedos sowie eine Feuerleitung entsprechend der NARVAL-Klasse vorhanden sein. Diese Forderungen wurden im abschließenden Entwurf allgemein überschritten, der nicht weniger als zwölf Torpedorohre vorsah, von denen acht innen gelegen waren.

Oben: DAPHNÉ, das Typschiff der Klasse. Obwohl es diesen Unterseebooten an Seeausdauer mangelt, haben sie sich in den relativ flachen Gewässern des Mittelmeers als handlich erwiesen und führen eine starke Torpedobewaffnung.

DAPHNÉ (S 641)

1

Oben: Die DAPHNÉ-Klasse besitzt eine ungewöhnliche Anordnung der Torpedorohre, Überbleibsel des französischen Vorkriegsbrauches. Es sind 8 innen gelegene Bugrohre sowie 4 außen gelegene Heckrohre vorhanden. Von den letzteren befinden sich 2 direkt oberhalb des Hecks, während das zweite Paar nach außen abgewinkelt unmittelbar davor liegt. Reservetorpedos sind nicht an Bord. Die Torpedorohre haben das traditionelle französische Kaliber 55 cm und verschießen die älteren Modelle französischer Torpedos. Die nicht gelenkten Torpedos E 14 und E 15 gegen Überwasserschiffe (1) werden durch den U-Jagdtorpedo L 3 (2) ergänzt, der eine aktiv-akustische Zielansteuerung benutzt. Gemessen am modernen Standard sind alle drei Typen relativ langsam.

Entwurf: Die Form des Bootskörpers der DAPHNÉ-Klasse ist konventionell, wobei ein markanter Kiel die Stabilität während schneller Fahrmanöver verbessert. Erneut behielten die Franzosen die Zweihüllenbauweise bei, und alle Tauchzellen und Kraftstoffbunker liegen außerhalb des Druckkörpers. Als Höchsttauchtiefe werden 300 m angegeben. Innerhalb des Druckkörpers gibt es eine konventionelle Ein-Deck-Anordnung. Unter Beibehaltung des französischen Vorkriegsbrauches sind alle vier Heckrohre außen gelegen; das achtere Paar befindet sich direkt oberhalb des Hecks, während das zweite Paar abgewinkelt unmittelbar vor diesem liegt. Möglicherweise wurden die Heckrohre durch die Einführung einer Maschinenanlage auf zwei Wellen in Verbindung mit konventionellen Tiefenrudern erforderlich. Das bei der ARÉTHUSE-Klasse eingeführte diesel-elektrische Antriebssystem wurde beibehalten; das Typschiff der Klasse erreichte bei Erprobungsfahrten 16 kn – eine Steigerung von drei Knoten gegenüber der ursprünglichen Baubeschreibung. Die Maschinenanlage ist auf zwei Ebenen eingebaut, wobei sich die Hilfsmaschinen oberhalb der Antriebsanlage befinden.

Bewaffnung: Die DAPHNÉ-Klasse besitzt acht innen gelegene Bugrohre, in zwei senkrechten Reihen zu je vier angeordnet, sowie die bereits erwähnten vier außen gelegenen Heckrohre. Da jedoch der Entwurf sehr gedrängt ausfiel, wurde auf die Reservetorpedos verzichtet, um Platz zu sparen. Alle 12 Rohre weisen das nicht standardisierte französische Vorkriegskaliber von 55 cm auf; es können deshalb nur Torpedos eigenen Entwurfs und aus eigener Fertigung verschossen werden. Die gegenwärtigen französischen Torpedos haben viele allgemeine Teile gemeinsam, um Fertigung und Wartung zu erleichtern. Der Torpedo E 14 gegen Überwasserschiffe ist 4,3 m lang und besitzt einen passiv-akustischen Zielsuchkopf. Gemessen an modernen Maßstäben ist er mit einer Geschwindigkeit von nur 25 kn verhältnismäßig langsam und seine Höchstreichweite beträgt 7'500 m. Der E 15 ist im wesentlichen ein E 14 mit einer zusätzlichen Sektion, die die maximale Reichweite auf 12'000 m steigert. Der L 3, vermutlich aus den Heckrohren abgeschossen, ist ein nicht gelenkter U-Jagdtorpedo mit aktiv-akustischer Zielansteuerung. Länge, Geschwindigkeit und Reichweite sind mit dem E 14 identisch, aber er kann aus einer Tiefe bis zu 300 m abgeschossen werden, doppelt so tief wie die maximale Abschußtiefe von Torpedos gegen Überwasserschiffe.

Elektronik: Bei Fertigstellung war die DAPHNÉ-Klasse mit einem Aktiv/Passiv-Suchsonar DUUA 1 in einem Wulst oberhalb des Vorderstevens ausgerüstet. Unterhalb des Bugs, in einem großen Dom, befand sich eine Passiv-Kreisbasis DSUV 2.
Die beiden Hauptsonaranlagen ergänzte ein Passiv-E-Meßsonar DUUX 2 zur Feuerleitung sowie ein Sonar-Beobachtungssystem AUUD/DUUG 1, um gegnerische Sonarausstrahlungen zu orten und zu analysieren.
Der Torpedofeuerleitung diente ein DLT-D-3-FC-System. Daneben sind ein Beobachtungs- und ein Angriffssehrohr sowie ein Rundsicht-Radar «Calypso» und ein ESM-Beobachtungsmast vorhanden. 1971 beginnend, wurden alle Einheiten mit Ausnahme des Typschiffs, der DAPHNÉ, einer umfangreichen Modernisierung unterzogen, wobei die elektronischen Systeme der Unterseeboote weitgehend auf den neuesten Stand gebracht wurden. Das ursprüngliche Aktiv/Passiv-Sonar DUUA 1 wurde durch ein Sonar DUUA 2 ersetzt, untergebracht in einem Dom oberhalb des Bugs.

Bau: Zwischen 1964 und 1970 wurden für die französische Marine elf Unterseeboote der DAPHNÉ-Klasse fertiggestellt. Von diesen gingen 1968 die MINERVE und 1970 die EURYDICE verloren. Weiterhin wurden auf französischen Werften fertiggestellt: vier Einheiten für Portugal zwischen 1967 und 1969, drei für Pakistan 1970 und drei für Südafrika 1970/71. Eines der für Portugal bestimmten Boote wurde 1975 an Pakistan weiterverkauft. Vier weitere Boote wurden mit französischer technischer Unterstützung in Spanien gebaut und zwischen 1973 und 1975 fertiggestellt.

2

Unten: Die DAPHNÉ-Klasse hat sich als attraktiver Export-Entwurf erwiesen. Neben den elf für die Marine Nationale fertiggestellten Booten sind zehn auf französischen Werften für andere Länder und weitere vier unter Lizenz gebaut worden.

Delta-Klasse

Herkunftsland: UdSSR, erste Einheit 1972 fertiggestellt
Typ: U-Schiff für ballistische Flugkörper, nuklear angetrieben (SSBN)
Wasserverdrängung: *Delta I:* 11'750 ts getaucht; *Delta II:* 12'750 ts getaucht; *Delta III:* 13'250 ts getaucht; *Delta IV:* 13'550 ts getaucht
Abmessungen: *Delta I:* Länge: 139 m, Breite: 12 m, Tiefgang: 9 m; *Delta II/III:* Länge: 155 m, Breite und Tiefgang wie *Delta I; Delta IV:* Länge: 164 m, Breite und Tiefgang wie *Delta I*
Antrieb: Zwei druckwassergekühlte Reaktoren, Getriebe-Dampfturbinen antreibend; zwei Wellen; 35'000 WPS für maximal 24 bis 25 kn
Besatzung: 120
Geschichte: Die ersten sowjetischen SLBM hatten eine verhältnismäßig kurze Reichweite. Um die USA zu bedrohen, mußten die sowjetischen strategischen Unterseeschiffe bis zur *Yankee*-Klasse deshalb die U-Abwehrsperren der NATO in der Lücke

Oben: Die Delta-III-Klasse führt den Flugkörper SS-N-18, der länger als der an Bord der Delta-I- und -II-Klasse geführte SS-N-8 ist. Dies hat zu einer ungewöhnlich hohen Verkleidung der FK-Sektion geführt.

Oben: Die Delta-III-Klasse ist für den Start von 16 ballistischen Flugkörpern SS-N-18 «Stingray» (1) ausgerüstet, die zwischen einem und sieben MIRV mit einer Reichweite von 6'500 bzw. 8'000 km besitzen. Die ersten Delta-U-Schiffe haben den SS-N-8 «Sawfly» an Bord, während die Delta-IV-Klasse den SS-NX-23 «Skiff» führt. Alle Delta-Einheiten haben sechs 53,3-cm-Bugrohre, um damit sowohl nicht gelenkte Schwergewichtstorpedos gegen Überwasserschiffe (2) als auch U-Jagdtorpedos mit akustischer Zielansteuerung (3) zu verschießen, die zur Standardausrüstung an Bord sowjetischer U-Schiffe gehören.

Grönland-Island-Großbritannien passieren. Mit der fortschreitenden Flugkörper-Technologie tauchte die Möglichkeit auf, einen Flugkörper mit einer Reichweite von über 7'500 km zu entwickeln, ausreichend, um alle großen amerikanischen Städte aus der relativen Sicherheit der von den Sowjets beherrschten Gewässer in der Arktis und des Nordwestpazifik heraus zu erreichen. Der SS-N-8, zuerst auf den U-Schiffen der *Delta*-Klasse verwendet, sollte der hauptsächliche strategische Flugkörper der sowjetischen Marine werden und eine Reihe späterer Abkömmlinge hervorbringen.

Entwurf: Die *Delta*-Klasse stellt im wesentlichen eine modifizierte *Yankee*-Klasse dar. Die vordere Sektion einschließlich des Turms sowie die Hecksektion sind mit jenen dieses früheren U-Schiffes identisch.

Der bauliche Hauptunterschied besteht in der Vergrößerung der FK-Sektion mittschiffs. Der SS-N-8 stellt einen wesentlich größeren Flugkörper als der SS-N-6 dar, so daß die Abteilung zur Unterbringung dieser Flugkörper länger, breiter und höher ist als jene der *Yankee*-Klasse. Trotz einer Zunahme der Länge um 9 m konnten auf der *Delta-I*-Klasse nur 12 Flugkörper im Vergleich zu den 16 der *Yankee*-Klasse untergebracht werden. Kurz nach dem Erscheinen der ersten *Delta*-U-Schiffe kam eine neue Variante, die *Delta-II*-Klasse, bei der Nordflotte in Dienst. Die FK-Sektion der *Delta-II*-Klasse wies dieselbe Höhe wie die der *Delta I* auf, war aber 15 m länger und ermöglichte den Einbau vier zusätzlicher SS-N-8-FK-Schächte. Dies verlieh diesen U-Schiffen im Verhältnis zur Breite eine außerordentliche Länge, die sich bei den späteren Delta-Varianten wiederholen sollte. Die Verkleidung der FK-Schächte war nach achtern zu nicht mehr abgestuft wie bei der *Delta-I*-Klasse, sondern bildete einen spitzen Winkel, um sich mit der achteren Sektion zu vereinigen. Die 1978 nachfolgende *Delta-III*-Klasse hatte dieselbe Länge wie *Delta II*, aber die Verkleidung der FK-Schächte war 2,5 m höher, um einen neuen Flugkörper, den SS-N-18 mit MIRV, entwickelt aus dem SS-N-8, unterzubringen. Die jüngste (und wahrscheinlich letzte) Variante, die *Delta-IV*-Klasse, trat Ende 1985 zum erstenmal öffentlich in Erscheinung, wieder im Bereich der Nordflotte. Sie ist in vieler Hinsicht mit der *Delta-III*-Klasse identisch. Der neue Flugkörper – der SS-NX-23 – gleicht in der Größe dem SS-N-18, so daß die Verkleidung der FK-Schächte weitgehend unverändert blieb. Die äußerlichen Hauptunterschiede beziehen sich auf das Heck, das dasselbe niedrige, winkelförmige Seitenruder aufweist wie die zweite und dritte Einheit der *Oscar*-Klasse. Auf jeder Seite der Heckverkleidung sind Stabilisatoren angebracht; sie deuten an, daß die von der *Delta-III*-Klasse an zunehmende Höhe der FK-Sektion Stabilitätsprobleme mit sich gebracht hat.

Bewaffnung: Der an Bord der *Delta-I*- und *-II*-Klasse geführte SS-N-8 ist ein großer Flugkörper mit Flüssigbrennstoff von etwa 13 m Länge und einem Durchmesser von 1,8 m. Er besitzt einen nuklearen Gefechtskopf von 800 kT. Die früheste Variante dieses Flugkörpers hatte eine maximale Reichweite von 7'800 km, aber die spätere Variante Mod. 2 wies eine solche von 9'100 km auf. Der an Bord der *Delta-III*-Klasse geführte Flugkörper SS-N-18 kam etwa 1978 in Dienst und war der erste sowjetische SLBM, der unabhängig zielgesteuerte Mehrfach-Wiedereintrittsträger besaß. Die Variante Mod. 1 dieses Flugkörpers führt drei MIRV von je 200 kT mit einer maximalen Reichweite von 6'500 km, die Variante Mod. 2 ist mit einem einzigen 450-kT-Gefechtskopf mit einer Reichweite von 8'000 km ausgestattet, und die Variante Mod. 3 weist sieben MIRV mit einer der Variante Mod. 1 ähnlichen Reichweite auf. Der 1985/86 in Dienst gekommene Flugkörper SS-NX-23 (*Delta-IV*-Klasse) ist eine verbesserte Version des SS-N-18 mit größerem Abschußgewicht und verbesserter Endgenauigkeit. Mit ihm wird vermutlich auch die *Delta III*-Klasse neu ausgerüstet werden, aber er kann ohne Veränderungen nicht bei den früheren Einheiten Verwendung finden. Alle Varianten der *Delta*-Klasse sind mit sechs Bugrohren für 53,3-cm-Standard-Torpedos ausgestattet. Bei der *Delta-IV*-Klasse kann auch das 65-cm-Rohr vorhanden sein.

Elektronik: Die *Delta*-Klasse scheint das standardmäßige Aktiv/ Passiv-Bugsonar zu besitzen, mit dem zuerst die U-Schiffe der *Yankee*-Generation ausgerüstet worden sind. Die Ausrüstung der Sensormasten entspricht dem Standard gegenwärtiger U-Schiffe mit einer Verbesserung: der konisch gestalteten Satelliten-FM-Antenne «Pert Spring». Wie bei der *Yankee*-Klasse ist im oberen Teil des Turms eine Variante des Funksextanten «Cod Eye» untergebracht.

Bau: Zwischen 1972 und 1977 wurden in Severodvinsk in der Arktis sowie in Komsomolsk am Pazifik 18 Einheiten der *Delta-I*-Klasse fertiggestellt. 1974/75 folgten die vier Einheiten der *Delta-II*-Variante, ebenfalls in Severodvinsk fertiggestellt, und 1975 die erste Einheit der *Delta-III*-Klasse. Bis 1985, dem Jahr des Erscheinens der ersten Einheit der *Delta-IV*-Klasse, waren 14 Einheiten fertiggestellt worden.

Oben: Die erste Einheit der neuen Delta-IV-Klasse. Sie gleicht in vielerlei Hinsicht der Delta-III-Klasse, führt aber den moderneren Flugkörper SS-NX-23. Zu den äußerlichen Unterschieden gehören ein einziges Paar Luken für eine VLF-Boje in der spitzwinkelig zulaufenden Sektion der Verkleidung sowie eine abgeänderte Schwanzflosse mit einem röhrenförmigen Drahtspender für ein Schleppsonar.

Links: Ein U-Schiff der Delta-III-Klasse, dessen FK-Verkleidung fast die Oberkante des Turms erreicht. Die Delta-I- und -II-Klasse, die den kürzeren Flugkörper SS-N-8 an Bord hatten, besaßen über der Flugkörper-Sektion eine niedrigere Verkleidung. Die Delta-II-Klasse mit sechzehn Flugkörpern ist in der Länge mit der Delta-III-Klasse identisch, aber die Delta-I-Klasse mit nur zwölf Flugkörper-Startschächten ist 18 m kürzer.

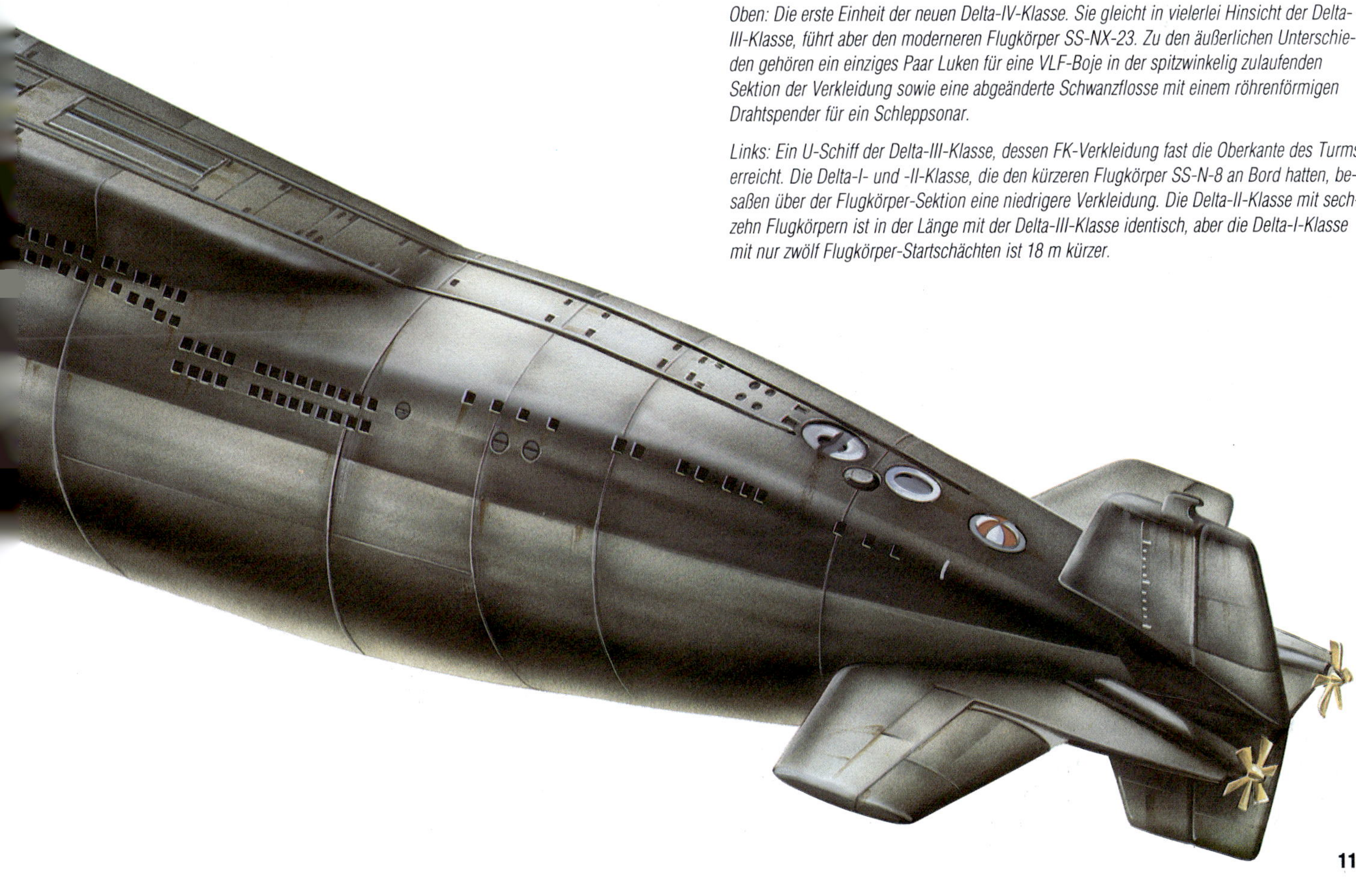

Echo-II-Klasse

Herkunftsland: UdSSR, erste Einheit 1962 fertiggestellt
Typ: Marschflugkörper-U-Schiff, nuklear angetrieben (SSGN)
Wasserverdrängung: 5'200 ts aufgetaucht, 6'200 ts getaucht
Abmessungen: Länge: 116 m, Breite: 9,8 m, Tiefgang: 7,5 m
Antrieb: Zwei druckwassergekühlte Reaktoren, Getriebe-Dampfturbinen antreibend; zwei Wellen; 30'000 WPS für maximal 23 kn
Besatzung: 100
Geschichte: Die *Echo*-Klasse bestand aus den ersten zweckgebauten Marschflugkörper-U-Schiffen der sowjetischen Marine; frühere Typen waren Umbauten aus vorhandenen Diesel-U-Booten. Die erste Variante, die *Echo-I*-Klasse, war mit sechs Starterpaaren für den nuklearen SS-N-3C-Landangriffs-Flugkörper ausgerüstet. Eine wesentliche Änderung der Politik 1959/60, die zur Schaffung der Strategischen Raketenstreitkräfte als selbständige Waffengattung der sowjetischen Streitkräfte und zur Einrichtung eines großen Programms landgestützter ICBM führte, hatte eine Einstellung des *Echo I*-Programms zur Folge, nachdem nur fünf dieser U-Schiffe auf Kiel gelegt worden waren. Der nukleare Landangriffsauftrag wurde der sowjetischen Marine weggenommen, die sich hinfort auf eine Verteidigung sowjetischen Territoriums gegen Angriffe von See her zu konzentrieren hatte. Eine Version des SS-N-3 «Shaddock» (NATO-Bezeichnung SS-N-3A) wurde zum Einsatz gegen Überwasserschiffe entwickelt und in eine neue, vergrößerte *Echo*-Variante, die *Echo-II*-Klasse, eingebaut. Im verlängerten Turm erfolgte die Unterbringung einer großen Radarantenne zur Bahnverfolgung und Lenkung der Flugkörper SS-N-3A. Beträchtliches Vertrauen wurde in nicht an Bord befindliche Sensoren gesetzt, um die erste Ortung und Verfolgung des Zieles sicherzustellen. Als Antwort auf die von besonders ausgerüsteten Seeaufklärungsflugzeugen gelieferten und über eine zentrale Führungsstelle an Land übermittelten Daten sollte das Echo-U-Schiff eine Position voraus einer Trägerkampfgruppe einehmen und seine Flugkörper auf maximale Reichweite abschießen.
Entwurf: Wie jener der gleichaltrigen SSBN der *Hotel*-Klasse war der *Echo*-Entwurf von den ersten SSN der sowjetischen Marine, der *November*-Klasse, abgeleitet. Er weist dieselbe Antriebsanlage mit zwei in Reihe geschalteten Reaktoren auf, die jeweils annähernd 15'000 WPS erzeugen. Diese Anlage hat sich im Betrieb offenkundig als unzuverlässig erwiesen, und U-Schiffe der *Echo*-Klasse erlebten auf Patrouillenfahrt häufig Betriebsstörungen. Der Bootskörper der *Echo-II*-Klasse wurde im Vergleich zu *Echo I* um 6 m verlängert, um ein zusätzliches Paar SS-N-3-Starter unterzubringen. Die Startschächte befinden sich in gleicher Höhe mit den Oberkanten der Rumpfverkleidung und werden zum Abschuß paarweise im Winkel von etwa 15° erhöht. Auffällige Einbuchtungen achteraus der Starter dienen dazu, den Strahl des Flugkörper-Ausstoßes nach oben und außen abzulenken. Diese erzeugen bei Unterwasserfahrt einen ziemlichen Widerstand und beträchtliche Geräusche, wodurch das Orten dieser U-Schiffe durch Verwendung der passiven Sonartechnik verhältnismäßig einfach wird. Das «Front Door/Front Piece»-Verfolgungs/Lenkungs-Radar ist im vorderen Bereich des Turms untergebracht und tastet bei ausgefahrener Antenne einen Sektor von 180° ab.
Bewaffnung: Die acht SS-N-3A-Flugkörper, mit dem ursprünglich alle U-Schiffe dieser Klasse ausgestattet waren, sind jetzt durch den moderneren SS-N-12 «Sandbox» ersetzt worden, der zuerst an Bord des U-Jagdträgers KIEV 1975 zum Einsatz kam. Der SS-N-3A hat eine geschätzte Länge von 10,2 m, während der SS-N-12 mit 11,7 m geringfügig länger ist. Bis 1984 wurde von 10 umgebauten U-Schiffen berichtet, und das Programm scheint anzudauern. Der Hauptnachteil des SS-N-3 und des SS-N-12 liegt darin, daß die Flugkörper von der Wasseroberfläche aus gestartet werden müssen, wobei das U-Schiff gegenüber einer vorzeitigen Ortung und einem Präventivangriff sehr verwundbar ist. Vorbereitung und Startablauf dauern schätzungsweise 25 bis 30 Minuten, und das U-Schiff muß an der Wasseroberfläche bleiben, um die Lenkung auf halbem Wege durchzuführen. Sechs 53,3-cm-Standardtorpedorohre gegen Überwas-

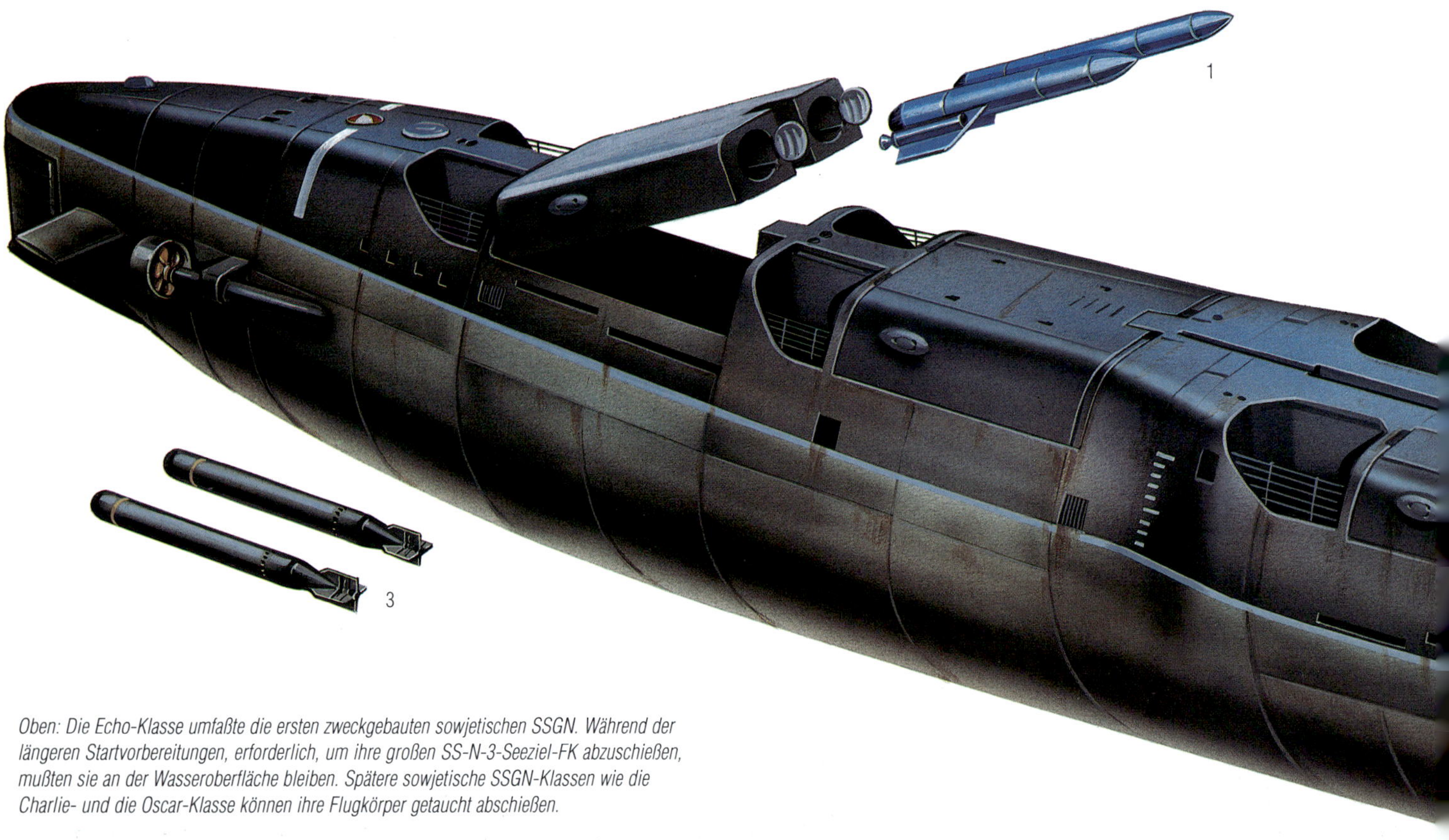

Oben: Die Echo-Klasse umfaßte die ersten zweckgebauten sowjetischen SSGN. Während der längeren Startvorbereitungen, erforderlich, um ihre großen SS-N-3-Seeziel-FK abzuschießen, mußten sie an der Wasseroberfläche bleiben. Spätere sowjetische SSGN-Klassen wie die Charlie- und die Oscar-Klasse können ihre Flugkörper getaucht abschießen.

serschiffe können die normalen Modelle aufnehmen. Aber angesichts des Alters und des Hauptauftrages dieser U-Schiffe ist es unwahrscheinlich, daß sie Feuerleiteinrichtungen erhalten haben, die erforderlich sind, um modernere Waffen unterzubringen. Vier kleine Heckrohre sind für 40-cm-U-Jagdtorpedos ausgerüstet.

Elektronik: Bei Fertigstellung war die *Echo II*-Klasse mit einem passiven «Feniks»-Bugsonar und darüber mit einem Dom für das winzige Aktivsonar «Hercules» ausgerüstet. Letzteres ist von allen umgebauten Einheiten der Klasse und auch von nicht umgebauten U-Schiffen entfernt worden. Die Sensormasten entsprechen dem Standard sowjetischer U-Schiffe dieser Zeit: zwei Sehrohre, «Stop Light»-ESM, «Quad Loop»-Peiler sowie HF- und VHF-Fernmeldeantennen. Anstelle des üblichen Seeraumüberwachungsradars erhielt die *Echo-II*-Klasse die viel größere «Snoop Slab»-Luftraumüberwachungs-Antenne. Dies ergab sich vermutlich aus der Erforderlichkeit einer Warnung vor Luftangriffen, solange das U-Schiff aufgetaucht ist und den Abschuß seiner Flugkörper vorbereitet. Von umgebauten Einheiten ist es entfernt und durch das kleinere «Snoop Tray» ersetzt worden. Die mit SS-N-12 ausgerüsteten U-Schiffe haben eine zusätzliche FM-Ausrüstung erhalten, untergebracht in Ausbuchtungen am Rundungsübergang beidseits des Turms.

Bau: Zwischen 1962 und 1967 wurden 29 Einheiten der *Echo-II*-Klasse fertiggestellt. Ihr Bau teilte sich zwischen Severodvinsk in der Arktis und Komsomolsk am Pazifik auf. Inzwischen sind ohne FK-Bewaffnung als SSN noch fünf Einheiten der *Echo-I*- und eine Einheit der *Echo-II*-Klasse im Dienst.

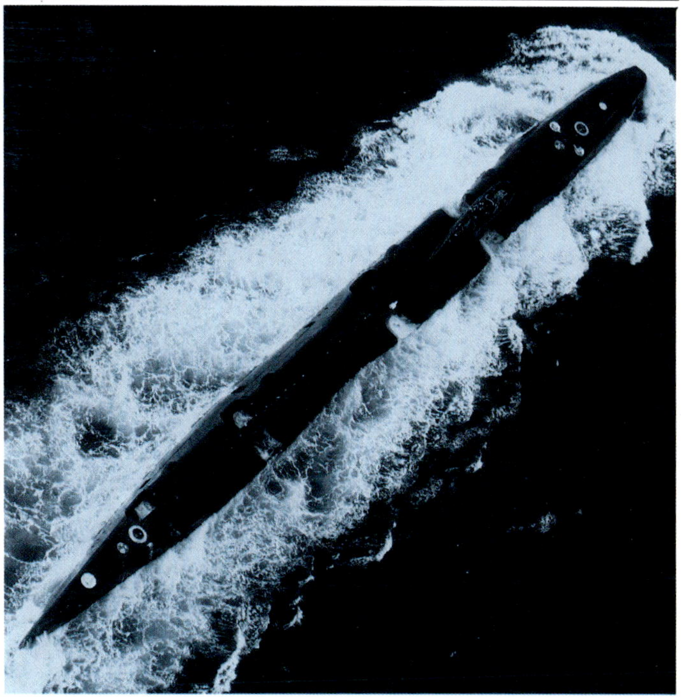

Oben: Bei dieser Luftaufnahme sind die Einbuchtungen in der äußeren Bootskörperverkleidung besonders auffällig. Sie dienen dazu, den FK-Ausstoß abzulenken, verursachen aber um den Bootskörper beträchtliche Wasserturbulenzen. Die FK-Starter sind paarweise angeordnet und werden zum Abschuß erhöht.

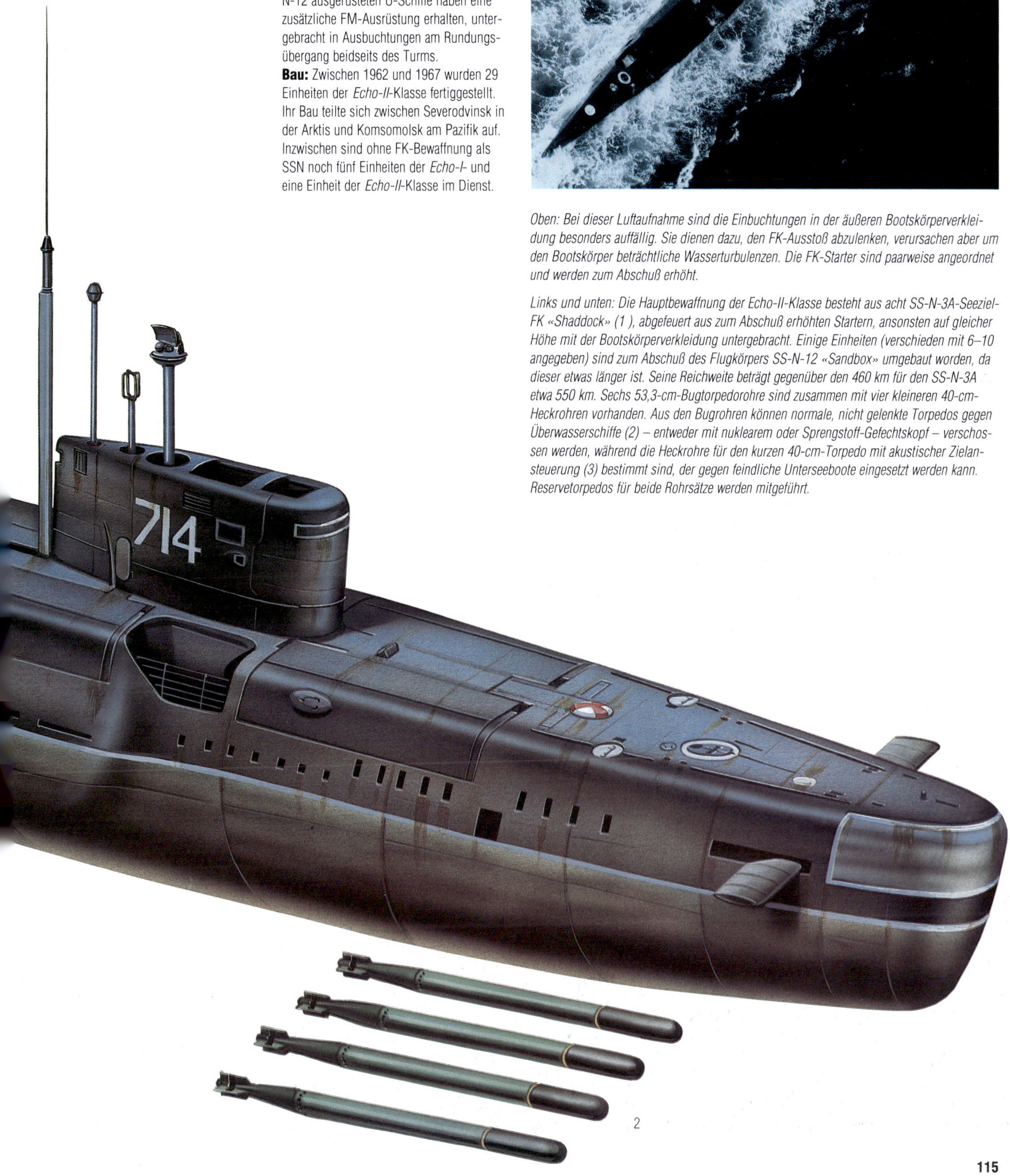

Links und unten: Die Hauptbewaffnung der Echo-II-Klasse besteht aus acht SS-N-3A-Seeziel-FK «Shaddock» (1), abgefeuert aus zum Abschuß erhöhten Startern, ansonsten auf gleicher Höhe mit der Bootskörperverkleidung untergebracht. Einige Einheiten (verschieden mit 6–10 angegeben) sind zum Abschuß des Flugkörpers SS-N-12 «Sandbox» umgebaut worden, da dieser etwas länger ist. Seine Reichweite beträgt gegenüber den 460 km für den SS-N-3A etwa 550 km. Sechs 53,3-cm-Bugtorpedorohre sind zusammen mit vier kleineren 40-cm-Heckrohren vorhanden. Aus den Bugrohren können normale, nicht gelenkte Torpedos gegen Überwasserschiffe (2) – entweder mit nuklearem oder Sprengstoff-Gefechtskopf – verschossen werden, während die Heckrohre für den kurzen 40-cm-Torpedo mit akustischer Zielansteuerung (3) bestimmt sind, der gegen feindliche Unterseeboote eingesetzt werden kann. Reservetorpedos für beide Rohrsätze werden mitgeführt.

Foxtrot-Klasse

Herkunftsland: UdSSR, erste Einheit 1958 fertiggestellt
Typ: Angriffsunterseeboot, dieselangetrieben (SS)
Wasserverdrängung: 1'950 ts aufgetaucht, 2'400 ts getaucht
Abmessungen: Länge: 91,5 m, Breite: 7,5 m, Tiefgang: 6 m
Antrieb: Dieselelektrischer Antrieb auf drei Wellen; drei Diesel-, drei E-Motoren; 6'000 PSe für 16 kn aufgetaucht, 5'300 PS für 15,5 kn getaucht
Besatzung: 78
Geschichte: Die sowjetische Marine hatte traditionell eine Kombination aus einer großen Anzahl Unterseebooten mittlerer Reichweite für Operationen in sowjetischen Küstengewässern und einer kleineren Anzahl Booten großer Reichweite für die Aufklärung bevorzugt. Ihren klassischen Ausdruck fand diese Baupolitik in der *Whiskey*- und in der *Zulu*-Klasse der 1950er Jahre, Typen, die der Reihe nach ihre natürlichen Nachfolger in der *Romeo*- und in der *Foxtrot*-Klasse fanden, deren erste Einheiten 1957/58 fertiggestellt wurden. Konfrontiert mit einer neuen Bedrohung, die von trägergestützten Düsenbombern großer Reichweite ausging, und die imstande waren, nukleare Waffen mitzuführen, wurde die sowjetische Marine jedoch gezwungen, die *Romeo*-Klasse mittlerer Reichweite vorzeitig zugunsten größerer Unterseeboote aufzugeben, die in der Lage waren, gegnerische Trägerkampfverbände weit von ihren Stützpunkten entfernt abzufangen. Die *Foxtrot*-Klasse und ihr nuklear angetriebenes Gegenstück, die *November*-Klasse, waren ideale Anwärter dafür, einen neu entwickelten Torpedo mit nuklearem Gefechtskopf mitzuführen, entworfen zum Einsatz gegen große Schiffsverbände und Hafeneinrichtungen. Schließlich erwies sich die *November*-Klasse als weniger gelungen, und das Bauprogramm verlagerte sich auf die SSGN der *Echo*-Klasse. Andererseits erwies sich die Foxtrot-Klasse als gelungener Bootsentwurf mit einer guten Allzweckfähigkeit. Sie blieb bis Ende der 1960er Jahre für die sowjetische Marine in Fertigung, und ihr Bau setzte sich mit weiteren 19 Booten für den Export an befreundete Länder während der 1970er und 1980er Jahre fort.
Entwurf: Von den Entwurfsbedingungen her stellt die *Foxtrot*-Klasse im wesentlichen eine Weiterentwicklung der Zulu-Klasse dar. Sie behielt die klassische Zigarrenform des deutschen Typs XXI bei. Auch die Grundanordnung der Maschinenanlage und der Torpedorohre blieb erhalten. Während die *Zulu*-Klasse ursprünglich jedoch einen abgestuften Turmaufbau unter Einbeziehung von Positionen für kleinkalibrige Flakwaffen aufwies, ist der Turm bei der *Foxtrot*-Klasse insgesamt stromlinienförmiger. Überdies machte der Entwurf der *Zulu*-Klasse für den Einbau moderner Sonaranlagen nur geringe Zugeständnisse, während diese ein wichtiges Merkmal der *Foxtrot*-Klasse darstellen. Sowjetisches Widerstreben, von der Grundform des Bootskörpers der *Zulu*-Klasse abzuweichen, zeigte sich beim Einbau der passiven Sonaranlage, die sich in einer besonders entworfenen Ausbuchtung oberhalb des traditionellen «Messer»-Bugs befindet. Das Beibehalten der drei Wellen ist überraschend, wenn man bedenkt, daß die mittlere Welle der *Zulu*-Klasse als Verbindung zu einem Antriebssystem mit geschlossenem Kreislauf gedacht war, das später aufgegeben wurde. In Anbetracht einer Drei-Wellen-Anordnung und eines schlanken, sich verjüngenden Hecks ist es schwierig zu erkennen, wie es den sowjetischen Konstrukteuren gelang, die vier Standard-Heckrohre unterzubringen, die der *Foxtrot*-Klasse allgemein zugeschrieben werden.
Konventionell ist die Anbringung der achteren Tiefenruder mit einem einzigen großen Seitenruder, das mit dem Heck verbunden ist. Für die Überwasserfahrt in eisführenden Gewässern sind die vorderen Tiefenruder einziehbar gestaltet.
Bewaffnung: Die *Foxtrot*-Klasse soll zehn 53,3-cm-Torpedorohre besitzen, sechs im Bug und vier im Heck. U-Jagdtorpedos sowohl mit konventionellen (Sprengstoff-) als auch nuklearen Gefechtsköpfen können verschossen werden, und die *Foxtrot*-Klasse führt vermutlich auch moderne U-Jagdversionen mit akustischer Zielansteuerung. Die Staukapazität wird auf 22 Torpedos geschätzt. Diese Boote können insbesondere auch zu Minenoperationen eingesetzt werden, wobei jeder Torpedo durch zwei Minen ersetzt werden kann.
Einige Quellen schreiben der *Foxtrot*-Klasse auch vier kleinkalibrige 40-cm-Rohre für U-Jagdtorpedos anstelle der 53,3-cm-Heckrohre zu, aber es ist nicht klar, ob das kleinere Waffensystem schon frontreif war, als die ersten Einheiten der *Foxtrot*-Klasse fertiggestellt wurden.
Elektronik: Mit der *Foxtrot*-Klasse kam eine neue Generation sowjetischer Sonarausrüstung in Dienst. Sie besteht aus der klassischen Kombination von passiver «Feniks»-Sonaranlage, untergebracht in einem Bugwulst, und aktiver «Herkules»-Angriffssonaranlage, gekrönt von einem Unterwas-

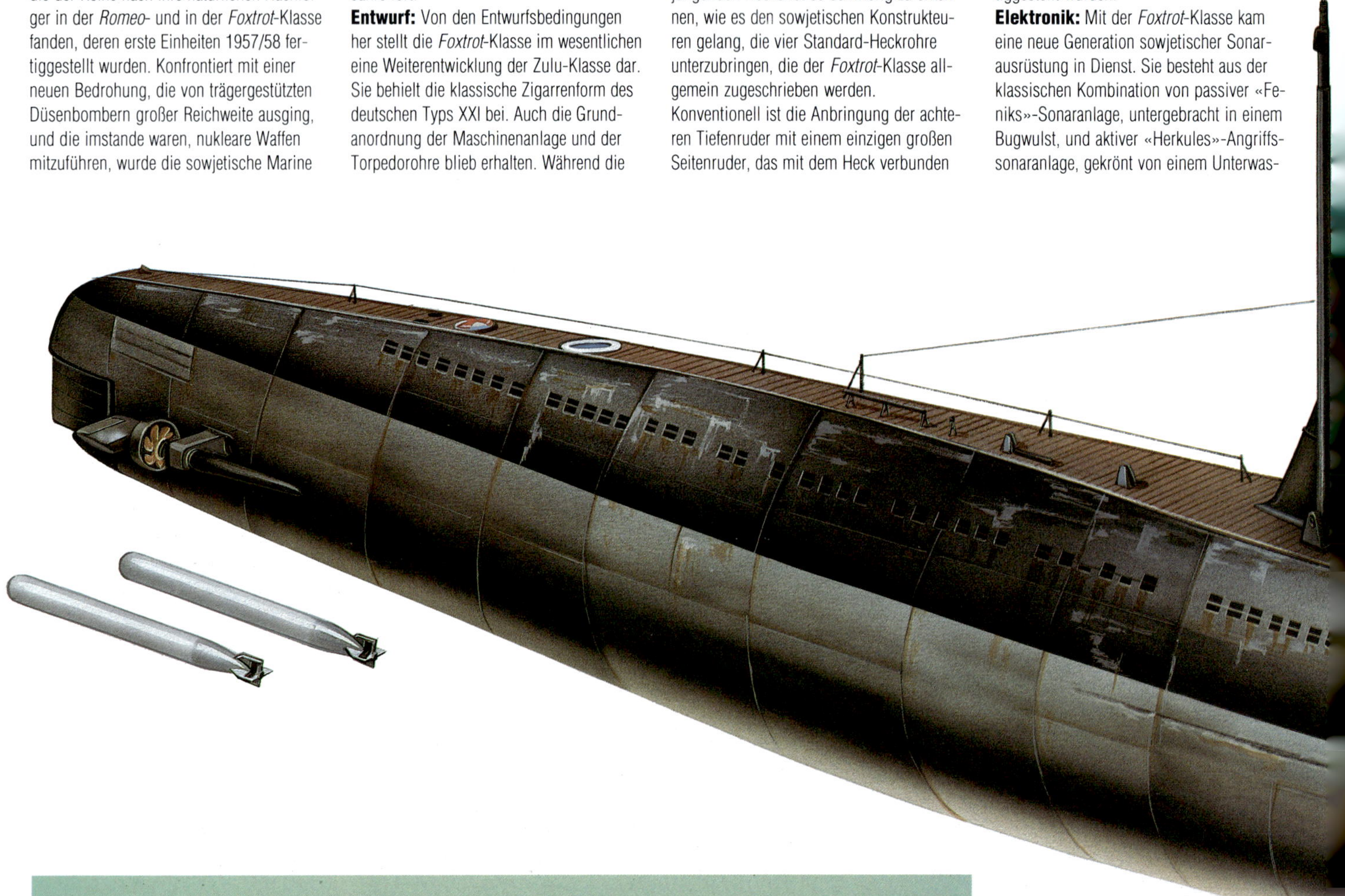

Links: Eine Einheit der Foxtrot-Klasse operiert zusammen mit einem Lenkwaffenzerstörer der Kashin-Klasse. Mit mehr als 60 für die sowjetische Marine von 1958 bis 1962 fertiggestellten Einheiten sowie weiteren 19 Booten für den Export hat sich der Entwurf als sehr gelungen erwiesen. Heute ist ihr Bau zugunsten moderner Typen eingestellt worden.

sertelefon in einem kleinen Dom darüber. Ferner sind vier fest angebrachte Platten vorhanden, jede mit etwa 1,5 m Seitenlänge, rund um die Vorderkante des Turms angeordnet. Diese Platten sind auch ein Merkmal der gleichaltrigen SSN der *November*- sowie der SSB der *Golf*-Klasse und stellen mit an Sicherheit grenzender Wahrscheinlichkeit Komponenten einer (passiven) Gruppenhorchanlage dar, die die Krümmung des Turms benutzt, um eine genaue Kontaktpeilung zu erlangen. Die Sensormasten entsprechen dem Standard der Zeit: Beobachtungs- und Angriffssehrohr, ein «Snoop Tray»-Seeraumüberwachungsradar, «Quad Loop»-Peiler, «Stop Light»-ESM sowie Antennen für VHF-und HF-Fernmeldeverbindungen. Letztere wird an der Spitze eines Klappmastes wie auf der *Echo*- und der *Golf*-Klasse geführt, der in einer Vertiefung in der Decksverkleidung beigeklappt wird.

Bau: Schätzungsweise 62 Einheiten der *Foxtrot*-Klasse sind für die sowjetische Marine gebaut worden, vermutlich vier davon gingen verloren. Ihr Bau ist ausschließlich auf der Sudomech-Werft, Leningrad, erfolgt, die Anfang der 1970er Jahre in der Admiralitäts-Werft aufgegangen ist, um die Vereinigte Admiralitäts-Werft zu bilden. Der Bau dieser Klasse für die sowjetische Marine ist wahrscheinlich 1968 eingestellt worden. Zwischen 1968 und 1974 sind jedoch vier weitere Boote dieser Klasse für Indien fertiggestellt worden, weitere acht wurden an Libyen abgeliefert (1976-1983), und nochmals drei gingen an Kuba (1979-1984).

Oben: Die Foxtrot-Klasse war der Nachfolger der wiederum dem deutschen Typ XXI nachgebildeten Zulu-Klasse. Die traditionelle Zigarrenform des Bootskörpers wurde beibehalten. Der Hauptunterschied zwischen den beiden Bootstypen lag in der Einführung einer komplizierteren Sonarausrüstung. Zu beachten ist die gerundete Bugverkleidung, in der das passive «Feniks»-Sonar untergebracht ist, sowie der stromlinienförmige Dom darüber für das aktive «Herkules»-Sonar und das Unterwassertelefon.

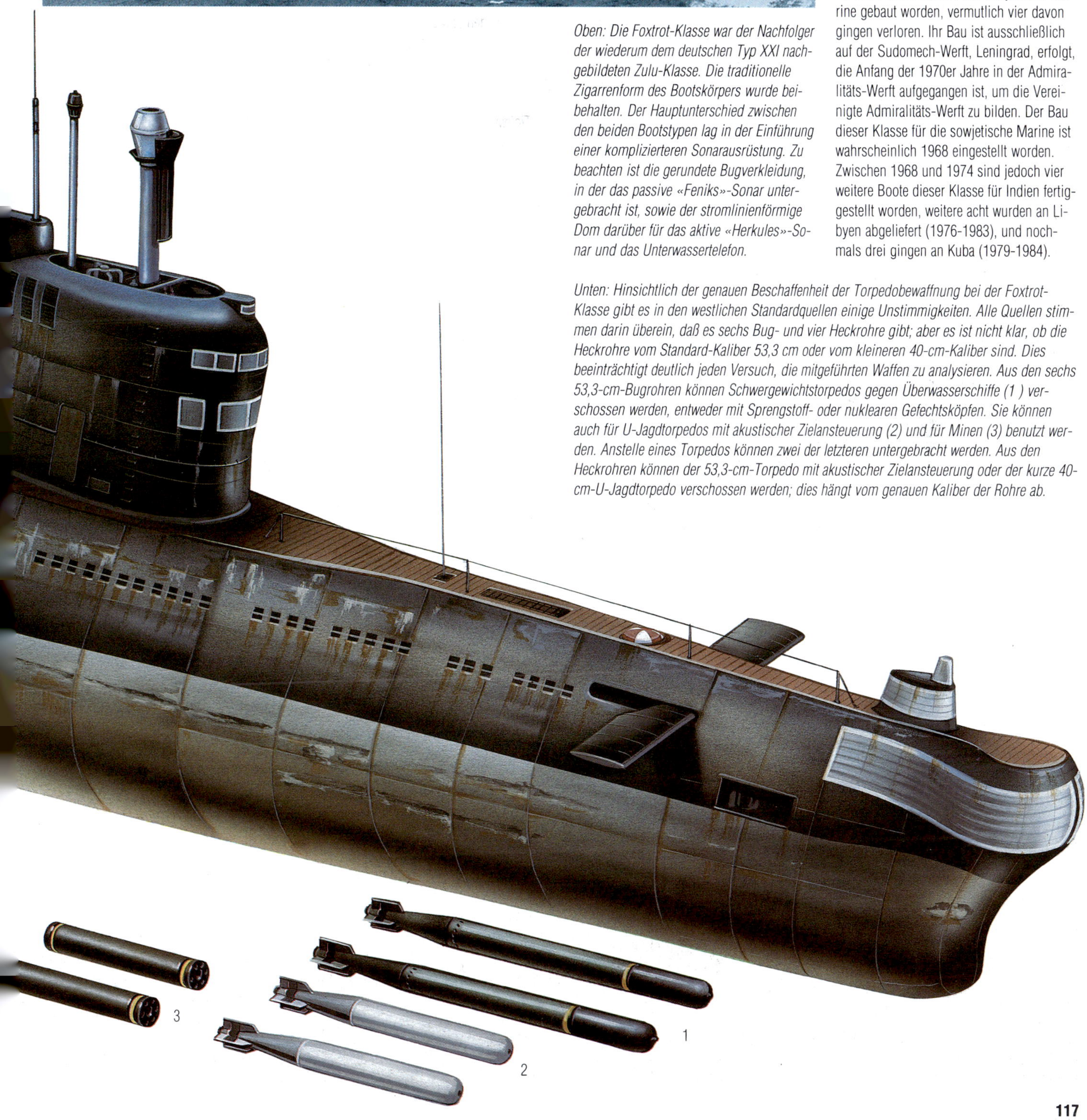

Unten: Hinsichtlich der genauen Beschaffenheit der Torpedobewaffnung bei der Foxtrot-Klasse gibt es in den westlichen Standardquellen einige Unstimmigkeiten. Alle Quellen stimmen darin überein, daß es sechs Bug- und vier Heckrohre gibt; aber es ist nicht klar, ob die Heckrohre vom Standard-Kaliber 53,3 cm oder vom kleineren 40-cm-Kaliber sind. Dies beeinträchtigt deutlich jeden Versuch, die mitgeführten Waffen zu analysieren. Aus den sechs 53,3-cm-Bugrohren können Schwergewichtstorpedos gegen Überwasserschiffe (1) verschossen werden, entweder mit Sprengstoff- oder nuklearen Gefechtsköpfen. Sie können auch für U-Jagdtorpedos mit akustischer Zielansteuerung (2) und für Minen (3) benutzt werden. Anstelle eines Torpedos können zwei der letzteren untergebracht werden. Aus den Heckrohren können der 53,3-cm-Torpedo mit akustischer Zielansteuerung oder der kurze 40-cm-U-Jagdtorpedo verschossen werden; dies hängt vom genauen Kaliber der Rohre ab.

Golf-Klasse

Herkunftsland: UdSSR, erste Einheit 1959 fertiggestellt
Typ: Unterseeboot für ballistische Flugkörper, dieselangetrieben (SSB)
Wasserverdrängung: 2'300 ts aufgetaucht, 2'800 ts getaucht
Abmessungen: Länge: 98 m, Breite: 8,5 m, Tiefgang: 6,5 m
Antrieb: Dieselelektrischer Antrieb auf drei Wellen; drei Dieselmotoren mit je 2'000 PSe, drei E-Motoren mit je 1'700 PS; 6'000 PSe für 17 kn aufgetaucht, 5'300 PS für 12 kn getaucht
Besatzung: 85
Geschichte: Im Gefolge des 2. Weltkrieges erwarben die Sowjets deutsche Raketentechnologie und entwickelten aus der V 1 und der V 2 abgeleitete Flugkörper, und während der frühen 1950er Jahre wurden die Versuche, einen FK-Container hinter einem Unterseeboot zu schleppen – zuerst 1944 von den Deutschen unternommen – wieder aufgenommen. Aus diesen frühen Versuchen entstand ein neuer Flugkörper, speziell für den Abschuß vom Unterseeboot aus entworfen. Der SS-N-4 «Sark» war eine große, dreistufige Rakete mit Flüssigbrennstoff, um einiges größer als die ersten «Polaris»-Flugkörper der US-Marine, und mußte von der Wasseroberfläche aus abgeschossen werden. Dieser Flugkörper wies eine Länge von 14,5 m auf und war deshalb zu groß, um im Bootskörper eines Unterseebootes untergebracht zu werden. Die Lösung bestand daher darin, die FK-Schächte in einem verlängerten Turmaufbau unterzubringen; dies beschränkte die Anzahl der mitzuführenden Flugkörper erheblich. Die ersten mit ballistischen Flugkörpern ausgerüsteten sowjetischen Unterseeboote waren umgebaute Einheiten der *Zulu*-Klasse, die von 1958 an in Dienst kamen. Wie verlautete, hatte die *Zulu-V*-Klasse nur zwei FK-Schächte. Aber ihr folgte das erste zweckgebaute Unterseeboot – die *Golf*-Klasse – mit einem größeren Turmaufbau zur Unterbringung von drei FK-Schächten. Ein nuklear angetriebenes Gegenstück, die *Hotel*-Klasse, wurde ein Jahr später begonnen, und beide Klassen wurden nebeneinander gebaut. Die Entscheidung jedoch, die Strategischen Raketenstreitkräfte zu schaffen, hatte ein frühzeitiges Ende des Programms zur Folge, und nach 1960 wurde keine weitere Einheit dieser beiden Klassen auf Kiel gelegt.
Entwurf: Die *Golf*-Klasse ist im wesentlichen der modifizierte *Foxtrot*-Entwurf. Die Verlängerung um 8 m ergab sich aus der Notwendigkeit, drei FK-Schächte in einem verlängerten Turmaufbau unterzubringen. Die Boote der *Golf-I*-Klasse, modifiziert für ballistische FK-Erprobungen, sind in der Mitte durchgeschnitten worden, um eine zusätzliche Sektion einzufügen. Die an Masten angebrachten Sensoren sind auf kleinem Raum im Vorderteil des Turmes zusammengedrängt, darunter befindet sich die Operationszentrale. Das dieselelektrische Antriebssystem entspricht dem der *Foxtrot*-Klasse und auch die

1

2

Links: Bugansicht eines SSB der Golf-II-Klasse. Man beachte das charakteristische «Fenster» für das passive «Feniks»-Sonar am Bug sowie den kleineren Sonardom für das aktive «Herkules»-Angriffssonar darüber. Die beiden quadratischen Platten an der Vorderkante des Turms, die als Teil eines passiven E-Meßsonars angesehen werden, fallen auf diesem Foto besonders ins Auge. Achteraus des Turms ist das Gehäuse für eine VLF-Fernmeldeboje zu erkennen, eine Umrüstung aus den 1970er Jahren.

Anordnung der Torpedorohre ist bei der *Golf*-Klasse beibehalten worden.

Bewaffnung: Von 1963 an wurde ein begrenztes Modernisierungsprogramm durchgeführt. Dabei wurde der Flugkörper SS-N-4 «Sark» durch den SS-N-5 «Serb» ersetzt, der die doppelte Reichweite hatte und unter Wasser abgeschossen werden konnte. 13 der 23 Einheiten der *Golf*-Klasse und alle acht Boote der *Hotel*-Klasse wurden auf diese Weise modifiziert; die umgebauten Boote erhielten die NATO-Bezeichnung *Golf II* bzw. *Hotel II*. Der Flugkörper SS-N-5 «Serb» hat eine Länge von etwa 11,5 m und einen Durchmesser von ca. 1,5 m. Er ist beträchtlich schmaler als sein Vorgänger, der SS-N-4 «Sark», und in die ursprünglichen FK-Schächte mußte vermutlich eine «Hülse» eingezogen werden. Frühe Versionen des Flugkörpers hatten eine max. Reichweite von nur 1'300 km, bei einer späteren Variante wurde sie auf 1'650 km gesteigert. Die *Golf*-Klasse besitzt sechs 53,3-cm-Torpedorohre im Bug und vier weitere im Heck. Damit können konventionelle Torpedos gegen Überwasserschiffe verschossen werden, aber es ist unwahrscheinlich, daß diese Einheiten auf einen Stand gebracht worden sind, um modernere Waffen zu führen.

Elektronik: Die *Golf*-Klasse hat eine Sonarausrüstung, die mit der der *Foxtrot*-Klasse ziemlich übereinstimmt: das passive «Feniks»-Bugsonar sowie das kleine «Herkules»-HF-Aktivsonar oberhalb davon. An der Vorderkante des Turms sind auch zwei quadratische Platten vorhanden. Die Sensoren sind mit jenen der *Foxtrot*-Klasse identisch: zwei Sehrohre, «Stop Light»-ESM, «Quad Loop»-Peiler und getrennte Masten für HF- und VHF-Fernmeldeverbindungen. Im Gegensatz zu späteren Flugkörper-U-Schiffen fehlen eine elektrisch-optische sowie eine Satelliten-Navigationsausrüstung. Während der 1970er Jahre scheinen aber sämtliche Boote der *Golf-II*-Klasse mit einer VLF-Fernmeldeausstattung ausgerüstet worden zu sein, wobei die markante VLF-Boje achteraus des Turms oder auf der achteren Decksverkleidung untergebracht ist.

Bau: Zwischen 1959 und 1962 wurden 23 Einheiten der *Golf*-Klasse fertiggestellt, 16 davon auf der Werft von Severodvinsk in der Arktis und die restlichen 7 in Komsomolsk im Fernen Osten. Von den 13 Booten der *Golf-II*-Klasse sollen sich noch 12 in Dienst befinden, 6 davon in der Ostsee, wo sie eine Komponente der sowjetischen Atomstreitmacht in diesem Gebiet darstellen, und die übrigen im Pazifik. Die nicht umgebauten Boote der *Golf-I*-Klasse sind entweder verschrottet oder für andere Funktionen umgebaut worden; drei dienten als Versuchsboote für modernere ballistische Flugkörper, und weitere drei haben eine besondere FM-Ausrüstung erhalten. Die Pläne wurden auch nach China geliefert, wo 1964 ein einziges Unterseeboot dieses Typs vom Stapel lief; aber der erste Flugkörperabschuß von diesem Boot aus fand erst 1982 statt.

Oben: Ein aufgetaucht fahrendes Boot der Golf-II-Klasse vor der Ostküste Dänemarks. Sechs SSB der Golf-Klasse sind gegenwärtig in der Ostsee stationiert. Ihren Platz in den übrigen Flotten haben modernere Atomunterseeboote eingenommen.

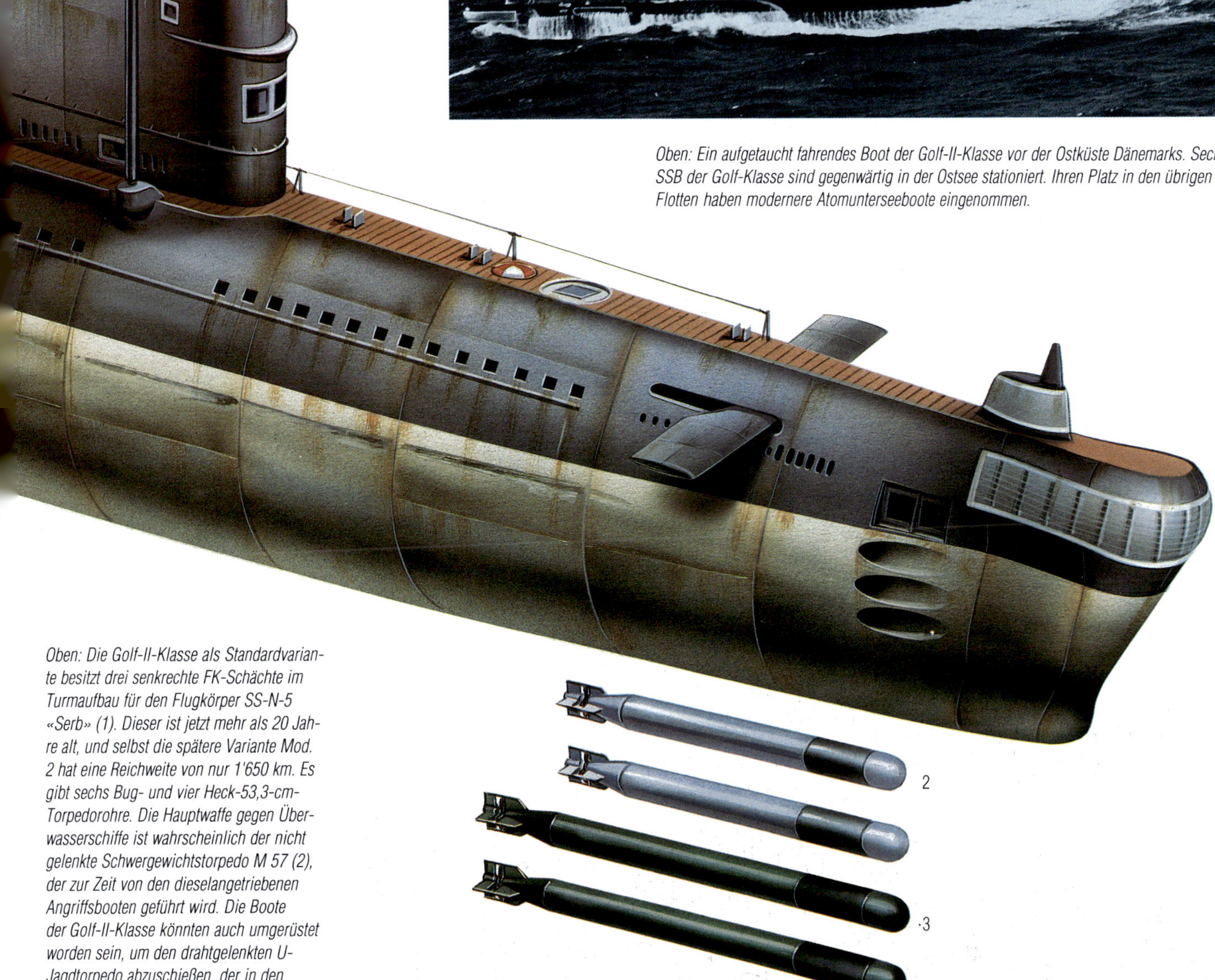

Oben: Die Golf-II-Klasse als Standardvariante besitzt drei senkrechte FK-Schächte im Turmaufbau für den Flugkörper SS-N-5 «Serb» (1). Dieser ist jetzt mehr als 20 Jahre alt, und selbst die spätere Variante Mod. 2 hat eine Reichweite von nur 1'650 km. Es gibt sechs Bug- und vier Heck-53,3-cm-Torpedorohre. Die Hauptwaffe gegen Überwasserschiffe ist wahrscheinlich der nicht gelenkte Schwergewichtstorpedo M 57 (2), der zur Zeit von den dieselangetriebenen Angriffsbooten geführt wird. Die Boote der Golf-II-Klasse könnten auch umgerüstet worden sein, um den drahtgelenkten U-Jagdtorpedo abzuschießen, der in den 1960er Jahren eingeführt worden sein soll.

India-Klasse

Herkunftsland: UdSSR, erste Einheit 1979 fertiggestellt
Typ: Dieselangetriebenes Hilfsbergungs- und Rettungs-Unterseeschiff (AGSS)
Wasserverdrängung: 3'900 ts aufgetaucht, 4'800 ts getaucht
Abmessungen: Länge: 106 m, Breite: 10 m, Tiefgang: unbekannt
Antrieb: Dieselelektrischer Antrieb auf zwei Wellen; zwei Dieselgeneratoren, zwei E-Motoren; 4'000 PSe für 15 kn aufgetaucht, 5'000 PS für 15 kn getaucht
Besatzung: Unbekannt
Geschichte: Im Gefolge des Verlustes der THRESHER (SSN-593) 1963 begann in den USA das Interesse an Tieftauchrettungsbooten (DSRV) zu erwachen. Zwei speziell entworfene DSRV – MYSTIC (DSRV-1) und AVALON (DSRV-2) – wurden 1971 bzw. 1972 fertiggestellt, um eine Fähigkeit zu schaffen, Überlebende aus manövrierunfähigen Unterseebooten auf dem Meeresboden oberhalb ihrer Zerstörungstiefe zu retten. Entworfen waren die DSRV der US-Marine, um entweder von einem anderen Unterseeboot oder von einem U-Boot-Bergungsschiff der PIDGEON-(ASR-21-)Klasse ausgesetzt zu werden, mit einer Langstrecken-Lufttransportmöglichkeit in einer C-141, um schnell eingreifen zu können. Zweifellos beeinflußte das DSRV-Konzept die sowjetischen Vorstellungen, aber als sich die sowjetische Marine entschied, Mitte der 1970er Jahre ähnliche Tauchboote zu bauen, wählte sie eine völlig andere Einsatzmethode. Die sowjetischen DSRV sollten auf einem Mutterunterseeboot – ähnlich der japanischen Unterseeboote des 2. Weltkrieges für den *Kaiten*-Transport – mitgeführt werden. Ein solches Unterseeboot würde sich auch sehr gut für «Spezialaufträge» eignen, denn es könnte Taucher oder Spetsnaz-Kommandoeinheiten an Bord nehmen, die mit kleinen Schlauchbooten oder mit anderen Arten kleiner Tauchboote operieren würden. Zwei zweckgebaute U-Schiffe der *India*-Klasse wurden in der Folge fertiggestellt. Jeder der beiden sowjetischen Flotten, in denen nuklear angetriebene U-Schiffe operieren, der Nord- und der Pazifikflotte, ist je eines beigegeben worden.
Entwurf: Die *India*-Klasse ist dieselangetrieben und besitzt einen Bootskörper in konventioneller Zweihüllen-Bauweise. Die

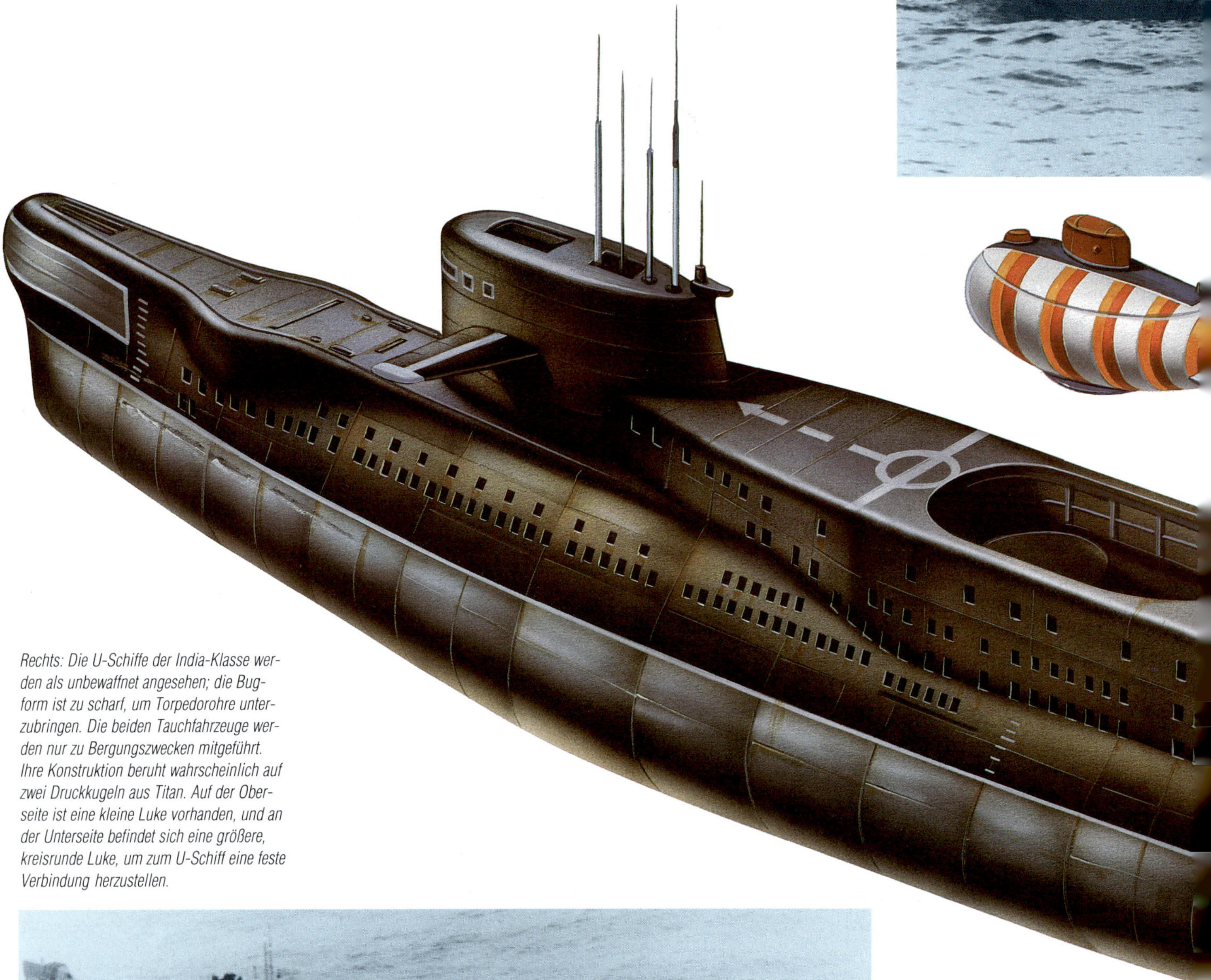

Rechts: Die U-Schiffe der India-Klasse werden als unbewaffnet angesehen; die Bugform ist zu scharf, um Torpedorohre unterzubringen. Die beiden Tauchfahrzeuge werden nur zu Bergungszwecken mitgeführt. Ihre Konstruktion beruht wahrscheinlich auf zwei Druckkugeln aus Titan. Auf der Oberseite ist eine kleine Luke vorhanden, und an der Unterseite befindet sich eine größere, kreisrunde Luke, um zum U-Schiff eine feste Verbindung herzustellen.

Links: Eines der beiden Hilfsbergungs- und Rettungs-U-Schiffe der India-Klasse, aufgenommen während der Verlegung aus dem Pazifik zur sowjetischen Nordflotte über die arktische Route. Am Bug ist ein Eisschutz angebracht, um eine sichere Überfahrt zu ermöglichen. Die beiden Lagermulden für die Tauchfahrzeuge in der erhöhten Plattform sind mit großen Stahlplatten überdeckt. Zu beachten sind die am Turm angebrachten Tiefenruder.

Oben: Dieses Foto einer Einheit der India-Klasse zeigt die beiden Rettungstauchfahrzeuge an ihrem Platz. Sie sind halb versenkt, um den Wasserwiderstand zu verringern, wenn das U-Schiff getaucht fährt. Die äußere Rumpfverkleidung der India-Klasse weist bei den Flutschlitzen ein ähnliches Muster auf wie bei den konventionellen sowjetischen Dieselbooten, etwa der Foxtrot-Klasse. Einschließlich des Beobachtungs- und des Angriffssehrohres entsprechen die an den Masten angebrachten Sensoren der Standardausrüstung.

Grundstruktur erinnert eher an die *Foxtrot-* als an die spätere *Tango*-Klasse. Der ungewöhnlich scharfe Bug mit einem Wulst oberhalb der Wasserlinie, um ein passives Sonar unterzubringen, scheint zum Erreichen einer hohen Überwassergeschwindigkeit eingeführt worden zu sein, um die Entfernung zum Einsatzgebiet schnell zurücklegen zu können. Er ist wahrscheinlich zu scharf, um Torpedorohre unterzubringen, und so sind diese U-Schiffe vermutlich vollkommen unbewaffnet. Der lange und verhältnismäßig niedrige Turmaufbau gleicht dem der SSBN der *Yankee-* und *Delta*-Klasse und ist nahe dem Bug gelegen. Neben der *Yankee-* und der *Delta*-Klasse ist die *India*-Klasse der einzige Typ sowjetischer U-Schiffe, deren vordere Tiefenruder am Turm angebracht sind. Die achteren Tiefenruder sind von konventioneller Art mit einem einzigen Seitenruder unter dem Heck. Die beiden Tauchfahrzeuge werden halbversenkt in hintereinander angebrachten Lagermulden auf einer erhöhten Plattform hinter dem Turm mitgeführt. Die Verkleidung der Plattform erstreckt sich fast bis zum Heck. Um den Zugang zu ermöglichen, sind die Tauchfahrzeuge mit großen, kreisrunden Luken im Bootskörper des U-Schiffes verbunden. Wenn sie nicht in Gebrauch sind, können die Lagermulden mit großen Stahlplatten verdeckt werden.

Ausrüstung: In den Lagermulden der *India*-Klasse sind zwei verschiedene Typen von Tauchfahrzeugen beobachtet worden. Ihr charakteristischer Farbanstrich – rot/orange (?)/weiß gestreift – kennzeichnet sie als Bergungsfahrzeuge. Das eine ist ca. 12,1 m lang und scheint von einem E-Motor angetrieben zu werden, der einen in das Ruderkreuz integrierten Düsenringpropeller in Bewegung setzt. Das zweite ist etwa 11,3 m lang und hat auf jeder Seite der achteren Sektion kleine, schwenkbare Propeller (ebenfalls mit Düsenring), die vermutlich sowohl in die Senkrechte wie auch in die Waagerechte gedreht werden können. Ferner gibt es am Heck noch ein Ruderkreuz. Beide Typen besitzen an der Unterseite eine große, kreisrunde Luke, um sowohl eine Verbindung mit dem Mutter-U-Schiff als auch mit dem in Not befindlichen Unterseeboot herzustellen. Eine kleinere Luke ist auch noch auf der Oberseite des Tauchfahrzeuges vorhanden. Die Boote sind mit optischen Sichteinrichtungen nach vorn ausgestattet, und es gibt vermutlich auch Such- und Navigations-Sonaranlagen. Die innere Konstruktion der amerikanischen Tauchfahrzeuge beruht auf drei miteinander verbundenen, aus HY-140-Stahl gefertigten, druckfesten Kugeln. Die sowjetischen Tauchfahrzeuge sind etwas kürzer und dürften daher aus zwei dieser Kugeln bestehen, möglicherweise aus Titan. Die vordere Kugel könnte die Steuereinrichtungen und die zwei- bis dreiköpfige Besatzung beherbergen, während die achtere Kugel imstande sein sollte, 12 bis 15 Überlebende aufzunehmen. Weitere Tauchfahrzeugtypen könnten für geheime Operationen entworfen worden sein, sind aber bisher nicht an Bord der *India*-Klasse beobachtet worden. Es hat auch einige Hinweise auf sowjetische Unternehmen unter Verwendung von Raupentauchfahrzeugen in schwedischen Küstengewässern gegeben, aber keines der beiden Unterseeschiffe der *India*-Klasse ist bislang in der Ostsee eingesetzt gewesen.

Elektronik: Die *India*-Klasse besitzt eine passive Sonaranlage mittlerer Frequenz im Bug und weist vermutlich auch ein aktives Hochfrequenzsonar unter dem Bootskörper zur Ortung eines in Not befindlichen Unterseebootes auf. Eine volle Ausstattung an Sensormasten wird mitgeführt: zwei Sehrohre, ein «Snoop Tray»-Seeraumüberwachungsradar, «Brick Pulp»-ESM, «Quad Loop»-Peiler sowie Antennen für HF- und VHF-Fernmeldeverbindungen.

Bau: Die erste Einheit wurde 1979 in Komsomolsk im Fernen Osten fertiggestellt, gefolgt von einer zweiten 1980. Im selben Jahr wurde eine dieser Einheiten über die arktische Route zur Nordflotte verlegt.

Juliett-Klasse

Herkunftsland: UdSSR, erste Einheit 1962 fertiggestellt
Typ: Marschflugkörper-Unterseeboot, dieselangetrieben (SSG)
Wasserverdrängung: 3'000 ts aufgetaucht, 3'750 ts getaucht
Abmessungen: Länge: 87 m, Breite: 10 m, Tiefgang: 7 m
Antrieb: Dieselelektrischer Antrieb auf zwei Wellen; zwei Dieselmotoren, zwei E-Motoren; 4'000 PSe für 12 kn aufgetaucht, 3'400 PS für 8 kn getaucht
Besatzung: 80
Geschichte: Die *Juliett*-Klasse ist das dieselangetriebene Gegenstück zur *Echo*-Klasse. Anfang der 1960er Jahre waren nur zwei sowjetische Werften (Severodvinsk in der Arktis und Komsomolsk am Pazifik) in der Lage, nuklear angetriebene U-Schiffe zu bauen. Die Sowjets fuhren deshalb fort, sich auch weiterhin weitgehend auf andere U-Bootsbauwerften zu stützen, um die Fertigungszahlen mit konventionellen Booten auszugleichen. Überdies fügten sich die *Echo*- und die *Juliett*-Klasse in die traditionelle sowjetische Struktur ein, die große, komplizierte Marineeinheiten der «1. Linie» mit kleineren und billigeren Einheiten, die in großen Stückzahlen gefertigt werden können, der «2. Linie» verbindet. Ursprünglich sollten 72 Einheiten der *Juliett*-Klasse gebaut werden, aber 1962 wurde entschieden, das Programm auf lediglich 16 Boote zu beschränken. Der Dieselantrieb ließ die *Juliett*-Klasse am geeignetsten erscheinen, in der Aufgabe der Trägerbekämpfung nahe dem sowjetischen Territorium eingesetzt zu werden, und bis in die frühen 1980er Jahre hinein gehörten alle 16 Boote zur sowjetischen Nordflotte. Diese Unterseeboote haben jedoch eine so große Seeausdauer, daß sie häufig bei Einsätzen im Mittelmeer zu beobachten waren, wo sie oft zusammen mit anderen Lenkwaffeneinheiten die Träger der amerikanischen 6. Flotte beschatteten; dies gilt auch für den Indischen Ozean.
Entwurf: Der *Juliett*-Entwurf ist von der *Foxtrot*-Klasse abgeleitet. Trotz der offensichtlichen äußeren Unterschiede, die sich aus den völlig verschiedenartigen Aufgaben der beiden Typen ergeben haben, besitzen sie eine Anzahl Charakteristika gemeinsam. Sie sind ziemlich gleich lang und weisen vermutlich eine ähnliche Innenanordnung auf. Die *Juliett*-Klasse besitzt jedoch eine viel breitere Außenverkleidung, um vier Startbehälter für die Seezielflugkörper SS-N-3A (die Hälfte der auf den U-Schiffen der *Echo-II*-Klasse mitgeführten) unterzubringen. Die Starter entsprechen jenen der

Oben: Die Juliett-Klasse ist das dieselangetriebene Gegenstück der Echo-II-Klasse. Vier Flugkörper SS-N-3 werden in aufrichtbaren Startbehältern mitgeführt, die in gleicher Höhe mit der breiten Oberdecksverkleidung untergebracht sind.

1

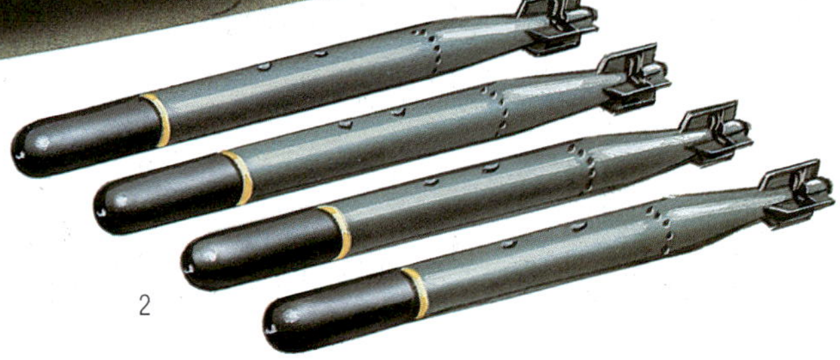

2

Echo-Klasse, und hinter ihnen sind in der Verkleidung des Bootskörpers dieselben Ausbuchtungen vorhanden, um den Strahl des Flugkörper-Ausstoßes abzulenken. Gegenüber der *Echo*-Klasse ist der Turmaufbau sogar noch länger, da er zusätzlich zu den Sehrohren und den üblichen Antennen für Radar, ESM und FM-Verbindungen noch einen Luftausaug und Abluftmast aufnehmen muß. Sein vorderer Teil mit einer drehbaren Sektion zur Aufnahme des «Front Door/ Front Piece»-FK-Leitradars ist jedoch identisch. Die Antriebsanlage mit zwei Dieselmotoren und zwei Wellen ist eine herabgestufte *Foxtrot*-Anlage. Daraus ergibt sich eine Verringerung der Höchstgeschwindigkeit unter Wasser. Die Standard-53,3-cm-Heckrohre der Foxtrot-Klasse sind durch vier Rohre kleineren Kalibers für U-Jagdtorpedos ersetzt worden.

Bewaffnung: Der Seezielflugkörper SS-N-3A «Shaddock» ist etwa 10,2 m lang und wiegt 5'400 kg. Er besitzt eine konventionelle aerodynamische Gestalt und wird durch ein Turbostrahltriebwerk mit zwei angehängten Feststoff-Zündstufen angetrieben. Seine Höchstreichweite wird auf 450 km geschätzt, und in der Endphase erfolgt aktive Radarzielansteuerung. Beim Einsatz auf maximale Reichweite ist Zieldatenübermittlung erforderlich. Ein speziell ausgerüstetes Seeaufklärungsflugzeug, die «Bear D», übermittelt sein Radarbild über eine Video-Datenverbindung an das abschießende Unterseeboot, und die Kurskorrekturen werden dann an den Flugkörper während seines Fluges weitergegeben. Dazu muß das Unterseeboot die gesamte Zeit über aufgetaucht bleiben. Der SS-N-3A besitzt einen konventionellen oder einen nuklearen Gefechtskopf von jeweils etwa 1'000 kg Gewicht. Die Anordnung der Torpedorohre ist mit jener der *Echo*-Klasse identisch, wobei die normalen sechs 53,3-cm-Bugrohre Torpedos gegen Überwasserschiffe und die vier 40-cm-Heckrohre U-Jagdtorpedos aufnehmen.

Elektronik: Die *Juliett*-Klasse führt dasselbe «Feniks»-Passivsonar im Bug wie die *Echo*-Klasse, und die ersten Boote besitzen auch dasselbe kleine Aktiv-E-Meßsonar oberhalb des Bugs mit dem aufgesetzten Unterwassertelefon. Spätere Einheiten haben ein größeres Aktivsonar mit einem 1 m großen Rundum-«Fenster». Die Ausrüstung der Sensormasten ist mit der der *Echo*-Klasse identisch, darunter auch das «Snoop Slab»-Luftraumüberwachungsradar, eingesetzt zur Ortung gegnerischer Flugzeuge, während das Unterseeboot seine langwierigen Vorbereitungen für den FK-Abschuß durchführt. Der HF-Fernmeldemast ist jedoch in die erhöhte Sektion des Turmes einbezogen, die den Dieselabgasaustritt enthält, während die HF-Antenne bei der *Echo*-Klasse an der Spitze eines markanten Klappmastes angebracht ist, der in eine Aussparung in der Decksverkleidung beigeklappt werden kann. Ein paar Einheiten der *Juliett*-Klasse sind vor kurzem mit Ausbuchtungen am Rundungsübergang beiderseits des Turms ausgestattet worden; sie sind mit jenen auf den Einheiten der *Echo*-Klasse identisch, die für den Abschuß des SS-N-12-Flugkörpers umgebaut wurden, und gehören vermutlich zur FM-Ausrüstung. Allerdings gibt es noch keine Anzeichen dafür, daß das SS-N-12-Modernisierungsprogramm auf die *Juliett*-Klasse erweitert worden ist.

Bau: Zwischen 1962 und 1969 wurden auf der Binnenwerft in Gorkij 16 Einheiten fertiggestellt. Auf dieser Werft ist vorher die sowjetische *Romeo*-Klasse gebaut worden.

Links: Die Hauptbewaffnung besteht aus vier Seeziel-FK SS-N-3A «Shaddock» (1), untergebracht in aufrichtbaren Doppelstartern, die in gleicher Höhe mit der Bootskörperverkleidung verstaut sind. Es gibt kein Anzeichen dafür, daß die Juliett-Klasse auf die SS-N-12 umgerüstet wird. Die Boote führen sechs 53,3-cm-Bugrohre für lange Seeziel-Torpedos (2) und vier 40-cm-Heckrohre zum Abschuß von kurzen, zielsuchenden U-Jagdtorpedos (3).

Rechts: Die markanten Ausbuchtungen in der Oberdeckverkleidung sollen den FK-Ausstoß ablenken. Das «Front Door/Front Piece»-FK-Leitradar ist in der vorderen Turmsektion untergebracht, im Einsatz über 180° drehbar. Die Vorbereitungen für den FK-Abschuß müssen aufgetaucht durchgeführt werden, wobei das Unterseeboot Flugzeugangriffen ausgesetzt ist.

Kilo-Klasse

Herkunftsland: UdSSR, erste Einheit 1982 fertiggestellt
Typ: Dieselangetriebenes Angriffsunterseeboot (SS)
Wasserverdrängung: 2'500 ts aufgetaucht, 3'000 ts getaucht
Abmessungen: Länge: 70 m, Breite: 9,9 m, Tiefgang: 6,5 m
Antrieb: Dieselelektrischer Antrieb auf eine Welle; zwei Dieselgeneratoren, ein E-Motor; 4'000 PSe für 12 kn aufgetaucht, 5'000 PS für 16 kn getaucht
Besatzung: 60
Geschichte: Während der 1950er Jahre wurden etwa 236 mittlere Unterseeboote der *Whiskey*-Klasse für die sowjetische Marine fertiggestellt. Auf die *Whiskey*-Klasse folgte der verbesserte *Romeo*-Entwurf, aber der Bau dieses Typs wurde aufgegeben, nachdem für die sowjetische Marine nur 20 Einheiten auf Kiel gelegt worden waren. Dies scheint das Ergebnis einer Entscheidung gewesen zu sein, den Bau von Unterseebooten mittlerer Reichweite zugunsten der größeren *Foxtrot*-Klasse einzustellen, deren Boote für Operationen auf offener See besser geeignet waren. Trotzdem sollte während der 1960er Jahre die *Whiskey*-Klasse das sowjetische Standarddieselboot bleiben und seinen Wert bei Unternehmungen in den flachen Gewässern der Ostsee und des Schwarzen Meeres erweisen. Viele dieser Boote wurden an befreundete Nationen geliefert, darunter auch mehrere an Länder, die zum Warschauer Pakt gehören. Bis zur Mitte der 1970er Jahre waren jedoch die meisten Einheiten der *Whiskey*-Klasse mehr als 20 Jahre alt, und wenn ihr Flachwasser-Auftrag weiterhin erfüllt werden sollte, mußte ein Nachfolgetyp entworfen werden. Dieser stellte sich schließlich als die *Kilo*-Klasse heraus, ein verhältnismäßig großes Allzweckunterseeboot konventioneller Art, aber von modernem Entwurf, das sowohl für die sowjetische Marine als auch für den Export gebaut werden sollte.
Entwurf: Äußerlich gleicht die *Kilo*-Klasse modernen westlichen Dieselunterseebooten sehr viel mehr als früheren sowjetischen Typen. Der Bootskörper ist etwa 20 m kürzer als derjenige der *Tango*-Klasse, aber etwa 1 m breiter. Das Endergebnis ist ein Unterseeboot, das in Gestalt und Größe der amerikanischen BARBEL-Klasse und ihren niederländischen Abkömmlingen der ZWAARDVIS- und der ZEELEEUW-Klasse bemerkenswert ähnelt und einen «ALBACORE-Bootskörper» besitzt. Es gibt jedoch eine Reihe feiner Unterschiede, die die *Kilo*-Klasse als sowjetischen Entwurf und Bau ausweisen. Der wichtigste Unterschied sind die Flutschlitze entlang der Außenverkleidung, die das sowjetische Festhalten an der Zweihüllen-Bauweise kundtun. Der zweite Unterschied ist der längere Turmaufbau, ein Merkmal aller sowjetischen Unterseeboote. Ein dritter Unterschied ist die Position der vorderen Tiefenruder, die sich direkt unterhalb der Decksverkleidung und unmittelbar vor dem Turm befinden und nicht wie bei den amerikanischen und niederländischen Gegenstücken am Turm angebracht sind. Wie bei anderen sowjetischen Booten sind auch hier die Tiefenruder voll einziehbar, um bei Überwasserfahrt in nördlichen Gewässern Eisschäden zu vermeiden. Ein weit überraschenderes Merkmal der *Kilo*-Klasse ist das sowjetische Festhalten an der Anbringungsart der achteren Tiefenruder wie bei den früheren Dieselunterseebooten der *Foxtrot*- und der *Tango*-Klasse, statt einem Einbeziehen in ein Ruderkreuz den Vorzug zu geben, wie dies dem heutigen Standard ihrer Atom-U-Schiffe entspricht. Das Hauptruder befindet sich unterhalb des Hecks, obwohl ein kleines «Hilfsruder» über Wasser sichtbar ist. Die Funktion des letzteren ist nicht klar, und es könnte auch Teil eines am Bootskörper angebrachten Passivsonars sein. Trotz der ungewöhnlichen Ruderanordnung gibt es nur eine einzige Welle mit einem sechsflügeligen Propeller; alle früheren sowjetischen Dieselboote besaßen eine Mehrfach-Wellenanordnung mit achteraus der Propeller gelegenen Tiefenrudern.
Bewaffnung: Die *Kilo*-Klasse besitzt sechs 53,3-cm-Bugrohre, die sowohl den sowjetischen Standard-Seezieltorpedo als auch U-Jagdtorpedos abschießen können. Alternativ

Oben: Die neuen Unterseeboote mit dieselelektrischem Antrieb der Kilo-Klasse werden als Ersatz der älteren Whiskey- und Romeo-Klasse gebaut. Sie sind jedoch beträchtlich größer und leistungsfähiger als ihre in den 1950er Jahren gebauten Vorgänger.

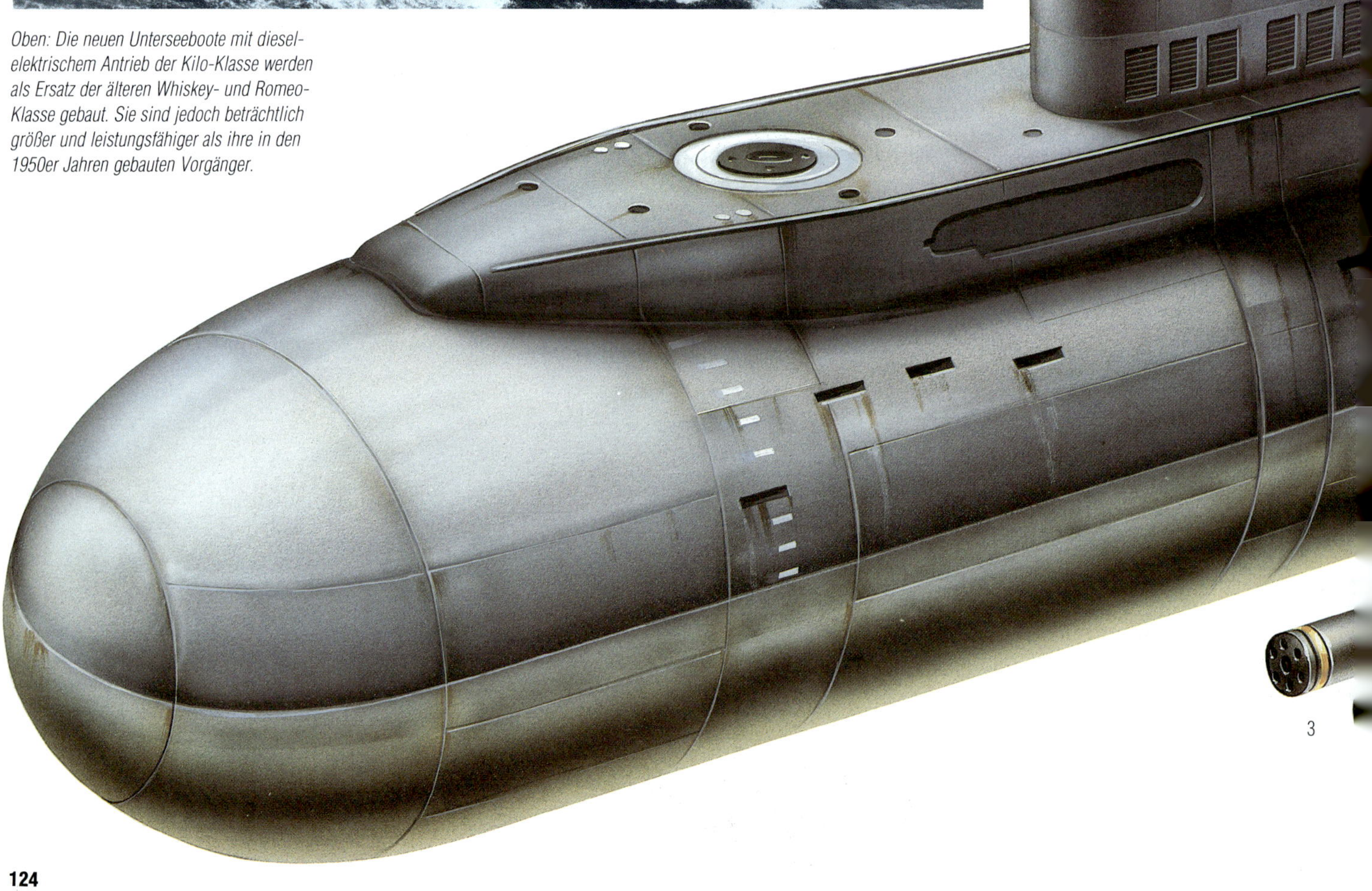

können ersatzweise für jeden Torpedo zwei Minen mitgeführt werden. Es ist nicht klar, ob die *Kilo*-Klasse zum Abschuß des U-Jagdflugkörpers SS-N-15 ausgerüstet ist. Dieser kann aus einem normalen Torpedorohr abgeschossen werden, aber die *Kilo*-Klasse hat – mit schätzungsweise nur 12 Torpedos – einen begrenzten Waffenstauraum und es ist ohnehin fraglich, ob die Konstruktionsanforderung die Bekämpfung gegnerischer U-Boote mit Kernwaffen einschließt. Auch gibt es kein Anzeichen dafür, daß die *Kilo*-Klasse mit den großkalibrigen 65-cm-Rohren ausgerüstet ist, um den U-Jagdflugkörper SS-N-16 oder den kielwasserfolgenden Torpedo Typ 65 abzuschießen.

Elektronik: Die *Kilo*-Klasse ist mit einem Aktiv/Passiv-Niederfrequenz-Bugsonar ausgerüstet und vermutlich auch mit einer am Bootskörper angebrachten Passiv-Sonarbasis ausgestattet. Jedoch gibt es kein Anzeichen dafür, daß ein passives Schleppsonar vorhanden ist, vergleichbar dem der moderneren sowjetischen Angriffs-U-Schiffe mit Atomantrieb. Die Sensoren entsprechen denen einer früheren Generation von U-Booten. Anstelle der moderneren «Brick Pulp»-ESM-Antenne ist die ältere «Stop Light» vorhanden und statt des «Park Lamp»-Peilers der «Quad Loop». Ferner ist die *Kilo*-Klasse mit einem Beobachtungs- und einem Angriffssehrohr, dem Seeraumüberwachungsradar «Snoop Tray» sowie HF- und VHF-Fernmeldeantennen ausgerüstet.

Bau: 1982 wurde die erste Einheit der *Kilo*-Klasse auf der Werft von Komsomolsk im Fernen Osten fertiggestellt, und seitdem befindet sich diese Klasse in der Serienfertigung. Bis jetzt sind 10 Einheiten für die sowjetische Marine fertiggestellt worden, und weitere drei sind im Bau. Die Fertigung erstreckt sich heute auf Werften in Gorkij und Leningrad (die Vereinigte Admiralitätswerft, früher Sudomech) in der westlichen UdSSR, und es wird vermutet, daß diese Werften Unterseeboote für Exportkunden bauen, wie zum Beispiel Indien, das im April 1984 drei Boote in Auftrag gegeben haben soll.

Rechts: Trotz der Zweihüllen-Bauweise gleicht die Kilo-Klasse auffallend gegenwärtigen westlichen Unterseebooten mit dieselelektrischem Antrieb, abgeleitet aus der amerikanischen BARBEL-Klasse; die Boote sind aber kürzer und breiter als frühere sowjetische Dieselboote. Die Klasse befindet sich für die sowjetische Marine in Serienfertigung und wird auch befreundeten Ländern aus der Dritten Welt angeboten.

Links: Die Kilo-Klasse besitzt sechs 53,3-cm-Bugrohre und führt schätzungsweise 12 Reservetorpedos. Es gibt kein Anzeichen dafür, daß die Boote U-Jagdflugkörper – wie den SS-N-15 – führen oder das großkalibrige 65-cm-Rohr besitzen, mit dem gegenwärtig sowjetische Atom-U-Schiffe ausgerüstet werden. Die Kilo-Klasse ist vermutlich nur mit dem konventionellen «langen» Torpedo gegen Überwasserschiffe (1) und kürzeren, zielsuchenden U-Jagdmodellen (2) ausgestattet. Anstelle eines Torpedos können zwei Minen (3) mitgeführt werden.

LAFAYETTE-Klasse

Herkunftsland: USA, erste Einheit 1963 fertiggestellt
Typ: Unterseeschiff für ballistische Flugkörper, nuklear angetrieben (SSBN)
Wasserverdrängung: 7'350 ts aufgetaucht, 8'250 ts getaucht
Abmessungen: Länge: 129,5 m, Breite: 10,1 m, Tiefgang: 8,8 m
Antrieb: Druckwassergekühlter Reaktor S5W, Getriebe-Dampfturbinen antreibend; eine Welle; 15'000 WPS für 20+ kn
Besatzung: 140
Geschichte: Die ersten für die US-Marine gebauten U-Schiffe für ballistische Flugkörper, die fünf SSBN der GEORGE WASHINGTON-Klasse, waren umgebaute U-Schiffe der SKIPJACK-Klasse, mit einer achteraus des Turms eingefügten zusätzlichen FK-Sektion von 40 m Länge. Ihnen folgten fünf Einheiten der ETHAN ALLEN-Klasse, die, obwohl sie im Entwurf ihren Vorgängern ähnelten, von Anfang an als SSBN entworfen worden waren. Diese U-Schiffe waren auch länger und wiesen eine Reihe von Merkmalen der SSN der THRESHER-Klasse auf, darunter eine kleinere Geräuschsignatur und einen aus HY-80-Stahl gefertigten Druckkörper. Die ETHAN ALLEN-Klasse sollte die Grundlage eines verbesserten Entwurfs bilden, der zur LAFAYETTE-Klasse wurde. Während der 60er und 70er Jahre stellten die U-Schiffe der LAFAYETTE-Klasse das Standard-SSBN der US-Marine dar und übten auf den Entwurf weiterer SSBN, vor allem auf jene der britischen RESOLUTION- und der französischen LE REDOUTABLE-Klasse, bedeutenden Einfluß aus.
Entwurf: Die ersten Einheiten der LAFAYETTE-Klasse unterschieden sich von der ETHAN ALLEN-Klasse im Hinblick auf ihren allgemeinen Entwurf und die Waffen/Sensoren-Technologie nur wenig. Der Hauptunterschied ergab sich bei den FK-Schächten, die vergrößert worden waren, um zukünftige ballistische Flugkörper von größerem Durchmesser als das «Polaris»-System aufzunehmen. Dies steigerte die Länge über alles um 4,5 m, während die übrigen Abmessungen des U-Schiffes unverändert blieben. Ein wesentlicher Teil des Abschreckungsauftrages der LAFAYETTE-Klasse besteht im Fernhalten gegnerischer Unterseeboote.
Die Sonar-Ausrüstung wurde deshalb einseitig mehr in Richtung Ortung und weniger im Hinblick auf eine weitreichende Feuerleitung ausgelegt. Das kugelförmige Bugsonar – Merkmal des THRESHER-Entwurfs – wurde daher in die SSBN der US-Marine nicht eingebaut, die dafür ihre Torpedorohre auf konventionelle Art im Bug führen. Der Reaktor S5W ist vom selben Modell wie jene in den SSN, und die Größe der LAFAYETTE-Klasse bedeutet, daß diese U-Schiffe verhältnismäßig langsam sind. Der Geräuscharmut ist bei amerikanischen SSBN-Entwürfen immer eine höhere Priorität eingeräumt worden als der Leistung, und die letzten 12 Einheiten dieser Klasse (bekannt als BENJAMIN FRANKLIN-Klasse) weisen bei der Isolierung des Maschinenlärms weitere Verbesserungen auf. Der große Turm beruht auf dem der SKIPJACK-Klasse und führt die vorderen Tiefenruder. Eine Einheit, die DANIEL WEBSTER (SSBN-626), ist zur Auswertung mit Bugrudern ausgestattet.
Bewaffnung: Die ersten acht Einheiten wurden mit dem Flugkörper «Polaris A-2» in Dienst gestellt, der einen einzigen nuklearen Gefechtskopf besaß und eine Reichweite von 2'800 km hatte. Die verbleibenden 23

1

Unten: Die LAFAYETTE-Klasse setzte den Maßstab für die Flugkörper-Unterseeschiffe des Westens; sowohl die britische RESOLUTION-als auch die französische LE REDOUTABLE-Klasse beruhten auf diesen SSBN. Die 16 Startschächte für die Flugkörper «Poseidon C-3» befinden sich unmittelbar achteraus des Turms. Das Foto zeigt die NATHANIEL GREENE (SSBN-636); sie gehört zur ersten Untergruppe dieser Klasse. Spätere Einheiten sind auf den «Trident»-Flugkörper umgerüstet worden.

Oben: Die ersten Einheiten der LAFAYETTE-Klasse behielten den SLBM «Poseidon C-3», aber die letzten 12 U-Schiffe sind auf den Flugkörper «Trident I C-4» (1) umgerüstet worden. In zwei Reihen zu je 8 Startschächten werden 16 Flugkörper mitgeführt. Alle früheren Torpedomodelle sind jetzt durch den Hochleistungs-Torpedo Mk 48 (2) ersetzt worden, der gegen Überwasserschiffe und Unterseeboote eingesetzt werden kann. Vier Bugtorpedorohre sind vorhanden.

Oben: SAM RAYBURN (SSBN-635), das erste außer Dienst gestellte U-Schiff der LAFAYETTE-Klasse. Dieser Schritt wurde erforderlich, um bei den SLBM innerhalb der Grenzen des SALT-II-Abkommens zu bleiben.

Einheiten erhielten die Variante A-3, die drei MRV aufwies und eine Reichweite von 4'600 km hatte. Die ersten Einheiten wurden später auf den Flugkörper A-3 umgerüstet. 1970 kam der Flugkörper «Poseidon C-3» in Dienst und ersetzte den A-3 auf allen U-Schiffen der LAFAYETTE-Klasse. Das im Umfang größere «Poseidon»-System mit einer Länge von 10,4 m und einem Durchmesser von 1,9 m hatte eine ähnliche Reichweite wie der «Polaris A-3», konnte aber zehn 50-kT-MIRV-Gefechtsköpfe führen. Dieses System bleibt an Bord der noch vorhandenen frühen Einheiten dieser Klasse in Dienst, aber seit 1979 sind die 12 SSBN der BENJAMIN FRANKLIN-Untergruppe nach und nach für den Abschuß des Flugkörpers «Trident C-4» umgebaut worden. Letzterer war so entworfen, um in die Startschächte der LAFAYETTE-Klasse zu passen, und hat dieselben Abmessungen wie das «Poseidon»-System. Der C-4 führt acht 100-kT-MIRV-Gefechtsköpfe mit einer Reichweite von 7'400 km. Die Steigerung der Reichweite hat es den mit «Trident» ausgerüsteten U-Schiffen ermöglicht, sich aus vorgeschobenen Stützpunkten in Europa zurückzuziehen. Für die vier Bugtorpedorohre stand ursprünglich dieselbe Waffenausstattung wie für die damaligen SSN der US-Marine (siehe PERMIT-Klasse) zur Verfügung, obwohl die LAFAYETTE-Klasse offensichtlich nicht mit «Subroc» ausgerüstet worden war. Die ursprünglichen Torpedomodelle sind jetzt durch den Mk 48 ersetzt worden.

Elektronik: Die bei der Fertigstellung eingebaute Sonar-Ausrüstung entsprach im wesentlichen jener der SKIPJACK-Klasse: ein Aktiv/ Passiv-Sonar BQS-4 innerhalb einer passiven Kreisbasis BRQ-2C im Bug sowie eine winkeltreue Hydrophon-Anordnung BQR-7 längs des Bootskörpers. Ferner ist die LAFAYETTE-Klasse mit dem FK-Feuerleitsystem Mk 88 und dem Standard-Torpedofeuerleitsystem Mk 113 ausgerüstet. Von 1974 an wurden alle U-Schiffe dieser Klasse einem Sonar-Modernisierungsprogramm unterzogen. Das Passivsonar BQR-2C wurde durch das Modell BQR-21 ersetzt, das ein DIMUS-System besitzt, womit fünf Ziele gleichzeitig verfolgt werden können. Am Mast erfolgte die Ausrüstung mit dem Sonar BQR-19, um ein Ausweichen vor Überwasserschiffen zu ermöglichen. Drittens kam es zum Einbau des Schleppsonars BQR-15, um gegnerische U-Jagdunterseeboote wirksamer orten zu können. Die «Trident»-Version erhielt zur genaueren Navigation auch drei SINS-Anlagen Mk 2.

Bau: Zwischen 1963 und 1967 wurden auf vier verschiedenen Werften 31 Einheiten der LAFAYETTE- und BENJAMIN FRANKLIN-Klasse fertiggestellt. Davon sind bis heute drei Einheiten außer Dienst gestellt worden, damit die USA die Beschränkungen des SALT-II-Abkommens einhalten konnten.

LAFAYETTE-Klasse: DANIEL BOONE (SSBN-629)

LE REDOUTABLE-Klasse

Herkunftsland: Frankreich, erste Einheit 1971 in Dienst gestellt
Typ: Unterseeschiff für ballistische Flugkörper, nuklear angetrieben (SSBN)
Wasserverdrängung: 8'000 ts aufgetaucht, 9'000 ts getaucht
Abmessungen: Länge: 128 m, Breite: 10,6 m, Tiefgang: 10 m
Antrieb: Ein druckwassergekühlter Reaktor mit turbo-elektrischem Antrieb; zwei Turbo-Wechselstromgeneratoren treiben einen Haupt-E-Motor an; eine Welle; 16'000 PS für 20 kn
Besatzung: 135
Geschichte: Anfang der 1960er Jahre begann Frankreich mit der Schaffung der Force de Dissuasion, die anfänglich aus fünf SSBN bestand. Das Programm diente nicht nur dazu, die beginnende politische Trennung zwischen Frankreich und den USA zu verstärken, sondern markierte auch die Geburt einer unabhängigen Technologie, die nicht nur Kernreaktoren sondern auch ballistische Flugkörper französischen Entwurfs und französischer Fertigung umfassen sollte. Der erste Reaktor – PAT 1 – wurde in Zusammenarbeit mit der CEA (der französischen Atomenergie-Behörde) hergestellt und umfassend an Land in Cadarache erprobt. Die Entwicklung des Flugkörpers vollzog sich gleichzeitig, und der erste französische SLBM startete 1968 vom Versuchsunterseeboot GYMNOTE. Der Bau der SSBN warf eine Reihe von technischen Problemen auf, darunter die Entwicklung eines hochfesten Stahls, um mit der erforderlichen Tauchtiefe von 300 m fertig zu werden.
Entwurf: Insgesamt lehnte sich der Entwurf eng an die amerikanische LAFAYETTE-Klasse an, und diese U-Schiffe waren die ersten französischen Nachkriegsunterseeboote in der Einhüllen-Bauweise. Von ihrem amerikanischen Gegenstück wurden auch die am Turm angebrachten vorderen Tiefenruder und das Ruderkreuz übernommen. Mit einer Drei-Deck-Wohnraumanordnung vorn und den Maschinenräumen achtern befindet sich die SLBM-Abteilung mit 16 Flugkörpern direkt achteraus des Turms. Der Torpedoraum liegt in einem schmäleren Konus unmittelbar hinter den vier Bugrohren. Das Antriebssystem ist insofern ungewöhnlich, weil ein einziger PWR-Reaktor keine Getriebe-Dampfturbinen wie bei anderen westlichen SSBN dieser Zeit antreibt, sondern zwei Turbo-Wechselstromgeneratoren, die der Reihe nach Strom für einen einzigen großen E-Motor liefern. Ein 850-kW-Hilfsdieselgenerator SEMT-Pielstick 16 PA 4 liefert im Notfall ausreichend Strom, um das U-Schiff in den Heimatstützpunkt zurückzubringen. Die vierte und fünfte Einheit – L'INDOMPTABLE und LE TONNANT – besitzen anstelle der Oxydkerne bei den früheren U-Schiffen metallische Reaktorkerne. Die sechste Ein-

Oben: LE REDOUTABLE war das erste der während der 1970er Jahre für die Marine Nationale fertiggestellten fünf SSBN. Die Atomreaktoren und die Flugkörper wurden ohne amerikanische Unterstützung entwickelt.

LE REDOUTABLE-Klasse: LE TONNANT (S 614)

heit - L'INFLEXIBLE – stellt einen verbesserten Typ dar und wird offiziell als gesonderte Klasse betrachtet. Ihre Flugkörper-Abteilung ist modifiziert worden, um von vornherein den SLBM M 4 unterzubringen, und sie hat eine geräuschärmere Antriebsanlage sowie eine modernere Elektronik. Äußerlich kann L'INFLEXIBLE von ihren Schwesterschiffen am neu gestalteten Turm mit den hoch an der Vorderkante angebrachten Tiefenrudern unterschieden werden.

Bewaffnung: Die ersten beiden Einheiten dieser Klasse, LE REDOUTABLE und LE TERRIBLE, führten anfänglich den Flugkörper M 1, der aus einer zweistufigen Rakete mit einem einzigen 500-kT-Nukleargefechtskopf bestand und eine Reichweite von 2'500 km hatte. Der M 1 wurde bei der dritten Einheit – LE FOUDROYANT – durch den M 2 mit einer stärkeren zweiten Stufe und einer auf 3'000 km gesteigerten Reichweite ersetzt. Die nächsten beiden Einheiten – L'INDOMPTABLE und LE TONNANT – wurden mit einer Mischung aus M-2- und M-20-Flugkörpern in Dienst gestellt; letztere waren von der Leistung her mit dem M 2 identisch, führten aber einen thermo-nuklearen Gefechtskopf von 1 MT. Seit 1977 sind auch die ersten Einheiten auf diese Mischung umgerüstet worden. Sowohl M 2 als auch M 20 haben eine Länge von 10,4 m sowie einen Durchmesser von 1,5 m. Der mit der sechsten Einheit – L'INFLEXIBLE – in Dienst gekommene M 4 ist ein neuer Flugkörper mit modernerem Antrieb und modernerer Gefechtskopf-Technologie. Er hat eine Länge von 11,05 m sowie einen Durchmesser von 1,93 m. Bei der gegenwärtigen Version beträgt die Reichweite 4'000 km; sie soll beim M 4B auf 5'000 km gesteigert sein. Der Mehrfach-Gefechtskopf besteht aus sechs MIRV TN-70 von je etwa 150 kT. Mit Ausnahme von LE TERRIBLE werden die ersten Einheiten dieser Klasse auf den Flugkörper M 4 umgerüstet, beginnend 1985 mit LE TONNANT. Die vier 55-cm-Bugrohre können eine Mischung aus dem U-Jagdtorpedo L 5 Mod. 3 und dem Mehrzwecktorpedo F 17 verschießen. Im Stauraum können 14 Reservetorpedos untergebracht werden. Wie die SSN der RUBIS-Klasse besitzt L'INFLEXIBLE das kleinere 53,3-cm-Rohr, um neben Torpedos den Flugkörper «Exocet SM 39» einsetzen zu können.

Elektronik: Die ersten fünf Einheiten sind mit dem passiven Panorama-Sonar DUUV 23 und dem E-Meß-Sonar DUUX 2 ausgerüstet, aber L'INFLEXIBLE besitzt anstelle des DUUV 23 das neue Multifunktions-Sonar DSUX 21 sowie das Digital-E-Meß-Sonar DUUX 5. Es ist vorgesehen, die übrigen Einheiten während der M-4-Werftliegezeit auf das DSUX 21 umzurüsten. Die Position der U-Schiffe kann durch Bezugnahme auf drei Trägheits-Navigationszentren (CIN) an Land genau bestimmt werden. Außerdem gibt es ein Sehrohr für terrestrische Navigation.

Bau: Zwischen 1971 und 1980 wurden die fünf Einheiten der LE REDOUTABLE-Klasse fertiggestellt. L'INFLEXIBLE kam 1985 in Dienst. Sämtliche Einheiten wurden auf der Marinewerft Cherbourg gebaut. Ein größeres SSBN eines neuen Entwurfes soll 1988 auf Kiel gelegt und 1994 fertiggestellt werden.

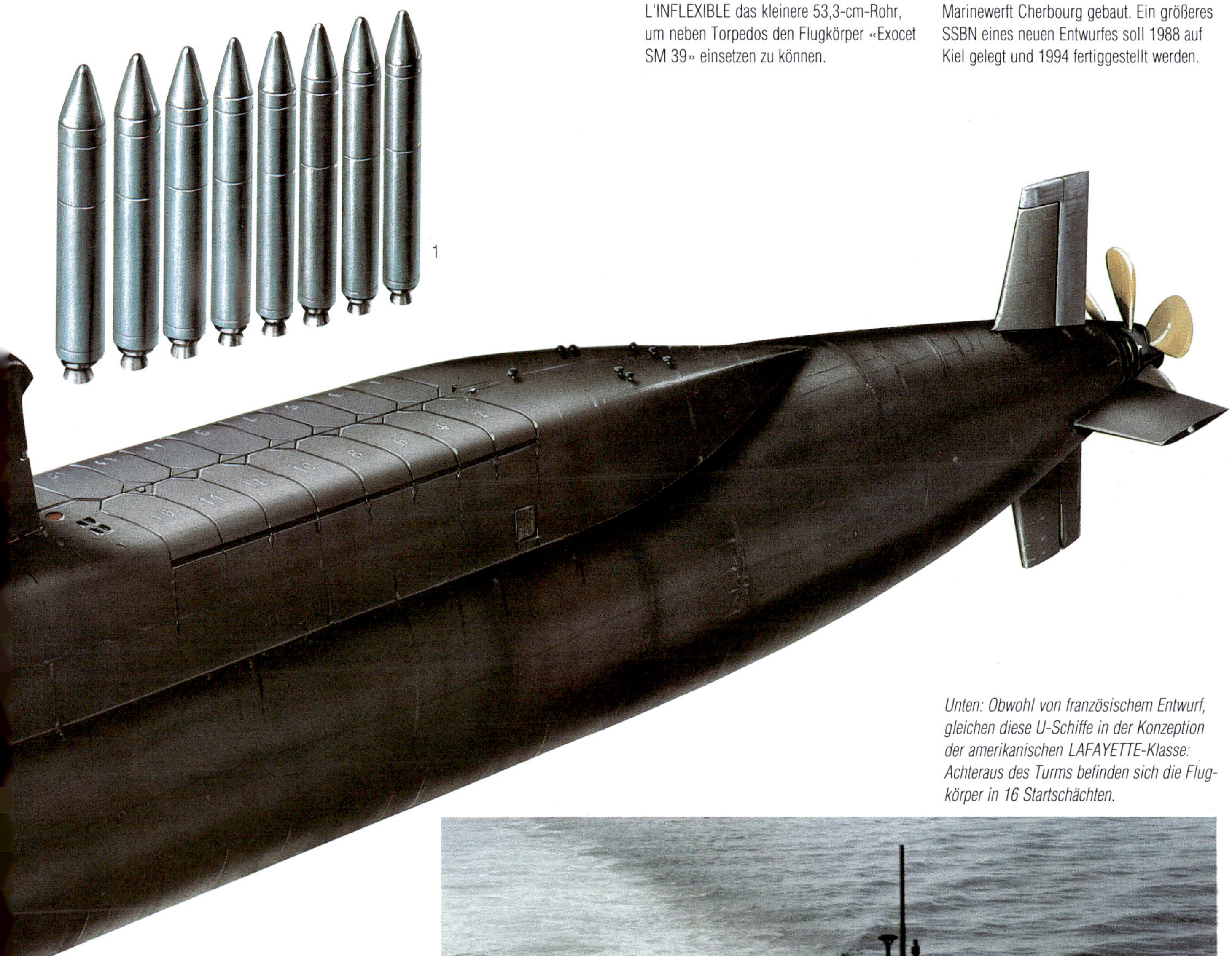

Unten: Obwohl von französischem Entwurf, gleichen diese U-Schiffe in der Konzeption der amerikanischen LAFAYETTE-Klasse: Achteraus des Turms befinden sich die Flugkörper in 16 Startschächten.

Oben: Die ersten fünf Einheiten dieser Klasse führen eine Mischung aus ballistischen Flugkörpern M 2 und M 20 (1). Die beiden Flugkörper sind äußerlich identisch, aber der letztere hat einen thermo-nuklearen Gefechtskopf von 1 MT. Die sechste Einheit – L'INFLEXIBLE – besitzt den M 4, einen größeren Flugkörper mit größerer Reichweite und Mehrfach-Gefechtskopf. Es gibt 16 senkrechte Startschächte in zwei Reihen zu je acht. Aus den vier 55-cm-Bugtorpedorohren können U-Jagdtorpedos L 5 Mod. 3 (2) und Mehrzwecktorpedos F 17 verschossen werden.

LOS ANGELES-Klasse

Herkunftsland: USA, erste Einheit 1976 fertiggestellt
Typ: Angriffs-Unterseeschiff, nuklear angetrieben (SSN)
Wasserverdrängung: 6'080 ts aufgetaucht, 6'927 ts getaucht
Abmessungen: Länge: 109,8 m, Breite: 10,1 m, Tiefgang: 9,8 m
Antrieb: Ein druckwassergekühlter Reaktor S6G, Getriebe-Dampfturbinen antreibend; eine Welle; 30'000 WPS für maximal 31 kn
Besatzung: 127
Geschichte: Ende der 1960er Jahre wurde die US-Marine zunehmend über die Bedrohung ihrer Trägerkampfgruppen besorgt, ausgehend von der neuen Generation sowjetischer Unterseeboote, insbesondere der SSGN der *Charlie*-Klasse mit ihren plötzlich auftauchenden Flugkörpern SS-N-7. Die wirksamste Maßnahme gegen die sowjetische Taktik sollte darin bestehen, Angriffs-U-Schiffe voraus der Kampfgruppe zu stationieren, um die sowjetischen FK-U-Schiffe zu orten, wenn sie ihre Angriffspositionen einnahmen. Damit wurde der «Nahunterstützungs»-Auftrag geboren, der das Grundprinzip für die Entwicklung der LOS ANGELES-Klasse lieferte. Die Fähigkeit, zusammen mit Trägerkampfgruppen zu operieren, erforderte eine hohe taktische Geschwindigkeit, die bei der THRESHER/PERMIT- und der STURGEON-Klasse zugunsten einer geräuscharmen Fahrweise geopfert worden war. Das neue U-Schiff jedoch mußte zumindest genauso leise sein wie seine unmittelbaren Vorgänger, um im Unterwasserangriff die sowjetischen SSGN bekämpfen zu können. Das Ergebnis war ein außergewöhnlich großes Schiff mit der doppelten Reaktorleistung früherer Typen.
Entwurf: Der LOS ANGELES-Entwurf markierte den endgültigen Übergang von der «Luftschiff»-Bootskörperform der ALBACORE und der SKIPJACK zur zylindrischen Struktur, die ein Merkmal aller modernen amerikanischen Unterseeboote darstellt. Der zylindrische Mittelkörper ist fast so leistungsfähig wie ein fortlaufend gekrümmter Bootskörper und viel leichter zu bauen. Der Reaktor S6G ist die modifizierte Version des Reaktors D2G, der seit den frühen 1960er Jahren dem Antrieb von Lenkwaffenzerstörern diente. Bei niedrigen Leistungsstufen verwendet er den natürlichen Kreislauf, um das Pumpengeräusch auf ein Mindestmaß zu verringern, aber bei höheren Geschwindigkeiten müssen die Umlaufpumpen angeschaltet werden. Dies fügt sich gut in das Schema der «Schnell- und Langsam-Operationen» ein, die im Nahunterstützungsauftrag inbegriffen sind. Die enorme Größe des U-Schiffes hat die wirksame Isolierung der geräuscherzeugenden Maschinenanlage vom Bootskörper erleichtert, und die LOS ANGELES-Klasse umfaßt vermutlich die leisesten Atom-U-Schiffe der Welt. Im Verhältnis zur Gesamtgröße des U-Schiffes ist der Turm relativ klein, wodurch sich der Widerstand verringert. Die Fähigkeit, die am Turm angebrachten Tiefenruder in die Senkrechte zu drehen, ist jedoch geopfert worden, weshalb sich bei Operationen unter dem Eis Beschränkungen ergeben. Spätere Einheiten sollen am Bug angebrachte Tiefenruder erhalten.
Bewaffnung: Zum Zeitpunkt der Indienststellung der Einheiten der LOS ANGELES-Klasse Ende der 1970er Jahre befand sich der Torpedo Mk 48 in Serienproduktion und hatte alle früheren Typen weitgehend ersetzt. Die ersten 12 Einheiten erhielten das Feuerleitsystem Mk 113 und können deshalb den U-Jagd-FK «Subroc» mit nuklearem Gefechtskopf einsetzen. Spätere Einheiten mit dem System Mk 117 konnten den «Subroc» nicht verwenden; aber das Mk. 117 ist inzwischen modifiziert worden, um dies zu ermöglichen. Von 1978 an erhielten die U-Schiffe dieser Klasse den Seezielflugkörper «Harpoon». Der Trend zu Flugkörpern, die aus Torpedorohren verschossen werden können, hat sich 1983 mit der ersten Einführung des Flugkörpers «Tomahawk» zur einsatzmäßigen Verwendung fortgesetzt. Im Unterschied zur «Harpoon» wurde der «Tomahawk» (BGM-109) entworfen, um aus einem Torpedorohr abgeschossen zu werden. Er hat eine Länge von 6,2 m und einen Durchmesser von 53,3 cm. Angetrieben wird er von einem Turbostrahlschubmotor mit einer Feststoffzündstufe, und seine maximale Reichweite beträgt bei der Landangriffsversion (T-LAM) 2'600 km und bei der Seezielversion (T-ASM) 460 km (250 sm). Die Torpedokapazität der LOS ANGELES-Klasse ist nicht größer als die der STURGEON-Klasse, wenn auch die Handhabung durch die Einführung von Kraftübertragungssystemen verbessert worden ist. Die starke Zunahme bei aus Torpedorohren abzuschießenden Seeziel-FK hat zusammen mit dem Festhalten an «Subroc» zu schwierigen Entscheidungen hinsichtlich einer angemessenen Waffenzusammensetzung für eine spezielle Verwendung geführt. Spätere Einheiten dieser Klasse sollen deshalb im Raum zwischen dem Bugsonar und dem vorderen Ende des Druckkörpers fünfzehn Startschächte für «Tomahawk» erhalten. Bei früheren Einheiten ist während der vorgesehenen Werftliegezeiten der Einbau von zwölf ähnlichen Schächten beabsichtigt.

Rechts: Die vier mittschiffs gelegenen 53,3-cm-Torpedorohre können sämtliche aus Rohren zu verschießenden und gegenwärtig zur Verfügung stehenden Waffen verschießen: den U-Jagdflugkörper «Subroc» (1), den Seezielflugkörper «Sub-Harpoon» (2), den Mehrzweck-Torpedo Mk 48 (3) sowie die Varianten T-LAM und T-ASM des Flugkörpers «Tomahawk» (4). Der Stauraum ist gegenwärtig auf das Mitführen von 24 Waffen beschränkt; spätere Einheiten dieser Klasse werden ihre «Tomahawk»-Flugkörper in gesonderten Startschächten erhalten.

USS LOS ANGELES (SSN-688)

Elektronik: Von Anbeginn an ist für die LOS ANGELES-Klasse die BQQ-5-Sonar-Ausrüstung vorgesehen worden. Wie das BQQ-2-System, das es ersetzt, beruht das BQQ-5 auf einem großen, kugelförmigen Aktiv/Passiv-Sonar, einer winkeltreuen Gruppenhorchanlage und einem PUFFS-Feuerleitsystem. Die kugelförmige Basis des BQS-11/12/13 im Bug schließt das DIMUS-System ein, das das mechanische Abtasten bei früheren Sonaranlagen ersetzt hat und eine Mehrfachzielverfolgung ermöglicht. Ein weiteres neues Merkmal der BQQ-5-Sonar-Ausrüstung ist das Hinzukommen eines Schleppsonars, das in einem Rohr längs der Bootskörperverkleidung verstaut ist. Gegenwärtig handelt es sich um das BQR-23 (STASS). Spätere Einheiten dieser Klasse sollen das moderne Kampfsystem SUBACS erhalten, eine neue Generation mit integriertem Waffen/Sonar-Leitsystem.

Bau: Bis Ende 1986 sind 34 Einheiten der LOS ANGELES-Klasse fertiggestellt worden, und weitere 24 sind im Bau oder in Auftrag gegeben; die umfangreichste Klasse von Atom-U-Schiffen, die je gebaut worden ist.

Oben: SALT LAKE CITY (SSN-716) während einer Erprobungsfahrt 1984 in See. Die Ausbuchtung längs der Verkleidung beherbergt das Schleppsonar; seine Winde befindet sich zwischen dem Bug und dem vorderen Ende des Druckkörpers. Zu beachten ist auch die zylindrische Rumpfform, eingeführt, um den Bau zu erleichtern.

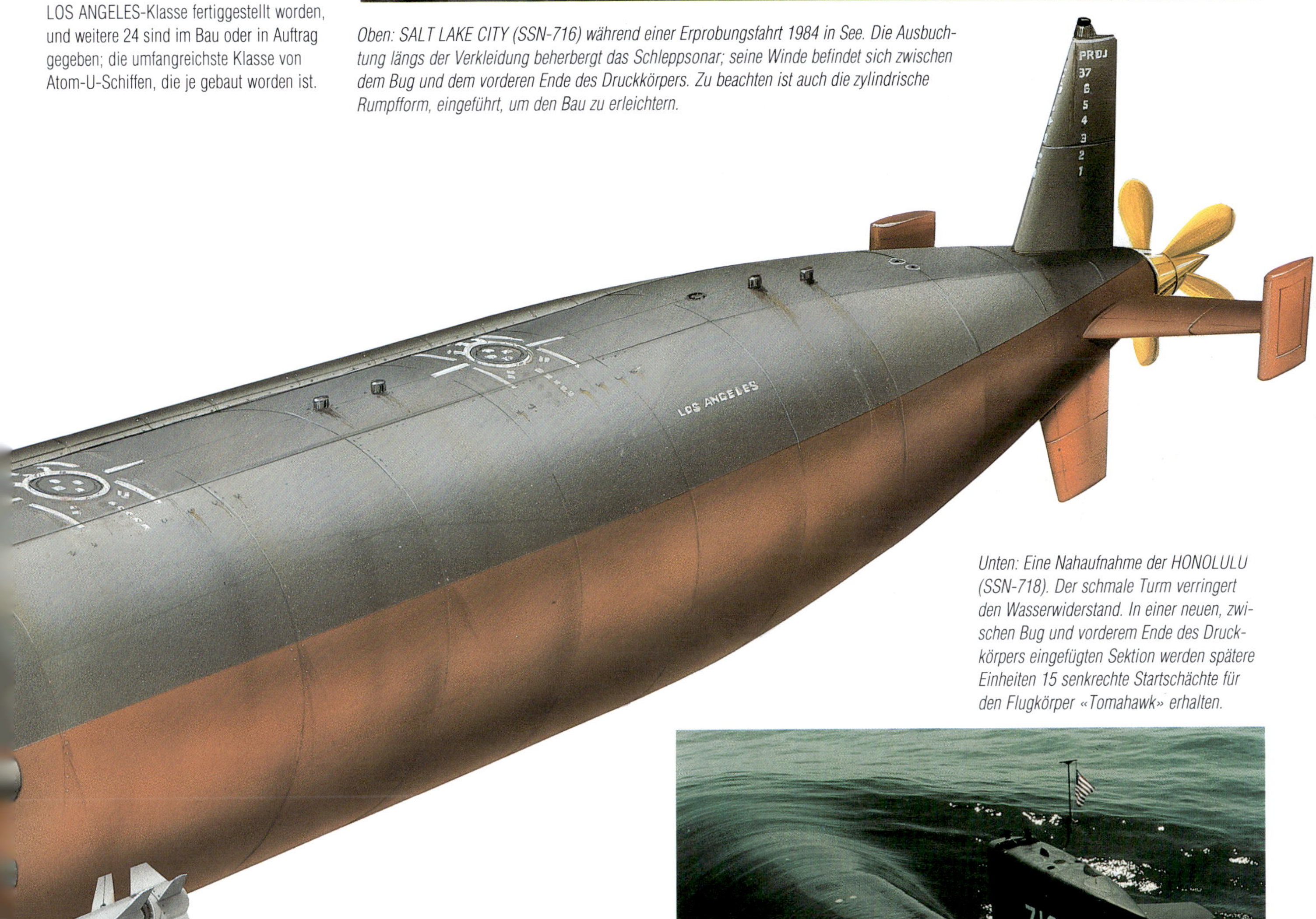

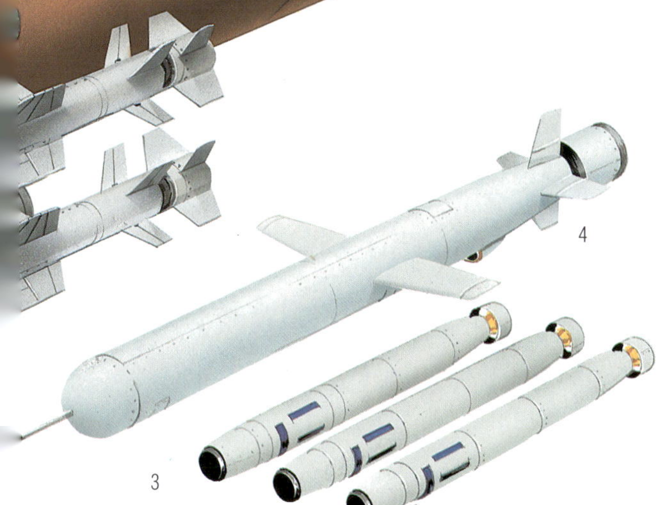

4

3

Unten: Eine Nahaufnahme der HONOLULU (SSN-718). Der schmale Turm verringert den Wasserwiderstand. In einer neuen, zwischen Bug und vorderem Ende des Druckkörpers eingefügten Sektion werden spätere Einheiten 15 senkrechte Startschächte für den Flugkörper «Tomahawk» erhalten.

NÄCKEN-Klasse

Herkunftsland: Schweden, erste Einheit 1980 fertiggestellt
Typ: Angriffsunterseeboot, dieselangetrieben (SS)
Wasserverdrängung: 1'030 ts aufgetaucht, 1'125 ts getaucht
Abmessungen: Länge: 49,5 m, Breite: 6,1 m, Tiefgang: 4,1 m
Antrieb: Dieselelektrischer Antrieb auf eine Welle; ein MTU-Dieselgenerator 16V652; ein Jeumont-Schneider-E-Motor; 1'800 PSe für 20 kn aufgetaucht, 1'500 PS für 20 kn getaucht
Besatzung: 19
Geschichte: Während der 1950er Jahre begann die schwedische Marine, eine Reihe von kleinen Unterseebooten modernen Entwurfs für Operationen in den flachen Gewässern der Ostsee zu entwickeln. Der Hauptauftrag der ersten Boote war die Bekämpfung von Überwasserschiffen, aber in den letzten Jahren hat der U-Jagdauftrag größere Bedeutung gewonnen, und die jüngsten Entwürfe umfassen moderne Sensoren, eine komplizierte Geräuschdämpfungstechnik sowie lange (Seeziel-) und kurze (U-Jagd-) Torpedorohre. Die 1967 bis 1969 fertiggestellten fünf Unterseeboote der SJÖORMEN-Klasse führten in die schwedische Marine den «ALBACORE-Bootskörper» und das X-förmige Ruderkreuz ein. Ihnen folgten die drei Einheiten der NÄCKEN-Klasse, ein verbesserter Entwurf, entwickelt aus detaillierten Entwurfsstudien unter Einsatz der Computeranalyse. Geringfügig kleiner als ihre unmittelbaren Vorgänger besitzt die NÄCKEN-Klasse eine stärkere Torpedobewaffnung sowie eine neue Generation automatisierter Maschinenüberwachungs- und AIO-Feuerleitsysteme.

Entwurf: Die NÄCKEN-Klasse weist Einhüllen-Bauweise mit einer erhöhten Decksverkleidung auf. Der Druckkörper aus hochfestem Stahl ist zylindrisch, mit einem abgestumpften Konus achtern. Er ist durch flache Schotte vorn und achtern unterteilt, und mittschiffs, unmittelbar achteraus des Turms, befindet sich ein drittes druckfestes Schott. Hinsichtlich sparsamer Raumverwendung ist die Innenanordnung bemerkenswert. Durch Verlagerung aller Batterien in die Maschinenräume im achteren Teil des Bootes haben die Konstrukteure vorn eine Zwei-Deck-Anordnung geschaffen. Das obere Deck beherbergt die unmittelbar unter dem Turm gelegene Operationszentrale und die Wohnräume, die sich bis zum vorderen Schott erstrecken. Die Torpedorohre mit einem großen Stau- und Bedienungsraum dahinter befinden sich ein Deck tiefer. Die Maschinenräume sind in drei Abteilungen unterteilt. Die über zwei Decks verlaufende vordere Abteilung enthält die weitgehend automatisierte schiffstechnische Zentrale mit dem Schaltschrank und der Tudor-Batteriebank aus 168 Zellen darunter. Auch die mittlere Abteilung erstreckt sich über zwei Ebenen, mit dem MTU-Dieselmotor darüber und dem Hilfsmaschinenraum darunter. In der achteren Abteilung befindet sich der Haupt-E-Motor, ein Doppelanker-Modell von Jeumont-Schneider. Die Höchstgeschwindigkeit von 20 kn über Wasser ermöglicht diesen Booten in schwedischen Gewässern einen

Unten: NAJAD, die zweite Einheit der NÄKKEN-Klasse bei Überwasserfahrt. Diese Unterseeboote sind durch und durch modernen Entwurfs und für die engen und flachen Gewässer der Ostsee ideal geeignet.

Rechts: Die Boote der NÄCKEN-Klasse besitzen sechs 53,3-cm-Bugrohre und zwei 40-cm-Rohre. Der gegenwärtig verwendete 53,3-cm-Torpedo ist der Typ 61 (1), ein Hochleistungs-Seezielmodell mit einem hochwertigen H_2O_2-Antrieb. Der kurze 40-cm-U-Jagdtorpedo vom Typ 42 wird jetzt durch den Typ 43 ersetzt.

Näcken (Näk)

schnellen Ortswechsel, um jeder Bedrohung zu begegnen. Besondere Aufmerksamkeit ist der Stoßfestigkeit und der Geräuscharmut beigemessen worden. Die Batterien und sämtliche Antriebs- und Hilfsmaschinenanlagen sind elastisch gelagert und besitzen Gelenkkupplungen. Die schwedische Marine hat als erste auf Frontbooten das X-förmige Ruderkreuz eingeführt. Verbunden mit guter Steuerbarkeit bringt es Kraft auf die horizontalen und vertikalen Ruderflächen, und als besondere Attraktion für die Schweden erlaubt es den Booten, sich in den flachen Gewässern der Ostsee «auf Grund zu legen». Etwas überraschend ist die Anbringung der vorderen Tiefenruder am Turm, wie dies bei den viel größeren SSN der US-Marine der Fall ist. Eine Einheit dieser Klasse ist mit einem Sterling-Motor mit geschlossenem Kreislauf ausgerüstet.

Bewaffnung: Moderne schwedische Unterseeboote besitzen eine Mischung aus langen Seeziel- und kurzen U-Jagdtorpedorohren. Die NÄCKEN-Klasse weist zwei horizontale Rohrsätze mit Reservetorpedos auf, die hinter jedem Rohr verstaut sind. Es gibt sechs 53,3-cm-Ausstoßrohre für den Seezieltorpedo Typ 61 und zwei kurze 40-cm-Rohre für den U-Jagdtorpedo Typ 42. Bei den letzteren wird die Ablaufmethode verwendet, um Raum zu sparen und für ein geräuschloses Verlassen zu sorgen. Der 1977 in Dienst gekommene Typ 61 ist ein Hochleistungs-Schwergewichtstorpedo mit Wärmeantrieb und ist imstande, Geschwindigkeiten von mehr als 60 kn zu laufen. Er ist drahtgelenkt, hat eine Länge von 7,1 m und eine maximale Reichweite von 30'000 m. Der Typ 42 ist ein kurzer (2,6 m), drahtgelenkter Torpedo mit akustischem Zielsuchkopf. Das gegenwärtige, 1983 in Dienst gekommene Modell Typ 422 wird von 1987 an durch den verbesserten Typ 431 ersetzt werden. Aus den Torpedorohren können auch FFV-Minen gelegt werden.

Elektronik: Das aktive/passive Hauptangriffssonar, welches aus einer Kreisbasis besteht, befindet sich im oberen Teil der Bugverkleidung und dürfte eine Variante des CSU-3 von Krupp-Atlas sein. Die Sensormast-Ausrüstung ist insofern ungewöhnlich, als es lediglich ein einziges Kollmorgen-Sehrohr für Beobachtung und Angriff gibt. Das auf zwei Computern Censor 932 beruhende zentrale Datensystem Ericsson IDPS liefert nicht nur die taktischen Daten, sondern überwacht auch den Zustand der Maschinenanlage. Das PEAB-Feuerleitsystem, das sich durch zwei austauschbare Konsolen auszeichnet, um taktische Schirmbilddarstellung und Waffenkontrolle zu liefern, erlaubt das gleichzeitige Verfolgen und Bekämpfen von Mehrfachzielen.

Bau: Zwischen 1980 und 1981 sind auf den Werften von Karlskrona und bei Kockums (Malmö) drei Unterseeboote der NÄCKEN-Klasse fertiggestellt worden.

Oben: Drei Generationen schwedischer Unterseeboote. Von rechts nach links: NÄCKEN, SJÖHUNDEN von der SJÖORMEN-Klasse und VARGEN von der älteren DRAKEN-Klasse längsseits des Minenlegers ÄLVSBORG, der im Frieden gleichzeitig als U-Boot-Tender dient. Im Vordergrund das Heck des ersten von vier Booten der A-17-(VÄSTERGÖTLAND-) Klasse.

NAZARIO SAURO-Klasse

Herkunftsland: Italien, erste Einheit 1980 fertiggestellt
Typ: Angriffsunterseeboot, dieselangetrieben (SS)
Wasserverdrängung: 1'460 ts aufgetaucht, 1'650 ts getaucht
Abmessungen: Länge: 63,9 m, Breite: 6,8 m, Tiefgang: 5,7 m
Antriebsanlage: Dieselelektrischer Antrieb auf eine Welle; drei Diesel-Generatoren GMT A210 16 zu je 1'070 PSe; ein Marelli-E-Motor; 3'210 PSe für 14 kn aufgetaucht, 3'650 PS für 20 kn getaucht
Besatzung: 49
Geschichte: Diese Klasse stellte den zweiten von Italiens Unterseebootentwürfen der Nachkriegszeit dar. Der erste brachte die TOTI-Klasse hervor, ein kleiner Küsten-Typ, vergleichbar dem deutschen Typ *205/206*. Die Stabsanforderungen für die NAZARIO SAURO-Klasse verlangten ein größeres Boot mit besserer Seeausdauer und verbesserter Wohnlichkeit, imstande, in die von einem potientiellen Feind überwachten Gewässer einzudringen. Die Einsatzbedingungen im Mittelmeer begünstigten einen relativ

Oben: NAZARIO SAURO, das Typschiff der Klasse. Diese Unterseeboote sind für Unternehmungen in den flachen Gewässern des Mittelmeeres von einer handlichen Größe. Hohe Unterwassergeschwindigkeit und gute Manövrierfähigkeit waren Hauptforderniss für den Entwurf.

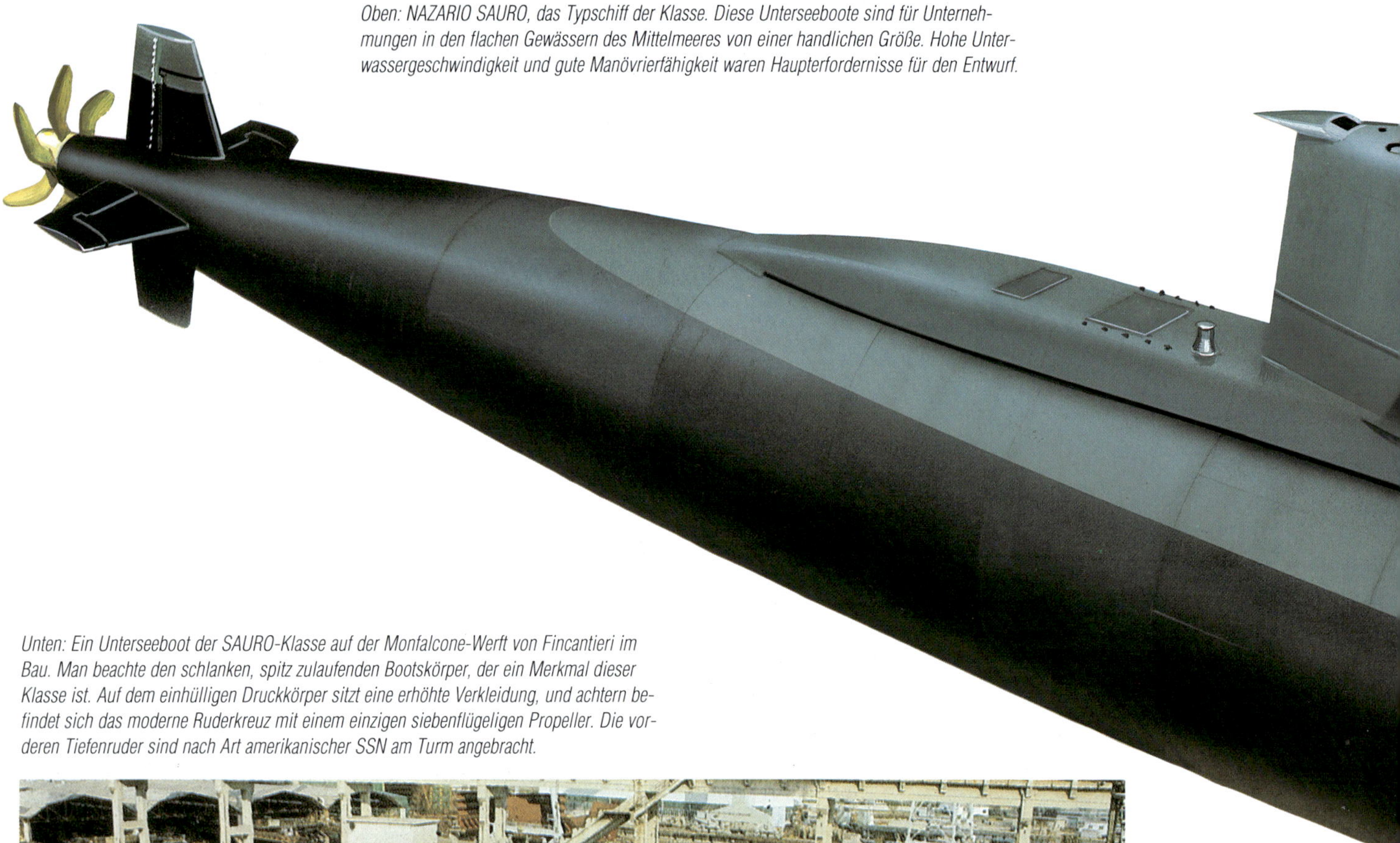

Unten: Ein Unterseeboot der SAURO-Klasse auf der Monfalcone-Werft von Fincantieri im Bau. Man beachte den schlanken, spitz zulaufenden Bootskörper, der ein Merkmal dieser Klasse ist. Auf dem einhülligen Druckkörper sitzt eine erhöhte Verkleidung, und achtern befindet sich das moderne Ruderkreuz mit einem einzigen siebenflügeligen Propeller. Die vorderen Tiefenruder sind nach Art amerikanischer SSN am Turm angebracht.

kleinen Bootskörper mit hoher Unterwassergeschwindigkeit und guten Manövriereigenschaften. Weitere Erfordernisse galten der Tieftauchfähigkeit, um den Vorteil der Wärmeschichten zu nutzen, die Sonaroperationen im Mittelmeer behindern, und einem niedrigen Geräuschpegel. Die ersten beiden Einheiten dieser Klasse wurden ursprünglich 1967 in Auftrag gegeben, aber Haushaltsprobleme führten zur Annullierung, und erst 1972 erging endgültig der Auftrag. 1976 wurde ein zweites Paar in Auftrag gegeben, aber die Fertigstellung der ersten beiden Einheiten verzögerte sich infolge unzulänglicher Batterien erneut. Durch den Kauf von Batterien direkt aus Schweden löste sich dieses Problem schließlich, und 1983 wurde ein drittes Paar mit einer verbesserten Waffen/Sensor-Ausrüstung bestellt.

Entwurf: Die NAZARIO SAURO-Klasse besitzt einen modernen, «tropfenförmigen» Bootskörper mit einer einzigen Welle und einem Ruderkreuz achtern. Die vorderen Tiefenruder sind in der Art amerikanischer SSN am Turm angebracht, und die Einhüllen-Bauweise wurde eingeführt, um Gewicht zu sparen. Der Druckkörper – über die vordere Hälfte des Bootes zylindrisch, aber achteraus des Turms spitz zulaufend – ist aus hochfestem HY-80-Stahl gefertigt und verleiht diesen Unterseebooten eine maximale Tauchtiefe von mehr als 250 m. Vorn und achtern ist er durch halbkugelförmige Endböden verschlossen. Unter dem Turm ist eine Zwei-Deck-Anordnung vorhanden: Operationszentrale und Offizierswohnräume liegen auf dem oberen Deck, während sich darunter im wesentlichen zwei Batteriebänke mit je 148 Zellen befinden. Der Wohnraum für die Besatzung befindet sich im Torpedostauraum vorn. Die Maschinenräume sind in drei Sektionen aufgeteilt. Die vordere Abteilung beherbergt die drei Dieselgeneratoren, die nebeneinander auf einem elastisch angebrachten Rost eingebaut sind. In der mittleren Abteilung befinden sich der elektrische Schaltschrank und darunter die Hilfsmaschinenanlage. Die achtere Abteilung füllt der große Marelli-Doppelankermotor aus. Letzterer ist luftgekühlt und kann für kurze Zeit 4'200 PS liefern. Bei Erprobungsfahrten wurde eine Geschwindigkeit von 19,3 kn über eine Stunde hinweg gehalten. Besondere Aufmerksamkeit wurde der Geräuscharmut und der Stoßfestigkeit gewidmet. Nicht nur die Maschinenanlage wurde elastisch eingebaut, sondern es gibt auch elastische Rohrverbindungen, und die Maschinenräume sind mit geräuschabsorbierendem Material ausgekleidet. Der langsam drehende siebenflügelige Propeller verringert die Kavitation bei höheren Geschwindigkeiten. Der Schnorchelmast besitzt ein besonders kleines Querprofil und wurde entworfen, um eine kleine Radarsignatur zu bieten.

Bewaffnung: Die NAZARIO SAURO-Klasse besitzt sechs Bugrohre vom Standardkaliber 53,3 cm. Ausstoßrohre ermöglichen den Tiefenschuß bei maximaler Tauchtiefe, und sechs Reservetorpedos können mitgeführt werden. Zur Zeit ist der italienische Schwergewichtstorpedo der Whitehead A.184 mit einer Länge von 6 m; er kann gegen Überwasserschiffe oder Unterseeboote eingesetzt werden. Der A.184 verwendet elektrischen Antrieb, ist drahtgelenkt und besitzt eine aktiv/passiv-akustische Zielansteuerung, die sowohl Kurs als auch Tiefe überwacht. Gegenwärtig ist ein schneller, 50 kn laufender Torpedo mit der Bezeichnung A.290 in Entwicklung, der eine Lithium-Batterie und einen aus dem kurzen U-Jagdtorpedo A.244 entwickelten Zielsuchkopf verwendet. Anstelle eines Torpedos können diese U-Boote zwei Minen vom Typ VS SM600 mitführen. Die VS SM600 ist eine komplizierte Influenzmine, welche die magnetischen, akustischen und Drucksignaturen einer Vielzahl von Überwasserschiffen und Unterseebooten erkennen kann. Die fünfte und sechste Einheit dieser Klasse wird längere Torpedorohre besitzen, um den Seezielflugkörper «Sub-Harpoon» abschießen zu können.

Elektronik: Die ersten vier Einheiten besitzen die Sonaranlage ELSAG/USEA IPD-70; sie besteht aus einer Aktiv/Passiv-Transduktoren-Kreisbasis mit integriertem Unterwassertelefon und passivem Beobachtungssonar. Außerdem gibt es noch das winkeltreue Flankensonar ELSAG/USEA MD-100S. Die Sensormasten umfassen Kollmorgen-Beobachtungs- und Angriffssehrohre, das Radar SMA SPS-704 sowie Passiv-ESM ELT-724S. Das Waffenleitsystem SEPA CCRG kann vier Ziele gleichzeitig verfolgen. Die fünfte und sechste Einheit werden auf der Grundlage des voll integrierten Sonarsystems IPD-70S eine modernere Elektronikausrüstung erhalten.

Bau: Die ersten vier Einheiten der NAZARIO SAURO-Klasse wurden zwischen 1980 und 1982 bei C.R.D.A. , Monfalcone, fertiggestellt. Die fünfte und sechste Einheit sind bei Fincantieri in Bau, dem staatseigenen Konzern, der die Werft übernommen hat.

Unten: Die SAURO-Klasse besitzt sechs 53,3-cm-Bugrohre. Zur Zeit ist der Schwergewichtstorpedo der Whitehead A.184 (1), drahtgelenkt, der sowohl gegen Überwasserschiffe als auch gegen Unterseeboote eingesetzt werden kann. Er wird eventuell durch einen 50-kn-Torpedo ersetzt, der sich gegenwärtig in der Entwicklung befindet: den A.290. Die fünfte und sechste Einheit der Klasse werden mit längeren Torpedorohren ausgerüstet, um den Seeziel-FK «Sub-Harpoon» verschießen zu können. Zusätzlich gibt es noch Stauraum für sechs Reservetorpedos. Alternativ können anstelle eines Torpedos zwei Multi-Sensor-Influenzminen VS SM600 (2) mitgeführt werden.

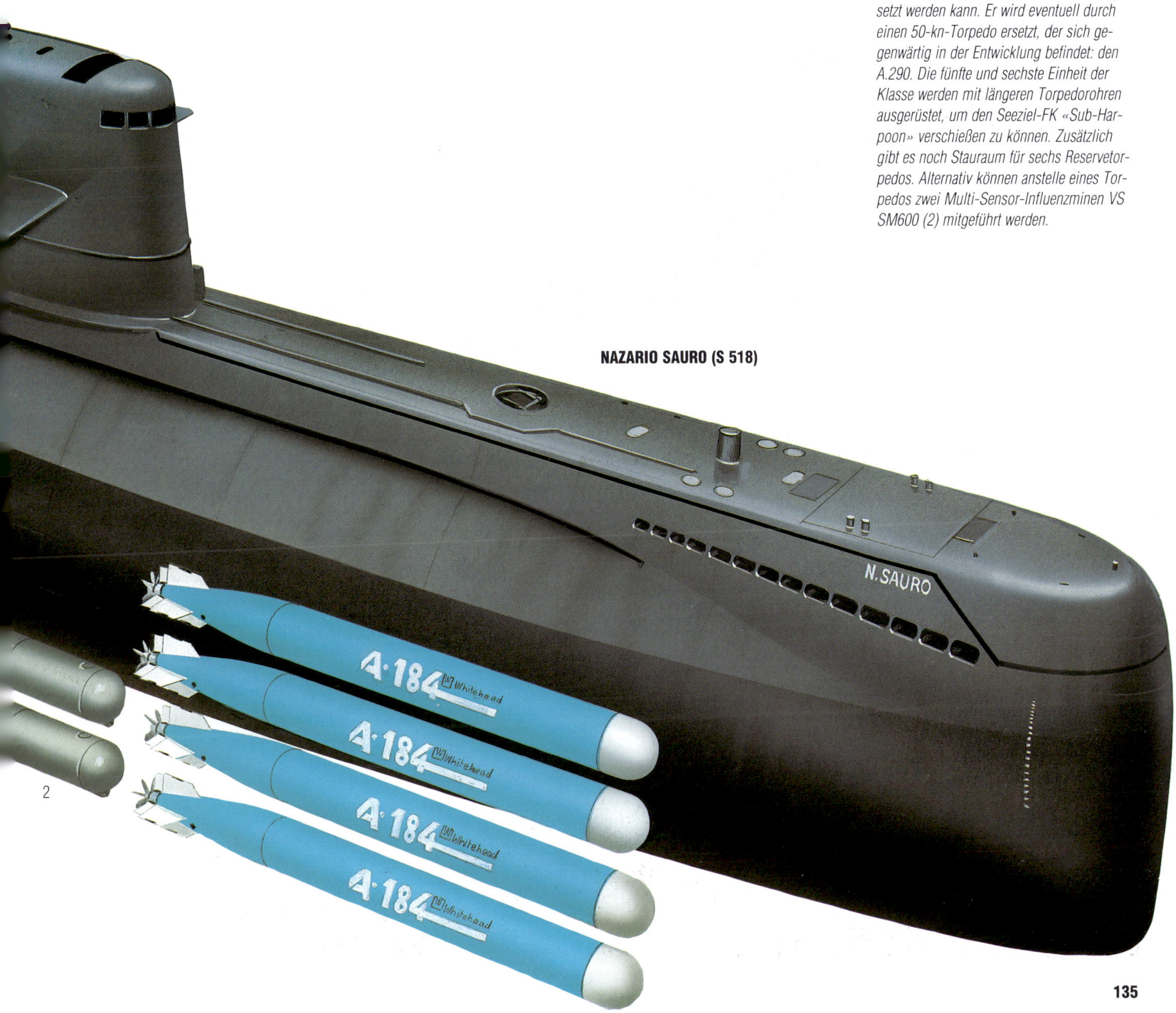

NAZARIO SAURO (S 518)

OBERON-Klasse

Herkunftsland: Großbritannien, erste Einheit 1960 fertiggestellt
Typ: Angriffsunterseeboot, dieselangetrieben (SS)
Wasserverdrängung: 2'080 ts aufgetaucht, 2'450 ts getaucht
Abmessungen: Länge: 88,5 m, Breite: 8,1 m, Tiefgang: 5,6 m
Antrieb: Dieselelektrischer Antrieb auf zwei Wellen; zwei Diesel-Generatoren ASR 16VVS-AS21 mit je 1840 PSe; zwei English-Electric-E-Motoren zu je 3'000 PS; 3'680 PSe für 12 kn aufgetaucht, 6'000 PS für 17 kn getaucht
Besatzung: 64
Geschichte: 1949 begann die Fertigung des ersten britischen Nachkriegsentwurfes für ein Unterseeboot: die PORPOISE-Klasse. Wie andere damalige westliche Entwürfe war auch dieser vom deutschen Typ XXI stark beeinflußt. Die Entwurfsanforderungen verlangten eine Geschwindigkeit von 17 kn, die 20 Minuten durchgehalten werden sollte, und eine maximale Tauchtiefe von 200 m. Die neuen Unterseeboote wurden für U-Jagdaufgaben entworfen und zeichneten sich durch ein Paar Heckrohre für kurze U-Jagdtorpedos aus. Der PORPOISE-Entwurf erwies sich als besonders gelungen, ihm folgte ein modifizierter Entwurf nach, die OBERON-Klasse, die, obwohl äußerlich kaum unterscheidbar, eine Reihe von Detail-Verbesserungen aufwies.
Entwurf: Die OBERON-Klasse erhielt die konventionelle Zweihüllen-Bauweise der britischen Vorkriegsunterseeboote. Bei der Fertigung des Druckkörpers fand moderner

Oben: Obwohl jetzt mehr als 20 Jahre alt, verkörpert die OBERON-Klasse – im Bild die OTUS – in der Royal Navy weiterhin den Standard für geräuscharmes Operieren, der nur von den jüngsten Atom-U-Schiffen übertroffen wird. Mit seinem zigarrenförmigen Bootskörper, flankiert von Tauchzellen, ist der OBERON-Entwurf im wesentlichen traditionell. Aber es sind große Boote mit guter Langstreckenleistung über Wasser, die sich in der Marine ein hohes Ansehen erworben haben.

Oben: Die OBERON-Klasse besitzt sechs 53,3-cm-Bugrohre und zwei kürzere Heckrohre desselben Kalibers. Bei der Fertigstellung in den 1960er Jahren führten diese Boote den Seezieltorpedo Mk 8 sowie den kurzen U-Jagdtorpedo Mk 20(S); letzterer wurde aus den Heckrohren verschossen. Von etwa 1970 an wurde der Mk 20 durch den U-Jagdtorpedo Mk. 23 mit Zielansteuerung (1) ersetzt, der Drahtlenkung verwendete. Später folgte dem Mk 23 der Mk 24 «Tigerfish» (2), ein «langer» Torpedo, der nur aus den Bugrohren verschossen werden kann. Die Heckrohre sind deshalb überflüssig geworden. Mehrzweckvarianten des «Tigerfish» ersetzten den veralteten Torpedo Mk 8, eine Entwicklung aus den 1930er Jahren, der aber bis Ende der 80er Jahre in Dienst blieb.

UKE-Hochfestigkeitsstahl Verwendung. Im Gegensatz dazu wurden für den Turm und die Verkleidung weitgehend leichte Materialien verwendet. Die erste fertiggestellte Einheit – ORPHEUS – erhielt einen Turm aus Aluminium, aber bei späteren Booten wurde ein Glasfaser-Laminat eingeführt. Der lange, zylindrische Einhüllen-Druckkörper gestattete eine Ein-Deck-Anordnung mit der zentral gelegenen Operationszentrale. Vor der Zentrale befinden sich die Wohnräume mit den Batterien darunter, und achteraus von ihr liegen die Maschinenräume. Batterien vom amerikanischen «Guppy»-Typ kamen zur Anwendung, um die Kriegsversorgung zu vereinfachen. Sie befinden sich in zwei Batterieräumen mit je 224 Batteriezellen und sind in Reihe geschaltet, um für kurze Sprints 880 V zu liefern. Die PORPOISE- und die OBERON-Klasse erreichten nicht nur mühelos ihre vorgesehene Geschwindigkeit unter Wasser, sondern erwiesen sich auch als außerordentlich geräuscharm. Eine max. Reichweite von 9'000 sm über Wasser ermöglicht diesen Booten Fernunternehmungen, und wenn auch ihr Haupteinsatzgebiet der Nordatlantik ist, so werden U-Boote dieser Klasse seit dem Konflikt von 1982 regelmäßig bei den Falkland-Inseln eingesetzt.

Bewaffnung: Die Boote der OBERON-Klasse haben sechs 53,3-cm-Bugrohre und zwei kürzere Heckrohre desselben Kalibers. Bei der Fertigstellung in den 1960er Jahren führten sie den Seezieltorpedo Mk 8 und den U-Jagdtorpedo Mk 20(S). Der 6,7 m lange Mk 8 war in den 1930er Jahren entwickelt worden, hatte sich aber als so zuverlässig erwiesen, daß er noch 1986 als in Dienst befindlich gemeldet wurde. Bei ihm handelte es sich um einen Geradlauftorpedo mit einer Reichweite von 4'500 m bei einer Geschwindigkeit von 45 kn. Der Mk 20 wurde in den 1950er Jahren als Waffe gegen Geleitsicherungsfahrzeuge entworfen, um aus den Heckrohren der PORPOISE- und der OBERON-Klasse verschossen zu werden. Er besaß eine passiv-akustische Zielansteuerung, war 4,1 m lang und hatte eine Reichweite von 11'000 m bei 20 kn. Den Mk 20 ersetzte von 1970 an der Mk 23. Dieser bestand im wesentlichen aus einem Mk 20 mit einer zusätzlichen Sektion, die eine Drahtlenkvorrichtung enthielt. Ende der 1970er Jahre folgte sowohl dem Mk 20 als auch dem Mk 23 der Mk 24 «Tigerfish» (siehe SWIFTSURE-Klasse) nach.
Anders als seine Vorgänger ist der «Tigerfish» ein langer Torpedo, der aus den Bugrohren der OBERON-Klasse verschossen werden muß. Die kurzen Heckrohre sind daher überflüssig geworden.

Elektronik: Die ursprüngliche Sonarausrüstung der OBERON-Klasse bestand aus einem Aktiv/Passiv-Abtastsonar Typ 187, untergebracht in einem Sonardom oberhalb des Bugs, einem winkeltreuen Passiv-Flankensonar Typ 186 und einer Beobachtungsantenne Typ 197 an der Achterkante des Turms. Typ 186 wurde später durch den Typ 2007 ersetzt, aber sonst blieb die ursprüngliche Sonarausrüstung bis in die 1980er Jahre hinein unverändert. Die Entscheidung, diese Unterseeboote auf moderne Sonaranlagen umzurüsten, wurde der Royal Navy durch Verzögerungen beim Typ-2400-(UPHOLDER)-Programm aufgezwungen. Neun Einheiten sind jetzt auf die integrierte Sonaranlage «Triton» Typ 2051 umgerüstet worden, bei der eine kommerziell entwickelte Offshore-Ausstattung die Grundlage bildet. Ein neues Aktiv/Passiv-Sonar mit elektronischer Abtastung ist in einem stromlinienförmigen Sonardom untergebracht, und zur Anlage gehört auch eine «lösbare» Passiv-Schleppantenne. Das taktische DCH-Datensystem schließt den modernsten Kompaktcomputer mit M700/40-Mikroprozessoren ein, und das Feuerleitsystem gestattet den gleichzeitigen Abschuß von zwei Torpedos Mk 24 «Tigerfish». Der Einbau einer MEL-«Manta»-EloKa-Beobachtungsausrüstung wird folgen.

Bau: Zwischen 1960 und 1967 wurden dreizehn Einheiten der OBERON-Klasse für die Royal Navy fertiggestellt, und weitere vierzehn sind auf britischen Werften für andere Länder gebaut worden: drei für Kanada (fertiggestellt 1965 bis 1968), sechs für Australien (1967 bis 1978), drei für Brasilien (1973 bis 1977) und zwei für Chile (1976). Die australischen und kanadischen Boote werden gegenwärtig auf neue Sensoren (weitgehend amerikanischer Herkunft) umgerüstet.

Oben: OPOSSUM erhielt als erste Einheit der OBERON-Klasse die integrierte Sonaranlage «Triton» Typ 2051, mit der gegenwärtig weitere acht Boote ausgerüstet werden. Die Modernisierung schließt eine lösbare Schleppantenne Typ 2046 sowie neue Feuerleit- und EloKa-Systeme ein. Die restlichen vier, nicht modernisierten Einheiten sind zum Verkauf vorgesehen.

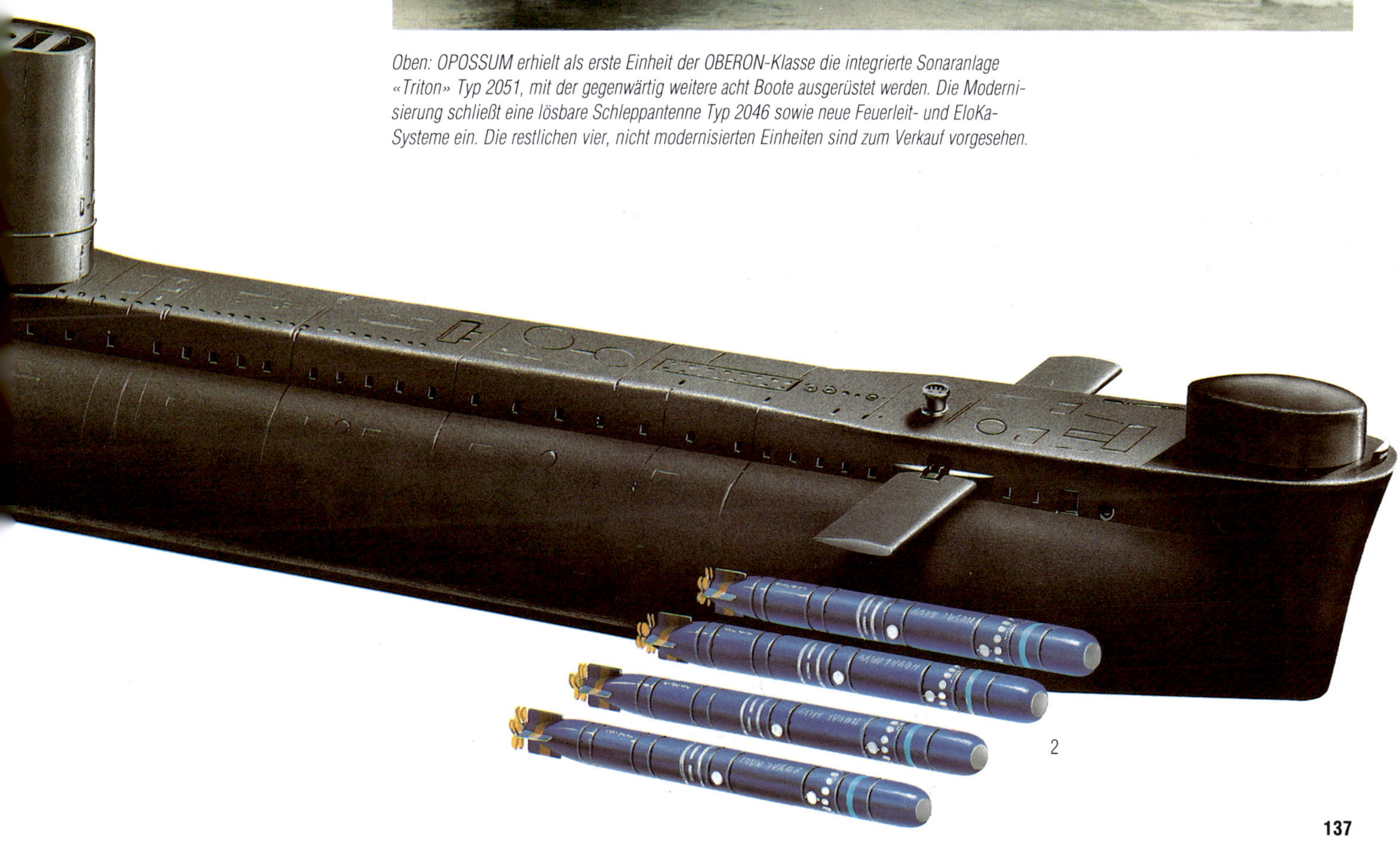

2

OHIO-Klasse

Herkunftsland: USA, erste Einheit 1981 fertiggestellt
Typ: Unterseeschiff für ballistische Flugkörper, nuklear angetrieben (SSBN)
Wasserverdrängung: 16'764 ts aufgetaucht, 18'750 ts getaucht
Abmessungen: Länge: 170,7 m, Breite: 12,8 m, Tiefgang: 11,1 m
Antrieb: Ein S8G-Reaktor mit natürlichem Kreislauf und Turbo-Absaug-Antrieb; eine Welle; 60'000 WPS für 20+ kn
Besatzung: 160
Geschichte: Das ursprüngliche Erfordernis für die OHIO-Klasse entsprang aus der Notwendigkeit, die SSBN der GEORGE WASHINGTON- und der ETHAN ALLEN-Klasse zu ersetzen, die nicht für den vorhandenen «Poseidon»- oder den projektierten «Trident»-Flugkörper umgebaut werden konnten und die Anfang der 1980er Jahre mehr als 20 Jahre alt sein würden. Ferner gab es in den frühen 1970er Jahren hinsichtlich des dramatischen Wachstums sowjetischer U-Jagdfähigkeiten Besorgnis; sie bedrohten viele der von der US-Marine bevorzugten Patrouillengebiete. Zunehmend in Frage gestellt wurde auch die Vorwärtsverteidigung von europäischen Stützpunkten aus, die amerikanische SSBN einem präventiven Angriff in Kriegszeiten und terroristischen Anschlägen in Friedenszeiten aussetzte. Der als Nachfolger des «Poseidon»-Systems entwickelte «Trident C-4»-Flugkörper zeichnete sich durch eine wesentliche Steigerung der Reichweite auf 7'400 km aus. Daher erweiterte sich der für SSBN-Patrouillen zur Verfügung stehende Seeraum von 7,8 Mio km^2 auf 36,3 Mio km^2, und die mit diesem Flugkörper bewaffneten U-Schiffe brauchten nicht mehr von vorgeschobenen Stützpunkten aus zu operieren, damit sich die größeren Städte der Sowjetunion im Zielbereich befanden. Ursprünglich sollte der neue SSBN-Entwurf eine vergrößerte und verbesserte LAFAYETTE-Klasse unter Verwendung desselben S5W-Reaktors mit einer Höchstgeschwindigkeit von 19–20 kn sein. Aber die US-Marine wollte einen Reaktor mit natürlichem Kreislauf einbauen, auf dem Modell beruhend, das auf der NARWHAL (SSN-671) erprobt worden war. Der Wunsch nach einer verfeinerten Technik zur Geräuschverringerung führte zu dem Vorschlag, daß die mit einer wirksamen Geräuscharmut verbundenen Kosten besser gerechtfertigt werden könnten, wenn die Anzahl der Flugkörper von ursprünglich 16 auf 24 gesteigert werden würde. Das Ergebnis war ein U-Schiff von der doppelten Größe der LAFAYETTE-Klasse und einem 60'000-WPS-Reaktor.
Entwurf: Die Größe der OHIO-Klasse bestimmte sich nach der Anzahl der mitzuführenden Flugkörper. Mit nachteiligen Folgen für die Manövrierfähigkeit des U-Schiffes wäre der Bootskörper bei mehr als 24 zu lang geworden. Die FK-Schächte sind von größerem Durchmesser als jene bei der LAFAYETTE-Klasse, damit die Einheiten der OHIO-Klasse den Flugkörper «Trident D-5» abschießen können, wenn dieser Ende der 1980er Jahre in Dienst kommt. Wie bei der LOS ANGELES-Klasse ist die Form des Bootskörpers zur Erleichterung der Bauausführung im wesentlichen zylindrisch. Die Antriebsanlage arbeitet außerordentlich geräuscharm. Der große S8G-Reaktor mit natürlichem Kreislauf treibt über ein Turboabsaug-Antriebssystem zwei Turbinensätze an: einen für hohe und den anderen für langsame Geschwindigkeiten. Sämtliche geräuscherzeugenden Teile der Antriebsanlage sind auf Rosten gelagert und vom Bootskörper isoliert. Der Sonarfähigkeit wurde eine höhere Priorität als bei früheren SSBN eingeräumt, und die OHIO-Klasse besitzt mit einer großen kugelförmigen Bugbasis eine ähnliche Ausrüstung wie die SSN der US-Marine, ergänzt durch mittschiffs gelegene Torpedorohre. Die außerordentliche Größe des Bootskörpers ermöglichte unter dem Turm eine Vier-Deck-Anordnung mit Raum für Akkumulatoren darunter.
Bewaffnung: Der Flugkörper «Trident I C-4» hat eine Länge von 10,4 m mit einem Durchmesser von 1,9 m. Er besteht aus einer dreistufigen Feststoffrakete mit acht nuklearen MIRV-Gefechtsköpfen von je 100 kT. Einige Flugkörper besitzen seit 1980 eine alternative Nutzlast, die aus acht MARV Mk 500 «Evader» besteht, entwickelt von Lockheed. Gegen Ende des Jahrzehnts wird dem «Trident I C-4» der Flugkörper «Trident II D-5» nachfolgen, der gegenwärtig entwickelt wird. Mit einer Länge von 13,9 m und einem Durchmesser von 2,1 m ist der D-5 viel größer als der C-4. Die Reichweite wird bei gewaltigen 11'100 km liegen, und ein cep-Wert von nur 120 m ist vorgesehen. Der D-5 wird bis zu 14 MIRV zu je 150 kT mit einer alternativen Nutzlast von sieben MARV zu je 300 kT führen. Die vier 53,3-cm-Torpedorohre Mk 68, die direkt unterhalb des kleinen Turms liegen, verschießen den Hochleistungstorpedo Mk 48. Wie bei der LOS ANGELES-Klasse ist das Torpedo-Beladesystem voll automatisiert.

Oben: Die U-Schiffe der OHIO-Klasse sind die größten je im Westen gebauten, und mit 18'750 ts Wasserverdrängung getaucht sind sie mehr als zweimal so groß wie ihre Vorgänger von der LAFAYETTE-Klasse. Sie sind auch geräuschärmer, besitzen kompliziertere Sensoren und führen acht ballistische Flugkörper mehr als frühere SSBN.

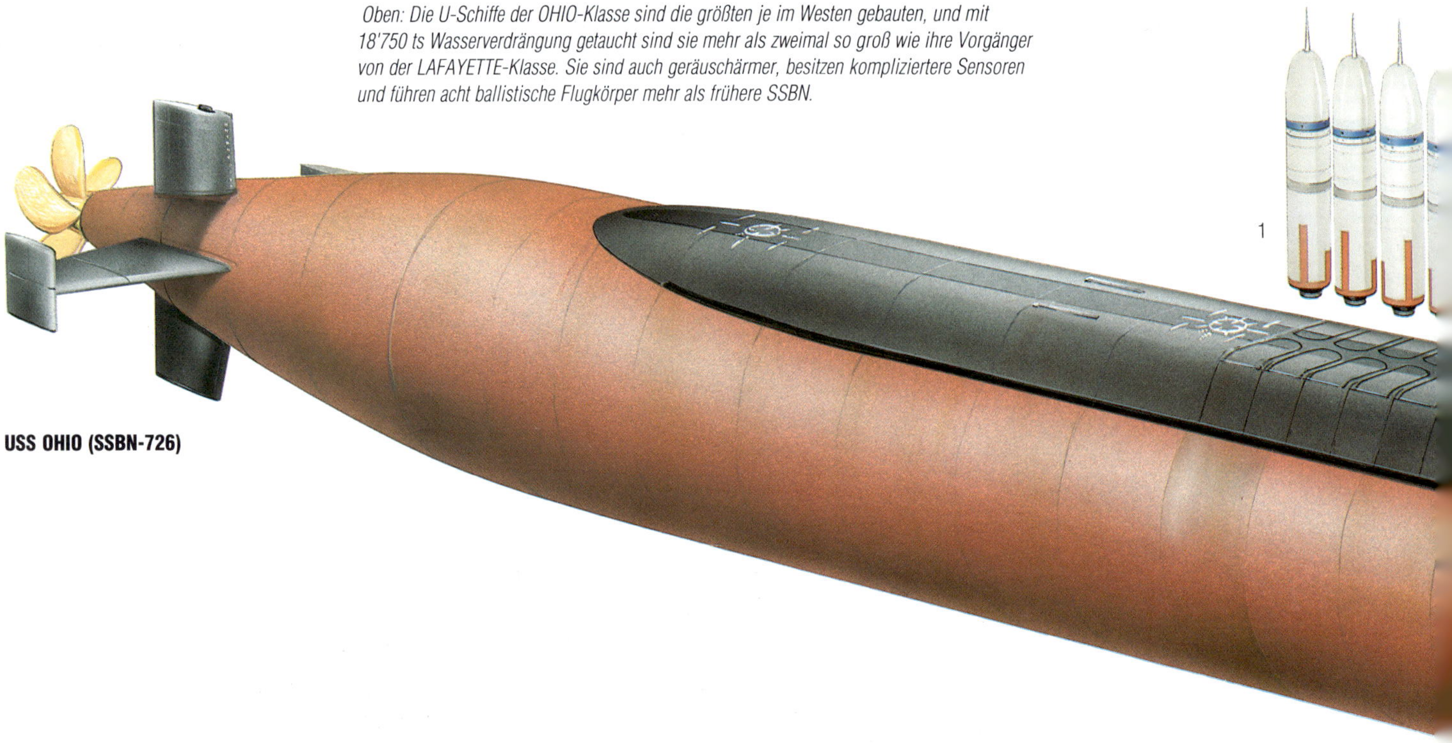

USS OHIO (SSBN-726)

Oben: Die U-Schiffe der OHIO-Klasse haben 24 senkrechte Startschächte für ballistische Flugkörper, in zwei Reihen achteraus des Turms angeordnet. Der gegenwärtig geführte Flugkörper ist der «Trident I C-4» (1), der eine Reichweite von mehr als 7'400 km besitzt und bis zu acht MIRV führen kann. Ende der 1980er Jahre wird der C-4 durch den Flugkörper «Trident II D-5» ersetzt werden, der bis zu 14 MIRV führen wird und eine Reichweite von 11'100 km hat. Die Startschächte bei der OHIO-Klasse sind entworfen worden, um ohne Umbau den größeren Flugkörper D-5 unterzubringen. Die vier 53,3-cm-Torpedorohre liegen direkt unterhalb des Turms und verschießen den Mehrzwecktorpedo Mk 48 (2).

Elektronik: Die Sonaranlage BQQ-6 ähnelt der auf den jüngsten SSN eingebauten Anlage BQQ-5; ihr fehlt jedoch die aktive Komponente. Sie besteht aus einem kugelförmigen Passiv-E-Meßsonar BQS-13 zur Feuerleitung, einer winkeltreuen Hydrophon-Anordnung BQR-25, einem passiven PUFFS-Punktsonar zur Feuerleitung und einer Schleppantenne BQR-23. Ferner sind noch ein Sonar BQS-15 für Operationen unter dem Eis und ein Seitwärts-Sonar BQR-19 zur Bodenkartenaufnahme vorhanden. Die OHIO-Klasse besitzt zwei Trägheits-Navigationssysteme SINS Mk 2 und ist zum Datenempfang von Navigationssatelliten ausgerüstet, um die Zielgenauigkeit ihrer Flugkörper sicherzustellen. Für die Flugkörper-Feuerleitung ist das digitale, computergesteuerte FC-System Mk 98 und für die Torpedofeuerleitung das System Mk 118 vorgesehen. Als Überwachungsradar ist das BPS-15A vorhanden, und daneben gibt es noch das EloKa-System WDH-8(V).
Bau: OHIO (SSBN-726), das Typschiff der Klasse, ist mit einer Verspätung von drei Jahren fertiggestellt worden. Bis zu diesem Zeitpunkt wurden jedoch bereits weitere sieben Einheiten dieser Klasse fertiggestellt, und das Programm verläuft jetzt pünktlich. Sechs Einheiten der Klasse sind im Bau oder in Auftrag gegeben, und weitere vier sind vorgesehen. Alle Einheiten sind bei General Dynamics, Groton, gebaut worden.

Oben: FLORIDA (SSBN-728), das dritte SSBN der OHIO-Klasse von acht bereits in Dienst befindlichen; sechs weitere Einheiten sind im Bau, und vier weitere sind vorgesehen. Sie sind die einzigen amerikanischen U-Schiffe für den Flugkörper «Trident II D-5», der bedeutend größer als seine Vorgänger ist und eine Reichweite von 11'100 km haben wird.

Herkunftsland: UdSSR, erste Einheit 1980 fertiggestellt
Typ: Marschflugkörper-U-Schiff, nuklear angetrieben (SSGN)
Wasserverdrängung: 11'000 ts aufgetaucht, 13'500 ts getaucht
Abmessungen: Länge: 143 m, Breite: 18 m, Tiefgang: 11 m
Antrieb: Zwei druckwassergekühlte Reaktoren, Getriebe-Dampfturbinen antreibend; zwei Wellen; 60'000 WPS für maximal 25 kn
Besatzung: 130
Geschichte: Die *Oscar*-Klasse ist ein wirksamer Ersatz für die veralteten U-Schiffe der *Echo*-Klasse aus den 1960er Jahren, und wie ihre Vorgänger ist sie hauptsächlich für Operationen gegen Träger in Seegebieten mit relativer Nähe zur Sowjetunion entworfen worden. Ihre Aufgabe ist es, eine vorgeschobene Position auf dem Weg einer amerikanischen Trägerkampfgruppe einzunehmen und auf maximale Entfernung einen Mehrfachschlag mit Flugkörpern zu führen. Koordiniert mit ähnlichen Angriffen durch Langstreckenbomber der Marine und Überwassereinheiten würde dies den Versuch bedeuten, die Verteidigungsmöglichkeiten der Trägerkampfgruppe zu überfordern. Die Ausgangszieldaten müßten durch Satellit oder Aufklärungsflugzeug geliefert werden, woraus sich das Erfordernis ergibt, sichere Verbindungen mit einer zentralen Befehlsstelle an Land zu schaffen. Anders als die SS-N-3/SS-N-12-Flugkörper der *Echo*-Klasse, können die SS-N-19 der *Oscar*-Klasse unter Wasser abgeschossen werden. Gegenüber Ortung und präventivem Angriff ist ein solches U-Schiff daher weit weniger verwundbar.
Entwurf: Die Einheiten der *Oscar*-Klasse sind außergewöhnlich große U-Schiffe mit einer Verdrängung unter Wasser, die jene gleichaltriger westlicher SSN zwei- bis dreimal übersteigt. Die Startschächte für die 24 SS-N-19-Flugkörper befinden sich zwischen Innen- und Außenrumpf in der vorderen Hälfte des U-Schiffes. Beiderseits des Turms sind sechs große, rechteckige Luken von je 7 m Länge vorhanden, die jeweils zwei FK-Schächte verschließen. Von den Schächten selbst wird vermutet, daß sie etwa im Winkel von 45° zur Senkrechten eingebaut sind. Die äußere Bootskörperverkleidung ist über die gesamte FK-Sektion hinweg im Querschnitt fast quadratisch, und zwischen dem inneren Druckzylinder und der Außenverkleidung gibt es einen Abstand von etwa 4 m. Achteraus der FK-Sektion läuft der Außenrumpf sehr spitz zu und endet in einem konventionellen Ruderkreuz. Die zweite und dritte Einheit dieser Klasse hat eine winkelförmigere Ruderflosse, an deren Spitze sich ein röhrenförmiges Gehäuse für eine FM-Schleppantenne befindet. Wie bei der *Typhoon*-Klasse sind die vorderen Tiefenruder dicht am Bug angebracht und voll einziehbar. Hinsichtlich der genauen Beschaffenheit der Antriebsanlage gibt es eine gewisse Unstimmigkeit: Infolge des großen Raums, den die SS-N-19-FK-Schächte einnehmen, hat der Druckkörper einen verhältnismäßig schmalen Durchmesser (zwischen 9–11 m); ein einziger großer Reaktor ist deshalb unwahrscheinlich. Die Länge der achteren Sektion deutet darauf hin, daß zwei Reaktoren auf der Mittschiffslinie hintereinander eingebaut worden sind, mit zwei Turbinensätzen, die zwei siebenflügelige Propeller antreiben. Eine Leistung von insgesamt 60'000 WPS würde ausreichen, um der *Oscar*-Klasse eine Geschwindigkeit um die 25 kn zu verleihen. Eine für den vorgesehenen Auftrag dieser U-Schiffe angemessene Geschwindigkeit; vorausgesetzt, daß sie eine Position vor einem Kampfverband einzunehmen hätten und daß deshalb geräuschvolles Operieren mit hohen Fahrtstufen an den Flanken nicht erforderlich sein würde. Wie bei anderen sowjetischen U-Schiffen auch, sind über die gesamte Bootskörperverkleidung echolose Fliesen angebracht worden.
Bewaffnung: Der Seezielflugkörper SS-N-19 – dasselbe Modell wie auf den großen, nuklear angetriebenen Kreuzern der KIROV-Klasse – hat eine konventionelle, flugzeugförmige Gestalt mit faltbaren Tragflächen zum Verstauen in den Startschächten. Eine im Westen hergestellte künstlerische Darstellung zeigt ein untergehängtes Turbostrahl-Schubtriebwerk, flankiert von zwei Feststoffzündstufen. Der SS-N-19 hat eine geschätzte maximale Reichweite von 450 km. Seine Länge beträgt wahrscheinlich um die 10 m, und alternativ kann eine Sprengstoff- oder nukleare Nutzlast mitgeführt werden. Zur Ausrüstung gehören acht Torpedorohre, sowohl vom Standardkaliber 53,3 cm

Links: Die Oscar-Klasse ist der größte je gebaute SSGN-Typ und übertrifft in der Größe alle U-Schiffe, ausgenommen die jüngsten SSBN. Ihre ungeheure Breite resultiert aus der Notwendigkeit, senkrechte Startschächte großen Durchmessers für den Seeziel-FK SS-N-19 außerhalb des einzigen Druckkörpers beiderseits des Turms unterzubringen. Die Nahaufnahme der ersten Einheit dieser Klasse läßt die sechs großen, rechteckigen Backbordluken besonders deutlich erkennen. Unter jeder Luke befinden sich zwei FK-Startschächte.

Rechts: Die Hauptbewaffnung der Oscar-Klasse besteht aus 24 Seeziel-Marschflugkörpern SS-N-19 (1), die aus angewinkelten Startschächten beiderseits des Turms abgefeuert werden. Acht Torpedorohre – sowohl vom Standardkaliber 53,3 cm als auch vom größeren Kaliber 65,0 cm – sind vorhanden, und es gibt Stauraum für 16 Reservewaffen. Aus den 53,3-cm-Rohren können zielsuchende U-Jagdtorpedos (2) und der U-Jagd-FK SS-N-15 mit nuklearem Gefechtskopf (3) verschossen werden, während die 65-cm-Rohre dem Abschuß des konventionellen U-Jagd-FK SS-N-16 (4) und des kielwasserfolgenden Torpedos Typ 65 (5) dienen.

als auch vom großkalibrigen Modell 65,0 cm. Aus ihnen kann die gesamte Breite gegenwärtiger sowjetischer Waffen abgeschossen werden, die für Torpedorohre zur Verfügung stehen, darunter auch die U-Jagdflugkörper SS-N-15 und SS-N-16.

Elektronik: Zusammen mit einem aktiven E-Meßsonar mittlerer Frequenz ist ein großes Aktiv/Passiv-Niederfrequenz-Bugsonar vorhanden. Ferner gibt es längs des Bootskörpers eine passive Sonaranlage. Unter zwei großen, rechteckigen Luken unmittelbar achteraus des Turms befinden sich VLF-Bojen, und die zweite sowie dritte Einheit dieser Klasse besitzt auch eine VLF-(ELF?-) Schleppantenne, die in dem kleinen, röhrenförmigen Gehäuse oben auf dem senkrechten Stabilisator untergebracht ist. Der niedrige, stromlinienförmige Turm beherbergt eine große Anzahl von Masten, darunter «Snoop Pair/Rim Hat» (Seeraumüberwachung/ESM), «Park Lamp» (VLF/LF-Empfang), «Pert Spring» (Satelliten-Navigation) und «Shot Gun» (VHF-Fernmeldeverbindung). Ferner sind zahlreiche elektrisch-optische Sensoren vorhanden, darunter der Radio-Sextant «Cod Eye».

Bau: 1978 wurde die erste Einheit dieser Klasse auf der Werft von Severodvinsk auf Kiel gelegt. Sie lief 1980 vom Stapel und führte ihre Erprobungen in See Ende desselben Jahres durch. Die zweite Einheit lief erst 1982 vom Stapel, und die dritte folgte 1985. Vermutlich ist nur die Werft von Severodvinsk in der Lage, U-Schiffe dieser Größenordnung zu bauen, und obwohl die Serienfertigung langsam voranschreitet, scheint es unwahrscheinlich, daß die Fertigungsrate eines Bootskörpers zwei Jahre überschreitet.

Oben: Die zweite Einheit der Klasse, aufgenommen von der norwegischen Luftwaffe im Bereich der sowjetischen Nordflotte. Diese großen U-Schiffe sollen eingesetzt werden, um amerikanische Trägerkampfgruppen zu bekämpfen. Beachte die charakteristische Schwanzflosse mit einem zylindrischen Drahtspender für eine FM-Schleppantenne auf der Spitze.

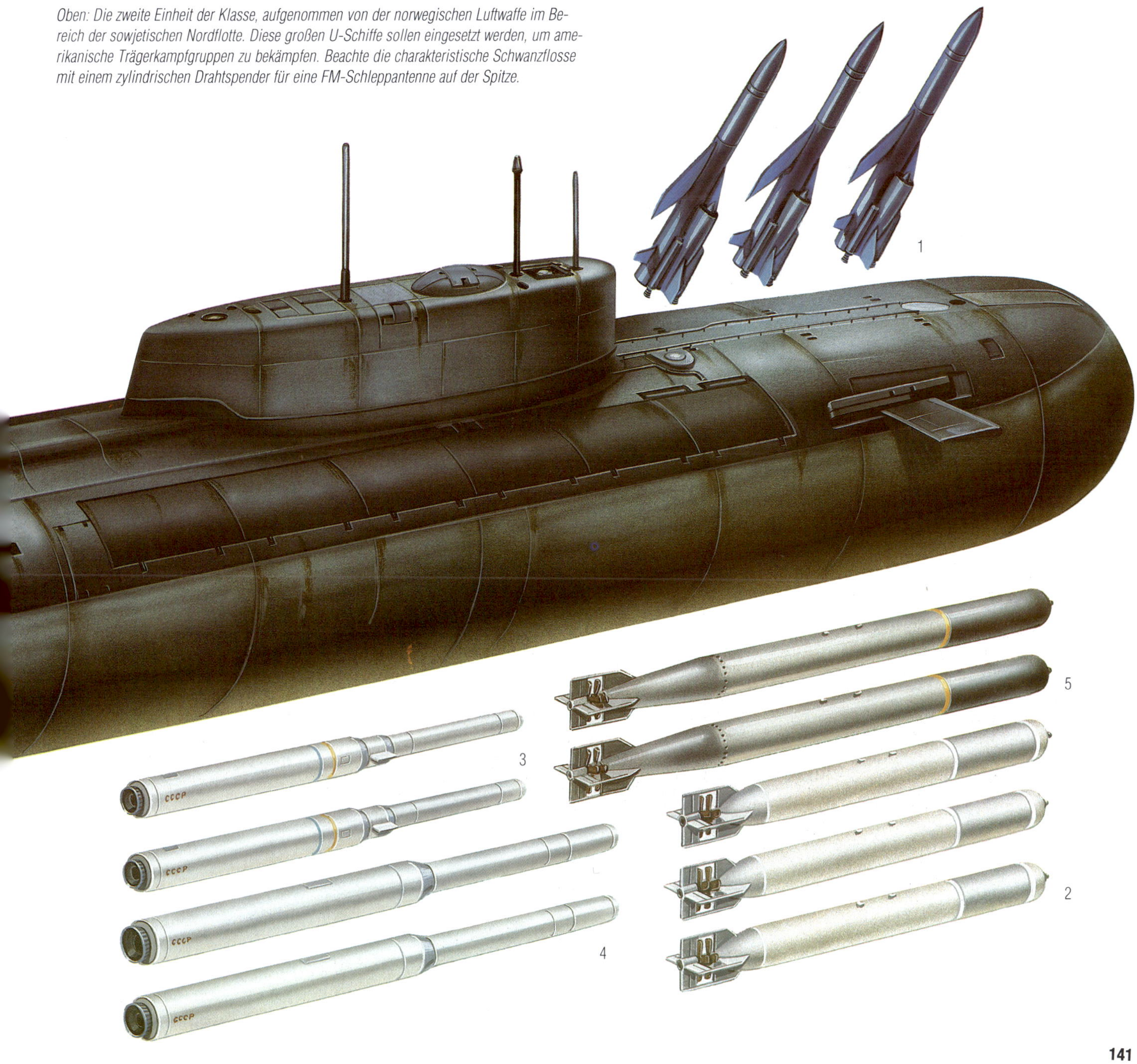

PERMIT-Klasse

Herkunftsland: USA, erste Einheit 1961 fertiggestellt
Typ: Angriffs-U-Schiff, nuklear angetrieben (SSN)
Wasserverdrängung: 3'750 ts aufgetaucht, 4'300 ts getaucht
Abmessungen: Länge: 84,9 m, Breite: 9,7 m, Tiefgang: 8,8 m
Antrieb: Ein druckwassergekühlter Reaktor S5W, Getriebe-Dampfturbinen antreibend; eine Welle; 15'000 WPS für maximal 27 kn
Besatzung: 106
Geschichte: Anfang der 1950er Jahre bevorzugte das taktische Denken in der US-Marine die parallele Entwicklung von Hochleistungs-Angriffsunterseebooten für den Flottendienst und langsameren U-Jagdunterseebooten (SSK) zur Verwendung an den U-Abwehrsperren. Ein kleines, nuklear angetriebenes Versuchs-SSKN, die TULLIBEE (SSN-597), wurde gebaut, um das letztere Konzept zu erproben. Die TULLIBEE verwendete turbo-elektrischen Antrieb für geräuscharme Fahrt und wurde zusammen mit einer neuen, komplizierten Sonaranlage mit der Bezeichnung BQQ-1 entworfen, deren Herzstück aus einem großen, kugelförmigen Bugsonar bestand. Dadurch wurden wiederum die Torpedorohre nach mittschiffs verlegt. Aber noch vor der Fertigstellung der TULLIBEE wurde offensichtlich, daß sich die Marine zwei verschiedene Entwicklungsrichtungen nicht leisten konnte. Daher erhielt die THRESHER- (jetzt PERMIT-)Klasse als Nachfolgerin der SKIPJACK-Klasse eine stärkere Auslegung in Richtung U-Jagd, und eine Anzahl der für die TULLIBEE entwickelten Systeme wurden mit einbezogen.
Entwurf: Die THRESHER sollte als erstes für die US-Marine gefertigtes U-Schiff die mit der TULLIBEE eingeführte revolutionäre Sonar/Torpedorohr-Anordnung erhalten. Diese Anordnung hatte die Verringerung der Störungen für den Sonarempfang auf ein Mindestmaß zur Folge und fand bei allen späteren Klassen amerikanischer SSN Anwendung. Erste Studien des Entwurfes zeigen auch eine turbo-elektrische Antriebsanlage, aber die für die TULLIBEE verwendete Anlage erzeugte für ein U-Schiff von der Größe der THRESHER eine unzureichende Leistung, und eine zweckgebaute Anlage zu entwickeln, hätte zu lange gedauert. So bestand die US-Marine auf der Verwendung des bewährten S5W-Reaktors und konventioneller Getriebeturbinen. Schließlich wurde durch Isolieren der Antriebsmaschinenanlage vom Bootskörper ein vergleichbarer Standard an Geräuscharmut erreicht. Turbinen und Getriebe wurden auf einem «Rost» mit elastischer Lagerung eingebaut. Diese Maßnahmen hatten jedoch eine Steigerung in der Gesamtgröße des U-Schiffes zur Folge, und da die US-Marine an einem Reaktor mit feststehender Leistung festhielt, mußte sie im Vergleich zur SKIPJACK-Klasse einen Geschwindigkeitsverlust hinnehmen. Alle Anstrengungen wurden unternommen, um diesen Geschwindigkeitsverlust auf ein Mindestmaß zu verringern. So wurde auch die Größe des Turms drastisch verringert, so daß er im Vergleich zu 30 % für die SKIPJACK-Klasse nur 8–10 % zum Gesamtwiderstand des U-Schiffes beitrug. Dies führte zu Problemen, alle erforderlichen Sensormasten unterzubringen, und reichte dennoch nicht aus. Erst die LOS ANGELES-Klasse sollte die hohe Geschwindigkeit des ursprünglichen SKIPJACK-Entwurfes wieder erreichen. Eine weitere Neuerung in Verbindung mit der THRESHER-Klasse war die Verwendung von HY-80-Stahl beim Bau des einhülligen Druckkörpers. Von einer maximalen Tauchtiefe von 400 m wird berichtet, aber die Verarbeitung des Hochfestigkeitsstahls ging nicht ohne Probleme vor sich.

Der Verlust des ursprünglichen Typschiffs dieser Klasse, der THRESHER (SSN-593), zwei Jahre nach der Fertigstellung wird Mängeln beim Schweißen zugeschrieben. Verbesserungen in der Fertigungstechnik scheinen diese Probleme bei den späteren Einheiten der Klasse beseitigt zu haben.
Bewaffnung: Da die Bugposition von der Transduktoren-Anordnung BQS-6 eingenommen wird, gibt es nur vier Torpedorohre, die sich unter dem Turm befinden und im Winkel von 10° nach außen weisen. Im breiten Torpedoraum können schätzungsweise 18 Torpedos oder Flugkörper untergebracht werden. Bei der Fertigstellung war die THRESHER-Klasse mit dem Seezieltorpedo Mk 14/16, dem U-Jagdtorpedo Mk 37 und dem Torpedo Mk 45 «Astor» mit nuklearem Gefechtskopf (siehe SKIPJACK-Klasse) ausgerüstet. Die Klasse war auch von Anbeginn an für den Abschuß des «Subroc»-Flugkörpers (siehe STURGEON-Klasse) entworfen, der 1965 in Dienst kam. Die früheren Torpedomodelle sind jetzt durch den Mehrzweck-Torpedo Mk 48 ersetzt worden, und von 1976 an wurden alle Einheiten der Klasse für den Abschuß des Seezielflugkörpers «Harpoon» ausgerüstet.
Elektronik: Die integrierte Sonaranlage BQQ-2, mit der diese U-Schiffe anfänglich ausgestattet waren, bestand aus der Aktiv/Passiv-Kugelbasis BQS-6, dem winkeltreuen Passivsonar BQR-7 und dem PUFFS-Feuerleitsonar BQG-3. Das BQS-6 ist imstande, bis zur ersten Konvergenz-Zone (30 bis 35 sm) unter Benutzung der Bodenreflexion bzw. der Wirkungsweise der Konvergenz-Zone zu orten. Die BQR-7-Anlage besteht aus einer 15 m langen Dreifachreihe von «Punkt»-Hydrophonen zur Passivsuche und Zielklassifizierung. Gegenwärtig wird die BQQ-2-Anlage durch die BQQ-5-Ausrüstung (siehe LOS ANGELES-Klasse) ersetzt. Das ursprüngliche Analog-Feuerleitsystem Mk 113 ist durch das Digital-System Mk 117 abgelöst worden, um die Unterseeschiffe für den Abschuß der «Harpoon» auszustatten. Zu den Mastsensoren gehören ein Beobachtungs- und ein Angriffssehrohr, das Überwachungsradar BPS-15 sowie die üblichen ESM- und FM-Antennen.
Bau: Zwischen 1961 und 1967 wurden auf fünf verschiedenen Werften 14 Einheiten der THRESHER/PERMIT-Klasse fertiggestellt. Der Bau der letzten drei Einheiten erfolgte als Prototypen für die nachfolgende STURGEON-Klasse; sie besitzen eine ähnliche Größe und Wasserverdrängung.

USS PERMIT (SSN-594)

Links: Luftaufnahme der GUARDFISH (SSN-612). Die THRESHER/ PERMIT-Klasse war der erste amerikanische Front-U-Schiffstyp, der mit der Sonarausstattung BQQ-2 ausgerüstet war. Die Kugelbasis für das Aktiv/ Passiv-Sonar BQS-6 befindet sich im Bug, und unter dem Turm liegen die vier Torpedorohre nach auswärts gewinkelt. Diese revolutionäre Anordnung ist bei allen späteren für die US-Marine gebauten SSN und SSBN beibehalten worden.

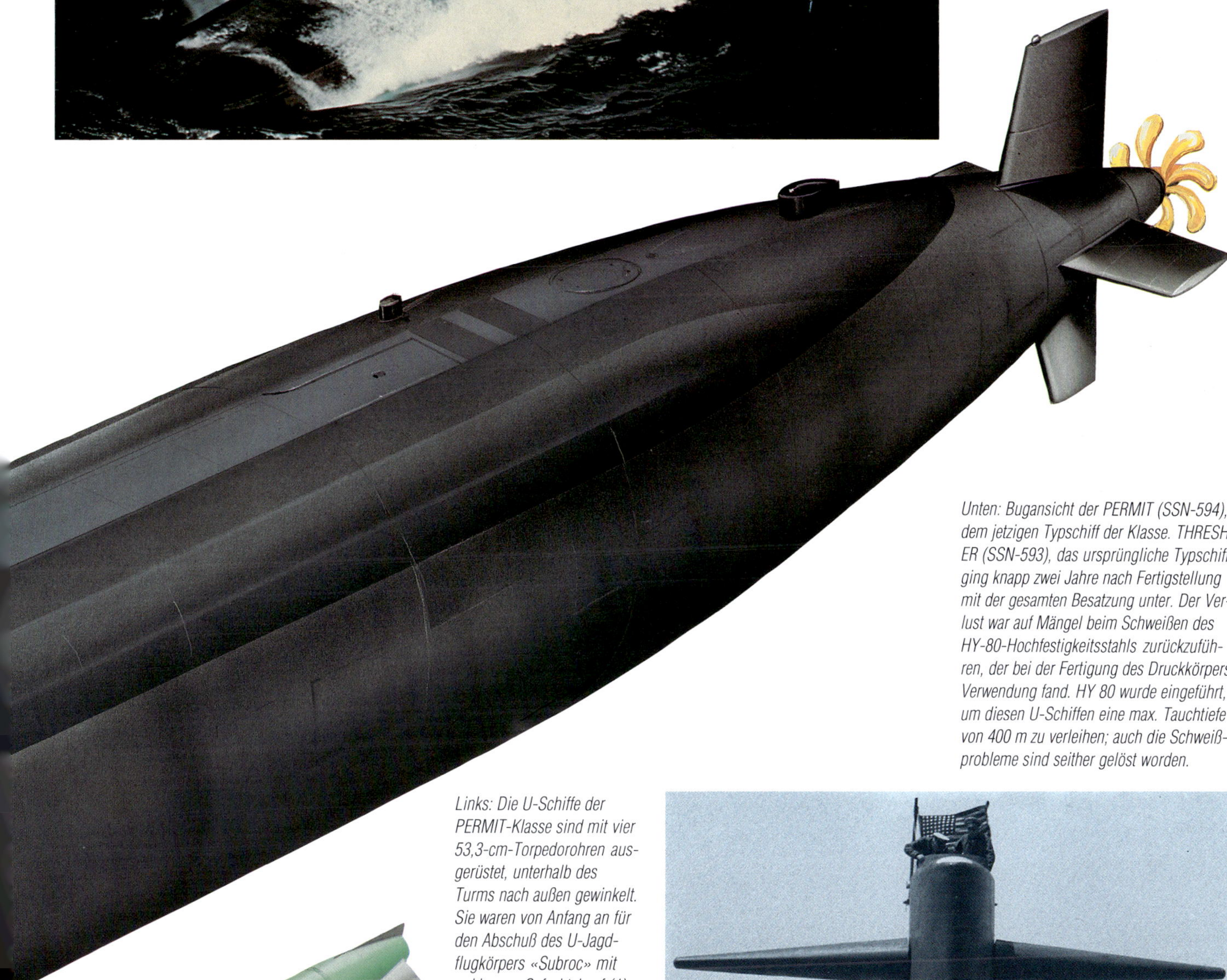

Unten: Bugansicht der PERMIT (SSN-594), dem jetzigen Typschiff der Klasse. THRESHER (SSN-593), das ursprüngliche Typschiff, ging knapp zwei Jahre nach Fertigstellung mit der gesamten Besatzung unter. Der Verlust war auf Mängel beim Schweißen des HY-80-Hochfestigkeitsstahls zurückzuführen, der bei der Fertigung des Druckkörpers Verwendung fand. HY 80 wurde eingeführt, um diesen U-Schiffen eine max. Tauchtiefe von 400 m zu verleihen; auch die Schweißprobleme sind seither gelöst worden.

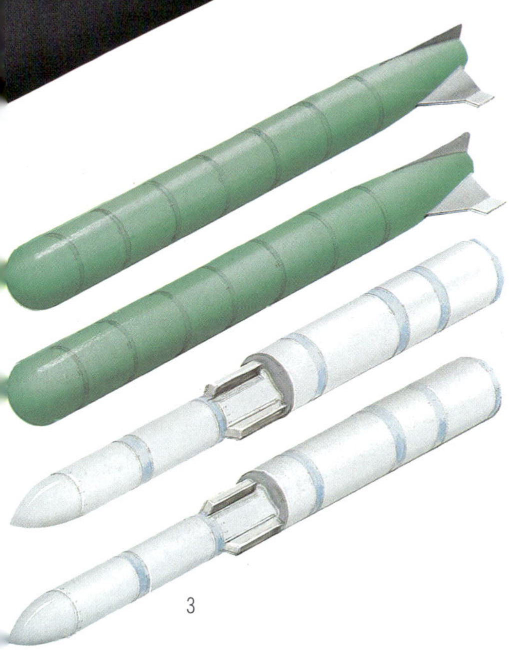

Links: Die U-Schiffe der PERMIT-Klasse sind mit vier 53,3-cm-Torpedorohren ausgerüstet, unterhalb des Turms nach außen gewinkelt. Sie waren von Anfang an für den Abschuß des U-Jagdflugkörpers «Subroc» mit nuklearem Gefechtskopf (1) entworfen. Die Feuerleitdaten liefert die Kugelbasis des Sonars BQS-6, die sich im Bug befindet. Während der 1970er Jahre wurde die ursprünglich gemischte Torpedoausstattung durch eine homogenere aus Torpedos Mk 48 (2) ersetzt, die sowohl gegen Überwasserschiffe als auch gegen Unterseeboote eingesetzt werden können. Seit 1976 ist die PERMIT-Klasse modifiziert worden, um den aus Kanistern zu startenden Seeziel-FK «Harpoon» abzuschießen.

RESOLUTION-Klasse

Herkunftsland: Großbritannien, erste Einheit 1967 fertiggestellt
Typ: Unterseeschiff für ballistische Flugkörper, nuklear angetrieben (SSBN)
Wasserverdrängung: 7'500 ts aufgetaucht, 8'400 ts getaucht
Abmessungen: Länge: 129,5 m, Breite: 10,1 m, Tiefgang: 9,1 m
Antrieb: Ein druckwassergekühlter Reaktor PWR 1, Getriebe-Dampfturbinen antreibend; eine Welle; 15'000 WPS für maximal 24 kn
Besatzung: 143

Geschichte: Bis in die frühen 1960er Jahre herrschte die Auffassung vor, daß die RAF weiterhin für die nukleare Abschreckung auf britischer Seite verantwortlich sein sollte. Im Gefolge der Annullierung des luftgestützten Flugkörpers «Skybolt» kam jedoch 1962 eine gemeinsame britisch-amerikanische Konferenz in Nassau überein, daß die USA die Royal Navy mit dem «Polaris»-FK-System ausstatten würden. Nach einer sorgfältigen Studie über Grundüberholungsprogramme wurde beschlossen, daß fünf Unterseeboote erforderlich sein würden, um zu garantieren, daß zumindest eines sich zu jeder Zeit auf Patrouille befände. Aber die fünfte Einheit wurde 1964 von der Labour-Regierung annulliert, die mit dem Versprechen ihr Amt angetreten hatte, das gesamte Programm abzubauen und die bereits auf Kiel gelegten Einheiten als Angriffs-Unterseeschiffe fertigzustellen. Der Entwurf beruhte auf der amerikanischen LAFAYETTE-Klasse, aber mit britischer Ausrüstung und Maschinenanlage. Die «Polaris A-3»-Flugkörper, die FK-Schächte und die FK-Feuerleitsysteme wurden direkt von den USA erworben. Eine besondere «Polaris»-Exekutive wurde eingerichtet, um den Bau der SSBN und die Schaffung der erforderlichen Ausbildungs- und Unterstützungseinrichtungen zu überwachen. Trotz seiner Kompliziertheit schritt das Programm bemerkenswert zügig voran und blieb innerhalb seines Zeitplans und Kostenvoranschlags.
Entwurf: In der Gesamtgröße und im Aussehen gleichen die U-Schiffe der RESOLUTION-Klasse im allgemeinen den amerikanischen SSBN der LAFAYETTE-Klasse. Der einzige sichtbare Hauptunterschied besteht in der Anbringung der vorderen Tiefenruder auf der Bootskörperverkleidung dicht am Bug. Die britischen Konstrukteure zogen die

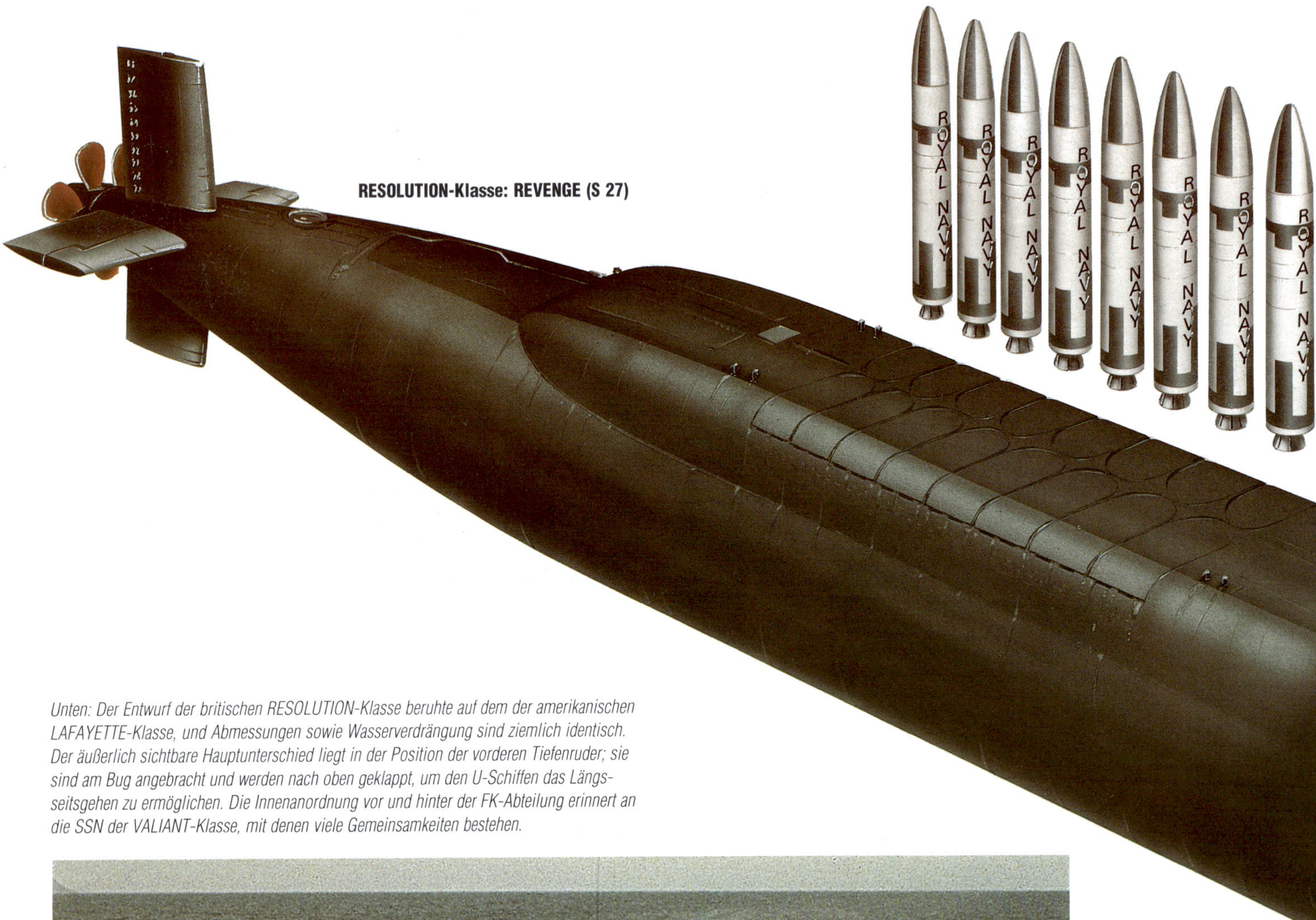

RESOLUTION-Klasse: REVENGE (S 27)

Unten: Der Entwurf der britischen RESOLUTION-Klasse beruhte auf dem der amerikanischen LAFAYETTE-Klasse, und Abmessungen sowie Wasserverdrängung sind ziemlich identisch. Der äußerlich sichtbare Hauptunterschied liegt in der Position der vorderen Tiefenruder; sie sind am Bug angebracht und werden nach oben geklappt, um den U-Schiffen das Längsseitsgehen zu ermöglichen. Die Innenanordnung vor und hinter der FK-Abteilung erinnert an die SSN der VALIANT-Klasse, mit denen viele Gemeinsamkeiten bestehen.

Oben und rechts: Die Unter-see-Schiffe der RESOLUTION-Klasse besitzen 16 senkrechte Startschächte für den Flugkörper «Polaris A-3K» (1), der eine Reichweite von 4'600 km hat und jetzt mit dem Mehrfach-Gefechtskopf «Chevaline» (6 MRV) britischen Entwurfs ausgerüstet ist. Daneben sind sechs 53,3-cm-Bugtorpedorohre vorhanden. Die ursprünglich geführten U-Jagdtorpedos Mk 20 und Mk 23 sowie der Seezieltorpedo Mk 8 sind durch den drahtgelenkten Torpedo Mk 24 «Tigerfish» (2) ersetzt worden.

Einführung am Turm angebrachter Tiefenruder in Erwägung, waren aber der Meinung, daß der Hauptvorteil einer besseren Steuerung bei niedrigen Fahrtstufen die Nachteile nicht aufwog. Bei der RESOLUTION-Klasse können die Tiefenruder nach oben geklappt werden, um dem U-Schiff das Längsseitsgehen zu ermöglichen. Im Inneren läßt die Anordnung vor und hinter der FK-Abteilung an die SSN der VALIANT-Klasse denken. Über den größten Teil seiner Länge hinweg ist der Druckkörper zylindrisch, und vor der FK-Sektion gibt es eine Drei-Deck-Anordnung mit der Operationszentrale und den Wohnräumen, die in einem schmäleren Zylinder mit dem Torpedostauraum endet.

Die Maschinenräume achteraus der Flugkörper-Sektion sind in ähnlicher Weise wie bei der VALIANT-Klasse ausgelegt. Aber das «Polaris»-System erfordert eine gesteigerte Stromerzeugung, so daß jeder der beiden Turbowechselstromgeneratoren 1'700 kW erzeugt. Bei Reaktorausfall steht wie bei der VALIANT-Klasse ein Paxman-Dieselgenerator mit 4'000 PSe für die Notstromversorgung zur Verfügung. Bei den jüngsten Grundüberholungen ist die Geräuschsignatur der Hilfsmaschinenanlage um 20 % verringert worden.

Bewaffnung: Der Flugkörper «Polaris A-3» hat eine Länge von 9,85 m und einen Durchmesser von 1,37 m. Er besteht aus einer zweistufigen Feststoffrakete mit einer maximalen Reichweite von 4'600 km und war anfänglich mit einem einzigen großen nuklearen Gefechtskopf britischen Entwurfs ausgestattet. Gegenwärtig wird dieser durch sechs «Chevaline»-MRV von je etwa 150 kT ersetzt. Diese Entwicklung kam Anfang der 1970er Jahre in Gang, um das Eindringen in die sowjetische Flugkörperabwehr rund um Moskau zu verbessern. Die MRV können 40 km voneinander entfernte Ziele treffen, aber das gesamte britische Programm stößt auf ernste technische Schwierigkeiten und eine gewaltige Kostensteigerung. Das erste Unterseeschiff, das den verbesserten Flugkörper (Bezeichnung A-3K) erhielt, war 1982 die RENOWN, gefolgt 1984 von der RESOLUTION und 1986 von der REPULSE. Gegenwärtig erhalten die Flugkörper neue Triebwerke. Neben den «Polaris»-Flugkörpern sind die SSBN der RESOLUTION-Klasse mit sechs 53,3-cm-Torpedorohren ausgerüstet. Bei der Fertigstellung führten sie die U-Jagdtorpedos Mk 20 und Mk 23 sowie den Seezieltorpedo Mk 8; sie sind jetzt durch den drahtgelenkten Mk 24 «Tigerfish» ersetzt worden.

Elektronik: Die ursprüngliche Sonarausrüstung der RESOLUTION-Klasse war mit jener der VALIANT-Klasse identisch: ein Aktiv/ Passiv-Sonar Typ 2001, ein passives Flanken-Sonar Typ 2007 und ein Beobachtungssonar Typ 197. Infolge der Entscheidung, die Einheiten der RESOLUTION-Klasse durch vier neue «Trident»-U-Schiffe der VANGUARD-Klasse mit Beginn Anfang der 1990er Jahre zu ersetzen, wird bei den ersteren das Sonar Typ 2001 nicht mehr durch den Typ 2020 ersetzt, auf den jetzt die SSN der VALIANT- und der SWIFTSURE-Klasse umgerüstet werden. Im Bereich der Gefechtsdatenübermittlung und des Feuerleitsystems sind jedoch Verbesserungen erfolgt, und die SSBN sind jetzt mit dem Beobachtungssonar Typ 2019 und dem passiven Schleppsonar Typ 2024 ausgerüstet. Letzteres wurde anfänglich in Zusammenarbeit mit den USA entwickelt und beruht auf dem amerikanischen Schleppsonar BQR-15.

Bau: Zwischen 1967 und 1968 wurden vier Einheiten der RESOLUTION-Klasse fertiggestellt. Zwei baute Vickers-Armstrong in Barrow-in-Furness, die beiden anderen entstanden bei Cammell Laird in Birkenhead.

Oben: Die RESOLUTION-Klasse führt weiterhin den Flugkörper «Polaris A-3». Seine Umrüstung auf sechs MRV «Chevaline» britischen Entwurfs und eine Triebwerkerneuerung werden seine Einsatzfähigkeit soweit verlängern, bis die neue VANGUARD-Klasse, ausgerüstet mit dem Flugkörper «Trident II D-5», in den 1990er in Dienst kommt.

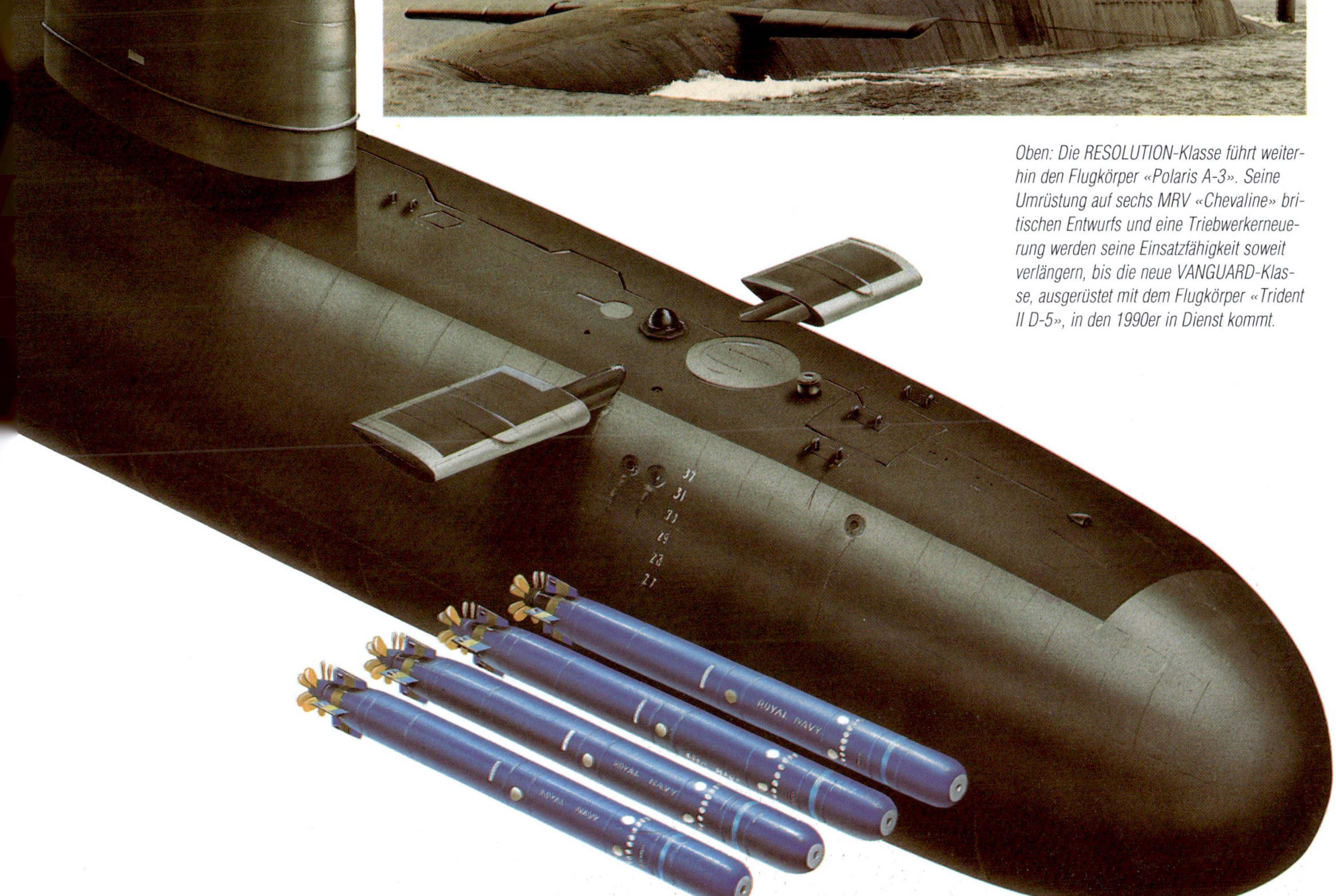

2

Romeo-Klasse

Herkunftsland: UdSSR, erste Einheit 1958 fertiggestellt
Typ: Angriffsunterseeboot, dieselangetrieben (SS)
Wasserverdrängung: 1'330 ts aufgetaucht, 1'700 ts getaucht
Abmessungen: Länge: 77 m, Breite: 6,7 m, Tiefgang: 4,9 m
Antrieb: Dieselelektrischer Antrieb auf zwei Wellen; zwei Dieselmotoren Typ 37D zu je 2'000 PSe; zwei E-Motoren zu je 1'500 PS; 4'000 PSe für 15,5 kn aufgetaucht, 3'000 PS für 13 kn getaucht
Besatzung: 56
Geschichte: Die *Romeo*-Klasse wurde Mitte der 1950er Jahre als direkter Nachfolger der *Whiskey*-Klasse – ein Boot mittlerer Reichweite – entworfen. Von der letzteren wurden zwischen 1950 und 1957 etwa 230 Einheiten fertiggestellt, um das sowjetische Territorium gegen die von den westlichen Trägerkampfgruppen und amphibischen Landungsflotten ausgehende Bedrohung zu schützen. Vom Grundentwurf her gleicht die *Romeo*-Klasse im wesentlichen der *Whiskey*-Klasse, ist aber mit moderneren Sensoren ausgerüstet. Doch gerade als die Fertigung der ersten Einheiten der *Romeo*-Klasse begann, ergab sich in der sowjetischen Marinepolitik eine wesentliche Veränderung. Die Verteidigung sowjetischer Gewässer sollten hinfort Unterseeboote, Überwasserschiffe und landgestützte Flugzeuge übernehmen, die jedoch nicht mehr mit Torpedos, sondern mit weitreichenden Marschflugkörpern bewaffnet waren. Daher gab es für ein torpedotragendes Angriffsunterseeboot mittlerer Reichweite keine Verwendung mehr, und der Bau der *Romeo*-Klasse wurde eingestellt, nachdem lediglich 20 Einheiten auf Kiel gelegt worden waren. Unmittelbar nach der Fertigstellung übergab die sowjetische Marine eine Reihe dieser Boote an befreundete Marinen: sechs gingen 1966-1969 an Ägypten, zwei 1971/72 an Bulgarien und kürzlich zwei weitere an Algerien (1982/83) und zwei an Syrien (1986). In den 1950er Jahren erhielt die Volksrepublik China Zugang zu den Plänen der *Romeo*-Klasse sowie ausreichend technische Unterstützung, um selbst mit dem Bau zu beginnen. Wie verlautet, ist das erste chinesische Boot jedoch erst 1960 fertiggestellt worden, und die Serienfertigung wurde infolge technischer und politischer Probleme erst in den 1970er Jahren aufgenommen. Bis Anfang der 1980er Jahre sind dann 90 Boote fertiggestellt worden, darunter eine Einheit für den Export.
Entwurf: Die Rumpfform der *Romeo*-Klasse – im wesentlichen die der *Whiskey*-Klasse – weist die traditionelle «Zigarren»-Form auf, die typisch für die meisten in der unmittelbaren Nachkriegszeit fertiggestellten Unterseebootstypen ist. Auch die achteren Tiefenruder sind von konventionellem Entwurf. Vor ihnen befinden sich zwei Propeller in einem kreisförmigen Propellerschutz. Vorhanden ist ferner ein einzelnes Ruder. Die vorderen Tiefenruder sind in den oberen Teil der Verkleidung des Bootskörpers einziehbar. Auch der Turm ist von ähnlicher Größe wie der bei späteren Einheiten der *Whiskey*-Klasse, aber über ihm ist eine herausragende Verkleidung vorhanden, die den Schnorchel und die beiden Sehrohre aufnimmt; sie dient zur Unterscheidung der *Romeo*-Klasse von ihren Vorgängern. Die strukturelle Hauptänderung betrifft den Bug, der neu entworfen worden ist, um das Passiv-Sonar «Feniks» und ein zusätzliches Paar Torpedorohre unterzubringen. Im Inneren gibt es kaum Änderungen. Der einhüllige Druckzylinder erlaubt nur ein einziges verwendbares Deck. Die Operationszentrale und die Wohnräume befinden sich auf derselben Ebene, mit darunter liegenden Batterieräumen. Die Maschinenräume bestehen aus einem Hauptmaschinenraum mit zwei Dieselmotoren Typ 37D und einem Motorenraum mit den beiden E-Motoren. Für die achteren als auch für die vorderen Torpedorohre sind Stauräume vorhanden.
Bewaffnung: Die *Romeo*-Klasse besitzt sechs Bug- und zwei Hecktorpedorohre vom Kaliber 53,3 cm. Zusätzlich zu den acht in den Rohren mitgeführten Torpedos können schätzungsweise sechs Reservetorpedos untergebracht werden. Alternativ können statt eines Torpedos auch zwei Minen mitgeführt werden. Der von den sowjetischen Booten verwendete Standardtorpedo ist mit ziemlicher Sicherheit ein älteres, freilaufendes Modell aus den 1950er Jahren. Einige Ein-

Oben: Ein Boot der Romeo-Klasse der sowjetischen Marine, aufgenommen 1979. Ursprünglich sollte die Romeo-Klasse Nachfolgerin der Whiskey-Klasse werden, aber als Folge eines politischen Kurswechsels wurde das Bauprogramm drastisch gekürzt, und nur 20 Einheiten wurden fertiggestellt.

heiten könnten auch auf modernere Torpedos mit U-Jagdfähigkeit umgerüstet worden sein, und die zur sowjetischen Marine gehörenden Boote werden zweifellos auch Torpedos mit nuklearem Gefechtskopf (vermutlich zwei) an Bord haben. Die bei der nordkoreanischen und der rotchinesischen Marine in Dienst befindlichen Boote der *Romeo*-Klasse führen vermutlich einen U-Jagdtorpedo, abgeleitet von früheren sowjetischen Modellen. Die in China für die ägyptische Marine gebauten Einheiten der *Romeo*-Klasse sind offensichtlich mit westlichen Feuerleitsystemen ausgerüstet, die es ermöglichen, modernere, gegenwärtig für den Export verfügbare Torpedos zu verschießen.

Elektronik: Sowohl die in der Sowjetunion als auch in China gebauten Unterseeboote sind mit den sowjetischen Standard-Sonaranlagen für Unterseeboote aus den späten 1950er Jahren ausgerüstet. Die ausgebuchtete Verkleidung im oberen Teil des Bugs beherbergt das Passiv-Sonar «Feniks», und auf dem Bug ist in einem kleinen Dom das aktive Angriffs-Sonar «Tamir-5L» untergebracht. Die Mastsensoren bestehen aus einem Beobachtungs- und einem Angriffssehrohr, dem Überwachungsradar «Snoop Plate», dem Kurzwellenpeiler «Quad Loop», ESM-Anlage «Stop Light» sowie Antennen für HF- und VHF-Fernmeldeverbindungen. Einige ägyptische Boote werden gegenwärtig auf das Singer-Feuerleitsystem «Librascope» umgerüstet.

Bau: Zwischen 1958 und 1962 wurden auf der Werft von Gorkij 20 Einheiten der *Romeo*-Klasse für die sowjetische Marine fertiggestellt. 84 Einheiten wurden zwischen 1960 und 1982 für die rotchinesische Marine auf den Werften von Wuzhang, Guangzhou, Jiangnan und Huludao erbaut. Sieben Einheiten wurden für Nordkorea fertiggestellt und zwischen 1973 und 1975 übergeben. Zehn Boote sind in Nordkorea auf der Werft Mayang Do erbaut worden. Sechs auf chinesischen Werften für Ägypten gefertigte Einheiten wurden von 1982 an übergeben.

Oben und links: Die Romeo-Klasse besitzt sechs Bug- und zwei Heckrohre vom Kaliber 53,3 cm; zusätzlich können sechs Reservetorpedos in den Torpedoräumen hinter den Rohren verstaut werden. Die sowjetischen Boote sind vermutlich nur mit dem Seezieltorpedo M-57 ausgerüstet, alternativ mit Sprengstoff- oder nuklearem Gefechtskopf (1). Chinesische und Warschauer-Pakt-Boote führen nur den konventionellen Torpedo.

Rechts: Eines der ersten Fotos eines sowjetischen Bootes der Romeo-Klasse im Englischen Kanal. Obwohl diese mittleren Boote infolge ihres geringen Fahrbereichs und ihrer zu geringen Größe, um Marschflugkörper mitzuführen, für die sowjetische Marine nicht mehr in Frage kamen, sind die Pläne dieses Entwurfs der Volksrepublik China übergeben worden, die bis Anfang der 1980er Jahre nicht weniger als 90 Einheiten fertigstellte. Aufgrund der verhältnismäßigen Schlichtheit des Entwurfs erwies sich dieses Boot als Export-Schlager.

RUBIS-Klasse

Herkunftsland: Frankreich, erste Einheit 1982 fertiggestellt
Typ: Angriffsunterseeboot, nuklear angetrieben (SSN)
Wasserverdrängung: 2'350 ts aufgetaucht, 2'630 ts getaucht
Abmessungen: Länge: 72,1 m, Breite: 7,6 m, Tiefgang: 6,4 m
Antrieb: Ein druckwassergekühlter Reaktor 48MW mit turboelektrischem Antrieb; zwei Turbo-Wechselstromgeneratoren treiben einen Haupt-E-Motor an; eine Welle; 9'500 PS für maximal 25 kn
Besatzung: 66
Geschichte: Der erste Versuch der französischen Marine Nationale, ein nuklear angetriebenes Angriffsunterseeboot zu bauen, datiert von 1954, als die ersten Studien zur Durchführbarkeit begonnen wurden, und zwei Jahre später wurde der erste Rumpf mit der Bau-Nr. Q-244 in Cherbourg auf Kiel gelegt. Aber politische Spannungen zwischen Frankreich und den USA führten zu einer Weigerung der letzteren, Frankreich das erforderliche angereicherte Uran zum Beschicken des Reaktors zu liefern. Deshalb begann die Entwicklung eines Schwerwasser-Reaktors zur Verwendung natürlichen Urans, aber dieser erwies sich für den Einbau in ein Unterseeboot als zu groß und zu schwer. Danach versuchten die Franzosen, einen kompletten Unterseeboot-Reaktor von den USA zu kaufen, aber auch dieses Ersuchen wurde verweigert und führte zur Aufgabe des Projektes. 1964 belebte sich das französische Interesse am Bau von SSN mit der Bewilligung eines neuen Bootstyps wieder, aber dieses Projekt überholte sich durch das SSBN-Bauprogramm, das Priorität erhielt. Unterdessen kehrte die Marine Anfang der 1970er Jahre wieder zum SSN-Projekt zurück; ihre Konstrukteure konnten sich auf die im Verlaufe des SSBN-Programms gewonnene wertvolle Erfahrung berufen. Das Ergebnis war ein außergewöhnlich kompakter Entwurf, ein wenig größer als die dieselangetriebenen Unterseeboote der AGOSTA-Klasse und hinsichtlich Waffen und Sensoren in vielem gleich.
Entwurf: Die geringe Größe der RUBIS und ihrer Schwesterboote ist der Entwicklung eines kompakten, integrierten Reaktor-Austauschers zuzuschreiben, der wenig Innenrumpfvolumen einnimmt und erlaubt, das der Abschirmung zugewiesene Gewicht zu verringern. Der Dampf aus dem Reaktor wird überhitzt, ehe er die beiden Turbinen durchströmt. Jede Turbine treibt einen großen und einen kleinen Wechselstromgenerator an. Die großen Generatoren erzeugen Kraftstrom für den Haupt-E-Motor, während die kleineren die Hilfssysteme an Bord mit Strom versorgen. Die einzelne Welle hat einen fünfflügeligen Propeller von großem Durchmesser. Bei normaler Marschfahrt benutzt das Kühlsystem den natürlichen Kreislauf, aber bei höheren Fahrtstufen kommt Pumpenunterstützung hinzu. Für den Notfall ist ein Dieselgenerator vorhanden, der imstande ist, im Falle eines Reaktorausfalls das Unterseeboot noch für 50 sm anzutreiben. Im Gegensatz zu den französischen Dieselbooten ist die RUBIS in Einhüllen-Bauweise erstellt, wobei der Druckkörper an seinem achteren Ende mit einem gewölbten Endboden und an seinem vorderen Ende mit einem flachen Endboden mit Torpedorohrdurchführung verschlossen ist. Dies gestattet unterhalb des Turms für die Operationszentrale und die Wohnräume eine Zwei-Deck-Anordnung. Gefertigt ist der Druckkörper aus Marel-Stahl, der der RUBIS eine Tauchtiefe von 300 m verleiht, und die Einführung des Druckwasser-Ausstoßsystems ermöglicht es, Torpedos in jeder Tiefe abzuschießen. Die am Turm angebrachten vorderen Tiefenruder sowie die achteren, in Kreuzform angeordneten Steuerflächen werden über eine Selbststeueranlage von einer Ein-Mann-Konsole aus bedient.
Bewaffnung: Die Bugrohre sind vom Kaliber 53,3 cm und können daher nur die modernsten französischen Torpedomodelle verschießen. Mitgeführt werden der U-Jagdtorpedo L 5 Mod. 3 mit akustischer Zielansteuerung und der neue F 17. Letzterer ist drahtgelenkt und wird sowohl in der Seeziel- als auch in der U-Jagdversion (F 17P) hergestellt. Der F 17 hat eine Länge von 5,9 m und besitzt eine Höchstgeschwindigkeit von 35 kn sowie eine Reichweite von 18'000 m. SAPHIR, die zweite Einheit dieser Klasse, führte als erstes Boot den Seezielflugkörper SM 39 «Exocet», und in naher Zukunft wird auch RUBIS mit der erforderlichen Feuerleitausrüstung ausgestattet werden. Der SM 39 ist bei einer Länge von 4,7 m mit einem Durchmesser von 35 cm zu schmal, um aus einem konventionellen Torpedorohr abgeschossen zu werden. Der Flugkörper ist deshalb für den Abschuß in einer Kapsel eingeschlossen. Er hat eine Reichweite von 50 km (27 sm) und verwendet aktive Radaransteuerung. Die geringe Größe der RUBIS-Klasse führte auch zu einer verringerten Torpedokapazität: Im Vergleich zu den 20 Torpedos bei der dieselangetriebenen AGOSTA-Klasse

RUBIS (S 601)

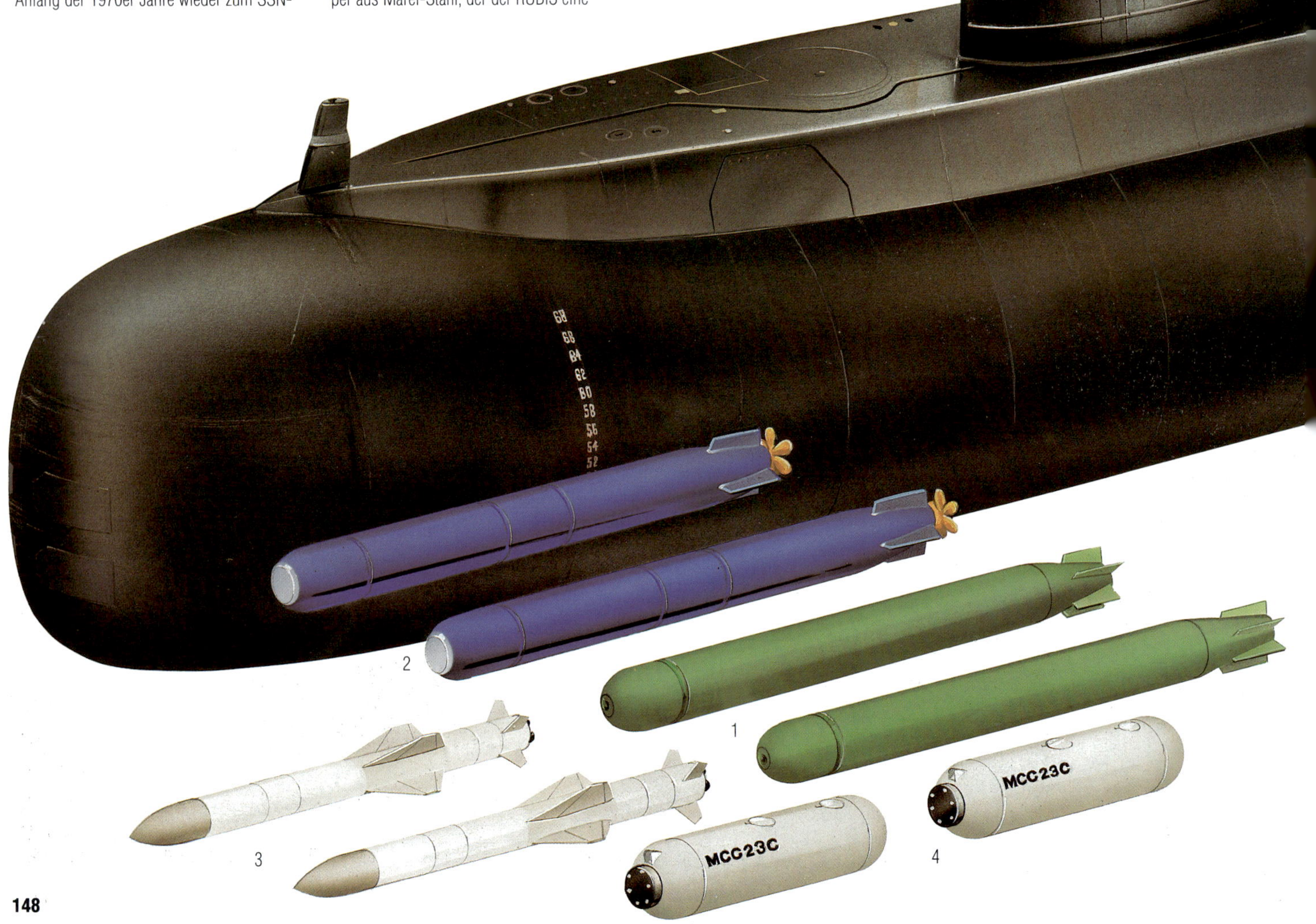

können nur 14 Torpedos oder Flugkörper untergebracht werden.

Elektronik: Mit einem Aktiv/Passiv-Angriffs-Sonar DUUA 28, oberhalb des Bugs und einer passiven Kreisbasis DSUV 22 unterhalb der Torpedorohre gleicht die Sonarausrüstung der RUBIS-Klasse im wesentlichen der der AGOSTA-Klasse. Anstelle des DUUX 2, mit dem frühere Boote ausgerüstet waren, ist das passive E-Meßsonar DUUX 5 «Fénelon» – erprobt an Bord der DORIS, DAPHNÉ-Klasse – eingebaut worden. Beobachtungs-Sonaranlage DUUG/AUUD sowie HF- und LF-Unterwassertelefone TUUM sind vorhanden. Als Torpedo-Feuerleitsystem gibt es das auf dem neuesten Stand befindliche DLT-D-3-System, und zu den Mastsensoren gehören ein Beobachtungs- und ein Angriffssehrohr, das Überwachungsradar DRUA-33 sowie die Beobachtungsantennen ARUR und ARUD.

Bau: Ein ehrgeiziges Bauprogramm, zu dem fünf Unterseeboote der RUBIS-Klasse und zusätzlich fünf weitere SSN eines verbesserten Entwurfs gehören, schreitet mit bis jetzt lediglich zwei fertiggestellten Einheiten langsam voran. Das fünfte Boot soll 1990 in Dienst gestellt werden.

Oben: RUBIS ist das kleinste je gebaute Atomunterseeboot. Der Entwurf wurde durch die Entwicklung eines kompakten, integrierten Reaktor-Austauschers möglich, der Größe und Gewicht der Antriebsanlage verringert hat. Beachte die Einführung der am Turm angebrachten Tiefenruder nach amerikanischem Vorbild.

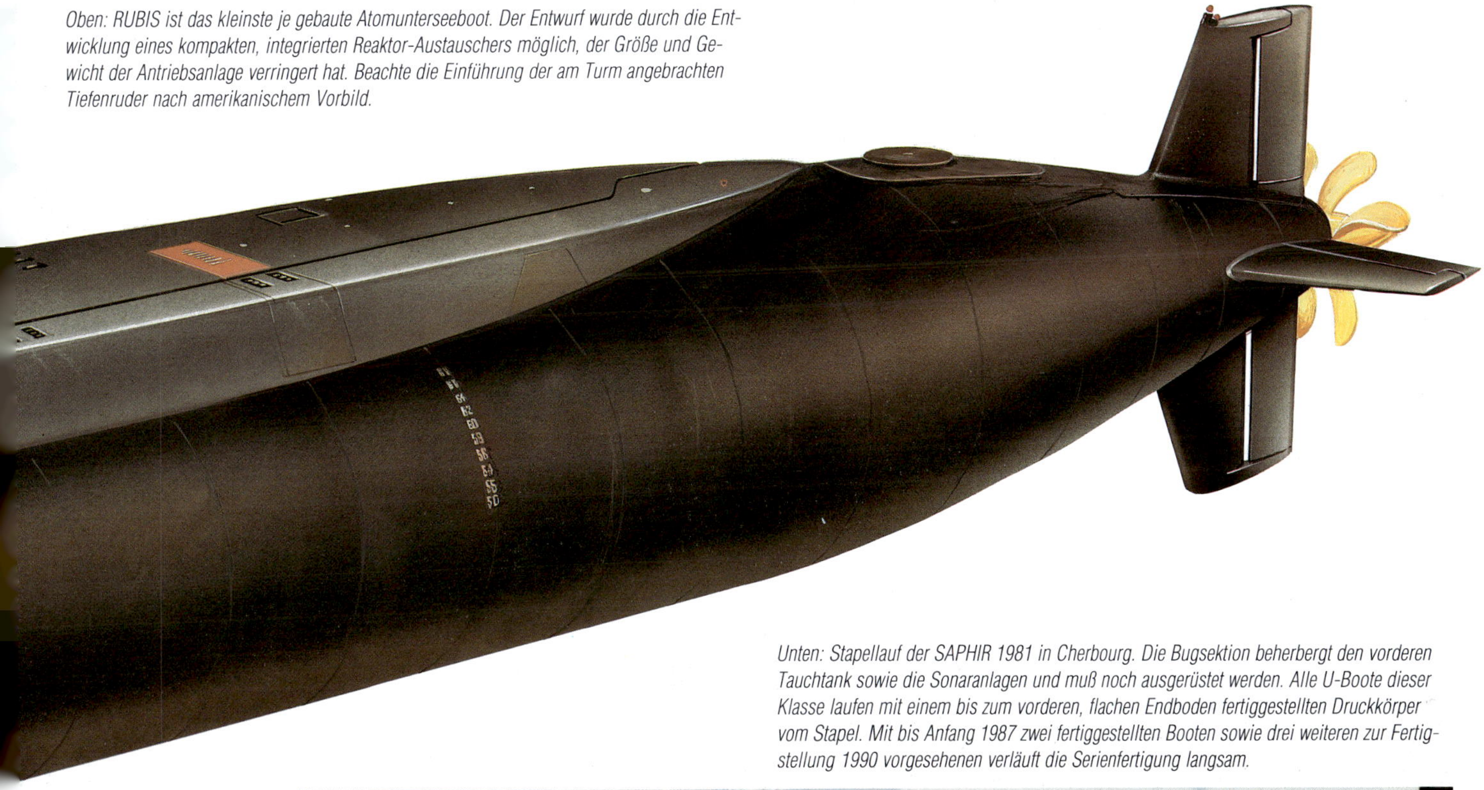

Unten: Stapellauf der SAPHIR 1981 in Cherbourg. Die Bugsektion beherbergt den vorderen Tauchtank sowie die Sonaranlagen und muß noch ausgerüstet werden. Alle U-Boote dieser Klasse laufen mit einem bis zum vorderen, flachen Endboden fertiggestellten Druckkörper vom Stapel. Mit bis Anfang 1987 zwei fertiggestellten Booten sowie drei weiteren zur Fertigstellung 1990 vorgesehenen verläuft die Serienfertigung langsam.

Links: Die RUBIS-Klasse besitzt vier 53,3-cm-Torpedorohre und kann 14 Reservetorpedos unterbringen. Mitgeführt werden der U-Jagdtorpedo L 5 mit akustischer Zielansteuerung (1) und der neue, drahtgelenkte F 17 (2). Eine Mehrzweckvariante des letzteren – Mod. 1 – ist jetzt in Dienst gekommen. SAPHIR kann auch den Seeziel-FK SM 39 «Exocet» (3) schießen, der eine Reichweite von 50 km (27 sm) besitzt. Anstelle eines Torpedos können auch zwei Minen TSM 3510 (4) mitgeführt werden.

Sierra-Klasse

Herkunftsland: UdSSR, erste Einheit 1984 fertiggestellt
Typ: Angriffs-U-Schiff, nuklear angetrieben (SSN)
Wasserverdrängung: 6'000 ts aufgetaucht, 7'550 ts getaucht
Abmessungen: Länge: 110 m, Breite: 11 m, Tiefgang: 7,5 m
Antrieb: 1 bis 2 druckwassergekühlte Reaktoren, Getriebe-Dampfturbinen antreibend; eine Welle;
40'000 WPS für maximal 32 kn
Besatzung: 85

Hintergrund: Die *Sierra*-Klasse gehört zu den drei neuen Typen sowjetischer Angriffs-U-Schiffe, die 1984/85 in Dienst gestellt wurden. Die *Mike*-Klasse mit einem Titanrumpf und vermutlich mit einem flüssigmetallgekühlten Reaktor scheint eine Hochtechnologie-Entwicklung der *Alfa*-Klasse zu sein. Die *Akula*-Klasse ist ein konventionelles Stahlrumpf-Schiff mit einem druckwassergekühlten Reaktor und ähnelt im Aussehen sehr der *Victor-III*-Klasse. In Gesamtgröße und Bau gleicht die *Sierra*-Klasse der *Akula*-Klasse und es erhebt sich daher die Frage, warum sich die Sowjets auf den gleichzeitigen Bau von zwei verschiedenen SSN-Typen mit ähnlichen Eigenschaften einlassen sollten. *Akula*- und *Sierra*-Klasse scheinen eine identische Sensorenausrüstung zu besitzen, und von beiden wird angenommen, daß sie die volle Bandbreite aus Torpedorohren abzuschießender Flugkörper und Torpedos nach gegenwärtigem sowjetischen Bestand führen können. Eine Ansicht legt nahe, es handle sich um Konkurrenzentwürfe, gefertigt von verschiedenen Konstruktionsbüros, und die sowjetische Marine werde die Serienfertigung des einen oder anderen Typs nach ausgedehnten Erprobungen beginnen. Aber vorausgesetzt, daß die erste *Akula*-Einheit auf der Werft von Komsomolsk am Pazifik (die auch am Bau der *Victor-III*-Klasse beteiligt war) und die erste *Sierra*-Einheit in Gorkij in der westlichen UdSSR gebaut wurde, kann es sein, daß die Entwürfe weniger von der «Konkurrenz», sondern von einem regionalen Unterschied her bestimmt sind, und zwar in derselben Weise, wie die FK-Kreuzer der *Kresta-II*- und der *Kara*-Klasse «regionale» Entwürfe waren. Erst wenn ein Konstruktionsmuster erstellt worden ist, wird eine genauere Bewertung möglich sein.

Entwurf: Die *Sierra*-Klasse ist etwa 4 m länger als die *Victor-III*-Klasse und hat eine größere Breite. Letztere ist fast mit Sicherheit Maßnahmen unterzogen worden, um das Maschinengeräusch zu verringern. Die Steigerung in der Breite würde es ermöglichen, die Antriebsanlage und die damit verbundenen Pumpen sowie das Getriebe durch den Einbau eines gesonderten «Rostes» zu isolieren. Es ist noch nicht klar, ob zwei kleinere oder ein einzelner großer Reaktor Verwendung fanden, aber eine Höchstgeschwindigkeit von mehr als 30 kn kann erwartet werden. Die einzige Welle besitzt einen siebenflügeligen Propeller, der auch Merkmal der *Akula*- und der *Mike*-Klasse ist. Im Vergleich zu jenem der *Victor III*-Klasse ist der Turm breit und flach sowie bedeutend kürzer als der der *Akula*-Klasse. Die voll einziehbaren vorderen Tiefenruder sind näher am Bug angebracht, als dies bei früheren sowjetischen SSN der Fall war. Die Hecksektion läuft in das nunmehr standardmäßige Ruderkreuz aus, mit einem tropfenförmigen Hohlkörper auf der Ruderfinne, identisch mit jenem der *Victor*-III-Klasse. Die Reihen der Flutschlitze entlang der Außenverkleidung bezeugen das sowjetische Festhalten an der Doppelhüllen-Bauweise.

Bewaffnung: Sechs Bugtorpedorohre sind vorhanden; sie bestehen aus einer Mischung normaler 53,3-cm-Rohre und dem neuen 65-cm-Rohr, obwohl es noch nicht klar ist, wie viele jeden Typs vorhanden sind. Aus den 53,3-cm-Rohren können normale Seeziel- und akustisch-zielsuchende U-Jagdtorpedos sowie der U-Jagdflugkörper SS-N-15 mit nuklearem Gefechtskopf (siehe *Victor*-Klasse) und der

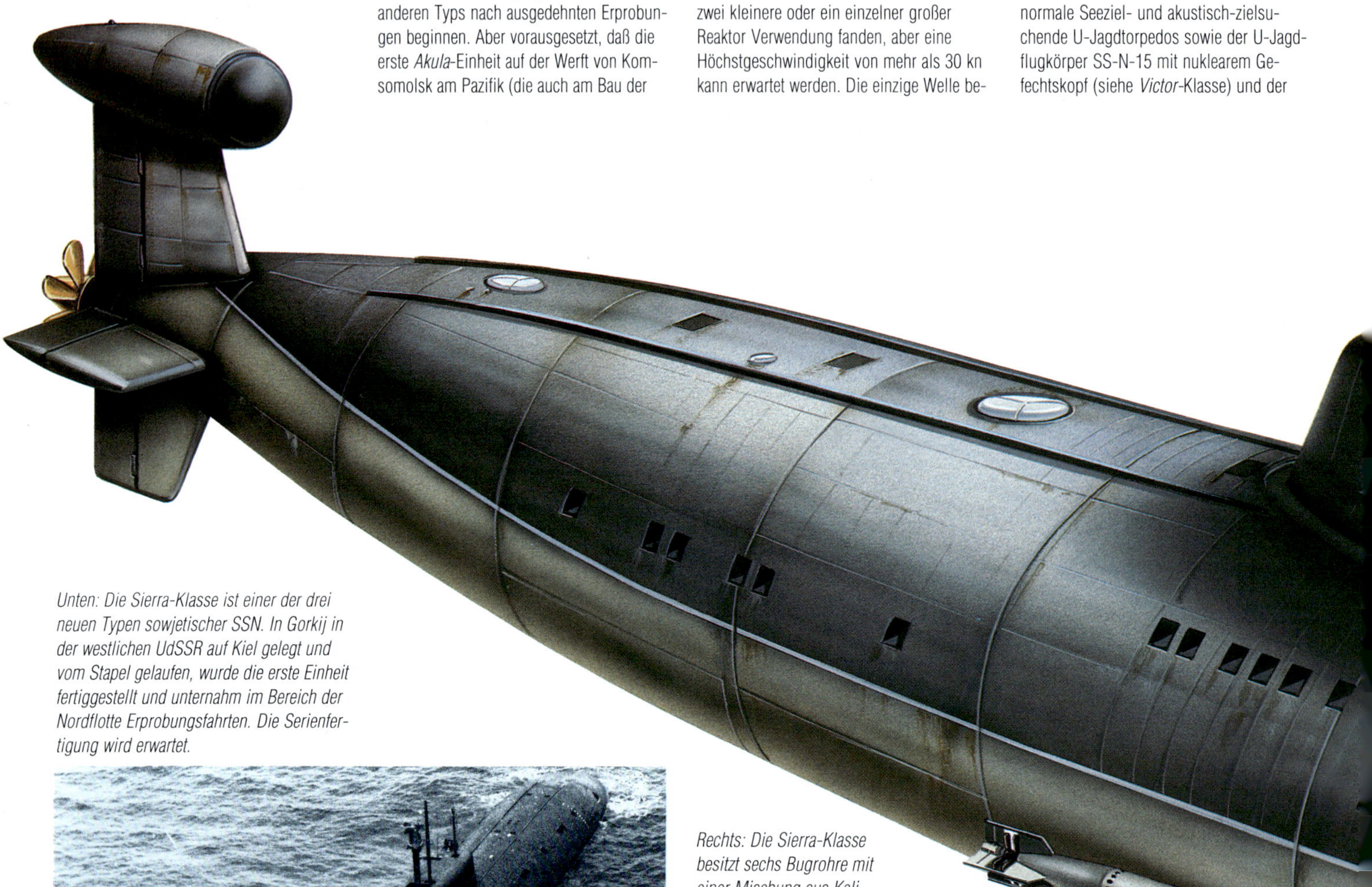

Rechts: Die Sierra-Klasse besitzt sechs Bugrohre mit einer Mischung aus Kaliber 53,3 cm und 65,0 cm. Alle gegenwärtig vorhandenen U-Boot-Waffen können verschossen werden, darunter auch der Landangriffs-FK SS-NX-21 (1), der einen nuklearen Gefechtskopf führt und aus einem konventionellen 53,3-cm-Rohr abgeschossen werden kann. Aus diesen Rohren können auch der U-Jagd-FK SS-N-15 mit nuklearem Gefechtskopf (2) und der konventionelle, akustisch-zielsuchende U-Jagdtorpedo (3) verschossen werden; statt ihrer können Minen (4) mitgeführt werden. Die großen 65-cm-Rohre können den konventionellen U-Jagd-FK SS-N-16 (5) und den kielwasserfolgenden Seezieltorpedo Typ 65 (6) abschießen.

Unten: Die Sierra-Klasse ist einer der drei neuen Typen sowjetischer SSN. In Gorkij in der westlichen UdSSR auf Kiel gelegt und vom Stapel gelaufen, wurde die erste Einheit fertiggestellt und unternahm im Bereich der Nordflotte Erprobungsfahrten. Die Serienfertigung wird erwartet.

neue Marschflugkörper SS-NX-21 verschossen werden. Letzterer gleicht in der Konzeption dem «Tomahawk» der US-Marine. Er hat eine maximale Reichweite von 1'700 bis 2'250 km und ist wahrscheinlich mit einem nuklearen Gefechtskopf ausgerüstet. Die gegenwärtigc Version ist für den Landangriff bestimmt, obwohl spätere Varianten eine Seezielfähigkeit haben können. Die 65-cm-Rohre können sowohl den torpedotragenden U-Jagdflugkörper SS-N-16 als auch den neuen Torpedo Typ 65 abschießen, der eine geschätzte Reichweite von 54 sm (100 km) hat und dem Kielwasser eines Überwasserschiffes folgt.

Elektronik: Die *Sierra*-Klasse hat ein großes Aktiv/Passiv-Bugsonar, vermutlich eine Weiterentwicklung des in die *Victor*-Klasse eingebauten Modells. Die Feuerleitfähigkeiten sind zweifellos verbessert worden, damit das U-Schiff die volle Bandbreite sowjetischer Torpedorohr-Waffen verschießen kann. Aus dem Hohlkörper auf der Schwanzfinne wird ein passives Schleppsonar ausgesetzt. Zu den Mastsensoren gehören das Beobachtungs- und das Angriffssehrohr, die neue «Snoop Pair/ Rim Hat»-Seeraumüberwachungsradar/ESM-Kombination, «Park Lamp»-VLF-Empfang, «Pert spring»-Satellitennavigation und «Shot Gun»-VLF-Fernmeldeverbindungen. Weitere Sensoren sind nicht identifiziert worden. Seltsamerweise fehlen der *Sierra*-Klasse die Doppelluken für VLF-Bojen achteraus des Turms, die Merkmal aller modernen sowjetischen Atom-Unterseeschiffe sind.

Bau: Die erste Einheit der *Sierra*-Klasse lief auf der Inland-Werft von Gorkij im Juli 1983 vom Stapel, und der unfertige Rumpf wurde später über den Weißmeer-Kanal nach Severodvinsk zur Ausrüstung gebracht. Das Unterseeschiff wurde Ende 1984 in Dienst gestellt. Bisher ließ sich eine Serienfertigung nicht beweisen, aber es wurde angenommen, daß 1986 weitere Einheiten der *Sierra*- und *Akula*-Klasse vom Stapel gelaufen sind.

Rechts: Die Sierra-Klasse ist geringfügig länger als die Victor-III-Klasse und hat eine breitere, mehr zylindrische Rumpfform. Zu den Mastsensoren gehört die charakteristische «Snoop Pair/ Rim Hat»-Überwachungsradar/ESM-Kombination. Der auffallende Hohlkörper auf der Schwanzfinne soll ein passives Schleppsonar enthalten.

Herkunftsland: USA, erste Einheit 1959 fertiggestellt
Typ: Angriffsunterseeboot, nuklear angetrieben (SSN)
Wasserverdrängung: 3'075 ts aufgetaucht, 3'500 ts getaucht
Abmessungen: Länge: 76,7 m, Breite: 9,6 m, Tiefgang: 8,5 m
Antrieb: Ein druckwassergekühlter Reaktor S5W, Getriebe-Dampfturbinen antreibend; eine Welle; 15'000 WPS für maximal 30 kn
Besatzung: 114
Geschichte: Nach der 1954 fertiggestellten NAUTILUS (SSN-571) schritt die amerikanische Entwicklung des nuklear angetriebenen Unterseebootes rasch voran. Aber die Amerikaner stürzten sich nicht unmittelbar in die Serienfertigung, sondern zogen es statt dessen vor, eine Reihe von Reaktoren verschiedenen Entwurfs zu bewerten. Gleichzeitig wurden die Versuche mit neuen Bootskörperformen fortgesetzt, und die revolutionäre ALBACORE wurde ein knappes Jahr vor der NAUTILUS in Dienst gestellt. Der erste amerikanische Versuch eines Serienentwurfes, die SKATE-Klasse, hatte einen relativ kleinen, druckwassergekühlten Reaktor und einen konventionellen Bootskörper, auf dem Entwurf der NAUTILUS beruhend. Dies begrenzte die Unterwassergeschwindigkeit auf max. 20 kn. Für die nächste Klasse entschied sich die US-Marine jedoch, den neu entwickelten Reaktor S5W (der bis in die 1970er Jahre hinein das Standardmodell für amerikanische Atom-U-Boote war) mit der Bootskörperform der ALBACORE zu kombinieren. Das Ergebnis war ein Unterseeboot mit der außergewöhnlich hohen Unterwassergeschwindigkeit von 30 kn – eine Geschwindigkeit, die für andere Front-U-Boote auf der Welt unerreicht blieb, bis Ende der 1960er Jahre die sowjetische *Victor*-Klasse erschien. Die Leistungsfähigkeit der SKIPJACK-Klasse war so groß, daß ihre Einheiten während ihrer gesamten aktiven Dienstzeit weiterhin als Unterseeboote «Erster Klasse» betrachtet wurden.

Entwurf: Die SKIPJACK-Klasse umfaßte die ersten amerikanischen Atomunterseeboote in Einhüllen-Bauweise. Dies führte zur Verringerung der Gesamtgröße, während sich das Raumvolumen gleichzeitig auf ein Höchstmaß erweiterte. Diese SSN waren auch die ersten Atomunterseeboote mit einer einzigen Welle, wobei der fünfflügelige Propeller achteraus des Ruderkreuzes angeordnet ist. Diese Anordnung setzte den Maßstab für die späteren Atom-U-Schiffe. Sie verhinderte auch den Einbau von Hecktorpedorohren, die ein Merkmal der SKATE-Klasse mit zwei Wellen waren. Die Reaktor-Abteilung ist 6,1 m lang, und alle übrigen Hauptkomponenten der Maschinenanlage sind doppelt ausgelegt, um die Sicherheit zu erhöhen. Es gibt zwei Wärmeaustauscher, zwei Druckwasser-Kühler, zwei Turbinensätze und zwei Gruppen von Turbo-Generatoren. Zwei kleine Notmotoren, mit der Einzelwelle verbunden und entweder durch Batterien oder durch zwei kleine Dieselgeneratoren angetrieben, können das Unterseeboot im Falle eines Reaktorausfalls zurück zum Stützpunkt bringen. Die SKIPJACK-Klasse besitzt einen außergewöhnlich großen Turm, der diese Boote von späteren amerikanischen Atom-U-Schiffen unterscheidet, und sie umfaßt die ersten Front-U-Boote der Welt, bei denen die vorderen Tiefenruder am Turm angebracht sind. Ferner waren diese SSN – zusammen mit der gleichaltrigen, dieselangetriebenen BARBEL-Klasse – die ersten amerikanischen Unterseeboote mit einer Operationszentrale.

Bewaffnung: Die SKIPJACK-Klasse besitzt sechs 53,3-cm-Bugrohre Mk 59. Während der 1960er Jahre konnten diese SSN eine Kombination aus Seezieltorpedo Mk 14 und Mk 16, U-Jagdtorpedo Mk 37 und Torpedo Mk 45 «Astor» mit nuklearem Gefechtskopf abschießen. Der Mk 14 und sein H_2O_2-angetriebener Abkömmling, der Mk 16, waren freilaufende Torpedos aus dem Zweiten Weltkrieg mit einer Länge von 6,25 m und dem Kaliber 53,3 cm. Der Mk 37 war eine Nachkriegsentwicklung und vereinigte elektrischen Antrieb mit einer aktiv/passiv-akustischen Zielansteuerung. Die Varianten Mod. 0 und Mod. 3 waren beide freilaufend mit einer Länge von 3,4 m, während die Varianten Mod. 1 und Mod. 2 drahtgelenkt waren; letztere wiesen eine zusätzliche Sektion auf, die ihre Länge auf 4,1 m steigerte. Beide Typen hatten das Kaliber 48,1 cm und konnten daher aus den 53,3-cm-Rohren herausschwimmen, ein verhältnismäßig geräuscharmer Vorgang. Die geringe Größe dieser Torpedos ermöglichte das Mitführen von zwei dieser Waffen anstelle eines großen Torpedos in den Nachladegestellen des Unterseebootes. Auch der Torpedo Mk 45 «Astor» war drahtgelenkt, weil es der amerikanischen Politik entsprach, zu jeder Zeit volle Kontrolle über Nuklearwaffen zu haben. Diese Haltung war auf den amerikanischen Unterseebooten unpopulär, weil die Feuerleitung für den Torpedo aktiven Sonar-Einsatz voraussetzte, was die Position des Unterseebootes verraten konnte, und diese

Rechts: Die SKIPJACK-Klasse ist mit sechs Bugrohren Mk 59 vom Kaliber 53,3 cm ausgerüstet. Bei der Fertigstellung waren diese Unterseeboote mit drei verschiedenen Torpedotypen ausgerüstet: dem Seezieltorpedo Mk 14 und 16, dem kurzen, zielsuchenden U-Jagdtorpedo Mk 37 und dem Torpedo Mk 45 «Astor», einem großen U-Jagdtorpedo mit nuklearem Gefechtskopf. Alle drei Typen sind jetzt durch den Torpedo Mk. 48 (1) ersetzt worden, ein schnelllaufender Schwergewichtstorpedo mit wahlweiser Drahtlenkung, der sowohl gegen Überwasserschiffe als auch gegen Unterseeboote eingesetzt werden kann. Infolge des Fehlens komplizierter Feuerleit-Sonare späterer amerikanischer SSN wurden diese Einheiten niemals ausgerüstet, um den Flugkörper «Subroc» abzuschießen; ihr fortgeschrittenes Alter hat den Einbau modernerer Systeme verhindert.

USS SKIPJACK (SSN-585)

Waffe wurde deshalb Anfang der 70er Jahre ausrangiert. Da die Fertigung des Mehrzwecktorpedos Mk 48 Ende der 70er Jahre gesteigert werden konnte, wurden auch die Torpedos Mk 14 und Mk 37 schrittweise ersetzt.

Elektronik: Die SKIPJACK-Klasse hat ein modifiziertes Aktiv/ Passiv-Sonar BQS-4, das über die passive Kreisbasis BQR-2C überträgt. Das BQS-4 kann im «Einzelimpuls»- oder im Horchverfahren eingesetzt werden und besitzt eine maximale Reichweite von 5'500–7'200 m. Das BQR-2 ist eine Gruppenhorchanlage, die im Suchstrahl- oder im Abtastverfahren wirken kann und eine Reichweite von 9'000–11'700 m hat. Zu den Mastsensoren gehören ein Beobachtungs- und ein Angriffssehrohr, ein Seeraumüberwachungs-Radar BPS-12, FM-Antennen sowie Peil- und ESM-Antennen. Das ursprüngliche Analog-Feuerleitsystem Mk 113 ist durch das Digital-System Mk 117 ersetzt worden; eine weitere Modernisierung ist nicht geplant.

Bau: Sechs Einheiten der SKIPJACK-Klasse sind zwischen 1959 und 1961 auf vier verschiedenen Werften fertiggestellt worden. Von diesen ging SCORPION (SSN-589) im Mai 1968 etwa 400 sm südwestlich der Azoren verloren, und 1956 wurde SNOOK (SSN-592) außer Dienst gestellt.

Oben: Die SKIPJACK-Klasse verband bei den amerikanischen SSN zum erstenmal den druckwassergekühlten 15'000-WPS-Reaktor S5W mit dem revolutionären «ALBACORE-Bootskörper». Die Unterwassergeschwindigkeit überstieg 30 kn, und die Leistungsfähigkeit dieser Unterseeboote war derart groß, daß sie über 25 Jahre lang im aktiven Dienst verblieben, ehe Mitte der 1980er Jahre begonnen wurde, die Einheiten außer Dienst zu stellen.

Rechts: Bugansicht der SCAMP (SSN-588). Beachte die stetig geschwungene Form des Bootskörpers und die auffallend am Turm angebrachten Tiefenruder. Die hohe Unterwassergeschwindigkeit dieser Boote wurde erst mit der Indienststellung der LOS ANGELES Ende 1976 wieder erreicht.

STURGEON-Klasse

Herkunftsland: USA, erste Einheit 1967 fertiggestellt
Typ: Angriffs-U-Schiff, nuklear angetrieben (SSN)
Wasserverdrängung: 4'250/4'460 ts aufgetaucht, 4'780/ 4'940 ts getaucht (siehe «Entwurf»)
Abmessungen: Länge: 89/92,1 m, Breite: 9,7 m, Tiefgang: 8,8 m
Antrieb: Ein druckwassergekühlter Reaktor S5W, Getriebe-Dampfturbinen antreibend; eine Welle; 15'000 WPS für maximal 26 kn
Besatzung: 107

Geschichte: Die STURGEON-Klasse war die direkte Nachfolgerin der THRESHER/ PERMIT-Klasse. Letztere erfuhr eine Reihe von Entwurfskompromissen, die hingenommen wurden, um den Geschwindigkeitsverlust unter Wasser auf ein Mindestmaß zu beschränken. Dazu gehörten ein kleiner Turm mit einer unzureichenden Anzahl von Mastsensoren und eine begrenzte elektronische Ausrüstung. Daher wurde der STURGEON-Entwurf vergrößert, um das erforderliche Innenvolumen für eine wirksamere Geräuschdämpfung und für zusätzliche elektronische Ausrüstung zu verschaffen, wobei ein U-Schiff herauskam, das zum standardmäßigen Angriffs-U-Schiff seiner Zeit werden sollte. Die US-Marine fertigte jedoch weiterhin Versuchsentwürfe, um weitere Verbesserungen für den Unterseebootsantrieb zu untersuchen: Die NARWHAL (SSN-671; 1969 in Dienst) erprobte einen Reaktor mit natürlichem Kreislauf, den S5G, der in vergrößerter Form auf den SSBN der OHIO-Klasse zur Verwendung gelangen sollte, und die GLENARD P. LIPSCOMB (SSN-685; 1974 in Dienst) testete einen Reaktor mit natürli-

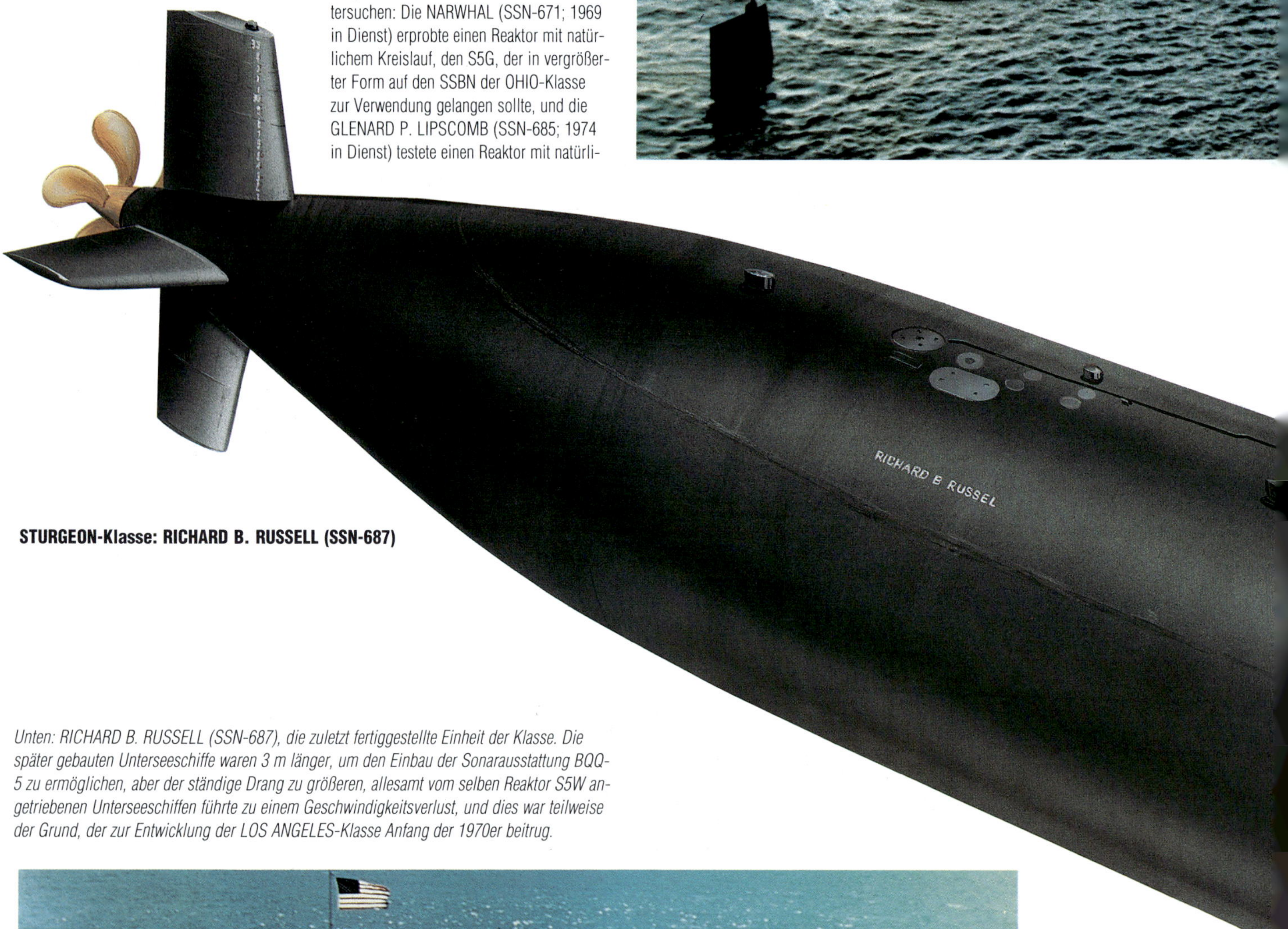

STURGEON-Klasse: RICHARD B. RUSSELL (SSN-687)

Unten: RICHARD B. RUSSELL (SSN-687), die zuletzt fertiggestellte Einheit der Klasse. Die später gebauten Unterseeschiffe waren 3 m länger, um den Einbau der Sonarausstattung BQQ-5 zu ermöglichen, aber der ständige Drang zu größeren, allesamt vom selben Reaktor S5W angetriebenen Unterseeschiffen führte zu einem Geschwindigkeitsverlust, und dies war teilweise der Grund, der zur Entwicklung der LOS ANGELES-Klasse Anfang der 1970er beitrug.

Rechts: Die STURGEON-Klasse besitzt vier 53,3-cm-Torpedorohre, unterhalb des Turms nach außen abgewinkelt, und führt eine ähnliche Waffenmischung wie die PERMIT-Klasse. Wie verlautet, besteht die normale Waffenzuladung aus 15 Mehrzweck-Torpedos Mk 48 (1), vier U-Jagd-Flugkörper «Subroc» (2) und vier Seeziel-FK «Sub-Harpoon» (3). Einige Einheiten sind zum Abschuß des weitreichenden «Tomahawk»-Flugkörpers ausgerüstet.

Oben: RICHARD B. RUSSELL, umgebaut zur Unterbringung des Prototyps einer FM-Boje achteraus des Turms. Zwischen 1967 und 1975 wurden nicht weniger als 37 Einheiten dieser Klasse fertiggestellt. Der Entwurf war eine abgeänderte Version der PERMIT-Klasse mit einem größeren Turm, um zusätzliche Elektronik unterzubringen.

chem Kreislauf und turbo-elektrischem Antrieb. Beide U-Schiffe sind als Einheiten erster Klasse eingesetzt und besitzen eine ähnliche Ausrüstung an Waffen und Elektronik wie die der STURGEON-Klasse.

Entwurf: In der allgemeinen Anordnung folgt die STURGEON-Klasse der THRESHER/PERMIT-Klasse: im Bug die Kugelbasis BQS-6, und die Torpedorohre nach außen abgewinkelt unterhalb des Turms. Eine vergrößerte Operationszentrale, die sich unter dem Turm nach achtern erstreckt, enthält zusätzliche, mit Computern ausgestattete Feuerleitkonsolen, die es diesen U-Schiffen ermöglichen sollen, Mehrfachziele zu bekämpfen. Auch die Maschinenräume sind im Hinblick auf eine wirksamere Geräuschisolierung verlängert worden. Der äußerlich erkennbare Hauptunterschied zwischen der STURGEON- und der THRESHER/PERMIT-Klasse ist der wesentlich vergrößerte Turm, in dem zusätzliche Sensormasten für ESM untergebracht sind. Die am Turm angebrachten Tiefenruder sind 11,6 m breit und können in die Senkrechte geschwenkt werden, um den U-Schiffen zu gestatten, das Packeis zu durchbrechen. Die letzten neun Einheiten der Klasse sind um 3 m verlängert worden, um den Einbau der Sonaranlage BQQ-5 mit der dazugehörigen Elektronik zu erleichtern. Da auch die früheren Einheiten auf das neue System umgerüstet werden, müssen sie ebenfalls verlängert werden.

Bewaffnung: Wie die THRESHER/PERMIT-Klasse, so ist auch die STURGEON-Klasse mit vier 53,3-cm-Torpedorohren Mk 63 ausgerüstet, unterhalb des Turms nach außen abgewinkelt. Die ersten fertiggestellten Einheiten führten neben dem «Subroc»-Flugkörper eine ähnliche Mischung aus Seeziel- und U-Jagdtorpedos wie die erstere Klasse. Der «Subroc» (UUM-44A-2) fand 1965 einsatzmäßige Verwendung und besteht aus einer zweistufigen Feststoffrakete mit einer ballistischen Flugbahn und einem nuklearen Gefechtskopf. Wie verlautet, beträgt seine maximale Reichweite 45–55 km (25–30 sm). Als bei den amerikanischen SSN das Analog-Feuerleitsystem Mk 113 durch das Digital-System Mk 117 ersetzt wurde, sollte «Subroc» ausgemustert werden, aber da in Kürze Ersatz nicht beschafft werden konnte, entschied der Kongreß, daß das «Subroc»-Feuerleitsystem modifiziert wurde, so daß der Flugkörper weiterhin in Dienst blieb. Von 1972 an wurden die früheren Torpedomodelle schrittweise durch den Mehrzwecktorpedo Mk 48 ersetzt. Letzterer ist ein Hochleistungs-Torpedo, der ein Mono-Flüssigkeitsantriebsmittel verwendet, um eine maximale Geschwindigkeit von 55 kn zu erreichen. Er ist 5,95 m lang und hat eine Höchstreichweite von 35 bis 40 km. Der Mk 48 wurde speziell entworfen, um tieftauchende Unterseeboote zu bekämpfen, und er kann in Tiefen bis zu 760 m abgeschossen werden. Vom Ende der 1970er Jahre an erhielten die U-Schiffe der STURGEON-Klasse den Seezielflugkörper «Sub-Harpoon». Der «Harpoon» wurde hauptsächlich zur Bekämpfung von Überwasserschiffen entworfen und ist zu klein, um in normalen Torpedorohren untergebracht zu werden. Er wird deshalb im Inneren einer Kapsel gestartet, die sich beim Durchbrechen der Wasseroberfläche abtrennt. Der Flugkörper selbst ist 4,6 m lang und hat eine maximale Reichweite von 130–155 km (70–85 sm). Wie verlautet, werden auf den jetzigen Unterseeschiffen dieser Klasse 15 Torpedos Mk 48, vier «Subroc»-Flugkörper und vier «Sub-Harpoon»-Flugkörper mitgeführt. Einige Einheiten dieser Klasse werden gegenwärtig ausgerüstet, um den weitreichenden Flugkörper «Tomahawk» abzuschießen (siehe LOS ANGELES-Klasse).

Elektronik: Bei der Fertigstellung erhielt die STURGEON-Klasse die Sonarausstattung BQQ-2 mit einer Aktiv/Passiv-Kugelbasis BQS-6 im Bug, der winkeltreuen Passivanlage BQR-7 und einem PUFFS-Feuerleitsonar. Die BQQ-2-Anlage wird gegenwärtig auf den Stand der BQQ-5-Ausstattung gebracht, und es erfolgt die Ausrüstung mit dem Schleppsonar BQR-23. Zu den Mastsensoren gehören ein Beobachtungs- und ein Angriffssehrohr, ein Überwachungsradar BPS-14 oder BPS-15, eine UHF-Antenne und nicht weniger als vier Masten mit Peil- und ESM-Antennen. Ferner sind für FM-Verbindungen auch Stab- und Schwimmdrahtantennen vorhanden, und 1978 erhielten zwei Einheiten einen nach achtern gerichteten Anschluß am Turm für eine FM-Schleppantenne.

Bau: Zwischen 1967 und 1975 sind auf sechs Werften 37 Einheiten der STURGEON-Klasse fertiggestellt worden.

1 2 3

SWIFTSURE-Klasse

Herkunftsland: Großbritannien, erste Einheit 1973 fertiggestellt
Typ: Angriffs-U-Schiff, nuklear angetrieben (SSN)
Wasserverdrängung: 4'200 ts aufgetaucht, 4'900 ts getaucht
Abmessungen: Länge: 82,9 m, Breite: 9,8 m, Tiefgang: 8,2 m
Antrieb: Ein druckwassergekühlter Reaktor PWR 1, Getriebe-Dampfturbinen antreibend; eine Welle; 15'000 WPS für maximal 30 kn
Besatzung: 97
Geschichte: Entworfen wurde die SWIFTSURE-Klasse als direkter Nachfolger der SSN der VALIANT-Klasse. Die Waffen/Sensor-Ausrüstung änderte sich kaum, und die ersten Einheiten dieser Klasse glichen darin weitgehend ihren Vorgängern. Die Gelegenheit wurde jedoch ergriffen, den gesamten Bootskörper-Entwurf zu überarbeiten, und die Hauptänderungen ergaben sich bei der Antriebsanlage, um sowohl die mit der VALIANT-Klasse gemachten Erfahrungen als auch die neuesten Geräuschdämpfungsmaßnahmen einzubeziehen. Dies führte zur Verringerung der Gesamtlänge um 4 m und der Verdrängung unter Wasser um 400 ts.
Entwurf: Bei der SWIFTSURE-Klasse erstreckt sich der zylindrische Teil des Druckkörpers so weit wie möglich nach achtern, um die baubedingten Übergänge auszuschließen, die bei der VALIANT-Klasse zu Spannungsproblemen geführt hatten. Der «ALBACORE-Bootskörper» des früheren Entwurfs ist deshalb durch eine weitgehend zylindrische Rumpfform mit einem ungewöhnlich breiten Schwanzkonus ersetzt worden. Das Aussehen der vorderen Schiffshälfte blieb verhältnismäßig unverändert, obwohl der Druckkörper auch hier verbreitert wurde, um eine vollkommen neue Anordnung der Torpedorohre und des Torpedostauraumes unterzubringen. Im Hinblick auf einen geringeren Widerstand wurde wie bei der amerikanischen THRESHER/PERMIT-Klasse die Turmhöhe wesentlich verringert. Dies führte jedoch wiederum zu einer Verringerung der Sehrohrtiefe. Als Ausgleich wurden die vorderen Tiefenruder tiefer angebracht und voll einziehbar gestaltet. Der Torpedostauraum erhielt seinen Platz wieder unter den beiden Hauptdecks direkt unterhalb des Turms. Nach Art der gleichaltrigen amerikanischen SSN sind je zwei der fünf Torpedorohre auf jeder Schiffsseite unmittelbar hinter dem Bugsonar nach außen abgewinkelt, während das fünfte vermutlich auf der Mittschiffslinie nach unten abgewinkelt und durch die Unterseite des Bugs geführt ist. Diese Anordnung läßt den Bug für den Sonar-Einbau frei. Weitere bedeutende Änderungen betreffen die Antriebsanlage, die sich in Konzeption und Anordnung beträchtlich von der der VALIANT-Klasse unterscheidet. Bei letzterem Entwurf mußte der «Rost», auf dem die Hauptturbinen und das Getriebe eingebaut waren, fest versperrt werden, wenn hohe Fahrtstufen gelaufen wurden. Bei der SWIFTSURE-Klasse sind nicht nur die Turbinen und das Getriebe sondern faktisch alle geräuscherzeugenden Hilfsmaschinen auf dem «Rost» eingebaut und machen das Erfordernis flexibler Verbindungen überflüssig. Daher kann der «Rost» selbst bei Höchstlast vom Rumpf isoliert werden. Als eine weitere geräuschdämpfende Maßnahme wurde für den Reaktor der natürliche Kreislauf eingeführt. Der Wassereinlaß für den Kreislauf befindet sich in den Anströmkanten der waagerechten Steuerflächen des Ruderkreuzes, und diese liefern für den größten Teil des Leistungsbereiches ausreichend Kühlung; die Kühlpumpen müssen nur bei höheren Fahrtstufen eingesetzt werden. Die Verbesserungen in der Geräuschdämpfung lassen es zu, daß bei der SWIFTSURE-Klasse der gesonderte Haupt-E-Motor – ein Merkmal der VALIANT-Antriebsanlage – überflüssig wurde. Dadurch ist in den Maschinenräumen eine kompaktere Anordnung sowie eine Verringerung der Gesamtlänge des Druckkörpers möglich geworden. Beibehalten wurde ein kleiner, beischaltbarer Motor, angetrieben von einer 112-Zellen-Batterie, die von einem 400-PSe-Paxman-Hilfsdiesel aufgeladen wird, um im Notfall elektrischen Strom zu liefern.
Bewaffnung: Die fünf Bugtorpedorohre sind vom normalen Kaliber 53,3 cm. Im Torpedostauraum können schätzungsweise 15 Reservetorpedos mitgeführt werden. Alle Einheiten der Klasse wurden von Anfang an für den Abschuß des U-Jagdtorpedos Mk 24 «Tigerfish» ausgerüstet. Der «Tigerfish»

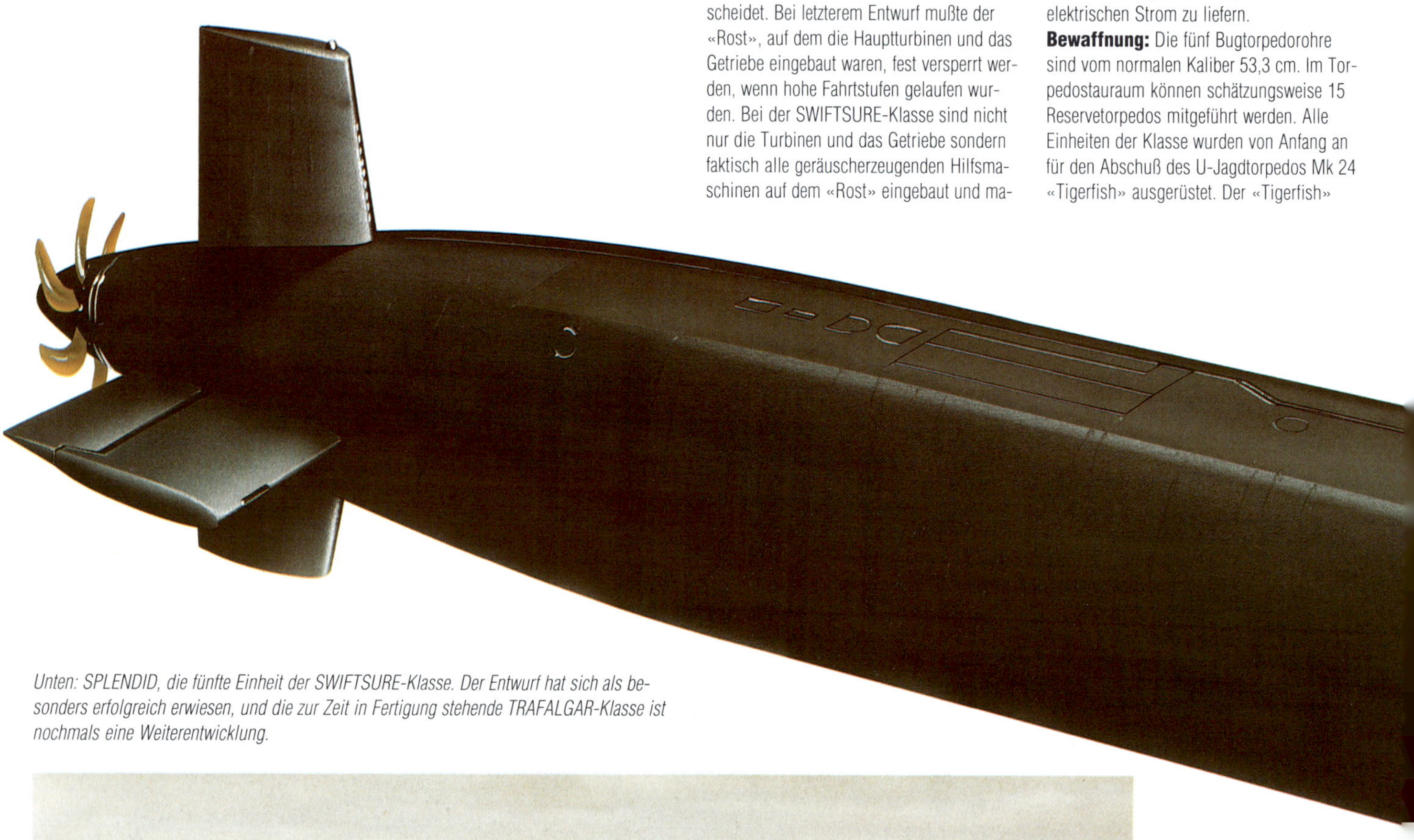

Unten: SPLENDID, die fünfte Einheit der SWIFTSURE-Klasse. Der Entwurf hat sich als besonders erfolgreich erwiesen, und die zur Zeit in Fertigung stehende TRAFALGAR-Klasse ist nochmals eine Weiterentwicklung.

Rechts: Die SWIFTSURE-Klasse hat fünf 53,3-cm-Torpedorohre, und vermutlich 15 Reservetorpedos können mitgeführt werden. Alle sechs Einheiten haben jetzt den Torpedo Mk 24 «Tigerfish» Mod. 1 (1) mit Mehrzweckfähigkeit an Bord. Eine Variante Mod. 2 mit verbesserter Lenkung ist in Erprobung. Die Klasse ist auch für den Abschuß des Seeziel-FK «Sub-Harpoon» ausgerüstet (2). Anstelle eines Torpedos können zwei «Stonefish»- (3) oder «Sea Urchin»-Minen (4) mitgeführt werden.

kam 1974 in Dienst, aber sowohl während der Entwicklung als auch danach mußten zahlreiche Probleme bewältigt werden, und die Arbeit an verbesserten Modellen setzte sich bis in die Mitte der 1980er Jahre hinein fort. Die Mehrzweckvariante Mod. 1 gelangte um 1981 in Dienst und ersetzte den älteren Seezieltorpedo Mk 8, und eine Variante Mod. 2 mit verbesserter Lenkfähigkeit ist kürzlich erprobt worden. Der «Tigerfish» hat eine Länge von 6,4 m und besitzt ein kompliziertes Doppel-Drahtlenkungssystem mit automatischer, dreidimensionaler Aktiv/Passiv-Zielansteuerung. Seine maximale Reichweite beträgt bei einer Geschwindigkeit von 40 kn 11'000 m. Außerdem sind alle Einheiten der Klasse Ende der 1980er Jahre für den Abschuß der «Sub-Harpoon» umgerüstet worden.

Elektronik: Bei der Fertigstellung hatte die SWIFTSURE-Klasse eine Sonarausrüstung, die im wesentlichen der der VALIANT-Klasse glich: ein Aktiv/Passiv-«Kinn»-Sonar Typ 2001, ein passives Seitensonar Typ 2007 und ein Beobachtungssonar Typ 197. Spätere Einheiten der Klasse erhielten das Passiv/Aktiv-E-Meß- und Beobachtungssonar «PARIS» Typ 2019, eine gemeinsame englisch-niederländisch-französische Entwicklung. Auch die ersten Einheiten werden jetzt auf den Typ 2019 umgerüstet. Die Feuerleitung geschieht über das DCB-Gefechtsinformations- und Feuerleitsystem. Zur Zeit ist die Klasse mit dem Schleppsonar Typ 2026 ausgerüstet, und es ist beabsichtigt, bei allen Einheiten – mit der SUPERB 1985 als erste Einheit – das Bugsonar Typ 2001 durch den Typ 2020 zu ersetzen.

Bau: Zwischen 1973 und 1980 wurden auf der Vickers-Werft, Barrow-in-Furness, sechs Unterseeschiffe der SWIFTSURE-Klasse fertiggestellt.

Oben: Bugansicht der HMS SUPERB. Bei dieser Klasse erstreckt sich der zylindrische Teil des Druckkörpers weit nach achtern, um Spannungsprobleme zu beseitigen, die bei der VALIANT-Klasse aufgetreten waren. Die einziehbaren vorderen Tiefenruder sind an der vorderen Rumpfsektion tief angebracht, wodurch die Höhe des Turms verringert werden konnte.

HMS SWIFTSURE (S 126)

1

3

4

2

Tango-Klasse

Herkunftsland: UdSSR, erste Einheit 1972 fertiggestellt
Typ: Angriffsunterseeboot, dieselangetrieben (SS)
Wasserverdrängung: 3'200 ts aufgetaucht, 3'900 ts getaucht
Abmessungen: Länge: 92 m, Breite: 9 m, Tiefgang: 7 m
Antrieb: Dieselelektrischer Antrieb auf zwei Wellen; drei Dieselgeneratoren, zwei E-Motoren; 6'000 PSe für 15 kn aufgetaucht, 5'500 PS für 16 kn getaucht
Besatzung: 72
Geschichte: Das *Foxtrot*-Programm wurde 1968 abgeschlossen, und aus dieser Zeit stammt das Konzept eines großen Hochseeunterseebootes mit Aufklärung und Torpedoangriff als Hauptaufgabe. Die Aufmerksamkeit der sowjetischen Marine, die bis Anfang der 1960er Jahre fast ausschließlich auf die Bekämpfung von Überwasserschiffen gerichtet gewesen war, wandte sich nunmehr der U-Jagd zu. Die nuklear angetriebene *Victor*-Klasse war der erste für die U-Abwehr entworfene sowjetische Unterseeschiffstyp. Infolge der größeren Priorität, die dem Bau der SSBN der *Yankee*- und *Delta*-Klasse beigemessen wurde und die Anfang der 1970er Jahre mit einer Fertigungsrate von 5 bis 6 Einheiten pro Jahr entstanden, war jedoch das anfängliche Fertigungstempo notwendigerweise gering. Bis Ende der 1970er Jahre, als das SSBN-Programm abzuflauen begann, beschränkte sich der Bau der *Victor*-Klasse auf eine einzige Werft, und die sowjetische Marine kehrte deshalb zu ihrer gewohnten Lösung zurück, ein dieselangetriebenes Gegenstück zu entwerfen: die *Tango*-Klasse. Das neue Unterseeboot sollte eine ähnliche Waffen- und Sensorenausrüstung wie die *Victor*-Klasse besitzen, und großer Nachdruck wurde auf die Seeausdauer gelegt, um es der *Tango*-Klasse zu ermöglichen, lange Patrouillenfahrten zur Verteidigung der Bereiche sowjetischer «Bastionen» durchzuführen.
Entwurf: Im Profil ähnelt die *Tango*-Klasse sehr den ersten *Foxtrot*-Booten, aber dieser erste Eindruck täuscht. Während die *Foxtrot*-Klasse eine traditionelle, zigarrenförmige Form des Bootskörpers aufweist, die auf dem deutschen Typ XXI beruht, hat die *Tango*-Klasse eine im wesentlichen zylindrische Form des Bootskörpers und ist bei weitgehend unveränderter Länge 1,5 m breiter als die *Foxtrot*-Klasse. Außerdem erstreckt sich die zylindrische Rumpfform über die gesamte Länge des Bootes, wohingegen bei der *Foxtrot*-Klasse sich die Form des Bootskörpers zum Bug und Heck verjüngt.

Oben: Die Tango-Klasse folgte 1972 der Foxtrot-Klasse nach. Wenn sich die beiden Typen auch im Profil gleichen, so hat die Tango-Klasse doch eine breitere und modernere Form des Bootskörpers. Die hochgezogene Bugsektion wird mit zusätzlichem Stauraum für den U-Jagdflugkörper SS-N-15 und der damit verbundenen Feuerleitelektronik in Verbindung gebracht.

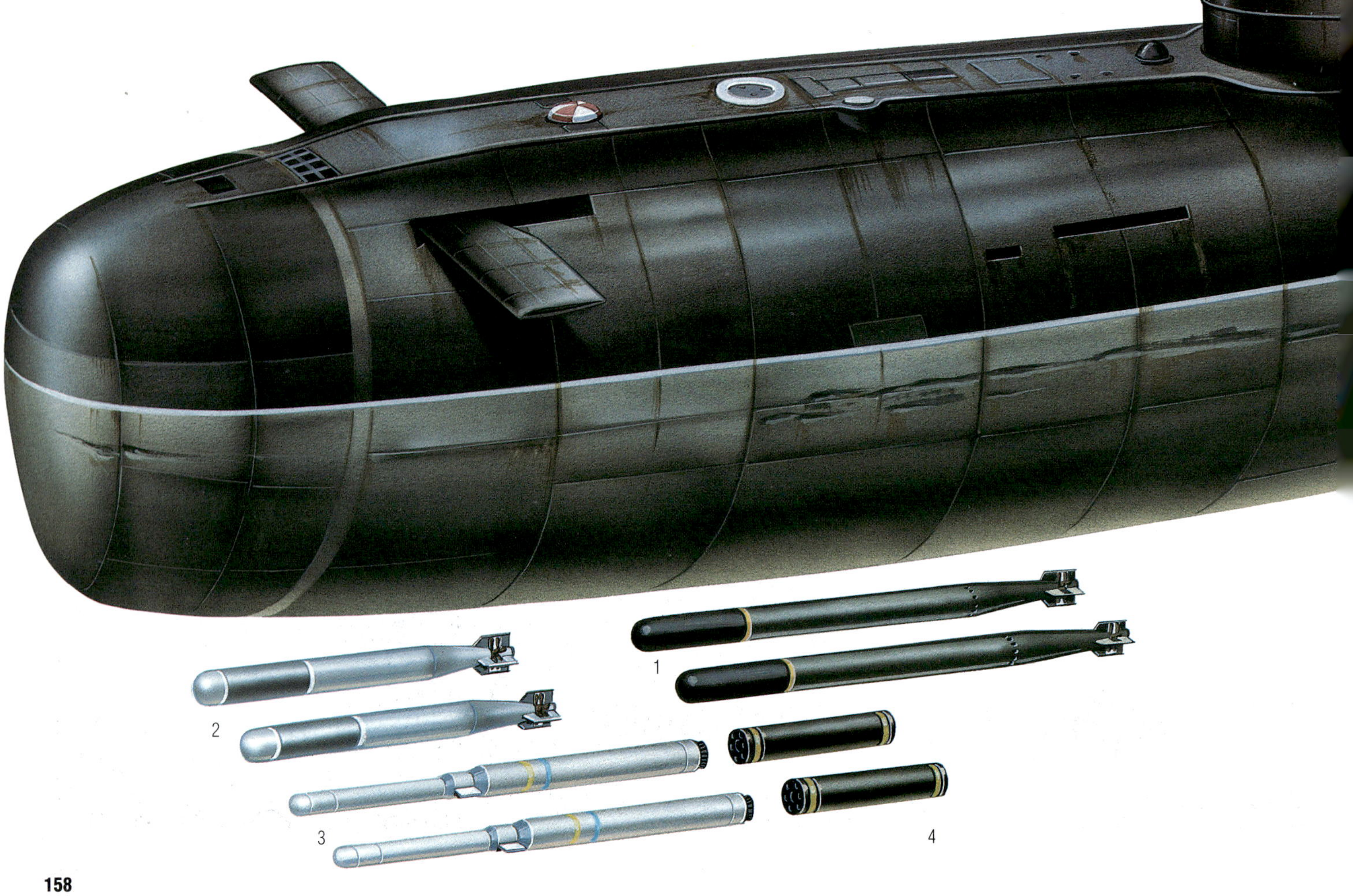

Die verbesserte Rumpfform führte zu einer beträchtlichen Zunahme des Innenvolumens, besonders in der vollgerandeten Bugsektion, wo sich das große Niederfrequenz-Bugsonar befindet. Größerer Raum war auch erforderlich, um den U-Jagdflugkörper SS-N-15 zusammen mit den notwendigen Feuerleitkonsolen unterzubringen, und gegenüber früheren sowjetischen Dieselbooten ist die Batteriekapazität wesentlich gesteigert worden, um eine verbesserte Ausdauer unter Wasser zu erreichen. Das Ergebnis ist ein Unterseeboot mit einer um 50 % größeren Wasserverdrängang als die *Foxtrot*-Klasse. Bei der Antriebsanlage sowie bei der Lage und Anzahl der Torpedorohre gibt es einige Unterschiede. Amerikanische Quellen gehen im allgemeinen von einer ähnlichen Anordnung wie bei der *Foxtrot*-Klasse aus: ein Diesel- und ein E-Motor auf jeder der drei Wellen sowie vier Heckrohre. Andere westliche Quellen sprechen jedoch von einer Zwei-Wellen-Anordnung mit drei Dieselgeneratoren und zwei E-Motoren sowie allen Torpedorohren im Bug. Diese Anordnung gleicht mehr der der *Victor*-Klasse und scheint daher, unter der Voraussetzung, daß Auftrag und Waffensysteme der beiden Typen ziemlich identisch sind, logischer zu sein. Besondere Betonung ist auf Geräuscharmut gelegt worden, und bei E-Motorenbetrieb ist die *Tango*-Klasse besonders geräuscharm. Anstelle der zahlreicheren kleinen Flutschlitze bei der *Foxtrot*-Klasse sind langgestreckte Flutöffnungen vorhanden, der größte Teil der Decksausrüstung ist versenkt worden, und der Bootskörper ist mit einer sonar-absorbierenden Gummimischung überzogen.

Bewaffnung: Die sechs (möglicherweise acht) Bugrohre sind sämtlich vom Standardkaliber 53,3 cm. Aus ihnen können Seezieltorpedos – konventionell oder mit nuklearem Gefechtskopf –, U-Jagdtorpedos mit akustischer Zielansteuerung und der U-Jagdflugkörper SS-N-15 mit nuklearem Gefechtskopf verschossen werden. Es gibt einen verhältnismäßig großen Stauraum für vermutlich 16–18 Flugkörper und Torpedos. Noch existiert kein Beweis für die Annahme, daß die Boote auf das große 65-cm-Rohr umgerüstet werden, aber unter der Voraussetzung, daß die Hauptaufgabe der *Tango*-Klasse die U-Jagd ist, muß dies als Möglichkeit für die Zukunft in Betracht gezogen werden, sobald die Atom-U-Schiffe (die vermutlich Priorität erhalten haben) modifiziert worden sind.

Sensoren: Die *Tango*-Klasse hat ein großes Niederfrequenz-Aktiv/Passiv-Bugsonar – wahrscheinlich dasselbe Modell wie bei der *Victor*-Klasse – und vermutlich eine starre, winkelgetreue Passiv-Sonaranlage längs des Bootskörpers. Die Ausrüstung der Sensormasten entspricht dem Standard, aber es gibt zwischen den ersten und späteren Booten der Klasse geringe Unterschiede. Sie besitzen alle ein Beobachtungs- und ein Angriffssehrohr, ein «Snoop Tray»-Seeraumüberwachungsradar, einen «Quad Loop»-Kurzwellenpeiler sowie Antennen für HF- und VHF-Fernmeldeverbindungen. Die ersten Boote haben eine «Stop Light»-ESM-Anlage, aber die späteren Einheiten erhielten die modernere «Brick Pulp»-Antenne, die ein Merkmal der sowjetischen Atom-Untersee-Schiffe der *Victor*-Generation ist.

Bau: Zwischen 1972 und 1982 wurden auf der Inlandswerft von Gorkij 19 Einheiten der *Tango*-Klasse fertiggestellt, aber die Fertigung ist offensichtlich zugunsten der *Kilo*-Klasse eingestellt worden.

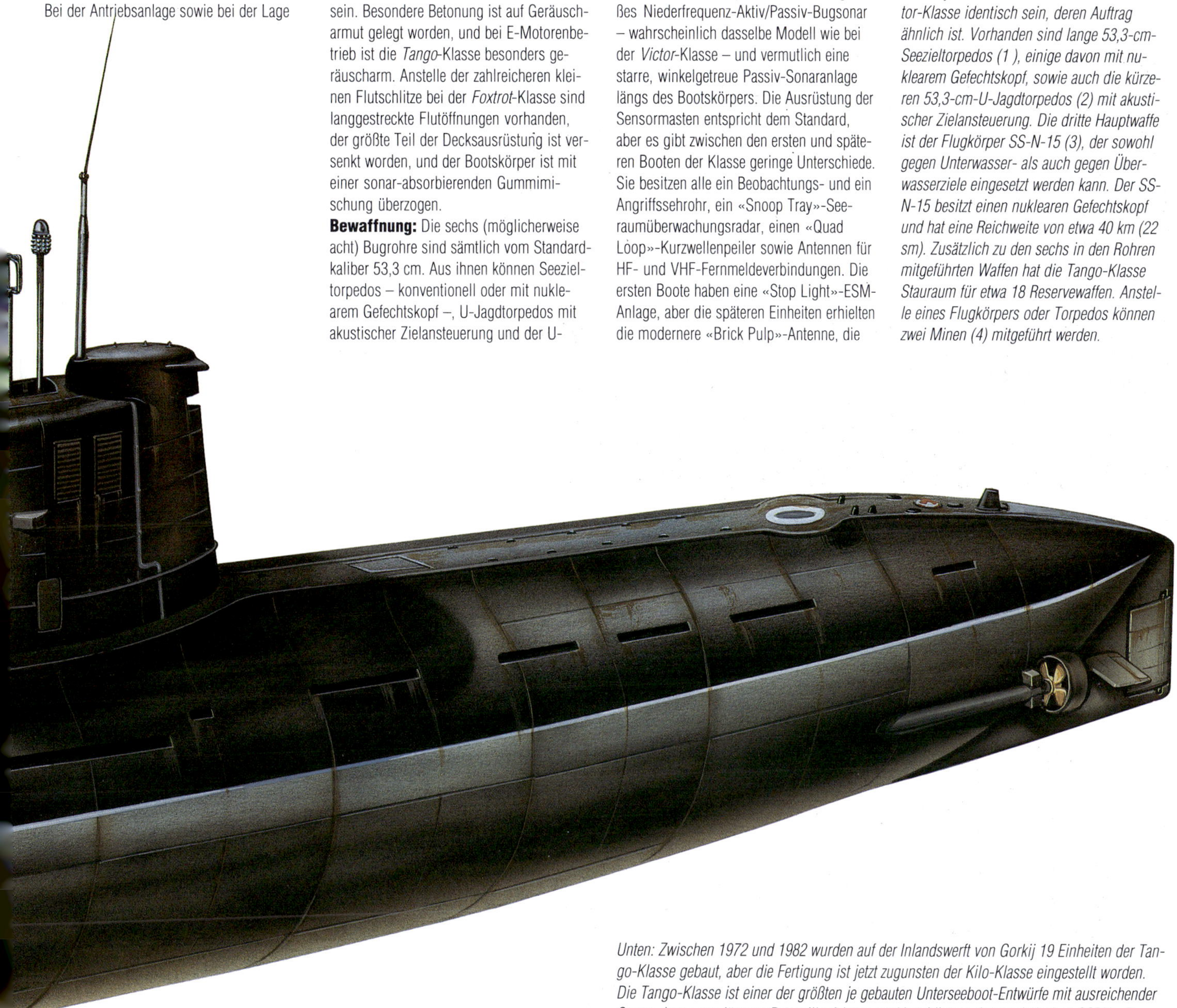

Unten: Die Tango-Klasse besitzt sechs (möglicherweise acht) 53,3-cm-Bugrohre, aber noch keine neuen 65-cm-Rohre und auch keine Heckrohre wie bei der früheren Foxtrot-Klasse. Die mitgeführten Waffen sollen mit jenen der ersten Einheiten der Victor-Klasse identisch sein, deren Auftrag ähnlich ist. Vorhanden sind lange 53,3-cm-Seezieltorpedos (1), einige davon mit nuklearem Gefechtskopf, sowie auch die kürzeren 53,3-cm-U-Jagdtorpedos (2) mit akustischer Zielansteuerung. Die dritte Hauptwaffe ist der Flugkörper SS-N-15 (3), der sowohl gegen Unterwasser- als auch gegen Überwasserziele eingesetzt werden kann. Der SS-N-15 besitzt einen nuklearen Gefechtskopf und hat eine Reichweite von etwa 40 km (22 sm). Zusätzlich zu den sechs in den Rohren mitgeführten Waffen hat die Tango-Klasse Stauraum für etwa 18 Reservewaffen. Anstelle eines Flugkörpers oder Torpedos können zwei Minen (4) mitgeführt werden.

Unten: Zwischen 1972 und 1982 wurden auf der Inlandswerft von Gorkij 19 Einheiten der Tango-Klasse gebaut, aber die Fertigung ist jetzt zugunsten der Kilo-Klasse eingestellt worden. Die Tango-Klasse ist einer der größten je gebauten Unterseeboot-Entwürfe mit ausreichender Seeausdauer, um längere Patrouillenfahrten zur Verteidigung der sowjetischen SSBN-«Bastionen» im Bereich der Nord- und der Pazifikflotte zu unternehmen.

Typ *TR-1700*

Herkunftsland: Exportentwurf von Thyssen (Bundesrepublik Deutschland), erste Einheit 1984 fertiggestellt
Typ: Angriffsunterseeboot, dieselangetrieben (SS)
Wasserverdrängung: 2'115 ts aufgetaucht, 2'265 ts getaucht
Abmessungen: Länge: 66 m, Breite: 7,3 m, Tiefgang: 6,5 m
Antrieb: Dieselelektrischer Antrieb auf eine Welle; vier Dieselgeneratoren MTU 16V652 MB80 zu je 1'475 PSe, ein Siemens-E-Motor; 5'900 PSe für 13 kn aufgetaucht, 8'970 PS für 25 kn getaucht
Besatzung: 29
Geschichte: Bis in die Mitte der 1970er Jahre hatte die Werft Thyssen-Nordseewerke (früher Rheinstahl) in Emden Unterseeboote nach IKL-Entwürfen gebaut. Zwischen 1964 und 1967 wurden 15 Unterseeboote vom Typ *207* (KOBBEN-Klasse) für Norwegen fertiggestellt, und in der Folge gingen Aufträge für zehn von den 15 Booten des Typs *206* für die deutsche Bundesmarine ein, deren letzte Einheit 1975 fertiggestellt wurde. Im September 1973 hob die WEU die Obergrenze der Wasserverdrängung für auf deutschen Werften zu bauende Unterseeboote auf 1'800 ts Standardverdrängung an, und Thyssen nutzte diese Vertragsänderung voll aus, um ein Hochleistungs-Unterseeboot für die hohe See zu entwerfen, das bei den Ländern der Dritten Welt Anklang finden konnte, die bestrebt waren, ihre älteren, ehemals amerikanischen «Guppy»-Boote durch solche moderner Konstruktion zu ersetzen. Im Gegensatz zum gelungenen IKL-Typ *209*, der im wesentlichen eine Vergrößerung der für die deutsche Bundesmarine gebauten Küstenunterseeboote vom Typ *205/206* darstellte, wurde der Typ *TR-1700* vom Kiel an neu entworfen. Bootskörper und Antriebsanlage sind deutschen Ursprungs, aber auch die besten Erzeugnisse ausländischer Technologie sind einbezogen worden. Die Ausrüstung ist flexibel gehalten, um Kundenwünschen entgegenzukommen, und der Entwurf selbst ist in der Größe sowohl nach oben *(TR-1700A)* als auch nach unten *(TR-1400* und *TR-1000)* entwickelt worden. Aber der einzige Auftrag, der bisher eingegangen ist, kam von Argentinien, das 1977 vier Boote vom Typ *TR-1700* bestellte. Das erste Paar sollte in Deutschland und das zweite Paar unter Lizenz gebaut werden.
Ein Auftrag für zwei kleinere *TR-1400* – ebenfalls für Argentinien – wurde 1982 zugunsten zweier weiterer in Lizenz zu bauender *TR-1700* widerrufen.

Entwurf: Der Typ *TR-1700* weist Einhüllen-Bauweise auf. Der 48 m lange Druckkörper – mit Ausnahme einer kurzen, sich verjüngenden Sektion achtern durchweg von einheitlichem Durchmesser – besteht aus hochfestem Stahl für eine Tauchtiefe von 300 m. Er ist vorn durch einen halbkugelförmigen und achtern durch einen ebenen Endboden verschlossen. Sein Inneres ist in drei Sektionen eingeteilt, getrennt durch zwei weitere Querschotte. Die vordere Sektion weist drei Ebenen auf: über dem Torpedostauraum liegt der Offiziersraum und darunter der vordere Batterieraum. In der Mittschiffssektion befindet sich die Operationszentrale über dem Mannschaftsraum mit Innenzellen darunter. Eine Schleusenkammer im Turm erlaubt den Ausstieg von Tauchern aus dem getauchten Unterseeboot. Die achtere Sektion, die mehr als die halbe Länge des Druckkörpers einnimmt, beherbergt die ungewöhnlich leistungsstarke Antriebsanlage und die Hilfsmaschinen. Der Schaltraum befindet sich in der vorderen Abteilung, gefolgt von einer langen Mittelabteilung mit den vier MTU-Dieselgeneratoren auf der oberen Ebene und dem achteren Batterieraum darunter. Die dritte Abteilung enthält den großen Siemens-Doppelanker-E-Motor, der 8'000 PS Dauerleistung und 8'970 PS

Oben: SANTA CRUZ, das erste für die argentinische Marine fertiggestellte Boot vom Typ TR-1700. Eine zweite in Deutschland gebaute Einheit wurde 1985 abgeliefert, und gegenwärtig sind auf einer speziell entworfenen Werft in Buenos Aires drei weitere Boote im Bau.

Typ TR-1700: SANTA CRUZ (argentinisches S 33)

für kurze Zeit liefern kann. Dies verleiht dem Typ *TR-1700* eine Höchstgeschwindigkeit unter Wasser von 25 kn. Den elektrischen Strom liefern acht Varta-Batteriebänke zu je 120 Zellen. Weitgehende Automatisierung ermöglichte ein Verringern der Besatzung auf 29 Mann, eine geringe Zahl für ein Boot, das in der Größe der britischen UPHOLDER- oder der niederländischen ZEELEEUW-Klasse nahekommt. Die SAGEM-Tiefensteuerung wird von einer Einmannkonsole aus bedient. In Abkehr von den IKL-Entwürfen sind die vorderen Tiefenruder am Turm angebracht; sie werden durch die Steuerflächen in Form eines Ruderkreuzes ergänzt.

Bewaffnung: Es sind sechs 53,3-cm-Bugtorpedorohre vorhanden, angeordnet in zwei Reihen zu je drei. Im geräumigen Stauraum können 16 Reservetorpedos untergebracht werden. Die argentinische Marine hat gegenwärtig den deutschen drahtgelenkten Seezieltorpedo SST-4 und den amerikanischen kurzen U-Jagdtorpedo Mk 37 C in Gebrauch. Ernste Budgetbeschränkungen machen es unwahrscheinlich, daß in absehbarer Zeit modernere Torpedos angeschafft werden könnten, obwohl der Typ *TR-1700* für den Einsatz der gesamten Bandbreite international verfügbarer Typen entworfen worden ist.

Elektronik: In die argentinischen Boote wurde eine integrierte aktive Angriffs- und passive Such/Beobachtungs/E-Meß-Sonarausstattung eingebaut. Die genaue Identität dieser Ausrüstung ist nicht bekannt, aber es scheint, daß es sich um eine Weiterentwicklung der Mehrfachfunktionsanlage Krupp-Atlas CSU 3-4 handelt, mit der kürzlich andere deutsche Export-U-Boote ausgestattet worden sind. Das HSA-SINBADS-Gefechtsinformations- und Feuerleitsystem ist mit einem SAGEM-Auswertetisch verbunden. Zu den Mastsensoren gehören Kollmorgen-Beobachtungs- und Angriffssehrohr, Überwachungsradar und passive ESM-Anlage.

Bau: Die ersten beiden Einheiten für Argentinien wurden 1984/85 bei den Nordseewerken in Emden fertiggestellt. Bei den vier in Argentinien in Lizenz zu bauenden Einheiten ist der Baufortschritt gering, und die prekäre finanzielle Lage hat zu Gerüchten geführt, daß die Boote «von der Helling weg» verkauft werden sollen. Die erste Einheit wurde Ende 1983 auf Kiel gelegt; die Arbeiten an der dritten begannen 1985.

Oben: Eines der argentinischen Boote vom Typ TR-1700 bei den Nordseewerken, Emden, im Bau. Im Gegensatz zu anderen deutschen Export-U-Boot-Entwürfen wurde der Typ TR-1700 vom Kiel an als Hochseeboot mit guten Langstreckeneigenschaften entworfen. Eine Höchstgeschwindigkeit unter Wasser von 25 kn kann für kurze Zeit gehalten werden. Beachte den großen Propeller unter dem Segeltuchbezug.

Links: Der Typ TR-1700 besitzt sechs 53,3-cm-Bugtorpedorohre. An Torpedos sind gegenwärtig bei der argentinischen Marine in Gebrauch: der Schwergewichtstorpedo SST-4 (unten), eine Exportentwicklung des drahtgelenkten Schwergewicht-Seezieltorpedos «Sea Eel», und der amerikanische kurze U-Jagdtorpedo Mk 37C (oben), ebenfalls mit Drahtlenkung. Es ist noch nicht klar, ob die argentinische Marine den moderneren SUT-Torpedo gegen Über- und Unterwasserziele zu kaufen versuchen wird.

TRAFALGAR-Klasse

Herkunftsland: Großbritannien, erste Einheit 1983 fertiggestellt
Typ: Angriffs-U-Schiff, nuklear angetrieben (SSN)
Wasserverdrängung: 4'800 ts aufgetaucht, 5'300 ts getaucht
Abmessungen: Länge: 85,4 m, Breite: 10,1 m, Tiefgang: 8,2 m
Antrieb: Ein druckwassergekühlter Reaktor PWR 1, Getriebe-Dampfturbinen antreibend; Pumpenstrahlantrieb (siehe «Entwurf»); 15'000 WPS für maximal 28–30 kn
Besatzung: 98
Geschichte: Im Einsatz erwies sich die SWIFTSURE-Klasse als besonders gelungen. Der nachfolgende Entwurf, die TRAFALGAR-Klasse, behielt deshalb dieselbe Grundform des Bootskörpers und seine Anordnung bei. Zwischen den beiden Entwürfen lag jedoch ein Zeitraum von etwa sechs Jahren, und in dieser Zeit hatte es bei den elektronischen und akustischen Ortungsmethoden mehrere bedeutende Fortschritte gegeben. Die TRAFALGAR-Klasse mußte deshalb die neuesten geräuschdämpfenden Maßnahmen aufnehmen und sollte mit einer neuen Generation an Unterwassersensoren ausgerüstet werden.
Entwurf: Die TRAFALGAR-Klasse ist etwa 2,5 m länger als die SWIFTSURE-Klasse, und die Verdrängung unter Wasser hat um 800 ts zugenommen, was darauf hindeutet, daß wesentlich mehr an zusätzlicher Ausrüstung in den Entwurf eingearbeitet wurde. Die Form des Bootskörpers und die innere Anordnung sind bei beiden U-Schiffstypen ziemlich identisch, aber eine Reihe von detaillierten Verbesserungen sind vorgenommen worden. Die wichtigsten Änderungen betreffen die Antriebsanlage. Der Reaktor zeichnet sich durch einen neuen Kern (Kern Z) mit einer längeren Lebensdauer als frühere Typen aus. Die gesamte Hauptantriebs- und Hilfsmaschinenanlage einschließlich der Turbinen, des Untersetzungsgetriebes, der Pumpen und der Kondensatoren ist wie bei der SWIFTSURE-Klasse auf «Rosten» gelagert. Bei der TRAFALGAR-Klasse jedoch ist der «Rost» an Querschotten aufgehängt und nicht am Rumpf angebracht, um eine wirksamere Isolierung zu erreichen. Der natürliche Kreislauf über Wassereinlässe in den Anströmkanten der waagerechten Steuerflächen des Ruderkreuzes ist beibehalten worden, und die Reaktorkühlpumpen sind nur bei höheren Fahrtstufen erforderlich. Anstelle des konventionellen, siebenflügeligen Propellers der SWIFTSURE-Klasse verwendet die TRAFALGAR-Klasse einen Düsenpumpenstrahlantrieb. Pumpenstrahlantriebe, die bereits zum Antrieb von Torpedos wie den amerikanischen Mk 48 Verwendung gefunden haben, bestehen aus einem einzigen, mehrflügeligen Rotor, der sich verhältnismäßig langsam gegen Statorschaufeln in einer Düse dreht. Tatsächlich ist der Pumpenstrahlantrieb ein hellsingender Propeller mit niedriger Umdrehungszahl. Pumpenstrahlantriebe sind bedeutend geräuschärmer als konventionelle Propeller, aber ihr Einbau bringt eine beträchtliche Gewichtssteigerung mit sich. Bei der TRAFALGAR-Klasse kann dies zum großen Teil infolge des ungewöhnlichen 45°-Winkels aufgefangen werden, in dem sich der Schwanzkonus verjüngt und wodurch am Heck des Unterseeschiffes ein zusätzlicher Auftrieb entsteht. Wie verlautet, soll auch der neue SEAWOLF-Entwurf (SSN-21) der US-Marine Pumpenstrahlantrieb besitzen. Die Entwicklung des britischen Pumpenstrahlantriebs konnte zum Einbau an Bord der TRAFALGAR selbst nicht rechtzeitig beendet werden; sie besitzt daher eine ähnliche Wellenanordnung wie die SWIFTSURE-Klasse. Von der zweiten Einheit dieser Klasse, der TURBULENT, wird angenommen, daß sie das erste mit diesem System ausgerüstete U-Schiff der Royal Navy ist. Eine weitere Neuerung bei der TRAFALGAR-Klasse ist die Einführung von echolosen Fliesen am Bootskörper, um die akustische Signatur zu verringern.
Bewaffnung: Die Torpedoabschuß- und bedienungsanordnungen der TRAFALGAR-Klasse entsprechen denen der SWIFTSURE-Klasse: fünf 53,3-cm-Rohre achteraus des Bugsonars, davon je zwei seitlich und eines im Schiffsboden. Von Anfang an wurde die TRAFALGAR-Klasse für den Abschuß der Mehrzweckvariante Mod. 1 des Torpedos Mk 24 «Tigerfish» ausgerüstet, der um 1981 in Dienst kam. Dadurch erhielt diese Klasse eine homogene Torpedoausstattung und konnte auf den älteren Seezieltorpedo Mk 8 verzichten. Alle «Tigerfish»-Torpedos sollen in Kürze auf den Standard der Variante Mod. 2 mit verbesserter Lenkung gebracht werden. Die TRAFALGAR-Klasse führt auch den Flugkörper «Sub-Harpoon», für den sie seit der Fertigstellung ausgerüstet worden ist. Eine weitere mögliche Waffe ist die «Stonefish»-Mine, von Marconi Underwater Systems zur Verwendung aus einem 53,3-cm-Torpedorohr entwickelt. «Stonefish» ist eine programmierbare Mine, die neueste Mikroprozessorentechnik zur Zielbeurteilung nutzt. Sie ist in Modulbauweise konstruiert und kann entsprechend der erwarteten Wassertiefe mit einem 300- oder 600-kg-Gefechtskopf versehen werden.

Unten: TURBULENT, die zweite Einheit der TRAFALGAR-Klasse, soll das erste U-Schiff sein, das anstelle eines konventionellen Propellers mit Pumpenstrahlantrieb ausgerüstet ist.

Rechts: Die TRAFALGAR-Klasse besitzt fünf 53,3-cm-Torpedorohre, direkt achteraus des Bugs gelegen, und ist mit dem Torpedo Mk 24 «Tigerfish» (1) bewaffnet, der jetzt Mehrzweckfähigkeit aufweist. Diese Klasse wurde auch von Anfang an zum Mitführen des Seeziel-FK «Sub-Harpoon» (2) ausgerüstet, der sich für den Abschuß aus einem Torpedorohr in einer Kapsel befindet. Außerdem können Minen verschiedenen Typs mitgeführt werden, darunter die programmierbaren Minen «Stonefish» (3) und «Sea Urchin» (4), die von Marconi Underwater Systems entwickelt worden sind.

Oben: TRAFALGAR, das Typschiff der Klasse, ist im wesentlichen eine verbesserte SWIFTSURE, von der sie sich äußerlich kaum unterscheidet. Zu den Verbesserungen gehören ein neuer Reaktorkern von langer Lebensdauer, ein mit echolosen Fliesen überzogener Rumpf und eine neue Sensorengeneration. Wie bei den SSN der US-Marine befindet sich das Sonar Typ 2020 im Bug, und die Torpedorohre liegen seitwärts abgewinkelt achteraus davon. Der einziehbare Sonardom vor dem Turm ist ein Beobachtungssonar Typ 2019.

Elektronik: Die Einheiten der TRAFALGAR-Klasse sind die ersten U-Schiffe der Royal Navy, die bei der Fertigstellung mit dem modernen Sonar Typ 2020 ausgerüstet werden. Typ 2020 ist ein passives Niederfrequenz-Sonar, entwickelt aus dem Typ 2016 für Überwasserschiffe, mit dem die Fregatten der BROADSWORD-Klasse ausgerüstet sind. Es hat eine elektronische Abtastung und besitzt einen 360°-Erfassungsbereich. Typ 2020 ersetzt jetzt die «Kinn»-Basis Typ 2001 in früheren SSN der Royal Navy. Neben dem Typ 2020 ist die TRAFALGAR-Klasse mit einem passiven Flanken-Sonar Typ 2007, einem Beobachtungssonar Typ 2019 und dem Schleppsonar Typ 2026 ausgerüstet. Letzteres hat die Fähigkeiten zur Ortung auf große Entfernung und zur Zielverfolgung beträchtlich verbessert. Außerdem ist ein DCB-Gefechtsinformations- und Feuerleitsystem vorhanden.

Bau: Seit 1983 sind vier Einheiten der TRAFALGAR-Klasse fertiggestellt worden. Drei weitere U-Schiffe dieser Klasse sind im Bau, aber danach wird es im SSN-Bauprogramm für die Royal Navy eine Pause geben, damit die neuen «Trident»-U-Schiffe der VANGUARD-Klasse gebaut werden können.

HMS TRAFALGAR (S 107)

Herkunftsland: Bundesrepublik Deutschland, erste Einheit 1971 fertiggestellt
Typ: Küstenunterseeboot, dieselangetrieben (SSC)
Wasserverdrängung: 456 ts aufgetaucht, 500 ts getaucht
Abmessungen: Länge: 45,6 m, Breite: 4,6 m, Tiefgang: 4,3 m
Antrieb: Dieselelektrischer Antrieb auf eine Welle; zwei MTU-Dieselmotoren 12V493AZ zu je 600 PSe, ein Siemens-E-Motor; 1'200 PSe für 10 kn aufgetaucht, 2'300 PS für 17,5 kn getaucht
Besatzung: 21
Geschichte: Unmittelbar nach dem Krieg war Deutschland der Bau von Unterseebooten verwehrt. Später legte die WEU für den Unterseebootbau eine Obergrenze von 350 ts fest, und nur der konventionelle dieselelektrische Antrieb war gestattet. Diese Beschränkungen nahmen die Erfindungsgabe der deutschen Konstrukteure voll in Anspruch; sie wurden gezwungen, die Entwurfskonzepte für Unterseeboote von Grund auf zu überdenken. Da die neuen Unterseeboote hauptsächlich für den Einsatz in der Ostsee bestimmt waren, erhielt die Seeausdauer eine geringe Priorität. Außerdem sind die akustischen Bedingungen in diesen flachen Gewässern schlecht. Weitreichende Hochleistungssensoren waren deshalb von begrenztem Wert. Erforderlich war ein kleines, bewegliches Unterseeboot, das imstande war, lange Zeit auf Schnorcheltiefe zu fahren, und einen leistungsfähigen Torpedorohrsatz besaß, um mit den vielen Zielen zurechtzukommen, die im Falle eines amphibischen Landungsversuches durch die Streitkräfte des Warschauer Paktes erwartet werden konnten. Der allererste Entwurf eines Angriffs-U-Bootes, der Typ *201*, führte schnell zu Problemen, als herausgefunden wurde, daß der beim Bau der ersten drei Boote verwendete antimagnetische Stahl stark korrosionsanfällig war. Die Fertigung der letzten neun Boote dieser Klasse wurde deshalb als Typ *205* weitergeführt. 1962 wurde die Tonnagegrenze auf 450 ts angehoben, und die deutsche Bundesmarine griff nach dem Entwurf einer verbesserten Klasse, dem Typ *206*, der alle Erfahrungen mit den früheren Booten einbezog und Verbesserungen an Sensoren und Waffen einschloß.
Entwurf: Der Entwurf der Bootskörper der Typen *201, 205* und *206* beruhte auf dem des Kriegstyps XXIII. Die Notwendigkeit, die Wasserverdrängung auf ein Mindestmaß zu beschränken, erforderte eine Einhüllen-Bauweise, wobei sich die Haupttauchzellen vorn und achtern befinden. Der große Turmaufbau, der an seinem vorderen Ende einen ins Auge fallenden Kommandoturm aufweist, ist teilweise ein Zugeständnis an das Erfordernis des Überwassertransits in Friedenszeiten, ist aber auch erforderlich, um eine volle Ausstattung an einziehbaren Sensormasten unterzubringen. Der Bug ist von fast kreisrundem Querschnitt und ermöglicht eine Ausrüstung mit acht Bugrohren großen Kalibers des «Ausschwimm»-Typs. Dieses Torpedoablaufverfahren spart Gewicht, da die Torpedoausstoßverfahren größeren Raum und einen größeren Energiebedarf beanspruchen. Dabei werden die Rohre von der Mündung her geladen, so daß der für das Verstauen der Torpedos und Bedienen der Rohre normalerweise erforderliche Raum als Wohnraum für die Besatzung genutzt werden kann. In der vorderen Bootshälfte ist eine Ein-Deck-Anordnung vorhanden, und direkt hinter den Mannschaftsräumen befindet sich die Zentrale mit den Batterieräumen darunter. Die von der Fa. Varta in Hagen für diese Unterseeboote entwickelten Silber-Zink-Batteriezellen besitzen die doppelte Kapazität anderer Batteriezellen und können schnell aufgeladen werden. Die Folge sind kürzere Schnorchelzeiten, wodurch sich die Beanspruchung der Besatzung verringert und die Ortung des Unterseebootes erschwert wird. Eine besonders sinnreiche Lösung wurde für schnell reagierende Steuerflächen gefunden. Die vorderen Tiefenruder sind gekrümmt und voll einfahrbar; sie können sowohl zum Herstellen der Tauchlage als auch der Auftauchlage eingesetzt werden. Die achteren Tiefenruder sind in die Stabilisierungsflosse einbezogen. Achteraus des einzigen Propellers befindet sich das Ruder.
Bewaffnung: Die acht Bugrohre haben das Kaliber 66 cm, schießen aber 53,3-cm-Torpedos. Die ersten deutschen Nachkriegstorpedos waren freilaufend, aber der Typ *206* wurde entworfen, um eine neue Generation drahtgelenkter Torpedos zu verwenden. «Seeaal» («Sea Eel»), ein Schwergewicht-Seezieltorpedo, ist 6,4 m lang und hat eine Reichweite von 7 sm bei 35 kn; «Seeschlange», ein U-Jagdtorpedo, beruht auf dem amerikanischen Mk 37, hat eine Länge von 4 m und eine Reichweite von 3,5 sm. Beide Torpedos verwenden elektrischen Antrieb,

Typ 206 der deutschen Bundesmarine: EMDEN (U 16)

aber in der U-Jagdvariante ersetzt ein 3-D-Sonar die Hälfte der Batteriekapazität. «Seeaal» und «Seeschlange» sind jetzt durch den Schwergewichtstorpedo SUT mit einer Länge von 6,7 m abgelöst worden, der sowohl Über- als auch Unterwasserziele bekämpfen kann. Zusätzlich zu den Torpedos können diese Unterseeboote 24 Minen in GFK-Schächten, beiderseits am Bootskörper (Minengürtel) angebracht, mitführen.

Sensoren: Der Typ *206* besitzt eine umfassende Sonarausrüstung, bestehend aus einem Passiv-Sonar AN 5039A1, einem Aktiv-E-Meß-Sonar AN 410A4 und einem französischen Feuerleit-Sonar DUUX 2. Auch ein Gefechtsinformations- und Feuerleitsystem HSA Mk 8 ist vorhanden. Zwölf der 18 Einheiten dieser Klasse werden, beginnend 1989, einer umfassenden Modernisierung unterzogen. Dabei wird die ursprüngliche Sonarausrüstung durch das integrierte Sonarsystem Krupp-Atlas CSU 83 (NATO-Bezeichnung DBQS-21) und das Kampfsystem HSA Mk 8 durch das SLW 83 ersetzt.

Bau: Zwischen 1971 und 1974 wurden – teils bei HDW, Kiel, und teils bei den Rheinstahl-Nordseewerken, Emden – 18 Einheiten des Typs *206* fertiggestellt.

Oben: U 29, die letzte von 18 für die deutsche Bundesmarine gebauten Einheiten. Der Typ 206 ist ein sinnreicher Entwurf, der die Nachkriegs-Vertragsbeschränkungen zum Vorteil genutzt hat. Die Klasse hat sich nicht nur im Dienst der Bundesmarine als gelungen erwiesen, sondern ist auch die Grundlage für den Entwurf Typ 209, der in den vergangenen 15 Jahren den Exportmarkt beherrscht hat.

Links: Die Unterseeboote des Typs 206 besitzen nicht weniger als acht Bugrohre großen Kalibers des Ablauftyps. Ursprünglich führten diese Boote eine Mischung aus Schwergewicht-Seezieltorpedos «Seeaal» und kurzen U-Jagdtorpedos «Seeschlange»; beide verwendeten Doppel-Drahtlenkung. Sie sind jetzt durch den abgebildeten Schwergewichtstorpedo SUT ersetzt worden, der sowohl gegen Über- als auch gegen Unterwasserziele eingesetzt werden kann. Infolge der geringen Größe hat der Typ 206 keine Reservetorpedos an Bord. Hingegen ist speziell für diesen Typ ein Gürtel aus GPK-Schächten entwickelt worden. In diesem Minengürtel können 24 Minen mitgeführt werden.

Typ *209*

Herkunftsland: Bundesrepublik Deutschland, IKL-Exportentwurf, erste Einheit 1971 fertiggestellt
Typ: Angriffsunterseeboot, dieselangetrieben (SS)
Wasserverdrängung:
Typ 209/0: 1'105 ts aufgetaucht, 1'230 ts getaucht;
Typ 209/1: 1'180 ts aufgetaucht, 1'290 ts getaucht;
Typ 209/2: 1'260 ts aufgetaucht, 1'390 ts getaucht;
Typ 209/3: 1'320 ts aufgetaucht, 1'440 ts getaucht
Abmessungen: *Typ 209/0:* Länge: 54,4 m; *Typ 209/1:* Länge: 56,1 m; *Typ 209/2:* Länge: 59,5 m; *Typ 209/3:* Länge: 61 m; *alle Varianten:* Breite: 6,2 m, Tiefgang: 5,5 m
Antrieb: Dieselelektrischer Antrieb auf eine Welle; vier MTU-Dieselgeneratoren 12V493 TY 60 zu je 600 PSe, ein Siemens-E-Motor; 2'400 PSe für 11 kn aufgetaucht, 5'000 PS für maximal 22 kn getaucht
Besatzung: 30-33
Geschichte: Die Fertigstellung des Unterseeboot-Programms Typ *201/205* für die deutsche Bundesmarine Ende der 1960er Jahre fiel zeitlich mit der Fertigstellung von 15 Einheiten des ähnlichen Typs *207* (KOBBEN-Klasse) für Norwegen zusammen. Die deutschen Werften, die ihre Entwurfs- und Baufähigkeit auf ein verhältnismäßig hohes Niveau gebracht hatten, sahen sich einer künftigen Auftragsverknappung gegenüber und waren gezwungen, sich dem Exportmarkt zuzuwenden. Die WEU-Vertragsbeschränkungen bestanden weiterhin bis zu maximal 1'000 ts Wasserverdrängung (Standard). Die Konstrukteure des Ingenieurkontors Lübeck (IKL) erarbeiteten zusammen mit den Howaldtswerken-Deutsche Werft den Entwurf für eine vergrößerte Version des Küstenunterseebootes Typ *205,* das die Technologie, entwickelt für das eigene Unterseeboot-Programm der deutschen Marine, aufnehmen sollte. Der Entwurf erwies sich für Länder der Dritten Welt mit begrenzten Budgets als besonders attraktiv, und der Typ *209* ist von nicht weniger als 12 Marinen – sowohl für den Bau in Deutschland als auch unter Lizenz – bestellt worden.
Entwurf: Der Typ *209* weist viele Gemeinsamkeiten mit den Unterseebooten vom Typ *205* und *206* auf, die bei der deutschen Bundesmarine in Dienst stehen. Dazu gehören die Einhüllen-Bauweise, acht Ablauftorpedorohre in einer breiten, kreisförmigen Anordnung, Ein-Wellen-Antrieb mit einem fünfflügeligen Propeller und im festen Winkel angebrachte, einfahrbare vordere Tiefenruder. Die Erhöhung der Wasserverdrängung ist voll ausgenutzt worden, um die Boote mit einem vergrößerten Turm, größerem Stauraum für Torpedonachladungen und mit einer stärkeren Antriebsanlage auszustatten. Den Strom für die Generatoren liefern vier MTU-Dieselmotoren, und der

Oben: Typ 209 ist der erfolgreichste Exportentwurf der Nachkriegszeit. Nicht weniger als 31 Einheiten – darunter im Bild die kolumbianische ISLAY – sind in der Bundesrepublik Deutschland bei HDW in Auftrag gegeben worden, und weitere 10 sind mit deutscher technischer Unterstützung in Lizenz gebaut worden.

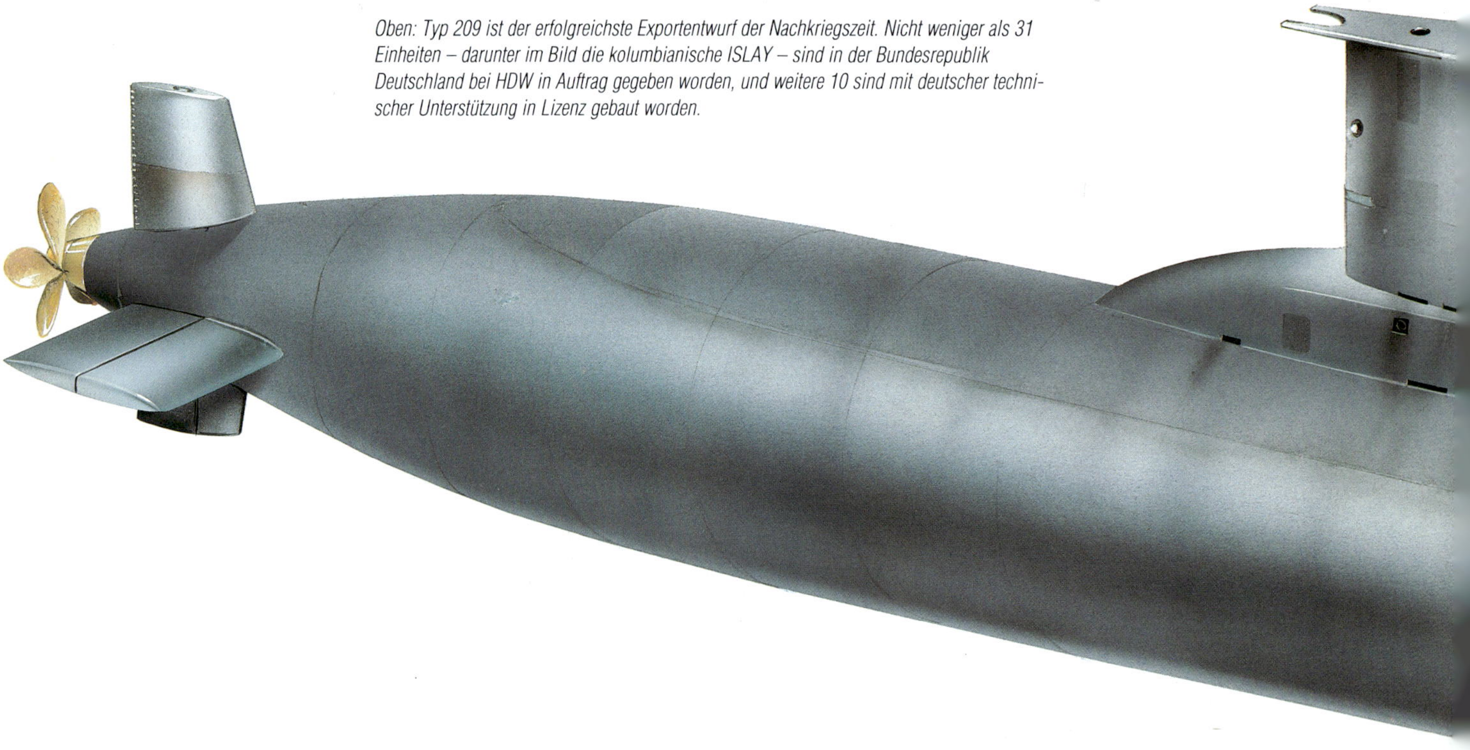

Oben/rechts: Typ 209 besitzt acht Ablauftorpedorohre, geeignet für jeden Torpedo vom Kaliber 53,3 cm. Die meisten Marinen, die den Typ 209 erworben haben, verwenden zwei derzeitige Torpedotypen: den «langen» Seezieltorpedo SST-4 (im Bild) und den kurzen U-Jagdtorpedo NT-37C amerikanischen Ursprungs. Der deutsche Mehrzwecktorpedo SUT soll bei den Marinen von Chile, Kolumbien, Ekuador und Indonesien in Dienst sein. Peru hat vor kurzem den italienischen A.184 bestellt, und Brasilien beabsichtigt offensichtlich, den britischen Mk 24 «Tigerfish» zu kaufen.

Doppelanker-Siemens-E-Motor mit elastischer Lagerung weist gegenüber der im Typ *205/206* eingebauten Anlage die doppelte Leistung auf. Die Batterien der Firma Varta/Hagen sind von röhrenförmiger Bauart mit GFK-Zellwänden; sie besitzen neben einer hohen Widerstandsfähigkeit gegen Unterwasserschock eine um 20 % höhere spezifische Kapazität als herkömmliche Plattenzellen. Die Batterien haben eine Lebenserwartung von vier bis fünf Jahren und nehmen 25 % des Innenraums ein. Sie verleihen den Unterseebooten eine beträchtliche Unterwasserausdauer und eine Geschwindigkeit von maximal 22 bis 23 kn für kurze Zeit. Die Maschinenanlage wird von einem vollautomatischen Kontrollraum direkt hinter der Operationszentrale aus überwacht; der Maschinenraum selbst ist nicht bemannt.

Bewaffnung: Der Typ *209* hat acht Ablaufbugrohre, die imstande sind, jeden Torpedo vom Kaliber 53,3 cm zu verschießen. Sechs Nachladungen können in einem Torpedolagergestell hinter den Rohren untergebracht werden. Einige Länder haben den deutschen Torpedo SST-4 gekauft, der die Exportversion des drahtgelenkten Seezieltorpedos «Seeaal» darstellt. Wie verlautet, soll der SST-4 bei den Marinen Argentiniens, Griechenlands, Perus, der Türkei und Venezuelas in Dienst sein. In der peruanischen und der argentinischen Marine ist daneben noch der amerikanische kurze U-Jagdtorpedo NT-37C vorhanden. Andere Länder haben den moderneren deutschen Schwergewichtstorpedo SUT erworben, der sowohl gegen Überwasser- als auch gegen Unterwasserziele eingesetzt werden kann. Der SUT soll bei den Marinen Chiles, Kolumbiens, Ekuadors und Indonesiens in Dienst sein. Peru hat kürzlich für seine Boote vom Typ *209* den italienischen A.184 bestellt, und die brasilianischen Boote sollen – wie verlautet – mit dem britischen Mk. 24 «Tigerfish» Mod. 1 ausgerüstet werden.

Elektronik: Die meisten Boote vom Typ *209* besitzen das aktive Sonar Krupp-Atlas CSU 3-2, kombiniert mit einem Passivsonar PRS 3-4. Das letztere ähnelt in der Konzeption dem britischen Typ 2001 mit einer winkelgetreuen «Kinnstreifen»-Hydrophon-Anordnung in Dreifachstufen unterhalb der untersten Reihe von Torpedorohren. Bei modernen Bauten wird diese Anlage durch das CSU 3-4 abgelöst, ein Aktiv/Passiv-Sonar mit aktiver Beobachtungsfähigkeit, gestützt auf eine Kreisbasis von 3 m Durchmesser im Inneren der Bugverkleidung. Die ersten Boote vom Typ *209* sind mit dem Kampfsystem HSA Mk 8/24 ausgerüstet. Spätere Boote führen das HSA-SINDBADS-Kampfsystem, und für die neuen brasilianischen Boote soll das britische KAFS-System von Ferranti ausgewählt worden sein.

Bau: Fertiggestellt wurden vier Boote vom Typ *209/0* 1971/72 für Griechenland, gefolgt von vier Booten des Typs *209/1* 1979 bis 1981, zwei vom Typ *209/1* 1974 für Argentinien, zwei 1975 für Kolumbien und sechs 1975 bis 1983 für Peru. Drei Boote vom Typ *209/1* baute IKL für die Türkei, weitere drei sind auf der Marinewerft Gölcük in Lizenz fertiggestellt worden, und weitere vier sind in Auftrag gegeben. Ferner wurden fertiggestellt: zwei Boote vom Typ *209/2* für Venezuela (1976/77), zwei für Ekuador (1977/78) und zwei für Indonesien (1981); zwei vom Typ *209/3* für Chile (1984) und fünf weitere sind für Brasilien im Bau.

Oben: Typ 209, im wesentlichen ein vergrößerter Typ 206, der sich bei der deutschen Bundesmarine in Dienst befindet, hat für seine Größe eine außergewöhnliche Leistungsfähigkeit unter Wasser und erfordert nur eine kleine Besatzung. Es gibt acht Ablauftorpedorohre in einer breiten kreisförmigen Anordnung mit sechs Reservetorpedos.

Typ 209/1 : SAN LUIS (argentinisches S 32)

Herkunftsland: UdSSR, erste Einheit Ende 1981 fertiggestellt
Typ: Unterseeschiff für ballistische Flugkörper, nuklear angetrieben (SSBN)
Wasserverdrängung: 25–30'000 ts getaucht
Abmessungen: Länge: 170 m, Breite: 23 m, Tiefgang: 11,5 m
Antrieb: Zwei druckwassergekühlte Reaktoren, Getriebe-Dampfturbinen antreibend; zwei Wellen;
75–80'000 WPS für maximal 24 kn
Besatzung: 150
Geschichte: Der ursprüngliche *Yankee*-Entwurf, auf dem die sowjetischen SSBN der *Delta*-Klasse beruhten, stammte aus den frühen 1960er Jahren. Infolge der Entwicklung weitreichender SLBM, die imstande sind, Ziele auf dem Territorium der USA aus der Sicherheit der von den Sowjets beherrschten Gewässer zu erreichen, hat sich der Charakter sowjetischer SSBN-Operationen über diesen Zeitraum hinweg beträchtlich gewandelt. Dadurch ergaben sich für einen SSBN-Entwurf andere Erfordernisse. Hohe Leistung, die vorher infolge der Notwendigkeit, die U-Abwehrsperre der NATO in der GIUK-Lücke zu überwinden, als wesentlich angesehen wurde, war jetzt von geringerer Wichtigkeit als Ausdauer und Feuerkraft, wofür ein geräumiger Schiffskörper gebraucht wurde. Da die U-Schiffe in verhältnismäßig sicheren Gewässern operieren sollten, wurde eine geringere Anzahl mit einer größeren Flugkörperkapazität begünstigt. Dieser Wandel im operativen Denken ist, wie verlautet, mit der Einführung der Bemannung durch zwei Besatzungen einhergegangen, ähnlich der «Blau/Gold»-Einteilung, wie sie bei allen ballistischen FK-U-Schiffen des Westens angewandt wird.
Entwurf: Die *Typhoon*-Klasse umfaßt gewaltige U-Schiffe eines vollständig neuen Entwurfs. Zu den neuartigen Merkmalen gehören eine Mehrhüllenstruktur und die Plazierung der Flugkörperabteilung vor dem Turmaufbau. Die Struktur des Schiffskörpers scheint aus zwei parallelen Druckzylindern von etwa 130 m Länge zu bestehen, umschlossen von einer breiten Außenverkleidung. Dies führt zu der außergewöhnlichen Breite von etwa 23 m, annähernd die doppelte Breite wie bei der *Delta*-Klasse. Ein vermutlich 2 m tiefer Abstand zwischen dem Innen- und dem Außenrumpf soll einigen Schutz gegen die kleinen westlichen U-Jagdtorpedos bieten, die von Überwasserschiffen oder Hubschraubern abgeschossen werden. Ein dritter, kürzerer Druckzylinder von etwa 6 m im Durchmesser befindet sich direkt unter dem Turmaufbau und beherbergt die Angriffszentrale und die Kommandoräume. Diese Anordnung ist erforderlich, um die Sehrohre und andere Sensormasten in konventioneller Weise auf der Mittschiffslinie unterzubringen. Jeder der beiden großen Druckzylinder enthält seine eigene Antriebseinheit, bestehend aus einem Kernreaktor und Dampfturbinen, die einen siebenflügeligen Propeller antreiben. Die beiden Antriebseinheiten sind mit einer an Sicherheit grenzenden Wahrscheinlichkeit zu unabhängigem Betrieb imstande, und jede hat vermutlich ihre eigene schiffstechnische Zentrale mit elektrischem Schaltraum. Dadurch könnte das U-Schiff seine Operationen fortsetzen, selbst wenn eine vollständige Antriebseinheit als Folge einer Störung oder eines Gefechtsschadens aufgegeben werden müßte. Die Struktur des Turmaufbaus und die robuste Schwanzflossen/Ruder-Bauweise lassen darauf schließen, daß das U-Schiff für Operationen unter dem Packeis entworfen worden ist. Die vorderen Tiefenruder befinden sich dicht am Bug, und nicht wie bei früheren sowjetischen SSBN am Turm. Dies verstärkt die Steuerung auf der vertikalen Ebene. Wie bei den sowjetischen SSN sind die Tiefenruder einfahrbar, wodurch sich das Risiko einer Beschädigung bei Überwasserfahrt in eisführenden Gewässern verringert.
Bewaffnung: Die *Typhoon*-Klasse führt 20 Flugkörper SS-N-20 in einer großen Abteilung vor dem Turmaufbau. Die unkonventionelle Lage der FK-Abteilung mag mit der

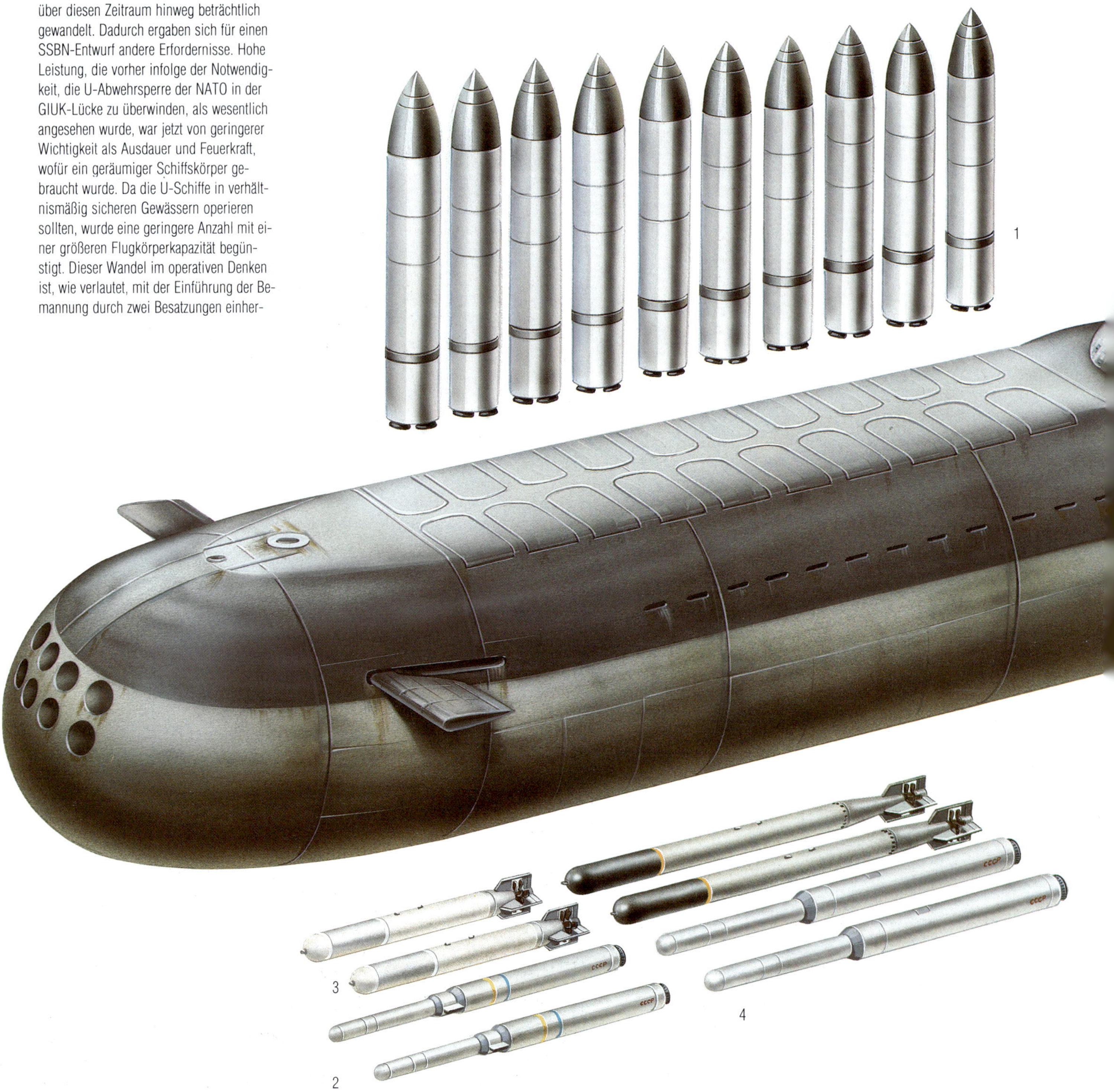

Konzentration des Gewichtes der Maschinenanlage in der kurzen achteren Sektion des Unterseeschiffes im Zusammenhang stehen. Der SS-N-20, ein Festbrennstoff-Flugkörper mit einer geschätzten Länge von etwa 15 m und einem Durchmesser von 2,2 m, führt sechs bis neun MIRV-Gefechtsköpfe und besitzt eine maximale Reichweite von 8'300 km. Der Flugkörper könnte von der Barents-See aus oder aus dem Seegebiet unter dem arktischen Packeis gestartet werden. Über die Torpedorohr-Anordnungen bei der *Typhoon*-Klasse ist wenig bekannt. Die Zwei-Druckkörper-Struktur deutet auf je vier Torpedorohre mit getrennten Torpedoräumen hin. Einige dieser Rohre könnten das Kaliber 65 cm aufweisen, um zu ermöglichen, den neuen kielwasserfolgenden Torpedo Typ 65 oder den torpedoführenden Abkömmling SS-N-16 des U-Jagd-Flugkörpers SS-N-15 abzuschießen.

Elektronik: Die Aktiv/Passiv-Hauptbasis befindet sich vermutlich im unteren Bugteil des U-Schiffes, und entlang des Schiffskörpers sind winkelgetreue Passiv-Sonaranlagen zur Ortung und Feuerleitung vorhanden. Große Luken liegen achteraus des Turms nebeneinander und enthalten Bojen für VLF-Fernmeldeverbindungen. Eine große Anzahl von Masten umfaßt Beobachtungs- und Angriffssehrohre, die charakteristische Seeraumüberwachungs- und ESM-Kombination «Snoop Pair/Rim Hat» sowie die Antennen «Park Lamp» für VLF/LF-Empfang, «Pert Spring» für Satellitennavigation und «Shot Gun» für die VHF-Fernmeldeverbindung. Daneben sind zahlreiche, nicht identifizierte elektrisch-optische Sensoren vorhanden.

Unten: Die Typhoon-Klasse besitzt 20 Startschächte für den ballistischen Flugkörper SS-N-20 «Sturgeon» (1). Der SS-N-20 ist der erste Festbrennstoff-FK, der für die sowjetische Marine in Serienfertigung ging; daneben gibt es nur noch den Prototyp der Yankee-II-Klasse, der den SS-N-17 mit Feststoffantrieb führt. Der SS-N-20 hat eine Reichweite von ca. 8'300 km und kann sechs bis neun MIRV-Gefechtsköpfe führen. Die genaue Anzahl der Torpedorohre ist unbekannt, es sind vermutlich acht, gruppiert in zwei Sätzen zu je vier am vorderen Ende der beiden Druckkörper, mit den jeweiligen Stauräumen dahinter. Dies deutet auf eine Staukapazität von etwa 40 Flugkörpern und Torpedos hin. Die Rohre entsprechen wahrscheinlich einer Mischung aus den Kalibern 53,3 cm und 65 cm,weshalb die Typhoon-Klasse sämtliche gegenwärtigen Unterwasserwaffen einsetzen kann. Der U-Jagd-Flugkörper SS-N-15 mit nuklearem Gefechtskopf (2) und der kurze, zielsuchende U-Jagdtorpedo (3) können aus den 53,3-cm-Rohren verschossen werden. Die 65-cm-Rohre können den konventionellen, torpedoführenden U-Jagd-FK SS-N-16 (4) und den Seezieltorpedo Typ 65 mit Kielwasserverfolgung (5) einsetzen.

Bau: Die erste Einheit dieser Klasse wurde 1977 auf der Werft von Severodvinsk auf Kiel gelegt, der größten Fertigungswerft für U-Boote/U-Schiffe der Welt. Im August 1980 lief dieses U-Schiff vom Stapel, und im Juni 1981 begannen seine Erprobungsfahrten. Die zweite Einheit lief im Oktober 1982 vom Stapel, und die Erprobungsfahrten begannen im Juni 1983. 1985 kam ein drittes U-Schiff in Dienst und 1986 ein viertes. Die außerordentliche Größe dieser U-Schiffe läßt erkennen, daß nur die Werft 402 in Severodvinsk mit ihren ausgedehnten, überdachten Fertigungshallen in der Lage sein wird, den Bau dieser Klasse zu übernehmen. Daher wird es als unwahrscheinlich angesehen, daß die Fertigungsrate von U-Schiffen der *Typhoon*-Klasse von je einem alle zwei Jahre überschritten wird.

Rechts: Die Typhoon-Klasse umfaßt die größten je gebauten Unterseeschiffe. Ihre Länge entspricht ziemlich der der Delta-IV- und der amerikanischen OHIO-Klasse, aber infolge ihrer ungewöhnlichen Schiffskörperbauweise – zwei lange Druckzylinder nebeneinander innerhalb einer breiten Außenverkleidung – sind sie fast doppelt so breit. Ein dritter, kürzerer Druckzylinder enthält die Räume der Operationszentrale und befindet sich innerhalb des Höckers an der Basis des Turms. Die beiden Doppelluken in der achteren Verkleidung beherbergen die VLF-FM-Bojen.

UPHOLDER-Klasse

Herkunftsland: Großbritannien, erste Einheit 1988 fertiggestellt
Typ: Angriffsunterseeboot, dieselangetrieben (SS)
Wasserverdrängung: 2'215 ts aufgetaucht, 2'365 ts getaucht
Abmessungen: Länge: 70,25 m, Breite: 7,6 m, Tiefgang: 6,5 m
Antrieb: Dieselelektrischer Antrieb auf eine Welle; zwei Paxman-Valenta-Dieselgeneratoren 1600 RPA 200SZ zu je 2'035 PSe; ein GEC-E-Motor;
4'070 PSe für 12 kn aufgetaucht,
5'400 PS für 20 kn getaucht
Besatzung: 44
Geschichte: Nach der Fertigstellung des OBERON-Programms 1967 faßte die Royal Navy keine weiteren Unterseeboote mit dieselelektrischem Antrieb ins Auge. Aber im Zusammenhang mit der Entscheidung, «Trident»-U-Schiffe zu bauen, wurde deutlich, daß in den SSN-Bauprogrammen eine Lücke von etwa acht Jahren entstehen mußte, da Vickers in Barrow die einzige verbliebene Werft mit ausreichender nuklearer Bauerfahrung war, doch deren Baukapazität war begrenzt. Überdies hatte die OBERON-Klasse, deren Einheiten sich unterdessen dem Ende ihrer Lebensdauer näherten, ihren Wert bei den routinemäßigen Patrouillenunternehmungen bewiesen und gezeigt, daß sie von Natur aus leiser war als ihre nuklearen Gegenstücke. Die Royal Navy entschied sich daher für einen neuen dieselelektrischen Entwurf mit dem Gedanken, so viel wie möglich von der für das SSN-Programm entwickelten Technologie zu übernehmen.
Entwurf: Die Form des Bootskörpers mit einem außergewöhnlich hohen Verhältnis von Breite zu Länge lehnt sich eng an die der britischen Atom-U-Schiffe an. Die Einhüllen-Bauweise wurde eingeführt, und der zylindrische Druckkörper aus NQ-1-Stahl (entsprechend dem HY 80) ermöglicht eine max. Tauchtiefe von 200 m. Der Turm soll weitgehend aus GFK-Material bestehen. Der große Durchmesser des Druckkörpers läßt eine geräumige Zwei-Deck-Anordnung zu. Die Operationszentrale, der Funkraum und der ESM-Raum befinden sich direkt unterhalb des Turms; davor liegt der Waffenstauraum. Das untere Deck beherbergt die Wohn- und Messeräume, und darunter gibt es zwei Bänke mit Bleibatterien zu je 240 Zellen. Die Antriebs- und Hilfsmaschinenanlage befindet sich in einer Ein-Deck-Abteilung achteraus der Wohndecks. Im vorderen Teil des Maschinenraumes gibt es zwei Paxman-16-Zylinder-Dieselgeneratoren, die auf einem Rost oberhalb der Kraftstoffbunker eingebaut sind. Ein schalldichtes Querschott trennt den Generatorraum vom Motorenraum. Der GEC-Hauptmotor besteht aus zwei Motoren in einem gemeinsamen Gehäuse mit zwei Doppelankern auf einer gemeinsamen Welle. Diese Anordnung ermöglicht Reihen- oder Parallelschaltungen und gewährt einen ständigen Geschwindigkeitsbereich zwischen 4 und 20 kn. Für Fahrtstufen unter 4 kn gibt es einen eigenen Motorgenerator. Die UPHOLDER-Klasse weist eine ungewöhnlich hohe Geschwindigkeit unter Wasser auf, und ihre große Batteriekapazität verleiht ihr eine Unterwasserausdauer, die 45 % größer ist als die der OBERON-Klasse. Diese Boote sind auch imstande, bei Schnorchelfahrt 19 kn beizubehalten. Moderne Automatisierung, darunter auch eine Selbststeuerungsanlage, ermöglichte die Verringerung der Besatzung auf nur 44 Mann.
Bewaffnung: Die sechs Bugrohre sind vom Standardkaliber 53,3 cm und im oberen Bereich des Buges in zwei Sätzen (zwei im oberen und vier im unteren Satz) angeordnet. Das Torpedoausstoßverfahren findet Anwendung, um Torpedos aus jeder Tiefe schießen zu können. Zusätzlicher Stauraum mit hydraulischer Bedienung ist für weitere 12 Nachladungen vorgesehen. Ursprünglich sollte der Mk 24 «Tigerfish» geführt werden, aber Ende der 1960er Jahre wird der Marconi-Schwergewichtstorpedo «Spearfish» an seine Stelle treten, der sich gegenwärtig noch in Entwicklung befindet. Der «Spearfish», ein Hochleistungstorpedo, besonders entworfen, um die modernsten sowjetischen SSN mit hoher Geschwindigkeit und großer Tauchtiefe zu bekämpfen, hat eine Länge von 8,5 m und wiegt 2'000 kg. Der «Spearfish» besitzt einen Sundstrand-Turbinenmotor und soll bei Erprobungen mehr als 70 kn erreicht haben. Die Reichweite soll im Bereich von 65'000 m liegen. Zu den von der UPHOLDER-Klasse außerdem noch mitgeführten Waffen gehören der Seezielflugkörper «Sub-Harpoon» und «Stonefish»-Minen.
Elektronik: Das Aktiv/Passiv-Hauptsonar unter der Bezeichnung Typ 2040 wurde von der französischen Firma Thomson-CSF Elédone entwickelt. Das Passiv-Sonar, beste-

HMS UPHOLDER (S 40)

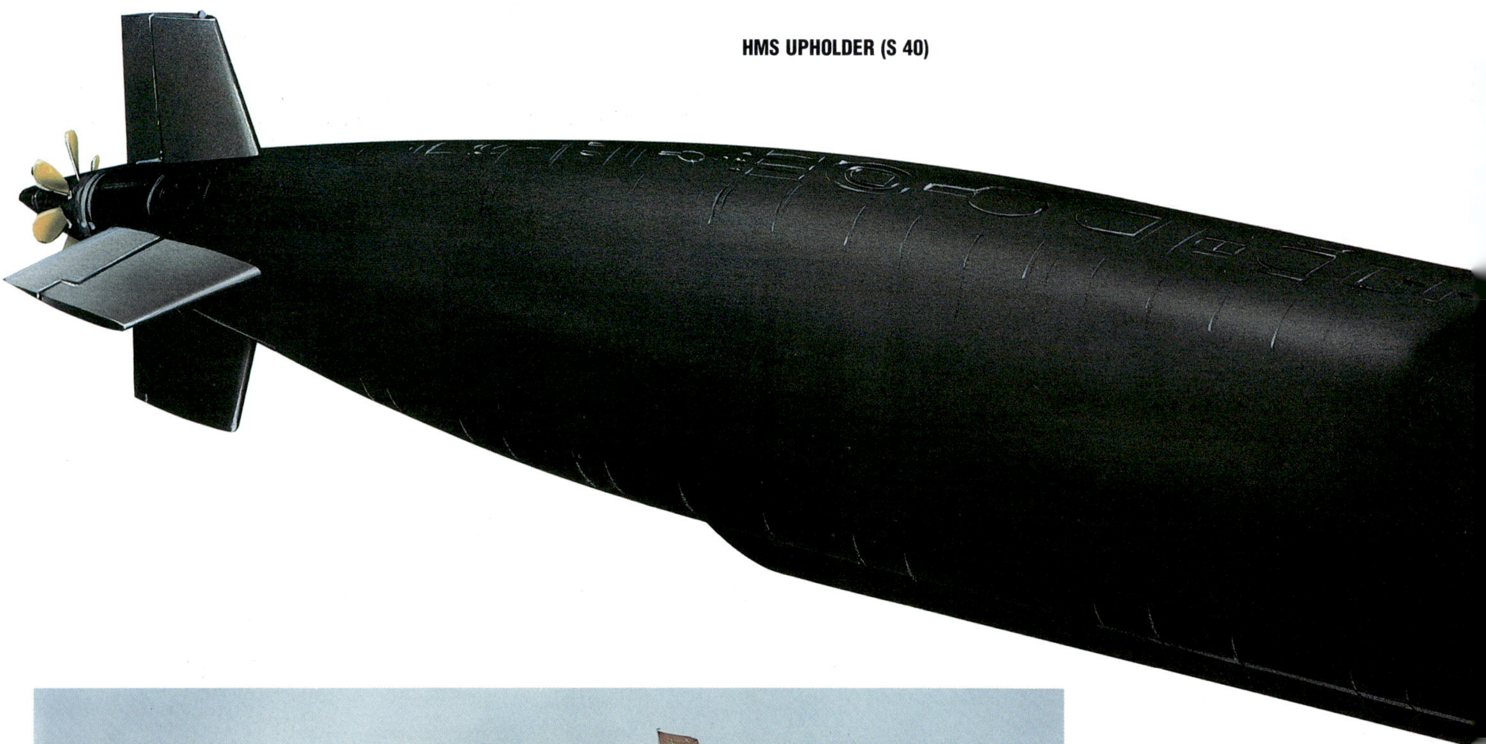

Links: UPHOLDER, das erste dieselelektrische Unterseeboot, das seit mehr als zwanzig Jahren wieder für die Royal Navy gebaut wurde, lehnt sich in seiner Form an die jüngsten SSN an, kostet aber weniger als die Hälfte. Im Bild der Stapellauf der UPHOLDER auf der Vickers-Werft in Barrow-in-Furness; das Boot soll 1988 in Dienst gestellt werden. Drei weitere Einheiten sind bei Canmmell Laird in Auftrag gegeben worden, und die Klasse soll schließlich aus insgesamt zehn Einheiten bestehen.

hend aus einer Dreifachreihe zu 48 Hydrophonen in einer Kreisbasis, befindet sich im unteren Teil des Bugs, dem «Kinn», während die aktive («Angriffs»-) Komponente innerhalb der Vorderkante des Turms untergebracht ist. Zwölf Ziele können gleichzeitig verfolgt werden. Den Typ 2040 ergänzen das passive Flankensonar vom Standardtyp 2007, das passive Beobachtungssonar Typ 2019 und das Schleppsonar Typ 2026. Das DCC-Gefechtsinformations- und Feuerleitsystem, aus den an Bord der britischen SSN in Dienst befindlichen DCA/DCB-Systemen entwickelt, beruht auf zwei Computern FM 1600E mit digitaler Datenverbindung zu drei Mehrzweckkonsolen. Bis zu 35 Ziele können verfolgt werden, und automatische Lenkung für vier Torpedos gegen vier verschiedene Ziele ist möglich.

Bau: Das Typschiff der Klasse wurde im November 1983 auf der Vickers-Werft in Barrow-in-Furness auf Kiel gelegt und soll 1988 in Dienst gestellt werden. Drei weitere Einheiten sind im Januar 1986 bei Cammell Laird in Auftrag gegeben worden. Insgesamt soll die Klasse schließlich aus zehn Einheiten bestehen, wobei die fünfte Einheit ein «gestreckter» 3'000-ts-Entwurf sein soll, um eine längere Seeausdauer zu erzielen.

Rechts: Die UPHOLDER-Klasse weist Einhüllen-Bauweise, Ruderkreuz und einen einzigen siebenflügeligen Propeller auf. Wie bei den gleichaltrigen SSN liegen die Haupttauchzellen vor und hinter dem Druckkörper. Im Inneren gibt es eine Mehr-Deck-Anordnung mit einer großen, modernen Operationszentrale. Zur Ausrüstung gehören modernste Sensoren, darunter das Schleppsonar Typ 2026 und das Bugsonar Typ 2040. Auch dieses Foto zeigt den Stapellauf.

Unten: Die UPHOLDER-Klasse besitzt sechs 53,3-cm-Bugrohre und kann die gesamte Bandbreite an Waffen einsetzen, die von den modernsten britischen Atom-U-Jagd-U-Schiffen geführt werden. Ursprünglich zur Ausrüstung mit dem Mk 24 «Tigerfish» Mod. 2 (1) vorgesehen, soll dieser schließlich durch den Torpedo «Spearfish» (2) ersetzt werden, der gegenwärtig von Marconi entwickelt wird. Beide Typen können gegen Über- und Unterwasserziele eingesetzt werden, aber der «Spearfish» soll schneller sein und ein komplizierteres Zielsuchsystem haben. Die UPHOLDER-Klasse wird auch die erforderliche Feuerleitelektronik besitzen, um den Seeziel-FK «Sub-Harpoon» (3) einzusetzen, der aus einem Kanister – passend in ein 53,3-cm-Standardtorpedorohr – abgeschossen wird. Anstelle eines Torpedos oder Flugkörpers können zwei Marconi-«Stonefish»-Minen (4) im Stauraum untergebracht werden, und insgesamt lassen sich – ohne Minen – 18 Waffen mitführen.

VALIANT-Klasse

Herkunftsland: Großbritannien, erste Einheit 1966 fertiggestellt
Typ: Angriffs-U-Schiff, nuklear angetrieben (SSN)
Wasserverdrängung: 4'200 ts Standardverdrängung, 4'900 ts Einsatzverdrängung
Abmessungen: Länge: 86,9 m, Breite: 10,1 m, Tiefgang: 8,2 m
Antrieb: Ein druckwassergekühlter Reaktor PWR 1, Getriebe-Dampfturbinen antreibend; eine Welle;
15'000 WPS für maximal 28 kn
Besatzung: 103
Geschichte: Das erste britische Atomunterseeboot, die HMS DRAEDNOUGHT, wurde 1963 fertiggestellt. Infolge von Verzögerungen im britischen Militär-Reaktorbauprogramm wurde das Boot mit einem amerikanischen S5W-Reaktor gebaut, der direkt von Westinghouse gekauft worden war. Die amerikanische Reaktorsektion wurde auf eine vordere Sektion des britischen Entwurfs aufgepfropft, der Rest der Antriebsanlage war britischen Ursprungs. Für die DREADNOUGHT wurde eine vollständig neue Generation von Unterwassersensoren und Kampfsystemen entworfen, und diese sollten auch bei späteren britischen SSN-Entwürfen Anwendung finden. Mittlerweile schritt die Arbeit an einem durch und durch britischen Reaktor bei der Admiralty Reactor Test Establishment in Dounreay voran. Dieser sollte in einen modifizierten Entwurf eingebaut werden, der die Bezeichnung VALIANT-Klasse erhielt. Anders als die amerikanischen, sind die britischen SSN entworfen, um in Unterstützung eines Kampfverbandes oder eines Geleitzuges zu operieren; daher werden sie von der Royal Navy als «Flottenunterseeboote» bezeichnet.
Entwurf: Die VALIANT war geringfügig größer als die DREADNOUGHT, um den neuen britischen Reaktor PWR 1 unterzubringen, der etwas sperriger als der amerikanische S5W war. Die Einhüllen-Bauweise fand erneut Verwendung, aber die Form des «ALBACORE-Bootskörpers» war gegenüber der der DREADNOUGHT schwungvoller und weniger zerrissen. Hochfester UKE-Stahl verleiht dem Unterseeschiff eine Tauchtiefe von 300 m. In seinem vorderen Teil gibt es eine Zwei-Deck-Anordnung mit der Operationszentrale und den Wohnräumen, während ein schmalerer Zylinder den Torpedostauraum und die Bedienungsvorrichtungen aufnimmt. Der achtere Teil wird ausschließlich vom Reaktor und den Maschinenräumen in Anspruch genommen. Wie die ame-

Oben: Die VALIANT-Klasse umfaßte die ersten Atom-Unterseeschiffe ausschließlich britischen Entwurfs. Die DREADNOUGHT war mit einem direkt in den USA gekauften S5W-Reaktor fertiggestellt worden. Die Royal Navy bezeichnet diese Klasse als «Flottenunterseeboote».

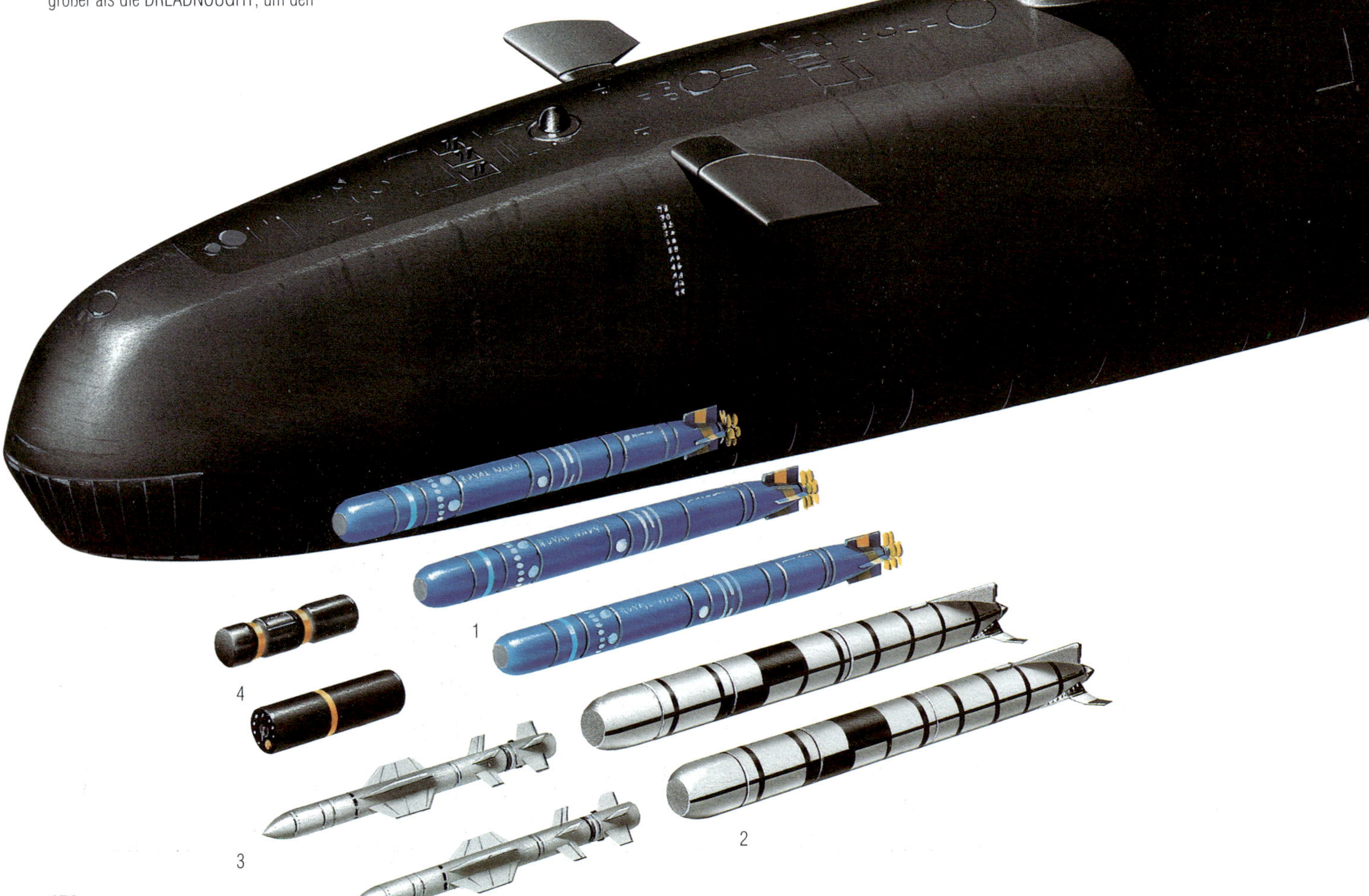

rikanische SKIPJACK-Klasse besaß die DREADNOUGHT kaum eine Geräuschisolierung. Bei der VALIANT-Klasse sind jedoch die Hauptturbinen und das Getriebe auf einem Rost eingebaut, isoliert vom Bootskörper durch elastische Lagerungen.
Ein neuartiges Merkmal dieser Klasse war das Einbeziehen eines separaten Antriebsmotors, hinter den Getriebeturbinen gelegen und direkt an die einzige Welle angekuppelt. Diese Anordnung erlaubt drei mögliche Antriebsweisen: Für mittlere Fahrtstufen – wie sie zur Unterstützung einer Kampfgruppe oder eines Geleitzuges erforderlich werden könnten – liefern die Getriebeturbinen die Antriebskraft, und der Rost ist vom Bootskörper isoliert. Bei sehr hohen Fahrtstufen – wie sie für das Abfangen oder das Entkommen gebraucht würden – ist der Rost arretiert. Und bei Schleichfahrt auf Patrouille an der Sperre oder bei anderen U-Jagdeinsätzen wird das U-Schiff von dem separaten E-Motor angetrieben. Eine Batterie aus 112 Zellen, von einem Paxman-Dieselgenerator aufgeladen, liefert Notstrom im Falle eines Reaktorausfalls. Anders als bei den amerikanischen SSN befinden sich bei den britischen die vorderen Tiefenruder dicht am Bug; sie werden aufwärts geklappt, um es dem Unterseeschiff zu ermöglichen, ohne Beschädigungen längsseits zu gehen.

Bewaffnung: Es sind sechs Bugtorpedorohre vom Standardkaliber 53,3 cm vorhanden, und der Torpedostauraum verfügt über eine Kapazität für 20 Nachladungen. Frühere Einheiten dieser Klasse wurden mit dem veralteten Seezieltorpedo Mk 8 und dem U-Jagdtorpedo Mk 20 mit akustischer Zielansteuerung in Dienst gestellt. Von 1970 an wurde der letztere durch den Mk 23 ersetzt, im wesentlichen ein Mk 20 mit Drahtlenkung. CHURCHILL, die dritte Einheit der Klasse, sollte als erste mit dem drahtgelenkten U-Jagdtorpedo Mk 24 «Tigerfish» ausgerüstet werden, der 1974 in Dienst kam. Die Lenksysteme der frühen Modelle des «Tigerfish» waren nicht sehr geeignet, Ziele über Wasser anzugreifen, und Berichte, wonach der Torpedo Mk 8 Anfang der 1970er Jahre aus dem Dienst genommen worden sei, wurden schließlich widerlegt, als die CONQUEROR zwei Mk 8 einsetzte, um während des Falkland-Konfliktes 1982 den argentinischen Kreuzer GENERAL BELGRANO zu versenken. CHURCHILL erprobte sowohl den Seezielflugkörper «Sub-Harpoon» als auch den amerikanischen Torpedo Mk 48 Mod. 3, ehe der erstere von der Royal Navy eingeführt wurde. COURAGEOUS war das erste U-Schiff dieser Klasse, das den «Sub-Harpoon» 1981 zur einsatzmäßigen Verwendung erhielt; die übrigen Einheiten werden gegenwärtig auf den Flugkörper umgerüstet.

Elektronik: Bei ihrer Fertigstellung besaß die VALIANT-Klasse eine moderne Sonarausrüstung, bestehend aus einem Niederfrequenz-Aktiv/Passiv-Sonar Typ 2001 (am unteren Teil des Bugs angebracht), einem passiven Seitensonar Typ 2007 und einem Beobachtungssonar Typ 197. Rund um das DCA-Gefechtsinformations- und Feuerleitsystem gruppierte sich eine gut ausgestattete Angriffszentrale. Mit der COURAGEOUS Ende der 1970er Jahre beginnend, wurde die Klasse einigen längeren Grundüberholungen unterzogen, wobei sich die Modernisierung hauptsächlich auf die Elektronik erstreckte. Die Sonaranlage Typ 2001 wurde durch das elektronische Abtastsonar Typ 2020 ersetzt, das auf der TRAFALGAR-Klasse in Dienst kam. Ferner erfolgte die Ausrüstung mit dem Schleppsonar Typ 2026. Mit Ausnahme der WARSPITE erstreckten sich diese Modernisierungen auf alle Einheiten der Klasse.

Bau: Zwischen 1966 und 1971 wurden auf der Vickers-Werft in Barrow-in-Furness und bei Cammell Laird in Birkenhead fünf Einheiten der VALIANT-Klasse für die Royal Navy gebaut. Das Programm verzögerte sich durch die Arbeiten an den «Polaris»-Unterseeschiffen der RESOLUTION-Klasse.

Unten: Seit Mitte der 1970er Jahre führt die VALIANT-Klasse den drahtgelenkten Torpedo Mk. 24 «Tigerfish» (1). Ursprünglich stand dieser nur als U-Jagdwaffe zu Verfügung und mußte durch den veralteten Seezieltorpedo Mk. 8 ergänzt werden, aber die in Dienst befindliche Variante Mod. 2 des «Tigerfish» besitzt Mehrzweckfähigkeit. Zur Zeit wird die VALIANT-Klasse auf den Seeziel-FK «Sub-Harpoon» (2) umgerüstet. Aus ihren Torpedorohren können auch Minen vom Typ Marconi «Stonefish» (3) und Aerospace «Sea Urchin» (4) gelegt werden.

HMS VALIANT (S 102)

Rechts: WARSPITE, die zweite fertiggestellte Einheit der Klasse. Die VALIANT-Klasse besitzt eine gekrümmtere Rumpfform als spätere britische Atom-Unterseeschiffe sowie einen höheren, winkelförmigeren Turm, und im Gegensatz zu den Unterseeschiffen der US-Marine sind die vorderen Tiefenruder dicht am Bug angebracht. Das derzeitige Modernisierungsprogramm umfaßt das Schleppsonar Typ 2026 sowie Modifizierungen bei der Feuerleitelektronik, um den «Sub-Harpoon» abschießen zu können.

Herkunftsland: UdSSR, erste Einheit 1968 fertiggestellt
Typ: Angriffs-U-Schiff, nuklear angetrieben (SSN)
Wasserverdrängung: *Victor I*: 5'100 ts getaucht, *Victor II*: 5'700 ts getaucht, *Victor III*: 6'300 ts getaucht
Abmessungen: *Victor I*: Länge: 95 m, Breite: 10 m, Tiefgang: 7 m;
Victor II: Länge: 100 m, Breite und Tiefgang wie *Victor I*;
Victor III: Länge: 106 m, Breite und Tiefgang wie *Victor I*
Antrieb: 1 oder 2 druckwassergekühlte Reaktoren, Getriebe-Dampfturbinen antreibend; eine Welle (siehe «Entwurf»);
30'000 WPS für 29–30 kn
Besatzung: *Victor I/II*: 80, *Victor III*: 85
Geschichte: 1960 wurde das erste Unterseeschiff für ballistische Flugkörper der US-Marine, die GEORGE WASHINGTON (SSBN-598), in Dienst gestellt. Diese neue Entwicklung mußte die sowjetische Marine dazu zwingen, ihre Seestrategie zu überdenken. U-Abwehr, die vorher vernachlässigt worden war, bekam eine neue Bedeutung, und die sowjetische Marine nahm ein ehrgeiziges Bauprogramm für Überwasserschiffe in Angriff, angeführt durch die U-Jagd-Kreuzer der MOSKVA-Klasse. Fast gleichzeitig wurde das erste sowjetische Atom-U-Schiff mit U-Jagd als Hauptaufgabe, die erste Einheit der *Victor*-Klasse, auf Stapel gelegt. Mit einem neu entwickelten Niederfrequenz-Aktiv/Passiv-Bugsonar ausgerüstet, bestand die ursprüngliche Aufgabe der *Victor*-Klasse darin, die westlichen SSBN zu jagen. In der Theorie bedeutete dies, daß die Einheiten der *Victor*-Klasse versuchen sollten, die SSBN beim Auslaufen aus ihrem Heimathafen aufzufassen und sie während ihrer Patrouillenfahrt zu beschatten. Diese Taktik scheint wenig Erfolg gehabt zu haben, und Anfang der 1970er Jahre wurde sie durch den Auftrag ersetzt, die eigenen SSBN der sowjetischen Marine zu unterstützen. Mit dem Erscheinen der *Delta*-Klasse und ihrem ballistischen Flugkörper SS-N-8 mit 7'800 km Reichweite mußten die sowjetischen SSBN zunehmend in verteidigten Seegebieten operieren, wo sie durch ein Zusammenwirken von Überwasserschiffen, Flugzeugen und U-Schiffen wie der *Victor*-Klasse geschützt werden sollten. 1972 wurde die erste Einheit der neuen Variante, der *Victor-II*-Klasse, in Dienst gestellt; sie führte den U-Jagdflugkörper SS-N-15 mit nuklearem Gefechtskopf in die sowjetische Marine ein. 1978 folgte dieser Variante die *Victor-III*-Klasse nach, ausgerüstet mit verbesserten Sensoren und großkalibrigen Torpedorohren, um den U-Jagdflugkörper SS-N-16 abschießen zu können.

Entwurf: Die *Victor*-Klasse war ein vollständig neuer Entwurf, der nur wenig von dem einzigen vorhergehenden sowjetischen SSN, der *November*-Klasse, übernahm. Der tropfenförmige Bootskörper war 15 m kürzer und geringfügig breiter. Die *Victor*-Klasse erhielt einen verbesserten Kernreaktortyp, und einige Versuche zur Dämpfung der Maschinengeräusche wurden unternommen. Von der *Victor-II*-Klasse an bekam die Bootskörperverkleidung einen echolosen Gummiüberzug. Alle sechs Torpedorohre befinden sich vorn, und die 40-cm-Heckrohre früherer sowjetischer Atom-U-Schiffe wurden zugunsten der kreuzförmigen Steuerschwanzflächen aufgegeben. Die *Victor*-Klasse war die erste sowjetische Klasse mit einer einzigen Welle. Die Varianten *Victor I* und *II* sollen einen einzelnen fünfflügeligen Propeller mit zwei kleinen Hilfspropellern zum Manövrieren besitzen. Die *Victor-III*-Klasse hat jedoch einen ungewöhnlichen achtflügeligen Propeller, bestehend aus zwei vierflügeligen Tandem-Propellern, die sich miteinander drehen. Bei beiden späteren Varianten der Klasse wurde jeweils die Länge gegenüber der Vorgängerin vergrößert. In beiden Fällen ist zwischen Bug und Turm eine zusätzliche Rumpfsektion eingefügt worden, woraus zu erkennen ist, daß ein größerer Raumbedarf für neue Waffen und Feuerleitsysteme entstanden war.

Bewaffnung: Ursprünglich war die *Victor-I*-Klasse nur mit konventionellen Seeziel- und akustischen U-Jagdtorpedos bewaffnet. Aber mit der Variante *Victor II* wurde der U-Jagdflugkörper SS-N-15 in die sowjetische Marine eingeführt. Der Flugkörper gleicht im Konzept der amerikanischen «Subroc».
Er besitzt einen nuklearen Gefechtskopf, um Ungenauigkeiten der Lenkung wettzumachen, und hat eine maximale Reichweite von etwa 21 sm. Er kann aus einem normalen 53,3-cm-Torpedorohr abgeschossen werden und einige Einheiten der *Victor-I*-Klasse könnten daher auf die erforderlichen Feuerleiteinrichtungen umgerüstet worden sein. Der von der *Victor-III*-Klasse geführte U-Jagdflugkörper SS-N-16 kam erst etwa 1980 in Dienst. Anstelle eines nuklearen Gefechtskopfes führt er einen zielsuchenden Torpedo als Nutzlast und hat daher einen größeren Durchmesser als der SS-N-15. Abgeschossen wird der SS-N-16 aus einem besonderen 65-cm-Rohr, das auch für den neuen kielwasserfolgenden Torpedo Typ 65 benutzt werden kann.

Unten: Die Victor-Klasse kann eine Vielfalt von Waffen aus ihren sechs Bugrohren einsetzen. Bei der Victor-I-Klasse nimmt man an, daß sämtliche Rohre vom Kaliber 53,3 cm sind; aus ihnen können der U-Jagd-FK SS-N-15 mit nuklearem Gefechtskopf (1) und ein zielsuchender U-Jagdtorpedo (2), der Mitte/Ende der 1960er Jahre in Dienst gekommen sein soll, verschossen werden. Anstelle eines Torpedos oder Flugkörpers können in den Gestellen zwei Minen (3) untergebracht werden. Bei der Victor-II- und -III-Klasse sind einige Torpedorohre vom Kaliber 65 cm, um den U-Jagd-FK SS-N-16 (4), der einen kleinen zielsuchenden Torpedo führt, und den Seeziel-Hochleistungstorpedo verschießen zu können; letzterer soll dem von einem Überwasserschiff verursachten Kielwasser zielsuchend folgen.

Elektronik: Alle drei Varianten der *Victor*-Klasse sind mit einem großen LF-Aktiv/Passiv-Bugsonar ausgerüstet, das unter günstigen Sonarbedingungen imstande ist, gegnerische Schiffe auf beträchtliche Entfernungen zu orten. Zusätzlich kann die *Victor-III*-Klasse aus dem tropfenförmigen Hohlkörper auf der Schwanzflosse ein Schleppsonar einsetzen. Die Sensormasten entsprechen dem Standard der Zeit und umfassen ein Beobachtungs- und ein Angriffssehrohr, Überwachungsradar «Snoop Tray», ESM-Anlage «Brick Pulp», VLF-Empfang «Park Lamp» sowie Antennen für HF- und VHF-Fernmeldeverbindungen. Die *Victor-III*-Klasse besitzt auch eine «Pert-Spring»-Einrichtung für Satelliten-FM-Verbindungen. Sowohl die *Victor-II*- als auch die *Victor-III*-Klasse haben achteraus des Turms eine Doppellucke für eine VLF-Boje.

Bau: Zwischen 1967 und 1975 wurden auf der Admiralitätswerft, Leningrad, 16 Einheiten der *Victor-I*-Klasse fertiggestellt. Dazu kommen sieben Einheiten der *Victor-II*-Klasse zwischen 1972 und 1978 auf derselben Werft. Die erste Einheit der *Victor-III*-Klasse wurde 1978 fertiggestellt, seitdem sind weitere zwanzig Einheiten auf einer zweiten Fertigungswerft in Komsomolsk am Pazifik in Dienst gestellt worden. Der Bau der *Victor*-Klasse ist jetzt zugunsten der geringfügig größeren *Akula*-Klasse ausgelaufen.

Oben: Ein Unterseeschiff der Victor III-Klasse vor der Ostküste der USA in Schwierigkeiten. Beachte den charakteristischen Hohlkörper auf der Schwanzflosse – er soll ein Schleppsonar enthalten – sowie die miteinander laufenden vierflügeligen Propeller.

Rechts: Ein frühes Foto einer Einheit der Victor-I-Klasse. Sie sollen als erste sowjetische U-Schiffe entworfen worden sein, um andere U-Schiffe zu jagen. In den Entwurf sind eine Reihe von Neuerungen aufgenommen worden, darunter ein Ruderkreuz nach westlichem Vorbild und eine einzige Propellerwelle. Die Victor-Klasse erwies sich als so gelungen, daß ihre Fertigung über mehr als 15 Jahre hinweg fortgesetzt wurde. Kürzlich wurde sie durch die Akula-Klasse abgelöst.

Yankee-Klasse

Herkunftsland: UdSSR, erste Einheit 1967 fertiggestellt
Typ: Unterseeschiff für ballistische Flugkörper, nuklear angetrieben (SSBN)
Wasserverdrängung: 8'000 ts aufgetaucht, 9'600 ts getaucht
Abmessungen: Länge: 130 m, Breite: 12 m, Tiefgang: 9 m
Antrieb: Zwei druckwassergekühlte Reaktoren, Getriebe-Dampfturbinen antreibend; zwei Wellen; 35'000 WPS für maximal 27 kn
Besatzung: 120
Geschichte: Als 1960 die strategischen Raketenstreitkräfte aufgestellt wurden und die Entwicklung starker landgestützter ICBM voranschritt, fiel der Landangriffsauftrag der sowjetischen Marine weg. Der Bau der SSBN der *Hotel*-Klasse endete, nachdem nur neun Einheiten auf Kiel gelegt worden waren; dies betraf auch den Bau der SSB der *Golf*-Klasse. 1964 jedoch hatte die Marine eine begrenzte nukleare Landangriffsaufgabe zurückgewonnen, und die erste Einheit eines neuen Typs SSBN, der *Yankee*-Klasse, befand sich auf Helling. Der Flugkörper SS-N-6, mit dem diese U-Schiffe ausgerüstet wurden, konnte unter Wasser abgeschossen werden und hatte fast die doppelte Reichweite seines unmittelbaren Vorgängers, des SS-N-5. Dennoch mußten die Einheiten der *Yankee*-Klasse noch ziemlich dicht an der Ost- und Westküste der USA patrouillieren, um alle großen Städte als Ziel zu erreichen. Dies hatte lange Transitwege in ihre Patrouillengebiete zur Folge, und die zur Nordflotte gehörenden Unterseeschiffe der *Yankee*-Klasse mußten die Unterseeboot-Abwehrsperre der NATO in der GIUK-Lücke passieren. Eine Reihe von Theorien wurden entwickelt, um den Bau dieser Unterseeschiffe zu erklären.
Manche Kommentatoren haben die Ansicht vorgebracht, daß der *Yankee*-Klasse eine Zweitschlagsrolle zufiele und daß ihre Einheiten zu Beginn eines Konfliktes in verteidigten Seegebieten («Bastionen») zur nuklearen Kriegführung zurückgehalten werden würden. Eine andere mögliche Erklärung hat zum Inhalt, daß die *Yankee*-Klasse bestimmte Marineeinrichtungen wie Häfen und Flugplätze anzugreifen hätte.
Entwurf: Die *Yankee*-Klasse gehört zur selben Generation wie die SSN der *Victor*-Klasse und die SSGN der *Charlie*-Klasse; die Form des Bootskörpers und die Antriebsanlage sind deshalb technisch moderner als jene der ersten Generation sowjetischer Atom-U-Schiffe. Auch die sowjetische Flugkörpertechnik hatte bis Anfang der 1960er Jahre vergleichbare Fortschritte gemacht, und trotz seiner deutlich überlegenen Leistungsfähigkeit war der Flugkörper SS-N-6 bedeutend kleiner als der SS-N-4 «Sark», für den die *Hotel*- und die *Golf*-Klasse entworfen worden waren. Es bestand deshalb keine Notwendigkeit mehr, die FK-Schächte

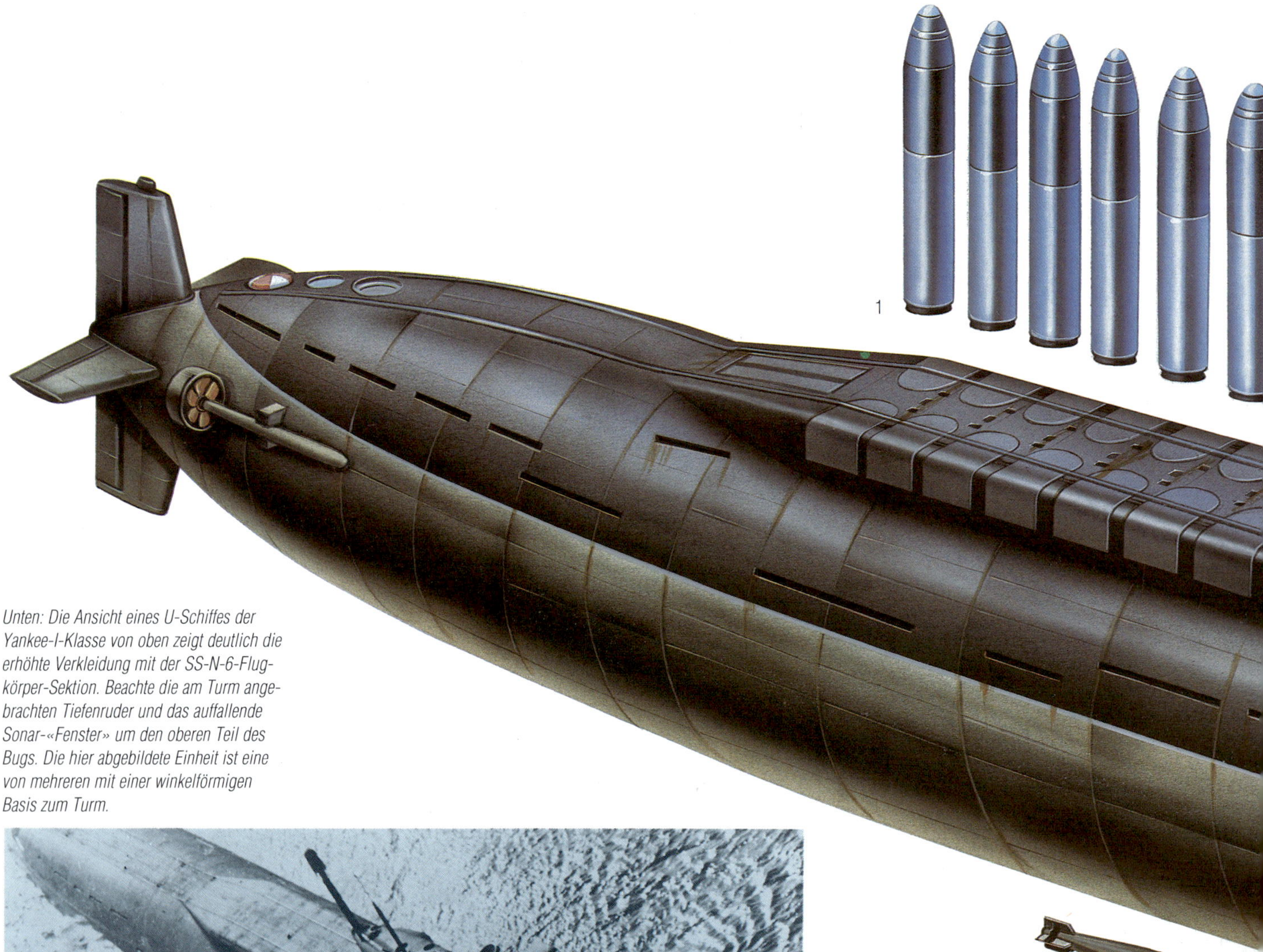

Unten: Die Ansicht eines U-Schiffes der Yankee-I-Klasse von oben zeigt deutlich die erhöhte Verkleidung mit der SS-N-6-Flugkörper-Sektion. Beachte die am Turm angebrachten Tiefenruder und das auffallende Sonar-«Fenster» um den oberen Teil des Bugs. Die hier abgebildete Einheit ist eine von mehreren mit einer winkelförmigen Basis zum Turm.

Oben: Ein aufgetaucht fahrendes U-Schiff der Yankee-I-Klasse. Beachte die großen rechteckigen Flutschlitze längs der Schiffskörperverkleidung; sie lassen die Zweihüllen-Bauweise erkennen, die sowjetische Konstrukteure weiterhin bevorzugen. Zwischen 1967 und 1974 wurden für die sowjetische Marine 34 Einheiten dieser Klasse fertiggestellt.

im Turm unterzubringen, ein Entwurfsmerkmal, das bei früheren Klassen die Anzahl der Flugkörper auf drei beschränkt hatte. Für die *Yankee*-Klasse führten die Sowjets die Standardanordnung der amerikanischen SSBN (daher der NATO-Name für diese Klasse) mit sechzehn Flugkörper-Schächten in zwei Reihen zu je acht achteraus des Turms ein.
Ein weiteres von den US-Schiffen kopiertes Merkmal war die Anordnung von Ruder und Tiefenrudern: Die vorderen Tiefenruder waren zum ersten Mal in der sowjetischen Marine am Turm angebracht, und achtern waren die Steuerflächen als Ruderkreuz ausgestaltet. Der Hauptunterschied zwischen der *Yankee*-Klasse und westlichen SSBN dieser Zeit bestand im sowjetischen Festhalten an der Zweihüllen-Bauweise und am Zwei-Wellen-Antrieb. Die Notwendigkeit, für den An- und Abmarsch von Untersee-Jagdstreitkräften der NATO beherrschte Seegebiete zu durchqueren, scheint die Sowjets zugunsten einer realtiv hohen Geschwindigkeit für die *Yankee*-Klasse beeinflußt zu haben; die installierte Antriebskraft übertrifft diejenige gleichaltriger westlicher SSBN um mehr als das Zweifache. Mitte der 1970er Jahre wurde ein Prototyp zur *Yankee-II*-Klasse umgebaut, um 12 Flugkörper SS-NX-17 abzuschießen, aber der SALT-II-Vertrag verhinderte weitere Umbauten.

Links und unten: Die FK-Schächte der Yankee-Klasse beherbergen 16 ballistische Flugkörper SS-N-6 (1). Dabei soll es sich um eine Mischung aus der Variante Mod. 2 – Reichweite 2'950 km mit einem einzigen nuklearen Gefechtskopf von 1 MT – und der Variante Mod. 3 – ähnliche Reichweite, aber mit zwei kleineren RV – handeln. Eine einzige Einheit dieser Klasse wurde unter der Bezeichnung Yankee II zum Führen von 12 Flugkörpern SS-N-17 umgebaut. Aus den sechs Bugrohren können konventionelle 53,3-cm-Seezieltorpedos (2) abgeschossen werden, und vermutlich ist auch der kurze, zielsuchende Torpedo (3) für den Einsatz gegen Unterseeboote vorhanden.

Bewaffnung: Der Flugkörper SS-N-6 ist etwa 11,5 m lang und hat einen Durchmesser von 1,65 m. Die früheste Variante dieses Flugkörpers führte einen einzelnen nuklearen Gefechtskopf von etwa 1 MT und hatte eine maximale Reichweite von 2'400 km. Ihr folgte 1972 die Variante Mod. 2 mit einer Reichweite von 2'950 km nach. Eine Variante Mod. 3, die etwa ein Jahr später in Dienst kam, besaß eine ähnliche Reichweite, führte aber zwei Wiedereintrittsträger. Der für die einzige *Yankee-II*-Einheit bestimmte SS-NX-17 ist ein etwas größerer Flugkörper mit einer Länge von ca. 12,5 m und einem Durchmesser ähnlich dem der SS-N-8 (daher die Verringerung der Flugkörper-Schächte von 16 auf 12). Wie verlautet, ist er zielgenauer als der SS-N-6 und – abgesehen von der SS-N-20 – der einzige ballistische Flugkörper der Sowjets mit Festbrennstoffantrieb.
Die *Yankee*-Klasse besitzt sechs Bugrohre für normale 53,3-cm-Torpedos. Sowohl lange Seeziel- als auch kurze U-Jagdtorpedos können verschossen werden.
Elektronik: Die *Yankee*-Klasse besitzt ein großes Aktiv/Passiv-Bugsonar mit einem auffälligen «Rundum-Fenster» von etwa 4 m Tiefe. Die Mastsensoren sind identisch mit jenen der *Victor*- und *Charlie*-Klasse; aber es gibt auch einen Radiosextanten «Cod Eye» zur genaueren Navigation, untergebracht im oberen Teil des Turms.
Bau: Die ersten Einheiten der *Yankee*-Klasse wurden 1967 fertiggestellt. Danach wurde das Programm mit paralleler Fertigung in Severodvinsk in der Arktis und in Komsomolsk am Pazifik beschleunigt. Bis 1974 waren insgesamt 34 Einheiten dieser Klasse in Dienst gestellt, aber früher fertiggestellte Einheiten der *Yankee I*-Klasse sind inzwischen außer Dienst gestellt oder zu SSN umgebaut worden, damit die Sowjets innerhalb der Grenzen des SALT-II-Vertrages bleiben können. Eines der außer Dienst gestellten U-Schiffe wurde 1982 wieder in Dienst gestellt, um als Erprobungsplattform für einen neuen Landangriffs-Marschflugkörper, den SS-NX-24, zu dienen.

YUSHIO-Klasse

Herkunftsland: Japan, erste Einheit 1980 fertiggestellt
Typ: Angriffsunterseeboot, dieselangetrieben (SS)
Wasserverdrängung: 2'200 ts aufgetaucht
Abmessungen: Länge: 76,2 m, Breite: 9,9 m, Tiefgang: 7,5 m
Antrieb: Dieselelektrischer Antrieb auf eine Welle; zwei Kawasaki-MAN-Dieselgeneratoren V8/V24-30 AMTL zu je 1'700 PSe; ein Fuji-E-Motor; 3'400 PSe für 13 kn aufgetaucht, 7'200 PS für 20 kn getaucht
Besatzung: 80
Geschichte: Die ersten nach dem Kriege für die Marine der japanischen Selbstverteidigungskräfte gebauten Flottenunterseeboote waren die fünf Einheiten der OSHIO-Klasse, fertiggestellt zwischen 1965 und 1969. Diese Unterseeboote waren von konventionellem Entwurf mit einer traditionellen Bootskörperform, zwei Wellen und sechs Bug- und zwei Heckrohren. Der technische Fortschritt ließ sie rasch veralten, und sie wurden Anfang der 1980er Jahre außer Dienst gestellt. Nachfolger der OSHIO-Klasse war die UZUSHIO-Klasse, ein vollständig neuer Typ unter Einschluß der jüngsten Merkmale amerikanischen Unterseebootbaus. Die UZUSHIO war das erste japanische Unterseeboot mit einem «ALBACORE-Bootskörper», und die eingeführte Innenanordnung gleicht derjenigen gleichaltriger amerikanischer SSN mit einem großen Passiv-Sonar im Bug und sechs mittschiffs ausgewinkelten Torpedorohren. Entworfen wurde die UZUSHIO-Klasse für eine hohe Geschwindigkeit unter Wasser, und sie erwies sich als besonders gelungen. Zwischen

Oben: MOCHISHIO, die zweite Einheit der Klasse. Sieben Unterseeboote dieses Typs sind bis jetzt fertiggestellt, und weitere sieben sind im Bau oder geplant. Wie ihre unmittelbaren Vorgänger der UZUSHIO-Klasse beruht die YUSHIO-Klasse auf dem amerikanischen BARBEL-Entwurf. Wie bei den gleichaltrigen amerikanischen SSN befinden sich im Bug eine große Sonaranlage und unterhalb des Turms sechs ausgewinkelte Torpedorohre. Es sind große, komplizierte Boote mit guter Seeausdauer.

Rechts: Die YUSHIO-Klasse ist mit sechs 53,3-cm-Torpedorohren ausgerüstet. In zwei Sätzen zu je drei sind sie unterhalb des Turms nach Art amerikanischer SSN ausgewinkelt, damit im Bug eine Sonaranlage Platz hat. Die Marine der japanischen Selbstverteidigungskräfte hat gegenwärtig den amerikanischen Mehrzweck-Schwergewichtstorpedo Mk 48 und den «kurzen» U-Jagdtorpedo Mk 37C (1) in Dienst. Der Mk 48 wird schließlich durch den neuen, in Japan entwickelten und hergestellten Hochleistungstorpedo GRX-2 (2) abgelöst werden. Die fünfte Einheit der Klasse wurde von Anfang an für den Abschuß des Seeziel-Flugkörpers «Sub-Harpoon» (3) ausgerüstet; die übrigen Einheiten werden dafür nachgerüstet.

1971 und 1978 wurden sieben Einheiten fertiggestellt. Der nachfolgende YUSHIO-Typ ist im wesentlichen ein verbesserter UZUSHIO-Entwurf, konstruiert zum Erreichen einer größeren Tauchtiefe und mit einer verbesserten elektronischen Ausrüstung.

Entwurf: Die YUSHIO-Klasse besitzt eine Bootskörperform, die an die amerikanische BARBEL erinnert. Im Gegensatz zu den amerikanischen Unterseebooten ist das japanische Boot in Zweihüllen-Bauweise gefertigt, der Druckkörper ist äußerlich mit Spanten versehen, und der hochfeste NS-90-Stahl hat den beim Bau der UZUSHIO-Klasse verwendeten NS-60-Stahl abgelöst, weshalb sich die Tauchtiefe von 200 m auf 300 m steigerte. Der Druckkörper hat seinen größten Durchmesser mittschiffs, wo es eine Drei-Deck-Anordnung gibt. Vor dem Turm befindet sich ein kleinerer Zylinder, in dem sich sechs Torpedorohre befinden. Diese sechs Rohre verteilen sich auf zwei senkrechte Sätze zu je drei und sind um 10° zur Mittschiffslinie ausgewinkelt. Dadurch bleibt die Bugsektion für das große Passiv-Sonar frei. Unmittelbar hinter den Rohren gibt es einen Stauraum auf drei Ebenen mit Nachladungen jeweils hinter den Rohren. Oberhalb des Stauraums befindet sich die Operationszentrale, und die Wohnräume für Offiziere und Mannschaft liegen achteraus der Zentrale bzw. des Torpedostauraums, auf zwei Ebenen angeordnet. Die untere Ebene wird ausschließlich als Batterieraum genutzt. Die achtere Sektion beherbergt neben dem Schaltraum die Antriebs- und Hilfsmaschinenräume. Die Dieselmotoren wurden unter Lizenz von MAN (BR Deutschland) bei Kawasaki gefertigt. Der starke E-Motor mit einer Höchstleistung von 7'200 PS für eine Unterwassergeschwindigkeit von 20 kn ist von Fuji entworfen und hergestellt worden. Die Anordnung der Steuerflächen bei der UZUSHIO- und der YUSHIO-Klasse entspricht derjenigen bei amerikanischen SSN, d.h. die vorderen Tiefenruder sind am Turm angebracht und achtern befindet sich ein Ruderkreuz mit einem einzigen siebenflügeligen Propeller. Die japanischen Boote besitzen ein automatisiertes Steuerungssystem mit automatischer Kontrolle der Tiefe wie auch der Peilung als Besonderheit.

Bewaffnung: Die sechs Torpedorohre sind vom Standardkaliber 53,3 cm. Einzelheiten über die Waffenkapazität stehen nicht zur Verfügung, aber die Anordnung des Stauraums deutet auf 12 bis 15 lange Torpedos hin, verteilt auf die drei Ebenen. Wie verlautet, haben die Japaner sowohl den amerikanischen drahtgelenkten Schwergewichtstorpedo Mk 48, der gegen Überwasserschiffe und gegen Unterseeboote eingesetzt werden kann, als auch den kurzen U-Jagdtorpedo Mk 37C. Zwei der letzteren können anstelle eines der größeren Mk 48 untergebracht werden. Ein neuer Hochleistungstorpedo japanischen Entwurfs und japanischer Herstellung, der GRX-2, befindet sich gegenwärtig in der Entwicklung. Die fünfte Einheit der Klasse, NADASHIO, fertiggestellt im März 1984, wurde als erste zum Abschuß des Seezielflugkörpers «Sub-Harpoon» ausgerüstet; alle anderen Boote werden dafür umgerüstet.

Elektronik: Die Sonarausrüstung der UZUSHIO- und der YUSHIO-Klasse beruht auf der im Bug gelegenen Passiv-Sonaranlage ZQQ-4. Die Anlage ZQQ-4 ist offensichtlich eine japanische Weiterentwicklung der BQS-4 der US-Marine und besteht aus drei Transduktoren-Kreisbasen, eine über der anderen aufgebaut. Diese Anordnung soll den Senkrechtstrahl des Sonars sowie das Signal-Geräusch-Verhältnis verringern. Ergänzt wird das ZQQ-4 durch ein aktives (Angriffs-)Sonar SQS-36J, und vervollständigt wird die elektronische Ausrüstung durch eine vollständige Anordnung von Mastsensoren, wozu ein Angriffs- und ein Beobachtungssehrohr, ein Überwachungsradar ZPS-6 und zahlreiche Masten für elektronische Kampfführung und FM-Verbindungen gehören.

Bau: Bis Ende 1986 waren sieben Einheiten der YUSHIO-Klasse auf den Werften von Mitsubishi (Kobe) und Kawasaki (Kobe) fertiggestellt worden; sieben weitere sind im Bau oder geplant. Ein Nachfolgeentwurf mit einem modernen Waffenleitsystem von Hitachi ist gegenwärtig in Vorbereitung.

YUSHIO (SS 573)

ZEELEEUW-Klasse

Herkunftsland: Niederlande, erste Einheit 1989 fertiggestellt
Typ: Angriffsunterseeboot, dieselangetrieben (SS)
Wasserverdrängung: 2'450 ts Standard, 2'800 ts getaucht
Abmessungen: Länge: 67,7 m, Breite: 8,4 m, Tiefgang: 7 m
Antrieb: Dieselelektrischer Antrieb auf eine Welle; drei SEMT-Pielstick-Dieselgeneratoren 12 PA 4 V 200 (siehe «Entwurf»); ein Holec-E-Motor; 3'950 PSe für 12 kn aufgetaucht, 5'430 PS für 21 kn getaucht
Besatzung: 50
Geschichte: Die WALRUS-Klasse (jetzt ZEELEEUW-Klasse) wurde Ende der 1970er Jahre entworfen, um die veralteten Dreirumpf-Boote der DOLFIJN-Klasse zu ersetzen. Ursprünglich sollte sich der Entwurf eng an die beiden 1972 fertiggestellten Einheiten der ZWAARDVIS-Klasse anlehnen. Mit dem Fortgang der detaillierten Entwurfsarbeit wurden jedoch so viele Veränderungen aufgenommen, daß mit der ZEELEEUW-Klasse ein gesonderter Typ entstand. Um die Konstruktionsteams und die Arbeitskräfte auf der RDM-Werft zu erhalten, wurde die Konstruktionsarbeit vorangetrieben, und der erste Stahl wurde abgestochen, noch ehe der Vertrag für das erste Boot im Juni 1979 unterzeichnet worden war. Eine durch die niederländische Marine in der Baubeschreibung vorgenommene Änderung – sie forderte eine 50%ige Steigerung der Tauchtiefe – führte zu einer wesentlichen Umarbeitung des Entwurfs, und sich daraus ergebende Verzögerungen beim Bau der ersten beiden Einheiten waren die Folge. Ein zweites Paar wurde im Januar 1984 in Auftrag gegeben, ein drittes Paar befindet sich in der Planung.
Entwurf: Wie die vorhergehende ZWAARDVIS-Klasse, so besitzt auch die ZEELEEUW-Klasse einen «ALBACORE-Bootskörper», beruhend auf dem amerikanischen BARBEL-Entwurf. Die vorderen Tiefenruder sind wie bei den amerikanischen Einheiten am Turm angebracht, aber die Kreuzform der achteren Steuerflächen bei der ZWAARDVIS-Klasse sind durch die X-Form nach schwedischem Vorbild (siehe NÄCKEN-Klasse) ersetzt worden. Die Einführung des hochfesten französischen MAREL-Stahls zwang zur Verringerung der Schweißstellen und der Rumpföffnungen beim Druckkörper. Die sich daraus ergebende Steigerung der Tauchtiefe auf 300 m führte zu weiteren Entwurfsveränderungen, darunter zu Veränderungen im Torpedoausstoßsystem, einer Druckanlage, einem «geschweißten» Abluftsystem, einer komplizierteren Hydraulik und zu einem zusätzlichen Notausblassystem. Der Druckkörper besteht aus einem Zylinder mit großem Durchmesser mittschiffs sowie aus Zylindern kleineren Durchmessers vorn und achtern. Daher ergibt sich für die Gestaltung des Bootskörpers eine ungewöhnliche Mischung aus Einhüllen- und Zweihüllen-Bauweise. Der große Zylinder mittschiffs gestattet eine geräumige Drei-Deck-Anordnung mit der Operationszentrale und den Offiziersräumen auf dem oberen Deck. Auf dem zweiten Deck ist die Besatzung untergebracht, und das untere Deck ist drei Batteriebänken zu je 148 Zellen vorbehalten. Der kleinere Zylinder vorn beherbergt den Torpedostauraum, während der kleinere Zylinder achtern die Antriebseinheiten und die Hilfsmaschinenanlage enthält. In der vorderen Maschinenabteilung befinden sich die drei Dieselgeneratoren, die nebeneinander auf einem geräuschdämpfenden Rost angeordnet sind. Die mittlere Abteilung ist in zwei Decks eingeteilt, mit dem Schaltraum auf der oberen Ebene und der Hilfsmaschinenanlage darunter. Die dritte Abteilung beherbergt den Haupt-E-Motor, ein Holec-Doppelanker-Modell, in den Niederlanden entworfen und hergestellt; aber hinsichtlich der Dieselgeneratoren mußten sich die Niederländer an die Franzosen wenden, da das bei der ZWAARDVIS-Klasse verwendete Werkspoor-Modell nicht mehr in Produktion war. Das zweite Paar Unterseeboote wird jedoch den Brons-Werkspoor-Dieselmotor O-RUB 215X12 erhalten, der sich gegenwärtig in der Entwicklung befindet. Die Steuerung der Maschi-

Oben: Die ZEELEEUW-Klasse ist eine Weiterentwicklung des ZWAARDVIS-Entwurfs – hier im Bild –, der seinerseits auf der amerikanischen BARBEL beruhte. Die jüngsten niederländischen Boote sind von modernem Entwurf mit «ALBACORE-Bootskörper», und die vorderen Tiefenruder sind nach Art der amerikanischen U-Schiffe am Turm angebracht.

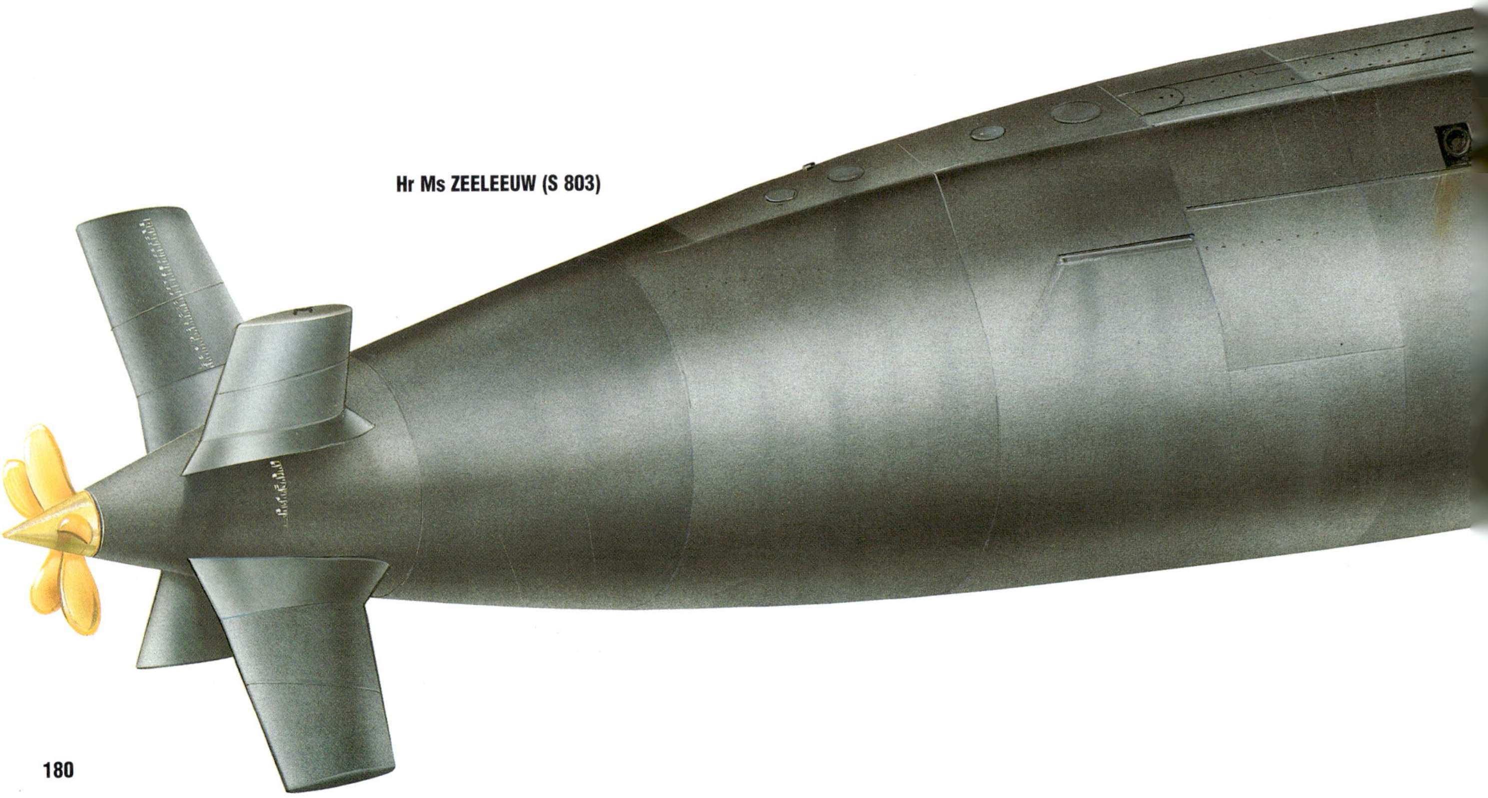

Hr Ms ZEELEEUW (S 803)

nenanlage ist weitgehend automatisiert, was eine Verringerung der Besatzung auf nur 50 Mann ermöglicht hat.

Bewaffnung: Die vier 53,3-cm-Bugrohre arbeiten nach dem Druckwasser-Ausstoßprinzip, wodurch Torpedos aus jeder Tiefe abgeschossen werden können. Der geräumige Torpedostauraum faßt maximal 20 Torpedos oder Flugkörper. Die gegenwärtig bei der Königlich Niederländischen Marine in Dienst befindlichen Torpedos sind die U-Jagd-Modelle Northrop NT-37C und -37D sowie der amerikanische Schwergewichtstorpedo Mk 48 Mod. 4. Der verbesserte NT-37E wird zur Zeit angekauft, und für die ZEELEEUW-Klasse ist auch der Mk 48 Mod. 5 ADCAP in Aussicht genommen, sobald dieser zur Verfügung steht. Die Boote werden von Anfang an mit den notwendigen Feuerleiteinrichtungen für den Seeziel-Flugkörper «Sub-Harpoon» ausgerüstet.

Elektronik: Die elektronische Ausrüstung verkörpert gegenüber der früheren ZWAARDVIS-Klasse einen deutlichen Fortschritt. Die große «Octopus»-Aktiv/Passiv-Bugkreisbasis beruht – wie der Typ 2040, mit dem zur Zeit die britische UPHOLDER-Klasse ausgerüstet ist – auf der Thomson-CSF-«Eledone»-Sonaranlage. Als weitere Hauptsonaranlage soll das britische Schleppsonar Typ 2026 vorhanden sein.
Beim Beobachtungssonar handelt es sich um die gemeinsam von Frankreich, Großbritannien und den Niederlanden entwickelte PARIS-Anlage, die 1978 in Dienst kam. Die ZEELEEUW-Klasse soll auch das computergestützte Gefechtsinformations- und Feuerleitsystem SEWACO VIII besitzen. Zusammen mit einem NAVSAT-Empfänger soll die Klasse ebenfalls mit dem Trägheits-Navigationssystem «Sperry» Mk 29 Mod. 2A ausgerüstet werden.

Bau: Nach einem schweren Brand auf der RDM-Werft in Rotterdam hatte sich die Fertigstellung der WALRUS verzögert, und die Klasse ist nach der zweiten Einheit in ZEELEEUW-Klasse umbenannt worden. Dieses Boot wird programmgemäß 1989 fertiggestellt. Die dritte und vierte Einheit werden 1992 bzw. 1994 folgen.

Oben: Die bemerkenswerteste Neuerung bei der WALRUS- (jetzt ZEELEEUW-) Klasse ist die Einführung der X-Form anstelle des konventionellen Ruderkreuzes. Sie ermöglicht ein besseres Tiefen- und Kurssteuern sowie das «Auf-Grund-Legen».

Oben: Die ZEELEEUW-Klasse besitzt vier 53,3-cm-Bugtorpedorohre nach dem Druckwasser-Ausstoßprinzip. Bei der Königlich Niederländischen Marine sind derzeit der amerikanische Schwergewichts-Mehrzwecktorpedo Mk 48 (1) und der kurze U-Jagdtorpedo NT-37C/D/E in Dienst. Diese Boote werden auch von Anfang an mit den erforderlichen Feuerleiteinrichtungen für den Seeziel-Flugkörper «Sub-Harpoon» (2) ausgerüstet. Neben den vier in den Rohren mitgeführten Waffen gibt es Stauraum für sechzehn Nachladungen.

Unten: Nach einem Treffer durch den drahtgelenkten Schwergewichtstorpedo Whitehead A 184 bricht der italienische Zerstörer ARTIGLIERE in zwei Teile und sinkt.

David Miller

Taktik der Unterwasser-Kriegführung

Das Profil der Einsatzfahrt eines U-Bootes folgt im allgemeinen, von seinem Typ und seiner Aufgabe abhängend, einem der drei Hauptmuster. Jedoch alle Unterseeboote müssen zunächst einmal ihren Stützpunkt aufgetaucht oder nahe der Wasseroberfläche getaucht fahrend verlassen, ein Manöver, das fast immer durch direkte optische Möglichkeiten, durch Funkaufklärung – vor allem durch Abhören der Hafenleitfrequenzen – oder durch Satellitenbeobachtung festzustellen ist. Sofern diese Einheiten nicht auf ein Seegebiet wie die Ostsee beschränkt bleiben, müssen sie die flachen Gewässer des Kontinentalschelfs im Transit durchqueren, wo sie verhältnismäßig leicht zu orten sind, ehe sie den offenen Ozean erreichen; sowjetische U-Boote müssen die Engstellen passieren, an denen eine Ortung besonders leicht ist. Im tiefen Ozean angelangt, scheiden sich jedoch diese drei Einsatzaufträge. Wenn ein Unterseeschiff mit ballistischen Flugkörpern frei vom Kontinentalschelf ist, wird es üblicherweise sofort auf Tiefe gehen und ziemlich schnell in sein Patrouillengebiet marschieren, dabei jede Vorsichtsmaßnahme wahrnehmend, um sicherzustellen, daß es nicht von einem SSN verfolgt wird. Im Einsatzgebiet angekommen, wird es mit etwa drei Knoten kreuzen und sich durch Wechseln seiner Tauchtiefen, angepaßt an die vorherrschenden ozeanischen Bedingungen, jeder Ortung entziehen. Dennoch muß sich das SSBN dem Risiko einer Ortung aussetzen, wenn es erforderlich wird, mit seiner nationalen Kommandobehörde Verbindung über Funk aufzunehmen oder sein Trägheits-Navigationssystem auf den neuesten Stand zu bringen. Die schnelleren und beweglicheren Angriffs-Unterseeschiffe mit Nuklearantrieb operieren in größeren Tiefen; aber auch sie müssen von Zeit zu Zeit mit ihrem Stützpunkt oder mit zusammenwirkenden Kampfgruppen in Funkverbindung treten. Konventionell angetriebene Unterseeboote dagegen müssen routinemäßig auftauchen bzw. dicht unter die Wasseroberfläche gehen, um mit Hilfe der Dieselmotoren ihre Batterien aufzuladen und die Auspuffgase auszustoßen. Selbst wenn die Boote dabei nur den Schnorchelkopf preisgeben, bilden sie für moderne Radars und Infrarotsensoren ein relativ leichtes Ziel, und sie können durch «Schnüffel»-Fühler, in die meisten U-Jagdflugzeuge eingebaut, geortet werden.

Bei Überlegungen zur Unterseebootstaktik fällt ein einzigartiger Faktor auf, der nie in Vergessenheit geraten sollte: die Einsamkeit des Unterseebootfahrers und sein Kampf ums Überleben. Bei fast jeder anderen Art von Kriegführung operieren Einheiten in Gruppen, wirken zusammen und stehen in regelmäßiger Verbindung zueinander, zu flankierenden und Unterstützungseinheiten sowie mit vorgesetzten Kommandostellen. Andererseits kann der Unterseebootfahrer innerhalb bestimmter, genau umrissener Begrenzungen Funksprüche von außerhalb empfangen und mit seinem Stützpunkt verkehren, und unter gewissen Umständen kann er auch in sehr losem Zusammenwirken mit anderen Unterseebooten oder Überwasserschiffen operieren, hauptsächlich auf der Grundlage eines vorgegebenen Einsatzgebietes, um darin allein zu operieren. Aber letzten Endes ist er einsam und muß isoliert kämpfen und überleben.

Oben: Aus einem Torpedosatz Mk 32 wird an Bord eines Zerstörers ein Torpedo Mk. 46 abgeschossen. Die Wirksamkeit von Überwasserschiffen gegen Unterwasserziele ist Gegenstand der Diskussion in den meisten Marinen; viele halten U-Boote und Flugzeuge für die wirksamsten Plattformen.

Links: Sehrohransicht einer Westland «Sea King», eine Sonoboje absetzend, von HMS OBERON aus. U-Jagdflugzeuge und -Jagd-Hubschrauber sind in dieser Aufgabe, besonders unter Verwendung von Passivsonar, sehr wirksam, da sie vom Unterseeboot aus kaum entdeckt werden können.

Oben rechts: Eine Lynx HAS.3 der Royal Navy führt zwei U-Jagdtorpedos Mk 46 mit. Diese kleinen, bordgestützten U-Jagdhubschrauber haben – bei zunehmender Größe der Flugzeuge – die U-Jagdfähigkeit von Überwasserschiffen sehr gesteigert.

Rechts: Die Operationszentrale an Bord der HMS TRAFALGAR, dem Typschiff der modernsten Klasse britischer SSN. Das U-Schiff bietet für Einsatzfahrten eine einzigartige Umwelt; es erhält sich fast völlig selbst und ist für das Überleben von seinen eigenen Hilfsmitteln und Fähigkeiten abhängig.

ROYAL NAVY

Der einzige Nutzen von Unterseeschiffen mit ballistischen Flugkörpern liegt in ihrer strategischen Fähigkeit, und daher muß ihr taktischer Einsatz im strategischen Zusammenhang gesehen werden. Seit den 50er Jahren beruht die amerikanische und (wahrscheinlich) auch die sowjetische Strategie auf dem Konzept einer nuklearen Dreiheit, bestehend aus Langstreckenbombern sowie land- und U-Schiff-gestützten ballistischen Flugkörpern; letztere sind das allerletzte Abschreckungsmittel, weil sie mit einem massiven Angriff auf die Großstädte eines Aggressors eine unzweifelhafte Erwiderung auf einen Erstschlag durch ICBM darstellen. Diese strategische Abschreckungstheorie gewann noch an Wert, sobald die USA und auch die Sowjetunion auf diese Weise ein Kernwaffenpotential besaßen, das vor einem Erstschlag der anderen Seite sicher war. Aber zwei Faktoren deuten an, daß sich dieser Ausgleich in naher Zukunft ändern könnte: Der erste besteht in der zunehmenden Zielgenauigkeit der SLBM-Gefechtsköpfe, der zweite in der erhöhten Leistungsfähigkeit heutiger U-Abwehrtechniken. Die Zielgenauigkeit eines Gefechtskopfes diktiert den Einsatzauftrag seiner Trägerrakete, da ein Gefechtskopf von hoher Zielgenauigkeit bei einem Erstschlag zum Beispiel gegen ICBM-Silos eingesetzt werden kann, während ein weniger zielgenauer Gefechtskopf nur gegen ungeschützte Flächenziele Verwendung finden kann. Die Zielgenauigkeit der modernsten Gefechtsköpfe amerikanischer und sowjetischer SLBM gewährt beiden Seiten zumindest das Potential für eine *«counterforce»*-Rolle, vorausgesetzt, es werden feststehende Ziele mit bekanntem Standort angegriffen. Doch die Verwendung der sowjetischen SS-X-24 im Eisenbahntransport und der straßenbeweglichen SS-25 mit Reichweiten bis zu 10'000 km und der Fähigkeit zur Standortveränderung hat die Überlegenheit in der Zielgenauigkeit amerikanischer Gefechtsköpfe aufgehoben.

Oben: Auf Patrouille suchen Unterseeschiffe mit ballistischen Flugkörpern die Sicherheit der Meerestiefe auf, aber sie müssen ihre Einsatzfahrten in Stützpunkten beginnen und beenden, deren Lage bekannt ist.

Rechts: Eine Darstellung des US-DOD eines neuen sowjetischen Unterseeboot-Stützpunktes. Die unterirdischen Unterseeboot-Bunker, deren Eingänge deutlich zu erkennen sind, sollen die Überlebensfähigkeit der SSBN gewährleisten.

Unten: Der britische Unterseeboot-Stützpunkt HMS DOLPHIN, Gosport. Von konventionellen Unterseebooten benutzt, ist dieser Stützpunkt auch der Standort des FOSM, der die britischen U-Boote führt.

Etwa ein Drittel jeder Flotte befindet sich ständig zu Ergänzungen, Instandsetzungen, zum Besatzungsaustausch oder zur großen Werftliegezeit im Hafen. Dank guten Managements und verläßlicher Ausrüstung ist die US-Marine imstande, 65 % der U-Schiffe der OHIO-Klasse in See zu halten, gegenüber 55 % bei früheren Klassen eine Verbesserung. Jedoch die sowjetische Marine scheint mit ihrer SSBN-Flotte mehr Probleme zu haben, und üblicherweise befinden sich zur selben Zeit nicht mehr als 15 U-Schiffe auf Patrouille. Falls sich innerhalb einer kurzen Zeitspanne eine größere Anzahl sowjetischer SSBN in See befände, würde dies für die USA ein Alarmsignal bedeuten. Die Briten garantieren, als absolutes Minimum jederzeit ein SSBN in See zu halten, bei den Franzosen sind es zwei, und wahrscheinlich befindet sich auch ein chinesisches SSBN die meiste Zeit über in See. Für die auf U-Schiffe gestützte Atomstreitmacht der NATO ist ungewöhnlich, daß sie sich auf drei verschiedene Marinen verteilt und von drei völlig voneinander getrennten nationalen Kommandozentralen geführt wird. SSBN sind im gegenwärtigen strategischen Kernwaffensystem am ehesten überlebensfähig, wenn sie sich auf Patrouille in See befinden, und es besteht kein Zweifel, daß die amerikanischen und sowjetischen SSBN-Streitkräfte füreinander die hauptsächliche Zweitschlagsbedrohung darstellen. Der große strategische Vorteil der britischen und französischen SSBN-Flotten ergibt sich aus der Tatsache, daß sie in Westeuropa Entscheidungszentren für einen zweiten und dritten Kernwaffeneinsatz darstellen, und ihr Wert gewinnt dadurch, daß jedes Land die alleinige Kontrolle über seine

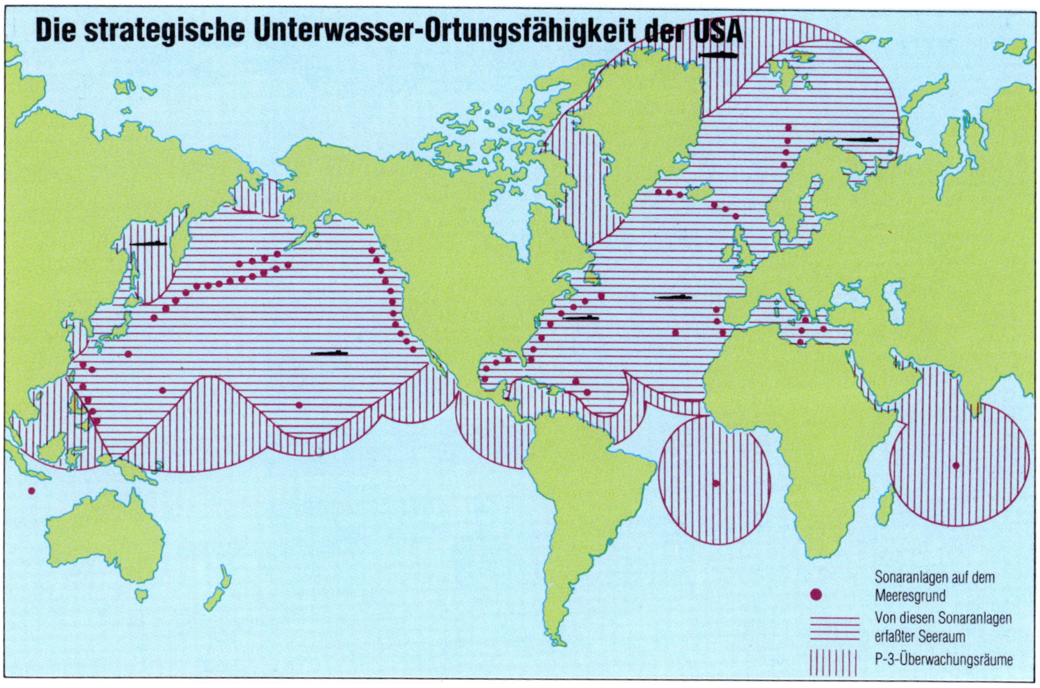

Oben: Die strategische Unterwasser-Ortungsfähigkeit der USA: aufgezeigt ist der von Sonaranlagen auf dem Meeresgrund, wie SOSUS, und von landgestützten U-Jagdflugzeugen erfaßte Seeraum. Taktische Ortung ist die Aufgabe von Unterseebooten und Überwasserschiffen.

SLBM-Gefechtsköpfe besitzt. Die UdSSR sieht sich deshalb der Tatsache gegenüber, daß Großbritannien und Frankreich – selbst wenn sich die USA zurückhielten – entweder gemeinsam oder einzeln einen vernichtenden Vergeltungsschlag führen könnten, falls sie Westeuropa angreifen würde. Für die UdSSR wird das strategische Gleichgewicht außerdem noch durch das Vorhandensein einer weiteren unabhängigen Atommacht an seiner Ostflanke kompliziert.

Da für Unterseeschiffe mit ballistischen Flugkörpern besondere Einrichtungen erforderlich sind, ist die Lage ihrer Stützpunkte leicht feststellbar und den potentiellen Gegnern durchaus bekannt. Satelliten und elektronische Überwachungssysteme ermöglichen es, ihr Ein- und Auslaufen direkt zu beobachten. Ihr Auslaufen wird von einem charakteristischen und leicht identifizierbaren Verhalten der Geleitfahrzeuge begleitet, die sie hinsichtlich ihrer geräuscherzeugenden und magnetischen Signatur überprüfen und in vielen Fällen die Kabel für das Schleppsonar befestigen. Eine solche Überwachung muß auch nicht notwendigerweise auf im Weltraum gestützte oder auf elektronischen Maßnahmen beruhen: Britische SSBN zum Beispiel müssen beim Auslaufen aus dem schottischen Stützpunkt Faslane die Enge bei Rhu direkt nördlich von Helensburgh im vollen Licht der Öffentlichkeit passieren, und auch die französischen SSBN haben ein ähnliches Problem beim Auslaufen aus Brest.

Nach dem Überqueren des Kontinentalschelfes ist es einem U-Schiff möglich, auf Tiefe zu gehen und in den günstigsten Meeresschichten Schutz zu suchen. Ältere SSBN – viele davon sind noch im Dienst – müssen sich periodisch der Wasseroberfläche nähern, um durch Ausfahren ihrer NAVSAT-Empfangsantennen usw. ihre Trägheitssysteme auf den neuesten Stand zu bringen. Modernere Systeme erfordern eine solche Regelmäßigkeit nicht. Die Einsatzräume hängen von nationalen Strategien, geografischen Faktoren und letztlich von der Reichweite der Flugkörper ab. Sogar in Friedens-

Unten: USS OHIO (SSBN-726) durchfährt den Hood-Kanal auf dem Weg zur westlichen «Trident»-Unterseeschiff-Basis in Bangor. Es gibt zwei «Trident»-Basen; die andere befindet sich in King's Bay, Georgia.

zeiten stellen unvermeidlicherweise gegnerische SSBN Prioritätsziele für die U-Abwehrkräfte der jeweils anderen Seite dar. Nur eine armselige Marine hat keine ständigen Verfahrensweisen zur Verfügung, um mit einer Konfrontation fertig zu werden, der sich die Kommandanten eines SSBN und eines verfolgenden gegnerischen SSN in einer Zeit der Spannung gegenübersehen könnten – der eine angesichts der möglichen Vernichtung seiner abschreckenden Fracht, der andere mit der Möglichkeit des Angreifens konfrontiert, und keiner wagt es, die Begegnung abzubrechen, um Verbindung mit der vorgesetzten Stelle aufzunehmen.

Sowjetische Strategie

Es scheint klar zu sein, daß die sowjetische Marine – wenn nicht auch die sowjetische Führung – ihre SSBN-Flotte als den wichtigsten Einzelfaktor zur See betrachtet, genauso wie sie die amerikanische SSBN-Flotte als eine der kritischsten Bedrohungen des eigenen Landes ansieht. Es hat auch den Anschein, als ob die sowjetische Überwasserflotte eher mit der primären Aufgabe entworfen worden ist, diese SSBN-Flotte zu schützen, als selbständige Vorstöße in den Nordatlantik hinein zu führen, wenn dies auch trotzdem eine sekundäre Aufgabe sein mag. Die älteren SSBN der sowjetischen Marine, die der *Yankee*-Klasse, haben Flugkörper an Bord, deren Reichweite Patrouillen dicht unter der nordamerikanischen Küste erforderlich macht.

Viele dieser Einheiten sind noch in Dienst, wie nur allzu deutlich erst im Oktober 1986 demonstriert wurde, als ein U-Schiff der *Yankee*-Klasse gezwungen war, nach einer katastrophalen Explosion in einem seiner SS-N-6-FK etwa 600 sm nördlich der Bermudas aufzutauchen, d.h. ca. 750 sm von New York und ähnlich weit von Washington, DC, entfernt, beide Orte gut innerhalb der 1'600-sm-Reichweite. Obwohl die Einheiten der *Yankee*-Klasse so dicht am amerikanischen Festland von Natur aus verwundbar sind, ermöglicht die sehr kurze Flugzeit ihrer

Der Ausgang für die sowjetische Pazifikflotte

Oben: Wladiwostok verlassende sowjetische U-Boote sind gezwungen, das Japanische Meer zu durchqueren und die Kunaschir-Durchfahrt zwischen der Insel Kunaschir und Hokkaido zu passieren, ehe sie den Pazifik erreichen. Dies ist einer der Gründe, warum die Sowjets an den Kurilen so hartnäckig festhalten.

Oben: ALEXANDER BRYKIN, Typschiff einer neuen Klasse sowjetischer SSBN-Tender (künstlerische Darstellung des US-DOD). FK-Ergänzung in geschützten Gewässern kann die Überlebensfähigkeit sehr steigern.

Links: Ein sowjetisches Untersee-Schiff der Delta-IV-Klasse taucht in der Arktis auf, um seine SLBM SS-N-23 abzuschießen. Die Arktis ist zum potentiellen Hauptkampffeld geworden, und Atom-U-Schiffe streifen routinemäßig unter der Eiskappe umher.

Flugkörper, zeitdringliche Ziele wie die Stützpunkte des Strategic Air Command an oder nahe der Atlantikküste zu bedrohen. Andere sowjetische SSBN sind in zwei Seegebieten konzentriert: im Ochotskischen Meer im Fernen Osten und in der Barents-See westlich der UdSSR. Die US-Marine und ihre Verbündeten sind folglich gezwungen, U-Boote, Überwasser-Kriegsschiffe und U-Jagdflugzeuge in diese von den Sowjets beherrschten Gewässer zu entsenden.

Der älteste, im Westen der UdSSR gelegene SSBN-Stützpunkt in Poljarnij auf der Kola-Halbinsel dient den U-Schiffen der *Yankee*- und den ersten Einheiten der *Delta*-Klasse, scheint aber für die U-Schiffe der *Typhoon*-Klasse zu klein zu sein. Daher entsteht für sie ein neuer Stützpunkt mit aus den Felsen gesprengten U-Bootbunkern in Gremikcha. Die sowjetischen SSBN im Fernen Osten sind in Petropawlowsk auf der Halbinsel Kamtschatka und in Wladiwostok stationiert.

Die Strategie der USA und ihrer Verbündeten

Die SSBN-Flotte der US-Marine ist mit einer Mischung aus «Poseidon»- und «Trident»-Flugkörper bewaffnet. Mit den an Reichweite kürzeren «Polaris»- und «Poseidon»-FK mußten einige Einheiten der Flotte in vorgeschobenen Stützpunkten – Rota in Spanien und Holy Loch in Schottland – stationiert werden, aber mit der Einführung des «Trident»-FK ist es möglich geworden, sich auf

Oben: Besatzungsangehörige in der Operationszentrale der USS OHIO. SSBN sind ein Teil der strategischen Abschreckung, und ihre Besatzungen müssen täglich der Möglichkeit ins Auge sehen, daß sie aufgefordert werden, eine nukleare Katastrophe zu entfesseln.

Unten: HMS RESOLUTION, eines der vier gegenwärtigen SSBN der Royal Navy. Die strategische Nuklearfähigkeit der Briten ist eine innenpolitisch umstrittene Hauptfrage, und während eine neue Klasse SSBN bereits auf der Vickers-Werft in Barrow im Bau ist, bleibt die künftige Annullierung des Programms eine Möglichkeit.

zwei Stützpunkte an der amerikanischen Festlandküste zurückzuziehen: Bangor im Staat Washington und King's Bay in Georgia. Die amerikanische Marine informiert kaum über die SSBN-Patrouillenräume, aber es kann angenommen werden, daß weitgehend von der größeren Reichweite der «Trident»- und «Poseidon»-FK Gebrauch gemacht worden ist, um es diesen U-Schiffen zu ermöglichen, im Indischen Ozean und im Atlantik zu patrouillieren, in maximaler Entfernung von sowjetischen Häfen, um das U-Abwehrproblem der Sowjets zu vergrößern und dennoch die wichtigsten Industrie- und Bevölkerungszentren in der westlichen und östlichen UdSSR zu bedrohen.

Die britische SSBN-Basis befindet sich in Faslane am Gare Loch vor der Mündung des Clyde. Vier U-Schiffe führen jeweils Patrouillen von etwa 70 Tagen durch, und die Aufgabe ihrer «Polaris»-Flugkörper wird öffentlich damit angegeben, mit *«countervalue»*-Angriffen die Hauptindustrie- und Bevölkerungszentren im europäischen Teil der UdSSR zu bedrohen. Da die FK-Reichweite etwa 2'895 sm beträgt, kann angenommen werden, daß sich ihre Patrouillenräume im nördlichen und westlichen Atlantik befinden. Die auf Brest gestützten französischen SSBN gleichen im allgemeinen ihren britischen Gegenstücken, und sie verfolgen vermutlich eine ähnliche Zielstrategie.

Chinesische Strategie

China besitzt ein einsatzfähiges SSBN der XIA-Klasse, drei weitere sind im Bau, und zwei weitere sind geplant; jedes führt zwölf SLBM vom Typ CSS-N-3. Es kann angenommen werden, daß China eine ähnliche Strategie wie Frankreich und Großbritannien verfolgt, aber solange keine SLBM von größerer Reichweite entwickelt worden sind, können nur Ziele im Fernen Osten der UdSSR bedroht werden. In diesem Raum gibt es einige außerordentlich wertvolle strategische Ziele, wenn auch keines davon für das Überleben der UdSSR von entscheidender Bedeutung ist.

Während der europäische Teil der UdSSR von den drei Nuklearstreitmächten USA, Großbritannien und Frankreich bedroht wird, ist der Ferne Osten von den USA und China bedroht. Auf diese Weise wird die strategische Ungewißheit, deren sich die sowjetische Führung gegenübersieht, noch erhöht, denn jede der vier Atommächte bedroht die UdSSR. Die Lage der chinesischen SSBN-Basis ist nicht veröffentlicht worden, aber sie liegt vermutlich in der Nähe von Huludao am Gelben Meer.

Marschflugkörper-Unterseeschiffe

Die taktische Handhabung U-Boot-gestützter Marschflugkörper hängt weitgehend vom Auftrag des Unterseebootes und von seinen Waffen ab. Während sowjetische Marschflugkörper-Unterseeschiffe hauptsächlich zum Einsatz gegen amerikanische Trägerkampfgruppen bestimmt sind, haben amerikanische SLCM drei Grundaufgaben: den Seeziel-, U-Jagd- und Landangriff.
Viele Jahre lang bestand die Hauptaufgabe der sowjetischen Marine darin, sich mit den um Flugzeugträger gebildeten Kampfgruppen der US-Marine zu befassen, deren zum Kernwaffenangriff befähigten Flugzeuge das Potential besaßen, gegen Ziele tief im Inneren der UdSSR zu operieren. Das taktische Problem ergab sich daraus, daß es für das U-Schiff erforderlich war, seine Flugkörper aus relativ sicherer Entfernung zu schießen (schätzungsweise aus etwa 200 sm), und trotzdem sicherzugehen, daß der Angriff den Träger traf und nicht ein weniger wichtiges Schiff aus dem Sicherungsschirm. Die Lösung war landgestützte Funkaufklärung, um die Kampfgruppen zu lokalisieren und die Informationen auf dem Funkwege an das Unterseeschiff und an einen Marinefliegerhorst zu übermitteln. Danach sollten zwei Flugzeuge vom Typ «Bear-D» ausgesandt werden, um die Kampfgruppe zu finden und zu beobachten, wobei sie an das aufgetauchte U-Schiff Radarbilder zu übermitteln hatten. Gleichzeitig sandte der FK SS-N-3 nach dem Start sein eigenes Radarbild an das abschießende U-Schiff zurück, dessen Radarmeister die beiden Bilder auswertete, den Träger identifizierte und den Flugkörper informierte. Das System wies eine Reihe von Mängeln auf: Die Überlebensfähigkeit der «Bear-D» in der Nähe einer US-Trägerkampfgruppe mußte als gering eingeschätzt werden, und da der SS-N-3A die allgemeinen physikalischen Eigenschaften eines Flugzeuges hatte, ist es wahrscheinlich, daß ihn die Luftverteidigungssysteme der Kampfgruppe heruntergeholt hätten. Auch das U-Schiff wäre über eine lange Zeit hinweg verwundbar gewesen und hätte für ein Jagdflugzeug ein ideales Ziel dargestellt.
Die U-Schiffe der *Charlie*-Klasse sind imstande, ihre Seezielflugkörper SS-N-7 oder SS-N-15 getaucht abzuschießen. Dies schließt ein, daß die Fähigkeit einer Feuerleitung über Sonar vorhanden ist und daß die Flugkörper über entsprechend komplizierte Bordeinrichtungen verfügen, um vorhandene hochwertige Ziele ohne jede Eingabe von außen anzusteuern. Die von der *Oscar*-Klasse geführten SS-N-19 besitzen eine Reichweite um die 250 sm; sie sind kleiner als ihre Vorgänger, fliegen langsamer und benutzen wahrscheinlich die Eingabe von Daten über Satelliten zur Zielinformation.
Diese FK-Systeme verleihen der sowjetischen Marine eine wirksame Fähigkeit gegen die Kampfgruppen der NATO. In Spannungszeiten haben die SSGN die Aufgabe, die Streitkräfte der NATO zu beschatten; für diese würde es schwierig werden, diese SSGN jederzeit zu orten und zu verfolgen. Daher würden sie imstande sein, nach Belieben anzugreifen, sobald die Feindseligkeiten beginnen, während sich die Abwehr ihrer Flugkörper als schwierig erweisen würde.
Keine andere Marine besitzt entsprechend zweckgebaute Marschflugkörper-U-Schiffe, wenn auch die US-Marine heute den U-Boot-gestützten Flugkörper «Tomahawk» in einer Seezielrolle einsetzt. Die Taktik würde von ähnlicher Art sein; der Abschuß des Flugkörpers würde von jenseits des Horizontes gegen ein hochwertiges Ziel (z. B. einen Träger der KIEV-Klasse oder einen Schlachtkreuzer der KIROV-Klasse) erfolgen.

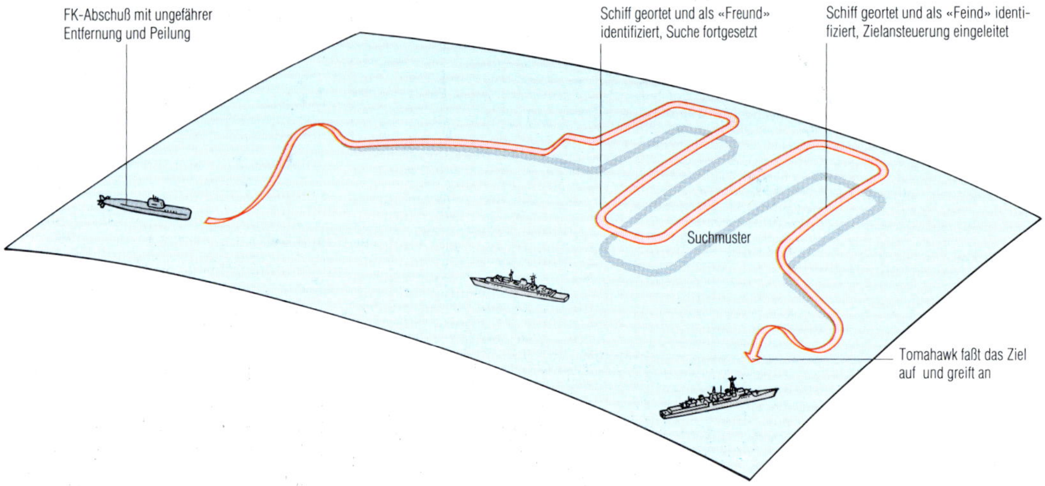

Oben: Das «Tomahawk»-Über-den-Horizont-Seeziel-Angriffsprofil. Im Seezielangriff wird der «Tomahawk» von einem getauchten Unterseeboot aus mit ungefährer Peilung abgeschossen und fliegt auf den Zielraum zu, ehe ein Suchmuster einsetzt. Nach dem Orten und Identifizieren des Zieles beginnt der Angriff. Die maximale Reichweite beträgt etwa 330 sm.

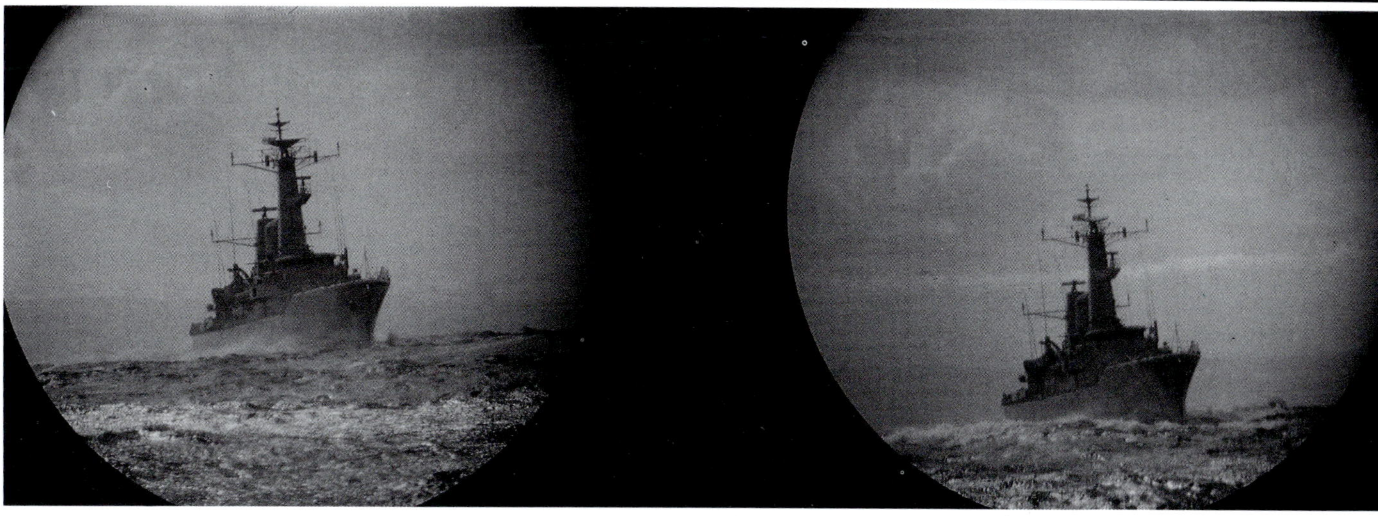

Oben: Sicht durch das Sehrohr eines Unterseebootes der niederländischen ZEELEEUW-Klasse auf eine Fregatte der VAN SPEIJK-Klasse bei ihrem Anlauf zum Angriff während einer nationalen Übung. U-Boote können Überwasserkriegsschiffe auf größere Entfernungen orten und angreifen als diese das U-Boot, sofern die Überwasserschiffe keinen U-Jagdhubschrauber führen.

Annäherungszonen des Unterseebootes

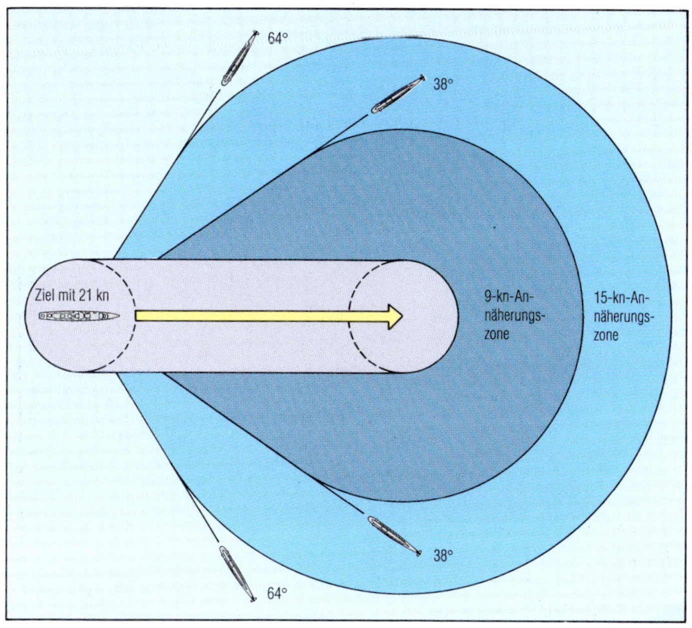

Rechts: Die Fähigkeit eines getauchten Unterseebootes, die TDZ eines Überwasserziels zu erreichen, hängt von der Geschwindigkeit und Peilung des Ziels sowie von der Eigengeschwindigkeit des Unterseebootes ab. Wenn das Ziel zum Beispiel 21 kn läuft, dann kann ein Unterseeboot mit 9 kn eine Abschußposition in der TDZ nur erreichen, wenn seine anfängliche Position sich innerhalb von 38° vom Bug des Zieles aus befindet, während sich ein U-Boot mit 15 kn aus einer größeren Zone und in einem Winkel bis zu 64° annähern kann. Die Batteriekapazität eines Diesel-Unterseebootes verringert sich rasch bei hoher Geschwindigkeit.

Taktischer Einsatz des «Tigerfish»-Torpedos

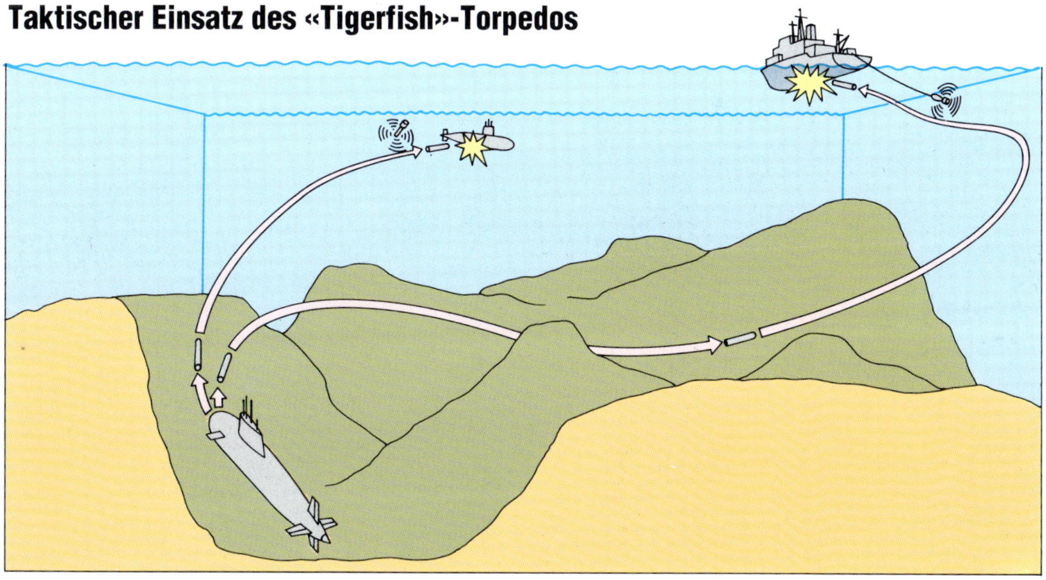

Links: Ein SSN der Victor-III-Klasse zeigt den auf dem Ruder angebrachten Hohlkörper, dessen Funktion im Westen nicht bekannt ist. Die Fähigkeit solcher U-Schiffe, mit hoher Geschwindigkeit zu marschieren, mit hohen Fahrtstufen zu manövrieren und lange getaucht zu bleiben, bedeutet, daß die Ära des U-Boot-Nahkampfes gekommen ist.

Oben: Ein Unterwasserangriff unter Verwendung des Terrains auf dem Meeresboden, um die Anwesenheit eines U-Bootes zu verbergen, ist heute möglich. Das dargestellte Szenarium verwendet die taktische Flexibilität des Marconi-«Tigerfish»-Torpedos, um aufzuzeigen, wie Überraschungsangriffe gegen Über- oder Unterwasserziele durchgeführt werden können. In den Anfangsphasen des Angriffs benutzt diese Waffe Drahtlenkung bis zu dem Punkt, wo das torpedoeigene Aktiv/Passiv-3-D-Sonar-Zielansteuerungssystem die Kontrolle für die Schlußphase des Zielanlaufs übernehmen kann. Der Bordcomputer trägt dazu bei, eine Ablenkung durch Geräuschbojen zu vermeiden.

Die Taktik der Angriffs-Unterseeboote

Angriffs-Unterseeboote und -schiffe, ob nuklear oder dieselelektrisch angetrieben, können bei einer Vielfalt von Aufgaben Verwendung finden: Zur Sicherung eigener SSBN, zur Durchführung von Patrouillen vor Sperren, zum Freihalten ozeanischer Verbindungen für Kampfgruppen und Geleitzüge, als Teil des Sicherungsschirms für solche Kampfgruppen oder Geleitzüge, zum Verfolgen anderweitig – zum Beispiel durch SOSUS – erhaltener Kontakte, zur Durchführung selbständiger Einsätze gegen besondere Ziele wie zum Beispiel gegen gegnerische SSBN in deren eigenen Schutzzonen, und zur allgemeinen Überwachung der Meere. Während einer Patrouillenfahrt an einer Sperre operiert ein U-Boot wahrscheinlich bei sehr geringen Fahrtstufen, und seine Sensoren sind auf Passivortung eingestellt. Es wird seine Sensoren normalerweise nur aktiv einsetzen, um eine letzte Bestätigung hinsichtlich Entfernung und Peilung des Zieles zu erhalten, vermutlich nur mit einem einzigen Impuls, der das Ziel mit Sicherheit alarmieren würde, aber ohne Entfernung und Richtung der Bedrohung zu verraten. Das Problem für das Jagdunterseeboot besteht darin: Kann es keine möglichen Ziele orten, muß es in ein anderes Seegebiet überwechseln, und dies hat normalerweise die Möglichkeit einer Entdeckung zur Folge.
Viele Unterseeboote wenden deshalb eine Schnell-/Langsam-Taktik an, d.h. sie marschieren mit Höchstgeschwindigkeit in ein neues Einsatzgebiet und kehren dort wieder zur geräuschlosen Suche zurück. Eine weitere Zwangslage für den U-Bootkommandanten ergibt sich daraus, daß sein Überleben davon abhängt, unentdeckt zu bleiben, und daß er gleichzeitig die Aufgabe hat, gegnerische Unterseeboote und Überwasserschiffe zu versenken, wobei jeder erfolgreiche Angriff seine Anwesenheit verrät.

Geheimoperationen

Weil sich Unterseeboote ungesehen über die Meere bewegen und gegnerischen Küsten nähern können, sind sie schon immer zu geheimen Operationen eingesetzt worden, wie z.B. für das Absetzen und Wiederaufnehmen von Männern an Küsten oder für das Transportieren von Kleinstunterseebooten oder Tauchfahrzeugen in die Nähe ihrer Ziele. Be-

sonders die US-Marine hat Unterseeboote für solche Einsätze als ideal angesehen; dies gilt vor allem für die weiten Räume des Pazifik. Im Zweiten Weltkrieg wurden amerikanische Unterseeboote sowohl zum Transport von Kommandoeinheiten als auch zur Versorgung von Guerillaverbänden eingesetzt. Im August 1942 setzte das umgebaute Minen-Unterseeboot ARGONAUT zusammen mit der NAUTILUS ein Sondereinsatzkommando aus nicht weniger als 211 Marine-Infanteristen auf der Insel Makin im Gilbert-Archipel ab; dort tötete das Kommando alle siebzig Angehörigen der japanischen Garnison und zerstörte einen Seefliegerhorst.
Bei einem Einsatz am 11. Mai 1943 setzten NAUTILUS und NARWHAL ein anderes Kommando auf dem Attu-Atoll mit ähnlichem Erfolg ab. Auch die Briten verwendeten Unterseeboote zu geheimen Operationen, sowohl entlang der von den Deutschen besetzten Küsten Europas als auch in Südostasien. Ausgezeichneten Gebrauch von seinen Unterseebooten machte die italienische Marine, um Kleinstunterseeboote und Froschmänner in der Nähe feindlicher Stützpunkte abzusetzen. Zwei Unterseeboote der ADUA-Klasse wurden umgebaut und erhielten wasserdichte Container für den Transport von drei Angriffsfahrzeugen, und zwei weitere Boote der FLUTTO-Klasse erhielten vier dieser Container. Auch mit Kleinstunterseebooten für den Einsatz gegen Häfen in Afrika und Amerika wurden Versuche unternommen, und die DA VINCI war zeitweilig umgebaut, um eines davon auf dem Vorschiff zu führen. Mit Hilfe derartiger Unterwasser-Fahrzeuge versenkte die italienische Marine etwa 63'000 ts an Kriegsschiffen und 50'000 BRT an Handelsschiffen bzw. beschädigte sie schwer.
Auch seit dem Kriege haben viele Marinen Unterseeboote zu verdeckten Operationen eingesetzt. So ziemlich jedes Angriffs- oder Patrouillenunterseeboot kann für solche Zwecke Verwendung finden; aber dieselelektrisch angetriebene Unterseeboote haben sich infolge ihrer außerordentlichen Geräuschlosigkeit unter Wasser als geeignet erwiesen. Die beiden größten Marinen sind jedoch in der Lage, zweckgebaute Unterseeboote für diese Aufgaben bereitzustellen.
Die sowjetische Marine verwendet häufig ihre große Flotte dieselelektrisch angetriebener Unterseeboote zu verdeckten Unternehmungen, und für solche Aufgaben werden beträchtliche Hilfsmittel aufgewendet. 1981 lief ein sowjetisches Unterseeboot der *Whiskey*-Klasse vor der schwedischen Marinebasis Karlskrona auf Grund.
Es hat den Anschein, als ob alle Aufgaben, die außerhalb des Mutter-U-Bootes erfüllt werden müssen, von Angehörigen der «Spetsnaz»-Einheiten der Marine ausgeführt werden. Diese «Spetsnaz»-Einheiten genießen hinsichtlich der Ausrüstung eine hohe Priorität. Ein Großteil davon wird auf die übliche sowjetische Weise streng geheimgehalten, aber ein wichtiger Bestandteil dieser Ausrüstung, der vor kurzem der Öffentlichkeit im Westen bekanntgeworden ist, sind die Raupen-Kleinstunterseeboote, eingesetzt durch «Spetsnaz»-Einheiten der Marine im Oktober 1982 zur offenkundigen Aufklärung der schwedischen Marinestützpunkte im Schärengebiet vor Stockholm. Diese Fahrzeuge besitzen zwei Raupen und einen großen Einzelpropeller und werden von Mutterschiffen – wahrscheinlich von U-Schiffen der *India*-Klasse, von denen früher

Oben: Ein Maat der Royal Navy arbeitet an einem Auswertebrett an Bord der HMS TRAFALGAR. Infolge des Fehlens optischer Bezugspunkte müssen U-Bootbesatzungen unter Verwendung von Eingaben aller verfügbaren Sensoren ständig ein dreidimensionales Bild der taktischen Umgebung auf dem neuesten Stand halten.

Unten: Dieses Marconi-360°-Verteidigungs-Sonar wurde entworfen, um Eindringlinge in Häfen, Landestellen oder in andere empfindliche Zonen zu orten. Zur Ortung von Tauchern und kleinen Tauchfahrzeugen kann die Frequenz variiert werden, und die Sonaranlage kann auch mit Nachtsichteinrichtungen in ein Verbundsystem integriert werden.

Das Saab-ELMA-U-Jagdsystem

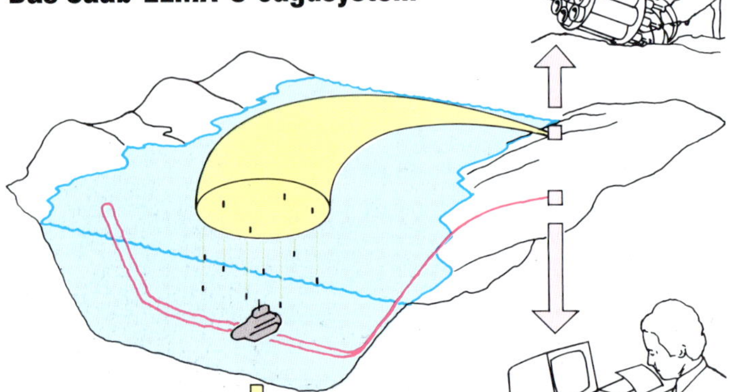

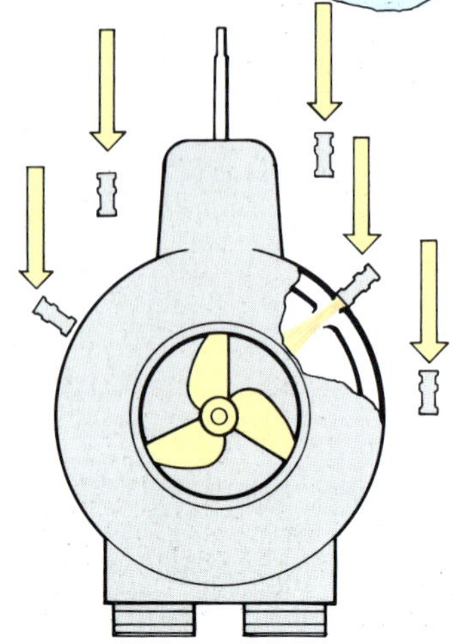

Oben: Schweden hat direkte Erfahrung mit sowjetischen Kleinst-U-Booten, und diese Anwendung des ELMA-U-Jagdsystems von Saab wurde entworfen, um das Eindringen in das Schärengebiet und in Häfen zu verwehren. Die Mini-U-Boote werden durch auf dem Meeresgrund ausgelegte Schleifen geortet und durch an Land stationierte Granatwerfer angegriffen. Die Granaten heften sich an das Ziel an, und ihre Gefechtsköpfe durchschlagen den Aufbau, ehe sie den Innenrumpf angreifen.

angenommen worden war, sie seien nur für Rettungseinsätze unter Wasser bestimmt – in die Nähe ihrer Ziele gebracht. Unglaublicherweise kam später ans Licht, daß ein Foto dieser Raupen-Mini-U-Boote bereits Mitte der 1970er Jahre in der «Prawda» veröffentlicht worden war. Von den sowjetischen Behörden war damals behauptet worden, sie fänden bei der Suche nach der versunkenen Stadt Atlantis Verwendung, eine etwas kuriose Erklärung. Unglücklicherweise scheint sich niemand im Westen ihrer möglichen militärischen Bedeutung bewußt geworden zu sein. Solche Mini-U-Boote können zu vielerlei Zwecken verwendet werden; abgesehen von Aufklärungsaufgaben auch zum Legen von nuklearen Minen an den Ausgängen von NATO-Stützpunkten für Atomunterseeboote und zum Unterbrechen der NATO-Einrichtungen auf dem Meeresgrund wie dem SOSUS-Netz. Eine Frage, die sich unvermeidlicherweise ergibt, besteht darin, ob diese Miniboote auch noch andere Aufklärungseinsätze ausgeführt haben. Hätten sie z.B. den britischen Stützpunkt für Atom-U-Schiffe im schottischen Faslane, die französische Basis in Brest oder die vielen amerikanischen Marinebasen aufklären können?

Oben: Das amphibische Transport-Unterseeboot USS GRAYBACK (LPSS-574). Es ist durch die beiden früheren SSBN, die SAM HOUSTON und die JOHN MARSHALL, ersetzt worden.

Unten: Zweisitzige Kampfschwimmer-Absetzfahrzeuge der US-Marine, verwendet von einem UDT-Trupp. Zusammen mit den SEAL-Gruppen bilden die UDT-Trupps zwei Sonderkampfeinheiten.

Zu den britischen Royal Marines gehört die Special Boat Squadron, die eine über 40jährige Erfahrung besitzt, von Unterseebooten aus zu operieren, und die in den letzten paar Jahren nicht nur in Oman und Borneo, sondern auch 1982 im Südatlantischen Krieg im Einsatz war. In diesem letzteren Konflikt brachte eine C-130 eine SBS-Einheit aus Großbritannien heran, die dann im Südatlantik über einem Unterseeboot mit dem Fallschirm absprang. Danach transportierte sie das Unterseeboot nach Südgeorgien, wo diese Soldaten als erste britische Truppen an Land gingen. Während des Konfliktes operierte in diesem Seegebiet ein dieselelektrisch angetriebenes Unterseeboot der Royal Navy, die HMS ONYX; dies ist wahrscheinlich das Boot, das die meisten geheimen Operationen durchführte. Auch von der SAS des Heeres wird angenommen, daß sie zumindest eine Einheit besitzt, die von Unterseebooten aus operieren kann. Die Royal Navy besitzt jedoch für diese Aufgaben keine zweckgebauten Unterseeboote und setzt ihre normalen dieselelektrisch angetriebenen Boote dafür ein.

Zu den amphibischen Einheiten der US-Marine gehören zwei Arten von Sonderverbänden: die UDT- und die SEAL-Gruppen. Die UDT-Gruppen wurden im Zweiten Weltkrieg aufgestellt. Neben den traditionellen Aufklärungseinsätzen am Landestrand zerstörten sie auch Sonderziele wie Straßen und Brücken im Küstenbereich und führten Unterwassersprengungen durch. Alle potentiellen Angehörigen der SEAL-Gruppen kommen aus den Reihen der UDT und erhalten eine Spezialausbildung, um sie auf ihre neuen Aufgaben vorzubereiten. Diese moderne Ausbildung ist erforderlich, da zu erwarten ist, daß sie mit wenig Unterstützung und in gesperrten Gewässern oder an Land unter Kampfbedingungen operieren müssen, wo sie in Gefechte mit feindlichen Truppen verwickelt werden können.

Zur Durchführung ihrer Einsätze müssen die SEAL-Trupps mit dem Unterseeboot an die feindliche Küstenlinie herangebracht werden und entweder über Wasser oder unter Wasser aussteigen. Jede SEAL-Gruppe besteht aus 27 Offizieren und 156 Mann, gegliedert in fünf Züge, die jeder zu selbständigen Unternehmungen imstande sind. Von den SEAL-Gruppen kann angenommen werden, daß sie ähnliche Aufgaben wie die U-Boot-gestützten Sonderkampfeinheiten anderer Nationen durchführen, darunter Aufklärung, Sabotage und Sprengungen. In der konventionellen Phase eines künftigen Krieges können sie zur Aufklärung gegnerischer atomarer Einrichtungen – wie SSBN-Basen – eingesetzt werden, um sie zu zerstören oder ihre Benutzung in der nuklearen Phase zu verhindern.

Im Gefolge des erfolgreichen Einsatzes von Unterseebooten bei Kommandounternehmen während des Zweiten Weltkrieges hat die US-Marine stets ein paar Transportunterseeboote in Dienst gehalten. USS GRAYBACK, gebaut als Marschflugkörper-Träger, wurde 1967 umgebaut, um 7 Offiziere und 60 Mann zu befördern; ihr Heimathafen ist Subic Bay auf den Philippinen, von wo aus ein Großteil der asiatischen Küste in Reichweite liegt. Die jüngste Maßnahme besteht darin, zwei frühere SSBN der ETHAN ALLEN-Klasse, SAM HOUSTON und JOHN MARSHALL, für diese Aufgabe umzubauen, wobei die FK-Schächte mit Zement gefüllt werden und die FK-bezogene Elektronik entfernt wird.

Entsprechend dem Typ der Plattform und dem Auftrag kann die U-Abwehr in vier Bereiche eingeteilt werden: unter Wasser, über Wasser, aus der Luft und Überwachung – aber jeder ist mit Schwierigkeiten verbunden und die größte ist die Natur des Meeres selbst. Wenn schon Unterseeboote mit Problemen zu kämpfen haben, so müssen ihre Gegner, die U-Jagdstreitkräfte, sogar mit noch größeren fertig werden.

Eine typische U-Jagdoperation verläuft in sechs Phasen: Suche, Kontaktherstellung, Annäherung, Angriff, Nahkampf und Absetzen. Ergeben kann sich die Suche entweder allgemein, als Teil der Sicherungsmaßnahmen für einen Geleitzug oder eine Überwasser-Kampfgruppe oder direkt aus Informationen, die von anderen Sensoren, wie zum Beispiel SOSUS oder Satelliten, stammen. Die Suchphase wird normalerweise durch die U-Jagdplattform – Flugzeug, Überwasser-Kriegsschiff oder Unterseeboot – als Patrouille, die ein allgemeines Suchmuster verfolgt, oder als Teil einer Kampfgruppe in einem bestimmten Seegebiet durchgeführt. In letzterem Falle sehen sich sowohl Überwasserschiffe als auch Unterseeboote dem Problem gegenüber, daß die wünschenswerte Geschwindigkeit der Kampfgruppe sehr viel größer sein kann als die optimale Suchgeschwindigkeit. Auch in dieser Phase muß der U-Jäger seine Entdeckung vermeiden und wenn möglich, wird er passive Sensoren zusammen mit von anderen Plattformen eingegebenen Daten einsetzen.

Das Kontaktherstellen weist zwei Elemente auf: die Ortung und die Klassifizierung. Ortung ist der Hinweis darauf, daß sich ein mögliches Ziel tatsächlich im Suchgebiet befindet; sie ist normalerweise mit einer allgemeinen Peilung verbunden, und ihr folgt die Klassifizierung, der Verfeinerungsvorgang, der nach der Bestätigung trachtet, ob der Kontakt tatsächlich ein Unterseeboot darstellt und kein Handelsschiff, keinen Wal oder ein anderes harmloses Objekt, um es dann zu identifizieren. Die Prüfung der akustischen Signatur des Kontaktes und der Vergleich mit der Datenbank des U-Jägers führt nicht nur zu einer groben Klassifizierung, sondern kann auch Typ, Klasse und unter bestimmten Umständen und mit moderner Ausrüstung ein individuelles Unterseeboot angeben. Die Annäherungsphase beginnt mit der Verfolgung, idealerweise mit dem Einsatz passiver Sensoren verbunden,

Vorteile des tiefenvariablen Sonars

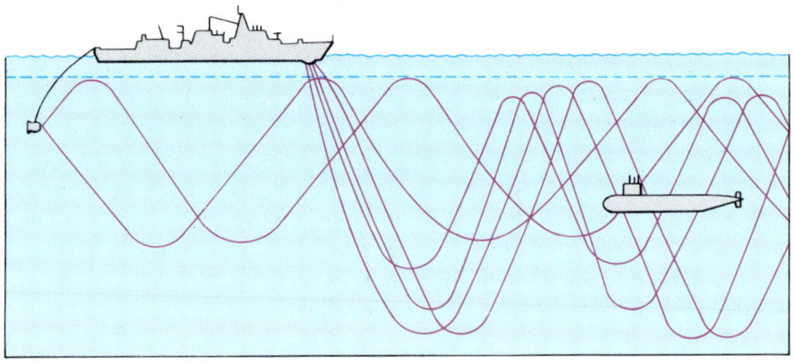

Oben: Bugsonaranlagen haben eine Reihe von Nachteilen: eigenes Schiffsgeräusch, Stampfbewegungen des Schiffes und mögliche Schattenzonen. Vieles davon kann das tiefenvariable Sonar ausgleichen, das unter der Oberflächenschicht eingesetzt wird, wo es vom eigenen Schiffsgeräusch getrennt ist und Schattenzonen vermeidet.

Rechts: HMS PHOEBE mit einem U-Jagdhubschrauber Westland «Lynx», der Winsch für das Schleppsonar Typ 2031 und dem Backbord-Dreifach-Torpedorohrsatz.

Oben: HMCS IROQUOIS (DDH-280) mit einem ihrer beiden CHSS-4 «Sea King» auf dem Flugdeck und mit dem tiefenvariablen Sonar SQS-505 am Heck. In einem Modernisierungsprogramm werden die SSM- und SAM-Waffensysteme ersetzt, während die U-Jagdsysteme beibehalten werden.

Die «Asroc»-Feuerleitung

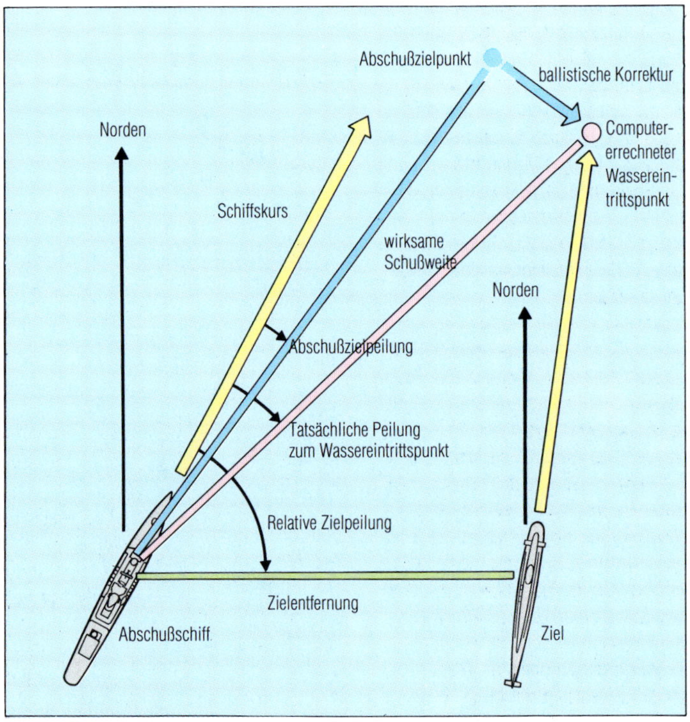

Oben: Das Unterwasser-Feuerleitsystem Mk 114 der US-Marine für «Asroc» errechnet die relativen Geschwindigkeiten und Positionen des Abschußschiffes und des Unterwasserzieles. Der Flugkörper folgt dann einem Kurs, der ihn zum optimalen Wassereintrittspunkt bringt, nachdem Stampfen und Rollen des Schiffes sowie der Wind berücksichtigt worden sind.

um das Ziel nicht auf den U-Jäger aufmerksam zu machen, gefolgt von der Lokalisierung, wenn sich der U-Jäger in die Angriffsposition manövriert. In der Angriffsphase muß der U-Jäger seine Waffen mit hoher Gewißheit abschießen können, daß das Ziel getroffen werden wird; die Hauptursache der Ungewißheit liegt für viele Marinen in der Leistungsfähigkeit der Waffe, besonders beim Torpedo. Demgemäß entspricht es normaler U-Bootpraxis, Torpedos auf etwa die Hälfte ihrer theoretisch wirksamen Reichweite zu schießen, d.h. auf etwa 10 bis 12 sm. Wenn auch die meisten modernen Torpedos ihre eigenen akustischen Sensoren besitzen und viele über eine Verbindung durch Drahtlenkung zurück zum Abschußort verfügen, so gibt es doch viele Beschränkungen, die ihre Chancen für einen erfolgreichen Angriff beeinträchtigen.

Sollte der erste Angriff fehlschlagen, entwickelt sich eine Nahkampfphase, in der die Gegner danach trachten, einander auszuschalten. Im Falle einer Begegnung Unterseeboot gegen Unterseeboot gleicht dies einem Gefecht zwischen zwei Jagdflugzeugen, die sich im Kurvenkampf bewegen, gleichzeitig feindlichen Waffeneinsatz identifizieren und ihm ausweichen, während sie die gesamte Zeit über versuchen, den vernichtenden Schlag selbst zu führen. Dies ist die Phase der U-Abwehr, in der die gute Manövrierfähigkeit des Unterseebootes der Hauptfaktor ist.

Die Schlußphase – das Absetzen – stellt eine Rückkehr zu den vorausgegangenen Bedingungen der geräuschlosen, unentdeckten Operation dar und ist gleichzeitig die Wiederaufnahme der Suchphase.

Überwasser-U-Jagd

Das Ziel der U-Abwehr, dem Gegner den wirksamen Einsatz seiner Unterseeboote streitig zu machen, kann entweder durch Vernichten dieser Einheiten oder durch das Wählen von Taktiken und Manövern erreicht werden, die ihre Operationen unwirksam machen. Von allen Arten der Seekriegführung ist dies diejenige, die am meisten das Denken der heutigen Marinestrategen und -taktiker bestimmt. Ständig werden neue U-Jagdplattformen, Waffensysteme und Sensoren entwickelt, und die Marinen widmen dieser Art der Kampfführung einen Großteil ihrer Ausgaben.

Moderne Angriffsunterseeboote haben zwei Hauptaufgaben: Erstens gegnerische Überwasserschiffe, sowohl zivile als auch Kriegsschiffe, aufzuspüren und zu vernichten, und zweitens andere Unterseeboote anzugreifen. Um dieses Ziel wirksam zu erreichen, sind sie schnell, in der Lage, aus den sie umgebenden Meeresbedingungen den größtmöglichen Vorteil zu ziehen, indem sie erfolgreich in verschiedenen Tiefen operieren, und imstande, ausgedehnte Zeitspannen in See ohne Unterstützung von außen zu verbringen. Was am wichtigsten ist, sie sind mit Ortungssystemen ausgerüstet, die in der Lage sind, Ziele auf beträchtliche Entfernungen zu lokalisieren, und führen Waffen mit, die ihre Gegner mit einem Minimum an Risiko für sie selbst vernichten. All diese Eigenschaften tragen zum größten Vorteil des Unterseebootes bei, seiner Fähigkeit, unentdeckt zu bleiben. Somit stellt das Untersee-

Unterseeboot-Sensoren und -waffensysteme

Unten: Umriß einer typischen Unterseeboot-Sensoren- und Waffenleitausrüstung (Plessey). Dateneingaben aus akustischen, hochfrequenten, optischen und bildlichen Sensoren werden zusammen mit anderen Daten im Führungs- und Leitzentrum aufgezeichnet und dargestellt und für die Navigation, Zielerfassung, Überwachung und Feuerleitung eingesetzt. Einweg-Bojen ergänzen die FM-Antennen an Masten und die vor Luft- oder Überwassergefahren warnenden ESM-Anlagen.

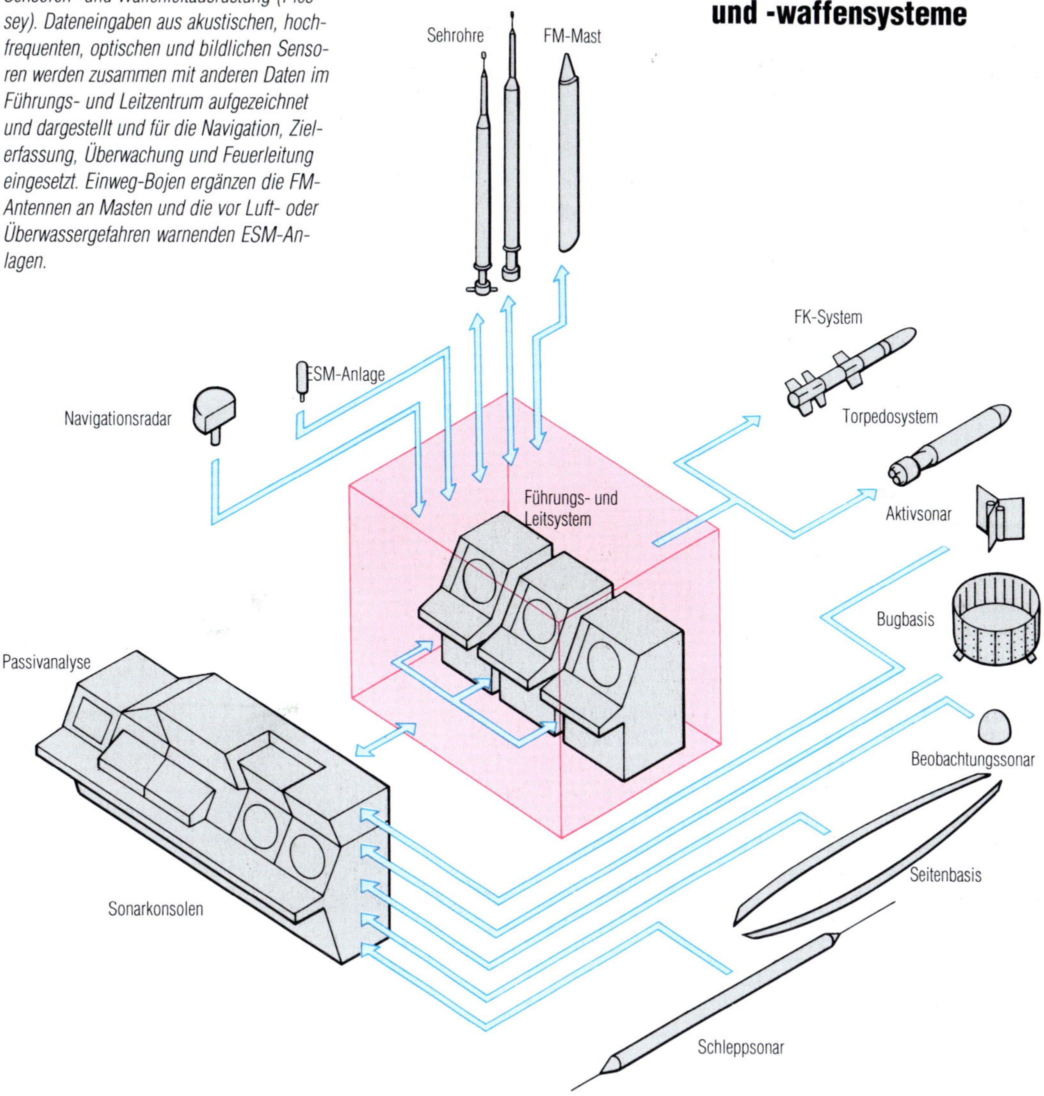

Taktischer Einsatz des «Stingray»

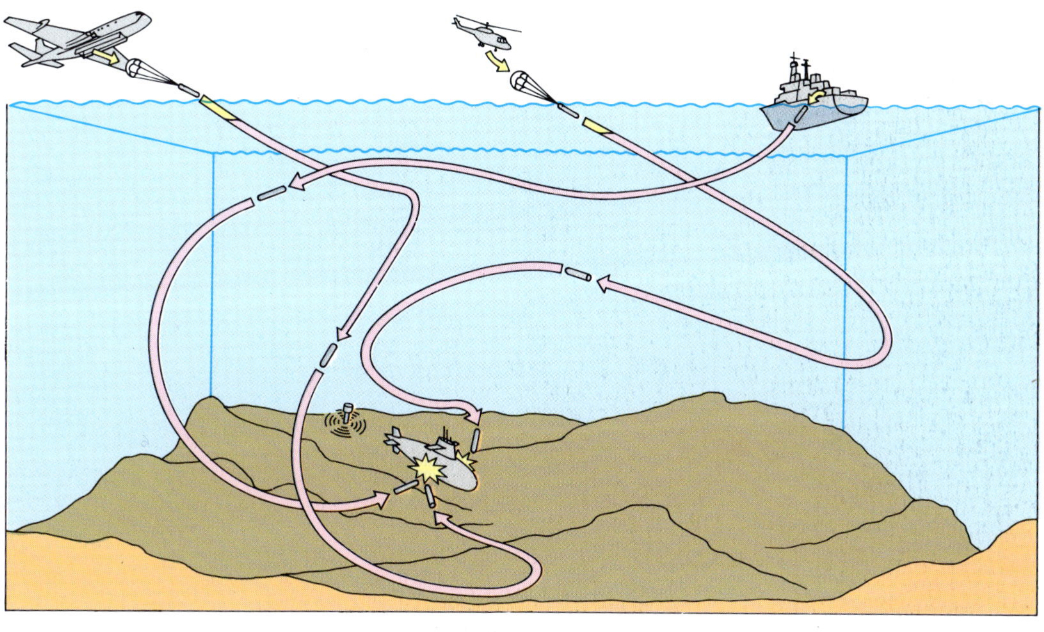

Oben: Der Leichtgewicht-U-Jagdtorpedo Marconi «Stingray» kann von Starrflüglern, wie der hier abgebildeten «Nimrod», von bordgestützten Hubschraubern und von Überwasserschiffen aus eingesetzt werden. Da er bis zum Erreichen des Wassers (gewöhnlich durch einen Fallschirm stabilisiert) noch nicht scharf ist, kann er unmittelbar nach der Ortung eines Zieles zum Einsatz kommen. Dies ist bei MAD-Systemen wesentlich. Sein bordeigener Computer kann zwischen seinem Ziel und Einweg-Ködern unterscheiden.

boot für Überwasserschiffe ein zunehmend schwierigeres Ziel dar.
Die Entwicklung des nuklearen Antriebs und des stromlinienförmigen «ALBACORE-Bootskörpers» hat die Leistungsfähigkeit des Unterseebootes bis zu einem Punkt gesteigert, an dem ernsthafte Zweifel an der Fähigkeit von Überwasserschiffen auftreten, SSN zu orten, ehe sie angreifen. Nach Ansicht vieler ist die wirksamste Waffe zum Einsatz gegen ein Unterseeboot ein anderes Unterseeboot, da es sich in derselben Umwelt aufhält und kämpft und daher imstande ist, Vorteil aus den einzigartigen Besonderheiten der Unterwasserwelt zu ziehen. Deshalb ist es auch üblich, SSN zur Unterstützung von Überwasserstreitkräften einzusetzen. Trotzdem müssen Überwasser-Kampfgruppen zu eigenen wirksamen U-Jagdoperationen imstande sein.
Traditionell und besonders während des Zweiten Weltkrieges haben die Kommandanten von U-Jagdschiffen großen Wert darauf gelegt, sich mit den Gedanken ihrer Gegner zu identifizieren. Bei einer modernen U-Jagdoperation kann diese Art geistiger Auseinandersetzung immer noch bedeutsam sein, obwohl es für einen modernen Kommandanten – in der bequemen und warmen Operationszentrale, umgeben von elektronischen Darstellungen, digitalen Radarschirmen, bei gedämpftem Rotlicht und dem ständigen Geplärr des Sprechfunks in den Kopfhörern – schwieriger sein mag, sich in das Denken eines Unterseebootkommandanten hineinzuversetzen.
In den Marinen gibt es heute nur wenige Kommandanten, die Erfahrungen bei der U-Jagd im Ernstfall gesammelt haben. Diese Ausnahmen beschränken sich auf die von der britischen und argentinischen Marine im Südatlantischen Krieg 1982 gewonnenen, unschätzbaren Erfahrungen, aber auch während des indisch-pakistanischen Krieges 1969 kam es zu richtiggehenden U-Jagdoperationen. Es sollte jedoch nicht übersehen werden, daß die U-Jagd- und U-Jagdabwehrtaktik – innerhalb militärischer Aktivitäten weitgehend alleinstehend – auf hoher See zwischen gegnerischen Streitkräften auch in Friedenszeiten mit relativ geringem Risiko hinsichtlich einer Eskalation erprobt werden kann, wenn auch ohne die Absicht oder Wahrscheinlichkeit der Vernichtung. Unterseeboote verwenden noch immer einige der hergebrachten Taktiken, besonders jene, deren Wert sich durch die Geschwindigkeit der modernen Boote gesteigert hat. Ein Beispiel dafür ist die «Schnell-und-Langsam-Taktik», wobei ein Atom-Unterseeschiff einen geräuschvollen Hochgeschwindigkeitsspurt einlegt, gefolgt von einer Zeitspanne völliger Geräuschlosigkeit, wenn es sich langsam seinem Ziel nähert.

Oben: Einer der wirksamsten U-Jagdhubschrauber, der «Sea King» der RN, kann Radar, abzufierendes Sonar oder Sonobojen einsetzen, um U-Boote zu orten und zu lokalisieren. Eine aus neun solcher Hubschrauber bestehende Staffel operiert von jedem U-Jagdträger der RN aus, und einer ist gewöhnlich jedem Flottenversorger der FORT GRANGE-Klasse der RFA beigegeben.

Verteidigung von Überwasser-Kampfverbänden

In der Überwasser-U-Jagd gibt es zwei grundlegende Situationen: die Verteidigung von rein militärischen Kampfverbänden und der Schutz der Handelsschiffahrt. Die hauptsächlichen Seeräume für Kampfhandlungen zur See in einem zukünftigen Krieg sind wahrscheinlich der Nordatlantik – insbesondere die Norwegen-See -, die Ostsee und das Mittelmeer, soweit NATO und Warschauer Pakt betroffen sind, sowie der Nord- und Mittelpazifik in einem Konflikt zwischen den USA einschließlich ihrer Verbündeten und der UdSSR.
In diesem Zusammenhang ist es von Bedeutung, den Vormarsch eines großen Kampfverbandes zu betrachten. Entscheidend ist das Konzept des Sicherungsschirms um das Gros, da es sicherstellen muß, daß die Spezialisierung jeder Einheit, ob Schiff oder Flugzeug, bis ins letzte ausgenutzt werden kann. In der inneren Sicherungszone befinden sich Fregatten mit Aktivsonar und Hubschrauber; zur Gewährleistung der Überwachung und um sicherzustellen, daß diese Zone voll abgedeckt ist, wird jedem Schiff und Hubschrauber ein Sicherungssektor zu-

Sicherungsschirm eines Kampfverbandes

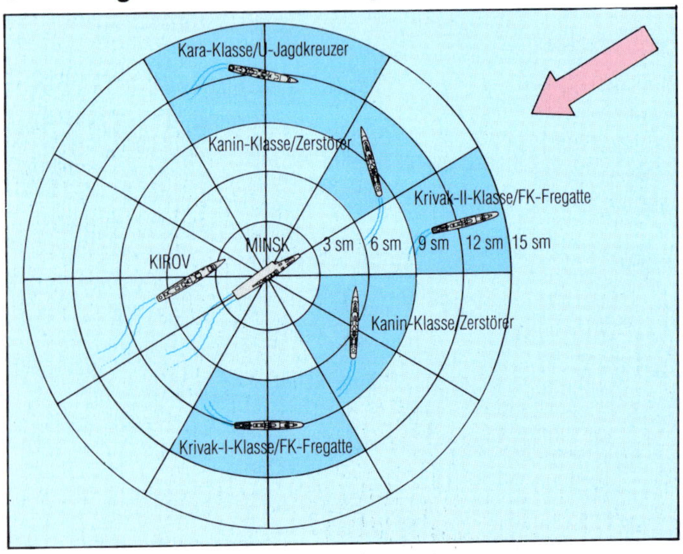

Oben: Gliederung eines sowjetischen Kampfverbandes mit dem alle paar Minuten Kurs wechselnden Gros (MINSK und KIROV), um die Unterseebootbedrohung zu verringern, während sich die außen stehenden Sicherungsschiffe in zugewiesenen Patrouillensektoren zu je 155 bis 185 km² befinden.

Profil eines ASH-3H-U-Jagdeinsatzes

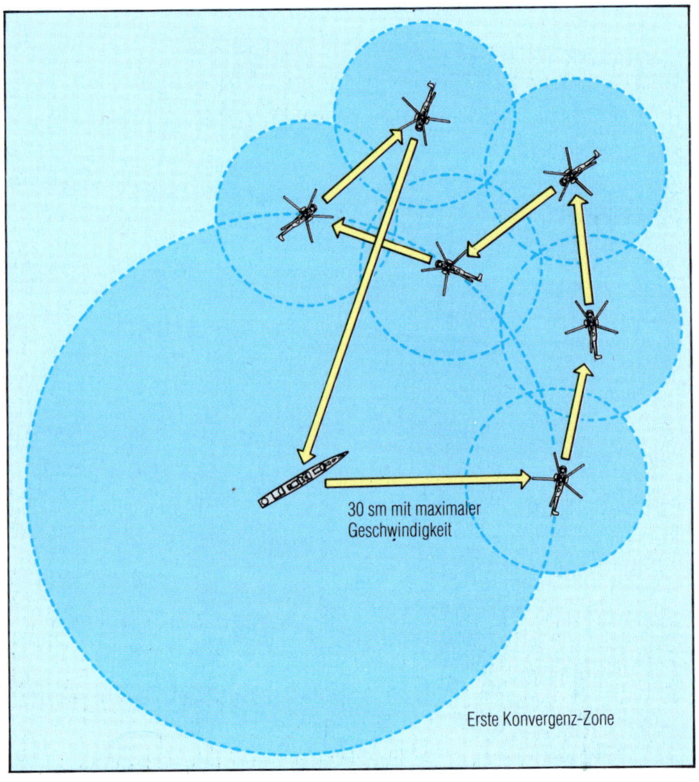

Rechts: Mit insgesamt 3 Std. und 40 Min. auf Station kann eine «Sea King» der italienischen Marine die Hälfte ihrer Zeit im Schwebezustand zum Einsatz ihres AQS-18-Sonars (Reichweite 18'500 m) und die andere Hälfte im Transit bei maximaler Dauergeschwindigkeit verbringen.

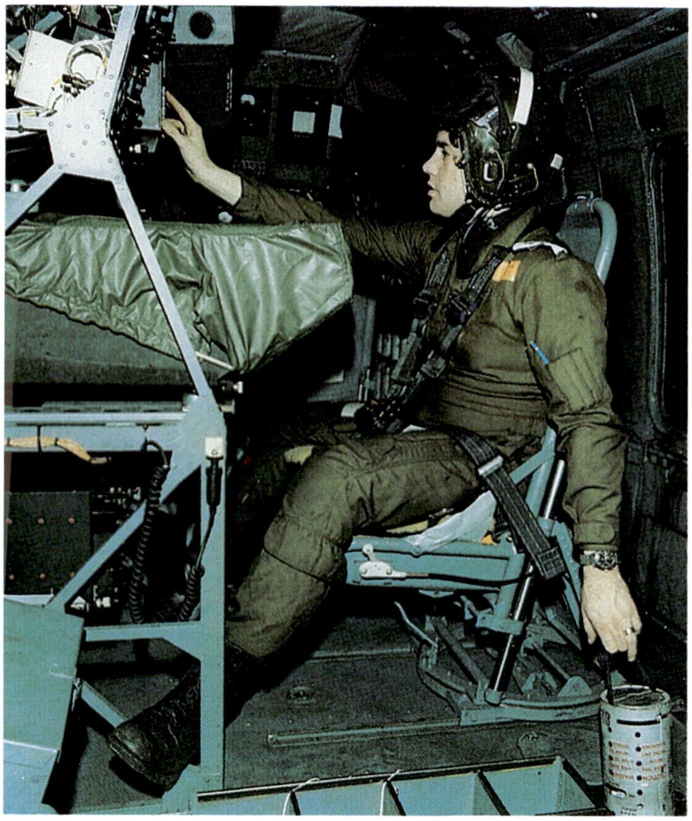

Oben: Ein Besatzungsmitglied an Bord einer «Sea King» der RN bereitet das Abwerfen einer passiven Sonoboje vor. Die Bojen werden nach einem Muster geworfen, und die Auswertung der zurückkehrenden Signale ergibt die genaue Position eines Zieles.

gewiesen. Diese Zone umfaßt normalerweise 155–185 km², und jedes Schiff manövriert ständig so, um angreifende Unterseeboote daran zu hindern, die erforderlichen Informationen zu erlangen, mit deren Hilfe ein Waffeneinsatz möglich wird. Dabei setzen die Schiffe hauptsächlich am Rumpf angebrachte Sonaranlagen ein, und viele Einheiten, besonders die größeren, schleppen Geräuschbojen nach, die einen möglichen akustischen Torpedoangriff auf sich ziehen.
Außerhalb dieser inneren Zone patrouillieren im nächsten Bereich Schiffe und Flugzeuge unter Verwendung von passiven Sonaranlagen. Überwasserschiffe setzen Schleppsonare wie das amerikanische TACTAS-System ein, während Hubschrauber eher Sonobojen verwenden, die größere Passivmöglichkeiten und die Fähigkeit bieten, größere Sektoren als Tauchsonare abzudecken. Als nächster Bereich folgt die äußere Sicherungszone, in der Langstrecken-Seeaufklärungsflugzeuge – übereinstimmend mit dem Vormarsch des Gros – die gesamte Bandbreite der Ortungsanlagen einsetzen, darunter Radar, sowohl gerichtete als auch ungerichtete Sonobojen, MAD und das Mark 1 «Eyeball», um ständig Informationen in das Computersystem des Flugzeuges einzugeben. Bewaffnet sind die Flugzeuge mit Torpedos, Flugkörpern und Wasserbomben, um einen Angriff zu führen, sollte ein Unterseeboot geortet werden.
Noch weiter draußen befinden sich die nuklear angetriebenen U-Jagd-U-Schiffe, in weitem Abstand von ihren eigenen Überwas-

Oben: Im Inneren einer «Sea King» der RN mit dem Kontrollbord für das abfierbare Sonar Typ 195 rechts und dem Platz zur Sonobojen-Bedienung links. Ein Datenverarbeitungs- und -darstellungssystem unterstützt die Rationalisierung des Einsatzes.
Unten: Ein U-Jagdhubschrauber Mi-14 «Haze» der sowjetischen Marine nähert sich einem Zerstörer der Kashin-Klasse. Die Mi-14 operiert normalerweise nicht von Schiffen, sondern von Landstützpunkten aus. Sie besitzt ein Suchradar unterhalb des Bugs sowie eine am Heck aufgehängte MAD-Anlage und verwendet mit Sicherheit Sonobojen.

sereinheiten und dem Kavitationsgeräusch ihrer Propeller, wo sie Manövrierfreiheit besitzen. Die Kommandanten solcher U-Schiffe müssen von der Annahme ausgehen können, daß jedes geortete Objekt ein Gegner ist. Mit dem einen Zickzackkurs steuernden Gros achteraus von ihnen – dessen Vormarschgeschwindigkeit sich wahrscheinlich auf nicht mehr als 10 kn beschränkt – sind die SSN in der Lage, einen großen Geschwindigkeitsvorteil zu erlangen, um weite Seegebiete abzudecken; allerdings gilt auch hier: je höher ihre Geschwindigkeit, um so größer die Geräuschentwicklung und die Möglichkeit der Ortung durch einen Gegner. Gesichert durch einen solchen Schirm marschiert der Kampfverband auf seine Zielposition zu. Sein Führer muß ständig alle ihm zur Verfügung stehenden Informationen kennen, sowohl die aus seinem eigenen Verband als auch die aus Quellen von außerhalb, wie z. B. aus der Satellitenüberwachung oder aus geheimdienstlichen Berichten, und mögliche Unterseebootkontakte in der Nähe des Gros erfordern eine augenblickliche Reaktion. Von der Entfernung zwischen Ziel und Verband abhängig, können Angriffe mit einer Waffenvielfalt durchgeführt werden. Mit Unterseebooten in einer Entfernung von mehr als 5 sm befassen sich entweder Hubschrauber unter Einsatz von zielsuchenden Torpedos oder aus ihren Sektoren detachierte Schiffe, um eine koordinierte und selbständige Angriffsgruppe zu bilden. Solche Angriffe gehen vermutlich nach einer vorausgeplanten Taktik vor sich, wobei jedes Schiff innerhalb eines bestimmten Sektors operiert, ausgehend von der vermuteten Position des U-Bootes. In dieser Lage lassen Fregatten und Zerstörer ihre mit Torpedos bewaffneten Hubschrauber starten. Es muß daran erinnert werden, daß ein positiver Sonarkontakt mit Unterseebooten sehr schwierig zu verfolgen ist. Die Schiffe können lange Zeit vergebens suchen, entweder weil der erste Kontakt nur ein scheinbarer war oder weil es dem Gegner gelungen ist, unentdeckt zu entkommen. Schließlich ist der U-Bootkommandant mehr daran interessiert, das Gros anzugreifen als die patrouillierenden Fregatten.

Maßnahmen gegen einen Torpedoangriff

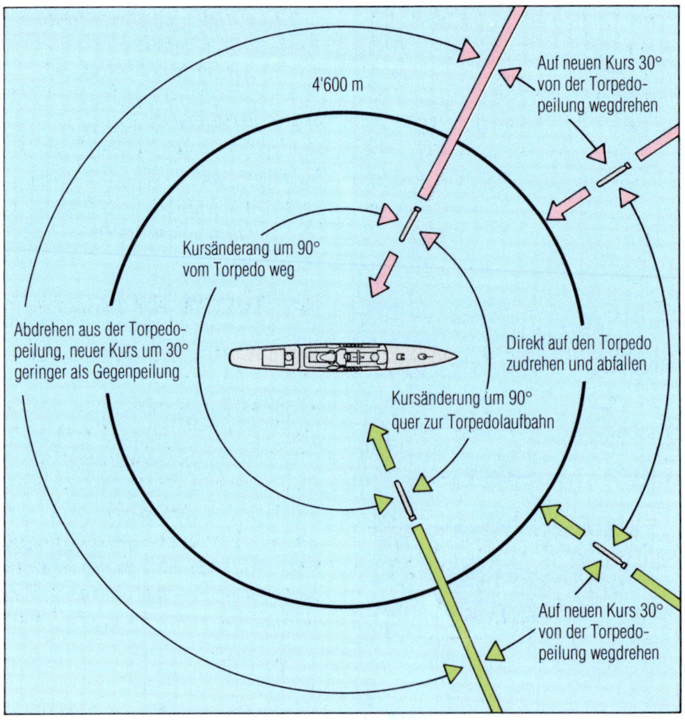

Links: Das Ziel eines Unterseebootes besteht darin, ein Überwasserschiff mit einer Lage zu konfrontieren, in der es einem herankommenden Torpedo nicht mehr ausweichen kann. Beim Orten eines Torpedos müssen Überwasserschiffe sofort Ausweichmanöver unternehmen, um eine Erfolgschance zu haben, und sie müssen mit voller Fahrt durchgeführt werden, da die verfügbare Zeit kurz ist. Ein auf 4'600 m georteter 45-kn-Torpedo braucht gerade noch 200 Sekunden bis zum Auftreffen, so daß jedes Ausweichmanöver ziemlich spontan erfolgen muß. Die Absicht des Schiffes ist es, herankommenden Waffen das schmalste Profil zu zeigen, während so schnell wie möglich die Position verändert wird. Wenn ein Torpedo unter 4'600 m geortet wird, unterscheiden sich die Manöver geringfügig, da noch weniger Zeit vorhanden ist. Eine Ausnahme von dieser Taktik tritt ein, falls das Schiff eine Geräuschboje schleppt, da ein unüberlegtes Abdrehen das Schiff zwischen Köder und Torpedo bringen könnte. Die Technik erschwert den Überwasserschiffen das Ausweichen; viele moderne Torpedos besitzen Drahtlenkung, akustische und nichtakustische Zielansteuerung sowie Bordcomputer.

Oben: Die RN-Fregatte HMS ANDROMEDA demonstriert ihre Manövrierfähigkeit. Kriegsschiffe brauchen gute Sensoren, um Torpedos in möglichst großer Entfernung zu orten; aber schnelles Reagieren, hohe Geschwindigkeit und Wendefähigkeit sind für erfolgreiche Ausweichmanöver ebenfalls von Bedeutung. Die modifizierte, verbreiterte LEANDER-Klasse zählt zu den besten Entwürfen.

Reaktion eines Kampfverbandes auf einen U-Bootkontakt

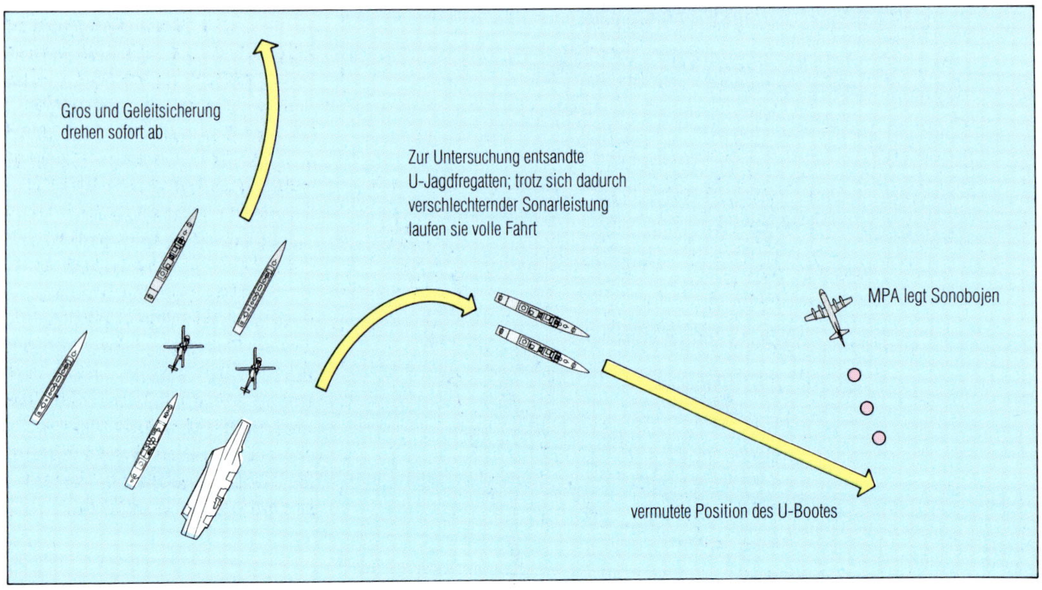

Links: Wenn ein Unterseeboot geortet wird, das sich einem Kampfverband nähert und als mögliche Bedrohung beurteilt wird, lokalisiert es der Verband und trachtet danach, es zu vernichten. Die wahrscheinlichste Sofortreaktion des Verbandsführers wird darin bestehen, mit dem Gros von der Richtung der Bedrohung abzudrehen, während geeignete U-Jagdeinheiten – Schiffe oder Flugzeuge – mit voller Fahrt auf die vermutete Position des gegnerischen Unterseebootes zulaufen.

Sobald ein Unterseebootkontakt durch eine Einheit des Kampfverbandes erfolgt, dreht das Gros von der vermuteten Position des feindlichen Schiffes weg und steuert ständig Zickzackkurse. Normalerweise ist das Verhalten im voraus festgelegt, aber es kann auch durch den an Ort und Stelle Führenden variiert werden, um vorhandene taktische Bedingungen zu berücksichtigen; gestützt auf den angegebenen Kurs erlaubt dies den Schiffen des Verbandes, ohne ein weiteres Signal zusammen Kurs zu ändern, und Pläne können auch aufgestellt werden, um die vermuteten Fähigkeiten des gegnerischen Unterseeboottyps zu berücksichtigen. Außen im Sicherungsschirm stehende Schiffe folgen wahrscheinlich den vorher festgelegten Zickzackmustern nicht, obwohl sie die Manöver des Gros kennen müssen, um genau Position zu halten.

Gefahrenzonen

Offensichtlich kann es sich der Führer eines Verbandes nicht leisten, jedesmal ein Ausweichmanöver zu fahren, sobald ein Unterseebootkontakt gemeldet wird. Statt dessen werden normalerweise auf das Gros bezogene Gefahrenbereiche festgelegt sein, beruhend auf seinen Vermutungen hinsichtlich Fähigkeiten und Taktik gegnerischer Unterseeboote. So zieht es z. B. der Kommandant eines Atom-U-Schiffes vor, sich voraus seines Zieles zu befinden, wenn er sich auf einen Angriff vorbereitet, und er wird sich auf eine Entfernung innerhalb der Reichweite seiner Waffen nähern, zwei Überlegungen, die seinem Manövrierbereich bestimmte Grenzen setzen, und der über Wasser Führende kann diesen Bereich einschätzen, normalerweise als Grenzlinien der Unterwasserannäherung bezeichnet. Solche Einschätzungen enthalten ein deutliches Risiko, aber dies ist bei den meisten taktischen Entscheidungen der Fall. Doch wenn er mit seinen Schiffen nicht über den gesamten Seeraum hinweg operieren will, bleibt dem Seebefehlshaber kaum eine andere Wahl, als nach Schätzungen auf der Grundlage von Informationen zu handeln. Innerhalb dieser Linien kann die Torpedogefahrenzone beurteilt werden, und bestimmte Verteidigungsmaßnahmen können dann zur Durchführung geplant werden, wenn ein Unterseeboot in einem festgelegten Bereich geortet wird.
Die Entwicklung des gut geschützten, in großer Tiefe und mit hoher Geschwindigkeit laufenden Unterseebootes hat zu Forderungen nach U-Jagdwaffen mit viel größerer Zerstörungskraft geführt, als sie der Leichtgewichttorpedo aufweist, der einfach zu klein ist, um einen brauchbaren Gefechtskopf zu führen. Die Atommächte haben deshalb nukleare Wasserbomben entwickelt, die von Langstrecken-Seeaufklärungsflugzeugen, bordgestützten Hubschraubern und Überwasserschiffen mitgeführt werden können und die nur in die Nähe des Unterseebootes geworfen werden müssen, um eine Versenkung herbeizuführen. Es liegt in der Natur dieser kleinen nuklearen Sprengkörper, daß bei einer Unterwasserexplosion kaum eine oder gar keine radioaktive Ausschüttung entsteht, aber ihr Einsatz unterliegt vermutlich Beschränkungen, die genauso aus politischen Erwägungen wie auch aus der offensichtlicheren Sorge eines Befehlshabers um die Sicherheit seiner eigenen Unterseeboote herrühren.
Sowohl für die NATO als auch für den Warschauer Pakt ist Norwegen von entscheidender strategischer Bedeutung. Dieses Land ist für die NATO-Strategie wichtig, weil es sich im Norden in Richtung auf die atlantischen Hauptstützpunkte der UdSSR hinzieht, und es ist auch für die Sowjetunion von wesentlicher Bedeutung, da es vorgeschobene Stützpunkte liefern könnte, von wo aus Schiffe und Flugzeuge leicht die transatlantische Unterstützung für das westliche Bündnis stören könnten. Im Szenarium eines 3. Weltkrieges würde der Kampf um die Herrschaft über die Norwegen-See, die sich 1'000 bis 800 sm weit erstreckt, vermutlich zu einer der Hauptauseinandersetzungen im Seekrieg führen und Seestreitkräfte müßten die Verbindungslinien in diesem Seeraum zur Unterstützung der an Land kämpfenden Land- und Luftstreitkräfte sichern.
Taktisch könnte dies auf zweierlei Weise erreicht werden: durch Besetzen dieses Raumes mit Flugzeugen und Schiffen und unter Hinnahme der Folgen einer sorgfältig geplanten Schlacht oder durch den Versuch, die Pläne des Gegners zur Konzentration zu durchkreuzen, indem weit zerstreute Streitkräfte mit großem Manövrierraum in diesem Seegebiet stehen, ein Weg, der sehr wahrscheinlich eine Schlacht vermeidet und auf eine Reihe von Gefechten hinausläuft. Die

Grenzlinien der Unterwasserannäherung

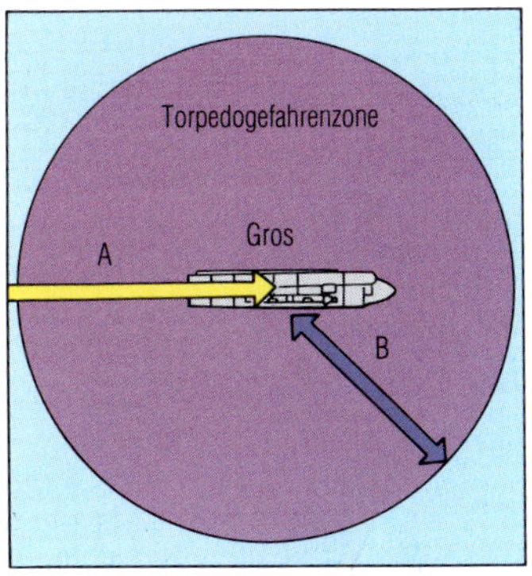

Links: U-Boote stellen für jeden Überwasser-Schiffsverband eine Gefahr dar, und Verbandsführer müssen darauf vorbereitet sein, eine sofortige Entscheidung zu treffen, ob das geortete Unterseeboot eine unmittelbare Gefahr für den Verband bedeutet oder nicht. Deshalb wurden eine Reihe von Kriterien zur Beurteilung möglicher Gefahren aufgestellt. Sie werden gewöhnlich als Grenzlinien der Unterwasserannäherung bezeichnet. Früher als Auflagen für Auswertetische entworfen, sind sie bei modernen Kriegsschiffen computergespeichert, so daß sofort auf dem Angriffsinformationsschirm des Verbandsführers eine Beurteilung erfolgen kann. Der erste Schritt ist das Eintragen einer vorverlegten Position, beruhend auf dem Zentrum des Gros und unter Berücksichtigung der Laufzeit eines angreifenden Torpedos (A). Rund um diese Position bezeichnet ein Kreis die Torpedogefahrenzone; sein Radius (B) ist die voraussichtliche Torpedoschußentfernung. Dieser Kreis bewegt sich mit dem Gros vorwärts.

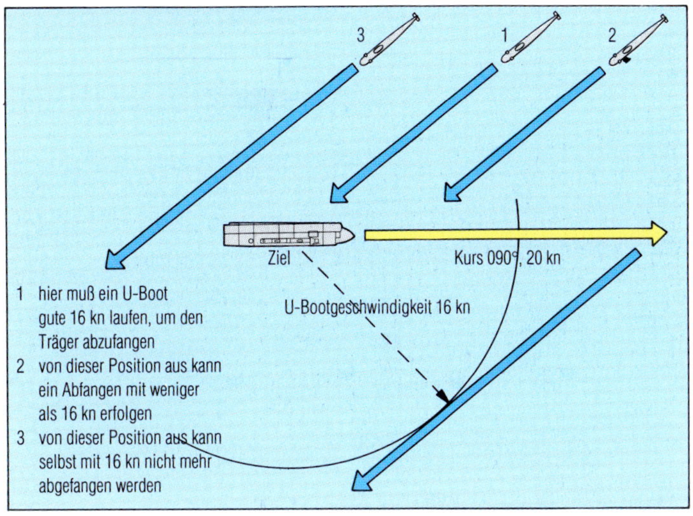

Links: Um zu beurteilen, ob ein geortetes Unterseeboot tatsächlich das Gros abfangen kann, sind einige Voraussetzungen erforderlich. Obwohl die Höchstgeschwindigkeiten verschiedener U-Boottypen variieren, wird ein Unterseeboot während eines Angriffs stets so langsam wie möglich fahren, um das Geräusch und damit das Risiko der Ortung auf ein Mindestmaß zu verringern. Sobald die Geschwindigkeit geschätzt worden ist, kann ein Bogen mit dieser Geschwindigkeit als Radius eingezeichnet werden (in diesem Fall 16 kn), und gleichzeitig werden Kurs und Geschwindigkeit des Gros (090°, 20 kn) eingetragen. Eine von der 20-sm-Marke aus als Tangente des Bogens mit der U-Bootgeschwindigkeit gezogene Linie ergibt den relativen Kurs; das Unterseeboot muß gute 16 kn laufen.

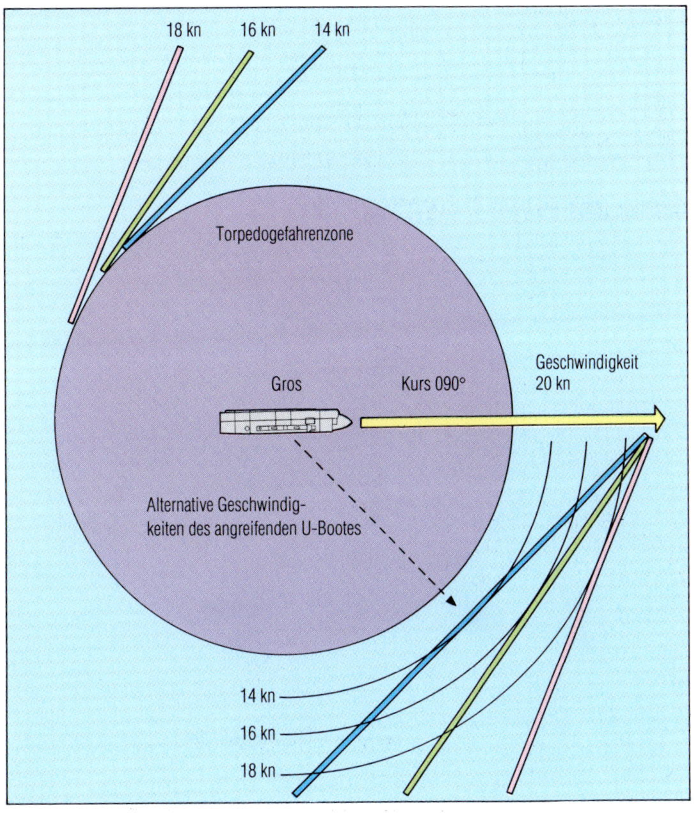

Links: Genaugenommen muß das Unterseeboot das Schiff nicht direkt abfangen, um eine Angriffsposition zu erreichen; es braucht sich nur in Torpedoreichweite zu manövrieren. In der Praxis werden deshalb die beiden obigen Diagramme – wie hier zu sehen – zusammengefaßt. Zusätzlich können mehrere relative Kurse vorbereitet werden, um verschiedene U-Bootgeschwindigkeiten (hier zum Beispiel 14, 16 und 18 kn) abzudecken, und anstatt den relativen Kurs des Unterseebootes direkt zum Flugzeugträger im Mittelpunkt zu ziehen, kann er jetzt an der Peripherie der Torpedogefahrenzone eingezeichnet werden. Es ist zu ersehen, daß jedes geortete Unterseeboot mit einer geschätzten Geschwindigkeit von weniger als 18 kn und einer Position rechts der relativen Kurslinie eine Gefahr für den Träger bedeutet. Es ist auch möglich, die Grenzen der Kurse zu schätzen, die ein Unterseeboot von seiner georteten Position aus steuern müßte, um sich dem Träger zu nähern. Auf diese Weise kann der Verbandsführer mit einiger Genauigkeit entscheiden, wo seine Flugzeuge für eine maximale Sicherung zu plazieren sind. (Beachte: Die dargestellten U-Bootkurse sind mehr relativer als wahrer Art.)

Die GIUK-Lücke: U-Abwehrsperre der NATO und die sowjetische Erwiderung

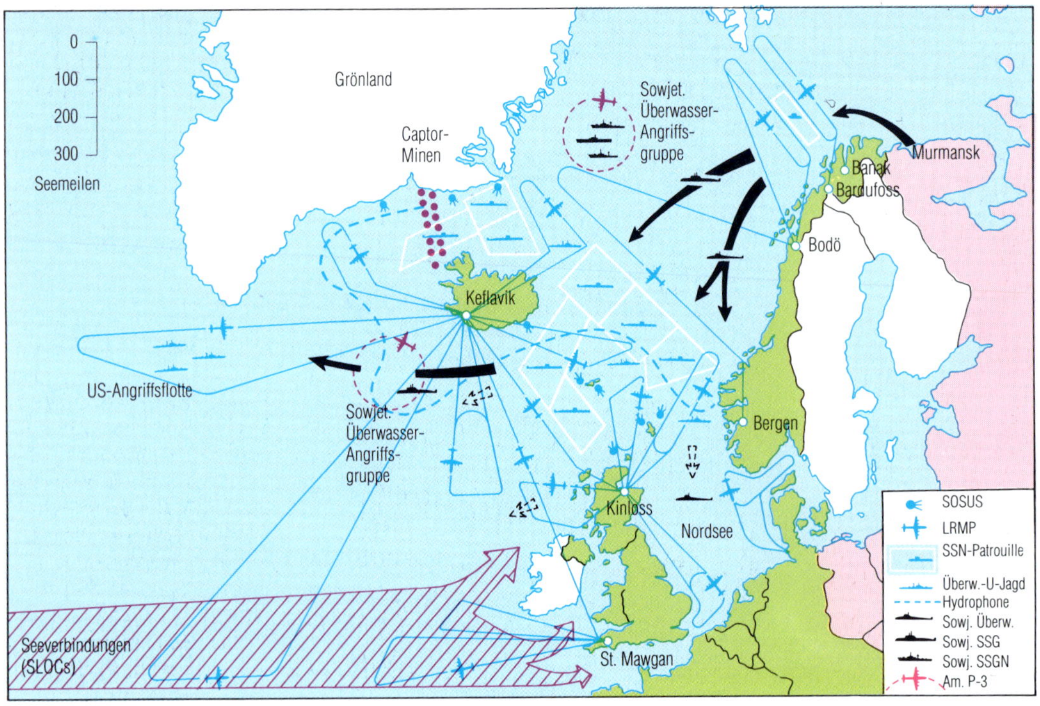

Links: Sollte ein Ost-West-Konflikt ausbrechen, sind Schiffe und Unterseeboote der sowjetischen Nordflotte bei dem Versuch zu erwarten, durch die GIUK-Lücke in den Atlantik und in die Nordsee durchzubrechen, während gleichzeitig Unterseeboote und Überwasserschiffe versuchen würden, durch das Skagerrak die Nordsee zu erreichen. Diese Durchfahrten werden von der NATO als Engstellen bezeichnet, und große Anstrengungen sind bei dem Versuch unternommen worden, sie zu verschließen. Mehrere Sicherungslinien mit U-Jagdflugzeugen, ortsfesten Monitoreinrichtungen, wie zum Beispiel SOSUS, und patrouillierenden Unterseebooten sollen sie abschirmen. Während einer Periode wachsender Spannung könnte mit dem Einlaufen amerikanischer und europäischer Angriffsflotten in dieses Seegebiet gerechnet werden. Diese Karte, entnommen aus sowjetischen Quellen, zeigt einen möglichen Einsatz der NATO. Zu beachten ist, daß die LRMPA der NATO nicht nur die Engstellen abschirmen, sondern auch zur Unterstützung der Angriffsflotten an sowjetischen Überwasser-Kampfgruppen Fühlung halten würden.

Das sowjetische Seemanöver «Summerex 85»

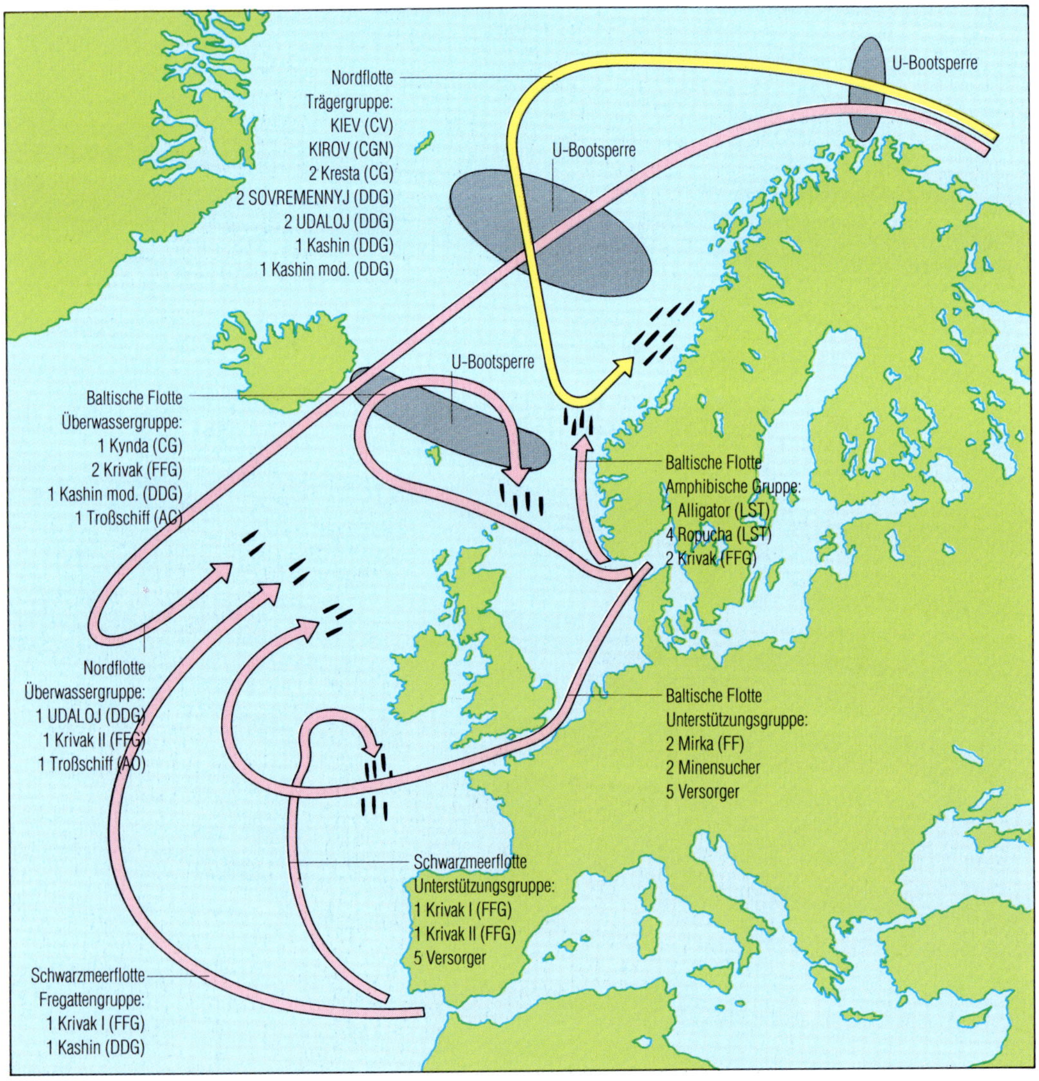

Oben: Seit 1980 hat die UdSSR Seemanöver in der Norwegen-See, in der GIUK-Lücke und in den Gewässern westlich der Britischen Inseln durchgeführt. Sie dienen dazu, sowjetische Operationen in den Nordatlantik hinein zu erproben, aber auch als Übung für ihre Antwort auf den Einsatz einer britisch-niederländischen amphibischen Kampfgruppe, die eine Erwiderung der NATO auf eine Krise an der Nordflanke sein würde. Im «Summerex 85» errichteten die Sowjets U-Bootsperren in denselben Seegebieten, die auch von der NATO für einen Einsatz beansprucht werden würden. Dies könnte zu einer größeren Unterwasserschlacht führen.

große Ausdehnung der Norwegen-See würde zur Unterstützung amphibischer Streitkräfte vermutlich zwei bis drei Trägerkampfgruppen erfordern. Die Anforderungen an die Führung eines derart zerstreuten Angriffsverbandes würden beträchtlich sein, aber hinsichtlich der U-Abwehr ergäben sich deutliche Vorteile. Die Ortung feindlicher Unterseeboote ist oberstes Gebot, und ein sich schnell bewegender und ständig manövrierender Kampfverband würde leichter Verwirrung stiften und den Gegner täuschen; er könnte ihm durchaus ungewollte Manöver aufzwingen und ihn dadurch möglicherweise bloßstellen.

Verteidigung der Handelsschiffe

Der Schutz der Handelsschiffahrt gegen die Handelskriegführung durch Unterseeboote ist besonders für das westliche Bündnis von lebenswichtiger Bedeutung. Mehr als 99 % des Welthandels nimmt noch den Seeweg, und jeden Tag treffen etwa 120 Hochseeschiffe in Westeuropa ein, wo sie 3 Millionen Tonnen Fracht entladen. Zusätzlich werden annähernd 30 Millionen Tonnen Rohöl jeden Monat nach Europa und Amerika verschifft. Es wird geschätzt, daß bei einem größeren Konflikt monatlich 1'000 Schiffsladungen in Westeuropa eintreffen müßten, um einem Minimum an zivilen und militärischen Erfordernissen zu entsprechen, und weitere 500 Schiffsladungen an militärischen Gütern, Ausrüstung, Munition, Öl und Truppen müßten den Atlantik überqueren. Das traditionelle Verfahren, die Handelsschiffahrt im Kriege zu schützen, besteht darin, die Schiffe zu Geleitzügen zusammenzufassen. Dies erlaubt eine bessere Kontrolle und Koordinierung und gestattet den Sicherungskräften, ihre begrenzten Mittel leistungsfähig einzusetzen. Es sollte jedoch nicht übersehen werden, daß das Geleitzug-System eine passive und rein defensive Taktik darstellt. Andererseits ist dies aber auch eine aggressive und offensive Maßnahme,

Links: Die Ständige Einsatzflotte Atlantik (STANAVFORLANT) besteht aus Schiffen mehrerer NATO-Marinen, die routinemäßig zusammenarbeiten, um die U-Jagdausbildung zu fördern und eine enge Koordinierung im Kriege sicherzustellen.

weil sie das Unterseeboot zwingt, an den geschützten Geleitzug heranzukommen und somit in einem Seegebiet nach Wahl der Überwasserstreitkräfte zu kämpfen statt umgekehrt. Das Geleitzug-System schafft auch riesige leere Meeresräume, die U-Bootfahrer fruchtlos absuchen müssen.

Oft wird auch die Frage gestellt, ob das Geleitzug-System im Zeitalter nuklearer Waffen und schneller Handelsschiffe noch lebensfähig ist, aber es ist durchaus möglich, Geleitzüge zu planen, die sich über sehr große Seegebiete erstrecken. Bis zu 40 Schiffe mit 5-sm-Abständen bilden noch eine zusammenhängende und führbare Gruppe. Ein solcher Geleitzug würde eine Fläche von 1'940 km² überdecken, und es bedürfte 9–10 taktischer Kernwaffen von 5 MT, allesamt genau plaziert, um einen derartigen Geleitzug zu vernichten. Vergrößerter Raum zwischen den Schiffen erschwert auch beträchtlich die Aufgabe des angreifenden Unterseebootes, da das Boot nach einem Angriff auf ein Schiff mehrere Seemeilen zurücklegen muß, ehe es sich wieder in einer Position befindet, um das Eingeben neuer Feuerleitdaten zu beginnen. Überdies würde der U-Bootkommandant nach dem Angriff auf das erste Schiff wissen, daß die Sicherungskräfte seine Position kennen und ihn jagen. Während des 2. Weltkrieges fuhren die Schiffe in einem Geleitzug üblicherweise in einem Abstand von einer halben Seemeile. Eine Steigerung des Abstandes auf eine Seemeile vergrößert das von der Geleitsicherung zu verteidigende Seegebiet um 50 %, doch das Verlustrisiko verringert sich um etwa ein Viertel. Eine nochmalige Steigerung des Abstandes auf 2 sm verringert das Verlustrisiko um ein weiteres Sechzehntel, vergrößert aber den Umkreis des Geleitzuges um das Zweieinhalbfache.

Unabhängig von der Formation des Geleitzuges gibt es zwei Hauptmöglichkeiten, um ihn zu sichern: durch Bereitstellen einer eigenen Geleitsicherung oder indem er Seegebiete durchfährt, in denen bereits andere Unterstützungsgruppen stehen, die sie taktisch beherrschen. In einem modernen Krieg ist die letztere Möglichkeit die wahrscheinlichere, da sie einen wirksameren Einsatz der begrenzt zur Verfügung stehenden Sicherungskräfte erlaubt und – am wichtigsten – in den geräuscharmen Seegebieten vor dem Eintreffen der schnellaufenden und geräuschvollen Schiffe passive Sonaroperationen gestattet. Zu solchen Unterstützungsgruppen müssen Schiffe mit Schleppsonar, Hubschrauber und möglichst LRMPA gehören; ideal wäre es, wenn jede Gruppe zumindest ein SSN unterstützen würde.

Geleitzüge werden normalerweise so geführt, um beim Gegner ein Höchstmaß an Verwirrung zu verursachen; dabei verringert sich das Risiko einer Blöße auf ein Mindestmaß. Zum Beispiel machen es lange Zickzackschläge (zu je 10 bis 12 sm) mit Kursänderungen von 30°–40° einem angreifenden Unterseeboot besonders schwer, in den Kern eines Geleitzuges vorzudringen, wäh-

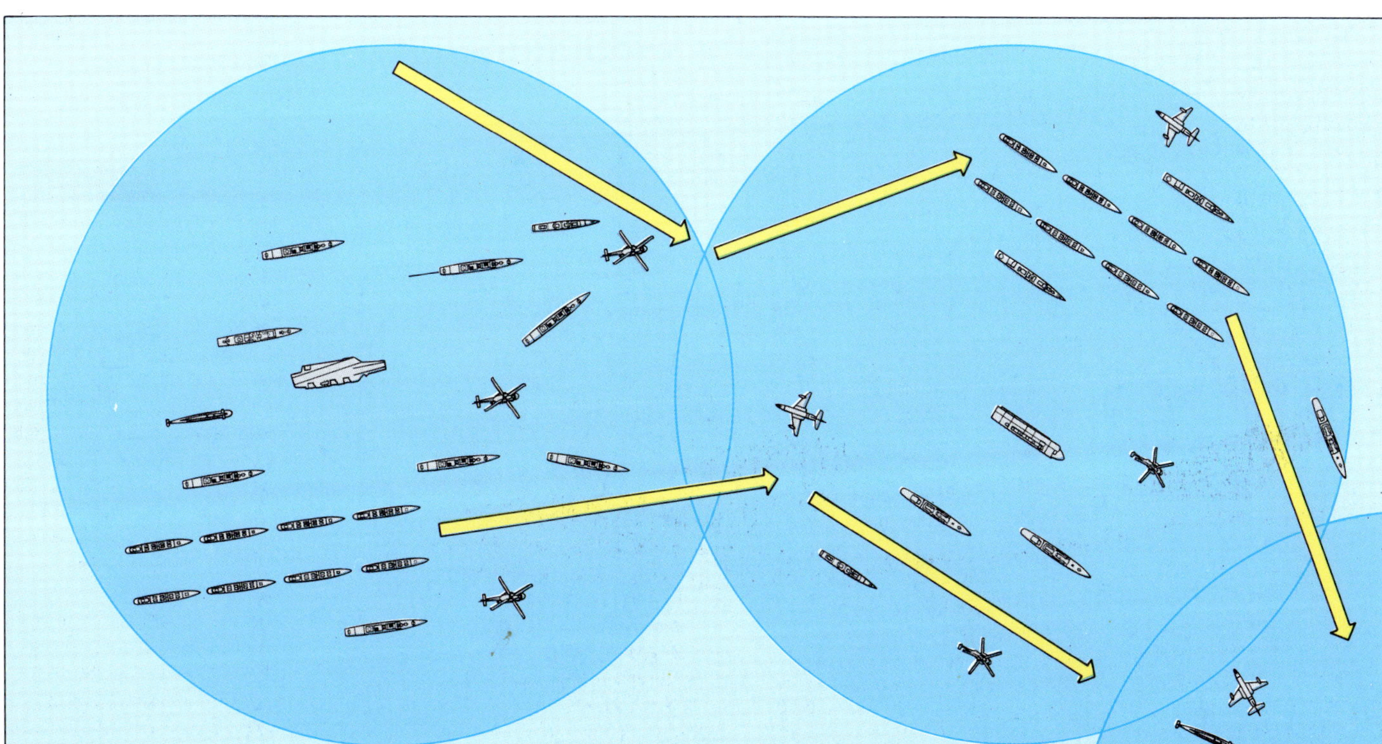

Oben: Wenn ein Gegner das Geleitzug-System einsetzt, zwingt er das Unterseeboot, ihn aufzusuchen statt umgekehrt. Andererseits zwingt die Unterseebootgefahr den Gegner, beträchtliche Kräfte zur Sicherung seiner Geleitzüge bereitzustellen. Im Falle der Versorgungsrouten der NATO über den Atlantik stellt sich der Einsatz begrenzter Seestreitkräfte etwas optimistischer dar. Dieses Schaubild zeigt in einem beherrschten Seegebiet eingesetzte Unterstützungsgruppen vor dem Kurs der Geleitzüge. Die Handelsschiffe selbst bedürfen nur einer schwachen Geleitsicherung (FF); unter Umständen könnten sogar auf ein bis zwei Handelsschiffe gestützte Jagdhubschrauber genügen. Die Unterstützungsgruppen ihrerseits sichern den Geleitzug nur, wenn er ihren Sektor passiert.

rend die Unterstützungsgruppen ihre Positionen nach Erfordernis verbessern. Daneben sollten die Gruppen ihre eigene Luftsicherung besitzen, die jedes fühlunghaltende Flugzeug vernichtet, um dem Gegner soviel an Informationen wie möglich vorzuenthalten und ihn dadurch zu zwingen, seinen Verbleib zu verraten.

Um Feuerleitdaten zu ermitteln, muß ein U-Bootkommandant erkennen, was an der Wasseroberfläche vor sich geht. Landkommandostellen werden ihm jede verfügbare, durch Satellit und Luftaufklärung oder aus geheimdienstlichen Quellen gewonnene Information übermitteln, aber bis diese ihn erreichen, sind sie unvermeidlicherweise veraltet. Überdies können die Informationen der bordeigenen Sonaranlagen des Unterseebootes verworren sein, vor allem weil schnellaufende Geleitzüge eine Vielzahl an Geräuschen verursachen, die durch die akustischen Täuschungsanlagen noch vermehrt werden. Um solche Anomalien aufzulösen, kann das Unterseeboot gezwungen sein, sich der Wasseroberfläche zu nähern, um sein Radar einzusetzen, das mit an Sicherheit grenzender Wahrscheinlichkeit von den ECM-Anlagen der Sicherungsfahrzeuge geortet werden wird und das ihnen außerordentlich schnell eine Peilung von der Position des Unterseebootes gibt. Außerdem wird das Unterseeboot mit Sicherheit sein Sehrohr einsetzen, das wiederum vom Radar einer LRMPA geortet werden kann.

Wenn ein Unterseeboot mit hoher Fahrtstufe marschieren muß, um an einen Geleitzug heranzukommen, steigert sich das Risiko einer Ortung erneut. Im letzten Krieg besaßen Unterseeboote gegenüber einem Geleitzug einen Geschwindigkeitsvorsprung von 16:6, aber nur, wenn das Unterseeboot aufgetaucht fuhr. Heute beträgt dieser Vorsprung bei getauchtem Unterseeboot fast 30:17 – und im Falle einiger sowjetischer Unterseeboote über 40:17. Aber 17 kn sind eine Ge-

Der taktische «Hammerhead»-Einsatz

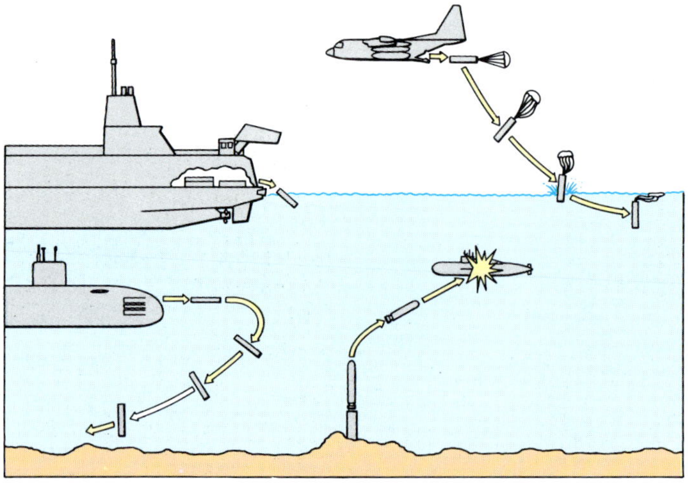

Suchmuster des Torpedos Whitehead A.244/S

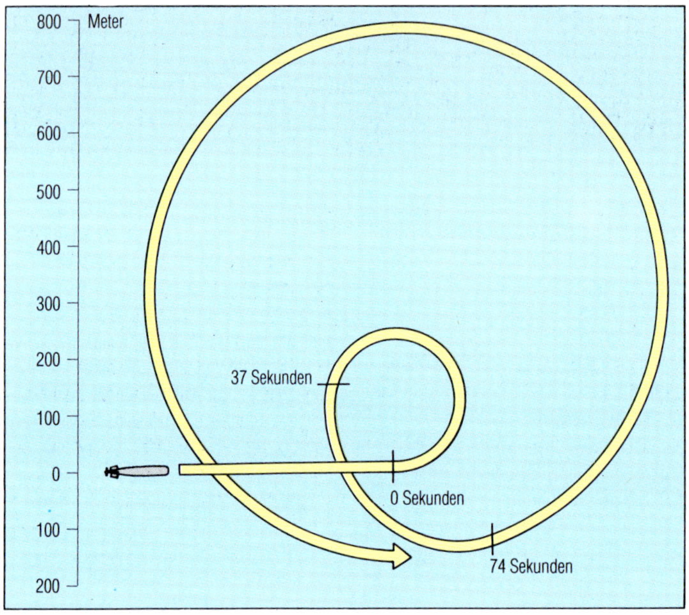

Links: Das Seeminenkonzept «Hammerhead» von Marconi/ Loral umfaßt einen U-Jagdtorpedo in einem 53,3-cm-Rohr; er ist für offensiven und defensiven Einsatz sowohl gegen U-Boote als auch gegen Überwasserziele entworfen. Das Waffensystem kann außerhalb des Kontinentalschelfes von Flugzeugen, Überwasserschiffen oder U-Booten geworfen werden. Es sinkt zum Meeresboden und ruht dort in senkrechter Wartestellung, wobei das Torpedosonar nach dem Passivverfahren arbeitet. Ist ein Ziel geortet und klassifiziert worden, löst sich der Torpedo im richtigen Augenblick und nähert sich dem Ziel mit Aktivsonar, um eine vernichtende Wirkung zu erzielen.

Links: Jahrelang verfolgten Torpedos nach dem Abschuß einfach einen geraden Kurs, d.h. sie gingen fehl, wenn die ursprüngliche Einstellung falsch war oder wenn das Ziel den sich nähernden Torpedo entdeckte und auswich. Moderne Torpedos – noch immer in Richtung Ziel abgeschossen – besitzen selbständige Suchfähigkeit. Dadurch können sie ihr eigenes Suchmuster verfolgen, wenn kein Ziel getroffen wird. Der italienische Torpedo Whitehead A.244/S wird abgeschossen, wenn sich das Schiff in einen Abschußbereich manövriert hat, der die Wahrscheinlichkeit eines Treffers gewährleistet, läuft dann nach einer eingestellten Peilung in einer eingestellten Tiefe mit seinem aktivierten Akustikkopf und sucht das Ziel. Nach einer geraden Laufstrecke von eingestellter Länge leitet der Torpedo, wenn er das Ziel akustisch nicht aufgefaßt hat, ein kurvenliniges Suchmuster ein: eine Spirale in konstanter Tiefe oder eine schraubenlinige Spirale.

Unten: Eines der wirksamsten U-Jagdwaffensysteme ist der Langstrecken-Seeaufklärer; im Bild eine britische «Nimrod». Große Reichweite und genügend Raum für Sensoren sind wesentlich.

Rechts: Eine patrouillierende Lockheed P-3 sichtet ein aufgetauchtes sowjetisches U-Schiff der Victor-III-Klasse. Für die USA und viele ausländische Marinen sind mehr als 600 P-3 gebaut worden, und dieser Typ wird bis weit in das nächste Jahrhundert hinein in Dienst bleiben.

schwindigkeit, die ein modernes Kriegsschiff leicht aufrechterhalten kann, wohingegen ein getauchtes Unterseeboot mit 30 kn Geschwindigkeit gegenüber einer Ortung sehr verwundbar ist.

Die Flugkörperbedrohung

Unterseeboote mit Torpedos sind nur eine Art der Bedrohung. Geleitzüge sind auch dem Angriff von Unterseebooten mit Flugkörpern ausgesetzt, z.B. durch die sowjetische *Echo*-Klasse, wobei die Zielerfassungsdaten an diese Einheiten entweder durch Satellit oder Aufklärungsflugzeug übermittelt werden. Die Reichweite des Flugkörpers SS-N-3 «Shaddock» der *Echo*-Klasse beträgt 555 km, aber das U-Schiff müßte vor dem Abschuß auftauchen und könnte deshalb leicht geortet werden. Die U-Schiffe der *Charlie*-Klasse können den Flugkörper SS-N-9 «Siren» getaucht abschießen, aber seine Reichweite beträgt nur ein Drittel von der des «Shaddock». Jede Bedrohung sollte durch eine entsprechende Zusammensetzung der Unterstützungsgruppe im Sicherungsschirm des Geleitzuges leicht beherrschbar sein. Punktverteidigungssysteme wie «Seawolf» können im Falle eines Flugkörperangriffs Schutz gewähren, und elektronische Gegenmaßnahmen tragen zur Verwirrung und Täuschung bei. Das wesentliche Prinzip der taktischen Verteidigung eines Geleitzuges hängt von der Verwirrung des Gegners ab, die ihrerseits wieder den Gegner zwingen wird, selbst nachzusehen, wenn auch nur kurz. Ist das Unterseeboot erst einmal geortet, dann sollte es – wie bei jeder Art Seekriegführung – vernichtet werden, ehe es sich in eine Angriffsposition setzen kann.

U-Jagdoperationen aus der Luft

Der Einsatz von Flugzeugen in der U-Jagd begann im Ersten Weltkrieg, und seine Bedeutung hat seitdem zugenommen. Zwei Einsatzarten sind denkbar: das Absuchen eines Seegebietes als selbständige Aufgabe unter Führung einer Marinekommandostelle und Unterstützungseinsätze in Verbindung mit einem Kampfverband in See. Ob amphibisch, träger- oder landgestützt, Starrflügler oder Hubschrauber, das Flugzeug ist bei weitem die rascheste und wirksamste Methode, einen häufig vagen Kontakt auf große Entfernung in ein eindeutig lokalisiertes Ziel zu verwandeln und anschließend den Angriff zu führen. Ein zusätzlicher Vorteil des Flugzeuges besteht darin, daß seine Anwesenheit von einem getauchten Unterseeboot aus selten festgestellt werden kann, d. h. daß bei einer gut geführten U-Jagdoperation aus der Luft der U-Bootkommandant erst dann den Angriff wahrnimmt, wenn er bereits die Propeller eines Hochgeschwindigkeitstorpedos hört, der sich rasch seinem Boot nähert.

Der typische U-Jagdeinsatz einer «Atlantique»

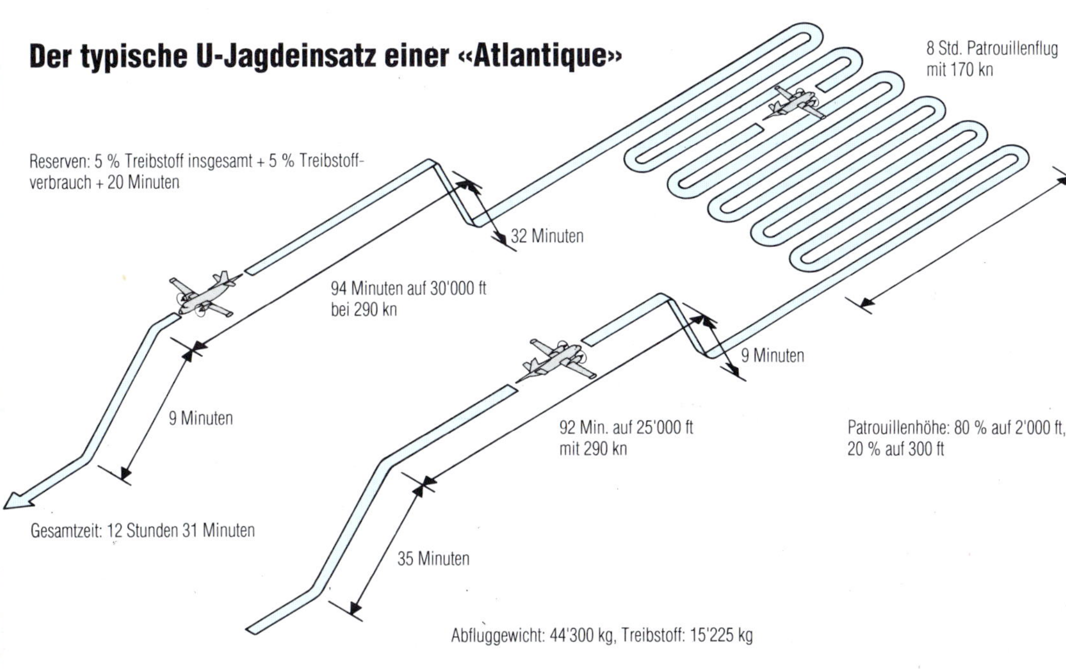

Oben: Der typische U-Jagd-Aufklärungseinsatz einer französischen «Atlantique». Ein 8stündiger Patrouillenflug über eine Entfernung von mehr als 600 sm vom Stützpunkt ist mit Standard-U-Jagdausrüstung – vier Torpedos plus mehr als 100 Sonobojen und eine Vielfalt von Markern und pyrotechnischen Sätzen – möglich. Die Geschwindigkeit, mit der eine solche MPA das Patrouillengebiet erreicht, die Größe des abgedeckten Gebietes und die Fähigkeit, Patrouillengebiete schnell zu wechseln, sind erkennbar.

U-Jagd-Starrflügler

Das moderne Seeaufklärungsflugzeug (MPA) ist ein hochwirksames Paket aus Sensoren, Such- und Zielanalysefähigkeiten sowie Waffen. Alle gegenwärtigen Typen sind landgestützt, abgesehen von der trägergestützten Lockheed S-3A «Viking» der US-Marine und ein paar noch vorhandenen amphibischen Typen: der sowjetischen Be-12, der japanischen PS-1 und der chinesischen PS-5. Unter normalen Umständen wird MAD eingesetzt, um eine auf andere Weise geortete Spur positiv zu bestätigen, wenn sie auch in Engstellen, wie zum Beispiel der Straße von Gibraltar, als Hauptortungssystem Verwendung finden kann. MAD kann auch zur Unterstützung beim Verfeinern der Angriffsdaten eingesetzt werden, obwohl sie natürlich gegen Unterseeboote mit Titanrumpf unwirksam ist.

Radar dient der Ortung von Überwasserzielen, und sogar die kleinsten Objekte wie das Sehrohr oder der Schnorchelkopf eines dieselelektrisch angetriebenen Unterseebootes können auf große Entfernungen geortet werden. Moderne Radaranlagen sind auch in der Lage, Radarprofile auf dem Bildschirm darzustellen. Auf diese Weise wird das Ziel ziemlich rasch identifiziert, während Sehrohre und Schnorchelköpfe auch durch Infrarotanlagen geortet werden können.

Da die Leistung der Sonoboje von den Bedingungen der Umgebung abhängig ist, wird häufig zuerst eine Tiefseetemperatur-Registrierboje abgesetzt. Sie besteht aus einem Schwimmer, der automatisch ein Gerät absenkt, das laufend Temperatur und Salzgehalt mißt. Die Daten werden dann durch die Überwasserboje an das Flugzeug darüber übermittelt. Die Auswahl der Sonoboje und ihre Arbeitsweise kann dann getroffen werden, wobei Sonobojen entweder Richtstrahl- oder Rundstrahl- sowie aktive oder passive Arbeitsweise besitzen. In allen Fällen werden die Hydrophon-Betriebstiefe, die Boden/Luft-Übermittlungs-Frequenzen, die Betriebsdauer der Boje und die Arbeitsweise vor dem Abwurf im Flugzeug eingegeben, wenn auch bei einigen modernen Sonobojen die Betriebstiefe nach dem Eintritt ins Wasser geändert werden kann, um einem Ziel in eine andere Temperaturschicht zu folgen. Die vielen komplizierten Dateneingaben aus all diesen Sensoren werden durch ein zentrales taktisches Computersystem abgeglichen und gespeichert. Ein derartiges System wird ebenfalls verwendet, um die Waffendaten einzugeben und den Waffenabschuß zu führen. MPA operieren entweder selbständig, indem sie Seeräume absuchen, oder zur Unterstützung eines Kampfverbandes in See. Im letzteren Falle stehen sie normalerweise unter der taktischen Führung des Verbandsbefehlshabers und werden gewöhnlich als Teil des Sicherungsschirms in einiger Entfernung vom Kampfverband selbst eingesetzt. Dabei operieren sie sowohl allein auf einem vorbestimmten Patrouillenkurs als auch – üblicher – in Verbindung mit U-Jagdhubschraubern von den Schiffen des Verbandes. Beim Absuchen von Seeräumen operieren die MPA selbständig, üblicherweise unter der Führung einer Marinekommandostelle an Land. Ihnen wird ein bestimmtes Seegebiet zum Absuchen zugewiesen, das häufig Teil einer U-Abwehrsperre, wie z.B. der von der NATO in der GIUK-Lücke eingerichteten, sein wird. Sobald ein gegnerisches Ziel identifiziert worden ist, geht die MPA zum Angriff über. Meist werden verschiedene Typen von Torpedos und Wasserbomben sowohl mit konventionellen als auch mit nuklearen Gefechtsköpfen mitgeführt. Dabei hat sich der Torpedo häufig als das schwächste Glied im gesamten System erwiesen, und – wie an anderer Stelle beschrieben – riesige Summen sind in vielen Ländern für Torpedoentwicklungsprogramme ausgegeben worden.

Unten: Ein Westland «Lynx» der deutschen Bundesmarine beim Einsatz seines abfierbaren Sonars AQS-18. Der Wandler hängt an einem 300-m-Kabel, und zur Arbeitsweise gehört auch die Anzeige wandernder Ziele.

Unten rechts: Ein «Lynx» der Royal Navy wirft einen Leichtgewichttorpedo «Stingray» ab. Der Fallschirm bringt ihn senkrecht aufs Wasser herunter, wo der Torpedo seine Suche nach dem Ziel beginnen wird.

Oben: Ein ASH-3D der italienischen Marine wirft einen Torpedo Whitehead A.244/S ab. Beim Abwerfen aus einem Hubschrauber außerhalb des Sonarkontaktes beginnt der Torpedo sofort mit seinem Suchmuster.

Rechts: Ein U-Jagdhubschrauber SH-2F LAMPS I setzt den MAD-Körper ASW-81 ein. Gewöhnlich orten und klassifizieren Flugzeuge die Ziele mit Sonobojen und führen vor dem Waffeneinsatz eine MAD-Ortung durch.

Typischer U-Jagdeinsatz mit Tauchsonar

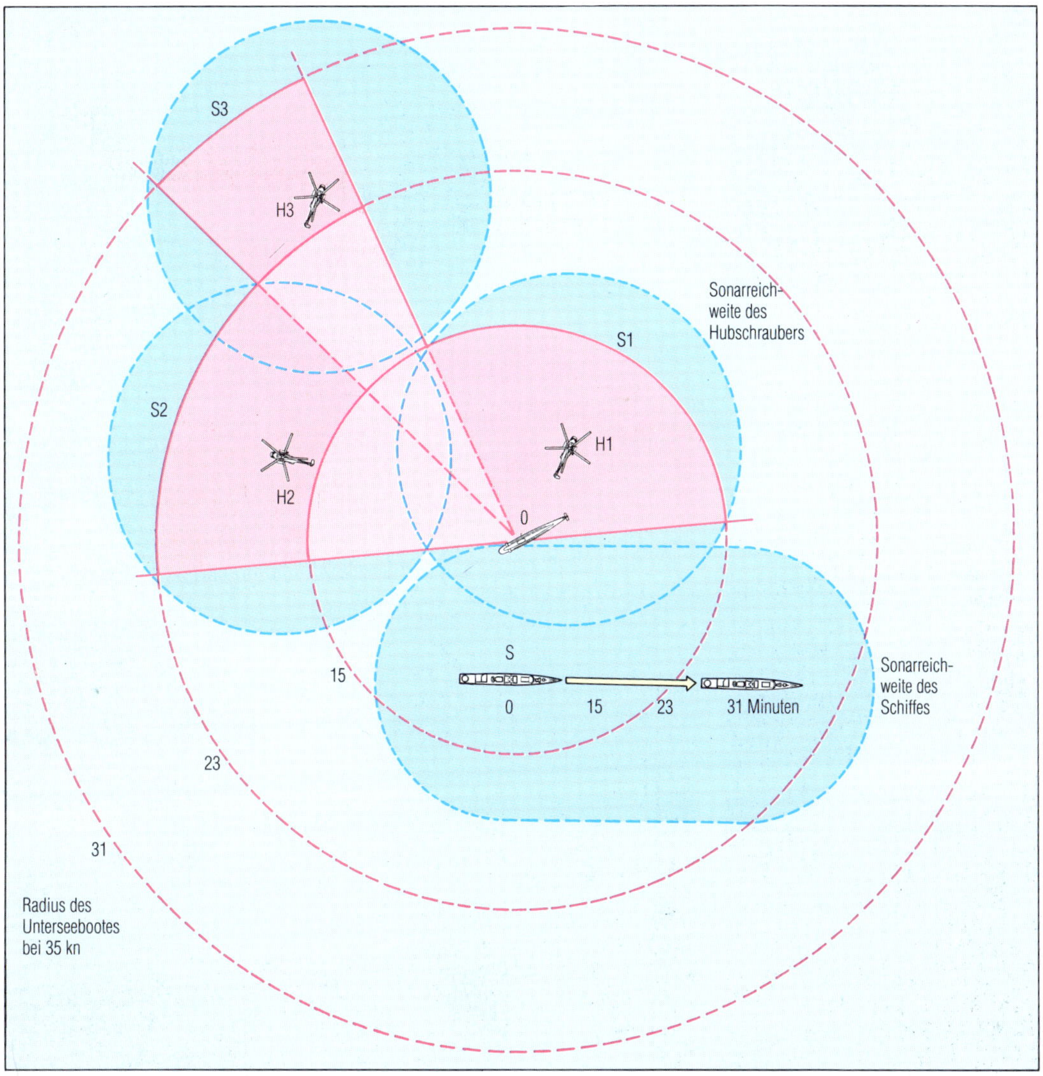

Oben: Ein sich mit 12,5 kn bewegendes Schiff S ortet ein 12 kn laufendes SSN; das SSN setzt die Fahrt auf 35 kn herauf. Der Bordhubschrauber mit 10-Minuten-Bereitschaft startet mit 120 kn zu H1, geht für zwei Minuten in den Schwebezustand über und setzt sein Sonar auf 200 m ein. Zeitdauer bis zum Einsatz bei H1 15 Minuten. Blaue Kreise sind die vom Sonar des Hubschraubers abgedeckten Bereiche; rote Linien markieren die verkleinerten Bereiche, in denen das U-Boot sein könnte. Wenn sich das SSN in S1 befindet, wird es der Hubschrauber auf H1 orten; wenn nicht, fliegt er in 8 Min. die 9 sm zu H2 und kann es in S2 orten, ansonsten sollte es in S3 sein.

U-Jagdhubschrauber

In der U-Abwehr besitzen Hubschrauber großen taktischen Wert, weil sie sogar kleinen Überwasser-Kriegsschiffen eine wichtige und verhältnismäßig weitreichende U-Jagdfähigkeit verleihen können, und sie ermöglichen es den Marinen, die sich keine kostspieligen, komplizierten und personalintensiven Flugzeugträger leisten können, eine eigene Luftunterstützung in See zu haben.
Die ersten U-Jagdhubschrauber stellten eine einfache Erweiterung der Sensoren und Waffenabschußsysteme ihrer Schiffe dar, aber einige moderne Typen bilden völlig selbständige U-Jagd-Waffensysteme.
Einzigartig für den Hubschrauber ist das ins Meer abfierbare Sonargerät, das vom schwebenden Hubschrauber aus über eine Winsch eingesetzt wird. Im Schwebezustand sollte ein Hubschrauber idealerweise in den Wind drehen, um ein Aufwühlen des Wassers zu vermeiden. Wenn es erforderlich wird, eine neue Suchposition einzunehmen, muß das abgefierte Sonargerät eingeholt werden, was zu einem Abbrechen des Kontaktes führt. Ist schließlich ein Unterseeboot sicher geortet worden, muß das Sonargerät ebenfalls hochgezogen werden, damit der Hubschrauber zum Angriff ansetzen kann. Diese Probleme behindern einen allein eingesetzten U-Jagdhubschrauber, aber sie können überwunden werden, wenn zwei Hubschrauber zusammenarbeiten, da der eine stets sein Sonargerät im Wasser hat und den Kontakt hält, während der andere unter Führung des kontakthaltenden Hubschraubers sein MAD-Gerät einsetzt, um den Kurs des Unterseebootes festzustellen, und dann zum Angriff übergeht. Dabei sind die Standardwaffen zielsuchende Torpedos oder Wasserbomben.
Ins Meer abzufierende Sonargeräte haben gegenüber Sonobojen bestimmte Vorteile. In einigen Seegebieten, wie etwa dem Mittelmeer, gibt es getrennte Wasserschichten von unterschiedlichen Temperaturen, und die Grenzfläche zwischen ihnen – die Thermokline – fungiert gegenüber akustischen Impulsen als Barriere. Das abfierbare Sonargerät kann jedoch durch diese Schichten hindurch abgesenkt werden, um Ziele zu suchen und zu lokalisieren, die sonst einer Ortung entgehen könnten.
Die passive Arbeitsweise ist in bestimmten Situationen vorzuziehen, besonders dann, wenn angenommen werden kann, daß das Unterseeboot keinen Anlaß zum Argwohn hat, es sei geortet worden, und daher wahrscheinlich keine Ausweichmanöver unternehmen wird. Die aktive Arbeitsweise wird normalerweise eingesetzt, wenn der Zeitfaktor von wesentlicher Bedeutung ist, d.h. wenn das Unterseeboot schnell in Angriffsposition gegen Überwasserziele geht oder wenn bekannt ist, daß dieses Unterseeboot seine Ortung bemerkt hat.
Auf jeden Fall ist das Gejagtwerden durch zwei U-Jagdhubschrauber unter Verwendung abfierbarer Sonargeräte für den Kommandanten eines Unterseebootes eine entmutigende Erfahrung, da er nie ganz sicher sein kann, ob sie noch seinen Kontakt haben oder aus welcher Richtung der nächste Sonarimpuls kommen wird.

Sachregister

Die Unterseeboot-Klassen sind im allgemeinen unter dem Herkunftsland zu finden.

Abkürzungsverzeichnis

A = Ampere
ADCAP (Advanced Capability) = Modernisierungsprogramm für Torpedos
AGSS = Versuchsunterseeboot
AM = Amplitudenmodulation
AO (Auxiliary Oiler) = Betriebsstoffversorger
Asdic (Allied Submarine Devices Investigation Committee) = (brit.) akustisches Unterseeboot-Ortungsgerät
ASR (Submarine Rescue Vessel) = (am.) Unterseeboot-Rettungsschiff
Asroc (Anti-submarine-rocket) = U-Abwehr-Raketentorpedo
ASW (Anti-Submarine-Warfare) = U-Abwehr
AWACS (Airborne Warning and Control System) = Frühwarnflugzeug (Spezialversion der Boeing 707)
BdU = Befehlshaber der Unterseeboote
Bit = digitale Informationseinheit
BRT = Bruttoregistertonnen
Captor (en*cap*sulated *tor*pedo) = (am.) Torpedo-Mine (siehe Seite 202)
cep (circular area probable) = (am.) wahrscheinliche Kreisfläche
CG (Cruiser guided missile) = Lenkwaffenkreuzer
CGN (...nuclear propulsion) = ... mit Atomantrieb
CIA (Central Intelligence Agency) = Geheimdienst der USA
COMTASS (Compact Towed Array System) = (am.) Kompakt-Schleppsonarsystem
counter-force = Einsatz von Kampfmitteln zu Angriffen auf militärische Ziele
counter-value = Angriff auf die Industrie und zivile Ziele des Feindlandes
CSS (Confederated States Ship) = Schiff der Konföderierten Staaten von Amerika
CV (Carrier Vessel) = Flugzeugträger
dB = Dezibel
DDG (Destroyer guided missile) = Lenkwaffenzerstörer
DDH (Destroyer helicopter) = Hubschrauberzerstörer
DIMUS (digital multi-beam steering) = (am.) Digitale Mehrfach-Bandsteuerung
DLC (down-link communication) = (am.) FM-Verbindung zum getauchten U-Boot
DoD (Department of Defence) = Verteidigungsministerium der USA
DSRV (Deep Submergence Rescue Vehicle) = (am.) Tieftauchrettungsboot für havarierte Unterseeboote
ECM (Electronic Countermeasures) = (am.) elektronische Gegenmaßnahmen (dt. EloGM)
ELF (Extremely Low Frequency) = extreme Längstwellen
EloKa = elektronische Kampfführung
E-Meß... = Entfernungs-Meß...
EMP (Electro-Magnetic Pulse) = (am.) elektromagnetischer Impuls
EMT (Electrodynamic Thrust) = (am.) elektrodynamische Schubkraft
EMT = effektive Megatonne
ESM (Electronic Support Measures) = elektr. Unterstützungsmaßnahmen (dt. EloUM)
FF (Frigate) = Fregatte
FFG (Frigate guided missile) = Lenkwaffenfregatte
FK = Flugkörper
Fla = Flugabwehr
Flak = Flugabwehrkanone
FLIR (Forward-looking infrared) = nach vorn gerichtetes Infrarot-Bordortungsgerät (Flugzeug)
FM = Fernmelde...
FOSM (Flag Officer Submarines) = (brit.) Führer der Unterseeboote
FuMG = Funkmeßgerät
FuMB = Funkmeßbeobachtungsgerät
FuMO = Funkmeßortungsgerät
ft (foot) = (brit.) Fuß = 0,3048 m
G7e = deutsche Torpedo-Bezeichnung: G = Kaliber 53,3 cm, 7 = Länge (7 m), e = Elektroantrieb
GFK = Glasfaserkunststoff
GIUK (Greenland-Iceland-United Kingdom) Grönland-Island-Großbritannien-Lücke
GUPPY (Greater unterwater propulsion of a submarine) = am. Modernisierungsprogramm für größere Unterwassergeschwindigkeit der Unterseeboote
HDW = Howaldtswerke-Deutsche Werft AG
HF (High Frequency) = Kurzwelle
HMCS (Her Majesty Canadian Ship) = (brit.) Schiff der kanadischen Marine
H_2O_2 = Wasserstoffsuperoxyd
HrMs = (niederl.) Schiff der niederländischen Marine
HTP (High-test hydrogen peroxyde) = Hochleistungswasserstoffsuperoxyd
HY (high-yield) = hochfest
Hz = Hertz (Maßeinheit der Frequenz)
ICBM (Intercontinental Ballistic Missile) = Interkontinentalrakete
IFF (Identification of Friend or Foe) = Freund-Feind-Kennung
IKL = Ingenieurkontor Lübeck
JDW = Jane's Defence Weekly (britische Zeitschrift für Militärfragen)
kHz = Kilohertz
km/h = Kilometer pro Stunde
kn = Knoten (1 sm –1853 m– pro Stunde)
kT = Kilotonne
kW = Kilowatt
L/50 = Länge des Geschützrohres nach Anzahl der Kaliber; hier: Kaliber x 50
LAMPS (Light Airborne Multipurpose System) = (am.) leichtes luftgestütztes Mehrzwecksystem
lb/sq (pound per square inch) = Pfund pro Quadratzoll (68,9467 mbar)
LF (Low Frequency) = Langwellen
Loran (Long range navigation)= Funknavigationsverfahren
LPSS = U-Boot für Landeunternehmen
LRMPA (Longe Range Maritime Patrol Aircraft) = Seefernaufklärungsflugzeug
LST (Landing Ship, Tank) = Panzerlandungsschiff
MAD (Airborne Magnetic Anomaly Detector) = magnetisches Flugortungsgerät (gegen U-Boote)
MARV (Manoeuvrable Reentry Vehicle) = (am.) manövrierb. Wiedereintrittsträger
MHD (Magnetohydrodynamic generator) = (am.) hydrodynamischer Magnetgenerator (überhitzte Gase werden elektromagnetischen Kräften ausgesetzt)
MHz = Megahertz
MIDAS (Mine Detection and Avoidance Sonar) = (am.) Sonar, um Minen zu orten und ihnen auszuweichen
MIRV (Multiple Independently Targetable Reentry Vehicle) = (am.) unabhängig zielansteuernde Mehrfach-Wiedereintrittsträger
Mk (Mark) = Modell
MPA = siehe LRMPA
MRV (Multiple Reentry Vehicle) = Mehrfach-Wiedereintrittsträger
m/s = Meter pro Sekunde
MSBS (Mer-Sol Ballistique Stratégique) = (frz.) siehe SLBM
MT = Megatonne
NATO = Nordatlantikpakt
NAVSAT = Navigations-Satelliten
OTH-B-Radar (Over-The-Horizon Backscatter) Radar zum Empfang von Echos jenseits des Horizontes
PARIS (Passive/Active Range and Intercept Sonar) = (am.) Passiv/Aktiv-E-Meß- und -Beobachtungssonar
PSe = effektive PS, Maßeinheit für Motoren
PWR (Pressurised-Water Reactor) = druckwassergekühlter Reaktor
Radar (Radio detecting and ranging) = (am.) Funkortung und E-Messung
RAF (Royal Air Force) = britische Luftwaffe
RBU (Raketnaja Bombometnaja Ustanovka) (russ.) Raketen-Wasserbomben-Werfer
RFA (Royal Fleet Auxiliary) = (brit.) Troßschiffverband der RN
RN (Royal Navy) = britische Marine
RV (Reentry Vehicles) = (am.) Wiedereintrittsträger
SAC (Strategic Air Command) = (am.) Strategisches Bomberkommando
SADS (Submarine Active Detection System) (am.) aktives Sonar-Ortungssystem für Unterseeboote
SALT (Strategic Arms Limitation Talks) = (am.) am.-sowj. Gespräche über Begrenzung strategischer Kernwaffen
SAM (Surface-Air-Missile) = (am.) Boden-Luft-Flugkörper
SAS (Strategic Air Service) = (brit.) Sonderverband der Royal Air Force
SBS (Special Boat Squadron) = (brit.) Sonderverband der Royal Air Force
SEAL (Sea-Air-Land) = (am.) Sonderverband der US-Navy
S-Gerät (-Anlage) = deutsche Tarnbezeichnung «Sonderfernsteueranlage» für ein aktives Sonar
SIGINT (Signals Intelligence) = FM- und elektronische Aufklärung (deutsch FM/EloAufkl)
SINS (Submarine Inertial Navigation System) = (am.) Unterseeboot-Trägheits-Navigationssystem
SIR (Submarine Intermediate Reactor) = (am.) mittelschneller Reaktor für Unterseeboote
SLBM (Submarine-Launched Ballistic Missile) = (am.) unter Wasser abzuschießende ballistische Flugkörper
SLCM (Submarine-Launched Cruise Missile) = (am.) unter Wasser abzuschießende Marschflugkörper
SLOC (Sea Line of Communication) = Seeverbindung
Sonar (Sound, navigation and ranging) = (am.) Schallortungs- und -meßgerät (brit. Asdic)
SOSUS (Sound Surveillance System) = (am.) fest installiertes Sonar-Überwachungssystem zur Ortung von U-Booten
SS = dieselelektrisches Unterseeboot
SSB = dieselelektrisches Unterseeboot mit ballistischen Flugkörpern
SSBN = Atom-Unterseeboot mit ballistischen Flugkörpern
SSC = dieselelektrisches Küsten-U-Boot
SSG = dieselelektr. Lenkwaffen-U-Boot
SSGN = Atom-Unterseeboot mit Marschflugkörpern
SSK = dieselelektrisches U-Jagd-Unterseeboot
SSKN = atomgetriebenes U-Jagd-Unterseeboot
SSM (Ship-Ship-Missile) = (am.) Schiff-Schiff-Flugkörper
SSN = atomgetriebenes Angriffs-U-Boot
SST (Special Surface Target) = dt. Seezieltorpedo
STANAVFORLANT (Standing Naval Force Atlantic) = Ständige Einsatzflotte der NATO im Atlantik
Stand-off-Weapons = Abstandswaffen zur Bekämpfung eines Ziels auf größere Distanz
STASS (Submarine Towed Array Sonar System) = Unterseeboot-Schleppsonar-System
STWS (Ship-launched Torpedo Weapon System) = bordgestütztes Überwasser-Torpedowaffensystem
SUBACS (Submarine Advanced Combat System) = (am.) integriertes Sonar-Feuerleitsystem für Unterseeboote
Subroc (Submarine rocketassisted Torpedo) = (am.) unter Wasser abzuschießender U-Jagd-Raketentorpedo
SU(R)-Gerät = deutsches S-Gerät für Unterseeboote mit Braunscher Röhre für die Anzeige
SUT (Surface/Underwater Target) = deutscher Seeziel- und U-Jagdtorpedo
TACAMO-System (Take Charge and Move Out) = (am.) FM-System mit Flugzeugen als Relaisstation zwischen Land und getauchtem Unterseeboot
TACTAS (Tactical Towed Array Sonar) = (am.) taktisches Schleppsonar
TAINS (TERCOM-Aided Inertial Navigation System) = (am.) TERCOM-unterstütztes Trägheitsnavigations-System
T-ASM («Tomahawk»-Anti-Ship-Missile) = Seeziel-Marschflugkörper «Tomahawk»
TDZ (Torpedo Danger Zone) = Torpedogefahrenzone
TERCOM (Terrain Comparison) = (am.) auf Terrainvergleich beruhendes Navigationssystem
T-LAM («Tomahawk»-Land-Attack-Missile) Landangriffs-Marschflugkörper «Tomahawk»
trnav = Trägheitsnavigation
ts = (brit.) «long ton» zu 1016 kg, Maßeinheit der Wasserverdrängung für Kriegsschiffe
UDT (Underwater Demolition Team) = (am.) Sonderverband der US-Navy
UHF (Ultra High Frequency) = Ultrahochfrequenz
U/m = Umdrehungen pro Minute
UN (United Nations) = Vereinte Nationen
USAF (United States Air Force) = amerikanische Luftwaffe
USN (United States Navy) = amerikanische Marine (US-Marine)
USS (United States Ship/Submarine) = amerikanisches Kriegsohiff/Unterseeboot
V = Volt
V 1, V 2 = deutsche Raketenwaffen des Zweiten Weltkrieges
VDS (Variable Depth Sonar) = tiefenvariables Tauchsonar
VHF (Very High Frequency) = Ultrakurzwelle
VLF (Very Low Frequency) = Längstwelle
WEU = Westeuropäische Union
WPS = Wellen-PS, Maßeinheit für Dampfturbinen
XSV (Expendable Sound Velocimeter) = (am.) Einweg-Schallmesser

Oben: Stapellauf der VÄSTERGÖTLAND in Malmö, September 1986.